计 算 机 科 学 丛 书

原书第5版

逻辑与计算机设计基础

M. 莫里斯·马诺（M. Morris Mano）
加州大学洛杉矶分校

[美]　查尔斯 R. 凯姆（Charles R. Kime）　著
威斯康星大学麦迪逊分校

汤姆·马丁（Tom Martin）
弗吉尼亚理工大学

邝继顺 尤志强 凌纯清 蔡晓敏 译

Logic and Computer Design Fundamentals
Fifth Edition

Logic and Computer Design
FUNDAMENTALS
Fifth Edition

M. MORRIS MANO · CHARLES R. KIME · TOM MARTIN

U0240329

机械工业出版社
CHINA MACHINE PRESS

图书在版编目（CIP）数据

逻辑与计算机设计基础（原书第 5 版）/（美）M. 莫里斯·马诺（M. Morris Mano）等著；邝继顺等译 . —北京：机械工业出版社，2017.5（2023.5 重印）

（计算机科学丛书）

书名原文：Logic and Computer Design Fundamentals，Fifth Edition

ISBN 978-7-111-57010-3

I. 逻…　II.① M…　② 邝…　III. 电子计算机－逻辑设计　IV. TP302.2

中国版本图书馆 CIP 数据核字（2017）第 128287 号

北京市版权局著作权合同登记　图字：01-2015-2932 号。

Authorized translation from the English language edition, entitled Logic and Computer Design Fundamentals, 5th, 9780133760637 by M. Morris Mano, Charles R. Kime, Tom Martin, published by Pearson Education, Inc., Copyright © 2016.

All rights reserved. No part of this book may be reproduced or transmitted in any form or by any means, electronic or mechanical, including photocopying, recording or by any information storage retrieval system, without permission from Pearson Education, Inc.

Chinese simplified language edition published by Pearson Education Asia Ltd., and China Machine Press Copyright © 2017.

本书中文简体字版由 Pearson Education（培生教育出版集团）授权机械工业出版社在中国大陆地区（不包括香港、澳门特别行政区及台湾地区）独家出版发行。未经出版者书面许可，不得以任何方式抄袭、复制或节录本书中的任何部分。

本书封底贴有 Pearson Education（培生教育出版集团）激光防伪标签，无标签者不得销售。

本书以通用计算机为线索，由浅入深地讲解了逻辑设计、数字系统设计和计算机设计。其中，第 1～4 章为逻辑设计，包括数字系统与信息、硬件描述语言和组合逻辑电路、组合逻辑设计以及时序电路；第 5～7 章为数字系统设计，包括数字硬件实现技术、测试与验证对设计成本的影响、寄存器与寄存器传输以及存储器基础；第 8～12 章为计算机设计，包括计算机设计基础、指令集结构、RISC 与 CISC 中央处理器、输入 / 输出与通道，以及存储系统。书中附有 60 多个主要来自现代日常生活的产品设计的真实例子和问题，可以激发读者的学习兴趣。

本书强调硬件描述语言在教学中的重要性，不仅可以作为计算机科学、计算机工程、电子技术、机电一体化等专业学生学习硬件的一本绝佳教材，也可以作为弱电类工程师和计算机科学工作者的理想参考书籍。

出版发行：机械工业出版社（北京市西城区百万庄大街 22 号　邮政编码：100037）

责任编辑：朱秀英　　　　　　　　　　　　　责任校对：殷　虹

印　　刷：北京捷迅佳彩印刷有限公司　　　　版　　次：2023 年 5 月第 1 版第 6 次印刷

开　　本：185mm×260mm　1/16　　　　　　印　　张：31

书　　号：ISBN 978-7-111-57010-3　　　　　定　　价：99.00 元

客服电话：（010）88361066　68326294

如今我们生活在信息时代。试想，如果没有了网络、计算机、手机和电视，世界会变得怎样？答案一定是世界将变得暗淡无光，甚至是悲惨的！数字电路与计算机技术作为其他技术的重要基础之一，成就了当今人们高效有序、丰富多彩的工作与生活。从发明晶体管和集成电路到现在，数字电路和数字系统设计技术已经红红火火地走过了半个世纪，计算机技术更是在最近三十多年跳跃式地发展。人们对未来充满着更多美好的期望，数字电路与计算机必将承载着这一切向更广范围、更高水准延伸与发展。

从 1997 年至今，本书英文版已经发行了 5 个版本，均受到了读者的广泛好评。除了为读者提供学习逻辑设计、数字系统设计和计算机设计的基础知识之外，第 5 版还包含相关研究领域和行业的最新发展情况。与过去相比，现代工业实践要求计算机系统设计者在一个更高的层次上进行设计抽象并管理更大范围的复杂性问题。在不同抽象层次进行逻辑、数字系统和计算机设计所涉及的内容已经不能同日而语，本书新版更为有效地弥补了计算机系统设计（特别是在逻辑层次上）的教学状况与工业实现之间的鸿沟。

本书以通用计算机为线索，由浅入深地讲解了逻辑设计、数字系统设计和计算机设计。其中，第 1～4 章为逻辑设计，包括数字系统与信息、硬件描述语言和组合逻辑电路、组合逻辑设计、时序电路；第 5～7 章为数字系统设计，包括数字硬件实现技术、寄存器与寄存器传输以及存储器基础，在第 5 章还增加了测试与验证对设计成本的影响；第 8～12 章为计算机设计，包括计算机设计基础、指令集结构、RISC 与 CISC 中央处理器、输入 / 输出与通道以及存储系统，所有内容都进行了更新，以反映最新的变化。书中附有 60 多个主要来自现代日常生活的产品设计的真实例子和问题，可以激发读者的学习兴趣。配套网站（www.pearsonhighered.com/mano）提供了大量的辅助信息，包括教师手册、补充读物、所有例子的 VHDL 和 Verilog 源文件、有关工具及网站的链接和习题解答等。从其编排可以清楚地看出，本书不仅可以作为计算机科学、计算机工程、电子技术、机电一体化等专业学生学习硬件的一本绝佳教材，也可以作为弱电类工程师和计算机科学工作者的理想参考书籍。

本书第 1、2、4、5 章由邝继顺翻译，第 6、7、11、12 章由尤志强翻译，第 8、9、10 章由凌纯清翻译，蔡晓敏翻译了第 3 章，张明和与潘波参与了翻译工作，邝继顺对全部译文进行了审校与润色。感谢袁晓坊、何海珍、王伟征、周颖波、张玲、袁文澹、刘铁桥在第 4 版的翻译中做的工作。由于译者水平有限，译文中疏漏和错误在所难免，欢迎广大读者批评指正。

译　者

本书的目的是为广大读者提供学习逻辑设计、数字系统设计和计算机设计的基础知识。本书第 5 版突出了课程内容方面的最新发展。从 1997 年的第 1 版开始,作者就不断对其进行修改,提供一种独一无二的将逻辑设计与计算机设计原理结合在一起的方法,并特别强调硬件。过去几年,教材一直紧跟行业的发展趋势,新增加了一些内容(如硬件描述语言),删除或者弱化了某些不太重要的内容,修改了某些内容以反映计算机技术和计算机辅助设计所发生的变化。

新版的变化

第 5 版反映了相关技术与设计实践方面的一些变化,与过去相比,要求计算机系统设计者在一个更高的层次上进行设计抽象并管理更大范围的复杂性问题。在不同抽象层次进行逻辑、数字系统和计算机设计所涉及的内容已经不能同日而语,本书新版的目的就是要在计算机系统设计特别是在逻辑层次上更为有效地弥补现在的教学状况与工业实现之间的鸿沟。同时,新版仍然保持着过去的章节组织,方便教师针对电气与计算机工程和计算机科学专业的学生根据需要选讲部分内容。新版的变化包括:

- 第 1 章的更新包括对计算机系统抽象层次的讨论,以及它们的作用,还简要介绍了数字设计的过程。为加强国际化,第 1 章还有一些关于字符编码的新内容。
- 本书在第 2 章就开始介绍硬件描述语言(HDL),比以前的版本更早。对于涉及组合和时序逻辑设计的章节,都会给出电路的 HDL 描述以及逻辑框图与状态图,从而表明在当代数字系统设计实践中 HDL 变得日益重要。关于传播延迟(数字系统基本的一阶设计约束)的内容已经移到了第 2 章。
- 第 3 章结合原来第 3 章中有关功能模块的内容和原来第 4 章中有关算术电路模块的内容,展现一组常见的组合逻辑功能模块,这些功能模块的 HDL 模型在本章随处可见。第 3 章介绍分层设计的概念。
- 时序电路出现在第 4 章。这一章包括原来第 5 章中对设计过程的描述和原来第 6 章中的时序电路定时、输入同步和亚稳态的相关知识。有关 JK 触发器和 T 触发器的描述放到了教材的配套网站上。
- 第 5 章讨论一些与数字硬件实现相关的话题,包括互补金属氧化物(CMOS)门和可编程逻辑的设计。除包含原来第 6 章中的大部分内容外,现在的第 5 章还简要地介绍了测试与验证对设计成本的影响。由于使用本教材的很多课程都用现场可编程门阵列(FPGA)来进行实验练习,所以我们对 FPGA 的叙述进行了扩充,通过一个简单的、基本的 FPGA 结构来讲解许多商用 FPGA 系列中都会出现的基本可编程元器件。
- 剩下的章节(包括计算机设计在内)已经进行了更新,以便反映从上一个版本以来出现的最新变化。重要的更新包括将高阻缓冲器从原来的第 2 章移动到 6.8 节中,以及在第 9 章增加了如何在高级语言中用过程调用和返回来实现函数调用的相关讨论。

除了提供完整的数字和计算机设计内容之外，第 5 版还特别强调现代设计的基本原理。从简单的组合逻辑应用到在 RISC 核上构建 CISC 结构，多个例子的清晰解释和渐进式的设计过程可以诠释书中内容。完整的传统内容包括计算机辅助设计、问题形式化、解决方案验证，以及综合能力培养，而灵活性则体现在可选的逻辑设计、数字系统设计和计算机设计，以及硬件描述语言的相关内容中（不选、选用 VHDL 或选用 Verilog）。

经过这次修订，本书第 1～4 章讲解逻辑设计，第 5～7 章讨论数字系统设计，第 8～12 章重点介绍计算机设计。这样的安排可以逐渐地、自底向上地完成各种函数设计，并将其应用到后续章节自顶向下的计算机设计中，为读者提供牢固的数字系统设计基础。下面是各章相关内容的概括。

逻辑设计

第 1 章介绍数字计算机、计算机系统抽象层次、嵌入式系统，以及包括数制、算术运算和编码在内的信息表示。

第 2 章研究门电路和它们的类型，以及设计和成本优化的基本方法。概念包括布尔代数、代数优化和卡诺图优化、传播延迟，以及在 VHDL 和 Verilog 中使用结构和数据流模型表示的门级硬件描述语言模型。

第 3 章从一个现代逻辑设计过程的概述开始，设计过程的详细步骤包括问题形式化、逻辑优化、用与非门和或非门进行工艺映射，组合逻辑设计的实例中还包括验证。另外，这一章还包括函数和构建组合设计模块，包括使能和输入定值、译码、编码、代码转换、选择、分配、加法、减法、递增、递减、填充、扩展和移位以及它们的实现。本章还包括许多逻辑模块的 VHDL 和 Verilog 模型。

第 4 章包括时序电路分析和设计。讨论了锁存器和边沿触发式触发器，并着重讲解了 D 触发器。本章的重点是状态机图和状态表的形式化表示。时序电路完整的设计过程包括规格说明、形式化、状态分配、触发器输入和输出方程确定、优化、工艺映射以及验证。时序电路通常都太复杂，不能用传统的状态图来表示，但可以用状态机图模型来表示，这一章通过现实世界的两个例子来阐述和说明这一观点。这一章包括用 VHDL 和 Verilog 来描述触发器和时序电路，介绍了 VHDL 和 Verilog 程序行为的语言结构以及用于验证的测试程序。本章最后介绍了时序电路的延迟和定时，以及异步输入的同步和亚稳态问题。

数字系统设计

第 5 章重点介绍当前技术的各个方面，包括 MOS 晶体管和 CMOS 电路，以及可编程逻辑技术。可编程逻辑包括只读存储器、可编程逻辑阵列、可编程阵列逻辑和 FPGA。这一章包括一些例子，它们用一个简单的 FPGA 结构来解释在更为复杂的商用 FPGA 硬件中出现的各种各样的可编程元器件。

第 6 章讲解寄存器及其应用。移位寄存器和计数器的设计基于第 3 章和第 4 章所讲解的触发器和某些函数及其实现。只有行波计数器作为一个全新的概念加以介绍。讨论了寄存器传输的并行和串行方式，如何权衡时间与空间开销。其中有一节侧重于执行多种运算的多功能寄存器的寄存器单元设计。数据通路和控制单元的协同设计过程使用了寄存器传输语言和状态机图，并且用现实世界的两个例子对其进行了解释。对所选的寄存器类型也用 Verilog 和 VHDL 语言进行了描述。

第 7 章介绍静态随机访问存储器（SRAM）和动态随机访问存储器（DRAM），以及基本存储器系统，还简单地介绍了动态随机访问存储器的各种不同类型。

计算机设计

第 8 章讲述寄存器文件、功能单元、数据通路，以及两种简单计算机——单周期计算机和多周期计算机。重点讨论数据通路和控制单元设计的形式化概念，以及用它们来设计具有特定指令和指令集的单周期和多周期计算机。

第 9 章介绍与指令集结构相关的许多内容，包括地址计算、寻址模式、指令结构和类型，并讲解浮点数表示法和浮点运算，以及程序控制方法，包括过程调用与中断。

第 10 章讨论一些高性能处理器的概念，如流水式 RISC 和 CISC 处理器。通过将微编码硬件添加到修改了的 RISC 处理器上，CISC 处理器可以使用 RISC 的流水线来执行 CISC 指令集，这是当今 CISC 处理器中使用的一种方法。除此之外，还介绍了高性能 CPU 在概念和结构方面的创新，其中包括两个多 CPU 微处理器的例子。

第 11 章讲解如何在 CPU 和内存之间、输入 / 输出接口和外围设备之间进行数据传送。讨论了键盘、液晶显示器（LCD）、硬盘驱动器等外部设备和键盘接口，以及包括通用串行总线（USB）在内的串行通信和中断系统的实现。

第 12 章重点讨论存储器的分层。介绍了"访问的局部性"的概念，并通过 cache 和内存之间、内存和硬盘之间的关系对其进行了详细讲解。分析了 cache 设计的各种参数。存储器管理重点关注分页管理和支持虚拟存储的传输后备缓冲器。

除了教材本身之外，还提供了一个配套网站（www.pearsonhighered.com/mano）和一本教师手册。配套网站的内容⊖包括以下几个方面：1）补充材料，包括先前版本中删除掉的部分内容；2）所有例子的 VHDL 和 Verilog 源文件；3）关于 FPGA 设计和 HDL 模拟的计算机辅助设计工具的链接；4）全书大约 1/3 习题的答案；5）勘误表；6）第 1～8 章的幻灯片；7）书中复杂的图表；8）有助于了解新内容、更新和更正相关内容的网站消息。我们鼓励教师定期查看网站上的信息以便了解网站的变化。教师手册包括书的使用建议以及所有习题的答案。学校中每一个使用这本书上课的教师都有权限从 Pearson 在线访问这本手册。使用建议还提供了根据多种不同课程教学大纲使用该教材的重要的详细信息。

本书覆盖逻辑和计算机设计的面很广，因此可作为大二到大三年级不同教学目的的教材。去掉可选择的内容，第 1～9 章其余的部分可以作为计算机科学、计算机工程、电气工程或一般工程专业的学生一个学期学习硬件的课程。第 1～4 章，或许再加上第 5～7 章一些可选部分是对逻辑设计的一个基本介绍，对电气工程和计算机工程专业的学生来说，这些内容只要一个季度的学习时间就够了。一个学期学完第 1～7 章的全部内容，将会深入了解更为强大、更加先进的逻辑设计方法。整本书（在两个季度的时间内学会）可以为计算机工程和计算机科学专业的学生提供逻辑和计算机设计的基础知识。本书的全部内容再加上适当的补充材料或实验环节，可以作为两个学期内学习逻辑设计和计算机体系结构的课程。由于取材广泛，并且处理得当，本书还是工程师和计算机科学工作者自学的理想书籍。最后，配套网站上提供的补充读物对实现这些不同的目标来说都是有益的。

⊖　关于教辅资源，仅提供给采用本书作为教材的教师用作课堂教学、布置作业、发布考试等。如有需要的教师，请直接联系 Pearson 北京办公室查询并填表申请。联系邮箱：Copub.Hed@pearson.com。
　　关于配套网站资源，大部分需要访问码，访问码只有原英文版提供，中文版无法使用。——编辑注

作者感谢教师在以前版本中所做的贡献，他们的影响依然体现在现在这个版本中，特别感谢 Vanderbilt 大学的 Bharat Bhuva 教授、San Jose 州立大学的 Donald Hung 教授，以及 Katherine Compton、Mikko Lipasti、Kewal Saluja 和 Leon Shohet 教授和威斯康星大学麦迪逊分校电气与计算机工程系的 Michael Morrow 教师委员会。我们感谢教师和学生对过去版本提出的修正意见，尤其是 Dordt 大学 Douglas De Boer 教授的修改意见。在开始着手修改第 5 版时，我收到了来自弗吉尼亚理工大学的 Patrick Schaumont 和 Cameron Patterson，以及瑞典皇家理工学院的 Mark Smith 关于第 4 版的重要反馈意见。在更新我们系的"计算机工程导论"课程时，我多次与弗吉尼亚理工大学的 Kristie Cooper 和 Jason Thweatt 一起对第 4 版的使用进行了讨论，并从中受益。我还要感谢 Pearson 集团的朋友们对新版所做出的艰苦工作。特别是，我要感谢 Andrew Gilfillan 选我作为新版的第 3 作者，以及他在新版计划中所给予的帮助；感谢 Julie Bai 在 Andrew 更换工作后敏捷地完成了过渡，以及她对手稿给予的指导、支持和宝贵的反馈意见；感谢 Pavithra Jayapaul 在教材编辑过程中给予的帮助以及在我延期（特别是写这个前言）处理时所表现出的耐心；感谢 Scott Disanno 和 Shylaja Gattupalli 在教材编辑过程中的指导和关心。特别感谢 Morris Mano 和 Charles Kime 在编写本教材过去几个版本时所付出的努力。被选作他们的继承者是一种荣幸。最后，我要感谢 Karen、Guthrie 和 Eli 在我写作时所给予的耐心和支持。

——Tom Martin

弗吉尼亚布莱克斯堡

数字系统与信息

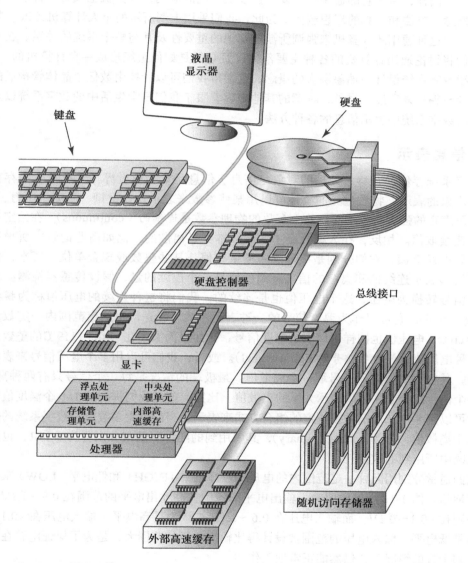

液晶
显示器

键盘

硬盘

硬盘控制器

总线接口

显卡

| 浮点处理单元 | 中央处理单元 |
| 存储管理单元 | 内部高速缓存 |

处理器

随机访问存储器

外部高速缓存

2

　　本书的内容涉及逻辑电路与数字计算机。早期计算机的计算对象为离散的数值，称为数字（digit，拉丁语原意为手指），这就是数字计算机（digital computer）的由来。数字这一词广泛用在计算机、逻辑电路以及其他使用离散信息值的系统中，从而产生了数字电路（digital circuit）和数字系统（digital system）这样的专业术语。逻辑电路是指电路的操作对象只有两种逻辑量 True（1）和 False（0）。既然计算机是由逻辑电路构成的，它们的操作对象就一定也是由这两种逻辑量所构成的某种数值形式，这些数值形式可以用来表示十进制数字。如今,"数字电路"可看作是"逻辑电路"的同义词。

通用数字计算机(general-purpose digital computer)是指一种数字系统,它可以顺序处理已存储的指令序列,也叫程序,指令的操作对象为数据。用户可以根据特定的需要对程序或数据进行设定和修改,这样的操作非常方便,所以通用数字计算机可以执行各种各样的信息处理任务,涵盖了应用的各个方面,这使得数字计算机成为一种通用性很强、非常灵活的数字系统。同样,由于它的通用性、复杂性以及广泛的应用,计算机也成为一种学习数字系统设计概念、方法和工具的理想载体。为此,我们采用上图所示的个人计算机(PC)的分解示意图,用这种通用的计算机来强调所涉及知识的重要性及其与整个系统的关系。在本章稍后,我们将讨论通用计算机的各种主要部件以及它们是如何组织形成一台计算机的。然后,我们介绍数字系统设计中抽象层次的概念,这使得我们可以管控由数亿个晶体管构成的计算机的设计与编程复杂度。另外,本章的其他内容着眼于我们日常生活中的数字系统以及在数字电路与数字系统中表示信息的各种方法。

1.1 信息表示

数字系统存储、转移、处理的对象是信息。信息是对物质世界与人类社会中存在的各种各样现象的表示。物质世界的属性可以用某些参数来表示,如重量、温度、压力、速度、流量以及声音的强度与频率等。绝大多数的物理参数是连续的(continuous),在给定的范围内可以连续取值。相反,在人类社会中,参数本身是离散的,比如商业记录中所采用的单词、数量以及金额,它们分别是字母表中的某些值、某些整数或现金单位。通常,信息系统必须能够表示连续的和离散的信息。温度值是一个连续的量,假设传感器检测温度并将采集的信号转换为电压,这个电压值也是连续的,我们将这种连续的电压值称为模拟信号(analog signal),它可以作为温度信号的一种表示形式。但是,用给定范围内一定数量的离散(discrete)电压值也同样可以表示温度信号,比如摄氏温度在 −40~+119℃ 的整数值,我们将这种电压值称为数字信号(digital signal)。或者,我们可以用多个电压信号来表示这些离散值,其中每一个电压信号取一个离散值。最极端的情况是每一个信号只有两种离散值,但用多个信号组合起来可以表示大量的离散值。比如,前面我们提到的 160 个温度值中的每一个就可以用 8 个二值信号按特定的组合方式来表示。当前绝大多数电子数字系统的信号都采用两个离散值,称为二进制(binary),其中用到的两种离散值分别称为 0 和 1,也就是二进制系统中所用到的数字。

我们通常分别用两种一定范围内的电压——高电平(HIGH)和低电平(LOW)来表示这两种离散值。图 1-1a 举例说明输入输出电平的范围,高输出电平的范围在 0.9~1.1V,低输出电平则在 −0.1~0.1V,而输入电压在 0.6~1.1V 被认为是高电平,输入电压在 −0.1~0.4V 被认为是低电平。输入电压的范围被设计得比输出电压的范围大,是为了保证电路在发生变化和受到干扰的情况下,仍然能正常地工作。

我们可以用其他不同名字来表示输入输出电压范围,比如:HIGH(H) 和 LOW(L)、TRUE(T) 和 FALSE(F)、1 和 0。一般会用 HIGH(H) 表示高电平,LOW(L) 表示低电平,但对于 TRUE(T) 和 FALSE(F)、1 和 0 来说则有不同的对应方式。TRUE 和 1 可以用来表示高电平也可以表示低电平,而 FALSE 和 0 只要表示相反的电平即可。除非有其他说明,我们约定 TRUE 和 1 表示高电平(H),FALSE 和 0 表示低电平(L),这种约定称为正逻辑(positive logic)。

　　有趣的是，我们从图 1-1a 看到一个数字电路中的电压值仍然是连续的，从 –0.1～+1.1V。这样说来，电压实际上还是模拟量。图 1-1b 绘制的是一个高速数字电路的实际输出电压的时间图，这种图称为波形图（waveform）。用不同的电压范围来表示 1 或 0，这样可以将连续的电压转变成两值形式。采用这样一种方法，可将图 1-1b 中高于 0.5V 的电压定义为 1，低于 0.5V 的电压定义为 0，所得波形如图 1-1c 所示。这样，输出电压的真实值被去掉，转换成为只有 1 和 0 的二进制形式。我们知道，数字电路是由一种叫晶体管的电子器件组成的。数字电路被设计为，只要输出不变，输出就会在图 1-1 所描述的高电平 1（H）或低电平 0（L）所对应的电压范围内。相反，模拟电路被设计为，不管有没有变化，输出在限定的范围内可以取连续值。

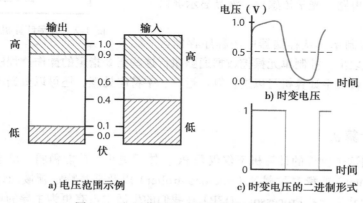

a) 电压范围示例　　　　c) 时变电压的二进制形式

图 1-1　电压范围及二进制信号波形范例

　　由于 0 和 1 与二进制数字系统相关，它们自然是用来给信号范围命名的最好选择。一个二进制数字称为一位（bit），在数字计算机中信息就是用一组一组的位来表示的。采用不同的编码技术，二进制位的不同组合不仅可以用来表示二进制数字，还可以表示其他离散符号，合理的二进制位组合形式甚至可以成为计算机中可执行的指令或被处理的数据。

　　为什么要采用二进制呢？为了与图 1-1 的系统作对比，我们假设有一个采用十进制数字的系统。在这样一个系统中，电压从 0～1.0V 可以被分成 10 个区间，每个区间为 0.1V，电路的输出电压应该为这 10 个区间中的一个，电路的输入电压则需要被判断属于这 10 个区间的哪一个。考虑到存在的噪声干扰，对于每一个刻度来说，输出电压应允许有小于 0.05V 的上下波动，输入电压间的边界也应允许有小于 0.05V 的上下波动。识别这种微小的差别需要复杂和昂贵的电路，但即使这样，输出电压仍然会因使用中的噪声以及生产过程产生的电路差异而发生信号紊乱。所以，这种多值电路系统的使用很受限制。相反，在二进制电路中，因为两种输出电压和输入范围的差别非常明显，所以电路能很容易地正常工作。输出不是高电平就是低电平的晶体管电路设计起来简单、容易，工作也更可靠。此外，采用二进制可以使计算是可重复的，也就是说对于同样的计算，同样的输入总是产生同样的输出。在多值系统或模拟系统中，由于噪声干扰以及电路生产或老化导致的差异，同样的计算，其结果往往是有差异的。

4
~
5

1.1.1　数字计算机

　　图 1-2 是一个数字计算机的模块图。程序、输入输出数据以及计算过程中的中间数据存

储在存储器中，数据通路按程序的设定进行计算和数据处理操作，控制单元监视着各部件间的信息传送。数据通路以及控制器一起构成一个整体部件——中央处理单元（Central Processing Unit，CPU）。

用户程序和数据通过键盘等输入设备送入存储器。输出设备，比如液晶显示器（LCD）显示计算结果，展现给用户看。一台数字计算机可以拥有多种输入输出设备，如 DVD 光驱、USB 闪存驱动、扫描仪、打印机等。这些设备使用数字逻辑电路，同时还采用模拟电路、光学传感器、液晶显示屏以及电子机械部件。

CPU 中的控制单元从存储器中的程序存储区

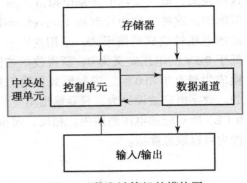

图 1-2　数字计算机的模块图

将指令一条条地取出，控制单元操控数据通路执行这些指令指定的操作。程序和数据都存储在存储器中。一台数字计算机可以进行算术运算、字符串处理，还可以根据内部或外部条件进行决策。

1.1.2　其他计算机

影响着我们这个世界的计算机不仅仅是 PC。体积更小、功能稍弱、单芯片的微型计算机（microcomputer）或微型控制器（microcontroller）以及某些特定领域的计算机如数字信号处理器（Digital Signal Processor，DSP）在我们的生活中占有更为主导的地位。这些类型的计算机隐藏于各种日常生活电器中，我们难以觉察。既然它们总是作为一种内部部件包含在其他产品之中，所以就被称为嵌入式系统（embedded system）。图 1-3 是一个通用的嵌入式系统的模块图。系统的核心就是一个微计算机或有着类似作用的部件，它拥有很多 PC 的特性，但区别在于它的软件程序为某种产品专用，并被固化在系统内。这样的软件，作为嵌入系统的一个内部构成部分，对产品的运行至关重要，所以被称为嵌入式软件（embedded software）。而微型计算机的人机界面很简单，甚至没有。大型的数据存储器，如硬盘、存储卡或 DVD 驱动器在微型计算机中也很少见。微型计算机中有一些存储器，根据需要还可以添加外部存储器。

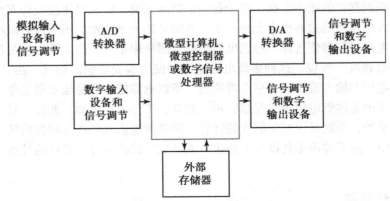

图 1-3　一个嵌入式系统的模块图

除外部存储器之外，与嵌入式微型计算机相连的其他硬件用于和产品或外部世界进行信息交换。输入设备将产品和外部世界的输入转换成电信号，而输出设备则将电信号转换成合适的形式送给产品和外部世界。输入输出设备有两种，一种使用模拟信号，另一种使用数字信号。例如，常用的数字输入设备有：手动拨码开关、十进制数字键盘等。常用模拟输入设备有：电阻值可随外部温度变化而变化的热敏电阻、可感受外部压力并产生一定电压的压电晶体等。通常需要额外的电气或电子电路将这些信号转换成嵌入式系统能够处理的形式。常用的数字输出设备有：继电器（可以用电压控制其通断的开关）、步进电机（可以跟随电压脉冲）以及 LED 数字显示器。常用的模拟输出设备有：扬声器和刻度仪表盘。仪表盘中指针的位置由一个永久磁铁与电磁铁的磁场之间的相互作用决定，而电磁铁的磁场则受施加在其上的电压控制。

7

　　下面，我们将用一个无线气象站所使用的温度测量系统来具体解释嵌入式系统。同时，这个例子还将解释模拟与数字信号，以及它们之间的相互转换方法。

(RW) 例 1-1　温度测量与显示

　　一个无线气象站测量一组室外气象参数，然后将这些参数传送到室内基站并显示。它的工作机制可以用图 1-4 的温度测量方法以及图 1-3 的嵌入式系统模块图来说明，其中用到了两个嵌入式微处理器，一个用在室外，一个用在室内基站。

　　室外的温度一天 24 小时内在 $-40 \sim +115\ ℉$ ⊖间连续变动，其波形图如图 1-4a 所示。一个装有热敏电阻的传感器负责温度检测，热敏电阻的阻值会随外界温度的变化而变化，而电路为热敏电阻提供一个恒定的电流，这样传感器就能将外界温度的变化转换成有相应变化的电压信号。通过信号调节，这个电压会在 0～15V 间持续波动，如图 1-4b 所示。

　　我们采用每小时 1 次的频率对此电压信号进行采样（这是很低的采样频率，仅为演示而已），其采样点如图 1-4b 所示。每一个采样值被送到图 1-3 所示的模 / 数（A/D）转换器中，被转换成大小在 0～15 间的二进制形式的十进制数字，如图 1-4c 所示。这些二进制数字可转换成相应的十进制数，方法是从左到右将每一位分别与其相对应的权 8、4、2、1 相乘，所得结果相加即可。例如，0101 可以这样转换：0×8＋1×4＋0×2＋1×1＝5。通过这样的转换，无限个连续变化的温度值就被量化为有限的 16 个值。比较图 1-4a 的温度与图 1-4b 相对应的电压值，我们发现一个实际的温度值往往在它所对应的量化数字的上下 5 度间波动。例如在 -25～-15 间的温度模拟值，转换后的量化数字为 -20 度。这种实际值与量化值间的差别称为量化误差（quantization error）。为了获取更高的转换精度，我们必须将 A/D 转换器的输出位数提高到 4 位以上。图 1-3 中的左上角即为负责传感、信号调节以及 A/D 转换的硬件模块。

8

　　接着，转换后的数据被传送到图 1-3 右下角所示的一种输出设备——无线发送器。无线发送器将数据发送后，基站中的一个输入设备——无线接收器会将数据接收下来。基站的嵌入式系统获得数据后，会根据热敏电阻的特性对数据进行一定的计算处理，做恰当的调节。最终，数据会显示在图 1-4f 所示的一种输出设备——模拟仪表上。为了能在模拟仪表上显示温度，图 1-4d 中量化的离散数据首先要通过一个数 / 模（D/A）转换器转换成模拟信号。然后，采用低通滤波器对模拟信号进行过滤，去掉可能存在的高频噪声，如图 1-4e 所示。最后，信号被传送到模拟仪表进行显示。图 1-4f 中列出的是某 24 小时内 5 个时刻的温度显示结果。∎

⊖　$\dfrac{t}{℃} = \dfrac{5}{9}\left(\dfrac{\theta}{℉} - 32\right)$。——编辑注

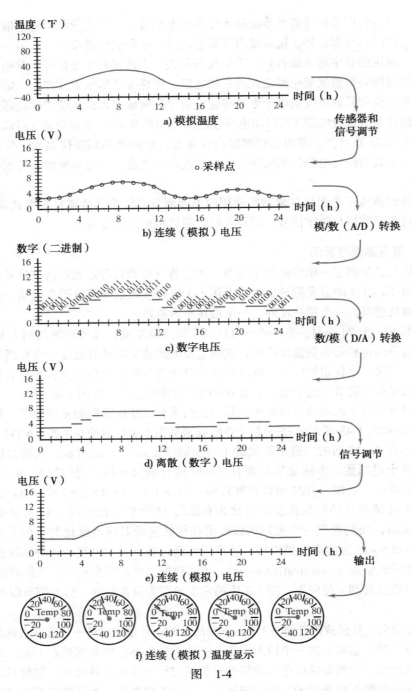

图 1-4

你可能会问："在我们的生活中到底存在多少种嵌入式系统？"你是否有手机、iPod、Xbox、数码相机、微波炉或汽车？所有的这些产品都是嵌入式系统。实际上，新设计的小汽车中会有超过 50 个的微控制器，每一个控制着一个特定的嵌入式系统，比如引擎控制单元（Engine Control Unit，ECU）、自动刹车系统（Automatic Braking System，ABS）和稳定控制单元（Stability Control Unit，SCU）。而且，这些嵌入式系统可以通过控制局域网总线（Controller Area Network，CAN）进行信息交换。一种叫做 FlexRay 的最新开发的汽车网络可以提供高速、安全的电子线控技术：线控刹车与线控转向，这样能消除机械与液压装置失效的隐患，减少碰撞发生的概率，从而提高整车安全性。表 1-1 所示的是按应用领域划分的嵌入式系统例子。

表 1-1　嵌入式系统的例子

应 用 领 域	产　品
银行、商业与制造业	复印件、传真机、条码扫描器、自动售后机、自动出纳机、自动仓库、工业机器人、3D 打印机
通信	无线接入点、路由器、卫星
游戏与玩具	视频游戏机、掌上游戏机、语音玩具
家用电器	数字闹钟、微波炉、洗碗机
多媒体	CD 播放器、DVD 播放器、平板电视机、数码相机、数码摄像机
医疗设备	心脏起搏器、保育器、核磁共振器
个人用品	电子表、MP3 播放器、智能手机、可穿戴健身追踪器
运输与航行	电子引擎控制、交通灯控制器、航班控制、全球定位系统（GPS）

考虑到个人计算机和嵌入式系统的广泛应用，数字系统对我们生活的影响是难以想象的。数字系统在医学诊断与治疗、教育学习与工作、运输迁移、家庭生活、人与人的交流甚至娱乐活动中起着核心的作用。许多这种系统都很复杂，需要在设计抽象的不同层次给予恰当的考虑，以保证系统正常工作。感谢晶体管与集成电路的发明以及成千上万的工程师与程序员的精巧设计和持续努力。在本书的后续篇章中，我们将带你遨游数字系统世界，揭示数字系统的工作机制，并仔细分析、学习如何设计数字系统与计算机。

1.1.3　通用计算机的进一步说明

现在，我们将通用计算机的各种构成部件与图 1-2 中的模块对应，简洁地讨论一下通用计算机的工作机制。本章开头所示图的左下角是计算机的核心，一种被称为处理器（processor）的集成电路。当前，这样的处理器是非常复杂的，通常由几千万甚至几亿个晶体管构成。处理器有 4 个功能部件：CPU、FPU、MMU、内部 cache（高速缓存）。

我们已经讨论过 CPU。FPU（Floating-Point Unit，浮点计算单元）与 CPU 很类似，但它的数据通路和控制单元经过特殊设计，用于处理浮点数据。实际上，浮点计算就是按科学计数法的形式（如：1.234×10^7）对数据进行处理，这样计算机就可以处理很大和很小的数。如图 1-2 所示，CPU 和 FPU 有各自独立的数据通路和控制单元。

MMU 的全称为 Memory Management Unit，即存储管理单元。MMU、内部 cache、外部 cache 以及 RAM（Random-Access Memory，随机访问存储器）都属于图 1-2 所示的存储器部分。内、外部 cache 是一种特别设计的高速存储器，用于提高 CPU 和 FPU 对数据的存取速度，远高于只有 RAM 的系统。通常 RAM 被人们称为内存。MMU 的主要功能是可以虚拟出 CPU 可访问的、容量远大于 RAM 的实际大小的存储空间。这是通过 RAM 和硬盘的部分容量结合在一起来实现的，RAM 和硬盘之间根据需要进行数据交换。我们今后将要讨论的硬盘本来是一种输入输出设备，在这里就变成既是存储器也是输入输出设备了。

处理器、存储器以及外部 cache 间所画的连接线是集成电路间的连接通道，由印刷电路板上导电良好的铜导线构成。本章开头所示图中总线接口下面的总线称为处理器总线，上面的总线称为 I/O 总线。处理器总线和 I/O 总线上的数据位数以及控制数据传输的方法是不一样的，甚至工作速度也不一样。所以总线接口就负责处理这些差异，以保证两种总线能相互通信。

到这里，通用计算机的其他还没有被提及的部件就是如图 1-2 中所示的 I/O 部分。从绝对物理体积来说，这些部件占据计算机体积的大部分。我们要将信息输入计算机就需要一个键盘，要将文字和图片显示出来就需要一块显卡和液晶显示器。而我们前面提及过的硬盘则是一种机电结构的磁性存储设备，其存储载体为涂有一层磁性物质的可旋转盘片，通过改变涂层不同位置的磁通量，可以在磁盘上存储大量的信息。为了对硬盘进行控制以及传送输入输出的数据，需要一个硬盘控制器。键盘、图形显示卡和硬盘控制器都与 I/O 总线相连。通过总线接口，这些设备就能与处理器以及挂接在处理器总线上的其他部件进行数据通信。

1.2 计算机系统设计的抽象层次

正如莫格里奇（Moggridge 是 IDEO 公司的共同创办人，他设计了世界上第一台笔记本电脑——译者注）所说的那样，设计就是一个理解问题的所有相关限制，并找到能平衡这些限制的解决方案的过程。在计算机系统中，典型的限制包括功能、速度、成本、功耗、面积和可靠性。在写作这本教材的 2014 年，最新的集成电路有数十亿个晶体管，设计这种电路一次只设计一个晶体管是不现实的。为了控制复杂性，计算机系统设计通常采用"自顶向下"的方法，在高层对系统进行说明，然后将设计不断分解为较小的块，直到每一个块小到能够实现为止。最后，这些块互相连接起来组成整个系统。上一节介绍的通用计算机是一个通过块互连组成一个完整系统的好例子。这本教材从小块开始，然后逐渐将它们放在一起构成更大、更复杂的块。

计算机系统设计过程的基础是"抽象的层次"概念。像通用计算机这样的计算机系统可以从电路到算法进行多个层次的观察，在每一个较高的抽象层次都隐藏了较低层次的细节和复杂度。抽象去除了系统中有关部件的不必要的实现细节，使得设计者可以聚焦于有助于问题得到解决的关键方面。例如，当编写一个计算机程序将两个变量相加，并将结果存储到第三个变量时，我们重点考虑用来说明变量和描述加法操作的编程语言的结构。而当程序执行时，真正发生的事情是电荷通过晶体管而到处移动，并存储在电容层，形成数据位和一些完成加法与保存结果所需要的控制信号位。在编写程序时，如果要我们为一个一个的位直接描述电流的流动那将是困难的。相反，控制它们的细节通过几层抽象进行了处理，这些抽象将程序转变为一系列的更为详细的表示，最终控制电荷的流动来实现计算。

图 1-5 给出了现代计算系统典型的抽象层次。在抽象的最高层，算法描述解决问题的一系列步骤。然后，这些算法用高级编程语言，如 C++、Python 或 Java，写成程序。当程序运行时，在操作系统的控制下它与其他程序共享计算资源。操作系统和程序都由指令序列构成，这些指令是运行这些程序的处理器所特有的；程序员可以使用的指令和寄存器（内部数据存储器）集合是大家所知的指令集结构。处理器硬件是指令集结构实现的一种特定方式，称之为微结构；厂家经常制造几种不同的微结构来执行同样的指令集。微结构可以描述为底层一系列的寄存器之间的数据传输。这些寄存器传输可以分解为通过逻辑门

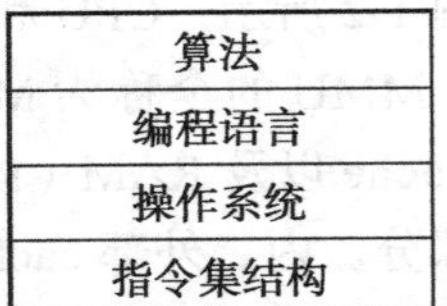

| 算法 |
| 编程语言 |
| 操作系统 |
| 指令集结构 |
| 微结构 |
| 寄存器传输 |
| 逻辑门 |
| 晶体管电路 |

图 1-5 现代计算机系统典型的抽象层次

来实现的针对位集合的逻辑运算，它们是用晶体管或其他可以控制电子流动的物理器件来实现的电子电路。

抽象的一个重要特点是修改低层抽象不需要改变它上层的内容。例如，用 C++ 编写的程序可以通过 C++ 编译器在任何计算机系统上进行编译，然后执行。作为另外一个例子，一个基于 Intel x86 指令集结构的可执行程序，可以在该结构的任何一个微结构（实现）上运行，不管这个实现来自 Intel 还是 AMD。因此，抽象允许我们继续使用较高抽象层次的方案，即便是低层实现已经发生了改变。

本教材主要关心从逻辑门到操作系统的抽象层次，重点关注从硬件到硬件与软件之间的接口的设计。通过理解抽象层次的相互作用，对于一个给定的设计我们可以选择一个恰当的抽象层次来集中考虑，忽略一些不必要的细节，优化系统的某些方面，这些方面可能对一个成功的设计应在各种限制中取得平衡有最为重要的影响。通常，对一个设计的较高抽象层次可能进行的改进要比较低抽象层次的修改多得多。例如，可以重新设计硬件电路，使得两数相乘的速度比原设计快 20%～50%，但是如果改进算法，完全不用乘法也许对整个电路的速度有更大的影响。随着技术进步和计算机系统变得越来越复杂，设计工作已经转移到较高的抽象层次，在较低层次上的设计过程都已经自动化了。有效地利用自动化过程需要掌握那些抽象层次上的设计基础知识。

12
～
13

数字设计过程简介

数字计算机系统的设计从问题的说明和系统所能达到的性能开始。设计过程通常包括反复地将某一抽象层次的系统表示转换为下一个较低抽象层次的表示，例如，将寄存器传输转换为逻辑门，逻辑门再转换为晶体管电路。

虽然设计过程的具体细节与抽象层次有关，但设计过程通常包括对系统行为进行说明，生成优化的解，然后验证解满足功能和限制条件，如速度和成本的规格说明。作为设计过程的一个具体例子，以下步骤是第 2 章和第 3 章将要介绍的组合数字电路的设计流程。

1）**功能描述**：如果没有现成的描述，则为电路写一个。

2）**形式化**：推导出能够反映所需输入与输出逻辑关系的真值表或初始布尔方程。

3）**优化**：使用两级或多级优化，使得所需的逻辑门的数量最少。用逻辑门画出逻辑图或给出电路的网表。

4）**工艺映射**：把逻辑图或网表转化成新的可以用工艺实现的新的图或网表。

5）**验证**：验证最后设计的正确性。

对于数字电路，功能描述可以有多种形式，如用文本或者用硬件描述语言（HDL）来描述，其中应该包括输入和输出各自的符号或名字。形式化将功能描述转化为可以化简的形式，这些形式通常是真值表或布尔表达式。在获取真值表或布尔表达式的过程中，必须正确解读功能的文字描述。通常功能描述是不完全的，任何错误的解释可能导致错误的真值表或表达式。

14

优化的方法有多种，例如第 2 章将要介绍的代数运算、卡诺图方法（第 2 章介绍），或基于计算机优化程序。针对不同的应用，可根据具体要求来选择优化方法。一个实用的设计必须考虑一些限制条件，如门电路的使用成本，信号通过电路所允许的最大传播时间，每个门的最大扇出。麻烦的是，门电路成本、门延迟和扇出限制，在工艺映射阶段之前实际上都是未知的。所以，很难定义最好的优化结果是什么，必须重复多次优化和工艺映射，对电路精益求精使之具有规定的功能同时又满足指定的约束条件。

这里所做的关于数字设计过程的简单介绍给本教材的剩余部分提供了一个线路图。通用计算机主要由数字模块互连构成。要想深入理解每个模块的工作机制，必须先具备数字系统相关原理与工作的基础知识。本书第 1～5 章讲述有关数字电路逻辑设计的相关知识。第 4 章和第 6 章主要讨论数字系统中的主要部件的工作机制与设计方法。第 7 章讲述 RAM 的工作机理和特性。第 8 章介绍简单计算机的数据通路与控制。第 9～12 章讲解计算机的设计基础。第 9 章会给出计算机指令集结构中的典型指令。第 10 章讲述 CPU 结构与设计。第 11 章将讨论输入输出设备以及 CPU 与这些设备进行信息交换的各种方式。最后，与 cache 和 MMU 相关的多级存储体系将在第 12 章做具体介绍。

为了让读者在学习过程中对整个知识体系有一个清晰的概念，做到"既见树木又见森林"，我们在每章的开头会有一个讨论，简单介绍每章的内容，并将它与本章所介绍的通用计算机的对应部件联系起来。本书结束时，我们将学习到计算机中的大多数模块，及其功能与设计的相关基本知识。

1.3　数制

之前，我们提到数字计算机处理的是离散信息，并都采用二进制形式表示。计算中的操作数都是二进制数或者是用二进制形式表示的十进制数。字母表中的字母也有相对应的二进制编码。本章的余下内容将介绍二进制、二进制计算以及以后章节会用到的一些二进制编码。对于通用计算机来说，这些内容是非常重要的，它的每个部件都会用到这些知识，当然在某些输入输出设备中还会提及机械操作和模拟（与"数字"相反）电路。

十进制数是人们日常使用的计数法，采用一串数字来表示数的大小，其中每个数字根据它所在的位置而具有不同的权重，这些权重是 10 的幂。例如，十进制数 724.5 包含有 7 个 100、2 个 10、4 个 1 以及 5 个 10 分之 1，其中的百位、十位、个位、十分位就是每个数字的权位，其权重大小是 10 的幂。整个十进制数的大小可以这样计算：

$$724.5 = 7 \times 10^2 + 2 \times 10^1 + 4 \times 10^0 + 5 \times 10^{-1}$$

这种数字表示方法只需要知道每位数字以及其对应的权位。一般而言，一个有 n 位整数 m 位小数的十进制数可以用如下系数形式表示：

$$A_{n-1} A_{n-2} \dots A_1 A_0 . A_{-1} A_{-2} \cdots A_{-m+1} A_{-m}$$

其中每一个系数 A_i 都是 0、1、2、3、4、5、6、7、8、9 这十个数字中的一个，下标 i 表示该系数的权位，其权重就是 10^i。

十进制数的基底（base 或 radix）是 10，因为系统中采用了 10 个不同的数字，数字权位的权重是 10 的幂。一般而言，一个基底为 r 的进制系统使用 r 个不同的数字：0，1，2，…，r，并可以用如下 r 的不同次幂的多项式表示：

$$A_{n-1} r^{n-1} + A_{n-2} r^{n-2} + \cdots A_1 r^1 + A_0 r^0 + A_{-1} r^{-1} + A_{-2} r^{-2} + \cdots A_{-m+1} r^{-m+1} A_{-m} r^{-m}$$

采用按位计数法来表示数字时，只需要将多项式的各项系数以及小数点写成如下形式即可：

$$A_{n-1} A_{n-2} \cdots A_1 A_0 . A_{-1} A_{-2} \cdots A_{-m+1} A_{-m}$$

通常，"."为小数点，A_{n-1} 为最高有效位（most significant digit, msd），A_{-m} 为最低有效位（least significant digit, lsd）。当 $m=0$ 时，最低有效位 $A_{-0} = A_0$。为了能清晰地区分数字的进制，通常用小括号将系数括起来，并在括号的右下方用一个下标数字提示本数字的进制。当然，如果从上下文能清楚地知道数字的进制，那么这个括号也可以不要。下面是一个 n 为 3，m 为 1 的五进制数以及其转换为十进制形式的例子。

$$(312.4)_5 = 3 \times 5^2 + 1 \times 5^1 + 2 \times 5^0 + 4 \times 5^{-1} = 75 + 5 + 2 + 0.8 = (82.8)_{10}$$

注意，所有没有特意说明进制的数字都是按十进制进行计算的。在五进制系统中，只能使用 5 个数字，因此系数的值只能是 0、1、2、3 或 4。

我们还可以采用另一种计算步骤较少的方法进行进制转换，这种方法基于一连串的幂因子分解。

$$(...((A_{n-1}r + A_{n-2})r + (A_{n-3})r + ... + A_1)r + A_0$$
$$+ (A_{-1} + (A_{-2} + (A_{-3} + ... + (A_{-m+2} + (A_{-m+1} + A_{-m}r^{-1})r^{-1})r^{-1} \cdots)r^{-1})r^{-1})r^{-1}$$

对于上面的例子，我们有：

$$(312.4)_5 = ((3 \times 5 + 1) \times 5) + 2 + 4 \times 5^{-1} = 16 \times 5 + 2 + 0.8 = (82.8)_{10}$$

除了十进制，在计算机系统中还有 3 种常用的进制：二进制、八进制以及十六进制，它们的基底分别为 2、8 和 16。

1.3.1 二进制

二进制数字系统的基底为 2，数字只有两个：0 和 1。一个二进制数，比如 11010.11 是由一串 1 和 0 来表示的，如果是小数，则还有一个小数点。二进制数转化为十进制形式很容易，只需将二进制数字按 2 的幂级数形式展开即可，例如，

$$(11010)_2 = 1 \times 2^4 + 1 \times 2^3 + 0 \times 2^2 + 1 \times 2^1 + 0 \times 2^0 = (26)_{10}$$

前面我们提到过，二进制数字中的每一个数称为一位（bit）。当某一位为 0，即表示这一位在转换求和的过程中没有任何贡献。所以，将二进制数转化为十进制的形式只需要将所有值为 1 的位所对应的 2 的指数值相加即可，例如，

$$(11010.11)_2 = 32 + 16 + 4 + 1 + 0.5 + 0.25 = (53.75)_{10}$$

表 1-2 列出了 2 的前 24 个指数值。在数字系统中我们常称 2^{10} 为 1 K，2^{20} 为 1 M，2^{30} 为 1 G，2^{40} 为 1 T。这样，

$$4 K = 2^2 \times 2^{10} = 2^{12} = 4096 \qquad 16 M = 2^4 \times 2^{20} = 2^{24} = 16\ 777\ 216$$

但这种惯用法也会有变化，比如现在人们也常用 K、M、G 和 T 分别表示 10^3、10^6、10^9 和 10^{12}。所以遇见 K、M、G 和 T 时，我们必须谨慎地理解它们代表的数字大小。

表 1-2　2 的 n 次幂

n	2^n	n	2^n	n	2^n
0	1	8	256	16	65 536
1	2	9	512	17	131 072
2	4	10	1 024	18	262 144
3	8	11	2 048	19	524 288
4	16	12	4 096	20	1 048 576
5	32	13	8 192	21	2 097 152
6	64	14	16 384	22	4 194 304
7	128	15	32 768	23	8 388 608

将十进制数变换成二进制数，可以采用一种很方便的方法：将十进制数不断地减去 2 的
指数值。对于一个十进制数 N，我们先将 N 减去一个比它小的 2 的最大指数值（见表 1-2），
剩余的数称为 N_1，我们再将 N_1 减去比它小的 2 的最大指数值，剩余的数称为 N_2，一直持续
下去，直到剩余的数为 0。这样，一个十进制数就可以转换为若干 2 的指数项，其二进制形
式由 2 的一系列指数项的系数组合形成，这些系数为 1 或者为 0，如果某一个 2 的指数项用
作减数，则其系数为 1，否则为 0。这种方法可以用这样一个实际的例子来说明，将 625 转
换成二进制数：

$$625 - 512 = 113 = N_1 \quad 512 = 2^9$$
$$113 - 64 = 49 = N_2 \quad 64 = 2^6$$
$$49 - 32 = 17 = N_3 \quad 512 = 2^5$$
$$17 - 16 = 1 = N_4 \quad 16 = 2^4$$
$$1 - 1 = 0 = N_5 \quad 1 = 2^0$$
$$(625)_{10} = 2^9 + 2^6 + 2^5 + 2^4 + 2^0 = (1001110001)_2$$

1.3.2　八进制与十六进制

前面我们提到，所有的计算机与数字系统采用的都是二进制形式。而八进制（基底为 8）
和十六进制（基底为 16）也可以很方便地表示二进制量，因为它们的基底是 2 的倍数。因为
$8 = 2^3$、$16 = 2^4$，所以一个八进制位相当于 3 个二进制位，一个十六进制位相当于 4 个二进
制位。

用八进制与十六进制表示二进制量，形式上更紧凑，使用起来更方便，二进制位串的长
度是八进制或十六进制位串长度的 3 倍或 4 倍。所以，大多数计算机手册采用八进制或十六
进制来表示二进制量。例如，只需用 5 个八进制位就可表示一个 15 位长的二进制串，一个
16 位的二进制串只需 4 个十六进制位表示即可。至于是选用八进制还是十六进制，则没有
硬性规定，在实际中十六进制的使用更普遍，因为在数字系统中二进制位串通常是 4 的整倍
数长。

八进制的基底为 8，数字有 8 个：0、1、2、3、4、5、6、7。假设一个八进制数为
127.4，要求它的十进制形式，只要将它按 8 的幂级数的形式展开即可：

$$(127.4)_8 = 1 \times 8^2 + 2 \times 8^1 + 7 \times 8^0 + 4 \times 8^{-1} = (87.5)_{10}$$

在八进制中没有数字 8 和 9。

在一个基底为 r 的进制系统中，如果 r 小于 10，一般采用十进制中从 0 开始的前 r 个数
字；如果 r 大于或等于 10，就选用英文字母来表示大于 10 的数字。在十六进制中，前 10 个
数字都来自于十进制，而字母 A、B、C、D、E、F 则分别用于表示 10、11、12、13、14、
15，例如下面这个十六进制数：

$$(B65F)_{16} = 1 \times 16^3 + 6 \times 16^2 + 5 \times 16^1 + 15 \times 16^0 = (46687)_{10}$$

表 1-3 列出十进制、二进制、八进制和十六进制的前 16 个数字。注意，二进制串按一
种规定的模式组成，最低有效位表示 0 或 1，第 2 有效位表示 0 或 2，第 3 有效位表示 0 或
4，最高有效位表示 0 或 8。

将二进制转换为八进制非常容易，只需从小数点开始，向左或向右，将二进制位按 3
位分成一组，然后将每一组用相应大小的八进制数字表示即可。下面就是这种转换过程的
演示：

表 1-3 不同进制的数字

十进制 （以 10 为基底）	二进制 （以 2 为基底）	八进制 （以 8 为基底）	十六进制 （以 16 为基底）
00	0000	00	0
01	0001	01	1
02	0010	02	2
03	0011	03	3
04	0100	04	4
05	0101	05	5
06	0110	06	6
07	0111	07	7
08	1000	10	8
09	1001	11	9
10	1010	12	A
11	1011	13	B
12	1100	14	C
13	1101	15	D
14	1110	16	E
15	1111	17	F

$$(010\ 110\ 001\ 101\ 011.111\ 100\ 000\ 110)_2 = (26153.7406)_8$$

每组二进制位所对应的八进制数字可以从表 1-3 中查到。如果小数点左方二进制位的长度不是 3 的倍数，则可在最高位补 0，更重要的是，如果小数点右方二进制位的长度不是 3 的倍数，则必须在最右方补 0，这样才会得到正确的转换结果。

将二进制转换为十六进制方法类似，只不过是将二进制串从小数点开始每 4 位为一组。上面例子中的二进制数转换为十六进制就是：

$$(010\ 1100\ 0110\ 011.1111\ 0000\ 0110)_2 = (2C6B.F06)_{16}$$

同样，每组二进制位所对应的十六进制数也可从表 1-3 中查到。

将八进制数与十六进制数转换为二进制数，正好是以上方法的逆过程。每一个八进制数位可转换成所对应的 3 个二进制位，多余的 0 则可去掉。同样，每一个十六进制数位可转换为所对应的 4 个二进制位。例子如下：

$$(673.12)_8 = 110\ 111\ 011.001\ 010 = (110111011.001010)_2$$
$$(3A6.C)_{16} = 0011\ 1010\ 0110.1100 = (1110100110.1100)_2$$

1.3.3　数字范围

数字计算机所能表示的数字范围，受到负责信息存储与处理的硬件结构的二进制位个数的限制。通常硬件结构的二进制位个数是 2 的幂数，比如 8、16、32 或 64。因为受硬件结构的限制，二进制位个数是固定的，所以用固定的二进制位数表示某个数时，没用到的最左前或最右后的二进制位必须置为 0，这样，所能表示的数字范围也就是固定的了。

例如，在一个可处理 16 位无符号整数的计算机中，数字 537 的二进制表示形式是 0000001000011001。这种形式的数能表示的整数范围为 $0 \sim 2^{16} - 1$，也就是从

0～65 535。在这台计算机中，对于无符号纯小数，比如 0.375，它的二进制表示形式为 0.0110000000000000，所能表示的小数范围是 0～$(2^{16}-1)/2^{16}$，也就是 0～0.999 984 741 2。

在以后的章节中，我们还会学习定点小数、有符号数的范围和浮点数。在这些数中，某些二进制位用于表示其他信息，所形成的数字就不是简单的整数和小数了。

1.4　算术运算

r 进制的算术运算方法和十进制类似。但是，在 r 进制的情况下，要特别注意只有 r 个基本数字可用，而且所有的计算是逢 r 进 1。下面是两个二进制数的加法计算例子（注意做加法运算的操作数的名称）：

进位：	00000	101100
被加数：	01100	10110
加数：	+10001	+10111
和：	11101	101101

除了每位的和只可能是 0 和 1 以外，二进制的加法和十进制的加法规则一样。当然，在二进制加法中，当某位的和大于 1 时就会产生进位（而在十进制中，只有当和大于 9 才会产生进位），进位都会加入到临近的高位。在第一个例子中，因为所有的进位都为 0，所以和就相当于被加数与加数的各位简单相加。在第二个例子中，从右数第 2 列的两位的和是 2，会向高位产生一个进位，而本位为 0(2＝2＋0)。此进位参与第 3 位的加法运算，这样第 3 位的和则为 3，同样要向高位产生一个进位，而本位则为 1(3＝2＋1)。

下面是两个二进制数的减法运算过程（同样，注意操作数的名称）：

借位：	00000	00110		00110
被减数：	10110	10110	10011	11110
减数：	−10010	−10011	−11110	−10011
差：	00100	00011		−01011

二进制减法运算规则也和十进制一样，除了被减数某位向高位的借位相当于在本位加 2（而十进制中一个借位相当于在本位加 10）。在第一个例子中，没有任何借位发生，所以差只是被减数与减数按位简单相减。在第二个例子中，在最右列，由于被减数的该位是 0，而减数的该位为 1，所以必须向第 2 位借位，这样第一位的差就是 1(2＋0−1＝1)。在第 2 位，由于它已被借位，值为 0，而减数的第 2 位为 1，所以它还须向第 3 位借位。如果被减数小于减数，我们就将减数减去被减数，在差的前面加上一个负号。第三个例子说明的就是这种情况，注意减数和被减数的位置被调换了。

最后要演示的是二进制的乘法计算，同样很简单。在二进制乘法中，乘数的数字非 0 即 1。这样，部分乘积就是 0 或被乘数。下面是乘法的例子：

被乘数：	1011
乘数：	×101
	1011
	0000
	1011
乘积：	110111

　　八进制、十六进制以及其他 r 进制数的算术运算都需要查询对应进制中位与位相加或相乘的结果对应表。一种更简单的办法是将 r 进制数中一列对应的位转换为十进制数，按十进制规则进行计算，这样我们就可以很方便地使用我们经常习惯使用的十进制计算表，计算完后，再将和以及进位转换回 r 进制。例 1-2 是用这种方法计算两个十六进制数 59F 与 E46 之和的步骤。

21

ⓇⓌ 例 1-2　十六进制数加法

计算 $(59F)_{16} + (E46)_{16}$：

	十六进制		等价的十进制计算		
		1 ←		1 ←	
59F	5		进位 9	15	进位
E46	14		4	6	
13E5	1 $\overline{19}$=16+3		$\overline{14}$=E	$\overline{21}$=16+5	

　　在例子右边等价的十进制的计算过程中，必须运用推理得出对应十六进制中的每一位。例如，在计算右边第一列的 F+6 时，我们转换成等价的十进制计算 15+6=21，然后在转换回十六进制时，我们注意到 21=16+5，所以，本位的结果为 5，并向高位进 1。其他两列的计算方法相同。 ■

　　总的来说，做两个 r 进制数的乘法计算时，每一步可以采用十进制的规则进行计算，同时将每一步的中间结果转换为 r 进制数。例 1-3 演示的是两个八进制数的乘法。

ⓇⓌ 例 1-3　八进制乘法

计算 $(762)_8 \times (45)_8$：

八进制	八进制	十进制	八进制
762	5×2	=10=	8+2=12
45	5×6+1	=31=	24+7=37
4672	5×7+3	=38=	32+6=46
3710	4×2	= 8=	8+0=10
43772	4×6+1	=25=	24+1=31
	4×7+3	=31=	24+7=37

　　上图右边演示的是每一对八进制位的心算过程。八进制的 0~7 的数字和十进制中相对应的数字是一样的。每一对八进制数位的相乘以及加上低位的进位，都可以按十进制的计算方法进行，然后再将这一步的结果转换回八进制，如果结果是两位的八进制数，则高位就是本列的进位，低位就是本列的计算结果。例如，$(5\times2)_8=(12)_8$，结果中的高位 1 作为进位加入 $(5\times6)_8$ 的计算结果，低位的 2 就是本列的八进制计算结果。乘数最高位的进位可直接作为乘积中下一位的结果，比如 46 中的 4。 ■

22

十进制数转换为其他进制数

　　之前我们采用多项式展开的方法将其他进制的数转换为十进制数。现在我们采用一种通用的过程将十进制数转换为 r 进制数。如果待转换的数中有小数点，我们要将这个数分成整数部分与小数部分，两个部分的转换要分别进行。通过采用短除法可以将十进制整数转换成

r 进制数，步骤就是不断用 r 除要转换的十进制数以及每步产生的商，直至最后的商等于 0，每一步所得到的余数就可构成所要转换的结果，其过程可以用例 1-4 具体说明。

(RW) 例 1-4　十进制整数转换为八进制数

将十进制数 153 转换为八进制数：

基底为 8。首先，用 8 除 153，商为 19，余数为 1。然后，继续用 8 除 19，商为 2，余数为 3。最后，用 8 除 2，商为 0，余数为 2。每一步的余数就可构成我们想要得到的八进制数的位。

$$153/8 = 19 + 1/8 \qquad \textbf{余数} = 1 \qquad \text{最低有效位}$$
$$19/8 = 2 + 3/8 \qquad\qquad = 3$$
$$2/8 = 0 + 2/8 \qquad\qquad = 2 \qquad \text{最高有效位}$$

$$(153)_{10} = (231)_8$$

注意，在例 1-4 中，余数从最后到第一，按逆序构成转换数的高位到低位，如箭头所指。商不断地被 r 除直到为 0。同样，可以采用这种方法，将十进制数转换为二进制数，如例 1-5 所示。在这个例子当中，r 是 2，所以短除法中的除数是 2。

(RW) 例 1-5　十进制整数转换为二进制数

转换十进制数 41 为二进制数：

$$41/2 = 20 + 1/2 \qquad \textbf{余数} = 1 \qquad \text{最低有效位}$$
$$20/2 = 10 \qquad\qquad\quad = 0$$
$$10/2 = 5 \qquad\qquad\quad = 0$$
$$5/2 = 2 + 1/2 \qquad\qquad = 1$$
$$2/2 = 1 \qquad\qquad\quad = 0$$
$$1/2 = 0 + 1/2 \qquad\qquad = 1 \qquad \text{最高有效位}$$

$$(41)_{10} = (101001)_2$$

当然，反过来，将二进制数按 2 的指数多项式展开求和就能得到对应的十进制数。

$$(41)_{10} = 32 + 8 + 1 = (101001)_2$$

23

将十进制小数转换为 r 进制形式的方法和整数的转换方法有所不同，称为"连乘法"，也就是不断地用 r 乘以要转换的十进制小数，每次相乘得到的结果的整数部分构成转换结果的对应的位。这种方法可以用例 1-6 说明。

(RW) 例 1-6　十进制小数转换为二进制形式

将十进制小数 0.6875 转换为二进制数：

首先，将 0.6875 乘以 2，结果中有整数与小数，再将新的小数与 2 相乘，又得到新的整数与小数，这样不断继续，直到小数部分为 0 或满足精确要求为止。二进制数中的位就由每步得到的整数部分构成，方法如下：

$$0.6875 \times 2 = 1.3750 \qquad \textbf{整数} = 1 \qquad \text{最高有效位}$$
$$0.3750 \times 2 = 1.7500 \qquad\qquad = 0$$
$$0.7500 \times 2 = 1.5000 \qquad\qquad = 1$$
$$0.5000 \times 2 = 1.0000 \qquad\qquad = 1 \qquad \text{最低有效位}$$

$$(0.6875)_{10} = (0.1011)_2$$

注意例子中每步得到的整数按箭头方向排列即可得到转换后的结果。在这个例子中，转换后的小数是有限的，但有时不断连乘并不能使小数部分变为0，这时必须决定需要多少位小数才能满足精确度的要求。由于转换的方法是用r进行连乘，那么将十进制小数转换为八进制形式，就得用8来连乘，如例1-7所示。

⊛ 例1-7   十进制小数转换为八进制形式

将十进制小数0.513转换为小数位为3位的八进制形式：

$$0.513 \times 8 = 4.104 \qquad 整数 = 4 \quad | \quad 最高有效位$$
$$0.104 \times 8 = 0.832 \qquad \qquad = 0 \quad |$$
$$0.832 \times 8 = 6.656 \qquad \qquad = 6 \quad |$$
$$0.565 \times 8 = 5.248 \qquad \qquad = 5 \quad \downarrow \quad 最低有效位$$

转换结果中的3位数由每步的整数来构成，我们连乘4次，得到4个整数，注意到最低的一位整数为5，在八进制中按取整法（即类似十进制中的四舍五入），向次低位6进一位，这样就得到：

$$(0.513)_{10} = (0.407)_8 \qquad \blacksquare$$

如果待转换的数中既有整数部分又有小数部分，就可以将两部分分别转换，最后组合形成结果。比如，采用例1-4和例1-7的结果，我们可以得到：

$$(153.513)_{10} = (231.407)_8$$

24

1.5   十进制编码

二进制数是最适合计算机系统的，但人们却习惯使用十进制数。一种解决方法是将十进制数转换成二进制形式，所有的计算都采用二进制形式，然后将结果再转换回十进制数。因为计算机只接受二进制数，这种方法需要我们将十进制数以某种0、1编码的二进制形式在计算机中存储。在这种编码上甚至可以直接进行十进制的算术操作。

一种n位的二进制编码（binary code）是一组有2^n个n位二进制位（0或1）的组合，每种组合是编码集合中的一个元素。一个有4个元素的集合可以用2位二进制数来编码构成，其中每一个元素就是后面二进制位组合中的某一个：00、01、10、11。8个元素的集合可以用3位二进制编码构成，16个元素的集合则需要4位二进制编码。一种n位的编码有$0 \sim 2^n - 1$个二进制位组合形式，每个元素只能用一个二进制组合来表示，不能出现两个元素有相同值的情况，否则，就会导致赋值的不确定性。

如果编码集合的元素个数不是2的幂数，就有可能出现一些二进制位组合未赋值的情况，十进制的10个数字就是如此。10个元素须用4个二进制位的组合来区分表示，这样16个可能的组合中就有6个多余的组合未被赋值。有很多种编码方法来使用4位二进制位表示10个元素。表1-4所列的就是一种用二进制形式表示十进制数的最直接的方法，称为用二进制编码的十进制数（binary-coded decimal），通常简称BCD码。还有其他十进制数字的编码形式，但使用不普遍。

表1-4给出十进制中每个数字的二进制编码。一个n位的十进制数需要$4n$位的BCD码来表示。这样，十进制数396的BCD形式是12位的：

$$0011\ 1001\ 0110$$

其中，每 4 位一组的编码表示一个十进制的数字。BCD 码表示的十进制数中只有 0～9 是和相应的二进制数是一模一样的。大于等于 10 的 BCD 码表示的十进制数就与相对应的二进制数完全不一样了，虽然它们都是采用 0 与 1 的组合形式。甚至，二进制数中的 1010 到 1111 在 BCD 码中没有用到，没有任何意义。

表 1-4   二进制编码的十进制（BCD）

十进制符号	BCD 码	十进制符号	BCD 码
0	0000	5	0101
1	0001	6	0110
2	0010	7	0111
3	0011	8	1000
4	0100	9	1001

如下是十进制数 185 和它的 BCD 编码以及二进制形式：

$$(185)_{10} = (0001\ 1000\ 0101)_{BCD} = (10111001)_2$$

其中，BCD 码需要 12 位，而二进制形式却只需要 8 位。显然，表示同一个数，BCD 码比二进制需要更多的位。但是，用 BCD 码来表示十进制数仍然很重要，因为人们常用的计算机的输入输出数据需要用十进制形式。BCD 码是十进制数，不是二进制数，即使它们都是采用二进制位的组合来表示。十进制数与 BCD 码的区别仅仅在于，十进制数的数字符号是 0、1、2、…、9，而 BCD 码则用二进制编码：0000、0001、0010、…、1001。

1.6   字符编码

计算机不仅要处理数字，还须处理字符信息，例如一家拥有成千上万投保客户的保险公司使用计算机处理它的文件。为了表示客户的姓名以及其他相关信息，必须采用一种二进制编码来表示字母表中的字母。而且，还需要一些二进制编码来表示数字以及其他特殊的字符，比如 $。任何一种英语的字母数字字符集都包括 10 个十进制数字、26 个字母以及一些（超过 3 个）其他特殊字符。如果只包含大写字母，我们需要至少 6 个二进制位进行编码，如果要包含大小写字母，则需要至少 7 个二进制位进行编码。在计算机中二进制编码是很重要的，因为计算机只能处理 0 和 1 组成的二进制数。二进制编码只改变了信息表示的符号，并不改变信息本身的意义。

1.6.1   ASCII 字符编码

目前国际上采用的字母数字字符的标准编码称为 ASCII（American Standard Code for Information Interchange，美国信息交换标准编码），如表 1-5 所示，它采用 7 位二进制编码，可表示 128 个字符。这 7 个二进制位，从低位到高位分别称为 B_1 到 B_7，B_7 是最高位，高 3 位构成表中的列，低 4 位构成表中的行。比如，字母 A 的 ASCII 码为 1000001（列为 100，行为 0001）。ASCII 码包含 94 个可打印字符以及 34 个不可打印的控制字符。可打印字符包含了 26 个大写字母、26 个小写字母、10 个阿拉伯数字以及 32 个特殊的可打印字符，如 %、@ 和 $。

表 1-5 美国信息交换标准码

$B_4B_3B_2B_1$	$B_7B_6B_5$							
	000	001	010	011	100	101	110	111
0000	NULL	DLE	SP	0	@	P	`	p
0001	SOH	DC1	!	1	A	Q	a	q
0010	STX	DC2	"	2	B	R	b	r
0011	ETX	DC3	#	3	C	S	c	s
0100	EOT	DC4	$	4	D	T	d	t
0101	ENQ	NAK	%	5	E	U	e	u
0110	ACK	SYN	&	6	F	V	f	v
0111	BEL	ETB	'	7	G	W	g	w
1000	BS	CAN	(	8	H	X	h	x
1001	HT	EM	)	9	I	Y	i	y
1010	LF	SUB	*	:	J	Z	j	z
1011	VT	ESC	+	;	K	[	k	{
1100	FF	FS	,	<	L	\	l	|
1101	CR	GS	-	=	M	]	m	}
1110	SO	RS	.	>	N	^	n	~
1111	SI	US	/	?	O	_	o	DEL

控制字符

NULL	空字符	DLE	数据链路转义
SOH	报头开始	DC1	设备控制 1
STX	文始	DC2	设备控制 2
ETX	文终	DC3	设备控制 3
EOT	传送结束	DC4	设备控制 4
ENQ	询问	NAK	否认
ACK	确认	SYN	同步
BEL	蜂鸣	ETB	传输块结束
BS	退格	CAN	取消
HT	水平制表符	EM	媒体结束符
LF	换行	SUB	置换
VT	垂直制表符	ESC	转义字符
FF	换页	FS	文件分隔符
CR	回车	GS	组分隔符
SO	移出	RS	记录分隔符
SI	移入	US	单元分隔符
SP	空格	DEL	删除

在 ASCII 字符表中 34 个控制字符用缩写表示，表下面给出一个控制字符的缩写与其全名的对应列表。控制字符用于控制数据的传送以及将要打印的文本转换为预定义的格式。控制字符按功能可分为 3 大类：格式控制符（format effector）、信息分隔符（information separator）以及通信控制字符（communication control character）。格式控制符用于控制打印格式与布局，它们有我们很熟悉的打字机控制字符如退格（BackSpace，BS）、水平制表（Horizontal Tabulation，HT）以及回车（Carriage Return，CR）。信息分隔符用于将数据分成不同的部分，比如段落或页，其中有记录分隔符（Record Separator，RS）和文件分隔符（File Separator，FS）。通信控制字符用于控制文本的传输，其中有文始符（Start of Text，STX）以及文终符（End of Text，ETX），它们都用于在文本的传输过程中控制传输数据帧（frame）的开始与结束。

ASCII 码是 7 位二进制编码，但是绝大多数计算机的基本数据存储单元是 8 位，也称为 1 字节（byte）。这样，每个 ASCII 码在计算机中都占据 1 字节的存储单元，而字节的最高有效位则置为 0。多余的这一位在不同的应用中可以有不同的用途。例如，当将字节的最高有效位置 1 时，可形成额外的 128 个 8 位的字符，有些打印机可以识别这些字符，这样，可以让这些打印机打出某些其他非英语字母，比如希腊字母或有音标的字母等。

使计算系统适应世界不同地区和不同语言被称为国际化（internationlization）或地区化（localization）。地区化的一个主要方面就是为各种语言中的字母和文字提供字符。ASCII 是为英文字母开发的，即便将其扩充到 8 位，它也不可能支持世界范围内常用的其他字母和文字。许多年来，人们发明了很多不同的字符集，用来表示各种语言中所使用的文字以及不同专业领域使用的特殊技术和数学符号。这些字符集相互之间不兼容，例如，不同字符使用相同的数字，或者相同字符使用不同的数字。

统一码（Unicode，又称万国码、单一码——译者注）作为工业标准提供了一种统一的表示方式，可以用来表示世界上几乎所有语言中的字符与表意文字。通过对很多语言中的字符进行标准化的表示，统一码避免了从一种字符集到另一种字符集之间的切换，并消除了在不同字符集中使用相同数字而产生的冲突。统一码对每一个字符不仅规定了唯一的名字，而且规定了唯一的编号，叫做代码点（code point）。表示代码点常用的方法是在"U+"字符后加上那个代码点的 4～6 个十六进制数字。例如，U+0030 是字符"0"，叫做数字零。统一码的前 128 个代码点，从 U+0000～U+007F 对应 ASCII 码字符。统一码目前支持全世界 100 种语言中的上百万的代码点。

有几种标准的对代码点进行编码的方法，编码长度从 8～32 位（1～4 字节）。例如，UTF-8（UCS 变换格式，UCS 代表万用字符集（Universal Character Set））是一种变长的编码，对于每一个代码点，使用 1～4 字节；UTF-16 是一种变长的编码，对于每一个代码点，使用 2 或 4 字节；而 UTF-32 是定长的，对于每一个代码点，使用 4 字节。表 1-6 给出了 UTF-8 使用的格式。右栏中的 x 是被编码的代码点的各个位，代码点的最低有效位位于 UTF-8 编码的最右边。如表中所示，前 128 个代码点用一个字节表示，这样可以使得 ASCII 码与 UTF-8 相兼容。因此，一个只含有 ASCII 字符的文件或字符串用 ASCII 码或 UTF-8 来表示是一样的。

在 UTF-8 中，多字节序列的字节数用第一个字节中位于最前面的 1 的个数来表示。合法的编码对每一个代码点必须使用最少的字节数。例如，对应 ASCII 码的前 128 个代码点中的任何一个，只能用一个字节，而不是序列中的某一个字节再加上代码点，代码点的左边有几个 0。为了解释 UTF-8 编码，考虑几个例子。代码点 U+0054，拉丁文大写字母 T，"T" 在 U+0000 0000～U+0000 007F 之间，所以它应该用一个字节来编码，其值为（01010100）$_2$。代码点 U+00B1，正 - 负号 "±" 在 U+0000 0080～U+0000 07FF（原书为 07FFF，原书有误——译者注）之间，所以它应该用两个字节来编码，其值为（11000010 10110001）$_2$。

表 1-6　Unicode 代码点的 UTF-8 编码

代码点范围（十六进制）	UTF-8 编码（二进制，其中 x 位为代码点位）
U+0000 0000～U+0000 007F	0xxxxxxx
U+0000 0080～U+0000 07FF	110xxxxx 10xxxxxx
U+0000 0800～U+0000 FFFF	1110xxxx 10xxxxxx 10xxxxxx
U+0001 0000～U+0010 FFFF	11110xxx 10xxxxxx 10xxxxxx 10xxxxxx

1.6.2　校验位

为了检测出数据传送过程中可能出现的错误，通常在二进制编码中额外加上一个校验位（parity bit），用于表示编码中 1 的个数是奇数还是偶数。下面是两个字符以及它们的奇校验（odd parity）和偶校验（even parity）的形式：

	偶校验	奇校验
1000001	01000001	11000001
1010100	11010100	01010100

对于以上的两个字符，我们都采用存储字节中的最高有效位作为奇偶校验位。对于偶校验来说，当字符编码中 1 的个数为偶数时，校验位为 0；对于奇校验来说，当字符编码中 1 的个数为奇数时，校验位为 0。一般应用中只需要采用奇偶校验中的一种，偶校验用得更广泛。奇偶校验不仅可以用于二进制数字也可以用于编码，比如 ASCII 码，校验位可以是编码中某个固定的位。

ⓇⓌ 例 1-8　ASCII 码的传输差错检测与修正

校验位对于检测信息传送中的差错很有用。假设我们采用偶校验，一个简单的差错检测过程是这样的：在 7 位 ASCII 码发送结束时，根据编码中的内容，产生 1 个校验位，这个校验位连同 7 位 ASCII 码一共 8 位一起被发送到接收端。在接收结束时，根据接收到的 ASCII 码，产生一个校验位，并将这个校验位与接收到的校验位进行比较，如果不相同，则说明在传输过程中编码中至少有一位发生了改变。这种方法可以检测字符传输过程中有 1 个、3 个等任意奇数位发生的改变，但无法检测偶数个位发生改变的情况。某些其他的差错检测编码，采用额外的奇偶校验位来检测偶数个位发生的改变。发现差错后如何处理取决于不同的应用。如果差错是随机的且不会再发生，则一种可能的处理是请求数据重新传送。这样，当接收方检测到一个校验错误就立刻回送 NAK（Negative Acknowledge）控制字符，该字符可以从表 1-5 得到，它是一个 8 位的偶校验码 10010101。如果没有检测到数据错误，接收方就回送 ACK（Acknowledge）控制字符，00000110。发送端收到 NAK 就立刻重复发送数据，直到接收到正确的校验信息为止。如果反复尝试多次，数据传送仍有差错，可报告线路有故障。　■

29

1.7 格雷码

当我们采用二进制编码进行向上或向下计数时，每次计数会导致二进制值向下一个值变化，而每次变化时，二进制编码中需要翻转的位的个数是不一样的。如表 1-7 所示，表左边列出的是二进制编码的八进制数字，当我们从 000 到 111 计数再回到 000，每次计数值变化时，二进制编码中需要翻转的位数为 1～3。

对于很多应用，多个二进制位同时发生变化并不是问题。但在某些应用中，计数时如果有多个位同时发生变化会导致很严重的问题，图 1-6a 所示的光学轴角编码器就可以用来说明这种情况。这种编码器用一个加装在一根轴上的圆盘来测量轴的转动角度，圆盘表面被分成

表 1-7 格雷码

二进制编码	翻转的位数	格雷码	翻转的位数
000		000	
001	1	001	1
010	2	011	1
011	1	010	1
100	3	110	1
101	1	111	1
110	2	101	1
111	1	100	1
000	3	000	1

很多区域，透明的表示二进制 1，不透明的则表示二进制 0。在圆盘的一侧有一个光源，另一侧有多个光学传感器，每个传感器用来感知对应位置的光，并转换为对应的二进制值 0（黑暗）或 1（有光）。当圆盘的透明区域处于光源和传感器之间时，传感器输出二进制 1，当不透明区域处于光源和传感器之间时，传感器输出二进制 0。

但是，轴本身可以旋转到任何角度。例如，轴和圆盘可能会转到某一角度，传感器正好处于 011 和 100 区域间的边界上。这时，在 B_2、B_1 和 B_0 的传感器所接收的光被部分遮挡，在这种情况下，很难判定这 3 个传感器是否接收到光，每个传感器既可以产生二进制 0 也可以产生二进制 1 信号。这样，在 3 与 4 之间，可能会出现的编码就会有 000、001、010、011、100、101、110 或 111，其中只有 011 和 100 是符合要求的，其他的都是错误的编码。

看看有什么其他方法可以解决这一问题。我们注意到当二进制值向下一个或上一个值进行变化时，如果只有一个二进制位发生翻转，这个问题就不会出现。例如，当传感器位于 2 与 3 的区域边界时，传感器能产生的二进制信号只可能是 010 或 011，它们都符合要求。因此，如果我们改变从 0 到 7 的编码方式，使得在进行加计数或减计数（从 7 回到 0）时只有一个二进制位需要翻转，则轴处于任何角度传感器都能产生正确的信号。计数过程中相邻编码之间只有一位不同的编码称为格雷码（Gray code），以 Frank Gray 的名字命名，他在 1953 年申请了这种编码用于转轴编码的专利。对于 n（n 为偶数）个连续整数的集合，可以有多种格雷编码。

表 1-7 右侧列出的是一种八进制数字的格雷码，称为二进制反射格雷码（binary reflected Gray code）。注意，二进制编码的计数顺序现在是：000、001、011、010、110、111、101、100 和 000。如果我们需要对编码表示的数字信息进行进一步处理，可以采用专用的硬件电路或软件将格雷码转换为它所对应的二进制值。

图 1-6b 给出的就是采用表 1-7 中的格雷码做的光学轴角编码器。可以看到盘中任意相邻的两个编码分块区域只有一个部分是不同的（透明或不透明）。

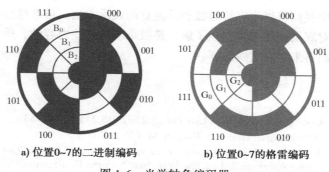

a) 位置0~7的二进制编码   b) 位置0~7的格雷编码

图1-6   光学轴角编码器

光学轴角编码器充分展现了格雷码的作用。其实在其他类似的应用领域，需要将某些连续变化的物理量，比如位置或电压转换成数字信号，格雷码也同样有用，格雷码在低功耗 CMOS（Complementary Metal Oxide Semiconductor）逻辑电路中的应用则更为特别。在 CMOS 电路中，仅仅当二进制位发生变化时才消耗功率。如果按表1-7中的两种编码进行顺序计数（向上或向下），完成一个8次计数的循环，二进制编码总共有14个位发生了翻转，而格雷码则只需要翻转8位。由此可见，采用格雷码的计数电路的动态功耗只有二进制编码计数电路的 57%。

n（n 必须为偶数）位二进制计数序列数值的格雷码可以通过以下方法编制：首先对于序列的前 $n/2$ 个二进制编码，我们设目的格雷码的左边最高位为 0，然后往右的各位由原二进制编码的每一位与它左边相邻位的偶校验构成，如二进制编码 0100 的格雷码的构成是这样的：0，偶校验（0，1），偶校验（1，0），偶校验（0，0）=0110；接着，将已构成的格雷码序列按逆序排列，并将左边最高位设为 1，这样就构成原序列中的后 $n/2$ 个二进制编码所对应的格雷码序列。例如，对于 BCD 码而言，对应的前 5 个格雷码为 0000、0001、0011、0010 和 0110，将这个编码序列逆序排列，并将左边最高位置 1，就可得到最后 5 个格雷码：1110、1010、1011、1001 和 1000。对于数值在 $0\sim 2^n-1$ 范围内顺序变化的特殊二进制编码，其格雷码编制方法是：保留原二进制码的左边最高位，剩下的位由原二进制码的各位与其左边相邻位的偶校验构成。

1.8   本章小结

在这一章中，我们介绍了数字系统和数字计算机，并且解释了为什么要采用二值系统来表示信息。我们还简单地介绍了存储程序数字计算机的结构，并举例说明了计算机在嵌入式领域中的广泛应用。然后我们以典型的个人计算机为例演示了通用计算机的构架。我们介绍了抽象层次的概念，用它来管理设计由数百万个晶体管构成的计算机系统的复杂度，并给出数字电路设计的基本步骤。

我们还介绍了数的进制系统的基本概念，包括基底、小数点等。由于二进制正好适合用于表示二值信号，所以我们重点讨论了二进制。我们也重点介绍了八进制（底为 8）与十六进制（底为 16），因为它们可以作为二进制的一种简洁表示方法。本章还介绍了不同进制中的计算方法以及进制间的转换。由于十进制的广泛使用，所以又引入二进制表示的十进制数（BCD）。用于表示英文字母表中的字符的 ASCII 码也做了介绍。Unicode 是表示全世界各国语言字符的一种标准。校验位用于差错检测，格雷码对于某些特殊的应用非常重要。

31

在以后的章节中我们将讨论有符号数和浮点数的表示方法。虽然这些内容和本章的内容联系紧密，但如果对底层硬件没有一点了解，是很难理解这些内容的，所以在介绍了相关硬件基础知识之后我们再来学习这些内容。

参考文献

1. GRAY, F. *Pulse Code Communication*. U. S. Patent 2 632 058, March 17, 1953.

2. MOGGRIDGE, B. *Designing Interactions*. Boston: MIT Press, 2006.

3. PATTERSON, D. A., and J. L. HENNESSY, *Computer Organization and Design: The Hardware/Software Interface*, 3rd ed. San Francisco: Morgan Kaufmann, 2004.

4. The Unicode Consortium. "Unicode 6.3.0." 13 November 2013. http://www.unicode.org/versions/Unicode6.3.0/

5. WHITE, R. *How Computers Work: Millennium Edition*, 5th ed. Indianapolis: Que, 1999.

习题

(+) 表明更深层次的问题，(*) 表明在原书配套网站上有相应的解答。

1-1 本习题与本章例 1-1 无线气象站中的风速测量有关。风速测量机构的构成是这样的：一个风速仪的转动轴上附有一个一半透明一半黑色的圆盘，在圆盘的上面有一盏灯，圆盘的下面有一个光电二极管，当接收到光时，光电二极管可以产生 3 V 的电压信号，没有接收到光时则不产生。(a) 请画出以下情况传感器所产生的电压波形图：(1) 当风速不大时；(2) 当风速为 10 m/h 时；(3) 当风速为 100 m/h 时。(b) 请口头解释微计算机需要输入并处理的信息是什么形式的，要怎样才能将表示风速的波形转换成二进制数字。

1-2 请在例 1-1 的图中分别找出以下华氏温度：−34、+31、+77 和 +108 的离散的量化值以及二进制编码。

***1-3** 请写出 16～31 的二进制、八进制以及十六进制数的形式。

1-4 以下大小的内存中可以分别存储多少二进制位？

(a) 128 K 位   (b) 32 M 位   (c) 8 G 位

1-5 1Tb 有多少二进制位？ [提示：根据所用工具的不同，可能需要一些技巧才能准确地算出结果。由于 $2^{20}=1\,000\,000_{10}+d$，其中 d 是 2^{20} 与 $1\,000\,000_{10}$ 的差，所以 $1\,T=(1\,000\,000_{10}+d)^2$，将这个等式展开成乘积和的形式，代入 d 的值，计算出 3 个乘积，再求和即可得出答案。]

1-6 以下位长的二进制数所能表示的最大整数所对应的十进制值是多少？

(a) 11 位   (b) 25 位

***1-7** 将以下二进制数值转换为十进制：1001101、1010011.101、10101110.1001。

1-8 将以下十进制数值转换为二进制：187、891、2014 和 20486。

***1-9** 将以下表中的数值装换为另外 3 种进制。

十进制	二进制	八进制	十六进制
369.3125	?	?	?
?	10111101.101	?	?
?	?	326.5	?
?	?	?	F3C7.A

***1-10** 采用本章例 1-4 与例 1-7 的方法将以下十进制数值装换为所要求的进制。

(a) 7562.45 →八进制   (b) 1938.257 →十六进制   (c) 175.175 →二进制

***1-11** 采用二进制而不是十进制作为中间进制完成以下的数值进制转换：

(a) $(673.6)_8 \rightarrow$ 十六进制   (b) $(E7C.B)_{16} \rightarrow$ 八进制   (c) $(310.2)_4 \rightarrow$ 八进制

1-12 完成以下二进制数的乘法计算：

(a) 1010×1100 (b) 0110×1001 (c) 1111001×011101

+1-13 除法计算可由减法与乘法构成，请尝试完成如下二进制除法计算，求出商和余数：$1010110 \div 101$。

1-14 有些系统采用十二进制，总共有 4 个整数数位，数位的权从高到低分别是：$12^3, 12^2, 12, 1$，其中权为 12 的别名为 1 打（dozen），权为 12^2 的别名为 1 格罗斯（gross），权为 12^3 的别名为 1 大格罗斯（（great gross）。

(a) 6 大格罗斯＋8 格罗斯＋7 打＋4 听饮料的数量是多少？

(b) 7569_{10} 听饮料的十二进制数是多少？

1-15 很多证据表明历史上有一些民族曾使用过二十进制系统。

(a) 仿照十六进制系统中基数的构成方法，扩充并形成二十进制的基数。

(b) 将 $(2014)_{10}$ 转换为二十进制。

(c) 将 $(BCI.G)_{20}$ 转换为十进制。

*1-16 根据以下等式，求出基 r 的值：

(a) $(BEE)_r = (2699)_{10}$ (b) $(365)_r = (194)10$

1-17 一种特殊喂养的聪明小鸡可进行以下计算。如果这种小鸡所使用的计数进制的基 r 是和它所有的脚趾数目一样，请问这种小鸡的每只脚有几个脚趾？

$((34)_r + (24)_r) \times (21)_r = (1460)_r$（原书为 1480，原书有误——译者注）

*1-18 请用二进制表示以下 BCD 码。

(a) 0100 1000 0110 0111   (b) 0011 0111 1000.0111 0101

*1-19 请用 BCD 码表示十进制数 715 与 354。

RW *1-20 在计算机中，除了少数的情况外，几乎所有的数字计算都是采用二进制形式。但计算机的输入信息常常采用 ASCII 码，用 ASCII 码表示的数字字符可看作是在一个 BCD 码前附加 011 构成的。这样，能直接将输入的 BCD 码转换成二进制数的算法就非常重要，下面是一种转换算法：

1. 在 BCD 码的 4 位十进制位段间画上短线，格式如：XXXX-XXXX。

2. 将 BCD 码向右移一位，移出的这一位作为目的二进制值的一位。

3. 如果 BCD 码中某个十进制位段的值大于 0111，就将此码段的值减去 0011。

4. 重复第 2 步与第 3 步，直到 BCD 码中的最高位从最低十进制位段的最低位移出。

5. 将每次移除的 0 或 1 按出现顺序从右至左排列即为目的二进制数值。

（BCD 码本质是一个十进制数，将一个十进制数转换为二进制数的基本方法就是短除法，而将 BCD 码往右移一位就相当于除 2，不过每次移位后考虑到 BCD 的有效性，还须要做恰当的调整——译者注）

(a) 请用以上算法转换如下 BCD 码：0111 1000。

(b) 请用以上算法转换如下 BCD 码：0011 1001 0111。

RW 1-21 在计算机中，除了少数情况外，几乎所有的计算都是基于二进制数的。但是，计算机的输出信息常常采用 ASCII 码，用 ASCII 码表示的数字字符可看作是在一个 BCD 码前附加 011 构成的。这样，能直接将二进制数值转换为输出的 BCD 码的算法就非常重要，下面是一种转换算法：

1. 估计目的 BCD 码的十进制位数，并在其十进制位段间画上短线，格式如：XXXX-XXXX-XXXX。

2. 将二进制数与目的 BCD 码同时向左移一位，二进制数的左边最高一位移入目的 BCD 码的右边最低位。

3. 如果 BCD 码中某个十进制位段的值大于 0100，就将此码段的值加上 0011。

4. 重复第 2 步与第 3 步，直到二进制数中的最低位移入最低 BCD 码的最低位。

5. 完成移动后，即可得目的 BCD。

　　（a）请按上述算法获得如下二进制的 BCD 码：1111000。

　　（b）请按上述算法获得如下二进制的 BCD 码：01110010111。

1-22　要将英语字母的大小写进行相互转换，须将所对应的 ASCII 码的哪一位进行取反？

1-23　用 8 位 ASCII 码写出你的全名。

（a）左边最高位置 0。

（b）左边最高位为偶校验位。

要求：名字之间须有空格，中间名缩写后须有一个句点。

（外国人姓名的构成一般为：first name "名"，middle initial "中间名缩写"，last name "姓" ——译者注）

1-24　请翻译如下 ASCII 码：1000111 1101111 0100000 1000011 1100001 1110010 1100100 1101001 1101110 110001 1101100 1110011 0100001。

*1-25　请写出十进制数 255 的以下编码形式：

（a）二进制　　（b）BCD　　　　（c）ASCII 码　　　（d）带奇校验的 ASCII 码

1-26　对下面统一码 UTF-8 中的代码点进行编码，给出每一个编码的二进制和十六进制值：

（a）U+0040　（b）U+00A2　　（c）U+20AC　　（d）U+1F6B2

1-27　（a）将十进制数 32～47 用 6 位二进制数表示，并在最右边加上一个奇校验位构成一个 7 位的二进制编码。

（b）用偶校验重复以上工作。

1-28　用 1.7 节的方法找出十六进制的格雷码。

1-29　本习题与例 1-1 中的无线气象站的测量有关。风的方向的测量信号由图 1-6b 所示的圆盘进行编码。

（a）假设编码 000 表示方向 N，请选择并列出以下方向所对应的格雷码：S, E, W, NW, NE, SW, SE。

（b）请解释为什么你选的格雷码可以防止风向的误报？

+1-30　用 n 位的格雷码计数器（包含所有 2^n 个编码）做顺序计数的能耗是用 n 位的二进制计数器做顺序计数的能耗的百分之多少？

组合逻辑电路

在这一章中，我们从描述逻辑门和逻辑电路输入 / 输出关系的各种表示方法开始学习逻辑与计算机设计。另外，我们将学习利用这些门电路来设计数字电路的数学方法，以及怎样设计电路才会最划算。这些技术基于布尔代数，同时也是设计所有数字电路的基础。数字电路的设计要避免不必要的电路和过多的花费，最终的目的是使电路最优化。卡诺图是一种直观的图形化优化方法，它能够使你加深对逻辑设计和优化的了解，同时也能够解决较小规模的 "两级" 逻辑电路的优化问题。尽管卡诺图只适合用于简单电路，但它与先进技术有很多相同之处，这些技术可以用来生成很复杂的电路。逻辑设计的另一个约束是传输延迟，即门电路输入上的一个变化引起其输出上的一个变化所需要的时间。在学习完组合优化之后，我们将针对组合电路介绍 VHDL 和 Verilog 硬件描述语言（HDL）。HDL 在数字设计中的作用将与 HDL 的一种重要应用一起来加以讨论，这种应用是将 HDL 作为自动综合工具的输入。我们将学习一些基本概念和用 VHDL 与 Verilog 来对组合电路进行模型化。

根据第 1 章介绍的数字设计的过程和抽象层次，我们从逻辑门这个抽象层次开始。有两种类型的逻辑电路：组合型和时序型。在组合电路中，电路输出只依赖当时的输入，而在时序电路中，输出不但依赖于当时的输入而且依赖于过去的输入序列。本章讨论组合逻辑电路，并介绍描述组合逻辑电路（原书为组合逻辑门——译者注）输入与输出关系的几种方法，包括布尔方程、真值表、框图和 HDL。这一章还要讨论组合逻辑电路的人工优化方法，以此来减少所需门电路的个数。尽管这些人工优化方法实际上只能用于小电路优化门的数量，但它们还是说明了组合逻辑设计中包含的一种限制条件。这些方法与可以用于很大电路和另外一些限制条件的其他一些方法也有很多相同之处。

2.1　二值逻辑和逻辑门

数字电路是对二进制信息进行处理的硬件电路。硬件电路由晶体管通过复杂的连接来实现，由晶体管及其连接构成的复杂的半导体器件称为集成电路（integrated circuit）。每一种基本电路称为一种逻辑门（logic gate）。设计中为简单起见，我们把直接用晶体管来实现的电路视为逻辑门，设计者不必关心门电路的内部结构，只需要知道其外部的逻辑特性即可。每种逻辑门都执行特定的逻辑操作。一些逻辑门的输出与另外一些逻辑门的输入相连，这样就可以构成一个数字电路。

为了描述数字电路的工作特性，我们需要引入一种数学方法来描述每一个逻辑门的工作，进而可以用来分析和设计逻辑电路。这种二值逻辑系统是一种数学系统，它通常称作布尔代数（英国数学家乔治·布尔在 1854 年所著的书中介绍了这种逻辑的数学理论）。我们即将学习的这种布尔代数可以用来描述数字门电路的连接关系，通过使用布尔函数表达式来设计逻辑电路。我们将首先介绍二值逻辑的概念、二值逻辑与数字门电路和二值信号之间的关系，然后再给出布尔代数的性质，还包括其他一些在逻辑电路设计中有用的概念和方法。

2.1.1 二值逻辑

二值逻辑论述的是二值变量以及对这些变量所施加的数学逻辑运算，逻辑变量取两个不同的离散值。这两个值就像 1.1 节中所提到的那样，可以用不同的名字来命名。但为了方便，我们通常把一个变量的取值指定为 1 或 0。在本书的第一部分，变量用大写字母来表示，例如 A、B、C、X、Y 和 Z，以后变量可以扩展到用包含字母、数字和特殊字符的字符串来表示。与二值变量相关联的基本逻辑运算有三种，分别称为与（AND）、或（OR）和非（NOT）：

1）与运算。与运算的符号可以用点表示或者什么符号也不用。例如，$Z=X \cdot Y$ 或者 $Z=XY$，读作 "Z 等于 X 与 Y"。与运算逻辑操作的意思是：若 $X=1$ 且 $Y=1$，则 $Z=1$，除此以外 $Z=0$。（请记住，X、Y、Z 都是二值变量，其取值仅为 0 或 1。）

2）或运算。或运算的符号可以用加号来表示。例如，$Z=X+Y$，读作 "Z 等于 X 或 Y"。或操作的意思是：若 $X=1$ 或 $Y=1$，或 $X=Y=1$，则 $Z=1$，仅当 $X=0$ 且 $Y=0$ 时 $Z=0$。

3）非运算。非运算的符号可以用在变量的上面加一横来表示。例如，$Z=\overline{X}$，读作 "Z 等于 X 非"，意思是 Z 等于 X 的取反值。换句话说，当 $X=1$ 时 $Z=0$，$X=0$ 时 $Z=1$。非运算也可以称为取反（complement）运算，就是将 1 变为 0 或者将 0 变为 1。

38

二值逻辑类似于二进制运算，与运算和或运算与乘法和加法相似，这就是与运算和或运算的符号与乘法和加法的符号一致的原因。然而，二值逻辑不应该与二进制运算相混淆，大家应该明白算术变量可以是一个包含许多数字的数，而逻辑变量只能是 1 或 0。下面的式子是逻辑或运算的定义：

$$0+0=0$$
$$0+1=1$$
$$1+0=1$$
$$1+1=1$$

除了最后一个式子之外，其他式子都与二进制加法类似。在二值逻辑中，$1+1=1$（读作 "1 或 1 等于 1"），但是在二进制运算中，$1+1=10$（读作 "$1+1=2$"）。为了避免歧义，符号 $\lor$ 有时用来代替或运算中的 $+$ 符号。但是，只要二进制运算和逻辑运算不混淆，都可以用 $+$ 来表示各自的含义。

下面的式子是逻辑与运算的定义：

$$0 \cdot 0=0$$
$$0 \cdot 1=1$$
$$1 \cdot 0=1$$
$$1 \cdot 1=1$$

这种运算与一位二进制数乘法相同。可以用 $\land$ 和 $\lor$ 来分别代替与运算符（$\cdot$）和或运算符（$+$），这两个运算符在命题演算中分别表示连接和断开运算。

对于每一种二进制变量的组合，例如 X 和 Y，都会根据逻辑运算的定义得到变量 Z 的值，这个定义可以在真值表中以简洁的方式列出。真值表（truth table）就是将二进制变量的组合和运算的结果通过表的形式表示出来。与门、或门和非门的真值表如表 2-1 所示，可以从中看到二进制变量的所有组合和所得到的结果，它们清楚地解释了三种运算的定义。

表 2-1　三种基本逻辑运算的真值表

与			或			非	
X	Y	$Z=X \cdot Y$	X	Y	$Z=X+Y$	X	$Z=\overline{X}$
0	0	0	0	0	0	0	1
0	1	0	0	1	1	1	0
1	0	0	1	0	1		
1	1	1	1	1	1		

39

2.1.2　逻辑门

逻辑门是一些处理一个或多个输入信号，产生一个输出信号的电子电路。数字系统中的电压或电流信号呈现为两种可识别的值。在电压型逻辑电路中，两个不重叠的电压范围分别表示逻辑 1 和逻辑 0，图 2-1 已经举例对此进行了说明。在逻辑电路的输入端输入允许范围内的二进制信号，输出端就会得到相应范围内的二进制信号。两种范围之间的中间范围只有在信号由 1 到 0 或者由 0 到 1 变化时才会出现，这种变化称为过渡（transition），中间范围则称作过渡范围（transition region）。

图 2-1a 所示的是与门、或门和非门电路的图形符号，这些门电路都由电子线路组成，输入相应的逻辑 1 和逻辑 0 后得到的输出结果与真值表所示的结果相一致。与门和或门的两个输入信号 X 和 Y 有 4 种可能的组合：00、01、10 和 11，这些输入信号与每一种门所对应的输出信号以定时图的方式表示在时序（见图 2-1b）中。定时图（timing diagram）的横轴代表时间，纵轴代表高低电平之间的变化，低电平表示逻辑 0，高电平表示逻辑 1。当与门的输入信号都为逻辑 1 时，输出信号必然为逻辑 1。当或门的输入信号中任意一个为逻辑 1 时，输出信号为逻辑 1。非门通常称为反相器（inverter），其原因可以清楚地在定时图中从其响应看出，输出信号是对输入信号 X 的取反。

除了功能外，每一个逻辑门还有另一个称为门延时（gate delay）的重要特性，它是输入信号变化引起输出信号相应变化所需要的时间。根据实现逻辑门所使用的技术，门延迟的长短可能与哪一个输入信号发生变化有关。例如，对于图 2-1a 中所示的与门，两个输入都为 1，输入 X 变为 0 时的延时可能比输入 Y 变为 0 时的延时要长。同样，输出结果由 0 变到 1 时的延时比由 1 变到 0 时的延时可能要长，反之亦然。这里所举的例子都较简单，这些变化可以忽略，延时大小仅用一个 t_G 来表示。每种门电路的延时都不一样，这与输入端的个数、制作工艺和设计方法有关。在图 2-1c 中，与门电路的输出结果考虑了延时 t_G 的影响，输出波形的变化与引起它改变的输入 X 或 Y 的变化相比晚了 t_G 单位时间。当门电路组合成逻辑电路时，每条通路从输入到输出的延时是这条通路上所有门延时的时间之和。在 2.7 节中，我们将通过一个更加精确的模型来继续讨论门电路的延迟问题。

与门和或门可以有两个以上的输入端，三输入的与门和六输入的或门如图 2-2 所示。当三输入与门的输入信号都为逻辑 1 时，输出为逻辑 1；而当任何一个输入信号为逻辑 0 时，输出就为逻辑 0。当六输入或门的任何一个输入信号为逻辑 1 时，输出为逻辑 1；仅当所有的输入都为逻辑 0 时，输出才会为逻辑 0。

自从布尔函数可以用与、或和非运算来表示，用与门、或门和非门来实现一个布尔函数就成了一种直截了当的方法。然而，我们发现，考虑具有其他逻辑运算功能的门电路有着更实际的意义。当构建其他类型的门电路时，我们需要考虑这样一些因素：例如，用电子元器件实现的可行性和经济性，单独或者与其他门结合共同实现布尔函数的能力，以及表示常用逻辑函数是否方便。这一节将介绍这样一些其他类型的门，它们将贯穿于本书的其余部分。将这些门应用到电路中的一些技术将在 3.2 节介绍。

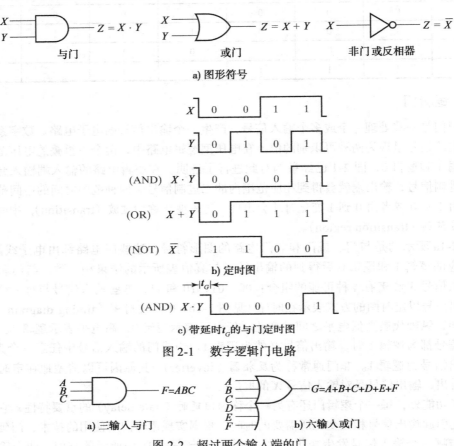

a) 图形符号

b) 定时图

c) 带延时 t_G 的与门定时图

图 2-1   数字逻辑门电路

a) 三输入与门   b) 六输入或门

图 2-2   超过两个输入端的门

图 2-3 给出了大多数常用逻辑门类型的图形符号和真值表。虽然图 2-3 中所示的逻辑门除反相器之外，每个只有两个二进制输入变量 X 和 Y、一个二进制输出变量 F，但实际上它们都可以有两个以上的输入。图中显示的各种不同形状的符号和图中没有显示的一些矩形符号，在电子电气工程师协会（IEEE）的《逻辑函数图形符号标准》（IEEE Standard 91-1984）中均有详细说明。与门、或门和非门已经进行过定义。非门电路通过对一个二进制信号进行逻辑取反来表示求补操作，这样的电路通常称为反相器（inverter），而不是非门。反相器输出端上小圆圈的正式名称为否定指示器（negation indicator），表示逻辑取反，我们平时称它为"泡泡"。

与非门表示对与运算的取反，或非门表示对或运算的取反，它们各自的名字分别是与非和或非的简称。与非门和或非门的图形符号分别由与门符号和或门符号在输出端加一个表示取反运算的泡泡组成。在当今的集成电路技术中，与非门和或非门因其形式最简单、速度最快而自然成为最基本的门类型。如果我们将反相器认为是只有一个输入端的退化的与非门和或非门，则与非门或者或非门可以单独地实现任何布尔函数。因此，逻辑电路中这两种类型的门比与门和或门使用更广泛，实际的电路也经常采用这两种类型的门来实现。

名称	不同的图形符号	代数式	真值表
AND	X Y ———F	$F=XY$	$\begin{array}{cc\|c} X & Y & F \\ 0 & 0 & 0 \\ 0 & 1 & 0 \\ 1 & 0 & 0 \\ 1 & 1 & 1 \end{array}$
OR	X Y ———F	$F=X+Y$	$\begin{array}{cc\|c} X & Y & F \\ 0 & 0 & 0 \\ 0 & 1 & 1 \\ 1 & 0 & 1 \\ 1 & 1 & 1 \end{array}$
反相器	X ———F	$F=\overline{X}$	$\begin{array}{c\|c} X & F \\ 0 & 1 \\ 1 & 0 \end{array}$
NAND	X Y ———F	$F=\overline{X\cdot Y}$	$\begin{array}{cc\|c} X & Y & F \\ 0 & 0 & 1 \\ 0 & 1 & 1 \\ 1 & 0 & 1 \\ 1 & 1 & 0 \end{array}$
NOR	X Y ———F	$F=\overline{X+Y}$	$\begin{array}{cc\|c} X & Y & F \\ 0 & 0 & 1 \\ 0 & 1 & 0 \\ 1 & 0 & 0 \\ 1 & 1 & 0 \end{array}$
异或 (XOR)	X Y ———F	$F=\overline{X}Y+X\overline{Y}$ $=X \oplus Y$	$\begin{array}{cc\|c} X & Y & F \\ 0 & 0 & 0 \\ 0 & 1 & 1 \\ 1 & 0 & 1 \\ 1 & 1 & 0 \end{array}$
异或非 (XNOR)	X Y ———F	$F=XY+\overline{X}\overline{Y}$ $=\overline{X \oplus Y}$	$\begin{array}{cc\|c} X & Y & F \\ 0 & 0 & 1 \\ 0 & 1 & 0 \\ 1 & 0 & 0 \\ 1 & 1 & 1 \end{array}$

图 2-3 常用的逻辑门

一种可以独自实现所有布尔函数的门类型叫做通用门（universal gate），并称它们是"功能完全的"。为了说明与非门是通用门，我们只需要证明与、或和非运算都可以仅用与非门来实现即可，如图 2-4 所示。一个一输入的与非门的作用相当于一个反相器。事实上，一输入的与非门是一个无效的符号，应该用非门符号来替代，就像图中所示的那样。与运算要用一个与非门后面接一个非门来实现，非门将与非门的输出取反，最后得到与运算的结果。如果在与非门的每个输入端都加上非门则可以实现或运算。若应用德摩根定理，则取反操作会被取消，并产生或函数的结果，这一点将在 2.2 节详细讨论。

另外两种常用的门是异或门（XOR）和异或非门（XNOR），我们将在 2.6 节对它们进行详细介绍。图 2-3 中所示的异或门和或门相似，除了（值等于 0）X 和 Y 都等于 1 的这个组合外。异或门的图形符号和或门的符号相似，只是异或门在其输入端有额外的弧。异或用特殊的符号 ⊕ 来表示其操作，异或非是对异或取反，

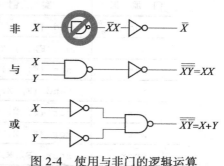

图 2-4 使用与非门的逻辑运算

用在异或门图形符号的输出端加小泡泡来表示。这些门指示它们的两个输入是否相等（XNOR）或不相等（XOR）。

2.1.3　用硬件描述语言表示逻辑门

尽管用基本逻辑门构成的原理图足以用来表示小型电路，但用它们来设计更为复杂的数字系统是不实际的。在当代计算机系统设计中，硬件描述语言已经成为一种自然的选择。因此，本书先讲解硬件描述语言。首先，我们介绍这类语言的用途。然后，简要地介绍一下VHDL 和 Verilog，它们是这类语言中最为流行的。这一章的末尾和第 3 章与第 4 章将详细讲解这两种语言，虽然在任何课程中我们都只希望介绍两种语言中的一种。

硬件描述语言类似于程序设计语言，但是它特别适合描述硬件的结构与行为。这种语言明显地不同于典型的程序设计语言，因为它能表示大量的并行操作，而不像大部分程序设计语言那样表示串行操作。硬件描述语言的一个明显应用是作为原理图的一种替代工具。当语言根据原理图来描述电路的实现时，这种方法称为结构描述（structural description）。在这种描述中，语言描述了组件的相互连接。这种结构描述也称为网表（netlist），可像原理图一样在逻辑模拟器中作为输入。在这种描述中，每个基本模块的模型需要事先设计好。如果使用硬件描述语言，那么这些模型也可以用硬件描述语言来编写，以便为模拟输入提供一种更为统一、便捷的表示。在本章中硬件描述语言主要用来描述结构模型。但是，正如我们在本书的后面将要看到的那样，硬件描述语言可以表示的远比低级行为多得多。在当代数字设计中，用硬件描述语言描述的高抽象层次的模型，可以自动地综合成已经优化的可行硬件。

我们从表示结构模型的特点开始，对硬件描述语言进行初步介绍。表 2-2 给出了Verilog 为图 2-3 中的常用逻辑门而内建的 Verilog 原形。每一个原形声明包括一个关于它的输入和输出信号的列表，表中第一个信号是门的输出，剩下的信号是输入。对于非门，它只有一个输入，但对于其他门，可以有两个或多个输入。在 Verilog 中，门原形可以连接在一起构成逻辑电路的结构模型。VHDL 没有内建逻辑门原形，但是它有逻辑运算符，可以用来对表 2-3 中所示的基本组合门进行模型化。Verilog 也有逻辑运算符，可以用来对表 2-4 所示的基本组合门进行模型化。第 3 章和第 4 章将介绍一些必要的细节，以便利用这些门原形和逻辑运算符来创建可以完全模拟的模型，在这里介绍它们只是想说明硬件描述语言是逻辑电路表示的另一种方式。对于小电路，用逻辑函数、真值表或原理图描述输入 / 输出关系也许清晰和方便，但是对于大型的更复杂的电路，硬件描述语言通常更适合。

表 2-2　组合逻辑门的 Verilog 原形

门　原　形	实　例
and	and (F, X, Y);
or	or (F, X, Y);
not	not (F, Y);
nand	nand (F, X, Y);
nor	nor (F, X, Y);
xor	xor (F, X, Y);
xnor	xnor (F, X, Y);

表 2-3　VHDL 预定义的逻辑运算

VHDL 逻辑运算符	例　子
not	F <= not X;
and	F <= X and Y;
or	F <= X or Y;
nand	F <= X nand Y;
nor	F <= X nor Y;
xor	F <= X xor Y;
xnor	F <= X xnor Y;

表 2-4 Verilog 位逻辑运算

运算符符号	运算符函数	例　子
~	按位非	F = ~X;
&	按位与	F = X & Y;
|	按位或	F = X | Y;
^	按位异或	F = X ^ Y;
~^, ^~	按位异或非	F = X ~^ Y;

2.2 布尔代数

布尔代数是一种用来处理二进制变量和逻辑运算的代数方法。变量用大写字母来表示，三种基本的逻辑运算分别是与、或、非（取反）。布尔表达式（Boolean expression）是一个由二进制变量、常量 0 和 1、逻辑运算符号和括号等组成的代数运算式。布尔函数（Boolean function）可以描述为一个布尔等式，其中依次包括一个代表函数的二进制变量、一个等号以及一个布尔表达式。另外，函数标识符后面的括号里面包含一个用逗号分隔的函数变量列表。一个单输出的布尔函数（single-output Boolean function）是函数变量 0 和 1 的每一种可能组合到输出 0 或 1 的映射。一个多输出的布尔函数（multiple-output Boolean function）是函数变量 0 和 1 的每一种可能组合到输出 0 和 1 的组合的映射。

例 2-1 布尔函数举例——电动车窗

我们来看一个以布尔等式表示的电气或电子逻辑控制的例子——汽车的电动车窗。

$$L(D, X, A)=D\bar{X}+A$$

车窗的升降由一个马达来控制，这个马达驱动一个连接到车窗的升降机构。函数值 $L=1$ 时，车窗马达通电使车窗降下来，$L=0$ 时则不能使车窗降下。D 是一个由车内司机那一侧门上的一个开关控制的输出。当 $D=1$ 时，发出使车窗降下的指令，当 $D=0$ 时，则不发出车窗降下的指令。X 是一个机械限位开关的输出，如果车窗处在极限位置，即车窗完全落下时，$X=1$。如果车窗不在极限位置，即车窗还没有完全落下，则 $X=0$。$A=1$ 时，表示车窗正在下降，直到其到达最下面的位置。A 信号由一个定时逻辑产生，D 和 X 是该定时逻辑的输入。只要 D 持续为 1 至少 0.5s，A 就变为 1，并一直保持到 $X=1$。如果 $D=1$ 的持续时间少于 0.5s，则 $A=0$。因此，如果司机发出使车窗下降的指令持续 0.5s 或更久，车窗就会自动降至最低位置。

表达式的两个部分 $D\bar{X}$ 和 A 称为表达式 L 的项（term）。当项 $D\bar{X}$ 为 1 或者项 $A=1$ 的时候，函数 L 为 1，其他情况下，函数 L 为 0。取反运算意味着，如果 $X=1$，则 $\bar{X}=0$。所以，我们可以说：当满足 $D=1$ 且 $X=0$，或者满足 $A=1$ 时，$L=1$。那么等式 L 如何用语言来描述呢？可以这样来描述：如果车窗没有完全降下来（$X=0$）且开关 D 是按下的（$D=1$），或者车窗将要自动下降到最低位置（$A=1$），则车窗将会下降。

布尔等式表示二进制变量之间的逻辑关系，它由等式中二进制变量取值的所有可能组合确定。布尔函数可以用真值表来表示。函数的真值表（truth table）列出了变量取值 0 和 1 的所有组合以及对应每一种组合的函数值。表 2-1 给出的逻辑运算的真值表是布尔函数的一些特殊情况。真值表的行数为 2^n，其中 n 是函数中二进制变量的个数。真值表中二进制组合的个数等于 n 位长二进制数的个数，对应的十进制数是 $0 \sim 2^n-1$。表 2-5 是函数 $L=D\bar{X}+A$ 的

45
～
46

真值表，从中可以看出二进制变量 D、X 和 A 有 8 种可能的组合，L 列的值对于每一种组合只有 0 或 1。这个真值表显示，如果 $D=1$ 且 $X=0$，或者 $A=1$，则函数 L 的值为 1，其他情况下函数 L 的值等于 0。

表 2-5　函数 $L=D\bar{X}+A$ 的真值表

D	X	A	L	D	X	A	L
0	0	0	0	1	0	0	1
0	0	1	1	1	0	1	1
0	1	0	0	1	1	0	1
0	1	1	1	1	1	1	1

布尔函数的代数表达式可以转换为由逻辑门组成的能够实现其功能的电路图形式。函数 L 的逻辑电路图如图 2-5 所示，与电路等效的 Verilog 和 VHDL 模型如图 2-6 和图 2-7 所示。输入端 X 加一个反相器以产生 $\bar{X}$，与门对 $\bar{X}$ 和 D 进行运算，或门又将 $D\bar{X}$ 和 A 组合在一起。在逻辑电路图中，函数 F 的变量作为电路的输入，二进制变量 F 作为电路的输出。如果电路只有一个输出，则 F 是单输出函数。如果电路有多个输出，则函数 F 是有多个变量和多个用来表示输出的等式的多输出函数。门电路之间用导线连接在一起，导线用来传输逻辑信号，这种类型的逻辑电路称为组合逻辑电路（combinational logic circuit），因为变量通过逻辑运算进行"组合"。与此不同的是，时序逻辑的变量不仅可以随时组合还可以存储，时序逻辑将在第 4 章介绍。

用真值表来表示布尔函数的方法只有一种。然而，当函数用代数方程来表示时可以有多种方式。表示函数的一个特定表达式常用来表示电路图中逻辑门之间的连接关系。通过布尔代数的运算法则可以改变布尔表达式的形式，因此对于同一个函数常常可能得到一个简单表达式。简单形式的布尔表达式不但可以减少电路中门电路的数量，而且可以减少门电路输入端的数量。要了解这是如何实现的，我们就必须首先学习布尔代数的基本法则。

2.2.1　布尔代数的基本恒等式

表 2-6 中所示的是布尔代数最基本的恒等式。只要不会引起混淆，我们就可以省略与运算符以使表示简单化。前面 9 个恒等式列出了单个变量

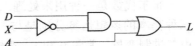

图 2-5　$L=D\bar{X}+A$ 的逻辑电路图

```
module fig2_5 (L, D, X, A);
    input D, X, A;
    output L;
    wire X_n, t2;

    not (X_n, X);
    and (t2, D, X_n);
    or (L, t2, A);
endmodule
```

图 2-6　图 2-5 所示逻辑电路的 Verilog 模型

```
library ieee, lcdf_vhdl;
use ieee.std_logic_1164.all,
lcdf_vhdl.func_prims.all;
entity fig2_5 is
  port (L: out std_logic;
    D, X, A: in std_logic);
end fig2_5;

architecture structural of fig2_5 is
 component NOT1
  port(in1: in std_logic;
    out1: out std_logic);
 end component;
 component AND2
  port(in1, in2: in std_logic;
    out1: out std_logic);
 end component;
 component OR2
  port(in1, in2: in std_logic;
    out1: out std_logic);
 end component;
signal X_n, t2: std_logic;

begin
    g0: NOT1 port map(X, X_n);
    g1: AND2 port map(D, X_n, t2);
    g3: OR2 port map(t2, A, L);
end structural;
```

图 2-7　图 2-5 所示逻辑电路的 VHDL 模型

X、X 的补数 $\bar{X}$ 和二进制常量 0、1 之间的运算关系。后面 5 个恒等式（10～14）在一般代数中也有类似的情况。最后 3 个恒等式（15～17）虽然不能应用在一般代数中，但对于布尔表达式化简很有用。

表中的基本规则分成两列，以表示布尔代数的对偶特性。一个布尔表达式的对偶式（dual）可以通过交换与和或运算，用 1 替换 0 和用 0 替换 1 来获得。表中某一列的任意一个等式可以由另一列对应等式通过在其等号两边同时取对偶而得到。例如，关系式 2 是关系式 1 的对偶，因为关系式 2 中的或运算已经替换成了与运算，0 也替换成了 1。但要注意的是，在大多数情况下，一个表达式的对偶式并不等于原来的表达式，所以一个表达式通常不能用它的对偶式来代替。

表 2-6　布尔代数的基本恒等式

1.	$X+0=X$	2.	$X \cdot 1=X$	
3.	$X+1=1$	4.	$X \cdot 0=0$	
5.	$X+X=X$	6.	$X \cdot X=X$	
7.	$X+\bar{X}=1$	8.	$X \cdot \bar{X}=0$	
9.	$\bar{\bar{X}}=X$			
10.	$X+Y=Y+X$	11.	$XY=YX$	交换律
12.	$X+(Y+Z)=(X+Y)+Z$	13.	$X(YZ)=(XY)Z$	结合律
14.	$X(Y+Z)=XY+XZ$	15.	$X+YZ=(X+Y)(X+Z)$	分配律
16.	$\overline{X+Y}=\bar{X} \cdot \bar{Y}$	17.	$\overline{X \cdot Y}=\bar{X}+\bar{Y}$	德摩根定理

47 ～ 49

表中只包含一个变量的 9 个恒等式，都可以很容易地用 0 或 1 替代 X 来加以验证。例如，证明 $X+0=X$，假设 $X=0$，则 $0+0=0$；假设 X=1 则 $1+0=1$。这两个等式符合或逻辑运算法则，所以是正确的。表中任何一个布尔等式中的 X 都可以用一个表达式来代替，因此，用 $X=AB+C$ 代替恒等式 3 中的 X，可以得到

$$AB+C+1=1$$

注意，恒等式 9 将变量取反两次后使变量恢复到原来的值，因此如果 $X=0$，则 $\bar{X}=1, \bar{\bar{X}}=0=X$。

恒等式 10 和 11 表示的是交换律，这表明在或运算和与运算中交换变量的位置不会影响运算结果。恒等式 12 和 13 所示的是结合律，它说明对三个变量进行运算的结果与先对哪个变量、后对哪个变量进行运算没有关系，因此括号可以全部消去，如下所示：

$$X+(Y+Z)=(X+Y)+Z=X+Y+Z$$
$$X(YZ)=(XY)Z=XYZ$$

这两个定律和第一个分配律（即性质 14）在普通代数中也是众所周知的，所以它们很容易理解。由恒等式 15 所示的第二个分配律是普通分配律的对偶式，它在普通代数中并不成立。如前所述，各个恒等式中的每个变量都可以用布尔表达式来替代，而恒等式却仍然成立。考虑表达式 $(A+B)(A+CD)$，假设 $X=A$，$Y=B$，$Z=CD$，应用第二个分配律，我们可以得到

$$(A+B)(A+CD)=A+BCD$$

表 2-6 中的最后两个恒等式

$$\overline{X+Y}=\bar{X} \cdot \bar{Y} \text{ 和 } \bar{X} \cdot \bar{Y}=\bar{X}+\bar{Y}$$

是德摩根定理，这是个非常重要的定理，可以用来求一个表达式和对应函数的互补形式。通

过列出二进制变量 X 和 Y 的所有组合，真值表可以用来说明德摩根定理。表 2-7 中的两个真值表证明了德摩根定理的第一部分。在真值表 a 中，我们针对 X 和 Y 的所有可能值计算了 $\overline{X+Y}$。计算的方法是先计算 $X+Y$，然后再对所得到的结果取反。在真值表 b 中，我们先计算 $\overline{X}$ 和 $\overline{Y}$，然后再将所得到的值进行与运算。对应 X 和 Y 的 4 种组合，两种运算的结果相同，这样便验证了等式的正确性。

表 2-7 验证德摩根定理的真值表

X	Y	$X+Y$	$\overline{X+Y}$		X	Y	$\overline{X}$	$\overline{Y}$	$\overline{X}\cdot\overline{Y}$
0	0	0	1		0	0	1	1	1
0	1	1	0		0	1	1	0	0
1	0	1	0		1	0	0	1	0
1	1	1	0		1	1	0	0	0
		a)					b)		

在计算等式的时候，要注意运算的顺序。在真值表 b 中，首先对变量进行取反运算，然后再进行与运算，就像普通代数运算中进行乘法和加法运算一样。在真值表 a 中，首先进行或运算，然后将得到的结果取反。将表达式 $X+Y$ 取反可以表示成非 $(X+Y)$，计算括号里的表达式，并对其结果取反。如果表达式的上面用一杠来表示取反符号，我们习惯于去掉括号，因为这一杠已经把整个表达式连接在了一起。这样，$\overline{(X+Y)}$ 可以用 $\overline{X+Y}$ 来表示。

德摩根定理可以扩展到三变量或多变量。通常德摩根定理可以表示为

$$\overline{X_1+X_2+\cdots+X_n}=\overline{X}_1\overline{X}_2\cdots\overline{X}_n$$
$$\overline{X_1X_2\cdots X_n}=\overline{X}_1+\overline{X}_2+\cdots+\overline{X}_n$$

观察上面的逻辑运算可知，就是将或运算变换成与运算，与运算变换成或运算。另外，去掉对整个表达式的取反，而是对每一个变量分别取反。例如

$$\overline{A+B+C+D}=\overline{A}\,\overline{B}\,\overline{C}\,\overline{D}$$

2.2.2　代数运算

布尔代数是简化数字电路的有效工具。例如，考虑由下式表示的布尔函数

$$F=\overline{X}YZ+\overline{X}Y\overline{Z}+XZ$$

图 2-8a 所示的是用逻辑门来实现这个等式的电路。输入变量 X 和 Z 通过反相器取反成 $\overline{X}$ 和 $\overline{Z}$，表达式中的三项用三个与门来实现，或门构成这三项的逻辑或。现在通过使用表 2-6 中的一些恒等式来简化表达式 F。

$$\begin{aligned}
F&=\overline{X}YZ+\overline{X}Y\overline{Z}+XZ \\
&=\overline{X}Y(Z+\overline{Z})+XZ \qquad \text{依据恒等式 14} \\
&=\overline{X}Y\cdot 1+XZ \qquad \text{依据恒等式 7} \\
&=\overline{X}Y+XZ \qquad \text{依据恒等式 2}
\end{aligned}$$

表达式被简化成仅有两项，可以用图 2-8b 所示的电路来实现。明显可以看出图 2-8b 中的电路比图 2-8a 中的电路简单，但它们能实现同一功能。通过真值表可以验证这两种方法是等效的，如表 2-8 所示。在图 2-8a 中，如果 $X=0$，$Y=1$，$Z=1$ 或者 $X=0$，$Y=1$，$Z=0$ 或者 $X=Z=1$，则函数值为 1，所以表中 a 部分的 F 有 4 个 1。在图 2-8b 中，如果 $X=0$，$Y=1$ 或者 $X=1$，$Z=1$，则函数值为 1，表中 b 部分的 F 有 4 个同样的 1。因为这两个表达式生成

了相同的真值表，所以这两个表达式是等效的。因此，两个电路的三个输入端输入相同的二进制变量，其输出结果是一样的。虽然每个电路实现了相同的功能，但使用门数少并且（或者）门输入少的电路更可取，因为它需要较少的元器件。

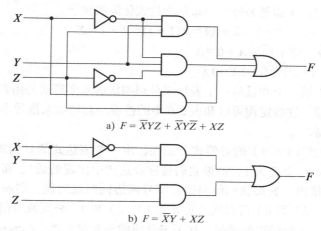

a) $F = \overline{X}YZ + \overline{X}Y\overline{Z} + XZ$

b) $F = \overline{X}Y + XZ$

图 2-8   用门实现的布尔函数

表 2-8   布尔函数真值表

X	Y	Z	a) F	b) F
0	0	0	0	0
0	0	1	0	0
0	1	0	1	1
0	1	1	1	1
1	0	0	0	0
1	0	1	1	1
1	1	0	0	0
1	1	1	1	1

    当一个布尔等式用逻辑门实现时，每一个项都需要用一个门，项中的每一个变量都对应着门的一个输入。我们将项中的一个变量或变量的补定义为字符（literal）。图 2-8a 所示函数的表达式中有 3 个项和 8 个变量，图 2-8b 中有 2 个项和 4 个变量。通过减少布尔表达式中项的数目、变量的数目或者同时减少两者，通常可以得到一个比较简单的电路。布尔代数的应用就是为了精简表达式以便得到简单的电路。对于高度复杂的函数，通过统计项和变量的数目来获得最好的表达式是很困难的，即使是使用计算机程序来进行处理。在关于逻辑电路综合的计算机工具中，经常会介绍一些简化表达式的方法。这些方法虽然不是最好的，但可以得到好的结果。一般情况下的人工方式是，使用我们熟知的基本定理和其他处理进行试探。下面的例子通过使用表 2-6 中的性质来举例说明一些可行的方法。

1）$X + XY = X \cdot 1 + XY = X(1+Y) = X \cdot 1 = X$

2）$XY + X\overline{Y} = X = X(Y+\overline{Y}) = X \cdot 1 = X$

3）$X + \overline{X}Y = (X+\overline{X})(X+Y) = 1 \cdot (X+Y) = X+Y$

注意，中间的步骤 $X = X \times 1$ 和 $X \times 1 = X$ 经常被省略，因为这很明显。关系式 $1+Y=$

52

1 对于消除多余的项非常有用，就像在这个等式中消除项 XY 那样。关系 $Y+\bar{Y}=1$ 经常用于合并两个项，如等式 2）所示。两个合并的项除一个变量外其他变量均相同，这个变量必须在一个项中取反，而在另一个项中不取反。等式 3）的化简运用了分配律的第二种形式（表 2-6 中的性质 15）。下面是另外三个布尔表达式化简的例子。

4）$X(X+Y)=X \cdot X+X \cdot Y=X+XY=X(1+Y)=X \cdot 1=X$

5）$(X+Y)(X+\bar{Y})=X+Y\bar{Y}=X+0=X$

6）$X(\bar{X}+Y)=X\bar{X}+XY=0+YX=YX$

以上每一行，由第一个和最后一个表达式分别构成的 6 个等式是用表 2-6 中的性质推导出来的布尔代数定理，这些定理可以和表 2-6 中的性质一起使用来推导出更多的结果，也可以用来帮助进行化简。

定理 4～6 是等式 1）～3）的对偶式。记住，求一个表达式的对偶式就是把与变为或，把或变为与（1 变为 0，0 变为 1，如果它们也在表达式中出现的话）。布尔代数的对偶原则（duality principle）指出，如果我们将表达式等号两边同时取对偶，则布尔等式依然是成立的。因此，等式 4）、5）和 6）可以通过对等式 1）、2）和 3）分别取对偶式而得到。

利用等式 1）～6）所给出的结果，接下来介绍的一致律定理（consensus theorem）在布尔表达式的化简中非常有用：

$$XY+\bar{X}Z+YZ=XY+\bar{X}Z$$

由这个定理可以知道第三项 YZ 是冗余项，可以去掉。注意，Y 和 Z 分别在前二项与 X 和 $\bar{X}$ 组合，在被去掉的那一项中一起出现。一致律定理可以通过把 YZ 项和 $(X+\bar{X})=1$ 相与来进行证明，步骤如下：

$$XY+\bar{X}Z+YZ=XY+\bar{X}Z+YZ(X+\bar{X})$$
$$=XY+\bar{X}Z+XYZ+\bar{X}YZ$$
$$=XY+XYZ+\bar{X}Z+\bar{X}YZ$$
$$=XY(1+Z)+\bar{X}Z(1+Y)$$
$$=XY+\bar{X}Z$$

一致律的对偶式如下：

$$(X+Y)(\bar{X}+Z)(Y+Z)=(X+Y)(\bar{X}+Z)$$

下面的例子表明怎样运用一致律来处理布尔表达式：

$$(A+B)(\bar{A}+C)=A\bar{A}+AC+\bar{A}B+BC$$
$$=AC+\bar{A}B+BC$$
$$=AC+\bar{A}B$$

注意，$A\bar{A}=0$ 和 $0+AC=AC$，运用一致律可以在最后一步去掉冗余项 BC。

2.2.3 反函数

函数 F 的反函数 $\bar{F}$，就是在真值表中将 F 的值由 1 变成 0，0 变成 1。函数取反的方法源于布尔代数中德摩根定理的使用，这个定理的一般表述就是，对表达式取反可以通过将与运算和或运算相互交换、将每一个变量和常量均取反的方法得到，如例 2-2 所示。

例 2-2 对函数取反

求等式 $F_1=\bar{X}Y\bar{Z}+\bar{X}\bar{Y}Z$ 和等式 $F_2=X(\bar{Y}Z+YZ)$ 的反函数。多次运用德摩根定理，我们可

以得到其反函数如下：

$$\overline{F}_1 = \overline{\overline{X}Y\overline{Z} + \overline{X}Y Z} = \overline{\overline{X}Y\overline{Z}} \cdot \overline{\overline{X}YZ}$$
$$= (X + \overline{Y} + Z)(X + Y + \overline{Z})$$
$$\overline{F}_2 = \overline{X(\overline{Y}\overline{Z} + YZ)} = \overline{X} + \overline{(\overline{Y}\overline{Z} + YZ)}$$
$$= \overline{X} + \overline{\overline{Y}\overline{Z}} \cdot \overline{YZ}$$
$$= \overline{X} + (Y + Z)(\overline{Y} + \overline{Z})$$

求反函数的一个简单方法是，求此函数的对偶式并将每一个文字变反，该方法与德摩根定理相符。记住，一个表达式的对偶式就是将与运算和或运算相互交换，1 和 0 相互交换。在求复杂函数的对偶式之前可以通过添加括号来避免运算顺序的混淆，如例 2-3 所示。 54 ■

例 2-3   用对偶式求反函数

求例 2-2 所示函数的反函数，要求先求对偶式，然后对每一个文字求反。

我们从下式开始

$$F_1 = \overline{X}Y\overline{Z} + \overline{X}YZ = (\overline{X}Y\overline{Z}) + (\overline{X}YZ)$$

F_1 的对偶式是

$$(\overline{X} + Y + \overline{Z})(\overline{X} + \overline{Y} + Z)$$

对每一个文字取反可以得到

$$(X + \overline{Y} + Z)(X + Y + \overline{Z}) = \overline{F}_1$$

现在

$$F_2 = X(\overline{Y}\overline{Z} + YZ) = X((\overline{Y}\overline{Z}) + (YZ))$$

F_2 的对偶式为

$$X + (\overline{Y} + \overline{Z})(Y + Z)$$

将每个文字取反得到

$$\overline{X} + (Y + Z)(\overline{Y} + \overline{Z}) = \overline{F}_2$$

■

2.3   标准形式

布尔函数的代数形式可以有多种，但有一些特殊的方法可以用来求布尔表达式的标准形式。标准形式可以使简化布尔表达式的过程更加方便，在某些情况下可以使逻辑电路更加合乎要求。

标准形式包括乘积项（product term）与求和项（sum term）。乘积项 XYZ 是由三个文字的与运算组成的逻辑积，而求和项 $X + Y + \overline{Z}$ 是由这些文字的或运算组成的逻辑和。在布尔代数中，"积"与"和"不表示算术运算，而是分别表示与和或逻辑运算。

2.3.1   最小项和最大项

一个真值表定义一个布尔函数，一个布尔函数可以用乘积项的逻辑和来表示，对应这些乘积项函数的值为逻辑 1。如果所有的变量都以原变量或反变量的形式出现，且仅出现一次，这样的乘积项叫做最小项（minterm）。其特征是在真值表中仅仅表示二进制变量的一个组合，而且对于那种组合其值为 1，对其他所有组合其值为 0。对于 n 个变量，一共有 2^n 个不同的最小项。$\overline{X}\overline{Y}$、$\overline{X}Y$、$X\overline{Y}$ 和 XY 是二变量 X、Y 的 4 个最小项。三变量 X、Y 和 Z 可以组成 8 个最小项，如表 2-9 所示。从 000 到 111 的二进制数字列在变量的下面。每一个二进制 55

组合都有一个与之关联的最小项，每个最小项是一个含有刚好 n 个变量的乘积项，n 是变量的个数，此例中 $n=3$。如果一个二进制组合中某一位的值为 0 则对应文字为反变量，否则为原变量。表中用符号 m_j 来表示最小项，其中下标 j 是与最小项所对应的二进制组合相等的十进制数。任何 n 个变量的最小项列表都可以用这种类似列表的形式表示，表中的二进制数为 $0\sim2^n-1$。另外，真值表中的每一个最小项放在表的右半部，它清楚地显示了每一个最小项取值为 1 所对应的二进制组合以及取值 0 所对应的其他所有组合。这样的真值表对于后面讲述的利用最小项来获得布尔表达式很有用。

表 2-9   三变量的最小项

X	Y	Z	乘积项	符号	m_0	m_1	m_2	m_3	m_4	m_5	m_6	m_7
0	0	0	$\overline{X}\,\overline{Y}\,\overline{Z}$	m_0	1	0	0	0	0	0	0	0
0	0	1	$\overline{X}\,\overline{Y}Z$	m_1	0	1	0	0	0	0	0	0
0	1	0	$\overline{X}Y\overline{Z}$	m_2	0	0	1	0	0	0	0	0
0	1	1	$\overline{X}YZ$	m_3	0	0	0	1	0	0	0	0
1	0	0	$X\overline{Y}\,\overline{Z}$	m_4	0	0	0	0	1	0	0	0
1	0	1	$X\overline{Y}Z$	m_5	0	0	0	0	0	1	0	0
1	1	0	$XY\overline{Z}$	m_6	0	0	0	0	0	0	1	0
1	1	1	XYZ	m_7	0	0	0	0	0	0	0	1

最大项（maxterm）定义为一个包含了所有变量的标准求和项，在这个求和项中每一个变量都以原变量或反变量的形式出现，所以 n 个变量可组成 2^n 个最大项。由 3 个变量组成的 8 个最大项如表 2-10 所示，每个最大项都是 3 个变量的逻辑和，如果二进制数字的某一位为 1，则对应的变量取反，否则不取反。最大项的符号是 M_j，其中下标 j 是与最大项所对应的二进制组合相等的十进制数。每个最大项的取值情况均在表的右半部给出。注意观察最大项取值为 0 所对应的组合和取值为 1 所对应的其他所有组合，就可以清楚地看出"最小项"和"最大项"这两个名词的来由：最小项是一个不等于 0 的函数，它在真值表中有最少的 1；而最大项是一个不等于 1 的函数，它在真值表中有最多的 1。从表 2-9 和表 2-10 可以看出，有同样下标的最小项和最大项，它们之间是互补关系，即 $M_j=\overline{m}_j$，$m_j=\overline{M}_j$。例如，假设 $j=3$，则有

$$M_3=X+\overline{Y}+\overline{Z}=\overline{\overline{X}YZ}=\overline{m}_3$$

表 2-10   三变量的最大项

X	Y	Z	和项	符号	M_0	M_1	M_2	M_3	M_4	M_5	M_6	M_7
0	0	0	$X+Y+Z$	M_0	0	1	1	1	1	1	1	1
0	0	1	$X+Y+\overline{Z}$	M_1	1	0	1	1	1	1	1	1
0	1	0	$X+\overline{Y}+Z$	M_2	1	1	0	1	1	1	1	1
0	1	1	$X+\overline{Y}+\overline{Z}$	M_3	1	1	1	0	1	1	1	1
1	0	0	$\overline{X}+Y+Z$	M_4	1	1	1	1	0	1	1	1
1	0	1	$\overline{X}+Y+\overline{Z}$	M_5	1	1	1	1	1	0	1	1
1	1	0	$\overline{X}+\overline{Y}+Z$	M_6	1	1	1	1	1	1	0	1
1	1	1	$\overline{X}+\overline{Y}+\overline{Z}$	M_7	1	1	1	1	1	1	1	0

一个布尔函数可以由真值表中所有使函数取值为 1 的最小项的逻辑和来表示，这样的表达式叫做最小项之和（sum of minterm）。例如表 2-11a 中的布尔函数 F，当变量 X、Y、Z 取 000、010、101 和 111 时，函数的值为 1，这些组合对应最小项 0、2、5 和 7。通过观察表 2-11 和这些最小项的真值表 2-9，可以清楚地看出函数 F 可以用这些最小项的逻辑和的形式来表示：

$$F = \overline{X}\,\overline{Y}\,\overline{Z} + \overline{X}Y\overline{Z} + X\overline{Y}Z + XYZ = m_0 + m_2 + m_5 + m_7$$

这种表示形式可以进一步简化为用最小项的十进制下标来表示：

$$F(X, Y, Z) = \Sigma m(0, 2, 5, 7)$$

符号 Σ 表示最小项的逻辑和（布尔或运算），后面的数字代表函数的最小项。当最小项转换成乘积项时，F 后面括号中变量必须按顺序排列。

表 2-11　三变量布尔函数

a) X	Y	Z	F	$\overline{F}$	b) X	Y	Z	E
0	0	0	1	0	0	0	0	1
0	0	1	0	1	0	0	1	1
0	1	0	1	0	0	1	0	1
0	1	1	0	1	0	1	1	0
1	0	0	0	1	1	0	0	1
1	0	1	1	0	1	0	1	1
1	1	0	0	1	1	1	0	0
1	1	1	1	0	1	1	1	0

现在看看布尔函数的反函数形式。在表 2-11a 中，把 F 的值从 1 变为 0、0 变为 1，可以得 $\overline{F}$ 的二进制值。求 $\overline{F}$ 的最小项的逻辑和可以得到

$$\overline{F}(X, Y, Z) = \overline{X}\,\overline{Y}Z + \overline{X}YZ + X\overline{Y}\,\overline{Z} + XY\overline{Z} = m_1 + m_3 + m_4 + m_6$$

或者，其缩写形式为

$$\overline{F}_1(X, Y, Z) = \Sigma m(1, 3, 4, 6)$$

注意，$\overline{F}$ 中最小项的数字就是 F 最小项表达式中缺少的数字。我们现在将 $\overline{F}$ 取反得到 F：

$$F = \overline{m_1 + m_3 + m_4 + m_6} = \overline{m_1} \cdot \overline{m_3} \cdot \overline{m_4} \cdot \overline{m_6}$$
$$= M_1 \cdot M_3 \cdot M_4 \cdot M_6 \text{（因为 } \overline{m_j} = M_j\text{）}$$
$$= (X + Y + \overline{Z})(X + \overline{Y} + \overline{Z})(\overline{X} + Y + Z)(\overline{X} + \overline{Y} + Z)$$

上式表明了如何得到布尔函数最大项之积（product of maxterm）表达式的过程，这个积可以缩写为

$$F(X, Y, Z) = \prod M(1, 3, 4, 6)$$

符号 $\prod$ 表示最大项的逻辑积（布尔与运算），括号中的数字表示最大项。注意，最大项之积中的十进制数字，与反函数中最小项的数字是一样的，如前面例子中的（1，3，4，6）。当处理布尔函数时，最大项的形式很少直接使用，因为我们总是可以用 $\overline{F}$ 的最小项形式来代替。

下面是对最小项最重要性质的总结：

1）n 变量的布尔函数有 2^n 个最小项，这些最小项可以用从 $0 \sim 2^n - 1$ 的二进制数字表示。

2）任何布尔函数都可以用最小项逻辑和的形式来表示。

3）原函数的反函数所包括的最小项，在原函数中不包含。

4）包含全部 2^n 个最小项的函数，其值等于逻辑 1。

一个不是最小项之和形式的函数可以通过使用真值表转化成最小项之和的形式，因为真值表中给出了函数的最小项。例如布尔函数

$$E = \bar{Y} + \bar{X}\bar{Z}$$

这个表达式不是最小项之和的形式，因为每个项不包括所有 X、Y 和 Z 这 3 个变量。该函数的真值表如表 2-11b 所示，通过该表我们可以得到函数的最小项

$$E(X, Y, Z) = \sum m(0, 1, 2, 4, 5)$$

反函数 $\bar{E}$ 的最小项为

$$\bar{E}(X, Y, Z) = \sum m(3, 6, 7)$$

注意，包含于函数 E 及反函数 $\bar{E}$ 中的全部最小项的个数等于 8，因为函数有 3 个变量，3 个变量一共产生 8 个最小项。4 个变量的函数总共有 16 个最小项，2 个变量的函数总共有 4 个最小项。一个包括全部最小项的函数如

$$G(X, Y) = \sum m(0, 1, 2, 3) = 1$$

因为 G 是一个 2 个变量的函数，而且包含全部 4 个最小项，其值总是等于逻辑 1。

2.3.2 积之和

最小项之和是一种标准的代数表达式，可以直接从真值表中得到。这种形式的表达式因为每一个乘积项中包含了最多数目的文字，所以所包含的乘积项的数目比必须包含的通常更多一些。这是因为根据定义，每一个最小项必须包括函数中的所有变量，这些变量可以是原变量或反变量。一旦从真值表中得到了函数的最小项之和，下一步就是尝试着简化表达式，看是否可以减少乘积项的数目以及乘积项中文字的数目，其结果是一个简化了的积之和表达式（sum-of-product），这是另一种一个乘积项最多包含 n 个文字的积之和表达式的标准形式。一个布尔函数表达式积之和形式的例子是

$$F = \bar{Y} + \bar{X}Y\bar{Z} + XY$$

这个表达式有 3 个乘积项，第一项有 1 个文字，第二项有 3 个文字，第三项有 2 个文字。

积之和形式的逻辑图由一组与门电路后接一个或门电路组成，如图 2-9 所示。除单个文字的乘积项外，每个乘积项都需要一个与门，逻辑和使用或门，其输入是单个文字和与门的输出。通常我们假设输入变量以原变量或反变量的形式存在，所以在电路图中不出现反相器。在与门后面接或门这样的电路结构形式，被称作为两级实现（two-level implementation）或者两级电路（two-level circuit）。

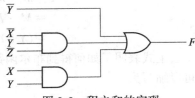

图 2-9 积之和的实现

如果一个表达式不是积之和的形式，可以通过分配律转换成标准形式，例如表达式

$$F = AB + C(D + E)$$

不是积之和形式，因为 $D + E$ 这一项是乘积项的一部分，不是一个文字。这个表达式可以通过使用合适的分配律转换为积之和形式，如下所示

$$F = AB + C(D + E) = AB + CD + CE$$

函数 F 的非标准形式如图 2-10a 所示，它需要用两个与门和两个或门来实现，是一个有

三级门的电路。函数 F 的积之和形式如图 2-10b 所示，电路需要三个与门和一个或门，是一个有两级门的电路。决定是使用一个两级门的电路还是一个多级门的电路（三级或更多级）是一个很复杂的问题，这涉及门电路的数量、门输入端的数量以及从设置输入值到出现输出响应的时间延迟。我们在第 5 章将会看到，两级电路形式对于某些实现技术来说是一种自然的选择。

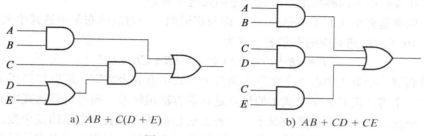

a) $AB + C(D + E)$ b) $AB + CD + CE$

图 2-10   三级和两级实现

2.3.3   和之积

另外一种布尔函数表达式的标准形式是和之积（product of sum）形式，它由一系列求和项的逻辑乘组成，每一个逻辑和项可以有任意数目的不同文字。一个函数和之积表达式的例子

$$F = X(\bar{Y} + Z)(X + Y + \bar{Z})$$

这个表达式有三个求和项，分别含有一个文字、两个文字和三个文字。求和项完成或运算，乘积项实现与运算。

和之积表达式的门结构包括一组实现或运算的或门（除只有一个文字的乘积项外）和其后跟着的一个与门，前面提及的函数 F 的这种结构如图 2-11 所示。与积之和的逻辑图一样，表达式的这种标准形式会导致一种两级门的电路结构。

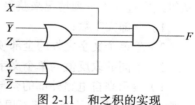

图 2-11   和之积的实现

2.4   两级电路的优化

用于实现布尔函数的逻辑电路的复杂度直接取决于实现该函数的代数表达式的形式。虽然函数的真值表是唯一的，但当用代数表达式表达时，函数却可以有许多不同的形式。布尔表达式可以通过代数运算来化简，如 2.2 节所讨论的那样。然而，化简过程并不是那么容易，因为在化简的过程中没有任何规则能告诉你下一步应该怎样做，而且也很难判断现在是否已经化简到了最简单的形式。与此相反，用画图来对不多于 4 个变量的布尔函数进行化简却是一种直截了当的方法。对五变量和六变量也可以使用画图的方法，但使用起来有点麻烦。这种图也称作卡诺图（Karnaugh map）或 K– 图（K-map）。卡诺图由很多方格组成，每个方格代表真值表中的一行或一个单输出函数的一个最小项。因为任何布尔函数可以由最小项之和来表示，所以函数在卡诺图中可以被看成是所有那些使函数取值为 1 的方格，它们所对应的最小项包含在函数中。从一个更为复杂的观点来看，画图的方法是对一个函数所有可能标准表示方式的图形化，函数最优的积之和表达式就在这些方式当中。通过卡诺图化简之后的表达式通常是积之和或者和之积的形式，因此卡诺图可用于两级电路的优化，但是不能

够直接用于三级或者更多级电路的优化。首先我们来讨论积之和的化简，然后再把它应用到
和之积的化简中。

2.4.1　成本标准

59
~
61
　　在前面的章节中已经提到，对变量和函数项进行计数是衡量一个逻辑电路是否简单的一
种方法。现在我们引入两种标准来形式化地描述这个概念。

　　第一个标准是文字成本（literal cost），即与逻辑图一一对应的布尔表达式中文字的个数。
例如，图 2-10 所示电路对应的布尔表达式为

$$F=AB+C(D+E) \text{ 和 } F=AB+CD+CE$$

可以看到第一个等式中有 5 个文字，第二个等式中有 6 个文字，所以如果用文字成本来
衡量，则第一个等式最好。文字成本的优点是计算方法很简单，通过对表达式中的文字进行
计数即可。但是，并不是在所有情况下，这种方法都能精确地表示电路的复杂度，即便是用
于同一逻辑函数的不同实现方式的比较。下面用两种不同的布尔表达式来表示函数 G，可以
举例说明这一状况：

$$G=ABCD+\bar{A}\bar{B}\bar{C}\bar{D} \text{ 和 } G=(\bar{A}+B)(\bar{B}+C)(\bar{C}+D)(\bar{D}+A)$$

这两个表达式的实现成本用文字成本来衡量都是 8，但第一个等式有 2 个函数项，第二
个等式有 4 个函数项，这表示第一个等式比第二个等式的成本低。

　　为了能够反映这些不同，我们定义另外一种成本标准，即门输入成本（gate-input cost），
它是与给定等式一一对应的实现中所用门的输入端的个数。这个成本很容易从逻辑图中得
出，只要对逻辑图中门的输入端进行计数即可得到。对于和之积等式或者积之和等式，可以
从等式中查找出下列情况来获得门输入成本：

　　1）全部文字数；

　　2）除单个文字之外的全部项数，或者再加上；

　　3）不同的取反值的单个文字总数。

　　1）表示来自电路外部的全部门输入个数；2）表示电路内部除反相器之外的所有门输入
个数；而 3）则表示当外部不提供反变量时需要将变量取反所用的反相器的个数。对于前面
两个等式，如果不计算第 3）项，则两个等式的门输入数分别为 8＋2＝10 和 8＋4＝12。如
果包括对第 3）项的计算，考虑反相器的输入，则两个等式的门输入数分别为 14 和 16。虽
然 G 的两个等式的变量成本相同，但是第一个等式的门输入成本较低。

　　门输入成本是目前评价相同工艺逻辑电路实现方法的一种好的指标，因为它与逻辑电路
中晶体管和连接导线的数量成正比。在计算两级以上电路的成本时，采用门输入成本尤为重
要。通常，随着电路级数的增加，文字成本只占实际电路成本的很小一部分，因为越来越多
的门不从电路外部获得输入。在配套网站上，我们将介绍复杂的门类型，通过等式来计算门
输入成本对于这些门将失去意义，因为等式中的与、或和非运算与电路中的门再也没有一一
62
对应的关系。在这种情况下，对于那些比积之和、和之积复杂得多的等式，门输入计数也只
能直接由实现方法来决定。

　　无论使用什么样的成本标准，我们之后将看到最简单的表达式不是唯一的，有时候可能
得到两个或者更多的表达式符合所使用的成本标准。在这种情况下，任何一种答案都满足成
本要求。

2.4.2 卡诺图结构

我们将讨论图 2-12 所示的两变量、三变量和四变量的卡诺图。每个图中的小方格数量等于函数最小项的数量。在对最小项的讨论中，我们定义最小项 m_i 与真值表中的第 i 行一致，i 是真值表中变量取值的二进制形式。这种用 i 来表示最小项 m_i 的方法被用到卡诺图的单元（即方格——译者注）中，每一个单元对应一个最小项。对于 2、3、4 个变量，分别有 4、8 和 16 个方格。每一个卡诺图都可以用两种方法来标记：1）行变量和列变量位于卡诺图的左上方，每一行每一列都标有这些变量的一个二进制组合；2）将单行单列或双行双列单元用方括号括起来，并在括号的旁边标有一个变量，标有变量的区域对应卡诺图中该变量的取值均为 1，变量取值为 0 的区域则隐含地用变量取反来标记。这两种标记方法只需要选择一种，但是书中给出了两种以便读者根据需要选择其中的一种。

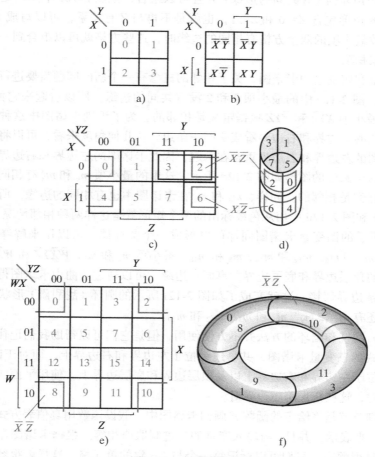

图 2-12 卡诺图结构

先来看二进制组合方式，我们发现卡诺图左边从上到下采用了 1.7 节中介绍过的格雷码。在这里使用格雷码很恰当，因为它表示相邻的二进制组合和对应的最小项，这些都是卡诺图的基础。如果两个二进制组合中只有一个变量的值不同，则称它们是相邻（adjacent）的。如果两个乘积项（包括最小项）中只有一个变量不同，且这个变量在一个乘积项中未取反，而在另一个乘积项中取反，则称它们为相邻项。例如，组合 $(X, Y, Z) = 011$ 和 010

是相邻的，因为它们中只有变量 Z 的值不同。进一步说，最小项 $\overline{X}Y Z$ 和 $\overline{X}Y\overline{Z}$ 是相邻项，因为它们中除了文字 Z 不同外，其余文字都相同，而 Z 在一个最小项中取反，在另一个最小项中不取反。在卡诺图中使用格雷码的原因是，任何两个有相同边缘的方格，它们对应于一对相邻的二进制组合和一对相邻的最小项，这种对应关系可以用于对用卡诺图表示的逻辑函数的乘积项进行化简。这样的化简基于布尔代数定理：

$$AB + A\overline{B} = A$$

将例中的 A 和 B 进行代换 $A = \overline{X}Y$ 和 $B = Z$，得

$$(\overline{X}Y)Z + (\overline{X}Y)\overline{Z} = \overline{X}Y$$

观察图 2-12c 中的卡诺图，我们可以看到两个对应的方格位于 $(X, Y, Z) = 011$（3）和 010（2），即它们分别在行为"0"、列为"11"的位置和行为"0"、列为"10"的位置。注意这两个方格是相邻的（有共同的边缘）并且可以组合，如图 2-12c 中黑色矩形所标出的那样。卡诺图中的矩形包含 $Z = 0$ 和 $Z = 1$，也就是不再与 Z 有关系，可以写成 $\overline{X}Y$。这就证明了，当表示函数最小项的两个方格有相同的边缘时，这些方格就可以组合到一起形成一个少了一个变量的乘积项。

对于三变量和四变量的卡诺图，关于相邻的概念有一个新的问题需要进行说明。对于三变量的卡诺图，图 2-12c 中的最小项 0 和 2 没有共同的边缘，所以看起来它们不是相邻的。然而，这两个最小项 $\overline{X}\overline{Y}\overline{Z}$ 和 $\overline{X}Y\overline{Z}$ 根据定义是相邻的。为了识别卡诺图中这种相邻情况，我们应该把卡诺图的左边界和右边界看成是同一条边。从几何角度来看，可以将卡诺图卷成一个圆柱，卡诺图的左边界和右边界重合在一起，因此卡诺图的左边界和右边界事实上是一条公共的边缘。这个圆柱的图形如图 2-12d 所示，这里的最小项 m_0 和 m_2 有相同的边缘，从卡诺图中来看，它们是相邻的。同样，m_4 和 m_6 在卡诺图中也有相同的边缘，所以它们也是相邻的。图 2-12c 和图 2-12d 中用灰色线标出的两个矩形就是这样两种相邻情况。

图 2-12e 所示的四变量卡诺图同样可以形成一个圆柱体，可以用来解释四对相邻的方格，m_0 和 m_2、m_4 和 m_6、m_{12} 和 m_{14}、m_8 和 m_{10}。最小项 m_0 和 m_8，$\overline{W}\overline{X}\overline{Y}\overline{Z}$ 和 $W\overline{X}\overline{Y}\overline{Z}$ 是相邻的，这说明卡诺图的顶层边界和底层边界共享同一边缘。可以通过弯曲由卡诺图得到的圆柱的方法来实现这两条边界邻接，这就变成了如图 2-12f 所示的圆环（甜甜圈）形状。卡诺图中其他的相邻方格还有 m_1 和 m_9、m_3 和 m_{11}、m_2 和 m_{10}。

不幸的是，圆柱和圆环的方法并不方便使用，但是它们可以帮助我们记住共享边缘的位置。对于水平式的三变量卡诺图，共享边缘位于左边界和右边界上。而对于四变量卡诺图，共享边缘分别位于左边界和右边界上以及顶层边界和底层边界上。使用平面式的卡诺图需要把矩形拆分成对，这些矩形跨越边界对。

最后一个细节就是将给定的函数 F 画到卡诺图中。假设函数用真值表方式给出，表中的行用十进制数 i 来表示，并且 i 与输入变量的二进制取值相等。根据卡诺图左边和顶端二进制变量组合的排列顺序，我们可以标记每一个与 i 一致的单元格。这样就很容易将真值表中的 0 和 1 转换到卡诺图中，基于这一目的的 i 的取值情况如图 2-12 中的三个卡诺图所示。通过观察 i 值在以格雷码形式表示的行和列中所对应的位置顺序关系，来快速填写 i 的值是个不错的方法。例如，对于四变量的卡诺图，以行和列顺序排列的 i 值是：0、1、3、2、4、5、7、6、12、13、15、14、8、9、11、10。二变量和三变量卡诺图中 i 值的行和列顺序分别是该序列的前 4 个值和前 8 个值。这些值还可以用在缩写方式 Σ 表示的最小项之和表达式中。注意，i 的位置是由变量位置决定的，四变量卡诺图中变量的位置依次在左下侧、右侧中间、

顶部右边和中间底部。对于二变量和三变量的卡诺图，除不存在的"中间"位置外，其他排列顺序相同。改变这样一种排列顺序将得到另一种形式的卡诺图结构。

2.4.3 二变量卡诺图

使用卡诺图有 4 个基本步骤。首先，我们用一个二变量函数 $F(A, B)$ 来举例说明这几个步骤。

第一步是将函数画到卡诺图中。函数可以是真值表形式、Σm 最小项之和的缩写形式或者是积之和表达式。函数 $F(A, B)$ 的真值表如表 2-12 所示。函数 F 取值为 1 的每一行中，A 和 B 的值可以决定卡诺图中何处标记 1。例如，当 $A = 0$ 和 $B = 0$ 时函数的值为 1，因此图 2-13a 的卡诺图中对应 $A = 0$ 且 $B = 0$ 的左上方格标记 1。对真值表中的行（0，1）和（1，1）重复这样的操作，在卡诺图中各自所表示的位置标记 1。

表 2-12 二变量函数 $F(A, B)$

A	B	F
0	0	1
0	1	1
1	0	0
1	1	1

如果在真值表中增加最小项的十进制数下标，并像前面所讨论的那样在卡诺图上进行标记，则可以更快地将函数用卡诺图表示出来。被标记的函数最小项的下标对应着函数取值为 1 的那些行，所以卡诺图中方格 0、1 和 3 被标记为 1。对于这两种标记方法，包括其他一些方法，我们都默认剩下的每一个方格均为 0，但在卡诺图中却没有表示出来。

真值表所给出的函数 F 用 Σm 符号表示为 $F(A, B) = \Sigma m(0, 1, 3)$，这可以在卡诺图的方格 0、1 和 3 中简单地写入 1。另外，也可以用积之和表达式，例如 $F = \bar{A} + AB$ 来表示函数，它可以转换成最小项并画到卡诺图中。更简单的办法是，在卡诺图中找出乘积项所对应的区域并将其标记 1。因为 AB 是一个最小项，我们可以简单地在方格 3 中标记 1。对于 $\bar{A}$，我们可以看到它在卡诺图的区域是"非" A，该区域由方格 0 和 1 组成，所以 $\bar{A}$ 可以通过对这两个方格标记 1 来表示。总之，一旦我们掌握了卡诺图中矩形的概念，最后这个过程就变得简单，就像我们接下来讨论的那样。

第二步是确定用来表示简化表达式的乘积项在卡诺图中所对应的方格块。我们称这些块为矩形（rectangle），因为它们的形状是一个矩形的形状（当然包括方格）。与乘积项对应的矩形所包含的方格数必须是 2 的幂次方，例如 1、2、4 和 8，这也意味着矩形任意一边的长度是 2 的幂次方。我们的目的是要找出最少的这样的矩形来包含或覆盖所有标记为 1 的方格，这样就可以得到最少的乘积项，当把这些乘积项加起来时输入成本最小。我们得到的每一个矩形都应该越大越好，为的是覆盖尽可能多的 1 方格，一个大矩形也意味着低输入成本。

例如有两个最大的矩形，一个由方格 1 和 0 组成，另一个由方格 3 和 1 组成。方格 1 和 0 表示的最小项分别为 $\bar{A}B$ 和 $\bar{A}\bar{B}$，它们可以组合形成矩形 $\bar{A}$。方格 3 和 1 表示的最小项分别为 AB 和 $\bar{A}B$，它们可以组合形成矩形 B。

第三步是判断为卡诺图中的 1 方格而产生的矩形中是否有多余的。在这个例子中我们可以看到，为覆盖最小项 0 矩形 $\bar{A}$ 是必要的，为覆盖最小项 3 矩形 B 是必要的。通常情况下，如果一个矩形可以被删去而且卡诺图中余下的矩形覆盖了所有的 1 方格，那么这个矩形是不需要的。如果两个不同大小的矩形需要删去一个，那么最大的那个应该保留。

最后一步就是从卡诺图中读出积之和表达式，确定卡诺图所需矩形的相关乘积项。在这个例子中，我们可以通过矩形和变量如 $\bar{A}$ 和 B 在卡诺图中的界限来读出相关的乘积项，得

到 F 的积之和表达式为：

$$F=\bar{A}+B$$

例 2-4　另一个二变量的卡诺图举例

二变量函数 $G(A, B)=\sum m(1, 2)$ 的卡诺图如图 2-13b 所示。观察卡诺图，我们发现两个矩形是简单的最小项 1 和 2。由图可得

$$G(A, B)=\bar{A}B+A\bar{B}$$

由图 2-13a 和图 2-13b 我们可以看到二变量的卡诺图含有：1）对应最小项的 1×1 矩形；2）由一对相邻最小项组成的 2×1 矩形。一个 1×1 矩形可以表示卡诺图中任何方格，一个 2×1 矩形可以呈水平状态或垂直状态，而 2×2 矩形覆盖了整个卡诺图，所对应的函数 $F=1$。

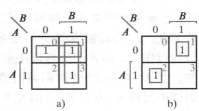

图 2-13　二变量卡诺图举例

2.4.4　三变量卡诺图

我们将通过两个例子来介绍三变量卡诺图的化简，从而对二变量卡诺图中未曾涉及的新概念进行讨论。

例 2-5　三变量卡诺图化简 1

化简布尔函数

$$F(A, B, C)=\sum m(0, 1, 2, 3, 4, 5)$$

函数的卡诺图如图 2-14a 所示，方格 0～5 都标记了 1。在卡诺图中，两个最大的矩形每一个都覆盖了 4 个 1 方格。注意 0 和 1 方格，它们都被这两个矩形覆盖。因为这两个矩形覆盖了所有的 1 方格，而且任何一个都不能删除，所以这两个乘积项的逻辑和是函数 F 优化后的表达式：

$$F=\bar{A}+\bar{B}$$

为了用代数方法来解释 4×4 矩形如 $\bar{B}$ 是如何得到的，可以看一下两个相邻的矩形 $A\bar{B}$ 和 $\bar{A}\bar{B}$，它们分别被两对相邻的最小项连接了起来。利用定理 $XY+X\bar{Y}=X$，这里 $X=\bar{B}$，$Y=A$，可以将这两个黑色矩形合并，从而来得到 $\bar{B}$。

例 2-6　三变量卡诺图化简 2

化简布尔函数

$$G(A, B, C)=\sum m(0, 2, 4, 5, 6)$$

函数的卡诺图如图 2-14b 所示，括号中数字表示的方格都标记 1。在某些情况下，卡诺图中的两个方格尽管相互不接触，但它们是相邻的并组成一个大小为两个方格的矩形。例如在图 2-14b 和图 2-12d 中，m_0 与 m_2 相邻，因为这两个最小项只有一个变量不同。这容易通过代数方法验证：

$$m_0+m_2=\bar{A}\bar{B}\bar{C}+\bar{A}B\bar{C}=\bar{A}\bar{C}(\bar{B}+B)=\bar{A}\bar{C}$$

这个矩形在图 2-14b 中用黑色线表示，在图 2-12d 所示的圆柱体中用灰色线表示，其相邻关系是显而易见的。同样，在两个图中都有一个矩形 $A\bar{C}$ 覆盖了方格 4 和 6。从前面的例子中可以明显地看出，这两个矩形又可以合并成一个更大的矩形 $\bar{C}$，它覆盖了方格 0、2、4 和 6。为了覆盖方格 5，我们需要另外一个矩形，最大的这样一个矩形覆盖方格 4 和 5，在

卡诺图中表示的是 $A\bar{B}$。化简后的函数为

$$G(A, B, C) = A\bar{B} + \bar{C}$$

从图 2-14a 和图 2-14b，我们可以发现三变量的卡诺图包含了所有二变量卡诺图中的矩形，再加上 1）2×2 矩形，2）1×4 矩形，3）2×1 在左右边缘"分离的矩形"，2×2 在左右边缘"分离的矩形"。注意，一个 2×4 矩形覆盖了整个卡诺图，对应的函数 $G=1$。

例 2-7 三变量卡诺图化简 3

化简布尔函数

$$H(A, B, C) = \sum m(1, 3, 4, 5, 6)$$

函数的卡诺图如图 2-14c 所示，括号中数字表示的方格都标记 1。在这个例子中，我们特意把工作目标定为寻找最大的矩形，以便强调化简过程中的第三个步骤，这在前面的例子中没有明显提及。根据上述思想，我们找出可以合并成矩形的方格对：（3,1）、（1,5）、（5,4）和（4,6）。这些矩形中是否可以删去某一个，而同时又保证所有的 1 方格仍然被覆盖呢？因为只有（3,1）覆盖方格 3，所以它不可以删除。对于覆盖了方格 6 的（4,6）也是这样。在这些都被包含之后，唯一没有被覆盖的方格只有 5 了，它可以被（1,5）或者（5,4）覆盖，但不需要同时被这两者覆盖。假设保留（5,4），则从卡诺图得到的结果为

$$H(A, B, C) = \bar{A}C + A\bar{B} + A\bar{C}$$

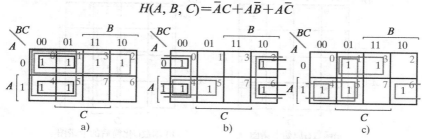

图 2-14 例 2-5～例 2-7 的三变量卡诺图

例 2-8 四变量卡诺图化简 1

化简布尔函数

$$F(A, B, C, D) = \sum m(0, 1, 2, 4, 5, 6, 8, 9, 10, 12, 13)$$

函数的卡诺图如图 2-15 所示，函数的最小项都标记了 1。左边两列的 8 个方格合并成一个矩形得到一个变量项 $\bar{C}$，余下的三个 1 方格不能合并为一个简化了的乘积项，但它们必须合并成两个分离的 2×2 矩形。顶端右边的两个 1 与顶端左边的两个 1 合并得到函数项 $\bar{A}\bar{D}$。再次提醒一下，我们允许同一个方格被使用多次。现在只剩下一个位于第 4 行、第 4 列的方格（最小项 1010）标记为 1。如果让这个方格单独成为一项，则需要使用 4 个文字来表示，但如果将它与已经使用过的一些方格合并，可以在 4 个角上形成一个含有 4 个方格的矩形，得到函数项 $\bar{B}\bar{D}$，这个二变量的函数项可用来代替 4 变量的函数项。这个矩形在图 2-15 和图 2-12e 中用 4 个直角来表示，4 个方格的相邻关系表示得很明显。优化后的表达式是三个函数项的逻辑和形式：

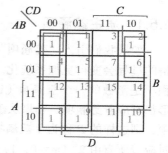

图 2-15 例 2-8 的四变量卡诺图

$$F = \bar{C} + \bar{A}\bar{D} + \bar{B}\bar{D}$$

例 2-9　四变量卡诺图化简 2

化简布尔函数

$$G(A, B, C, D) = \overline{A}\overline{C}\overline{D} + \overline{A}D + \overline{B}C + CD + A\overline{B}\overline{D}$$

这个函数有 4 个变量：A、B、C 和 D，其积之和表达式有点复杂。为了用卡诺图表示 G，我们先将乘积项表示的区域画到卡诺图中，并用 1 标记，然后复制所有的 1 方格到另一个新的卡诺图用来化简。图 2-16a 所示的是函数的卡诺图。$\overline{A}\overline{C}\overline{D}$ 表示标记为 1 的方格 0 和 4，$\overline{A}D$ 表示标记为 1 的方格 1、3、5 和 7，$\overline{B}C$ 新增标记为 1 的方格 2、10 和 11，CD 新增标记为 1 的方格 15，而 $A\overline{B}\overline{D}$ 新增标记为 1 的最后一个方格 8。所得到的函数

$$G(A, B, C, D) = \sum m(0, 1, 2, 3, 4, 5, 7, 8, 10, 11, 15)$$

用卡诺图表示的结果如图 2-16b 所示。检查一下四角的矩形 $\overline{B}\overline{D}$ 是否出现，是首先应该做的一件事。现在这里需要一个矩形覆盖方格 8、0、2、10，在这些方格被覆盖后，很容易看出只要两个矩形 $\overline{A}\overline{C}$ 和 CD 就可以覆盖余下的方格，我们因此可以得到函数的结果为

$$G = \overline{B}\overline{D} + \overline{A}\overline{C} + CD$$

注意，这样得到的函数比原来给出的积之和表达式要简单很多。

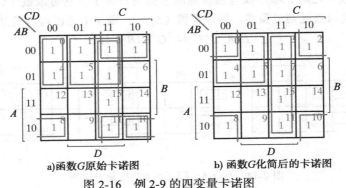

a)函数 G 原始卡诺图　　　　b) 函数 G 化简后的卡诺图

图 2-16　例 2-9 的四变量卡诺图

2.5　卡诺图的化简

当合并卡诺图中的方格时，一定要确保包含了函数全部的最小项。同时，我们必须避免其最小项已经被其他函数项包含的冗余项，这样可以使优化了的函数所包含的函数项最少。在这一节，我们将介绍一种有助于卡诺图化简的方法步骤，同时还将介绍和之积表达式的优化和不完全确定函数的优化。

2.5.1　质主蕴涵项

如果我们引入"蕴涵项""主蕴涵项"和"质主蕴涵项"的概念，那么合并卡诺图中方格的过程会变得更加系统化。如果函数对某个乘积项的每一个最小项都取值为 1，则这个乘积项是函数的一个蕴涵项（implicant）。可以清楚地看到，卡诺图中所有由 1 方格组成的矩形都对应着蕴涵项。如果从蕴涵项 P 中移去任何一个变量，所得的乘积项不再是函数的蕴涵项，则这样的 P 称为主蕴涵项（prime implicant）。在 n 变量函数的卡诺图中，主蕴涵项集合对应着所有由 2^m（$m = 0, 1, \cdots, n$）个 1 方格构成的多个矩形，每个矩形包含了尽可能多的 1 方格。

如果函数的某个最小项只包含在一个主蕴涵项中，则这个主蕴涵项是必需的。因此，

如果一个 1 方格仅存在于表示某个主蕴涵项的一个矩形内，则这样的主蕴涵项是必要的（essential）。如图 2-14c 中，函数项 $\overline{A}C$ 和 $A\overline{C}$ 是必要主蕴涵项（又称质主蕴涵项——译者注），函数项 $A\overline{B}$ 和 BC 是非必要主蕴涵项（又称非质主蕴涵项——译者注）。

函数的主蕴涵项可以从卡诺图中获得，它是由 2^m（$m=0, 1, \cdots, n$）个 1 方格构成的一个最大的矩形。这意味着如果卡诺图中有一个 1 方格不与其他任何 1 方格相邻，则这个 1 方格就是一个主蕴涵项；如果两个相邻的 1 方格形成了一个表示主蕴涵项的矩形，则这两个 1 方格不在一个包含了 4 个或更多个 1 方格的矩形中；如果不被 8 个或更多个 1 方格所构成的矩形所包含，则由 4 个 1 方格形成的矩形是一个主蕴涵项；等等。每个质主蕴涵项至少包括一个没有被任何其他主蕴涵项覆盖的方格。

利用卡诺图寻找函数优化表达式的一般步骤是：首先确定所有的主蕴涵项，然后对全部质主蕴涵项进行逻辑和，再加上其他一些主蕴涵项用来覆盖剩余的不被质主蕴涵项所包含的最小项。这个过程将在例题中阐述。

68
～
71

例 2-10　使用主蕴涵项化简

考虑图 2-17 中所示的卡诺图。有三种可以将 4 个方格合并成矩形的方法，由这些组合得到的乘积项 $\overline{A}D$、$B\overline{D}$、$A\overline{B}$ 是函数的主蕴涵项，其中 $\overline{A}D$ 和 $B\overline{D}$ 是函数的质主蕴涵项，但 $A\overline{B}$ 却不是。这是因为最小项 1 和 3 仅被函数项 $\overline{A}D$ 覆盖，最小项 12 和 14 仅被函数项 $B\overline{D}$ 覆盖，但最小项 4、5、6 和 7 中的每一个都被两个主蕴涵项覆盖，其中一个是 $A\overline{B}$，所以函数项 $A\overline{B}$ 不是质主蕴涵项。事实上，一旦确定了主蕴涵项，$A\overline{B}$ 就不需要了，因为所有的最小项都被这两个质主蕴涵项覆盖。图 2-17 所示函数优化后的表达式为

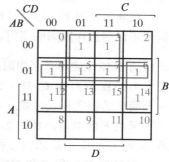

图 2-17　例 2-10 中主蕴涵项：$\overline{A}D$、$B\overline{D}$ 和 $A\overline{B}$

$$F = \overline{A}D + B\overline{D}$$

例 2-11　使用质主蕴涵项和非质主蕴涵项化简

第二个例子如图 2-18 所示。图 2-18a 所示的函数有 7 个最小项。如果我们尝试合并方格，就会发现有 6 个主蕴涵项。为了使函数的函数项最少，我们必须首先确定质主蕴涵项。如图 2-18b 灰色线部分所示，函数有 4 个质主蕴涵项。乘积项 $\overline{A}\,\overline{B}\,\overline{C}\,\overline{D}$ 是质主蕴涵项，因为它是唯一覆盖最小项 0 的主蕴涵项。同样，乘积项 $B\overline{C}D$、$AB\overline{C}$ 和 $A\overline{B}\,\overline{C}$ 是质主蕴涵项，因为它们各自唯一覆盖了最小项 5、12 和 10。最小项 15 被两个非质主蕴涵项覆盖。优化后的函数表达式由 4 个质主蕴涵项的逻辑和与一个覆盖了最小项 15 的主蕴涵项组成：

$$F = \overline{A}\,\overline{B}\,\overline{C}\,\overline{D} + B\overline{C}D + AB\overline{C} + A\overline{B}\,\overline{C} + \begin{cases} ACD \\ \text{或} \\ ABD \end{cases}$$

这样在卡诺图中识别质主蕴涵项的方法，说明质主蕴涵项一定会出现在函数的每一个积之和表达式中，并为我们提供了一个更为系统的方法来选择主蕴涵项。

2.5.2　非质主蕴涵项

除了使用所有的质主蕴涵项外，以下规则可以用来覆盖包含在非质主蕴涵项中函数剩余的最小项：

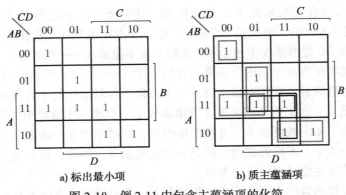

a) 标出最小项   b) 质主蕴涵项

图 2-18 例 2-11 中包含主蕴涵项的化简

选择规则：尽可能地减少主蕴涵项的重叠。特别是在最后的表达式中，要确保所选择的主蕴涵项至少覆盖一个没有被其他主蕴涵项覆盖的最小项。

在通常情况下，尽管这样得不到最佳的表达式，但却是简化的和之积表达式。下面一个例子将说明选择规则的使用。

例 2-12 使用选择规则来化简函数

为函数 $F(A, B, C, D) = \sum m(0, 1, 2, 4, 5, 10, 11, 13, 15)$ 寻找一个简化的积之和表达式。

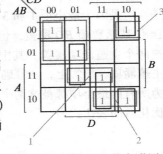

函数 F 的卡诺图如图 2-19 所示，所有的主蕴涵项都已给出。$\overline{A}\overline{C}$ 是唯一的质主蕴涵项。利用前面的选择规则，我们可以按图中给出的顺序为积之和式选择剩余的主蕴涵项。注意，选择主蕴涵项 1 和 2 是为了使覆盖的最小项不重叠。主蕴涵项 3（$\overline{A}B\overline{D}$）和主蕴涵项 $\overline{B}C\overline{D}$ 都覆盖了余下的最小项 0010，随意选择主蕴涵项 3 来覆盖这个最小项，最后的积之和表达式是：

图 2-19 例 2-12 的卡诺图

$$F(A, B, C, D) = \overline{A}\overline{C} + ABD + A\overline{B}C + \overline{A}B\overline{D}$$

没有用到的主蕴涵项在图 2-19 中用黑线框标记。 ∎

2.5.3 和之积优化

前面例子中通过卡诺图得到优化的布尔函数，都是采用积之和表达式，稍做修改就可以得到和之积的形式。

我们可以利用布尔函数的特性来得到优化的和之积表达式。卡诺图中的 1 方格代表函数的最小项，那些不包含在原函数中的最小项属于函数的非。因此，我们得知函数的非在卡诺图中由那些没有标记 1 的方格来表示。如果我们用 0 来标记这些方格并且适当合并成矩形，就可以得到函数非 $\overline{F}$ 的优化表达式，然后将 $\overline{F}$ 取反得到和之积形式的 F。具体做法是对每个变量取反并求对偶式，如例 2-13 所示。

例 2-13 化简和之积形式

化简下列布尔代数为和之积形式：

$$F(A, B, C, D) = \sum m(0, 1, 2, 5, 8, 9, 10)$$

图 2-20 所示卡诺图中标记为 1 的方格表示函数的最小项，标记为 0 的方格表示函数 F

取反后的最小项，而不是函数 F 的最小项。将标记为 0 的方格合并起来，我们可以得到简化的反函数：

$$\overline{F} = AB + C\overline{D} + B\overline{D}$$

取其对偶式并对 $\overline{F}$ 中的每个变量取反就可以得到 F。F 的和之积形式为：

$$F = (\overline{A} + \overline{B})(\overline{C} + \overline{D})(\overline{B} + D)$$ ■ 74

上面这个例子介绍了如何将最小项之和形式的函数化简为和之积形式的过程。如果函数表达式原本是最大项之积形式或者是和之积形式，这个过程也可以使用。记住，最大项的数字与函数取反后的最小项的数字相同，所以在卡诺图中可以用 0 标记最大项或函数的非。为了在卡诺图中标记一个用和之积形式表示的函数，我们可以对这个函数取反，找出要标记为 0 的方格。例如，对于函数

$$F = (\overline{A} + \overline{B} + C)(B + D)$$

在绘制卡诺图时可以先对其取反，

$$\overline{F} = AB\overline{C} + \overline{B}\overline{D}$$

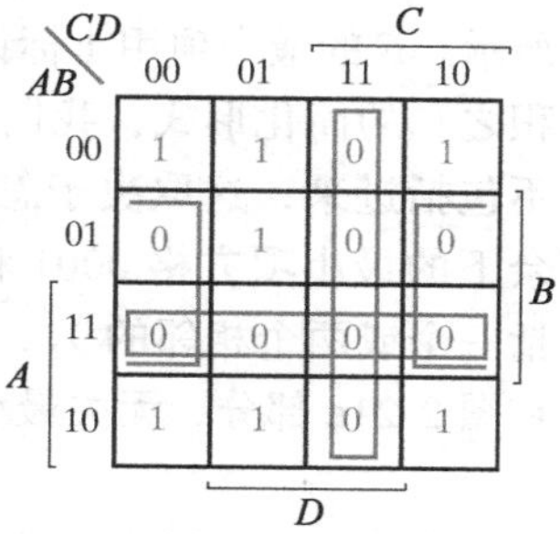

图 2-20 例 2-13 的卡诺图

然后将 $\overline{F}$ 的最小项所对应的方格标记为 0，余下的方格都标记 1。然后再合并 1 方格得到简化的积之和表达式，合并 0 方格并取反得到简化的和之积表达式。这样，对于任何绘制在卡诺图中的函数，我们都可以得到优化了的两种标准形式中的任意一种表示形式。

2.5.4 无关最小项

布尔函数的最小项确定了使函数取值为 1 的变量取值的所有组合，对其余的最小项函数的值为 0。但是，这样的假设往往是无效的，因为在有些实际应用中，函数取值对某些变量取值组合来说是不确定的。这时会出现两种情况。第一种情况，某些输入组合根本不会出现，例如，用 4 位二进制对十进制数字进行编码时就有 6 种组合没有使用，也不会出现。第二种情况，某些输入组合会出现，但是我们并不关心这些输入组合会产生怎样的输出结果。对于这两种情况下的输入取值组合，函数输出结果均不确定。这种对于某些输入组合来说输出结果不确定的函数称为不完全确定函数（incompletely specified function）。在大多数应用 75
中，我们并不关心对于那些不确定的最小项函数的值是多少。正因为这个原因，通常把这些函数中没有指定的最小项称为无关最小项（don't-care condition），这些情况可以用于卡诺图以使函数得到进一步简化。

需要注意的是，一个无关最小项在卡诺图中不能用 1 标记，因为这会要求函数值对于这个最小项一直为 1。同样，无关最小项用 0 标记就会要求函数值为 0。为了与 1 和 0 区分，无关最小项通常用 × 来表示。这样一来，卡诺图方格中的 × 表示我们并不关心对于这个特殊的最小项，函数取值到底是 0 还是 1。

选择卡诺图中相邻的方格来简化函数，无关最小项也许有用。当用 1 方格来简化函数 F 时，我们要包含那些可以使 F 的主蕴涵项最简单的无关最小项；当用 0 方格来简化函数 $\overline{F}$ 时，我们要包含那些可以使 $\overline{F}$ 的主蕴涵项最简单的无关最小项，不管这些无关最小项是否包含在 F 的主蕴涵项中。无论最终表达式的函数项中是否含有无关最小项，这两种情况相互之间没有任何关系。下面是对无关最小项处理的例子。

例 2-14 用无关最小项进行化简

为了清楚地表述处理无关最小项的步骤，考虑下面不完全确定函数 F，它有三个无关最小项 d：

$$F(A, B, C, D) = \sum m(1, 3, 7, 11, 15)$$
$$d(A, B, C, D) = \sum m(0, 2, 5)$$

函数 F 的最小项组合使得函数的值为 1，最小项 d 是无关最小项，卡诺图化简如图 2-21 所示。F 的最小项用 1 标记，d 的最小项则用 × 标记，其他的方格用 0 标记。为了获得函数 积之和的简化形式，我们必须包括卡诺图中的 5 个 1 方格，但是可以将任何一个 × 包括或 不包括进来，这取决于怎样做可以得到函数的最简形式。CD 项在第 3 列包括 4 个最小项， 余下的最小项方格 0001 和方格 0011 组合在一起成为一个三变量的函数项。然而，通过包 括一个或两个相邻的 ×，我们可以将 4 个方格组合成一个矩形，得到一个两变量的函数项。 在图 2-21a 部分，无关最小项 0 和 2 与 1 方格合并，得到化简后的函数

$$F = CD + \overline{A}\,\overline{B}$$

在图 2-21b 部分，无关最小项 5 与 1 方格合并，这时简化后的函数为

$$F = CD + \overline{A}D$$

76 这两个表达式所表示的函数在代数中是不相等的，它们都包括原不完全确定函数中确 定的最小项，但每个表达式却包括了不同的无关最小项。如果考虑的是不完全确定函数， 那么这两个表达式都是可以接受的。唯一不同之处就是，对应无关最小项，函数 F 的取值 不同。

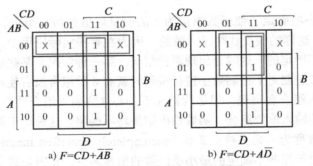

a) $F = CD + \overline{A}\overline{B}$ b) $F = CD + A\overline{D}$

图 2-21 包含无关最小项的例子

对于图 2-21 中的函数也可以求得简化的和之积表达式。这时，使用组合 0 方格的方法 将无关最小项 0 和 2 与 0 方格组合起来，得到优化后的反函数

$$\overline{F} = \overline{D} + A\overline{C}$$

对函数 $\overline{F}$ 取反就可以得到优化的和之积表达式：

$$F = D(\overline{A} + C)$$ ■

从前面介绍的例子可以看出，卡诺图中的无关最小项最初既可以认为是 0，也可以认为 是 1，最后决定是 0 还是 1 取决于简化的过程。这样一来，对于原函数中的最小项和那些无 关项，优化后函数的取值可能是 0 或 1。因此，虽然开始时输出结果中可以包含 ×，但用特 定方式实现时输出结果只能为 0 和 1。

更多优化 补充材料介绍了如何选择主蕴涵项以便获得最优结果。另外，它还给出了一

个用符号运算来产生主蕴涵项的方法，同时给出了用表格方法来选择主蕴涵项。补充材料还讨论了要为大电路找到真正的两级优化方法是不现实的，这是因为要产生全部主蕴涵项以及从大量的主蕴涵项中选择出可能的解决方案是困难的。补充材料给出了一个计算机算法，对于大电路它通常能够得到接近最优的两级解决方案，比用最优方法要快得多。

77

2.6 异或操作和异或门

除了图 2-3 中所示的异或门之外，异或操作还有自己的独特性质。用符号⊕表示的异或操作实现下列函数运算

$$X \oplus Y = X\overline{Y} + \overline{X}Y$$

如果仅有一个输入变量为 1，则结果等于 1。异或非又称为同或（equivalence），是对异或进行取反，可以用函数表示为：

$$\overline{X \oplus Y} = XY + \overline{X}\,\overline{Y}$$

当 X 和 Y 的值都等于 1 或者都等于 0 时，函数的值等于 1。通过真值表或者下面的代数处理可以看出，这两个函数互为取反。

$$\overline{X \oplus Y} = \overline{X\overline{Y} + \overline{X}Y} = (\overline{X} + Y)(X + \overline{Y}) = XY + \overline{X}\,\overline{Y}$$

异或运算具有下列性质：

$$X \oplus 0 = X \qquad\qquad X \oplus 1 = \overline{X}$$
$$X \oplus X = 0 \qquad\qquad X \oplus \overline{X} = 1$$
$$X \oplus \overline{Y} = \overline{X \oplus Y} \qquad\qquad \overline{X} \oplus Y = \overline{X \oplus Y}$$

这些性质中的任何一个都可以利用真值表或者将⊕运算用等效的布尔表达式代替的方法来进行验证，同时还可以看到异或运算满足交换律和结合律，即

$$A \oplus B = B \oplus A$$
$$(A \oplus B) \oplus C = A \oplus (B \oplus C) = A \oplus B \oplus C$$

这意味着异或门的两个输入端可以相互交换而不影响运算结果，而且我们可以按任意顺序计算三变量的异或运算，因此三变量或更多变量的异或运算可以不需要借助括号来表示。

两输入的异或函数可以用普通的逻辑门来实现，这需要两个非门、两个与门和一个或门。异或操作满足结合律意味着异或门可以有两个以上的输入端，但两个以上变量的异或概念将由下面介绍的奇函数来替代。因此，没有符号可以用来表示多于两个输入的异或。根据对偶性可知，异或非可以由偶函数来替代，也没有符号可以用来表示两个以上的输入。

奇函数

三变量或三变量以上的异或运算可以通过将⊕运算符用等效的布尔表达式来替代的方法，转化成普通的布尔函数。例如，三变量的异或运算可以转化为如下的布尔表达式：

78

$$X \oplus Y \oplus Z = (X\overline{Y} + \overline{X}Y)\overline{Z} + (XY + \overline{X}\,\overline{Y})Z$$
$$= X\overline{Y}\,\overline{Z} + \overline{X}Y\overline{Z} + \overline{X}\,\overline{Y}Z + XYZ$$

从布尔表达式中可以清楚地看出，当只有一个变量等于 1 或者所有三个变量都等于 1 的时候，三变量异或运算的值等于 1。因此，与二变量函数只需要一个变量的值为 1 相比，三

变量或者三变量以上的函数则需要奇数个变量的值为 1。所以，多变量异或运算又被定义为奇函数（odd function）。事实上，严格说来，这才是三变量或者三变量以上⊕运算的正确含义，"异或"这个名字只适合于二变量。

奇函数的定义可以通过将函数绘制在卡诺图上得到清晰的解释。图 2-22a 所示的是三变量奇函数的卡诺图。函数的 4 个最小项两两之间至少有两个字符不相同，因此在图上它们彼此不相邻，相互之间的海明距离为 2。奇函数由 4 个有奇数个 1 的最小项所确定。四变量的情况如图 2-22b 所示，图中 8 个被 1 所标记的最小项构成奇函数，注意图中 1 方格之间的距离模式。需要说明的是，图中没有标记为 1 的最小项有偶数个 1，组成奇函数的反函数称为偶函数（even function）。奇函数可以通过多个两输入异或门来实现，如图 2-23 所示。偶函数则可以通过用同或门取代输出门来获得。

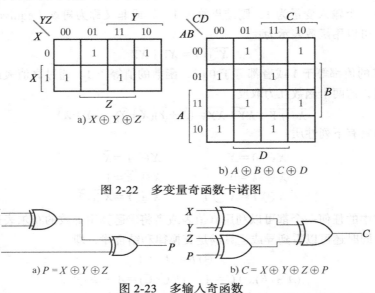

图 2-22　多变量奇函数卡诺图

a) $P = X \oplus Y \oplus Z$　　　　　　b) $C = X \oplus Y \oplus Z \oplus P$

图 2-23　多输入奇函数

2.7　门的传播延迟

正如第 2.1 节所指出的那样，逻辑门的一个重要特性是传播延迟（propagation delay）。传播延迟是信号的变化从输入传播到输出所需要的时间。电路运行的速度与电路中经过门的最长传播延迟成反比关系。电路运行速度通常是电路设计的关键约束，在很多情况下，运行速度可能是最重要的设计约束。

图 2-24 举例说明了传播延迟，它定义了三个传播延迟参数。高到低的传播时间（high-to-low propagation time）t_{PHL} 是指输出从高（H）变为低（L）时，从输入 IN 的参考电压到输出 OUT 的参考电压两者间的时间差。在此使用的参考电压是指电压信号最大值与最小值之间的中间值，即 50% 处。可以用其他的参考电压，这依赖于使用的逻辑系列。低到高的传播时间（low-to-high propagation time）t_{PLH} 是指输出电压从低（L）变为高（H）时，从输入 IN 的参考电压到输出 OUT 的参考电压间的时间差。传播延迟（propagation delay）t_{pd} 取这两个传播时间的最大值。选择最大值是因为我们最关心的是一个信号从输入传输到输出的最长时间。否则，t_{pd} 的定义可能不一致，这取决于如何使用数据。制造商通常在他们的产品中给出了 t_{PLH} 和 t_{PHL} 或者 t_{pd} 的最大值与典型值。

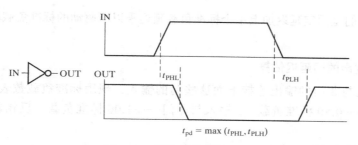

图 2-24 反相器的传播延迟

在模拟过程中对门建模时，往往使用传输延迟和惯性延迟。传输延迟（transport delay）是指输出响应输入的变化，在指定的传播延迟之后发生改变。惯性延迟（inertial delay）类似于传输延迟，但如果输入变化使输出在一个小于拒绝时间（rejection time）的间隔内发生两次变化，那么两次变化中的第一次将不会发生。这个拒绝时间是一个确定的值，它不大于传播延迟，通常等于传播延迟。图 2-25 是对与门采用传输延迟和惯性延迟进行模拟的情况。为了形象地理解延迟行为，图中还给出了不带延迟的与门输出情况。波形上的灰色条表示每次输入变化后的 2 ns 传播延迟时间，另一个较小的黑色条表示 1 ns 的拒绝时间。用传输延迟建模的输出与没有延迟的输出波形相同，只是右移了 2 ns。而对于惯性延迟，波形同样右移。为了确定延迟输出的波形，波形中的每个变化称为一个边沿（edge）。为了确定特定的边沿是否会出现在惯性延迟的输出中，就必须判定该边沿的第二个边沿在无延迟输出中是否发生在拒绝时间结束之前，这个边沿是否会在惯性延迟输出中产生变化。例如，对于无延迟输出中的边沿 a，边沿 b 发生在拒绝时间结束之前，故边沿 a 没有出现在惯性延迟输出中。同时由于边沿 b 不会改变惯性延迟的状态，所以该边沿也被忽略。在无延迟输出中，边沿 c 后的边沿 d 正好发生在拒绝时间，故边沿 c 出现。然而边沿 d 后的边沿 e 发生在拒绝时间中，故边沿 d 不会出现。因为边沿 c 出现，而边沿 d 不出现，故边沿 e 不能引起变化。

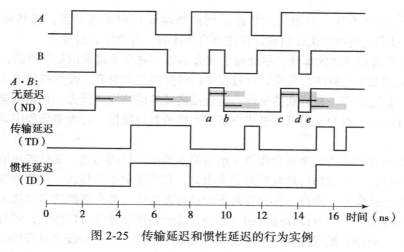

图 2-25 传输延迟和惯性延迟的行为实例

接下来，我们进一步考虑在实际电路环境中形成门延迟的各种组成成分。门本身存在固定的固有延迟，它表示为所驱动的电容。然而门的实际扇出也影响门的传播延迟，实际扇出可以根据标准负载计算得到，我们将在第 5 章进行讨论。门的总体延迟取决于连接到其输出的逻辑门输入负载，该值可能明显大于固有延迟。因此，传播延迟的简单表达式可以用公式或表给出，它们是固定延迟加上单个标准负载延迟乘以所驱动的标准负载数，如以下实例所示。

例 2-15 基于扇出的门延迟估算

一个 4 输入与非门的输出连接下面这些门的输入，现用标准负载数表示它们的输入：4 输入或非门——0.80 标准负载，3 输入与非门——1.00 标准负载，反相器——1.00 标准负载。

4 输入与非门的延迟公式为

$$t_{pd}=0.07+0.021\times SL \text{ ns}$$

这里的 SL 指门驱动的标准负载数。

忽略布线延迟，与非门的延迟估计为

$$t_{pd}=0.07+0.021\times(0.80+1.00+1.00)=0.129 \text{ ns}$$

在现代高速电路中，由布线电容引入的门延迟部分通常也很可观。忽略这些延迟是不明智的，但是估算它们很困难，因为这取决于集成电路的布线。不过我们没有信息或者办法来很好地估算这方面的延迟，在此，我们忽略这部分延迟。■

2.8 硬件描述语言简介

设计复杂系统和集成电路没有计算机辅助设计（CAD）工具的帮助是不行的。原理图输入工具（schematic capture）支持绘制模块和所有层次的互连。在原语与功能模块级，CAD工具提供了图形符号库（library）。原理图输入工具通过生成层次模块符号和复用这些符号来构建层次结构。

库中的原语块和功能模块符号联合建模，允许对各个层次块的行为和时序，以及整个电路进行验证。这种验证是为模块或电路提供输入，利用一个逻辑模拟器（logic simulator）确定输出。

库中的原语块还有一些相关的数据，例如物理面积和延迟参数，逻辑综合器（logic synthesizer）可用这些数据优化由硬件描述语言描述的、自动生成的设计。

正如 2.1 节简要描述的那样，尽管图形和布尔等式对小电路来说是够用的，但硬件描述语言在开发大型复杂电路的现代化设计过程中已经变得至关重要。硬件描述语言类似于程序设计语言，但是它们有一些特别的属性，适合描述硬件的结构与行为。它们明显地不同于典型的程序设计语言，因为它们可以描述由硬件完成的并行操作，而大多数程序设计语言描述串行操作。

正如我们将在本章的剩余部分和第 3 章与第 4 章中介绍的那样，硬件描述语言的威力是在它被用来不仅仅表示结构信息时变得更为明显。它能表示布尔等式、真值表以及一些如算术运算那样的复杂操作。因此，在自顶向下的设计方法中，整个系统的高层描述可以用硬件描述语言精确地确定。作为设计过程的一部分，这个高层描述又可以修改，划分成较低层的描述。最后，得到用原始组件和功能模块表示的最终描述，并作为设计过程的结果。要注意的是所有这些描述都可以仿真。因为它们表示相同功能的系统，只是定时不同，对相同的输入它们都会产生相同的响应，给出一样的逻辑值。这个重要的仿真特性支持设计验证，是硬件描述语言被应用的主要原因之一。

硬件描述语言被不断广泛使用的最主要原因是逻辑综合。系统的硬件语言描述可以用一个中间级（称为寄存器传输语言（RTL）级）来表示。逻辑综合工具与附带的组件库可以将这样的描述转换成原语组件之间的相互连接来实现电路。这种代替手工的逻辑设计方法大大提高了复杂逻辑设计的效率。逻辑综合器将用硬件描述语言描述的电路的寄存器传输语言级描述转换成一个优化了的网表，网表表示存储元件和组合逻辑。所包含的优化远比本章以前所介绍的要复杂，但它们有许多相同的概念。逻辑优化完成之后，网表可以用物理设计工具将其转换成实际的集成电路版图或现场可编程门阵列（FPGA）。逻辑综合工具负责设计大部分细节，并允许设计者在各种设计约束之间取得折中，这对于先进的设计来说是必需的。

VHDL 和 Verilog 是当前广泛使用的标准硬件设计语言。这两种语言的标准由电气与电子工程师协会 (IEEE) 制定、完善、发行。这些语言的所有实现都必须遵循各自的标准。这种标准化使硬件描述语言相对于原理图法具有另一个优势，即这种标准语言可在各种计算机辅助设计工具中移植，而原理图输入工具是供应商独有的，不同供应商的原理图输入工具不同，因此原理图不能移植。除了这些标准语言，一些大的公司有他们自己的内部语言，一般在标准语言之前就已经开发出来，对他们自己的产品有一些独特的功能。

无论哪种硬件描述语言，都用硬件描述语言编写的程序作为仿真器的输入。程序执行的步骤是分析、优化、初始化，最后仿真。分析与优化由编译器完成，这个编译器与其他程序设计语言的编译器类似。分析（analysis）检查是否存在与语法与语义规则相违背的描述，并产生设计的中间表示。优化（elaboration）遍历描述的各个设计层次，并将层次设计平铺成采用行为描述的模块的互联。分析与优化的最终结果是原始硬件描述语言设计的一个仿真模型，随后这个模型提交给仿真器执行。初始化（initialization）过程是设置仿真模型中所有变量为指定值或默认值。仿真器根据用户指定的一批输入或用户采用交互模式给定的输入来执行模块仿真。

[83]

由于采用硬件描述语言可以有效地描述相当复杂的硬件，因此我们需要一种特殊的硬件描述语言结构，称为测试程序（testbench）。这个测试程序中包含了被测试的设计，通常称为被测设备（Device Under Test，DUT）。测试程序描述了硬件和软件的功能，给 DUT 提供输入，并验证产生的输出的正确性。这种方法避开了向仿真器分别提供输入并手工分析仿真输出的麻烦。测试程序提供了一个统一的验证结构，可以在自顶向下的设计过程中用来验证不同设计层次的正确性。

逻辑综合

正如前面所指出的那样，逻辑综合工具的有效性是硬件描述语言日益被广泛使用的驱动力之一。逻辑综合将一个电路 RTL 级的描述转换为一个优化后的网表，该网表包含了存储元件以及组合逻辑。随后利用物理设计工具可将网表转换为实际的集成电路版图。这个版图是集成电路制造的基础。逻辑综合工具处理设计中的大部分细节，并允许兼顾成本 / 性能间的平衡以提升设计的性价比。

图 2-26 为逻辑综合步骤中一个简单的高层次工作流程图。用户提供待设计电路的硬件语言描述以及各种约束或者边界条件。电气约束包括允许的门扇出和输出负载限制。面积与速度约束指导综合中的优化过程。面积约束通常给出一个允许的最大面积，以保证一个电路能集成在集成电路中。

或者给出一个一般性的面积最小化的提示。速度约束给出电路中不同通道中允许的最大时延，或者给出一个一般性的使速度最快的提示。面积和速度约束与电路的成本直接相关。

一个快速电路往往有较大的面积，因而制造成本也相应增加。如果电路速度不要求很快，则可优化其面积，相对而言，其生产成本降低。在一些顶级的综合工具中，功耗也可成为一个约束。综合工具的附加信息是工艺库（technology library），工艺库描述了网表中可用的原语块以及用于延迟计算所需的物理参数。后者是满足约束、执行优化必不可少的。

在图 2-26 中，综合过程的第一个主要步骤是将硬件语言描述转换成一个中间形式。转换的结果可能是一些通用门与存储器件的相互连接，这些门和存储器不是直接从工艺库中得到的。转换结果也可能是另外一种形式。它包括一组一组的逻辑以及组与组之间的互联。

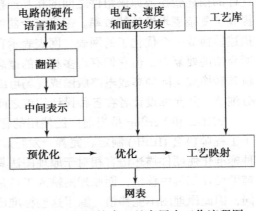

图 2-26　逻辑综合工具高层次工作流程图

综合过程的第二个主要步骤是优化。首先执行预优化以简化中间描述形式，例如在中间形式中，相同的逻辑用共享方式实现。然后就是优化，优化对中间形式进行处理以满足指定的约束。一般会执行两级和多级优化。优化后是工艺映射（technology mapping），工艺映射采用工艺库中的门代替原来的与门、或门和反相器。为了评估与这些门相关的面积与速度参数，需使用工艺库中的附加信息。在一些顶级的综合工具中，在工艺映射时会进行进一步的优化，以期能满足设计的约束条件。对于大电路来说，优化是一个非常复杂且耗时的过程。为了达到期望的结果或证明约束是困难的，可能要进行多次优化，当约束不能满足，如果可能，应该对其进行解释或论证。设计者可能需要修改约束或者修改程序来获得一个满意的设计，这些修改可能包括手工修改部分逻辑以达到设计目标。

优化与工艺映射过程的输出是一个与原理图相对应的网表，该网表由存储单元、门和其他一些组合逻辑功能模块组成。这个输出可作为物理设计工具的输入，物理设计工具放置逻辑器件并确定它们之间的连线，以产生用于制造的电路版图。就可编程逻辑部件来说，例如对于第 5 章讨论的现场可编程逻辑门阵列，物理设计工具通过模拟产生二进制信息，这些二进制信息可以用来对可编程器件的逻辑功能进行编程。

2.9　硬件描述语言——VHDL

由于硬件描述语言用来描述和设计硬件，故在使用该语言编程时，应牢记底层的硬件实现，特别是当你的设计将用来综合时。例如，如果忽略将要生成的硬件，那么你可能会用低效的硬件描述语言设计出一个大且复杂的门级结构，而实际上只需少量门的简单结构即可实现。出于这种原因，我们开始重点讲述用 VHDL 语言详细地描述硬件，然后再进行更抽象的高层次的描述。

本章所选的实例用于说明 VHDL 是一个很好地描述数字电路的可选方法。首先，我们采用结构化的描述方法，用 VHDL 而不是原理图对图 2-27 中的二位大于比较器电路进行描述。这个例子介绍了 VHDL 的许多基本概念。然后，我们采用高层次的行为描述方式设计这个电路，以进一步介绍 VHDL 的基本概念。

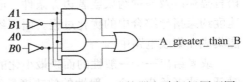

图 2-27　二位大于比较器电路门级原理图

例 2-16　二位大于比较器电路的 VHDL 结构描述

图 2-28 给出了图 2-27 中二位大于比较器电路的 VHDL 描述。这个实例可以用来说明 VHDL 的许多常见特性和电路的结构描述。

```
-- Two-bit greater-than circuit : Structural VHDL Description    -- 1
-- (See Figure 2-27 for logic diagram)                          -- 2
library ieee, lcdf_vhdl;                                        -- 3
use ieee.std_logic_1164.all, lcdf_vhdl.func_prims.all;         -- 4
                                                               -- 5
entity comparator_greater_than_structural is                   -- 6
  port (A: in std_logic_vector(1 downto 0);                    -- 7
    B: in std_logic_vector(1  downto 0);                       -- 8
    A_greater_than_B: out std_logic);                          -- 9
end comparator_greater_than_structural;                        -- 10
                                                               -- 11
architecture structural of comparator_greater_than_structural is   -- 12
                                                               -- 13
 component NOT1                                                 -- 14
  port(in1: in std_logic;                                      -- 15
    out1: out std_logic);                                      -- 16
 end component;                                                 -- 17
 component AND2                                                 -- 18
  port(in1, in2: in std_logic;                                 -- 19
    out1: out std_logic);                                      -- 20
 end component;                                                 -- 21
 component AND3                                                 -- 22
  port(in1, in2, in3: in std_logic;                            -- 23
    out1: out std_logic);                                      -- 24
 end component;                                                 -- 25
 component OR3                                                  -- 26
  port(in1, in2, in3 : in std_logic;                           -- 27
    out1: out std_logic);                                      -- 28
 end component;                                                 -- 29
signal B1_n, B0_n, and0_out, and1_out, and2_out: std_logic;    -- 30
begin                                                          -- 31
 inv_0: NOT1 port map (in1 => B(0), out1 => B0_n);             -- 32
 inv_1: NOT1 port map (B(1), B1_n);                            -- 33
 and_0: AND2 port map (A(1), B1_n, and0_out);                  -- 34
 and_1: AND3 port map (A(1), A(0), B0_n, and1_out);            -- 35
 and_2: AND3 port map (A(0), B1_n, B0_n, and2_out);            -- 36
 or0: OR3 port map (and0_out,and1_out,and2_out, A_greater_than_B);   -- 37
end structural;                                                -- 38
```

图 2-28　二位大于比较器电路的 VHDL 结构描述

两条短线 "--" 和行末之间的语句称为注释（comment），图 2-28 中的描述一开始是两行注释，用以说明该程序的功能以及与图 2-27 的关系。为了便于说明该描述，在每行的右边采用注释标注了行号。作为一种语言，VHDL 有其语法规则，它准确地描述了可以使用的合法结构。这个实例将介绍 VHDL 语法的一些内容，特别要注意描述中分号、逗号与冒号的用法。

首先，我们跳过第 3、4 行，将注意力集中到整个结构上。第 6 行声明了一个实体（entity），这是 VHDL 设计中的一个基本单元。像对原理图中的一个逻辑符号一样，在 VHDL 中我们需要对设计命名，定义其输入 / 输出端口，这些是实体声明（entity declaration）的职能。**entity** 和 **is** 是 VHDL 中的关键词。用粗体标示的关键词有特殊的含义，不能用来命名实体、输入／输出端口或者信号。语句 **entity** comparator_greater_ than_structural **is** 声明了一个名为 comparator_greater_than_structural 的设计。VHDL 大小写不敏感（例如，用相同字母的大写或小写命名的名字和关键词不能区分）。COMPARATOR_greater_than_Structural 和 comparator_Greater_than_ structural 以及 comparator_greater_than_Structural 是相同的。

接下来，从第 7～9 行的端口声明（port declaration）用来定义输入和输出端口，就像在原理图中对逻辑符号所做的那样。对于这个设计实例，它有二个输入信号：A 和 B。这些信号通过模式 **in** 指定为输入端口。同样，A_greater_than_B 通过模式 **out** 指定为输出端口。VHDL 是一种强类型语言，所以输入和输出信号的数据类型必须事先声明。在此例中，输出信号的类型为 std_logic（标准逻辑类型（standard logic））。类型声明指定了输入输出信号的值以及对这些信号可能执行的操作。标准逻辑类型有 9 个值，其中包括常用的二进制值 0 和 1 以及两个附加值 X 和 U。X 表示未知值，U 表示未初始化。我们选择使用标准逻辑，因为一般的仿真工具都用到这些值。

输入 A 和 B 说明了 VHDL 的另一个概念，即 std_logic_vector（标准逻辑向量）。两个输入中的每一个都是二位宽，因此把它们定义为 std_logic_vector，而不是独立的 std_logic 信号。我们使用下标来对向量寻址。由于 A 包含两个编号为 0 和 1 的输入信号，1 是最高有效位（最左边），故 A 的下标是由 1 降至 0。这个向量的成员是 A(1) 和 A(0)。同样，B 包含两个编号为 1 和 0 的输入信号，故它的下标也是由 1 降至 0。从第 32 行开始，注意 std_logic_vector 类型的信号是如何通过指定信号名与用括号括起的下标来引用的。如果希望向量的下标由小到大显示，那么在 VHDL 中可采用另一种不同的标记方法。例如，signal N:std_logic_vector(0 to 3) 定义了信号 N 的第一位（最左边）为 N(0)，最后一位（最右边）为 N(3)。也可以引用子向量（例如，N(1 to 2)，表示引用 N 的中间两个信号 N(1) 和 N(2)）。

为了使用 std_logic 和 std_logic_vector 类型，有必要对该类型的值和操作进行定义。为方便起见，我们可以采用一个由预编译的 VHDL 代码组成的程序包（package）来完成预定义。包一般存放在称为库（**library**）的目录中，而库可被一些或所有用户共享。对于 std_logic，基本包是 ieee.std_logic_1164，这个包定义了 std_logic 与 std_ulogic 类型的值和基本的逻辑操作。为了使用 std_logic，我们在第 3 行调用了包含包的 ieee 库，在第 4 行调用了 ieee.std_logic_1164.all 包，表示我们会用到 ieee 库中 ieee.std_logic_1164 包内的所有定义。另外，lcdf_vhdl 库包含了 func_prims 包，该包用 VHDL 语言描述了基本的逻辑门、锁存器和触发器，我们通过 **all** 调用该包中的所有内容。lcdf_vhdl 库的 ASCII 码格式可从本书的配套网站上下载。注意，第 3、4 行语句后紧跟着实体部分。如果另一个实体也将用到 std_logic 类型和 fun_prims 中的元件，那么库和使用语句必须重复放在实体声明之前。

实体声明以关键词 **end** 结束，其后紧跟实体名。到目前为止，对于这个电路我们已经讨论了与原理图中逻辑符号等效的 VHDL 描述

结构化描述 接下来，我们要描述电路的功能。实体功能的描述称作实体的结构体（architecture），因此第 12 行声明了实体 comparator_greater_than_structural 的结构体 structural。以下将介绍结构体的详细语法。在此实例中，根据图 2-27 的电路图，我们采用与原理图等价的结构化描述（structural description）方式来设计电路。

首先，在第 15～29 行声明了我们将在描述中要用到的门类型。由于我们采用门来实现电路，所以声明了一个反相器 NOT1，一个二输入与门 AND2，一个三输入与门 AND3 和一个三输入或门 OR3 作为组件（component）。这些门的 VHDL 描述包含在包 func_prims 中，包 func_prims 包含了这些门的实体与结构体。组件声明中的名字与端口声明必须与其对应的实体完全一致。对于 NOT1，端口指定的输入名为 in1 和输出名为 out1。对于 AND2，其组件声明部分中输入名为 in1 和 in2，输出名为 out1。类似地，对于 AND3 和 OR3，其组件声明部分中输入名为 in1、in2 和 in3，输出名为 out1。

接下来，在根据电路图确定这些门的相互连接之前，我们需要对电路中的所有节点进行命名。输入和输出已经命名了。图 2-27 中的内部节点是两个反相器的输出以及三个与门的输出，这些输出节点声明为 std_logic 类型的信号。not_B1 和 not_B0 是两个反相器的输出信号，and0_out、and1_out 和 and2_out 是三个与门的输出信号。同样，端口中声明的所有输入和输出都是信号。在 VHDL 中有信号和变量。变量的赋值是立即有效的。相反，信号的赋值不即刻有效，它在未来的某个时间被赋值。这个时间可以是物理时间，例如当前时间之后的 2 ns，也可以是增量时间（delta time），如一个信号在当前时间上加上一个增量时间后被赋值。增量时间可以看作一个无穷小的时间量。信号赋值的时间延迟对典型的数字模拟器的内部操作来说是必不可少的，当然，基于门延时可使电路仿真结果更接近实际。但为简单起见，我们通常是验证电路功能的正确性，而不是其性能或者延时问题。对于这样的功能仿真，将时延默认为增量时间是最容易的。因此，在电路的 VHDL 描述中不涉及时延，但在测试程序中可能出现。

在内部信号的声明之后，以关键词 **begin** 开始结构体的主体部分。这个电路的描述由两个反相器、一个二输入与门、两个三输入与门和一个三输入或门组成。第 32 行给出了第一个反相器的标号为 inv_0，指示了这个反相器是 NOT1 组件。接着是端口映射（**port map**），将反相器的输入与输出端口映射到相连接的信号上。信号间的映射通过符号＝＞关联，符号左边是门的端口，右边是所连接的信号。例如，反相器 inv_0 的输入是 B(0)，输出是 not_B0。

89

从第 33～37 行给出了剩下的 5 个门以及与它们的输入输出端口相连的信号。这 5 个门使用了另外一种方法来映射逻辑门的端口。这种方法没有显式地给出元件的输入输出名称，而是假定在端口映射中连接的信号顺序与引用的元件的端口顺序一致。这样我们可以按元件端口的顺序列举信号，从而隐式地指定信号之间的连接。例如在 33 行，B(1) 连接到输入，not_B1 连接到输出。结构体以关键词 **end** 加其结构名 structural 结束。　　　　■

数据流描述法　数据流描述法是根据功能而不是结构来描述电路的，它由并发赋值语句或与之等价的语句组成。只要语句右边的一个值改变，并发赋值语句就并发（也就是并行）执行。例如，任何时候一个布尔表达式右边的某个值发生变化时，其左边的信号就会被赋值。例 2-17 举例说明由布尔表达式组成的数据流描述的使用方法。

例 2-17　二位大于比较器电路的 VHDL 数据流描述

图 2-29 给出了图 2-27 中二位大于比较器电路的 VHDL 数据流描述。这个例子用来说明由布尔表达式组成的数据流描述方法。该程序中的库、包的使用及实体声明部分与图 2-28 中的相同，故在此不再重复。数据流描述从第 15 行开始，信号 B0_n 与 B1_n 分别通过对输入信号 B(0) 和 B(1) 进行 **not** 操作实现赋值。在第 17 行，B1_n 和 A(1) 组合通

过 **and** 运算得到 and0_out。信号 and1_out、and2_out 和 A_greater_than_B 在第 18~20 行中，采用类似方法得到，A_greater_than_B 使用了 **or** 运算。大家可以看到，数据流描述比图 2-28 中的结构描述要简单得多。

```
-- Two-bit greater-than circuit : Dataflow VHDL Description    -- 1
-- (See Figure 2-27 for logic diagram)                         -- 2
library ieee;                                                  -- 3
use ieee.std_logic_1164.all;                                   -- 4
                                                               -- 5
entity comparator_greater_than_dataflow is                     -- 6
  port (A: in std_logic_vector(1 downto 0);                    -- 7
    B: in std_logic_vector(1 downto 0);                        -- 8
    A_greater_than_B: out std_logic);                          -- 9
end comparator_greater_than_dataflow;                          -- 10
                                                               -- 11
architecture dataflow of comparator_greater_than_dataflow is   -- 12
signal B1_n, B0_n, and0_out, and1_out, and2_out: std_logic;    -- 13
begin                                                          -- 14
 B1_n <= not B(1);                                             -- 15
 B0_n <= not B(0);                                             -- 16
 and0_out <= A(1) and B1_n;                                    -- 17
 and1_out <= A(1) and A(0) and B0_n;                           -- 18
 and2_out <= A(0) and B1_n and B0_n;                           -- 19
 A_greater_than_B <= and0_out or and1_out or and2_out;         -- 20
end dataflow;                                                  -- 21
```

图 2-29 二位大于比较器电路的 VHDL 数据流描述

赋值语句执行的顺序与这些语句在模型描述中出现的顺序无关，但与赋值语句右边信号变化的顺序有关。因此，如果将图 2-29 中的赋值语句按其他顺序重写，例如把第 15 行与第 20 行调换，程序的行为是完全一样的。 ■

行为描述 使用并发赋值语句的数据流模型可以认为是行为描述，因为它们描述了电路的功能而不是它的结构。正如我们将在第 4 章介绍的那样，VHDL 还提供使用在过程中按顺序执行的赋值语句来描述行为的方法，这种方法被称为算法模型化。但即使是使用并发赋值语句的数据流模型，VHDL 也能够提供比逻辑级更为抽象的电路描述。

例 2-18 使用 when-else 的二位大于比较器的 VHDL 描述

在图 2-30 中，我们使用 when-else 语句而不是根据电路结构得到的类似布尔方程的语句来描述多路复用器。这种电路模型使用电路所期望的数学运算而不是布尔逻辑，来描述电路的行为（例如，当 A 大于 B 时输出为 1，否则为 0）。只要 A 或者 B 发生变化，when 后的条件将重新计算并进行相应的赋值。 ■

例 2-19 使用 with-select 的二位大于比较器的 VHDL 描述

with-select 是 when-else 的一个变种，用该语句描述的模型见图 2-31。在表达式中，决策变量位于 **with** 与 **select** 之间。由表达式的值来选择赋值，表达式的值位于 **when** 的后面，每一对表达式值和赋值用逗号分开。在这个例子中，A 是一个信号，它的取值决定了分配给 A_greater_than_B 的值。对于这个例子，A 用于选择 B 的一个函数当作合适的输出。当 $A=$ "00" 时，0 赋给输出，因为对于 B 的所有组合函数为 0。当 $A=$ "01"，输出只在 $B=$ "00" 时为 1，这是两位 B 的或非函数。当 $A=$ "10"，输出在 $B(1)$ 为 0 时等于 1，

在 $B(1)$ 为 1 时等于 0，因此赋值函数是 $B(1)$ 的非。当 $A=$ "11" 时，输出除 $B=$ "11" 时均等于 1，它是两位 B 的与非函数。最后，当 A 是其他值时（**when others**），输出赋值为 'X'。这里的 **others** 代表没有指定的标准逻辑组合，如 A 的一位既不是 0 也不是 1，比如是 U。

```
-- Two-bit greater-than circuit : Conditional VHDL Description      -- 1
-- using when-else(See Figure 2-27 for logic diagram)              -- 2
library ieee;                                                       -- 3
use ieee.std_logic_1164.all;                                       -- 4
                                                                   -- 5
entity comparator_greater_than_behavioral is                       -- 6
  port (A: in std_logic_vector(1 downto 0);                        -- 7
   B: in std_logic_vector(1 downto 0);                             -- 8
   A_greater_than_B: out std_logic);                               -- 9
end comparator_greater_than_behavioral;                            -- 10
                                                                   -- 11
architecture when_else of comparator_greater_than_behavioral is    -- 12
begin                                                              -- 13
 A_greater_than_B <= '1' when (A > B) else                         -- 14
             '0';                                                  -- 15
end when_else;                                                     -- 16
```

图 2-30　使用 when-else 的二位大于比较器的 VHDL 数据流描述

这个例子对于这个特定的电路来说显得有点不自然，结果是没有像以前的方法那样直观。但是，这个例子介绍了一种非常有用的，用一组条件选择多个函数的方法。我们将在后面的章节中看到使用这类方法的电路的例子，特别是在有关多路复用器的第 3 章和有关寄存器传输的第 6 章。

```
-- Two-bit greater-than circuit : Conditional VHDL Description      -- 1
-- using with-select(See Figure 2-27 for logic diagram)            -- 2
library ieee;                                                       -- 3
use ieee.std_logic_1164.all, ieee.std_logic_unsigned .all;        -- 4
                                                                   -- 5
entity comparator_greater_than_behavioral2 is                      -- 6
  port (A: in std_logic_vector(1 downto 0);                        -- 7
   B: in std_logic_vector(1 downto 0);                             -- 8
   A_greater_than_B: out std_logic);                               -- 9
end comparator_greater_than_behavioral2;                           -- 10
                                                                   -- 11
architecture with_select of comparator_greater_than_behavioral2 is -- 12
begin                                                              -- 13
 with A select                                                     -- 14
 A_greater_than_B <= '0' when "00",                                -- 15
         B(0) nor B(1) when "01",                                  -- 16
         not B(1) when "10",                                       -- 17
         B(0) nand B(1) when "11",                                 -- 18
         'X' when others;                                          -- 19
end with_select;                                                   -- 20
```

图 2-31　使用 with-select 的二位大于比较器的 VHDL 条件数据流描述

注意 when-else 允许用多个不同的信号来进行决策。例如，一个模型中可以用第一个 **when** 将一个信号作为条件，在 **else** 部分用另外一个 **when** 将另一个不同的信号作为条件，等等。相反，with-select 仅允许一个单一的布尔条件（如：要么是第一个信号，要么是第二个信号，但不能是两个信号）。另外，对于典型的综合工具，when-else 语句会比 with-select 语句综合出一个更复杂的逻辑结构，因为 when-else 依赖于多个条件。　■

　　测试程序（测试平台，测试床）　我们在第 2.8 节已经简要介绍过测试程序是硬件描述语言的一种模型，它的目的是用来测试另外的模型，通常称之为被测设备（DUT），测试时给输入提供激励。更复杂的测试程序还要分析被测设备的输出以保证正确性。图 2-32 对二位大于比较器电路给出了一个简单的 VHDL 测试程序。这个测试程序有几个方面与所有测试程序是一样的。第一，实体声明部分没有任何输入或输出端口（第 5～6 行）。第二，测试程序的结构体为 DUT 声明了元件（第 11～15 行），然后对 DUT 进行实例化（第 17 行）。结构体还声明了将要连接到 DUT 的输入与输出信号（第 9～10 行）。最后，结构体向 DUT 加载各种输入组合以对其在不同条件下进行测试（第 18～29 行）。输入值用一个称为 tb 的进程进行加载，进程是一个按顺序执行的语句块。这个测试程序中的 tb 进程在模拟开始时启动，给 DUT 的输入赋值，在两次赋值之间等待 10 ns 模拟时间，然后以永久等待实现停机。为了简单明了起见，这个例子中的进程仅使用了少量的输入组合，但它确实测试了 A 与 B 之间关系的所有三种情况（$A<B$，$A=B$ 和 $A>B$）。在第 4 章将更详细的介绍进程，那时会讲解大量的可用于进程的顺序语句。

92
～
93
　　至此，我们完成了组合电路的 VHDL 介绍。在第 3 章和第 4 章我们将用语言的另外一些特点来描述更复杂的电路，从而继续加深对 VHDL 的了解。

```
-- Testbench for VHDL two-bit greater-than comparator          -- 1
library ieee;                                                  -- 2
use ieee.std_logic_1164.all, ieee.std_logic_unsigned.all;     -- 3
                                                               -- 4
entity greater_testbench is                                    -- 5
end greater_testbench;                                         -- 6
                                                               -- 7
architecture testbench of greater_testbench is                 -- 8
signal A, B: std_logic_vector (1 downto 0);                   -- 9
signal struct_out: std_logic;                                 -- 10
component comparator_greater_than_structural is               -- 11
   port (A: in std_logic_vector(1 downto 0);                  -- 12
   B: in std_logic_vector(1 downto 0);                        -- 13
   A_greater_than_B: out std_logic);                          -- 14
end component;                                                 -- 15
begin                                                          -- 16
u1: comparator_greater_than_structural port map(A,B, struct_out); -- 17
tb: process                                                   -- 18
begin                                                          -- 19
 A <= "10";                                                   -- 20
 B <= "00";                                                   -- 21
 wait for 10 ns;                                              -- 22
 B <= "01";                                                   -- 23
 wait for 10 ns;                                              -- 24
 B <= "10";                                                   -- 25
 wait for 10 ns;                                              -- 26
 B <= "11";                                                   -- 27
 wait; -- halt the process                                   -- 28
end process;                                                  -- 29
end testbench;                                                -- 30
```

图 2-32　二位大于比较器的结构化模型的测试程序

2.10 硬件描述语言——Verilog

由于硬件描述语言用来描述和设计硬件，故在使用该语言编程时，应牢记底层的硬件实现，特别是当你的设计将用来综合时。例如，如果忽略将要生成的硬件，那么你可能会用低效的硬件描述语言设计出一个大且复杂的门级结构，而实际上只需少量门的简单结构即可实现。出于这种原因，我们开始重点讲述用 Verilog 语言详细地描述硬件，然后再进行更抽象的高层次的描述。

本章所选的实例用于说明 Verilog 是一个很好地描述数字电路的可选方法。首先，我们采用结构化的描述方法，用 Verilog 而不是原理图对图 2-33 中的二位大于比较器电路进行描述。这个例子介绍了 Verilog 的许多基本概念。然后，我们采用高层次的行为描述方式设计这个电路，以进一步介绍 Verilog 基本概念。 94

例 2-20 二位大于比较器电路的 Verilog 结构描述

图 2-33 给出了图 2-27 中二位大于比较器电路的 Verilog 描述。这个实例可以用来说明 Verilog 的许多常见特性和电路的结构描述。

```
// Two-bit greater-than circuit: Verilog structural model    //  1
// See Figure 2-27 for logic diagram                         //  2
module comparator_greater_than_structural(A, B, A_greater_than_B); //  3
input [1:0] A, B;                                            //  4
output A_greater_than_B;                                     //  5
wire B0_n, B1_n, and0_out, and1_out, and2_out;              //  6
not                                                          //  7
  inv0(B0_n,  B[0]),  inv1(B1_n,  B[1]);                    //  8
and                                                          //  9
 and0(and0_out,  A[1],  B1_n),                              // 10
 and1(and1_out,  A[1],  A[0],  B0_n),                       // 11
 and2(and2_out,  A[0],  B1_n,  B0_n);                       // 12
or                                                           // 13
 or0(A_greater_than_B,  and0_out,  and1_out,  and2_out);   // 14
endmodule                                                    // 15
```

图 2-33 二位大于比较器电路的 Verilog 结构描述

两条斜线 "//" 和行末之间的语句称为注释，图 2-33 中的描述一开始是两行注释。对于比一行还长的注释，也可以选用 "/*" 来标明：

```
/* Two-bit greater-than circuit: Verilog structural model
 See  Figure 2-27  for logic diagram */
```

为了便于说明 Verilog 描述，在每行的右边采用注释标注了行号。作为一种语言，Verilog 有其语法规则，它准确地描述了可以使用的合法结构。这个实例将介绍 Verilog 语法的一些内容，特别要注意描述中逗号与分号的用法。逗号 "," 通常用来分隔一个列表中的各个元素，而分号 ";" 则用来结束一个 Verilog 语句。

从第 3 行开始声明模块（**module**），这是 Verilog 设计中的一个基本单元。剩余的行对模块进行了定义，直到第 15 行以 **endmodule** 结束，注意在 **endmodule** 后面没有分号。像对原理图中的一个逻辑符号一样，我们需要对设计命名，定义其输入/输出端口，这些是第 3 行模块语句（module statement）和其后的输入和输出声明（input and output declaration）的职能。**module**、**input** 和 **output** 是 Verilog 中的关键词。用粗体 95

标示的关键词有特殊的含义，不能用来命名模块、输入、输出或者信号线。语句 **module** comparator_greater_than_structural 声明了一个名为 comparator_greater_ than_structural 的设计或设计的一部分。另外，Verilog 中的名字对大小写敏感（例如，用相同字母的大写或小写命名的名字是不同的）。COMPARATOR_greater_than_ Structural、Comparator_greater_than_structural 和 comparator_grea- ter_than_Structural 都是不同的名字。

正如我们在原理图中对逻辑符号所做的那样，我们要在模块语句中对比较器的输入和输出命名。接下来，用输入声明（input declaration）定义模块语句中的哪些名字是输入。对于这个设计例子，有两个输入信号 *A* 和 *B*。事实上，这些输入是用关键字 **input** 来指定的。同样，用输出声明（output declaration）定义输出。信号 A_greater_than_B 用关键字 **output** 定义为输出。

Verilog 中的输入和输出以及其他二进制信号类型可以取 4 个值中的某一个值。0 和 1 是两个明显的值，另外再加上表示未知值的 x 和在三态逻辑输出中表示高阻的 z。Verilog 还有强度值，当它们与已给的 4 个值组合时可以提供 120 种可能的信号状态。强度值在电子电路模型中使用，因此这里对其不予考虑。

输入 *A* 和 *B* 还可说明 Verilog 关于向量的概念。在第 4 行，*A* 和 *B* 被指定为叫做向量（vector）的多位的线，而不是一位的线。向量中的位用一个范围内的整数来命名，这个范围通过给出最大值和最小值来确定。给定这两个值我们就可以确定向量的宽度和每一位的名字。"**input** [1:0] A, B" 这一行说明 *A* 和 *B* 都是一个两位宽的向量，最高有效位（最左边）命名为 1，最低有效位（最右边）命名为 0。*A* 由 *A*[1] 和 *A*[0] 组成。一旦向量被声明，则整个向量或向量的一部分就可以被引用。例如，*A* 代表两位的 *A*，*A*[1] 代表 *A* 的最高有效位。从第 8 行、第 9 行，一直到第 12 行，用这种引用方式说明门实例的输出和输入。而且，Verilog 允许向量的最大索引放在后面。例如，input [0:3] N 定义输入端口 *N* 作为一个四位向量，这里最高有效位（最左边）编号为 0，最低有效位（最右边）编号为 3。

96

结构化描述   接下来，我们要描述电路的功能。在此，我们使用与图 2-27 中所示原理图等价的结构化描述（structural description）。注意，原理图由门组成。Verilog 提供 14 种基本门作为关键字。当然，我们现在只对其中的 8 种有兴趣，它们是：**buf**（缓冲器）、**not**（非门，也称反相器——译者注）、**and**（与门）、**or**（或门）、**nand**（与非门）、**nor**（或非门）、**xor**（异或门）和 **xnor**（异或非门）。**buf** 和 **not** 只有一个输入，其他所有门可以有两个及以上任意整数个输入。**buf** 的功能表达式为 $z=x$，x 是输入，z 是输出。**buf** 是放大电信号的放大器，可以用来驱动大的扇出，或是减少延迟。**xor** 是异或门，**nxor** 是异或非门，它是异或门的非。在这个例子中，我们只用 **not**、**and** 和 **or** 三种类型的门，它们如图 2-33 中的第 7~14 行所示。

在根据电路网表确定这些门的相互连接之前，我们需要对电路中的所有节点进行命名。输入和输出已经命名了。图 2-27 中的内部节点是两个反相器的输出以及三个与门的输出。在第 6 行，这些节点用关键字 **wire** 声明为线（wire）。名字 B0_n 和 B1_n 是反相器的输出，and0_out、and1_out 和 and2_out 是与门的输出。在 Verilog 中，**wire** 是默认的节点类型，尤其是 **input** 和 **output** 端口的默认类型就是 **wire**。

在内部信号声明的后面，电路描述包括两个反相器、一个二输入与门、两个三输入与门和一个三输入或门。语句由一个门类型后面跟着一个相同门类型实例的列表构成，实例之间用逗号分开。每一个实例由门的名字和放在括号里的门输出与输入组成，输入输出之间用逗号分隔，输出放在前面。第一个语句在第 7 行，门类型为非门（**not**）。接下来是反相器 inv0，它的输出是 B0_n，输入是 B0。Inv1 与 inv0 类似。第 9~14 行分别是剩下的 4 个门以及连接到它们的输出与输入的信号。例如，第 12 行定义了一个名为 and2 的三输入与门实例，它的输出是 and2_out，输入分别是 A[0]、B1_n 和 B0_n。这个模块用关键字 **endmodule** 结束。 ■

数据流描述法　数据流描述法根据功能而不是结构来描述电路，它由并发赋值语句或与之等价的语句组成。只要语句右边的一个值改变，并发赋值语句就并发（即并行）地执行。例如，只要一个布尔表达式右边的某个值发生变化，那么其左边的值就要重新计算。例 2-21 说明由布尔表达式组成的数据流描述的使用方法。

97

例 2-21 二位大于比较器的 Verilog 数据流描述

图 2-34 给出了二位大于比较器的 Verilog 数据流描述。该数据流描述在这里特意使用了由关键字 **assign** 后跟一个布尔等式组成的赋值语句。在这样的等式中，我们使用表 2-4 所示的位布尔运算符。在图 2-34 的第 7 行，B1_n 用运算符"~"表示为 B[1] 的非。在第 9 行，A[1] 和 B1_n 用"&"运算符"与"在一起，并将组合结果赋值给输出 and0_out。线 and1_out 和 and2_out 用同样的方法在第 10 行和第 11 行中进行定义。输出 A_greater_than_B 在第 12 行通过对线 and0_out、and1_out 和 and2_out 实行或操作"|"进行赋值。

```verilog
// Two-bit greater-than circuit: Dataflow model         //  1
// See Figure 2-27 for logic diagram                    //  2
module comparator_greater_than_dataflow(A, B, A_greater_than_B);  //  3
 input [1:0] A, B;                                       //  4
 output A_greater_than_B;                                //  5
 wire B1_n, B0_n, and0_out, and1_out, and2_out;         //  6
 assign B1_n = ~B[1];                                    //  7
 assign B0_n = ~B[0];                                    //  8
 assign and0_out = A[1] & B1_n;                          //  9
 assign and1_out = A[1] & A[0] & B0_n;                   // 10
 assign and2_out = A[0] & B1_n & B0_n;                   // 11
 assign A_greater_than_B = and0_out | and1_out | and2_out;  // 12
endmodule                                               // 13
```

图 2-34　二位大于比较器的 Verilog 数据流描述

赋值语句执行的顺序与这些语句在模型描述中出现的顺序无关，但与赋值语句右边信号变化的顺序有关。因此，如果将图 2-34 中的赋值语句以不同顺序重写，例如把第 7 行与第 12 行调换，程序的行为完全是一样的。 ■

行为描述　使用并发赋值语句的数据流模型可以认为是行为描述，因为它们描述了电路的功能而不是它的结构。正如我们将在第 4 章介绍的那样，Verilog 还提供使用在进程中按顺序执行的赋值语句来描述行为的方法，这种方法被称为算法模型化。但即使是使用并发赋值语句的数据流模型，Verilog 也能够提供比逻辑级更为高级的电路描述。

98

例 2-22　使用条件操作的二位大于比较器的 Verilog 描述

图 2-35 中的描述在第 6 行用条件操作符"? :"实现了电路的功能。如果"?"前面括

号内的逻辑值为真，则 ":" 前面的值赋给目标信号，这里就是信号 `A_greater_than_B`；如果逻辑值为假，则 ":" 后面的值赋给目标信号。值 "1'b1" 表示一个常量，第 1 个 1 表示常量包含一位，"'b" 代表常量用二进制表示，后面的 1 给出常量的值。在这个例子中，如果条件 *A*>*B* 为真，则 `A_greater_ than_B` 赋值为 "1'b1"，否则 `A_greater_than_B` 赋值为 "1'b0"。

```
// Two-bit greater-than circuit: Conditional model              // 1
// See Figure 2-27 for logic diagram                            // 2
module comparator_greater_than_conditional2(A, B, A_greater_than_B); // 3
 input [1:0] A, B;                                              // 4
 output A_greater_than_B;                                       // 5
 assign A_greater_than_B = (A > B)? 1'b1 :                      // 6
      1'b0;                                                     // 7
endmodule                                                       // 8
```

图 2-35　二位大于电路的 Verilog 条件数据流描述

例 2-23　二位大于电路的 Verilog 行为模型

图 2-36 给出了使用条件运算的另外一种数据流描述，它是扩展使用条件运算的一个例子。逻辑相等操作用 "=" 表示。假设我们考虑 A = 2'b00 的情况。"2'b00" 代表一个常量，"2" 表示这个常量包含 2 位，"b" 说明常量用二进制表示，"00" 给出常量的值。因此，如果向量 *A* 等于 00，则表达式的值为真，否则为假。如果表达式为真，则 `A_greater_than_B` 赋值为 "1'b0"。如果表达式为假，则下一个包含 "?" 的表达式将进行计算，等等。在这个例子中，为了计算一个条件，必须将这个条件所有原来的值设置为假。如果没有一个计算出来的值是真的，以使我们作出决策，则将缺省值 "1'bx" 赋给 `A_greater_than_B`。我们曾经讲过，缺省值 x 代表不知道。

```
// Two-bit greater-than circuit: Conditional model              // 1
// See Figure 2-27 for logic diagram                            // 2
module comparator_greater_than_conditional(A, B, A_greater_than_B); // 3
 input [1:0] A, B;                                              // 4
 output A_greater_than_B;                                       // 5
 assign A_greater_than_B = (A == 2'b00)? 1'b0 :                 // 6
         (A == 2'b01)? ~(B[1]|B[0]):                            // 7
         (A == 2'b10)? ~B[1] :                                  // 8
         (A == 2'b11)? ~(B[1]&B[0]):                            // 9
         1'bx;                                                  // 10
endmodule                                                       // 11
```

图 2-36　使用组合的二位大于电路的 Verilog 条件数据流描述

这个例子对于这个特定的电路来说显得有点不自然，没有像以前的方法那样直观。但是，这个例子介绍了一种非常有用的，用一组条件选择多个函数的方法。我们将在后面的章节中看到使用这类方法的一些电路的例子，特别是在有关多路复用器的第 3 章和有关寄存器传输的第 6 章。　■

例 2-24　二位大于电路的 Verilog 行为描述

作为二位大于电路的最后一个例子，图 2-37 在比布尔等式高得多的抽象层次上描述了这个电路的行为。这个描述简单地使用一种带 ">" 数学运算的赋值语句实现了所期望的功能。

```
// Two-bit greater-than circuit: Behavioral model              // 1
// See Figure 2-27 for logic diagram                           // 2
module comparator_greater_than_behavioral(A, B, A_greater_than_B); // 3
 input [1:0] A, B;                                             // 4
 output A_greater_than_B;                                      // 5
 assign A_greater_than_B = A > B;                              // 6
endmodule                                                     // 7
```

图 2-37　二位大于电路的 Verilog 行为描述

测试程序（测试平台，测试床）　我们在第 2.8 节已经简要介绍过测试程序是硬件描述语言的一种模型，它的目的是用来测试另外的模型，通常称之为被测设备（DUT），测试时给输入提供激励。更复杂的测试程序还要分析被测设备的输出以保证正确性。图 2-38 对二位大于比较器电路给出了一个简单的 Verilog 测试程序。这个测试程序有几个方面与所有测试程序是一样的。第一，模块声明部分没有任何输入或输出端口（第 2 行）。第二，测试程序声明了要连接到 DUT 输入与输出的寄存器（变量）（第 3～4 行），并对 DUT 进行实例化（第 5 行）。最后，测试程序向 DUT 加载各种输入组合以对其在不同条件下进行测试（第 6～16 行）。输入值用一个过程来进行加载，过程是一个按顺序执行的语句块。因为 A 和 B 在过程中当作变量赋值，而不是连续地赋值，所以 A 和 B 必须声明为 reg 类型而不是 wire 类型（第 3 行）。测试程序中的这个过程在模拟开始时进行 initial（第 6 行），给 DUT 的输入赋值，在两次赋值之间等待 10 个时间单位的模拟时间。在 Verilog 中，延迟用一个数字符号（#）后跟一个数字组成。为了简单明了起见，这个例子中的过程仅使用了少量的输入组合，但它确实测试了 A 与 B 之间关系的所有三种情况（$A<B$，$A=B$ 和 $A>B$）。在第 4 章将更详细地介绍过程，那时会讲解大量的可用于过程的顺序语句。

100

```
// Testbench for Verilog two-bit greater-than comparator        //  1
module comparator_testbench_verilog();                          //  2
 reg [1:0] A, B;                                                //  3
 wire struct_out;                                               //  4
 comparator_greater_than_structural U1(A, B, struct_out);       //  5
 initial                                                        //  6
 begin                                                          //  7
  A = 2'b10;                                                    //  8
  B = 2'b00;                                                    //  9
  #10;                                                          // 10
  B = 2'b01;                                                    // 11
  #10;                                                          // 12
  B = 2'b10;                                                    // 13
  #10;                                                          // 14
  B = 2'b11;                                                    // 15
 end                                                            // 16
endmodule                                                      // 17
```

图 2-38　二位大于比较器的结构模型测试程序

　　至此，我们完成了组合电路的 Verilog 介绍。在第 3 章和第 4 章我们将用语言的另外一些特点来描述更复杂的电路，从而继续加深对 Verilog 的了解。

2.11 本章小结

与、或和非逻辑运算定义了称之为门的逻辑元件的输入/输出关系，利用这些门可以实现数字系统。根据这些运算我们定义了布尔代数，它为数字逻辑电路设计提供了一种处理布尔函数的工具。最小项和最大项的标准形式直接对应函数的真值表，这些标准形式可以被写成积之和与和之积的形式，每种形式对应两级门电路。在优化一个电路时两种成本均需要达到最小，即输入电路的文字的个数和电路中门的输入总数。二至四变量的卡诺图在优化小电路时是一种有效的替换代数处理的方式。这些图能够用来优化积之和式、和之积式以及带有无关项的非完全确定函数。

在最常用的逻辑系列中，并没有直接用基本逻辑元件来实现与、或基本运算。这些系列由与非门和或非门这样的基本门组成，并用来构建电路。我们还介绍了更复杂的基本门——异或门以及它的补，即异或非门，并讨论了它们的数学性质。

介绍了门的传播延迟。传播延迟决定整个数字电路的速度，因此是一个主要的设计约束。

最后，本章还对硬件描述语言做了一般性的介绍，并介绍了 VHDL 和 Verilog 两种语言。用组合电路对这两种语言的结构级和行为级的描述方法进行了讲解。

参考文献

1. BOOLE, G. *An Investigation of the Laws of Thought.* New York: Dover, 1854.
2. DIETMEYER, D. L. *Logic Design of Digital Systems,* 3rd ed. Boston: Allyn & Bacon, 1988.
3. GAJSKI, D. D. *Principles of Digital Design.* Upper Saddle River, NJ: Prentice Hall, 1997.
4. *IEEE Standard Graphic Symbols for Logic Functions* (includes IEEE Std 91a–1991 Supplement and IEEE Std 91–1984). New York: The Institute of Electrical and Electronics Engineers, 1991.
5. KARNAUGH, M. "A Map Method for Synthesis of Combinational Logic Circuits," *Transactions of AIEE, Communication and Electronics,* 72, part I (November 1953), 593–99.
6. MANO, M. M. *Digital Design,* 3rd ed. Upper Saddle River, NJ: Prentice Hall, 2002.
7. WAKERLY, J. F. *Digital Design: Principles and Practices,* 4th ed. Upper Saddle River, NJ: Pearson Prentice Hall, 2004.

习题

(www) （+）表明更深层次的问题，（*）表明在原书配套网站上有相应的解答。

*2-1 用真值表证明下列性质的正确性：

(a) 三变量的德摩根定理：$\overline{XYZ} = \bar{X} + \bar{Y} + \bar{Z}$

(b) 第二分配律：$X + YZ = (X+Y)(X+Z)$

(c) $\bar{X}Y + \bar{Y}Z + X\bar{Z} = X\bar{Y} + Y\bar{Z} + \bar{X}Z$

*2-2 用代数操作证明以下布尔等式：

(a) $\overline{X}\overline{Y} + \bar{X}Y + XY = \bar{X} + Y$

(b) $\bar{A}B + \bar{B}\bar{C} + AB + \bar{B}C = 1$

(c) $Y + \bar{X}Z + XY = X + Y + Z$

(d) $\overline{X}\overline{Y} + \bar{Y}Z + XZ + XY + Y\bar{Z} = \overline{X}\overline{Y} + XZ + Y\bar{Z}$

+2-3　用代数操作证明以下布尔等式：

(a) $AB\bar{C}+B\overline{CD}+BC+\bar{C}D=B+\bar{C}D$

(b) $WY+\overline{W}Y\bar{Z}+WXZ+\overline{W}X\overline{Y}=WY+\overline{W}X\bar{Z}+\overline{X}Y\bar{Z}+X\overline{Y}Z$

(c) $A\overline{D}+\overline{A}B+\overline{C}D+\overline{B}C=(\overline{A}+\overline{B}+\overline{C}+\overline{D})(A+B+C+D)$

+2-4　已知 $A\cdot B=0$ 和 $A+B=1$，用代数操作证明：

$$(A+C)\cdot(\overline{A}+B)\cdot(B+C)=B\cdot C$$

+2-5　在这一章里已经用到只有两个元素 0 和 1 的特殊布尔代数。我们还可以用相应的二进制字符串去定义超过两个元素的其他布尔代数。这些代数式为我们在第 6 章将要学习的按位逻辑运算奠定数学基础。假设这些字符串都是半字节即 4 位，在运算中就有 2^4（即 16）个元素，这样 4 位半字节的二进制字符串元素 I 相对应于十进制的元素 I。以两元素布尔代数按位运算为基础，按照布尔特性，试定义以下新的代数。

(a) 对任意两元素 A 和 B 的或运算（OR），用 $A+B$ 表示。

(b) 对任意两元素 A 和 B 的与运算（AND），用 $A\cdot B$ 表示。

(c) 在代数式中扮演 0 角色的元素。

(d) 在代数式中扮演 1 角色的元素。

(e) 对应任意元素 A 的元素 $\overline{A}$。

2-6　化简以下布尔表达式使之含有最少的文字

(a) $\overline{A}\overline{C}+ABC+B\overline{C}$

(b) $(\overline{A+B+C})\cdot\overline{ABC}$

(c) $AB\overline{C}+AC$

(d) $\overline{A}BD+\overline{A}\overline{C}D+BD$

(e) $(A+B)(A+C)(A\overline{B}C)$

*2-7　化简以下布尔表达式使之含有给定的文字数

(a) 用三个文字表示：$\overline{X}Y+XYZ+\overline{X}Y$

(b) 用两个文字表示：$X+Y(Z+\overline{X+\overline{Z}})$

(c) 用一个文字表示：$\overline{W}X(\overline{Z}+\overline{Y}Z)+X(W+\overline{W}YZ)$

(d) 用四个文字表示：$(AB+\overline{A}\overline{B})(\overline{C}\overline{D}+CD)+\overline{AC}$

2-8　利用德摩根定理，表示函数

$$F=A\overline{B}C+\overline{A}\overline{C}+AB$$

(a) 只用或及取反操作。

(b) 只用与及取反操作。

(c) 只用与非及取反操作。

*2-9　对下列表达式取反：

(a) $A\overline{B}+\overline{A}B$

(b) $(\overline{V}W+X)Y+\overline{Z}$

(c) $WX(\overline{Y}Z+Y\overline{Z})+\overline{W}\overline{X}(\overline{Y}+Z)(Y+\overline{Z})$

(d) $(A+\overline{B}+C)(\overline{A}\overline{B}+C)(A+\overline{B}\overline{C})$

*2-10　作出以下函数的真值表，并用最小项之和与最大项之积的形式表示每一个函数：

(a) $(XY+Z)(Y+XZ)$

(b) $(\overline{A}+B)(\overline{B}+C)$

(c) $WX\overline{Y}+WX\overline{Z}+WXZ+Y\overline{Z}$

2-11　对于用以下真值表给出的布尔函数 E 和 F：

103

X	Y	Z	E	F
0	0	0	0	1
0	0	1	1	0
0	1	0	1	1
0	1	1	0	0
1	0	0	1	1
1	0	1	0	0
1	1	0	1	0
1	1	1	0	1

(a) 分别列出每个函数的最大项和最小项。

(b) 列出 $\bar{E}$ 和 $\bar{F}$ 的最小项。

(c) 列出 $E+F$ 和 $E \cdot F$ 的最小项。

(d) 用最小项之和的形式来表示 E 和 F。

(e) 用最少的文字简化 E 和 F。

*2-12 将以下表达式转化为积之和的形式及和之积的形式：

(a) $(AB+C)(B+\bar{C}D)$

[104]

(b) $\bar{X}+X(X+\bar{Y})(Y+\bar{Z})$

(c) $(A+B\bar{C}+CD)(\bar{B}+EF)$

2-13 画出以下布尔表达式的逻辑图。要求逻辑图应该完全与方程式对应，并假设没有取反的输入。

(a) $\bar{A}\bar{B}\bar{C}+AB+AC$

(b) $X(Y\bar{Z}+\bar{Y}Z)+\bar{W}(\bar{Y}+\bar{X}Z)$

(c) $AC(\bar{B}+D)+\bar{A}C(\bar{B}+\bar{D})+BC(\bar{A}+\bar{D})$

2-14 用三变量卡诺图化简以下布尔函数：

(a) $F(X, Y, Z)=\sum m(2, 3, 4, 7)$

(b) $F(X, Y, Z)=\sum m(0, 4, 5, 6)$

(c) $F(A, B, C)=\sum m(0, 2, 3, 4, 6, 7)$

(d) $F(A, B, C)=\sum m(0, 1, 3, 4, 6, 7)$

*2-15 用卡诺图化简以下布尔表达式：

(a) $\bar{X}\bar{Z}+Y\bar{Z}+XYZ$

(b) $\bar{A}B+\bar{B}C+\bar{A}\bar{B}C$

(c) $\bar{A}\bar{B}+A\bar{C}+\bar{B}C+\bar{A}B\bar{C}$

2-16 用四变量卡诺图化简以下布尔函数：

(a) $F(A, B, C, D)=\sum m(0, 2, 4, 5, 8, 10, 11, 15)$

(b) $F(A, B, C, D)=\sum m(0, 1, 2, 4, 5, 6, 10, 11)$

(c) $F(W, X, Y, Z)=\sum m(0, 2, 4, 7, 8, 10, 12, 13)$

2-17 用卡诺图化简以下布尔函数：

(a) $F(W, X, Y, Z)=\sum m(0, 1, 2, 4, 7, 8, 10, 12)$

(b) $F(A, B, C, D)=\sum m(1, 4, 5, 6, 10, 11, 12, 13, 15)$

*2-18 画出以下表达式的卡诺图，并找出最小项：

(a) $XY+XZ+\bar{X}YZ$

(b) $XZ+\bar{W}X\bar{Y}+WXY+\bar{W}YZ+W\bar{Y}Z$

(c) $\bar{B}\bar{D}+ABD+\bar{A}BC$

*2-19 找出以下布尔函数的主蕴涵项,并指出哪些是必需的:

(a) $F(W, X, Y, Z)=\sum m(0, 2, 5, 7, 8, 10, 12, 13, 14, 15)$

(b) $F(A, B, C, D)=\sum m(0, 2, 3, 5, 7, 8, 10, 11, 14, 15)$

(c) $F(A, B, C, D)=\sum m(1, 3, 4, 5, 9, 10, 11, 12, 13, 14, 15)$

2-20 通过找出所有主蕴涵项和质主蕴涵项,并运用选择规则化简以下布尔函数:

(a) $F(A, B, C, D)=\sum m(1, 5, 6, 7, 11, 12, 13, 15)$

(b) $F(W, X, Y, Z)=\sum m(0, 1, 2, 3, 4, 5, 10, 11, 13, 15)$

(c) $F(W, X, Y, Z)=\sum m(0, 1, 2, 5, 7, 8, 10, 12, 14, 15)$

105

2-21 以和之积的形式化简以下布尔函数:

(a) $F(W, X, Y, Z)=\sum m(0, 1, 2, 8, 10, 12, 14, 15)$

(b) $F(A, B, C, D)=\sum m(0, 2, 6, 7, 8, 9, 10, 12, 14, 15)$

*2-22 用积之和的形式以及和之积的形式化简以下表达式:

(a) $A\bar{C}+\bar{B}D+\bar{A}CD+ABCD$

(b) $(\bar{A}+\bar{B}+\bar{D})(A+\bar{B}+\bar{C})(\bar{A}+B+\bar{D})(B+\bar{C}+\bar{D})$

(c) $(\bar{A}+\bar{B}+D)(\bar{A}+\bar{D})(A+B+\bar{D})(\bar{A}+\bar{B}+C+D)$

2-23 用积之和的形式以及和之积的形式化简以下函数:

(a) $F(A, B, C, D)=\sum m(2, 3, 5, 7, 8, 10, 12, 13)$

(b) $F(W, X, Y, Z)=\prod m(5, 12, 13, 14)$

2-24 结合无关最小项 d 来化简以下布尔函数 F:

(a) $F(A, B, C)=\sum m(2, 4, 7), d(A, B, C)=\sum m(0, 1, 5, 6)$

(b) $F(A, B, C, D)=\sum m(2, 5, 6, 13, 15), d(A, B, C, D)=\sum m(0, 4, 8, 10, 11)$

(c) $F(W, X, Y, Z)=\sum m(1, 2, 4, 10, 13), d(W, X, Y, Z)=\sum m(5, 7, 11, 14)$

*2-25 结合无关最小项 d 来化简以下布尔函数 F。找出所有主蕴涵项和质主蕴涵项,并运用选择规则。

(a) $F(A, B, C)=\sum m(3, 5, 6), d(A, B, C)=\sum m(0, 7)$

(b) $F(W, X, Y, Z)=\sum m(0, 2, 4, 5, 8, 14, 15), d(W, X, Y, Z)=\sum m(7, 10, 13)$

(c) $F(A, B, C, D)=\sum m(4, 6, 7, 8, 12, 15), d(A, B, C, D)=\sum m(2, 3, 5, 10, 11, 14)$

2-26 以积之和的形式与和之积的形式,并结合无关最小项 d 来化简以下布尔函数 F:

(a) $F(W, X, Y, Z)=\sum m(5, 6, 11, 12), d(W, X, Y, Z)=\sum m(0, 1, 2, 9, 10, 14, 15)$

(b) $F(A, B, C, D)=\prod m(3, 4, 6, 11, 12, 14), d(A, B, C, D)=\sum m(0, 1, 2, 7, 8, 9, 10)$

*2-27 证明异或的对偶式是它的非。

2-28 用异或门和与门实现下面的布尔函数,要求门的输入数最小。

$$F(A, B, C, D)=AB\bar{C}D+\bar{A}D+A\bar{D}$$

*2-29 图 2-39 中或非门的传播延迟为 $t_{pd}=0.073$ ns,反相器的传播延迟为 $t_{pd}=0.048$ ns。问该电路最长路径的传播延迟是多少?

106

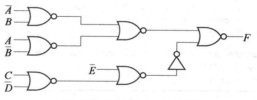

图 2-39 习题 2-29 的电路

2-30　将图 2-40 所示的波形加载到一个反相器。试画出该反相器的输出波形，假定

(a) 没有延迟。

(b) 传输延迟为 0.06 ns。

(c) 惯性延迟为 0.06 ns，拒绝时间为 0.04 ns。

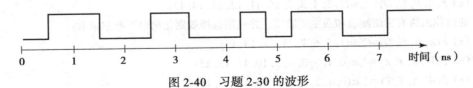

图 2-40　习题 2-30 的波形

2-31　假定 t_{pd} 是 t_{PHL} 和 t_{PLH} 的平均值，算出图 2-41 中从每个输入到输出的时间延迟。

(a) 算出每条路径的 t_{PHL} 和 t_{PLH}，假定每个门的 $t_{PHL}=0.20$ ns，$t_{PLH}=0.36$ ns。由这些值算出每条路径的 t_{pd}。

(b) 假定每个门的 $t_{pd}=0.28$ ns，算出每条路径的 t_{pd}。

(c) 比较 (a)、(b) 的结果，并讨论它们的不同之处。

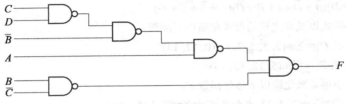

图 2-41　习题 2-31 的电路

2-32　惯性延迟的拒绝时间要求小于或等于传播延迟。根据图 2-25 中讨论的实例，为什么这个条件对确定输出时延是必需的？

107

+2-33　对于一个给定的门，$t_{PHL}=0.05$ ns，$t_{PLH}=0.10$ ns。假定从这些信息为典型的门延迟行为建立惯性延迟模型。

(a) 假设输出为一个正脉冲（L H L），那么传播延迟与拒绝时间是多少？

(b) 假定输出为一个负脉冲（H L H），讨论 (a) 中参数的合理性。

　　以下习题中涉及的所有硬件语言描述文件均在配套网站上提供，它们使用 ASCII 码形式，可以编辑和用来模拟。当习题或习题中的某一部分需要模拟时，要使用 VHDL 或 Verilog 编译／模拟器。但是对于很多不需要使用编译或模拟器的习题，仍然要写出描述。

*2-34　画出对应图 2-42 的 VHDL 结构描述的逻辑电路图。注意电路不提供反变量输入。

```
-- Combinational Circuit 1: Structural VHDL Description
library ieee, lcdf_vhdl;
use ieee.std_logic_1164.all, lcdf_vhdl.func_prims.all;
   entity comb_ckt_1 is
   port(x1, x2, x3, x4 : in std_logic;
        f : out std_logic);
end comb_ckt_1;

architecture structural_1 of comb_ckt_1 is
  component NOT1
    port(in1: in std_logic;
```

图 2-42　习题 2-34 的 VHDL

```
              out1: out std_logic);
        end component;
        component AND2
          port(in1, in2 : in std_logic;
               out1: out std_logic);
        end component;
        component OR3
          port(in1, in2, in3 : in std_logic;
               out1: out std_logic);
        end component;
        signal n1, n2, n3, n4, n5, n6 : std_logic;
        begin
          g0: NOT1 port map (in1 => x1, out1 => n1);
          g1: NOT1 port map (in1 => x3, out1 => n4);
          g2: AND2 port map (in1 => x2, in2 => n1,
                             out1 => n2);
          g3: AND2 port map (in1 => x2, in2 => x3,
                             out1 => n3);
          g4: AND2 port map (in1 => x3, in2 => x4,
                             out1 => n5);
          g5: AND2 port map (in1 => x1, in2 => n4,
                             out1 => n6);
          g6: OR3 port map (in1 => n2, in2 => n5,
                            in3 => n6, out1 => f);
        end structural_1;
```

图 2-42 （续）

[108]

2-35 用图 2-28 作为框架，写出图 2-43 电路的 VHDL 结构化描述。用向量 $X(2:0)$ 取代 X、Y 和 Z。
查阅库 `lcdf_vhdl` 中的包 `func_prims` 以了解各种门器件的信息。编译 `func_prims` 和
编写的 VHDL 程序，对输入的所有 8 种可能的组合进行仿真以验证描述的正确性。

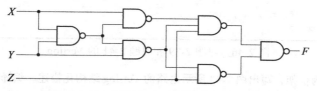

图 2-43　习题 2-35、习题 2-38、习题 2-41 和习题 2-43 的电路

2-36 用图 2-28 作为框架，写出图 2-44 所示电路的 VHDL 结构化描述。查阅库 `lcdf_vhdl` 中的包
`func_prims` 以了解各种门器件的信息。编译 `func_prims` 和编写的 VHDL 程序，对所有
16 种可能的输入组合进行仿真以验证描述的正确性。

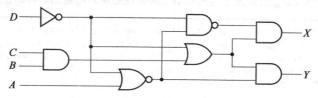

图 2-44　习题 2-36 和习题 2-40 的电路

2-37 画出图 2-45 中 VHDL 数据流描述的最小二级实现的逻辑电路图。可以使用反变量输入。

*2-38 根据输出 F 的布尔方程，写出图 2-43 电路的 VHDL 数据流描述。

*2-39 画出对应图 2-46 的 Verilog 结构化描述的逻辑电路图。注意电路不提供反变量输入。

[109]

```
-- Combinational Circuit 2: Dataflow VHDL Description
library ieee;
use ieee.std_logic_1164.all;
entity comb_ckt_2 is
    port(a, b, c, d, a_n, b_n, c_n, d_n: in std_logic;
         f, g : out std_logic);
-- a_n, b_n, . . . are complements of a, b, . . . , respectively.

end comb_ckt_2;
architecture dataflow_1 of comb_ckt_2 is
begin
    f <= b and (a or (a_n and c)) or (b_n and c and d_n);
    g <= b and (c or (a_n and c_n)) or (c_n and d_n));
end dataflow_1;
```

图 2-45   习题 2-37 的 VHDL

```
// Combinational Circuit 1: Structural Verilog Description
module comb_ckt_1(x1, x2, x3, x4, f);
    input x1, x2, x3, x4;
    output f;

    wire n1, n2, n3, n4, n5, n6;
    not
        go(n1, x1),
        g1(n4, n3);
    and
        g2(n2, x2, n1),
        g3(n3, x2, x3),
        g4(n5, x3, x4),);
        g5(n6, x1, n4),);
    or
        g6(f, n2, n5, n6),
endmodule
```

图 2-46   习题 2-39 和习题 2-41 的 Verilog

2-40   用图 2-33 作为框架, 写出图 2-44 所示电路的 Verilog 结构化描述。编译和模拟编写的 Verilog 模型, 对所有 16 种可能的输入组合进行仿真以验证描述的正确性。

2-41   用图 2-46 作为框架, 写出图 2-43 电路的 Verilog 结构化描述。用 **input** [2:0]X 代替 X、Y 和 Z。编译和模拟所编写的 Verilog 模型, 对所有 8 种可能的输入组合进行仿真以验证描述的正确性。

2-42   画出图 2-47 中 Verilog 数据流描述的最小二级实现的逻辑电路图。可以使用反变量输入。

```
// Combinational Circuit 2: Dataflow Verilog Description
module comb_ckt_1 (a, b, c, d, a_n, b_n, c_n, d_n, f, g);
// a_n, b_n, . . . are complements of a, b, . . . , respectively.
    input a, b, c, d, a_n, b_n, c_n, d_n;
    output f, g;

    assign f = b & (a |(a_n & c)) | (b_n & c & d_n);
    assign g = b & (c | (a_n & c_n)) | (c_n & d_n));
endmodule
```

图 2-47   习题 2-42 的 Verilog

*2-43   根据图 2-34 所示模型中输出 F 的布尔方程, 写出图 2-43 电路的 Verilog 数据流描述。

组合逻辑电路的设计

本章我们学习组合逻辑电路的设计。本章以描述一个分层设计方法开始，其中，目标功能被分解为复杂性更低的更小块。这些小块可以被单独设计，然后连接在一起，形成最终的电路。我们将学习一些功能函数和对应的基本电路，它们在大型数字电路设计中很有用。这些基本、可重复使用的电路，我们称之为功能模块（functional block），分别能实现单变量函数、译码器、编码器、代码转换器和多路复用器。然后本章介绍一种特殊的执行算术运算的功能块，同时还将介绍由一系列组合单元组成的迭代电路的概念，并描述由迭代阵列设计的、用来执行加减运算的模块。这些算术电路的简化是由于使用了数字补码表示以及基于补码的运算。另外，我们还将介绍电路压缩，这可以实现由已有的模块设计出新的功能块。压缩技术包括已有模块输入值的固定和结果电路的简化。这些被压缩的电路可以实现一些操作，比如递增一个数、递减一个数或乘以一个常数。在第 6 章中，我们将用这些新型功能模块构建时序功能块。

本章所讲述的各种概念，普遍存在于本书第 1 章所提及的通用计算机的设计中。组合逻辑是各种数字电路部件的基础。处理器、存储器、I/O 板卡采用多路复用器对数据进行筛选，它是一种重要的功能模块。译码器用于对挂接在输入总线上的各种板卡进行寻址与选择，也可以用于指令译码，决定处理器要完成的操作。编码器同样应用于各种部件，如键盘。这些功能模块被广泛使用，所以本章所叙述的概念适用于通用计算机的所有数字部件，包括存储器。在第 1 章开始部分介绍的通用计算机结构图中，处理器使用了加法器、加减法器以及其他一些算术电路。其他部件还广泛使用递增器和递减器，故本章涉及的概念贯穿了通用计算机的大部分组件。

3.1 开始分层设计

如第 1 章所述，设计一个数字系统的过程为：

1）指定所需的行为。

2）以布尔方程或真值表的方式对系统的输入与输出关系进行形式化。

3）优化逻辑行为的表示，减少所需逻辑门的数量，就如第 2 章中介绍卡诺图时那样。

4）将优化后的逻辑映射到可以实现的工艺上，比如第 2 章中的逻辑门或本章所述的功能模块。

5）验证最后设计的正确性，以便满足功能描述。

本章将重点介绍组合逻辑设计过程的前 4 步，从指定系统到映射逻辑至可以实现的工艺。但在实际的设计实践中，最后一步验证设计正确性通常在设计工作精力中占相当大的一部分。然而详细的验证超过了像本书这种初级课本的范围，我们应该牢记保证设计满足功能描述是重要的一步，该步经常是产品设计周期中的瓶颈。小设计可以利用找出设计的布尔逻辑方程，并确认它们的真值表与功能描述相匹配的方法进行人工验证。大设计可以利用模拟器和更多先进的技术来验证。如果电路与其功能描述不相符，那它就是错误的。所以，验证这一步骤非常关键，可以在电路被生产和使用前发现设计错误。

对于复杂的数字系统，一种典型的设计方法是"分而治之"，称之为分层设计（hierarchical design），而不是将设计过程应用在整个系统层面上，由此产生的相关符号和示意图构成了电路设计的层次（hierarchy）结构。为了处理复杂电路，电路被分成我们称之为模块（block）的多个部分，并用上面讲的设计过程设计模块。模块之间相互连接构成电路。这些模块的功能与接口都经过仔细定义，所以它们相互连接所形成的电路符合最初的电路描述。如果一个模块作为单一实体仍然太大并且很难设计，则可以将这个模块分成多个更小的模块。这个过程可以按需要重复多次。注意，由于我们主要围绕逻辑电路进行工作，所以我们在讨论中采用术语"电路"，但这种思想也能够很好地应用到后面各章介绍的"系统"中。

例 3-1 举例说明了分层设计的一个简单应用，设计一个 8 输入的"分而治之"电路。8 个输入使得真值表变得繁琐，使用卡诺图变得更加不可能。这样，直接应用基本的组合电路设计的方法（如第 2 章那样）将会很困难。

⑧ 例 3-1 设计一个 4 位相等比较器

功能描述：相等比较器是一个比较两个二进制向量以判定两者是否相等的电路。这个特定电路的输入包括两个向量：$A(3:0)$ 和 $B(3:0)$。向量 A 有 4 位，$A(3)$、$A(2)$、$A(1)$ 和 $A(0)$，其中 $A(3)$ 是最高有效位。向量 B 的描述和向量 A 一样，只要将 A 用 B 来代替即可。电路的输出是一个一位的变量 E。如果向量 A 和向量 B 相等则输出 E 等于 1；如果向量 A 和向量 B 不相等，则输出 E 等于 0。

形式化：由于该电路的规模较大，我们试图不使用真值表。为了使 A 和 B 相等，A 和 B 中对应每一位的值（第 3 位到第 0 位）都必须相等。如果 A 和 B 中各对应位的值都相等，则 $E=1$；否则，$E=0$。因此，直观上我们可以这样来形式化这个问题，那就是将该电路划分为简单的两层，其中顶层是完整的电路，底层有 5 个子电路。因为我们要比较的是 A 中每一位的值和 B 中相应的每一位的值，所以可以将这个电路分解为 4 个 1 位比较电路 MX，以及一个合并 4 个比较电路的输出产生 E 的电路 ME。图 3-1a 所示的是这 5 个模块相互之间连接的分层逻辑图。

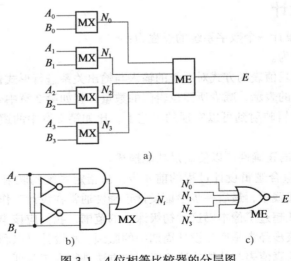

图 3-1 4 位相等比较器的分层图

优化：对于位置 i，当 A_i 和 B_i 的值相等时我们定义电路的输出 N_i 为 0，当 A_i 和 B_i 的值不相等时 N_i 的值为 1。这样，MX 电路可以用下面的等式描述：

$$N_i = \overline{A_i}B_i + A_i\overline{B_i}$$

电路的逻辑图如图 3-1b 所示。通过使用分层设计的方法，我们可以用 4 个与这个电路一样的电路，每一个电路表示 A 和 B 的一位。只有当所有 N_i 的值都为 0 时，输出 $E = 1$。这可以用下面的等式来描述：

$$E = \overline{N_0 + N_1 + N_2 + N_3}$$

图 3-1c 给出了该电路的逻辑图。两个电路均采用了最优的两级电路。它们与图 3-1a 所示的模块框图一起构成了这个电路的分层设计。将图 3-1a 的各个模块分别用图 3-1c 和图 3-1b 所示的电路来替代，即可以得到实际的电路。

即使不从表示整个电路的顶层模块开始，连接构造这些模块的底层模块或最基本的电路，我们也可以给出 4 位相等比较器的分层结构。使用这种表示方法，4 位相等比较器的分层结构如图 3-2a 所示。注意，该结构是一种树形结构，其根在顶部。树的"叶子"是门电路，这里有 21 个门。为了使电路的层次表示更加紧凑，我们可以重复使用这些模块，如图 3-2b 所示。这个图使用了图 3-1 中的模块，每个不同的模块只有一个副本。这些图以及图 3-1 所示的电路图，对解释分层和分层模块的相关概念很有帮助。■

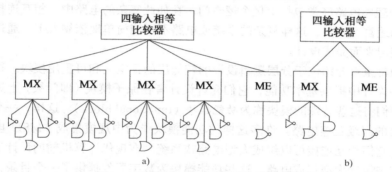

图 3-2　取代图 3-1 分层结构的电路图

首先，分层设计降低了电路示意图的复杂度。例如，图 3-2a 中有 21 个门。这意味着，如果电路直接使用门来设计，电路图将会包含 21 个相互连接的门符号，而图 3-1 中只需要 11 个符号就能表示分层设计电路的实现。所以，分层设计可以使复杂电路的表示变得简单。   [116]

其次，如图 3-2 所示，分层设计的末端是"树叶"的集合。这里，树叶由多个与门、或门、反相器和一个或非门构成。因为这些门都是电子线路，而我们只关心逻辑，所以这些门通常称为原子模块（primitive block）。这些预定义（predefine）的原子模块用符号而不是用逻辑图表示。通常，一些更复杂的结构也可能是预定义的模块，它们用符号而不是用逻辑图来表示，它们的功能可以用程序或用作模型的某种描述而不是电路图来定义。例如，图 3-1 所描述的分层设计，MX 模块可以被认为是由电子线路构成的预定义的异或门。这样，描述异或门 MX 模块内部逻辑的图 3-1b 就不再需要了。图 3-1b 和图 3-2a 的分层表示中可以用异或门模块来代替下层模块。在任何分层设计中，"树叶"由定义好的模块组成，其中一些可能是原子模块。

分层设计的第三个特性，即模块可重用（reuse）非常重要，如图 3-2a 和图 3-2b 所示。

在图 3-2a 中，我们可以看到有 4 个相同的二输入 MX 模块。而在图 3-2b 中只有一个二输入的 MX 模块。这表明这样一个事实：设计 4 位相等比较器时，设计者只需要设计一个二输入 MX 模块，并重复使用这个模块 4 次就可以了。通常，在分层设计的各个层次，我们都希望对模块进行精细的定义，以使得大量的模块都是一样的。实现这个目标的先决条件是电路必须具备一种称之为规整（regularity）的基本属性。一个规整的电路（regular circuit）可以通过重用一定数量的不同模块来实现，而不规整电路（irregular circuit）则没有这个特性。显然，各种电路的规整程度不一样。对于一个给定的可重复使用的模块，设计只需要一次，在任何需要的地方都可以使用。出现在设计中的模块称为这个模块的一个实例（instance），它的应用称为实例化（instantiation）。模块可重用指的是，模块可以用在当前电路设计的许多地方，也许还可以用在其他电路的设计中。这样的理念可以大大地减少复杂电路的设计工作量。注意，在实现实际电路时，每个模块实例必须单独地用硬件来实现，如图 3-2a 所示的那样。图 3-2b 中这种模块重用的方法仅限于电路示意图的设计，而不是实际的硬件实现。最终电路中原子模块的数量与分层设计框图中基本模块（包括原子模块）的数量之比用于衡量电路的规整度，比值越大表示越规整。例如，对于图 3-1 中的 4 位比较器，这个比值为 21/11。

一个复杂的数字系统也许包括成千上万个相互连接的逻辑门。事实上，一个超大规模集成（VLSI）处理器电路经常包括上亿个逻辑门。在如此复杂的电路中，相互连接的逻辑门就像难以理解的迷宫。当然，这样复杂的系统或电路不可能简单地依靠人工，通过把门电路一个一个地连接起来而完成设计。

本章我们将重点介绍位于分层逻辑设计的较低层的预定义和可重用模块。这些中等大小的模块在数字设计中提供基本功能，它们允许设计者在原子模块（即门级）上进行大部分的设计工作，我们将这些特殊的模块称为功能模块（functional block）。这样，一个功能模块就是一个预定义的门级互连电路。许多这样的功能模块作为中规模集成（MSI）电路，已经使用了几十年，它们相互连接可以组成大型电路或系统。在现代计算机辅助设计工具库中，类似的模块被用来设计大型集成电路。这些功能模块为数字器件提供了一个目录，它们广泛用于计算机和数字系统的集成电路设计与实现中。

3.2　工艺映射

在开始介绍功能模块之前，如果我们能够首先介绍工艺映射（technology mapping）将是有益的。工艺映射是将逻辑图或网表转化成可以用工艺实现的新的图或网表的过程。在这一节，我们将介绍与非门和或非门单元，以及将与、或、非描述映射为与非和或非描述中的一种。在当前可用的晶体管技术中，与非门和或非门要比与门和或门更小、更快。正如我们第 2 章描述的，与非和或非函数都是功能完备的，所以任意布尔函数都可以通过仅使用其中一个来实现。在本章的后面，我们将展示如何通过映射到更复杂的功能模块上来实现逻辑函数。在第 5 章，我们介绍工艺映射在可编程技术中的实现。

🌐 **先进的工艺映射**　在原书配套网站上的补充资料中，有各种使用不同单元类型集合的工艺映射，这些单元包含多种门类型。

一种与非门技术由一个单元类型集合组成，每一个类型包括一个有固定输入数的与非门。单元有许多特性，如第 5 章描述的那样。由于这些特性可能比输入给定为 n 的一个单元类型更多，为简单起见，我们根据输入 n（$n = 1$，2，3，4）的大小，假设有 4 种单元类型。

这 4 种单元类型，分别称为反相器（$n＝1$）、二输入与非门、三输入与非门和四输入与非门。

用与非门实现布尔函数的一种简便方法，是从优化由与门、或门和反相器组成的电路逻辑图开始。然后，通过将逻辑图转换为与非门和反相器的方法，将逻辑函数转换为与非逻辑。这样的转换也适用于或非门单元。

给定一个已经优化的由与门、或门和反相器组成的电路，通过下列步骤可以将其变成由与非门（或者或非门）组成的电路，这些门电路的扇入没有限制：

1）用与非门（或非门）和反相器替换原电路中的与门和或门，形成新的等效电路，如图 3-3a 和图 3-3b 所示。

2）消除所有反相器对。

3）在不改变逻辑函数的前提下：a）将所有位于电路输入或与非门（或非门）输出和被驱动与非门（或非门）输入之间的反相器"推"到被驱动与非门（或非门）的输入，在这个步骤中，要尽可能地消除串联成对的反相器。b）用一个驱动所并联反相器输出的单独的反相器代替这些并联的反相器。c）重复步骤 a）和 b），直到电路输入或与非门（或非门）输出和与非门（或非门）输入之间，最多只有一个反相器为止。

在图 3-3c 中说明了将一个反相器推过"点"的方法，输入到点的输入线上的那个反相器用从点输出的所有输出线上的反相器来代替。根据下面的布尔代数性质，可以得到如图 3-3d 所示的消除了反相器的电路：

$$\overline{X}=X$$

下面的例子说明了与非门的上述实现过程。

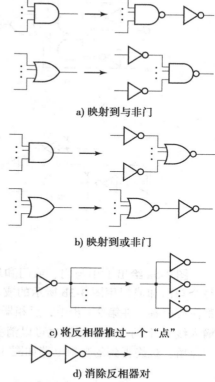

a) 映射到与非门

b) 映射到或非门

c) 将反相器推过一个"点"

d) 消除反相器对

图 3-3 将与门、或门和反相器映射为与非门、或非门和反相器

$$\begin{bmatrix}118\\\sim\\119\end{bmatrix}$$

例 3-2 用与非门实现

用与非门实现下面已经优化的函数：

$$F=AB+\overline{(AB)}C+\overline{(AB)}\ \overline{D}+E$$

图 3-4a 中给出了用与门、或门和反相器实现该函数的情况。图 3-4b 执行了第 1）步，将每个与门和或门用图 3-3a 所示的与非门和反相器组成的等效电路替代。为了便于解释，反相点和反相器上都注有标签。在第 2）步中，通过将反相器对（1，2）和（3，4）消去，从而得到图 3-4d 所示的对应与非门的直接连接。如图 3-4c 所示，反相器 5 被"推"过 X 点，并分别与反相器 6 和 7 成对消去，这样就可以得到如图 3-4d 所示的相关与非门的直接连接。由于反相器 8 和 9 不能和其他反相器成对，只能如图 3-4d 所示那样保留到最后，整个转换过程到此结束。接下来的例子演示用或非门来实现这个过程。■

例 3-3 或非门实现

下面采用或非门来实现例 3-2 中的布尔函数：

$$F=AB+\overline{(AB)}C+\overline{(AB)}\ \overline{D}+E$$

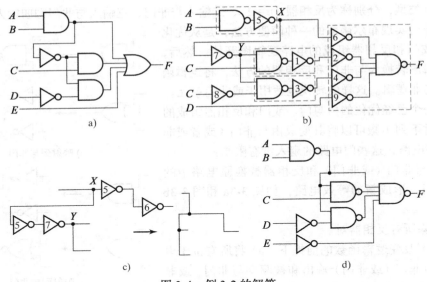

图 3-4　例 3-2 的解答

图 3-5a 给出了用与门、或门和反相器实现该函数的情况。图 3-5b 执行了第 1）步，将每个与门和或门用图 3-3b 所示的或非门和反相器组成的等效电路替代。反相点和反相器上都注有标签。在第 2）步中，反相器 1 被"推"过 X 点，从而分别与反相器 2 和 3 成对消去，输入线 D 上的一对反相器也可以消去，而输入线 A、B、C 和输出线 F 上的单个反相器则必须保留，最终得到的映射电路如图 3-5c 所示。

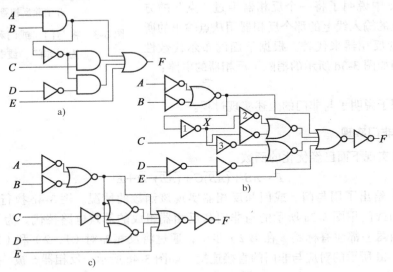

图 3-5　例 3-3 的解答

例 3-2 中映射电路的门输入成本是 12，而例 3-3 中门输入的成本为 14，所以用与非门实现开销较少。同时，与非门实现中最大串联级数为 3，而或非门实现中最大串联级数为 5。假设门的延迟是一样的，那么信号从输入到输出，门级数较少的与非门电路的最大延迟是或非门的 0.6 倍。所以，对于这种特殊情况，与非门电路无论是成本还是延迟，都优于或非门电路。

某种工艺映射的结果明显与原始电路或映射前的方程形式有关。例如，一个输出端为或门的电路，采用与非门映射后会在输出端得到一个与非门，而采用或非门映射，则会在输出端得到一个被或非门驱动的反相器。由于有这些差异存在，所以积之和式被认为更适合使用与非门，而和之积式则被认为更适合使用或非门，以消去输出端的反相器。然而，到底选择哪一种映射方式，取决于能否在给定的优化准则下得到最好的整体性能。■

3.3 组合功能模块

我们已经定义并讲解了组合电路及其设计。在这一节，我们将定义一些特殊的组合函数及其对应的组合电路，称之为功能模块。在某些情况下，我们会详细介绍从函数得到电路的整个设计过程，但有时我们只是简单地给出函数和它的实现。这些函数在数字设计中有着特殊的重要性。过去，这些功能模块被制造成小规模和中规模集成电路。现在，在超大规模集成（VLSI）电路中，功能模块和许多这样的模块一起用来设计电路。组合函数及其实现是了解 VLSI 电路的基础。采用分层设计方式，我们通常可以重复使用这些函数或者复合函数模块来构造电路，就像在门级进行逻辑设计一样。

大规模和超大规模集成电路通常几乎都是时序电路，从第 4 章开始会详细叙述。本章讨论的函数和功能模块都是组合的。然而，它们经常与存储元件一起组合形成时序电路，如图 3-6 所示。组合电路的输入可以来自外部环境或存储元件，而组合电路的输出对象也可以是外部环境或存储元件。在以后的章节中，我们将利用本章所定义的组合函数和模块与存储元件一起构成时序电路，来实现非常有用的功能。进一步说，在本章定义的函数和模块，将作为用硬件描述语言描述和理解组合电路和时序电路的基础。

图 3-6   时序电路模块图

3.4 基本逻辑函数

定值、传递、取反及使能是最基本的组合逻辑函数。前两种运算，即定值和传递不用任何布尔运算符，它们只用变量和常数表示。因此不能使用逻辑门来实现这些运算。对一个变量取反只涉及一个逻辑门，而一个变量的使能则涉及一个或两个逻辑门。

3.4.1 定值、传递和取反

如果 1 位函数只有单个变量 X，则存在 4 个不同的 1 位函数。表 3-1 给出了这些函数的真值表。表的第二列和最后一列指定函数的值分别为常数 0 或常数 1，即实现定值（value fixing）。在第三列，函数就是输入变量 X，即从输入到输出传递（transferring）X。在第四列，函数为 $\bar{X}$，即将输入 X 取反（inverting）成为输出 $\bar{X}$。

表 3-1   单变量函数

X	$F=0$	$F=X$	$F=\bar{X}$	$F=1$
0	0	0	1	1
1	0	1	0	1

实现这 4 个函数的方式如图 3-7 所示。定值可以通过在输出端 F 连接常数 0 或常数 1 来实现，如图 3-7a 所示。图 3-7b 给出了逻辑示意图中的另一种表示方法。对于正逻辑，习惯用电气接地符号来表示常数 0，用电源电压符号来表示常数 1，后者一般用 V_{CC} 或 V_{DD} 标记。传递用连接 X 和 F 的一条简单的线来表示，如图 3-7c 所示。最后，取反用一个反相器来表示，输入为 X，输出为 $F=\overline{X}$，如图 3-7d 所示。

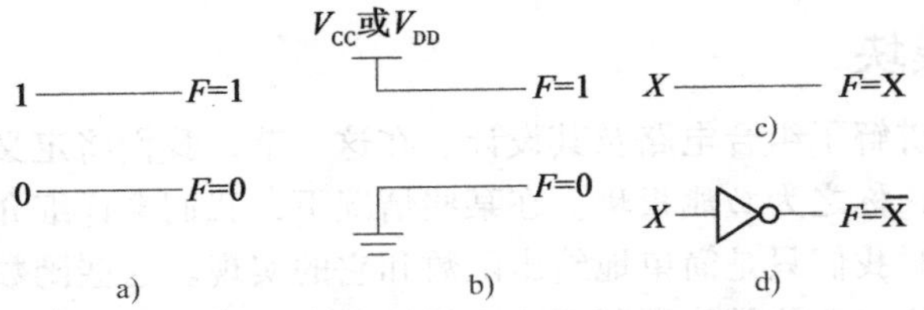

图 3-7　单变量（X）函数的实现

3.4.2　多位函数

前面定义的函数可以按位应用于多位数的场合。我们可以认为这些多位函数是 1 位函数的向量。例如，假设有 4 个函数 F_3、F_2、F_1、F_0，它们组成一个 4 位函数 F。我们可以定义 F_3 是 4 个函数的最高位，F_0 是 4 个函数的最低位，组成向量 $F=(F_3, F_2, F_1, F_0)$。假设 F 由 4 个基本函数 $F_3=0$、$F_2=1$、$F_1=A$、$F_0=\overline{A}$ 组成，可以将 F 写成向量 $(0, 1, A, \overline{A})$。当 $A=0$ 时，$F=(0, 1, 0, 1)$；而当 $A=1$ 时，$F=(0, 1, 1, 0)$。这个多位函数可以写成 $F(3:0)$ 或者更简单地写成 F，其实现方式如图 3-8a 所示。为了使图形更加简洁，我们经常使用一条加粗的线，并用一条斜杠穿过这条线来表示一组相关的多条线，斜杠旁边的数字表示这些线的条数，如图 3-8b 所示。为了使 0、1、X 和 $\overline{X}$ 与 F 中对应的位数相连接，我们将 F 拆分成 4 条线，每条线表示为 F 的一位。而且，在传送过程中，我们只希望能使用 F 中位的一个子集，例如 F_2 和 F_1，那么图 3-8c 表示 F 中位的方法就可以用来解决这个问题了。图 3-8d 说明了使用 F_3、F_1 和 F_0 这种更为复杂的情况。注意，由于 F_3、F_1 和 F_0 没有完全在一起，所以我们就不能用范围标识 $F(3:0)$ 来标注这个子向量，只能用两个子向量 $F(3)$ 和 $F(1:0)$ 的组合来标注，用下标标注时可以写成 3,1:0。在不同的原理图绘制工具或 HDL 工具中，向量和子向量的实际表示方法存在很大差异，图 3-8 给出的只是其中的一种方法。对于某个特定的工具，具体表示方法需要参考此工具的使用文档。

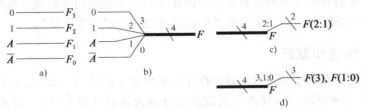

图 3-8　多位基本函数的实现

定值、传递和取反在逻辑设计中有许多应用。定值就是将一个或多个变量用常量 1 和 0 来取代。定值可以是永久的，也可以是临时的。永久性定值不可以改变，而临时性定值可通过某些途径来改变，其方法与普通逻辑电路中采用的有所不同。永久性与临时性的定值主要应用于可编程逻辑器件中。在可编程器件中，任何能够实现的逻辑函数都是通过设定一组值来实现的，如例 3-4 所示。

例 3-4　用定值控制演讲厅的照明

　　问题： 设计一个控制演讲厅灯光照明的装置，要求控制开关是可编程的。两个开关有三种不同的工作方式。开关 P 在演讲厅前面的墩墙上，开关 R 在演讲厅的后门附近。H（房间照明）为 1 时，照明开启；H 为 0 时，照明关闭。房间照明控制方式可以编程为以下三种中的任意一种，M_0、M_1 或 M_2 定义如下。 124

　　M_0：开关 P 或开关 R 控制房间灯光的开和关。

　　M_1：只有开关 P 控制房间灯光的开和关。

　　M_2：只有开关 R 控制房间灯光的开和关。

　　解决方法： $H(P, R)$ 的真值表作为可编程模式 M_0、M_1 和 M_2 的函数形式，如表 3-2 所示。M_1 和 M_2 的函数形式都是直截了当的，但 M_0 的函数形式却需要多加考虑。这个函数必须使开关 P 和开关 R 都能改变输出结果。奇偶函数具有这样的特性，两个输入的奇偶函数就是异或。因此表 3-2 中的 M_0 用该函数来表示。我们的目的就是要找到这样一个电路来实现这三种编程模式，并产生输出 $H(P, R)$。

表 3-2　用定值来实现函数

模式		M_0	M_1	M_2
P	R	$H=\overline{P}R+P\overline{R}$	$H=P$	$H=R$
0	0	0	0	0
0	1	1	0	1
1	0	1	1	0
1	1	0	1	1

　　用定值方式实现该电路的一种形式如图 3-9a 所示。在本章的后面，这个标准电路被称作 4 选 1 多路复用器。图 3-9b 给出了该电路紧凑形式的真值表。对应于 I_0 到 I_3，P 和 R 是输入变量，I_0 到 I_3 的值可以为 0 或 1，这取决于每一种模式所希望的函数形式。注意，H 事实上是一个 6 变量的函数，可以给出一个完全展开的、有 64 行 7 列的真值表。但是，将 I_0 到 I_3 放到输出列中，我们可以缩减真值表的大小。真值表中输出 H 的方程为：

$$H(P, R, I_0, I_1, I_2, I_3)=\overline{P}\,\overline{R}I_0 + \overline{P}RI_1 + P\overline{R}I_2 + PRI_3$$

　　通过固定 I_0 至 I_3 的值，我们可以实现任何函数 $H(P, R)$。如表 3-2 所示，通过使 $I_0=0$、$I_1=1$、$I_2=1$ 和 $I_3=0$，我们可以实现函数 M_0，$H=\overline{P}R+P\overline{R}$；通过使 $I_0=0$、$I_1=0$、$I_2=1$ 和 $I_3=1$，我们还可以实现函数 M_1，$H=P$；通过使 $I_0=0$、$I_1=1$、$I_2=0$ 和 $I_3=1$，我们还可以实现函数 M_2，$H=R$。这些函数中的任何一个都可以永久地实现，或者通过将 $I_0=0$ 固定，将 I_1、I_2 和 I_3 作为变量，并根据以上三种模式来临时分配它们的值这种方式来实现。图 3-9c 所示的最终电路中 $I_0=0$，图 3-9d 给出了 I_0 固定为 0 后的模式编程表。　■ 125

3.4.3　使能

　　通常情况下，使能允许信号从输入传播到输出。非使能除了可以用高阻态（将在 6.8 节介绍）来代替输入信号之外，还可以用固定输出值 0 或 1 来代替输入信号。这个附加的输入信号通常称为 ENABLE 或者 EN，它用来决定输出是否被使能。例如，如果 EN=1，则输入 X 就可以到达输出（使能），但如果 EN=0，输出则被固定 0（非使能）。在这种情况下，非使能值为 0，输入信号与 EN 信号相与得到输出，如图 3-10a 所示。若非使能值为 1，则

输入信号 X 与 EN 信号取反后相或得到输出,如图 3-10b 所示。在这种情况下,如果 EN＝1,则或门的一端输入为 0,另一端输入为 X,输入到达输出。但如果 EN＝0,则或门的一端输入为 1,这会阻止输入 X 到达输出。也可以将图 3-10 中每个电路的 EN 取反。这样,EN＝0 将使 X 到达输出,EN＝1 则阻止输入 X 到达输出。

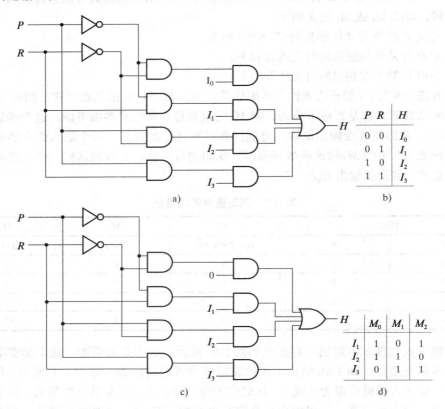

图 3-9   用定值方式实现三种函数

例 3-5   用使能进行汽车电气控制

问题:几乎所有的汽车中,只要打开点火开关,车内照明、收音机和电动车窗都开始工作。在这种情况下,点火开关就相当于"使能"信号。假设我们使用下面的变量和定义来模型化这个汽车子系统:

图 3-10   使能电路

点火开关 IS:值为 0 时关,为 1 时开;

照明开关 LS:值为 0 时关,为 1 时开;

收音机开关 RS:值为 0 时关,为 1 时开;

电动车窗开关 WS:值为 0 时关,为 1 时开;

照明灯 L:值为 0 时关,为 1 时开;

收音机 R:值为 0 时关,为 1 时开;

电动车窗 W:值为 0 时关,为 1 时开。

解决方法:表 3-3 给出了这个汽车子系统的紧凑形式的真值表。注意,当点火开关 IS 关闭时(0),所有被控制的辅助设备都关闭(0),无论它们的开关是否开启,真值表的第一行表示这种情况。通过使用 ×，这个紧凑的只有 9 行的真值表所表示的信息与一般的有 16 行的真值表完全相同。与 × 在输出列表示无关项不同，× 在输入列表示不是最小项的乘积项。例如，$0 \times \times \times$ 表示乘积项 $\overline{IS}$。与最小项一样，如果真值表中输入组合某一位的值为 0，则对应的变量取反；如果值为 1，则无需取反；如果值为 ×，则变量不出现在乘积项中。当点火开关 IS 打开时 (1)，所有辅助设备都由它们各自的开关控制。当点火开关 IS 关闭时（0），所有辅助设备都关闭，所以 IS 用固定值 0 取代了输出 L、R 和 W 的值，它满足使能信号的定义。最终的电路如图 3-11 所示。∎

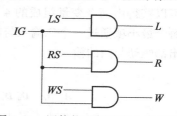

图 3-11　用使能进行汽车电气控制

表3-3　使能应用真值表

输入开关				辅助设备控制		
IS	LS	RS	WS	L	R	W
0	×	×	×	0	0	0
1	0	0	0	0	0	0
1	0	0	1	0	0	1
1	0	1	0	0	1	0
1	0	1	1	0	1	1
1	1	0	0	1	0	0
1	1	0	1	1	0	1
1	1	1	0	1	1	0
1	1	1	1	1	1	1

3.5　译码

在数字计算机中，大量的离散信息都用二进制码表示。一种 n 位二进制码可以表示多达 2^n 个不同的编码信息。译码就是将一个 n 位的输入码转换成一个 m 位的输出码，并且有 $n \leqslant m \leqslant 2^n$，以保证每一个有效的输入码都产生唯一的输出码。译码通过译码器（decoder）来完成，译码器是一个组合电路，在它的输入端加载一个 n 位的二进制码，它就会在输出端产生一个 m 位的二进制码。译码器输入的某些组合可能没有，故在输出端也就得不到对应的 m 位码。在所有定义的特殊函数中，译码是最重要的，因为这个函数以及相应的功能模块普遍存在于其他函数和功能模块中。

在这一节，实现译码功能的功能模块称为 n 输入 m 输出译码器，简单表示为 n–m 译码器，其中 $m \leqslant 2^n$。使用译码器的目的是要从 n 个输入变量中产生不超过 2^n 个的最小项。假设 $n=1$，$m=2$，我们就可以得到 1-2 译码函数，其输入为 A，输出为 D_0 和 D_1，真值表如图 3-12a 所示。如果 $A=0$，则 $D_0=1$，$D_1=0$；如果 $A=1$，则 $D_0=0$，$D_1=1$。通过真值表可知，$D_0=\overline{A}$，$D_1=A$。具体的电路如图 3-12b 所示。

第二个译码函数 $n=2$ 且 $m=4$，其真值表如图 3-13a 所示，它更好地说明了译码器的一般特性。这个表将二变量的最小项作为输出，每一行有一个输出值为 1，其

A	D_0	D_1
0	1	0
1	0	1

a)　　　　　　b)

图 3-12　1-2 译码器

余为 0。当 A_1 和 A_0 上的两个输入值是数字 i 的二进制码时，输出 D_i 等于 1。从而，此电路可以获得由两个变量组成的 4 个最小项，每个输出一个。在图 3-13b 给出的逻辑原理图中，每个最小项通过一个二输入与门来实现，这些与门和两个 1-2 译码器相连，每个译码器的输出都驱动与门的输入。

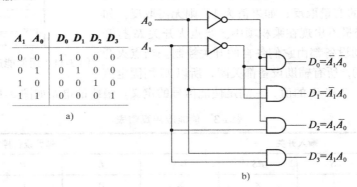

A_1 A_0	D_0 D_1 D_2 D_3
0 0	1 0 0 0
0 1	0 1 0 0
1 0	0 0 1 0
1 1	0 0 0 1

a)

$D_0 = \bar{A}_1 \bar{A}_0$

$D_1 = \bar{A}_1 A_0$

$D_2 = A_1 \bar{A}_0$

$D_3 = A_1 A_0$

b)

图 3-13   2-4 译码器

对于规模较大的译码器，可以考虑用输入个数更多的与门来一个一个地实现每一个最小项。但糟糕的是，译码器越大，这种方法的门输入成本越高。在这一节，我们介绍使用分级思想和一组与门来构建任意 n 输入 2^n 输出译码器的设计过程。这样得到的译码器与通过简单增加每个与门的输入个数而得到的译码器相比，门输入成本相等或更少。

为了构造一个 3-8 译码器（$n=3$），我们可以采用一个 2-4 译码器和一个 1-2 译码器，同时将它们连接到 8 个二输入与门来形成最小项。采用分层设计，2-4 译码器可以由 2 个 1-2 译码器连接到 4 个二输入与门组成，正如我们在图 3-13 中看到的那样。最终得到的电路如图 3-14 所示。

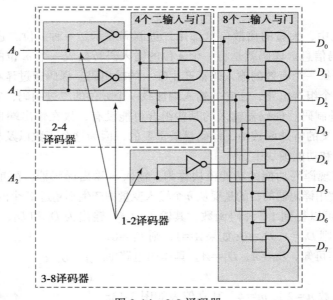

图 3-14   3-8 译码器

一般步骤如下：

1）使 $k=n$。

2）如果 k 是偶数，则将 k 除以 2 得到 $k/2$，并使用 2^k 个与门，这些门被两个译码器驱动，每个译码器有 $2^{k/2}$ 个输出。如果 k 是奇数，计算出 $(k+1)/2$ 和 $(k-1)/2$，并使用 2^k 个与门，这些与门被两个译码器驱动，其中一个译码器有 $2^{(k+1)/2}$ 个输出，另一个译码器有 $2^{(k-1)/2}$ 个输出。

3）对于由步骤 2）得到的每一个译码器，使用由步骤 2）得到的 k，重复步骤 2），直到 $k=1$。如果 $k=1$，则使用一个 1-2 译码器。

例 3-6   6-64 译码器

对于一个 6-64 译码器（$k=n=6$），在第一次执行完第 2）步后，64 个二输入与门被两个输出个数为 $2^3=8$ 的译码器驱动（即两个 3-8 译码器）。在第二次执行完第 2）步后，$k=3$。因为 k 是奇数，则 $(k+1)/2=2$ 和 $(k-1)/2=1$，8 个二输入与门被一个输出个数为 $2^2=4$ 的译码器和一个输出个数为 $2^1=2$ 的译码器驱动（即一个 2-4 译码器和一个 1-2 译码器）。最后，在第三次执行完第 2）步后，$k=2$，4 个二输入与门被两个输出个数为 2 的译码器驱动（即两个 1-2 译码器）。因为所有的译码器都已被展开，这时可以执行第 3）步，算法到此结束。最终的电路结构如图 3-15 所示，该电路结构的门输入成本为 $6+2（2×4）+2（2×8）+2×64=182$。如果对于每一个最小项使用一个与门，则门输入成本为 $6+（6×64）=390$，所以本方法使门输入成本得以明显减少。

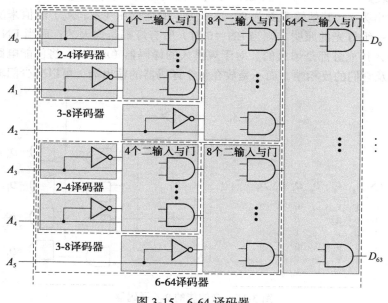

图 3-15   6-64 译码器

可能会出现这样的情况：有多个译码器，而且这些译码器有相同的输入变量，这时需要使用另一种扩展方法。在这种情况下，我们并不孤立地实现每一个译码器，而是通过共享来实现几个译码器。例如，假设 3 个译码器 d_a、d_b 和 d_c 是下列输入变量的函数：

$$d_a(A, B, C, D)$$
$$d_b(A, B, C, D)$$
$$d_c(A, B, C, D)$$

在 d_a 和 d_b 之间可以用一个 3-8 译码器来实现 A、B 和 C 的共享；在 d_a 和 d_c 之间可以用一个 2-4 译码器来实现 C 和 D 的共享；在 d_b 和 d_c 之间可以用一个 2-4 译码器来实现 C 和 E 的共享。如果我们全部实现了这些共享，那么这三个不同的译码器会同时含有变量 C，电路就会出现冗余。为了在共享译码器的大小为 2 时只使用 C 一次，我们可以考虑如下不同方案：

1）d_a 和 d_b 共享（A，B），d_a 和 d_c 共享（C，D）。

2）d_a 和 d_b 共享（A，B），d_b 和 d_c 共享（C，E）。

3）d_a 和 d_b 共享（A，B，C）。

因为第 1）种方案和第 2）种方案的开销明显相同，所以我们比较第 1）种方案和第 3）种方案的开销。对于第 1）种方案，函数 d_a、d_b、d_c 可减少两个 2-4 译码器（反相器除外）或者 16 个门输入。对于第 3）种方案，函数 d_a 和 d_b 可减少一个 3-8 译码器（反相器除外）或者 24 个门输入。所以，我们应该采用第 3）种方案。将这个过程形式化，并用算法来表示超过了我们目前的学习范畴，这里只是对此方法进行举例说明。

3.5.1 译码器和使能结合

带使能的 n–m 译码函数，可以通过在译码器的输出端连接 m 个使能电路来实现。这样，m 个相同的使能信号 EN 与使能电路的使能控制连接。当 $n=2$、$m=4$ 时，带使能的 2-4 译码器及其真值表如图 3-16 所示。当 EN＝0 时，译码器的所有输出都为 0；当 EN＝1 时，译码器的一个输出为 1，其他输出都为 0，这个为 1 的输出由（A_1，A_0）的值来决定。如果这个译码器控制一组灯光的照明，则当 EN＝0 时，所有灯都是熄灭的；而当 EN＝1 时，只有一盏灯是亮的，其他灯都是熄灭的。对于规模大的译码器（$n \geqslant 4$），将使能电路放置在译码器的输入端以及它们的反相端，而不是放在每个译码器的输出端，可以减少门输入成本。

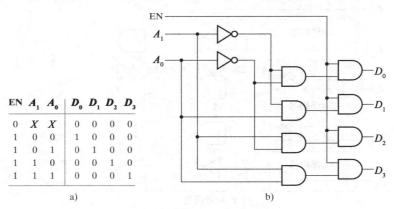

EN	A_1	A_0	D_0	D_1	D_2	D_3
0	X	X	0	0	0	0
1	0	0	1	0	0	0
1	0	1	0	1	0	0
1	1	0	0	0	1	0
1	1	1	0	0	0	1

a)   b)

图 3-16　带使能的 2-4 译码器

3.7 节将介绍采用多路复用器来选择数据。与"选择"相反的操作称为分配（distribution），它可以将来自一条输入线上的信息传送到 2^n 条输出线中的任意一条。执行这种分配任务的电路称为多路分配器（demultiplexer），它由 n 条选择线的组合控制将输入信号传送到特定的输出端。图 3-16 所示的带使能的 2-4 译码器是一个 1-4 多路分配器的一种实现方式，其中输入 EN 提供数据，其他输入为选择变量。虽然两个电路有不用的应用，但它们的逻辑图却完全一样。正因为这样，一个带使能输入的译码器又可以称为译码器/多路分配器。输入数据 EN 与所有 4 个输出之间都有一条通路，但是输入信息由两条选择线 A_1 和 A_0 控制，只能到达输出中的一个。例如，如果 $(A_1, A_0) = 10$，则加载到输入 EN 的数据被传送到输出 D_2，而其他输出仍然是非活动的逻辑 0。如果译码器控制 4 盏灯，$(A_1, A_0) = 10$ 且 EN 在 1 和 0 之间做周期性变化，则由 D_2 控制的那盏灯会不断闪烁，其他灯熄灭。

接下来的几个例子说明了使用 VHDL 和 Verilog 语言描述译码器的行为，以此作为在第 2 章首次介绍的每一种语言结构和数据流建模方式的补充。

例 3-7 2-4 译码器的 VHDL 模型

图 3-17 给出了图 3-16 中 2-4 译码器电路的 VHDL 结构描述。该模型使用了基本逻辑门的 `lcdf_vhdl` 库，如第 2 章所述，该库可从本书的配套网站上下载。

图 3-18 给出了图 3-16 的 2-4 译码器电路的 VHDL 数据流描述。注意，这里的数据流描述要比图 3-17 的结构描述更简单，而且经常是这样。库、调用与实体声明与图 3-16 中的那些是完全相同的，因此不再重复说明。

```
-- 2-to-4-Line Decoder with Enable: Structural VHDL Description   -- 1
-- (See Figure 3-16 for logic diagram)                            -- 2
library ieee, lcdf_vhdl;                                          -- 3
use ieee.std_logic_1164.all, lcdf_vhdl.func_prims.all;           -- 4
entity decoder_2_to_4_w_enable is                                -- 5
  port (EN, A0, A1: in std_logic;                                -- 6
        D0, D1, D2, D3: out std_logic);                          -- 7
end decoder_2_to_4_w_enable;                                     -- 8
                                                                 -- 9
architecture structural_1 of decoder_2_to_4_w_enable is          -- 10
  component NOT1                                                 -- 11
    port (in1: in std_logic;                                    -- 12
          out1: out std_logic);                                 -- 13
  end component;                                                -- 14
  component AND2                                                 -- 15
    port (in1, in2: in std_logic;                               -- 16
          out1: out std_logic);                                 -- 17
  end component;                                                -- 18
  signal A0_n, A1_n, N0, N1, N2, N3: std_logic;                 -- 19
  begin                                                         -- 20
    g0: NOT1 port map (in1 => A0, out1 => A0_n);                -- 21
    g1: NOT1 port map (in1 => A1, out1 => A1_n);                -- 22
    g2: AND2  port map  (in1 => A0_n, in2 => A1_n, out1 => N0); -- 23
    g3: AND2  port map  (in1 => A0, in2 => A1_n, out1 => N1);   -- 24
    g4: AND2  port map  (in1 => A0_n, in2 => A1, out1 => N2);   -- 25
    g5: AND2 port map  (in1 => A0, in2 => A1, out1 => N3);      -- 26
    g6: AND2 port map  (in1 => EN, in2 => N0, out1 => D0);      -- 27
    g7: AND2 port map  (in1 => EN, in2 => N1, out1 => D1);      -- 28
    g8: AND2 port map  (in1 => EN, in2 => N2, out1 => D2);      -- 29
    g9: AND2 port map  (in1 => EN, in2 => N3, out1 => D3);      -- 30
end structural_1;                                                -- 31
```

图 3-17 2-4 译码器的 VHDL 结构描述

例 3-8 2-4 译码器的 Verilog 模型

图 3-19 给出了图 3-16 中 2-4 译码器电路的 Verilog 结构描述。图 3-20 给出了这个 2-4 译码器电路的 Verilog 数据流描述。这个数据流描述使用了紧跟布尔表达式之后的赋值语句。

```
-- 2-to-4-Line Decoder: Dataflow VHDL Description            --  1
-- (See Figure 3-16 for logic diagram)                      --  2
-- Use library, use, and entity entries from 2_to_4_decoder_st;  --  3
                                                            --  4
architecture dataflow_1 of decoder_2_to_4_w_enable is       --  5
                                                            --  6
signal A0_n, A1_n: std_logic;                               --  7
begin                                                       --  8
    A0_n <= not A0;                                         --  9
    A1_n <= not A1;                                         -- 10
    D0 <= A0_n and A1_n and EN;                             -- 11
    D1 <= A0 and A1_n and EN;                               -- 12
    D2 <= A0_n and A1 and EN;                               -- 13
    D3 <= A0 and A1 and EN;                                 -- 14
end dataflow_1;                                             -- 15
```

图 3-18   2-4 译码器的 VHDL 数据流描述

```
// 2-to-4-Line Decoder with Enable: Structural Verilog Desc.  //  1
// (See Figure 3-16 for logic diagram)                        //  2
module decoder_2_to_4_st_v (EN, A0, A1, D0, D1, D2, D3);      //  3
    input EN, A0, A1;                                         //  4
    output D0, D1, D2, D3;                                    //  5
                                                              //  6
    wire A0_n, A1_n, N0, N1, N2, N3;                          //  7
    not                                                       //  8
        g0(A0_n, A0),                                         //  9
        g1(A1_n, A1);                                         // 10
    and                                                       // 11
        g3(N0, A0_n, A1_n),                                   // 12
        g4(N1, A0, A1_n),                                     // 13
        g5(N2, A0_n, A1),                                     // 14
        g6(N3, A0, A1),                                       // 15
        g7(D0, N0, EN),                                       // 16
        g8(D1, N1, EN),                                       // 17
        g9(D2, N2, EN),                                       // 18
        g10(D3, N3, EN);                                      // 19
endmodule                                                     // 20
```

图 3-19   2-4 译码器的 Verilog 结构描述

[134]

```
// 2-to-4-Line Decoder with Enable: Dataflow Verilog Desc.   //  1
// (See Example 3-16 for logic diagram)                      //  2
module decoder_2_to_4_df_v(EN, A0, A1, D0, D1, D2, D3);      //  3
    input EN, A0, A1;                                        //  4
    output D0, D1, D2, D3;                                   //  5
                                                             //  6
    assign D0 = EN & ~A1 & ~A0;                              //  7
    assign D1 = EN & ~A1 & A0;                               //  8
    assign D2 = EN & A1 & ~A0;                               //  9
    assign D3 = EN & A1 & A0;                                // 10
                                                             // 11
endmodule                                                    // 12
```

图 3-20   2-4 译码器的 Verilog 数据流描述

3.5.2 基于译码器的组合电路

一个 n 输入变量的译码器可以产生 2^n 个最小项。因为任何布尔函数都可以由最小项之和表示，所以可以使用一个译码器来产生这些最小项，并由一个额外的或门组合它们来实现最小项之和。按照这种办法，任何 n 输入 m 输出的组合电路都可以用 1 个 $n-2^n$ 译码器和 m 个或门实现。

通过译码器和或门来实现组合电路的前提是，用最小项之和的形式来表示布尔函数，这可以从真值表或者每个函数的卡诺图中获得。输入变量所有的最小项都可以通过设计或选择一个合适的译码器来产生，再根据每个函数最小项的列表选择相应的最小项作为或门的输入。下面的例子演示了这一过程。

例 3-9 用译码器和或门实现 1 位二进制加法器

在第 1 章，我们讨论了二进制加法。加法运算中某一位的和输出 S 与进位输出位 C，由该位两个相加的数 X 和 Y 以及来自右边（低位）的进位输入 Z 来产生，如表 3-4 所示。

表 3-4 1 位二进制加法器的真值表

X	Y	Z	C	S
0	0	0	0	0
0	0	1	0	1
0	1	0	0	1
0	1	1	1	0
1	0	0	0	1
1	0	1	1	0
1	1	0	1	0
1	1	1	1	1

从真值表中，我们可以得到该组合电路函数的最小项之和的形式：

$$S(X, Y, Z) = \sum m(1, 2, 4, 7)$$
$$C(X, Y, Z) = \sum m(3, 5, 6, 7)$$

因为有 3 个输入和 8 个最小项，所以我们需要一个 3-8 译码器。实现过程如图 3-21 所示，译码器产生输入 X、Y 和 Z 的所有 8 个最小项，产生输出 S 的或门形成最小项 1、2、4 和 7 的逻辑和，产生输出 C 的或门则形成了最小项 3、5、6 和 7 的逻辑和。最小项 0 没有用到。 ■

一个有许多最小项的函数需要一个多输入的或门。一个有 k 个最小项的函数可以用另外的 2^n-k 个最小项之和的非来表示。如果函数 F 最小项的个数超过了 $\bar{F}$ 最小项的个数，则函数 F 的取反形式 $\bar{F}$ 可以用更少的最小项表示。在这种情况下，使用或非门比使用或门有优势。或非门的或运算部分可以得到函数 $\bar{F}$ 的最小项的逻辑和，或非门的输出泡泡则将该逻辑和取反，给出正常的输出 F。

译码器方法可以用来实现任何组合电路。然而，这种实现方法必须和其他可能的方法相比较以便确定最佳的解决方案。译码器方法也许是最好的解决方法，特别是当组合电路有许多输出，而且这些输出都是基于相同的输入，

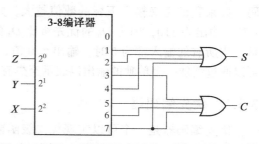

图 3-21 用一个译码器实现的 1 位二进制加法器

以及每个输出函数可以用少量的最小项来表示的时候。

3.6 编码

一个编码器是一个数字函数，它的作用与译码器的作用相反。一个编码器有 2^n（或少于 2^n）个输入和 n 个输出，输出产生与输入值相对应的二进制码。表 3-5 所示的真值表是一个八 – 二进制编码器的例子。该编码器有 8 个输入，每一个输入都是一个八进制数字，3 个输出产生对应的二进制数字。假设任何时候只有一个输入的值为 1，所以表格中只有 8 行有特定的输出值。其他剩余 56 行的所有输出都为无关项。

表 3-5　八 – 二进制编码器的真值表

输　　　　入								输　　出		
D_7	D_6	D_5	D_4	D_3	D_2	D_1	D_0	A_2	A_1	A_0
0	0	0	0	0	0	0	1	0	0	0
0	0	0	0	0	0	1	0	0	0	1
0	0	0	0	0	1	0	0	0	1	0
0	0	0	0	1	0	0	0	0	1	1
0	0	0	1	0	0	0	0	1	0	0
0	0	1	0	0	0	0	0	1	0	1
0	1	0	0	0	0	0	0	1	1	0
1	0	0	0	0	0	0	0	1	1	1

从真值表中我们可以看到，当某行的 D_j 为 1 且 j 的二进制表示在 i 位置的值为 1 时，该行中的 A_i 则为 1。例如，如果输入为 1 或 3 或 5 或 7，则输出 $A_0 = 1$。因为所有这些值都是奇数，所以它们二进制形式的 0 位置的值为 1。这个方法可以用来建立真值表。从真值表得知，编码器可以通过 n 个或门来实现，每一个输出变量 A_i 用一个或门。每个或门将 D_j 为 1，并且所在行的 A_i 也为 1 的输入变量合并起来。对于 8-3 线编码器，输出方程式为

$$A_0 = D_1 + D_3 + D_5 + D_7$$
$$A_1 = D_2 + D_3 + D_6 + D_7$$
$$A_2 = D_4 + D_5 + D_6 + D_7$$

这些方程式可以用 3 个四输入或门来实现。

以上定义的编码器有一个限制条件，那就是任何时候只允许一个输入是活动的：如果同时有两个输入是活动的，输出将产生错误的结果。例如，如果 D_3 和 D_6 同时为 1，编码器的输出就会为 111，因为 3 个输出都等于 1，这既不表示二进制数 3，也不表示二进制数 6。为了消除这种不确定性，有些编码器电路必须增加一个输入优先级来确保只有一个输入被编码。如果我们定义输入下标的数值越大，则输入的优先级就越高，那么当 D_3 和 D_6 同时为 1 时，输出为 110，因为 D_6 的优先级比 D_3 的高。八 – 二进制编码器中另一个不确定的情况是，当所有的输入都为 0 时，输出为 0 值，但这与 D_0 等于 1 时的输出是一样的。这一矛盾可以通过增加一个单独的输出以表示至少有一个输入等于 1 而得到解决。

135 ~ 137

3.6.1 优先编码器

优先编码器是一个可以实现优先级函数的组合电路。正如前段所提到的那样，优先编码器的作用是：当两个或多个输入同时等于 1 时，优先级最高的输入被优先处理。表 3-6 所

示的是一个四输入优先级编码器的真值表。由于使用了×，原来需要 16 行才能表达出所有信息的真值表，现在只需要 5 行就可以了。与 × 在输出列中表示无关情况不同，× 在输入列中表示不是最小项的乘积项。例如，001× 表示乘积项 $\bar{D}_3\bar{D}_2D_1$。如同最小项一样，如果真值表中输入组合的某位为 0，则对应的变量要取反；如果某位为 1，则对应的变量不取反；如果某位为 ×，则对应变量不出现在乘积项中。这样，对于 001×，与变量 D_0 对应的位 ×，所以 D_0 不出现在 $\bar{D}_3\bar{D}_2D_1$ 中。

表 3-6　优先编码器真值表

输　　入				输　　出		
D_3	D_2	D_1	D_0	A_1	A_0	V
0	0	0	0	X	X	0
0	0	0	1	0	0	1
0	0	1	X	0	1	1
0	1	X	X	1	0	1
1	X	X	X	1	1	1

　　紧凑真值表中的一行可以代替原真值表中的 2^p 行，p 表示的是行中 × 的个数。例如，在表 3-6 中，1××× 表示原真值表的 $2^3=8$ 行，这些行的输出值相同。在生成紧凑真值表的过程中，每一个最小项必须出现在某一行中，只有这样每一个最小项才能够通过对 × 赋值为 1 和 0 来获得。而且，一个最小项不能够出现在几行中，因为这些行的某些指定输出值会有冲突。

　　我们按如下方法得到表 3-6：输入 D_3 的优先级最高，所以当此输入为 1 时，可以忽略其他输入值，输出 A_1A_0 为 11（二进制数 3），这样我们可以得到表的最后一行。D_2 的优先级次之，因此如果 $D_2=1$ 且 $D_3=0$，则输出为 10，无论其他较低优先级输入值是多少，这样，我们可以得到真值表的第四行。只有当所有较高优先级输入值为 0 时，才会产生 D_1 的输出。用这种办法，从高优先级到低优先级我们可以得到真值表中剩余的行。当一个或多个输入值为 1 时，有效输出指示 V 为 1；如果所有的输入都为 0，则 V 等于 0，电路中其他两个输出没有使用，并且被指定为无关项。

138

　　化简输出 A_1 和 A_0 的卡诺图如图 3-22 所示，两个函数的最小项都源自表 3-6。表中的输出值，可以通过将它们放到由表中给出的对应乘积项所覆盖的方格中，直接传送到卡诺图中。每个函数化简后的表达式在该函数的卡诺图下方给出。输出 V 的方程是所有输入变量的或函数。图 3-23 所示的是根据下面的布尔函数来实现的优先级编码器：

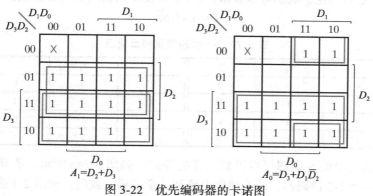

$$A_1=D_2+D_3 \qquad A_0=D_3+D_1\bar{D}_2$$

图 3-22　优先编码器的卡诺图

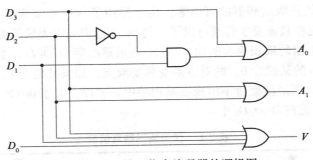

图 3-23　四输入优先编码器的逻辑图

3.6.2　编码器的扩展

迄今为止，我们只讨论了小型的编码器。编码器可以通过扩展或门的方法来扩展输入的数量。在编码器的实现中，除了在输出级共享以便在输出编码中有更多的有效位之外，采用带或门的多级电路可以减少当 $n \geq 5$ 时的门输入成本。当 $n \geq 3$ 时，由于门扇入限制，必须采用多级电路设计以便进行工艺映射。设计有共享门的多级电路，在工艺映射后可以减少编码器的成本。

3.7　选择

计算机中对信息进行选择是一个非常重要的功能，不仅用于系统部件之间的通信，而且也用于系统部件的内部运作。执行选择的电路通常由一组供选择的输入、一个单独的输出以及一组决定选择的控制输入线组成。首先，我们讨论用多路复用器来进行选择，然后我们简略地看一下用三态驱动器构成的选择电路。

3.7.1　多路复用器

多路复用器是一个组合电路，它可以从多条输入中选择一个输入，并将信息直接传输到输出。选择哪一条输入线由一组输入变量控制，它们被称为选择输入（selection input）。

通常，有 2^n 条输入线和 n 个选择输入，选择输入的位组合决定选择哪条输入线。我们从 $n = 1$ 的 2-1 多路复用器开始。这个函数有两个信息输入 I_0 和 I_1，一个单独的选择输入 S，电路的真值表如表 3-7 所示。分析真值表可知，如果选择输入 $S = 0$，多路复用器输出为 I_0 的值；如果选择输入 $S = 1$，多路复用器输出 I_1 的值。这样，S 不是选择输入 I_0 就是输入 I_1 到输出 Y。通过这些讨论，我们可以看出，2-1 多路复用器输出 Y 的方程式：

$$Y = \bar{S}I_0 + S I_1$$

表 3-7　2-1 多路复用器真值表

S	I_0	I_1	Y	S	I_0	I_1	Y
0	0	0	0	1	0	0	0
0	0	1	0	1	0	1	1
0	1	0	1	1	1	0	0
0	1	1	1	1	1	1	1

通过使用三变量的卡诺图可以得到同样的等式。如图 3-24a 所示，实现这个等式的电路可以展开为一个 1-2 译码器、两个使能电路和一个二输入或门。表示 2-1 多路复用器的常

用符号如图 3-24b 所示，这个符号中有一个梯形，梯形中较长的平行边上有 2^n 个信息输入，较短的平行边表示输出，输出是 2^n 输入中的某一个。

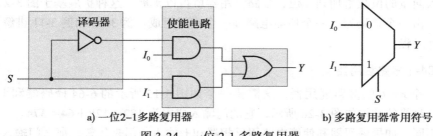

a) 一位2-1多路复用器   b) 多路复用器常用符号

图 3-24 一位 2-1 多路复用器

假设我们希望设计一个 4-1 多路复用器。在这种情况下，函数 Y 由 4 个输入 I_0、I_1、I_2、I_3 和两个选择输入 S_1 与 S_0 决定。将 I_0 至 I_3 的值填入表中的 Y 列，我们可以得到这个多路复用器的紧凑真值表，如表 3-8 所示。在这个表格中，信息变量不出现在表的输入列，而是出现在表的输出列，每一行表示原真值表的多行。在表 3-8 中，行 $00I_0$ 表示所有 $(S_1, S_0) = 00$ 的行，对于 $I_0 = 1$ 有 $Y = 1$，对于 $I_0 = 0$ 有 $Y = 0$。因为有 6 个变量，而且只有 S_1 和 S_0 是固定的，因此这个单独的行代表完整真值表对应的 16 行。根据这个表，我们可以写出 Y 的等式为

$$Y = \overline{S}_1 \overline{S}_0 I_0 + \overline{S}_1 S_0 I_1 + S_1 \overline{S}_0 I_2 + S_1 S_0 I_3$$

如果要直接实现这个方程，则需要两个反相器、四个三输入的与门、一个四输入或门，门输入成本为 18。也可以通过使用与项因子的方法实现这个函数

$$Y = (\overline{S}_1 \overline{S}_0) I_0 + (\overline{S}_1 S_0) I_1 + (S_1 \overline{S}_0) I_2 + (S_1 S_0) I_3$$

表 3-8　4-1 多路复用器的紧凑真值表

S_1	S_0	Y	S_1	S_0	Y
0	0	I_0	1	0	I_2
0	1	I_1	1	1	I_3

如图 3-25 所示，这种实现方法需要把一个 2-4 译码器、四个用作使能电路的与门和一个四输入或门组合在一起。我们将与门和或门的组合看作是一个 $m \times 2$ 与或门，其中 m 表示与门的数量，2 表示与门输入的数量。这个电路的门输入成本为 22，开销变大了。然而，它却提供了通过扩展来构造大型 $n-2^n$ 多路复用器的基本结构。

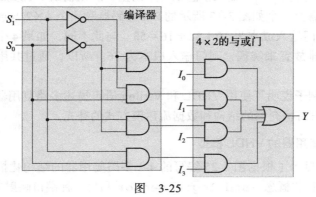

图　3-25

141

多路复用器也称为数据选择器（data selector），因为它从许多信息输入中选出一个并将这个二进制信息送到输出线。"多路复用器"也被简写为"MUX"。

将输入向量的位数增加到 n 位，多路复用器就得以扩展。这种扩展基于图 3-24a 所示的电路结构，由一个译码器、一个使能电路和一个或门组成。例 3-10 和例 3-11 讲解了多路复用器的设计过程。

例 3-10   64-1 多路复用器

设计一个 $n=6$ 的多路复用器，这需要一个如图 3-15 所示的 6-64 译码器和 1 个 $64×2$ 的与或门，最终的结构如图 3-26 所示，它的门输入成本为 $182+128+64=374$。

与此不同，如果译码器和使能电路用反相器和七输入与门来代替，那么门输入成本将为 $4+448+64=518$。对于这样一个一位的多路复用器，将产生 D_i 的与门和被 D_i 驱动的与门合并成一个单独的三输入与门，i 从 0 到 63，这样可将门输入成本减少到 310。对于多位的多路复用器，则不能进行这样的合并。因此，几乎在所有的情况下，原始结构的门输出成本较少。例 3-11 是多位多路复用器的扩展。

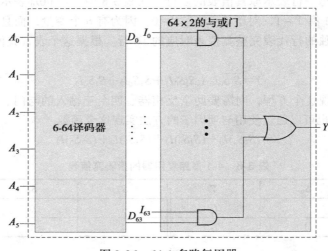

图 3-26   64-1 多路复用器   ■

例 3-11   四重 4-1 多路复用器

设计一个四重 4-1 多路复用器，它有两个选择输入，并且每个输入信息不是原来的一位，而是一个四位的向量。因为输入信息是一个向量，所以输出 Y 也变成一个四元向量。实现这个多路复用器需要一个如图 3-13 所示的 2-4 译码器和 4 个 $4×2$ 与或门。最终的结构如图 3-27 所示，它的门输入成本为 $10+32+16=58$。与此不同，如果 4 个四输入多路复用器由 4 个三输入门并排放置来实现，则门输入成本为 76。所以，通过共用译码器，我们减少了门输入成本。

接下来的几个例子说明了使用 VHDL 和 Verilog 语言描述多路复用器的行为，以此作为在第 2 章每一种语言首次介绍的结构和数据流建模方式的补充。

例 3-12   4-1 多路复用器的 VHDL 模型

在图 3-28 中，显示了根据图 3-25 编写的 4-1 多路复用器的结构化描述。解释了两个在第 2 章介绍的 VHDL 的概念：std_logic_vector 和另一种端口映射方法。

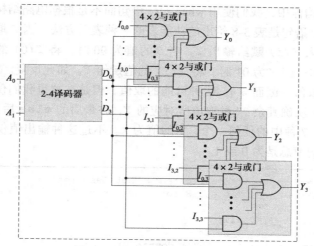

图 3-27   四重 4-1 多路复用器

```
-- 4-to-1-Line Multiplexer: Structural VHDL Description          -- 1
-- (See Figure 3-25 for logic diagram)                          -- 2
library ieee, lcdf_vhdl;                                        -- 3
use ieee.std_logic_1164.all, lcdf_vhdl.func_prims.all;          -- 4
entity multiplexer_4_to_1_st is                                -- 5
  port (S: in std_logic_vector(0 to 1);                        -- 6
        I: in std_logic_vector(0 to 3);                        -- 7
        Y: out std_logic);                                     -- 8
end multiplexer_4_to_1_st;                                     -- 9
                                                               --10
architecture structural_2 of multiplexer_4_to_1_st is          --11
  component NOT1                                               --12
    port(in1: in std_logic;                                    --13
         out1: out std_logic);                                 --14
  end component;                                               --15
  component AND2                                               --16
    port(in1, in2: in std_logic;                               --17
         out1: out std_logic);                                 --18
  end component;                                               --19
  component OR4                                                --20
    port(in1, in2, in3, in4: in std_logic;                     --21
         out1: out std_logic);                                 --22
  end component;                                               --23
  signal S_n: std_logic_vector(0 to 1);                        --24
  signal D, N: std_logic_vector(0 to 3);                       --25
  begin                                                        --26
    g0: NOT1 port map (S(0), S_n(0));                          --27
    g1: NOT1 port map (S(1), S_n(1));                          --28
    g2: AND2 port map (S_n(1), S_n(0), D(0));                  --29
    g3: AND2 port map (S_n(1), S(0), D(1));                    --30
    g4: AND2 port map (S(1), S_n(0), D(2));                    --31
    g5: AND2 port map (S(1), S(0), D(3));                      --32
    g6: AND2 port map (D(0), I(0), N(0));                      --33
    g7: AND2 port map (D(1), I(1), N(1));                      --34
    g8: AND2 port map (D(2), I(2), N(2));                      --35
    g9: AND2 port map (D(3), I(3), N(3));                      --36
    g10: OR4 port map (N(0), N(1), N(2), N(3), Y);             --37
  end structural_2;                                            --38
```

图 3-28   4-1 多路复用器的 VHDL 结构描述

在图 3-29 的结构体中，我们使用 when-else 语句而不是根据电路结构得到的表达式来描述多路复用器。这个语句是表 3-8 给出的功能表的一种表示方法。当 S 取一个特定的二进制值时，将所选的输入 I(i) 赋给输出 Y。当 S 的值为 00 时，将 I(0) 的值赋给 Y，否则执行 **else** 后面的语句；当 S 为 01 时，将 I(1) 的值赋给 Y，如此反复。对于标准逻辑类型，每位有 9 种不同的取值。因而 S 有 81 种可能的取值，但是在这里我们仅指定其中 4 种取值所对应的情况。为了明确其余 77 种取值所对应的 Y，在最后的 **else** 后面对 Y 赋 X（未知），即如果 S 取值为这 77 种中的任何一个，Y 的值为 X。不过这种输出值仅在仿真中出现，因为在实际电路中 Y 的值总是为 0 或 1。

```
-- 4-to-1-Line Mux: Conditional Dataflow VHDL Description      -- 1
-- Using When-Else (See Table 3-8 for function table)         -- 2
library ieee;                                                 -- 3
use ieee.std_logic_1164.all;                                  -- 4
entity multiplexer_4_to_1_we is                               -- 5
   port (S : in std_logic_vector(1 downto 0);                 -- 6
         I : in std_logic_vector(3 downto 0);                 -- 7
         Y : out std_logic);                                  -- 8
end multiplexer_4_to_1_we;                                    -- 9
                                                              -- 10
architecture function_table of multiplexer_4_to_1_we is       -- 11
begin                                                         -- 12
   Y <= I(0) when S = "00" else                               -- 13
        I(1) when S = "01" else                               -- 14
        I(2) when S = "10" else                               -- 15
        I(3) when S = "11" else                               -- 16
        'X';                                                  -- 17
end function_table;                                           -- 18
```

图 3-29 采用 when-else 的 4-1 多路复用器的 VHDL 条件数据流描述

图 3-30 提供了利用 with-select 实现 4-1 多路复用器的另一种方法。在这个表达式中，关键词 **with** 与 **select** 之间的信号值用于决策。由该信号的值来选择赋值表达式，信号的每个值跟在关键词 **when** 后面，用逗号分开。在这个实例中，S 是一个信号，它的取值决定了分配给 Y 的值。当 S = "00" 时，I(0) 赋给 Y；当 S = "01" 时，I(1) 分配给 Y；等等。当 S 的取值为 **others** 时，Y 的值为 'X'（未知），这里的 **others** 表示没被指定的其他 77 种逻辑组合。

上述的这两个模型说明了在第 2 章阐释的 when-else 与 with-select 之间的不同：when-else 允许用多个不同的信号来决定赋值，而 with-select 仅允许单一的信号。例如，如图 3-16 中的多路分配器，第一个 **when** 将输入 EN 作为条件，而后面的 **when** 用 S 作为条件。相反，with-select 仅允许一个单一的布尔条件（例如，要么 EN 要么 S，但不允许两者都作为条件）。另外，对于典型的综合工具，when-else 语句将综合出一个较复杂的逻辑结构，因为每个判定不仅取决于当前正在评估的条件，还取决于先前所有的判定。由于综合出来的结构考虑到了这一优先顺序，所以电路包含了 4 个 2-1 多路复用器而不是 4×2 的与或门结构。而 with-select 与之相反，判定之间不存在直接的依赖关系。故由 with-select 语句综合出的是一个译码器和 4×2 的与或门结构。

例 3-13 4-1 多路复用器的 Verilog 模型

在图 3-31 中，根据图 3-25 编写的 4-1 多路复用器的结构化描述，解释了一个在第 2 章介绍的 Verilog 的概念——向量（vector）。一组线被指定为多位向量，而不是指定每一个线网为一个单独的位。每根单独的线可以使用向量的名称和这根线在向量范围内的标号来访问。

```
--4-to-1-Line Mux: Conditional Dataflow VHDL Description    --  1
Using with Select (See Table 3-8 for function table)        --  2
library ieee;                                                --  3
use ieee.std_logic_1164.all;                                 --  4
entity multiplexer_4_to_1_ws is                              --  5
   port (S : in std_logic_vector(1 downto 0);                --  6
         I : in std_logic_vector(3 downto 0);                --  7
         Y : out std_logic);                                 --  8
end multiplexer_4_to_1_ws;                                   --  9
                                                             -- 10
architecture function_table_ws of multiplexer_4_to_1_ws is   -- 11
begin                                                        -- 12
   with S select                                             -- 13
      Y <= I(0) when "00",                                   -- 14
           I(1) when "01",                                   -- 15
           I(2) when "10",                                   -- 16
           I(3) when "11",                                   -- 17
           'X' when others;                                  -- 18
end function_table_ws;                                       -- 19
```

图 3-30　采用 with-select 的 4-1 多路复用器的 VHDL 条件数据流描述　■

```
// 4-to-1-Line Multiplexer: Structural Verilog Description   //  1
// (See Figure 3-25 for logic diagram)                       //  2
module multiplexer_4_to_1_st_v(S, I, Y);                      //  3
   input [1:0] S;                                             //  4
   input [3:0] I;                                             //  5
   output Y;                                                  //  6
                                                             //  7
   wire [1:0] not_S;                                          //  8
   wire [0:3] D, N;                                           //  9
                                                             // 10
not                                                          // 11
   gn0(not_S[0], S[0]),                                       // 12
   gn1(not_S[1], S[1]);                                       // 13
                                                             // 14
and                                                          // 15
   g0(D[0], not_S[1], not_S[0]),                             // 16
   g1(D[1], not_S[1], S[0]),                                 // 17
   g2(D[2], S[1], not_S[0]),                                 // 18
   g3(D[3], S[1], S[0]);                                     // 19
   g0(N[0], D[0], I[0]),                                     // 20
   g1(N[1], D[1], I[1]),                                     // 21
   g2(N[2], D[2], I[2]),                                     // 22
   g3(N[3], D[3], I[3]);                                     // 23
                                                             // 24
or go(Y, N[0], N[1], N[2], N[3]);                            // 25
                                                             // 26
endmodule                                                    // 27
```

图 3-31　4-1 多路复用器的 Verilog 结构描述

　　图 3-32 显示了一个通过使用 Y 的布尔表达式来描述多路复用器的 Verilog 数据流模型。这个等式是积之和的形式，用 & 表示与运算，| 表示或运算。向量 S 和 I 的位用作它的变量。

```
// 4-to-1-Line Multiplexer: Dataflow Verilog Description
// (See Figure 3-25 for logic diagram)
module multiplexer_4_to_1_df_v(S, I, Y);
   input [1:0] S;
   input [3:0] I;
   output Y;

   assign Y = (~ S[1] & ~ S[0] & I[0])| (~ S[1] & S[0] & I[1])
              | (S[1] & ~ S[0] & I[2]) | (S[1] & S[0] & I[3]);
endmodule
```

图 3-32　采用布尔表达式的 4-1 多路复用器的 Verilog 数据流描述

图 3-33 中的 Verilog 模型采用二进制组合条件运算符实现类似表 3-8 的功能。如果括号内的逻辑值为真，则冒号"："之前的值赋给独立变量 Y。如果这个逻辑值为假，则将冒号"："之后的值赋给 Y。假设我们考虑条件 s==2'b00，== 为逻辑等于的运算符。如第 2 章介绍的，2'b00 是 Verilog 中常量的表示形式，代表着一个值为 00 的二进制常量。因此当向量 S 等于 00 时，这个表达式为真，否则为假。如果表达式为真，则将 I[0] 分配给 Y。如果表达式为假，则继续判断接下来的表达式，如此反复。在此，一个条件被判断，必须是其前面所有的条件都为假才行。如果没有一个条件为真，那么就将默认值 1'bx（未知数）赋给 Y。

```
// 4-to-1 Line Multiplexer: Dataflow Verilog Description
// (See Table 3-8 for function table)
module  multiplexer_4_to_1_cf_v(S, I, Y);
   input [1:0] S;
   input [3:0] I;
   output Y;

   assign Y =   (S == 2'b00) ? I[0] :
                (S == 2'b01) ? I[1] :
                (S == 2'b10) ? I[2] :
                (S == 2'b11) ? I[3] : 1'bx ;

endmodule
```

图 3-33　采用组合的 4-1 多路复用器的 Verilog 条件数据流描述

Verilog 数据流描述的最后一种形式如图 3-34 所示。它基于条件操作来形成决策树，这样的决策树对应于因数分解形式的布尔表达式。在这里，如果 S[1] 为 1，那么由 S[0] 决定是将 I[3] 还是 I[2] 赋值给 Y。如果 S[1] 为 0，那么 S[0] 的值将决定是将 I[1] 还是 I[0] 赋值给 Y。对于一个有规律的结构，例如多路复用器，这种基于两路（或两个二进制数）判定的方法给出了一个简单的数据流描述。

```
// 4-to-1-Line Multiplexer: Dataflow Verilog Description
// (See Table 3-8 for function table)
module multiplexer_4_to_1_tf_v(S, I, Y);
   input [1:0] S;
   input [3:0] I;
   output Y;

   assign Y = S[1] ? (S[0] ? I[3] : I[2]) :
                (S[0] ? I[1] : I[0]);
endmodule
```

图 3-34　采用二进制判定的 4-1 多路复用器的 Verilog 条件数据流描述

例 3-14　采用多路复用器选择安全系统中的传感器信号

　　问题： 一个带有 15 个传感器的家庭安全系统，用来检测打开的门和窗户。当窗户或门关闭时，每个传感器输出一个数字信号 0，而当窗户或门打开时，传感器输出一个数字信号 1。控制这个安全系统的是一个微控制器，它有 8 个输入 / 输出位，每一位都可以由程序控制而作为输入或输出。设计一个逻辑电路，通过将传感器的输出与微处理器编程为输入的输入 / 输出端相连接，来反复检测这 15 个传感器的值。可供使用的器件包括下面几种多路复用器：1）单 8-1 多路复用器，2）双 4-1 多路复用器，3）四重 2-1 多路复用器。每种器件的使用数量没有限制，但设计原则则是使用最少的多路复用器，最少的微控制器输入 / 输出端口。微控制器的输入 / 输出端口为输出时，可以用来控制多路复用器的选择输入。

146
~
149

　　解决办法： 某些传感器可以与多路复用器的输入相连接，而某些传感器可直接与微控制器的输入端相连接。一种可能耗用多路复用器最少的解决方法是，将两个 8-1 多路复用器分别与微控制器的输入端相连接。这两个多路复用器处理 16 个传感器信号，同时需要微控制器的三个输出作为选择输入。因为只有 15 个传感器输出，多路复用器未使用的第 16 个输入可以连接 0。微控制器输入 / 输出端口的使用个数为 $3+2=5$。使用其他任何类型的多路复用器将会增加微控制器输入端的使用个数，同时会减少微控制器输出端的使用个数，但输入端增加的个数通常大于输出端减少的个数。所以，就微控制器输入 / 输出端口的使用数目来说，上述解决办法是最佳的。 ■

3.7.2　基于多路复用器的组合电路

　　在本节的前面，我们学习了将一个译码器和一个 $m \times 2$ 与或门组合在一起，实现一个多路复用器。多路复用器的译码器产生选择输入的最小项，与或门提供使能电路，以判断最小项是否和或门"连接"，使能用信号输入（I_i）作为使能信息。如果 I_i 输入为 1，则最小项 m_i 和或门相连接；如果 I_i 输入为 0，则最小项 m_i 由 0 来代替。将 I 输入的值固定，就可以用一个有 n 个选择输入、2^n 个数据输入的多路复用器来实现一个有 n 个变量的布尔函数，其中对于每一个最小项有一个数据输入。进一步来说，一个 m 位输出函数可以通过将一个 m 位多路复用器的 m 位信息向量的值固定来实现，如例 3-15 所述。

例 3-15　用多路复用器实现一个 1 位二进制加法器

　　表 3-4 所示的是 1 位二进制加法器的真值表，其中 S 和 C 的值可以通过固定一个多路复用器的信息输入的值得到。因为有 3 个选择输入和总共 8 个最小项，所以我们需要一个双 8-1 多路复用器来实现两个输出 S 和 C。按照真值表来实现的情况如图 3-35 所示，其中每一对值，如 $(I_{1,1}, I_{1,0})$ 上的值（0，1），都可以直接从真值表最后两列的相关行中得到。 ■

　　实现一个 n 变量布尔函数的一种更为有效的方法是，使用一个只有 $n-1$ 个选择输入的多路复用器。函数前 $n-1$ 个变量连接到多路复用器的选择输入，余下的变量用作信息输入。如果最后一个变量为 Z，则这个多路复用器的

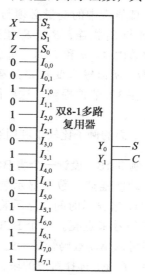

图 3-35　用一个双 8-1 多路复用器
实现的 1 位二进制加法器

每一个数据输入可以是 Z、$\bar{Z}$、1 或者 0，该函数可以通过将表 3-1 所示的 4 个基本函数附加到多路复用器的信息输入端来实现。下面的例 3-16 演示了这一过程。

例 3-16　另一种用多路复用器实现 1 位二进制加法器的方法

如图 3-36 所示，该函数可以用一个双 4-1 多路复用器来实现，我们通过和 S 来阐述其设计过程。两个变量 X 和 Y 按这样的顺序加载到选择线上：X 连接到 S_1 输入，Y 连接到 S_0 输入。数据输入线的值由函数的真值表决定。当 $(X, Y) = 00$ 时，输出 S 等于 Z，因为当 $Z = 0$ 时 $S = 0$，而当 $Z = 1$ 时 $S = 1$，这要求变量 Z 接到信息输入 I_{00}。多路复用器的操作过程是这样的：当 $(X, Y) = 00$ 时，输入信息 I_{00} 通过一条路径到输出，使 S 等于 Z。用类似的方法，当 (X, Y) 的值分别为 01、10 和 11 时，我们可以通过 S 的值来确定输入到 I_{10}、I_{20} 和 I_{30} 的值。使用相似的方法同样可以确定输入 I_{01}、I_{11}、I_{21} 和 I_{31} 的值。

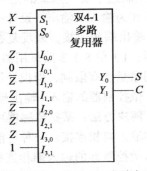

图 3-36　用一个双 4-1 多路复用器实现的 1 位二进制加法器

用一个有 $n-1$ 个选择输入和 2^{n-1} 个数据输入的多路复用器，来实现任何 n 变量布尔函数的一般方法与上例方法一致。首先列出布尔函数的真值表，表中前 $n-1$ 个变量加载到多路复用器的选择输入。对于选择变量的每一个组合，我们将输出看作最后那个变量的函数，其值为 0、1、变量或变量的非，因此可以将这些值加载到相应的数据输入。这个过程如例 3-17 所示。

例 3-17　用多路复用器实现四变量的函数

作为第二个例子，我们考虑实现下面的布尔函数：

$$F(A, B, C, D) = \sum m(1, 3, 4, 11, 12, 13, 14, 15)$$

这个函数使用一个 8×1 多路复用器来实现的情况如图 3-37 所示。为了得到正确的结果，真值表中的变量必须与选择输入端 S_2、S_1 和 S_0 相连接（按照它们在表中所列的顺序）（即 A 与 S_2 相连，B 与 S_1 相连，C 与 S_0 相连）。数据输入的值由真值表决定，信息输入线上的数由 A、B 和 C 的二进制组合决定。例如，当 $(A, B, C) = 101$ 时，通过真值表得知 $F = D$，所以输入变量 D 加载到信息输入 I_5。二进制常数 0 和 1 对应于两个固定的信号值。我们在 3.6 节曾提到，这些固定的值在逻辑图中就像图 3-7 那样可以用地线和电源符号来代替。

下面的例子比较了利用逻辑门、译码器或多路复用器来实现一个组合电路的情况。

Ⓡⓦ 例 3-18　设计一个将 BCD 码转换成 7 段码的译码器

功能描述：数字显示装置普遍存在于消费类电子产品中，例如闹钟经常使用数码管（LED）来显示时间。显示装置中每一个数字由一个 7 段数码管来显示，每一段可以用一个数字信号来点亮。一个 BCD 码到 7 段码的译码器，是一个输入为十进制数字的 BCD 码，输出可以驱动数码管显示此十进制数字的组合电路。显示中，译码器的 7 个输出（a、b、c、d、e、f、g）选择对应的段，如图 3-38a 所示。一组十进制数字的表现形式如图 3-38b 所示。BCD 码到 7 段码的译码器，对 BCD 码数字有 4 个输入 A、B、C 和 D，并有 $a \sim g$ 7 个输出来控制各个段。

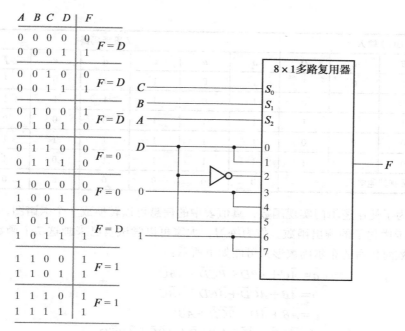

图 3-37 用一个多路复用器实现的四输入函数

a) 段标志   b) 显示数字标志

图 3-38 7 段显示

形式化：该组合电路的真值表如表 3-9 所示。根据图 3-38b，每个 BCD 码数字点亮数码管中对应的段。例如，BCD 码 0011 对应十进制的 3，数码管的 a、b、c、d 和 g 段被点亮。真值表中约定逻辑 1 信号点亮段，逻辑 0 信号熄灭段。但有些 7 段数码管显示方式则恰好相反，它们由逻辑 0 信号点亮。对于这种显示方式，7 个输出必须求反。从 1010 到 1111 的 6 个二进制组合在 BCD 码中没有意义。在前面的例子中，我们定义这些组合为无关项。如果这里我们也这样定义，那么这种设计对于那些组合很可能会产生一些任意的、无意义的显示。既然这些组合不会出现，我们就可以用这种方法来减少转换器的复杂度。一种安全的做法是，当任意一个未用的输入组合出现时，灭掉所有的段，以防止数码管胡乱显示，但这会增加转换器的复杂性。要做到这一点，需要将最小项 10 到 15 的方格标记为 0。

152
～
153

表 3-9 BCD 码转换成 7 段码的译码器的真值表

BCD 输入				7 段译码器						
A	B	C	D	a	b	c	d	e	f	g
0	0	0	0	1	1	1	1	1	1	0
0	0	0	1	0	1	1	0	0	0	0
0	0	1	0	1	1	0	1	1	0	1
0	0	1	1	1	1	1	1	0	0	1
0	1	0	0	0	1	1	0	0	1	1

（续）

BCD 输入				7 段译码器						
A	*B*	*C*	*D*	*a*	*b*	*c*	*d*	*e*	*f*	*g*
0	1	0	1	1	0	1	1	0	1	1
0	1	1	0	1	0	1	1	1	1	1
0	1	1	1	1	1	1	0	0	0	0
1	0	0	0	1	1	1	1	1	1	1
1	0	0	1	1	1	1	1	0	1	1
所有其他输入				0	0	0	0	0	0	0

优化：为了使用逻辑门实现函数，真值表中的信息可以转换成 7 个卡诺图，从图中我们可以得到初步优化了的输出函数。作为练习，大家可以尝试自己来画这 7 个函数的卡诺图。一种 7 个函数简化后的布尔函数形式可能如下所示：

$$a=\overline{A}C+\overline{A}BD+\overline{B}\,\overline{C}\,\overline{D}+A\overline{B}\,\overline{C}$$
$$b=\overline{A}\,\overline{B}+\overline{A}\,\overline{C}\,\overline{D}+\overline{A}CD+A\overline{B}\,\overline{C}$$
$$c=\overline{A}B+\overline{A}D+\overline{B}\,\overline{C}\,\overline{D}+A\overline{B}\,\overline{C}$$
$$d=\overline{A}C\overline{D}+\overline{A}\,\overline{B}C+\overline{B}\,\overline{C}\,\overline{D}+A\overline{B}\,\overline{C}+\overline{A}BC\overline{D}$$
$$e=\overline{A}C\overline{D}+\overline{B}\,\overline{C}\,\overline{D}$$
$$f=\overline{A}B\overline{C}+\overline{A}\,\overline{C}\,\overline{D}+\overline{A}B\overline{D}+A\overline{B}\,\overline{C}$$
$$g=\overline{A}C\overline{D}+\overline{A}\,\overline{B}C+\overline{A}B\overline{C}+A\overline{B}\,\overline{C}$$

单独实现这 7 个函数需要 27 个与门和 7 个或门。然而，通过共用不同输出表达式中的 6 个乘积项，可以将与门的数量减少到 14，这样就大大节省了门输入成本。例如，乘积项 $\overline{B}\,\overline{C}\,\overline{D}$ 在 a、c、d 和 e 中都存在，所以产生这个乘积项的与门可以直接和这 4 个函数的或门的输入连接。对于这样的函数，我们不用两级电路优化，也不共用与门，使用多级优化也许能使门输入成本更低。

一般而言，通过共用输出函数中的公共项，可以减少多输出组合电路所使用的门的数量。输出函数的卡诺图可以帮助我们找出这些公共项，方法是从两个或多个卡诺图中找出相同的蕴涵项。有些公共项并不一定是某个函数的主蕴涵项，设计者必须发挥一定的创造力，合并卡诺图中的方格从而获得公共项。采用一个程序来进行多输出函数的简化可以使这项工作变得更有条理。主蕴涵项的定义不仅只对单个函数而言，同时也适用于输出函数所有可能的组合情况。获取这些主蕴涵项的有效方法，是通过对输出函数所有的非空子集做与运算，并找出结果中的主蕴涵项。利用这个完整的主蕴涵项集合，我们可以通过一个形式化的选择过程来获得最佳的两级多输出电路。这个过程在逻辑优化软件中有多种实现形式，我们用它来获得表达式。

这个电路也可以通过使用一个译码器或多路复用器，而不仅仅是用逻辑门来实现。7 个或门（每一个用于显示装置的一个功能段）再加上一个 4-16 译码器就足够了。但实践中使用超过 4 个输入的或门是不实际的，所以需要更多的门。加载到这 7 个或门的输入，其最小项之和形式是：

$$a\,(A, B, C, D)=\sum m(0, 2, 3, 5, 6, 7, 8, 9)$$
$$b\,(A, B, C, D)=\sum m(0, 1, 2, 3, 4, 7, 8, 9)$$

$$c\,(A, B, C, D) = \Sigma\, m(0, 1, 3, 4, 5, 6, 7, 8, 9)$$

$$d\,(A, B, C, D) = \Sigma\, m(0 ,2, 3, 5, 6, 8, 9)$$

$$e\,(A, B, C, D) = \Sigma\, m(0, 2, 6, 8)$$

$$f\,(A, B, C, D) = \Sigma\, m(0, 4, 5, 6, 8, 9)$$

$$g\,(A, B, C, D) = \Sigma\, m(2, 3, 4, 5, 6, 8, 9)$$

如果用多路复用器来实现，则需要 7 个 8-1 多路复用器，每一个对应着显示一段所需的功能。另外一种办法是使用一个 7 位宽的 8-1 多路复用器，将选择输入 S_2 连接到 A，S_1 连接到 B，S_0 连接到 C，那么 7 个多路复用器的数据输入将如表 3-10 所示。 ■

表 3-10　实现 7 段显示译码器的多路复用器的输入

选择输入	每个输出函数的多路复用器的数据输入						
$S_2 S_1 S_0$	a	b	c	d	e	f	g
000	$\bar{D}$	1	1	$\bar{D}$	$\bar{D}$	$\bar{D}$	0
001	1	1	$\bar{D}$	1	$\bar{D}$	0	1
010	$\bar{D}$	$\bar{D}$	1	$\bar{D}$	0	1	1
011	1	$\bar{D}$	1	1	0	$\bar{D}$	$\bar{D}$
100	1	1	1	1	$\bar{D}$	1	1
101	0	0	0	0	0	0	0
110	0	0	0	0	0	0	0
111	0	0	0	0	0	0	0

3.8　迭代组合电路

本章接下来的部分将介绍算术功能模块。算术功能模块通常被设计成处理二进制输入向量，并产生二进制输出向量。而且该功能块经常采用相同的子功能块来处理每位数据。因此，功能块的设计可基于子功能块，通过重复使用子模块处理要设计的所有算术模块的每位数据。这样，相邻的位之间通常有一个或多个连接来实现值的传递。这些内部变量是子功能块的输入或输出，对于整个算术模块的外部来说是不可见的。这些子功能块也称为单元（cell），整个模块的实现是一个单元阵列（array of cell），阵列中的单元通常是相同的，但也不总是如此。由于电路的重复性以及向量与每个单元间的关系，整个功能块又称为迭代阵列（iterative array）。迭代阵列是层次电路的一种特殊情况，对于处理向量中的每一位很有用，例如一个将两个 32 位二进制整数相加的加法电路。这个电路至少有 64 个输入和 32 个输出，如果设计从真值表出发，写出整个电路的输出表达式是不可能的。由于迭代电路基于重复单元，设计过程采用一个基本结构将会大大简化设计。

图 3-39 给出了对两个 n 位输入向量操作而产生一个 n 位输出向量的迭代电路模块图。在图中，每对相邻单元之间都有两个横向连接，一个是从左到右，另一个则从右到左。此外，在电路的左右两端还存在用虚线标示的可选连接。对于一个特定的设计，阵列往往会使用许多横向连接。在阵列和单元的设计中，与这些连接相关的功能块的定义很重要。特别是，连接的数目及其功能将影响迭代电路的成本和速度。

在接下来的章节中，我们将定义执行一位加法运算的基本单元，然后再定义采用该单元迭代而成的二进制加法器。

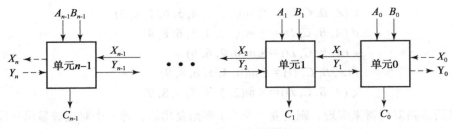

图 3-39 迭代电路的模块图

3.9 二进制加法器

一个算术电路就是一个组合电路，它对二进制数或用二进制编码表示的十进制数执行加、减、乘、除运算。我们将采用层次、迭代的设计方法实现算术电路。首先从最底层开始，设计一个电路实现两个一位二进制数相加。这个简单的加法包含 4 个可能的基本操作：0＋0＝0，0＋1＝1，1＋0＝1，1＋1＝10。前三个运算产生的和只需要一位表示，但是当加数和被加数都等于 1 的时候，和就需要两位表示。正因为如此，运算的结果需要两位表示：进位与和。由两位加法产生的进位将加到下一个高位的有效位中。实现两位相加的组合电路称为半加器（half adder）。实现三个位（两个有效位和一个先前位产生的进位）相加的电路称为全加器（full adder）。两个半加器可以用来实现一个全加器，半加器和全加器的命名就是基于这个原因。在算术电路设计中，半加器和全加器是基本的算术模块。

3.9.1 半加器

半加器是一个产生两位二进制数的和的算术电路，这个电路有两个输入和两个输出。输入变量是加数和被加数，输出变量是产生的和与进位。用 X 和 Y 表示两个输入，用 S（和）和 C（进位）表示输出。半加器的真值表如表 3-11 所示。输出 C 只有当两个输入都为 1 时才为 1，输出 S 表示和的最低有效位。从真值表可以很容易得到两个输出的布尔表达式：

$$S=\overline{X}Y+X\overline{Y}=X \oplus Y$$

$$C=XY$$

如图 3-40 所示，半加器可以用一个异或门和一个与门来实现。

表 3-11 半加器的真值表

输入		输出	
X	Y	C	S
0	0	0	0
0	1	0	1
1	0	0	1
1	1	1	0

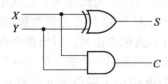

图 3-40 半加器的逻辑电路图

3.9.2 全加器

全加器是实现三位数相加的组合逻辑电路。除了三个输入，全加器还有两个输出。输入变量中的两个用 X 和 Y 表示，代表相加的两个有效位，第三个输入 Z 表示来自前一个低位产生的进位。两个输出是必不可少的，因为三位相加的和在 0～3 之间变化，而 2 和 3 需要两位二进制数表示。同样，两个输出用 S（和）与 C（进位）来表示。二进制变量 S 表示相加的和，C 表示产生的进位输出。全加器的真值表如表 3-12 所示。输出值由三位输入的算术和决定。当所有输入都为 0 时，输出均为 0。当输入仅有一个为 1 或三个全为 1 时，输出 S 为 1。当输入有两个或三个为 1 时，输出 C 为 1。图 3-41 给出了全加器的两个输出的卡诺图。两个输出的积之和的最简表达式为：

$$S=\overline{X}\,\overline{Y}Z+\overline{X}Y\overline{Z}+X\overline{Y}\,\overline{Z}+XYZ$$

$$C=XY+XZ+YZ$$

表 3-12　全加器的真值表

输　入			输　出		输　入			输　出	
X	Y	Z	C	S	X	Y	Z	C	S
0	0	0	0	0	1	0	0	0	1
0	0	1	0	1	1	0	1	1	0
0	1	0	0	1	1	1	0	1	0
0	1	1	1	0	1	1	1	1	1

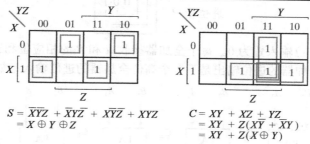

$$S = \overline{X}\,\overline{Y}Z + \overline{X}Y\overline{Z} + X\overline{Y}\,\overline{Z} + XYZ$$
$$= X \oplus Y \oplus Z$$

$$C = XY + XZ + YZ$$
$$= XY + Z(X\overline{Y} + \overline{X}Y)$$
$$= XY + Z(X \oplus Y)$$

图 3-41　全加器的卡诺图

全加器的两级实现需要七个与门和两个或门。但是，输出 S 的卡诺图可看作奇函数，此类函数在 2.6 节中已讨论过，输出 C 的表达式可进一步处理包含 X 和 Y 的异或运算。全加器的布尔表达式用异或运算表示又可写成：

$$S=(X \oplus Y) \oplus Z$$

$$C=XY+Z(X \oplus Y)$$

全加器多级实现的逻辑图如图 3-42 所示，它由两个半加器和一个或门组成。

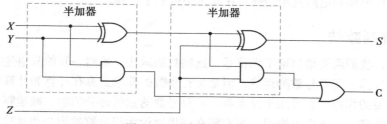

图 3-42　全加器的逻辑图

3.9.3　二进制行波进位加法器

　　一个并行加法器是一个仅采用组合逻辑计算出两个二进制数算术和的数字电路。并行加法器并行地连接 n 个全加器，所有的输入位同时加载至全加器以产生和。

　　并行加法器中的所有全加器用级联的方式连接在一起，一个全加器的进位输出连接到下

157
~
159

一个全加器的进位输入。由于加法器最低有效位产生的进位 1 可能经过多个全加器传递到最高有效位，就好像一个小卵石丢入池塘激起的波浪一样，因此这种并行加法器又称为行波进位加法器（ripple carry adder）。图 3-43 给出了由 4 个全加器级联形成的一个 4 位行波进位加法器。被加数 A 和加数 B 的下标从右至左依次递增，下标 0 表示最低有效位。进位位将整个全加器链式地连接起来。并行加法器的进位输入为 C_0，进位输出为 C_4。一个 n 位的行波进位加法器需要 n 个全加器，每个进位输出连接到下一个高位全加器的进位输入。例如，考虑两个二进制数 $A=1011$ 与 $B=0011$。它们的和 $S=1110$，采用 4 位行波进位加法器的计算过程如下所示：

$$
\begin{array}{ll}
\text{进位输入} & 0\,1\,1\,0 \\
\text{被加数 } A & 1\,0\,1\,1 \\
\text{加数 } B & 0\,0\,1\,1 \\
\text{和 } S & 1\,1\,1\,0 \\
\text{进位输出} & 0\,0\,1\,1
\end{array}
$$

最低有效位的进位输入置为 0。每个全加器接收 A 和 B 的相应位和进位输入，产生和 S 与进位输出。每个全加器的进位输出是下一个高位全加器的进位输入，如灰线所示。

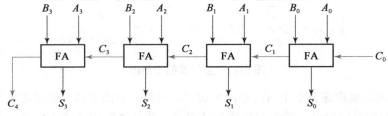

图 3-43 4 位行波进位加法器

4 位加法器是数字部件作为基本模块实现系统的典型实例。它可用于包括算术运算在内的许多应用领域。如果采用常规设计方法设计 4 位加法器，由于电路有 9 个输入，则真值表有 512 行。而采用 4 个全加器的级联，可以简单、直接地实现该电路，而不需要构建 512 行的真值表。迭代电路和电路重用的魅力在此例中得到了诠释。

160

3.10 二进制减法

在第 1 章，我们简要地讨论了无符号二进制数的减法。虽然一开始只讲述了有符号数的加减法，完全排除了无符号数的运算，但是无符号数的算术运算在计算和计算机硬件设计中扮演着至关重要的作用。它可用于浮点数、有符号数的数值部分的加、减运算中，还可用来扩展定点数的精度。基于以上原因，我们将在这里讨论无符号数的加法和减法。但是，我们仍然先从硬件成本方面进行讨论，以便论证在算术运算中使用有点怪异但却广为介绍的补码表示的必要性。

在 1.3 节中，减法运算是先比较减数和被减数，再从较大的数中减去较小的那个数。这种包含比较操作的方法导致算法效率低下并且耗费昂贵的电路。另一个方法是，我们简单地从被减数中减去减数。使用与 1.3 节例子中相同的数，那么有

借位：	11100
被减数：	10011
减数：	$-$11110
差：	10101
正确的差：	$-$01011

如果最高有效位没有借位，则减数不大于被减数，计算的结果为正数，是正确的。如果最高有效位产生借位，则减数大于被减数，结果必定为负数，这时我们需要校正该结果。当有借位发生时，我们可以通过下式的计算结果进行校正：

$$M-N+2^n$$

注意，加上的 2^n 项表示最高有效位的借位值。正确的数值应该是 $N-M$，用 2^n 减去前面的算式可以得到正确结果：

$$2^n-(M-N+2^n)=N-M$$

前一个例子中，$100000-10101=01011$，得到的结果是正确的。

通常，两个 n 位二进制数相减，$M-N$，可以按以下步骤进行：

1）被减数 M 减去减数 N。

2）如果最高位没有借位，则 $M \geqslant N$，结果非负，并且正确。

3）如果最高位有借位，则 $N>M$，用 2^n 减去差值 $M-N+2^n$，并在结果前面加负号。 |161|

用 2^n 减去一个二进制数得到的 n 位结果称为该数的二进制补码（2s complement）。这样第3）步，我们可以求差值 $M-N+2^n$ 的二进制补码。下面举例说明在减法中使用二进制补码。

例 3-19   使用二进制补码的无符号二进制数的减法

计算二进制减法 $01100100-10010110$，我们有：

借位：	10011110
被减数：	01100100
减数：	$-$10010110
初始结果：	11001110

最高位的借位意味着正确的结果应该是：

2^8	100000000
$-$初始结果：	$-$11001110
最终结果：	$-$00110010	■

使用这种方法实现减法需要一个减法器得到初始的两数相减结果。此外，必要的时候，还需采用一个减法器对初始结果进行校正，也可用一个单独的二进制补码器对结果校正。因此我们需要一个减法器、一个加法器和一个二进制补码器执行加法和减法运算。图 3-44 给出了采用这些功能块实现一个 4 位的加减法器的模块图。输入同时加载到加法器与减法器的输入端，因此加、减运算并行执行。如果减法器的最高位借位为 1，则可选的二进制补码器的补码输入端置为 1。这时电路产生减法器的输出的补码。如果最高位借位为 0，那么这个补码器将不改变减法器的输出结果。如果当前执行的是减法，则多路复用器的输入端 S 置为 1，选择补码器的输出作为计算的最终结果。如果当前执行加法，则 S 置为 0，从而选择加法器的输出作为最后结果。

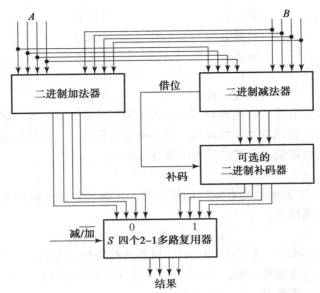

图 3-44   二进制加减法器模块图

正如我们所看到的，这个电路比较复杂。为了减少硬件数量，我们可以共用加法器和减法器的逻辑。这就要用到补码的概念。所以在进一步考虑复合的加减法器之前，我们将详细地探讨补码。

3.10.1   补码

每个 r 进制系统都有两种补码表示：基数补码（像我们前面介绍的基数 2）和基数反码。前者称为 r 进制补码，后者称为（$r-1$）进制补码（又称 r 进制反码）。如果将基数 r 的值代入，这两种类型对二进制来说称为二进制补码和一进制补码（即二进制反码），对十进制来说就称为十进制补码和九进制补码（即十进制反码）。由于我们目前关心的是二进制数及其运算，故我们接下来仅探讨二进制的补码与反码。

给定一个 n 位的二进制数 N，则其二进制反码定义为 $(2^n-1)-N$。2^n 表示一个二进制数，由 1 个 1，后接 n 个 0 组成。2^n-1 表示一个由 n 个 1 组成的二进制数。例如，如果 $n=4$，那么 $2^4=(10000)_2$，$2^4-1=(1111)_2$。因此二进制数的反码可以采用 1 减每一位来获得。当用 1 减二进制数时，有 $1-0=1$ 或者 $1-1=0$，使得该位二进制数由 0 变为 1 或由 1 变为 0。由此可见，二进制反码就是将二进制数的所有 1 变成 0，所有 0 变成 1，这可通过对每位求非或取反来实现。以下是两个二进制求非的实例：

1011001 的反码是 0100110

0001111 的反码是 1110000

采用同样的方法，十进制数的反码，八进制数的反码，十六进制数的反码都分别用 9，7 和 F（十进制数 15）减去每位数得到。

给定一个 n 位的二进制数 N，其二进制补码定义为：当 N 不等于 0 时，N 的补码为 2^n-N；当 N 等于 0 时，其补码为 0。对于特殊情况 $N=0$，由于其补码必须为 n 位，2^n 减 0 有 $(n+1)$ 位，即为 $100\cdots0$，所以这个特殊值的补码可以用一个 n 位的减法器或丢弃最高位的 1 来实现。与二进制反码相比，二进制补码可以在二进制反码的基础上加 1 实现，因为

$2^n-N=\{[(2^n-1)-N]+1\}$。例如，二进制数 101100 的补码为 $010011+1=010100$，通过在反码上加 1 得到。对于 $N=0$，这个加法在忽略最高有效位的进位输出后，结果为 0。对其余的基数这些概念同样适用。我们后面还将看到，这些概念在简化二进制补码和减法硬件上很有用。

同样，二进制数的补码还可以采用保留所有低位的 0 和第一个 1 不变，将剩下所有高位的 1 置为 0、0 置为 1 的方法来实现。这样，1101100 的补码是 0010100，两个低位 0 和第一个 1 不变，剩下的 4 个高位依次进行 1 变为 0、0 变为 1 的替换。对于其他的基数，其补码可用 r 减去第一个非零的位，剩下左边的每一位均用 $(r-1)$ 去减来实现。

值得一提的是，一个数的补码的补码为其原值。因为 N 的补码为 2^n-N，而其补码的补码为 $2^n-(2^n-N)=N$，得到其原值 N。

3.10.2　采用补码的二进制减法

前面我们想通过共享加法和减法逻辑来简化硬件。现在有了补码，我们打算采用加法和相应的补码逻辑来定义二进制数的减法运算。两个 n 位无符号数的减法：$M-N$，采用二进制表示的计算过程如下所示：

1）被减数 M 加上减数 N 的补码，即 $M+(2^n-N)=M-N+2^n$。

2）如果 $M \geqslant N$，则和产生一个进位位 2^n。丢弃进位，保留 $M-N$ 的结果。

3）如果 $M<N$，则和不产生进位，第一步的运算相当于执行了 $2^n-(N-M)$，即 $N-M$ 的补码。对结果进行纠正，对和求补，并在前面添加一个负号得到最终结果 $-(N-M)$。

下面的例子进一步说明了前面的过程。需要注意的是，虽然我们处理的是无符号数，但是在步骤 3）没有办法得到一个无符号的结果。当用纸和笔演算时，由于最后没有进位，结果转换为一个负数。如果要存储结果的负号，那它必须和正确的 n 位结果分开来保存。

例 3-20　使用二进制补码加法的无符号数减法

给定两个二进制数 $X=1010100$ 和 $Y=1000011$，采用二进制补码实现 $X-Y$ 和 $Y-X$。这样有：

164

$$
\begin{array}{rl}
X = & 1010100 \\
Y \text{ 的二进制补码} = & 0111101 \\
\text{和} = & 10010001 \\
\text{丢弃最高位的进位} = & \underline{-10000000} \\
\text{结果：} X-Y = & 0010001 \\
Y = & 1000011 \\
X \text{ 的二进制补码} = & 0101100 \\
\text{和} = & 1101111
\end{array}
$$

最后没有进位。

结果：$Y-X=-$（1101111 的补码）$=-0010001$ ∎

虽然无符号数减法可以使用二进制反码来完成，但在现代设计中很少用到此方法，所以在此将不作介绍。

3.11　二进制加减法器

采用二进制补码，我们剔除了减法运算，仅需要补码器和一个加法器即可实现二进制加减法器。当执行减法时，我们对减数 N 取补，而执行加法时，无须对 N 取补。这些操作可以利用一个可选的补码器和加法器相连而形成的加减法器来实现。我们使用的二进制补码在现代系统中非常流行，它可以通过在反码的最低有效位上加 1 得到。二进制反码可以用取反电路轻松地获取，而其结果加 1 则可以设置并行加法器的进位输入为 1 来实现。因而通过使用反码和加法器的进位输入，可以用较低的成本求二进制数的补码。在二进制补码减法中，相加后的校正操作，即当没有产生最终进位时，需对结果求补并添加一个负号。校正操作可以再一次使用 $M=0$ 的加减法器或者采用如图 3-44 所示的可选的补码器来完成。

　　$A-B$ 的减法电路包含了一个如图 3-43 所示的并行加法器，并在 B 的每一位和全加器的相应输入端之间插入了一个反相器。进位输入 C_0 必须为 1，这样实现的操作变成了 A 加上 B 的反码再加 1，即等价于 A 加上 B 的补码。对于无符号数，如果 $A \geqslant B$ 则实现了 $A-B$，如果 $A < B$ 则得到了 $B-A$ 的补码。

　　加法和减法运算可采用一个普通的二进制加法器在一个电路内实现，即在每个全加器前添加一个异或门。图 3-45 给出了一个 4 位的加减法器。输入 S 控制电路实现的运算。当 $S=0$ 时电路是一个加法器，当 $S=1$ 时电路变为一个减法器。每个异或门接收 S 的输入和 B 的某一位输入 B_i。当 $S=0$ 时，异或门实现的是 $B_i \oplus 0$，这时全加器接收 B 的值，且进位输入为 0，电路执行 A 加 B 运算。当 $S=1$ 时，有 $B_i \oplus 1 = \bar{B}_i$ 且 $C_0=1$，这时电路执行 A 加 B 的补码操作。

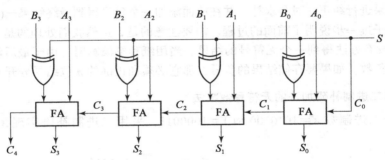

图 3-45　加减法器电路

3.11.1　有符号的二进制数

　　在前一部分中，我们处理了无符号数的加、减法。现在我们进一步使用补码，消除校正步骤，将上面的方法应用到有符号数。

　　正整数和数字零表示无符号数。为了表示负整数，我们需要给负号一个标记。在普通的算术运算中，负数是在前面加个负号表示，正数在前面添加正号。由于受硬件的限制，计算机用 0 和 1 表示所有的事物，包括数的符号。因此习惯上，在 n 位数字的最高有效位之前增加一位表示符号，并约定用 0 表示正数，1 表示负数。

　　理解有符号数和无符号数在计算机中都表示成一串二进制数是至关重要的。用户决定数字是有符号数还是无符号数。如果一个二进制数是有符号数，那么最左边的那位表示符号位，其余位表示数值。如果假定这个二进制数是无符号数，则最左边的位为该数的最高有效位。例如，位串 01001 可以看作 9（无符号数）或 +9（有符号数），因为最左边的位为 0。同样，位串 11001 如看作无符号数时表示 25，看作有符号数时表示 –9。后者是因为最左边的位指定为负号，剩下的 4 位表示值 9。一般来说，确定位串的值是没有争论的，因为位串表示的类型事先已知道。刚刚讨论的有符号数表示法称为符号 – 数值（signed-magnitude）表示法。在这个表示法中，数字由一个数值和一个代表正负性的符号（＋或－）或位（0 或 1）组成。这就是普通算术运算中的有符号数表示法。

在 n 位有符号数的符号 – 数值加、减法运算中，最左边的符号位与 $n-1$ 位数值部分是分别处理的。数值部分的运算与无符号的二进制数的处理步骤相同。因此，减法仍包含结果校正步骤。为了避免这一步骤，我们采用一种不同的表示法——符号 – 补码（signed-complement）表示法来表示负数。在这个表示法中，负数用补码表示。符号 – 数值表示法通过改变符号来表示负数，而符号 – 补码表示法则通过求补来表示负数。由于正数总是从最左边的 0（表示正号）开始，故其补码总是从 1 开始以表示负数。虽然符号 – 补码表示法可以采用一进制补码（二进制反码）和二进制补码表示，但二进制补码更为普遍。举例来说，如采用 8 位二进制数表示数字 9。＋9 表示成最左端为 0，再紧跟等于 9 的二进制数，即 00001001。注意到所有的 8 位都必须有明确的值，因此在符号位和第一个 1 之间插入 0。尽管＋9 只有一种表示方法，但是－9 采用 8 位二进制数表示有两种不同的方法：

- 符号 – 数值表示法：10001001
- 符号 – 二进制补码表示法：11110111

在符号 – 数值表示法中，－9 可以通过将＋9 的符号位由 0 变为 1 得到，而在符号 – 二进制补码表示法中，－9 通过对正数即＋9 取补得到，包括符号位 0。

表 3-13 列出了 4 位有符号二进制数采用两种表示法的所有情况，同时还给出了该有符号数对应的十进制数值。注意两种表示法中正数的表示相同，最左边的位都为 0。在符号二进制补码表示法中，0 只有一种表示，总为正。符号 – 数值表示法中有正 0 和负 0，这在普通的算术运算中是不会出现的。还要注意的是，两种表示法的负数其最左边的位都为 1，从而使我们能区分正数和负数。我们可以用 4 位表示 16 个二进制数。在符号 – 数值表示法中，这 16 个二进制数中有 7 个正数、7 个负数和 2 个有符号的 0。在二进制补码表示法中，有 7 个正数、1 个 0 和 8 个负数。

表 3-13 有符号的二进制数

十进制	符号 – 二进制补码	符号 – 数值
+7	0111	0111
+6	0110	0110
+5	0101	0101
+4	0100	0100
+3	0011	0011
+2	0010	0010
+1	0001	0001
+0	0000	0000
−0	—	1000
−1	1111	1001
−2	1110	1010
−3	1101	1011
−4	1100	1100

（续）

十进制	符号 – 二进制补码	符号 – 数值
–5	1011	1101
–6	1010	1110
–7	1001	1111
–8	1000	—

符号 – 数值表示法通常用于普通的算术运算，但如果应用于计算机，由于符号位单独处理以及减法运算中的校正步骤，就显得比较笨拙。因此，在计算机中通常采用符号 – 补码表示法。接下来在有符号二进制数的算术运算中，负数将采用符号二进制补码表示，因为这在实际应用中非常盛行。

3.11.2　有符号二进制数的加法与减法

两个数相加，$M+N$，在符号 – 数值表示法中遵循普通运算规则：如果符号相同，两个数的数值部分相加，并将 M 的符号赋给结果。如果符号不同，M 的数值部分减去 N 的数值部分。最终借位的发生与否决定补码的校正操作是否执行，并且和 M 的符号共同决定结果的符号。例如，由于两个数的符号不同，(0 0011001)＋(1 0100101) 使得 0011001 减去 0100101，结果为 1110100，产生了一个最高位借位 1。这个借位表明 M 的数值小于 N 的数值，所以结果的符号与 M 相反，为负。这个借位还表示结果的数值，即 1110100，必须取补才是正确的结果。将符号与校正后的数值部分合起来，我们得到最终结果 10001100。

与符号 – 数值表示法相反，在符号二进制补码表示法中，加法运算不需要比较或相减，仅需要相加。对于二进制数，这个过程简单，可以按照下述方法进行：

167
~
168

用补码表示负数的两个有符号的二进制数加法运算，就是包括符号位在内的两个数相加。符号位处产生的进位位丢弃。

例 3-21 给出了有符号二进制数的加法。注意负数采用补码表示，相加得到的和，如果为负，也采用补码表示。

例 3-21　采用补码的有符号二进制数的加法

```
  +  6 00000110    –  6 11111010    + 6 00000110    – 6 11111010
  + 13 00001101    + 13 00001101    –13 11110011    –13 11110011
  + 19 00010011    +  7 00000111    – 7 11111001    –19 11101101
```

在这 4 个例子中，执行的操作是包含符号位在内的加法运算。符号位处产生的进位都被丢弃，结果为负数时，自动采用补码表示。　■

负数的补码表示对习惯于符号 – 数值法的人来说是不太熟悉的。为了确定一个用符号二进制补码表示的负数的值，有必要将其转变成正数，用大家熟悉的形式表示出来。例如，有符号二进制数 11111001 是负数，因为它最左边的那位为 1，它的补码为 00000111，即＋7。因此我们可以知道原始值等于 –7。

用补码表示负数的两个有符号的二进制数的减法运算也同样很简单，具体描述如下：

对减数取补（包括符号位），再将其与被减数相加（包括符号位），丢弃符号位处产生的进位。

如果改变减数的符号，那么减法运算可以转变成做加法操作，即

$$(\pm A)-(+B)=(\pm A)+(-B)$$
$$(\pm A)-(-B)=(\pm A)+(+B)$$

对一个正数取补就得到了其相应的负数，反过来也成立，因为一个负数的补码就是其对应正数的补码。例 3-22 给出两数相减的实例。

例 3-22　采用补码表示的有符号二进制数的减法

-6	11111010	11111010	$+6$	00000110	00000110
$-(-13)$	-11110011	$+00001101$	$-(-13)$	-11110011	$+00001101$
$+7$		00000111	$+19$		00010011

最终的进位位丢弃。

值得注意的是，在符号－补码表示法中，二进制数的加减运算与无符号数的加减运算遵循相同的运算规则，因而计算机只需要一套共同的硬件电路来处理这两种类型的算术运算。根据给定的数是无符号还是有符号，用户或程序员应当对这些加、减的结果进行不同的解释。因此，为无符号数设计的加减法器同样适用于有符号数。如果有符号数用二进制补码表示，那么就能使用图 3-45 的电路。

169

例 3-23　电子秤的功能

在货物或材料称重的时候，通常将它们装到一个容器里。下面 3 个定义适用于称重的容器：

- 总重量——容器和其内物品的重量。
- 皮重——空容器的重量。
- 净重——物品的重量。

问题：对一个特别的电子秤，显示净重的功能可以由下列一系列操作实现：

1）将空容器放到秤上。

2）按下 TARE 按钮，显示当前空容器的重量。

3）将待称重的物品放到容器里（衡量总重量）。

4）从秤的显示上读出净重。

假设容器的重量（皮重）能被电子秤记录下来，

（a）需要实现什么算术逻辑？

（b）假设电子秤的最大刻度为 2200 克（最小单位为克）。实现运算需要多少位？

解答：（a）电子秤正在称重的是总重量，而显示的结果是净重。所以需要一个减法器来执行：

$$净重＝总重－（记录的）皮重$$

由于容器和其内物品的重量至少不小于容器的重量，故计算的结果总是非负的。但是，如果使用者想利用这个功能来区分两个物品的重量差异，那么结果可能为负。在实际的电子秤设计中，负的结果在显示逻辑中也要一并考虑。

（b）假定重量和减法运算采用二进制数表示，则需要 12 位表示 2200 克。如果重量和减法用 BCD 码表示，那么需要 $2+3\times4=14$ 位。

■

3.11.3　溢出

为了得到加、减运算的正确结果，我们必须确保有足够多的位来存放结果。如果两个 n

170

位数产生的结果需要 $n+1$ 位保存，那么我们称发生了溢出（overflow）。无论是有符号数还是无符号数，对二进制或十进制数来说溢出的概念都是相同的。当用纸和笔来演算加法时，不存在溢出问题，因为纸的宽度是足够的。我们可以在数字的最高有效位前增加一位，如在正数前加一个 0，在负数前加一个 1，将其扩展为 $n+1$ 位，再来执行加法。而对计算机来说就存在溢出问题，因为存放数的位数是固定的，超出这个位数表示范围的结果不能存储。由于这个原因，计算机要适时检测，当发生溢出时，应能发出信号。计算机要能中断程序的执行，采取特殊的操作自动处理溢出。一个可供选择的方法是利用软件监视溢出状态。

两个二进制数相加的溢出检测依赖于这些数是有符号还是无符号。当两个无符号数相加时，如果最高有效位处产生进位，则表明发生溢出。对于无符号数的减法，结果的数值总是等于或小于两个操作数较大的那个，溢出是不可能发生的。在符号–二进制补码表示法中，最高有效位表示符号。当两个有符号数相加时，符号位作为数的一部分处理，最终的进位 1 不能指示溢出。

对于有符号数的加法，如果一个数为正，另一个数为负，则溢出不会发生，因为负数加正数产生的结果的数值等于或小于两个操作数中较大的那个。如果两个加数都为正或都为负，那么溢出可能发生。为了考察溢出是如何发生的，我们来看下面二进制补码的例子：两个有符号数，+70 和 +80，用两个 8 位寄存器存储。8 位二进制数的表示范围用十进制表示，每个寄存器可以存储 +127～–128 之间的数。由于两个数的和等于 +150，超出了 8 位寄存器的存储范围。–70 和 –80 相加也是如此。这两个加法以及两个最高有效位的进位如下所示：

进位：	01		进位：	10
+70	01000110		–70	10111010
+80	01010000		–80	10110000
+150	10010110		–150	01101010

注意，应该为正的 8 位结果其符号位为负，该为负的 8 位结果其符号位反而为正。但是，如果把符号位产生的进位看作结果的符号，那么得到的 9 位结果是正确的。但是没有地方存储第 9 位，因此发生了溢出。

溢出的检测可以通过观察符号位的进位输入和符号位的进位输出来判定。如果这两个进位不相等，则产生了溢出。刚讨论的二进制补码实例就说明了这种方法，两个进位都明确地标了出来。如果把这两个进位输入到一个异或门，则当异或输出为 1 时，就表示发生了溢出。为了用此方法保证二进制补码运算的正确性，加法器在对减数求反再加 1 时，或者求两个补码相加时需添加一个溢出检测电路。这是因为对最大的负数取补时也会发生溢出。

一个简单的溢出检测逻辑如图 3-46 所示。如果两数为无符号数，那么 C 为 1 时表示加法运算产生了一个进位（即发生溢出），对于减法则指明不需要校正步骤。当 C 为 0 时表明加法运算没有产生进位（即没有溢出），对于减法则指明需要对结果进行校正。

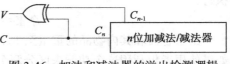

图 3-46   加法和减法器的溢出检测逻辑

如果参加运算的是有符号数，那么输出 V 用来表示溢出。若加或减运算后 $V=0$，则表示没有发生溢出，结果正确。若 $V=1$，则运算结果有 $n+1$ 位，但仅仅最右边的 n 位保存了下来，所以产生了溢出。第 $n+1$ 位实际是符号位，但是它不能占用结果的符号位。

乘法器与除法器　一些关于乘法器和除法器的补充讨论参见本书配套的网站。

3.11.4 加法器的 HDL 模型

到目前为止，我们所讲述的 HDL 描述实例都只包含一个实体（VHDL）或模块（Verilog）。不过采用层次结构描述的电路有多个实体，每个实体对应层次中不同的组件，如例 3-24 所示。

例 3-24 四位行波进位加法器的 VHDL 结构描述

图 3-47 与图 3-48 中的实例使用 3 个实体构建了一个四位行波加法器，结构体采用结构和数据流的混合描述方式。3 个设计实体分别为半加器、采用半加器的全加器以及四位加法器本身。half_adder 的结构体包含两个数据流赋值语句，一个对 *s* 赋值，一个对 *c* 赋值。full_adder 的结构体采用 half_adder 作为组件。另外，还声明了 3 个内部信号 hs、hc 和 tc，这些信号连接至两个半加器上，并使用一个数据流赋值语句以实现图 3-42 所示的全加器。在 adder_4 实体中，4 个全加器组件使用图 3-43 给定的信号简单地连接在一起。 [172]

```vhdl
-- 4-bit Adder: Hierarchical Dataflow/Structural
-- (See Figures 3-42 and 3-43 for logic diagrams)
library ieee;
use ieee.std_logic_1164.all;
entity half_adder is
  port (x, y : in std_logic;
        s, c : out std_logic);
end half_adder;

architecture dataflow_3 of half_adder is
  begin
    s <= x xor y;
    c <= x and y;
end dataflow_3;

library ieee;
use ieee.std_logic_1164.all;
entity full_adder is
  port (x, y, z : in std_logic;
        s, c : out std_logic);
end full_adder;

architecture struc_dataflow_3 of full_adder is
  component half_adder
    port (x, y : in std_logic;
          s, c : out std_logic);
  end component;
  signal hs, hc, tc: std_logic;
  begin
    HA1: half_adder
      port map  (x, y, hs, hc);
    HA2: half_adder
      port map (hs, z, s, tc);
    c <= tc or hc;
end struc_dataflow_3;

library ieee;
use ieee.std_logic_1164.all;
entity adder_4 is
  port(B, A : in std_logic_vector(3 downto 0);
```

图 3-47 四位全加器的层次结构 / 数据流描述

```
              C0 : in std_logic;
               S : out std_logic_vector(3 downto 0);
              C4: out std_logic);
        end adder_4;
```

图 3-47 （续）

注意 *C*0 和 *C*4 分别为输入和输出端口，而 C(0) 到 C(4) 是内部信号（即它们既不是输入也不是输出端口）。C(0) 赋值给 C0，C(4) 赋值给 C4。在此，C(0) 和 C(4) 两个信号并不是必需的，但用来说明 VHDL 的约束非常有用。假设我们想像图 3-46 所示的加法器一样添加一个溢出检测，如果没有定义 C(4)，那么溢出表达式为：

$$V <= C(3) \ \textbf{xor} \ C4$$

这在 VHDL 中是错误的，因为输出信号不能当作内部信号使用。因此代替 C4 定义一个内部信号（例如 C(4)）是非常有必要的，这样溢出表达式变为：

$$V <= C(3) \ \textbf{xor} \ C(4)$$

```
architecture structural_4 of adder_4 is
  component full_adder
    port(x, y, z : in std_logic;
         s, c: out std_logic);
  end component;
  signal C: std_logic_vector (4 downto 0);
  begin
    Bit0: full_adder
     port map (B(0), A(0), C(0), S(0), C(1));
    Bit1: full_adder
     port map (B(1), A(1), C(1), S(1), C(2));
    Bit2: full_adder
     port map (B(2), A(2), C(2), S(2), C(3));
    Bit3: full_adder
     port map (B(3), A(3), C(3), S(3), C(4));
    C(0) <= C0;
    C4 <= C(4);
end structural 4;
```

图 3-48 四位全加器的层次结构 / 数据流描述（续）

3.11.5 行为描述

接下来以四位加法器为例介绍比逻辑级更高的电路描述，这种描述称为行为或者寄存器传输级描述，我们将在第 6 章具体讲述寄存器传输。虽然在本章还没介绍寄存器传输的相关知识，我们仍将在此介绍行为级的描述方法。

例 3-25 四位行波进位加法器的 VHDL 行为描述

图 3-49 是四位加法器的行为描述。在 adder_4_b 的结构体中，加法逻辑使用＋和 & 运算实现，＋表示相加，& 表示一个拼接（concatenation）操作。拼接操作将两个信号拼接成一个信号，拼接后的信号位数等于所有原始信号的位数之和。如本例中，'0'&A 代表信号向量

$$'0'A(3)A(2)A(1)A(0)$$

该向量为 1＋4＝5 位。注意，拼接操作最左边的 '0' 在得到的信号列表的左端。加法运算的输入都一致地转换成 5 位，因为包含 C4 的输出为 5 位。这种转换不是必需的，但却是

一种安全的方法。

因为 std_logic 类型不能执行＋运算，我们需要另外一个程序包来定义 std_logic 类型的加法。在这里，我们使用了一个 ieee 库里的 std_logic_arith 程序包。另外，我们需要明确定义无符号数的加法，因此又使用了扩展的 unsigned 程序包。在 VHDL 中，拼接操作不能出现在赋值语句的左边。为了从加法的结果中获取 C4 和 S，结构体中声明了一个 5 位的内部信号 sum，sum 信号是包括进位的相加结果。下面的两个赋值语句将 sum 分解成 C4 与 S 后输出。

```vhdl
-- 4-bit Adder: Behavioral Description
library ieee;
use ieee.std_logic_1164.all;
use ieee.std_logic_unsigned.all;

entity adder_4_b is
  port(B, A : in std_logic_vector(3 downto 0);
       C0 : in std_logic;
       S : out std_logic_vector(3 downto 0);
       C4: out std_logic);
end adder_4_b;

architecture behavioral of adder_4_b is
signal sum: std_logic_vector (4 downto 0);
begin
    sum <= ('0' & A) + ('0' & B) + ("0000" & C0);
    C4 <= sum(4);
    S <= sum(3 downto 0);
end behavioral;
```

图 3-49 四位加法器的行为描述   ■   175

例 3-26 四位行波进位加法器的 Verilog 层次描述

图 3-50 的描述采用了三个模块来表示四位行波进位加法器的层次构架。该设计风格是结构化描述和数据流描述的混合。这三个模块分别是一个半加器、一个使用半加器构建的全加器以及四位加法器本身。

half_adder 模块由两个数据流赋值语句组成，一个对 s 赋值，一个对 c 赋值。full_adder 模块如图 3-42 一样采用 half_adder 作为组件实现。在 full_adder 中，声明了三个内部连线，hs、hc 和 tc。输入、输出和这些连线加载到两个半加器，同时 tc 与 hc 进行逻辑或产生进位 c。注意相同的名称可以应用到不同的模块中（例如，x、y、s 和 c 同时应用到 half_adder 与 full_adder 两个模块中）。

在 adder_4 模块中，4 个全加器使用图 3-43 中给出的信号简单地连接在一起。注意 C0 和 C4 分别是输入和输出，而 C(3) 到 C(1) 是内部信号（既不是输入也不是输出）。

例 3-27 四位行波进位加法器的 Verilog 行为级描述

图 3-51 给出了 4 位加法器的 Verilog 描述。在 adder_4_b_v 模块中，使用"＋"和"{}"两个操作符实现了加法逻辑，"＋"表示加法运算，"{}"表示拼接操作。对连线数据类型执行"＋"运算的结果为无符号数。拼接操作将两个信号组合成一个信号，结果信号的位数为两个原始信号的位数之和。在本例中，{C4, S} 表示信号向量

C4 S[3] S[2] S[1] S[0]

```
// 4-bit Adder: Hierarchical Dataflow/Structural
// (See Figures 3-42 and 3-43 for logic diagrams)

module half_adder_v(x, y, s, c);
    input x, y;
    output s, c;

    assign s = x ^ y;
    assign c = x & y;

endmodule

module full_adder_v(x, y, z, s, c);
    input x, y, z;
    output s, c;

    wire hs, hc, tc;

    half_adder_v HA1(x, y, hs, hc),
                 HA2(hs, z, s, tc);
    assign c = tc | hc;

endmodule

module adder_4_v(B, A, C0, S, C4);
    input [3:0] B, A;
    input C0;
    output [3:0] S;
    output C4;

    wire [3:1] C;

    full_adder_v Bit0(B[0], A[0], C0, S[0], C[1]),
                 Bit1(B[1], A[1], C[1], S[1], C[2]),
                 Bit2(B[2], A[2], C[2], S[2], C[3]),
                 Bit3(B[3], A[3], C[3], S[3], C4);

endmodule
```

图 3-50 四位加法器的 Verilog 层次数据流 / 结构描述

得到的信号位数为 1+4=5。注意，出现在拼接操作符左边的 C4，它的位置处在所得到的信号的左边。

```
// 4-bit Adder: Behavioral Verilog Description

module adder_4_b_v(A, B, C0, S, C4);
    input[3:0] A, B;
    input C0;
    output[3:0] S;
    output C4;

    assign {C4, S} = A + B + C0;
endmodule
```

图 3-51 四位全加器的 Verilog 行为描述 ■

3.12 其他的算术功能模块

十、一、×、÷ 以外的算术运算也很重要，如递增、递减、乘和除一个常数、大于比较、小于比较等，每一种运算都可采用一位运算单元迭代实现多位操作。但在本节我们将不采用迭代电路实现，而是对基本功能块进行压缩来实现。压缩技术是从一个基本电路（如二进制加法器或乘法器）出发，通过将已有的电路转换成有用的、较简单的电路来简化设计，从而代替直接设计电路本身。

176
~
177

3.12.1　压缩

对于已经设计好的功能块，通过将其输入端的值固定、传递和取反，即可实现新的功能。我们可以在已有的电路或函数表达式上采用相同的技术实现新的功能块，针对特定应用将已有电路简化成一个简单电路，我们称这个过程为压缩（contraction）。压缩的目的是采用以前的设计结果来完成逻辑电路或功能模块的设计。设计者可通过压缩来设计需要的电路，而逻辑综合工具采用压缩技术通过对原始电路的输入值固定、传递或者取反来得到目标电路。对于上述两种情况，压缩技术也能应用到电路未使用的输出端，以简化原始电路而获得目标电路。首先，我们举个布尔表达式的例子来说明压缩技术。

例 3-28　全加器输出表达式的压缩

待设计电路 Add1 采用一位加法 A_i+1+C_i 生成和 S_i 与进位 C_{i+1}。它是全加器 $A_i+B_i+C_i$ 的一个特殊情况 $B_i=1$。因此新电路的表达式可以由全加器的输出表达式得到。

$$S_i=A_i \oplus B_i \oplus C_i$$
$$C_{i+1}=A_iB_i+A_iC_i+B_iC_i$$

设定 $B_i=1$，简化表达式得到

$$S_i=A_i \oplus 1 \oplus C_i=\overline{A_i \oplus C}$$
$$C_{i+1}=A_i \cdot 1+A_iC_i+1 \cdot C_i=A_i+C_i$$

假设 Add1 电路通过压缩 4 位行波进位加法器中的每个全加器来实现，则执行的计算是 $S=A+1111+C_0$，而不是 $S=A+B+C_0$。在二进制补码表示中，这个计算是 $S=A-1+C_0$。如果 $C_0=0$，电路实现的是递减（decrement）操作 $S=A-1$，可以考虑采用比 4 位加法器或减法器更为简单的逻辑实现。∎

压缩可应用于表达式，如以上所述，或通过控制基本功能块的输入直接作用于该模块的电路图上。为了成功地应用压缩技术，所期望的功能必须能通过作用电路的输入由初始电路得到。接下来我们将考虑对未用的输出采用压缩技术。

置电路的输出为未知值 ×，意味着该输出端未被使用。因此该输出门和其他仅驱动该输出门的门电路可移去。对一个或多个输出为 × 的表达式进行压缩的规则如下：

1）删除电路输出为 × 的所有表达式。

2）如果一个中间变量没有出现在其他剩余的表达式中，则删除该变量表达式。

178

3）如果一个输入变量没有出现在其他剩余的表达式中，则删除该输入。

4）重复 2）、3）步，直至不存在任何删除。

一个或多个输出为 × 的逻辑图进行压缩的规则如下：

1）从输出开始，删除输出为 × 的所有门，并置它们的输入为 ×。

2）如果一个门驱动的所有输入都为 ×，则删除这个门并置其输入为 ×。

3）如果一个外部输入驱动的所有输入都为 ×，则删除该外部输入。

4）重复 2）、3）步，直至不存在任何删除。

在下面的小节中将就递增运算介绍逻辑图的压缩。

3.12.2 递增

递增（incrementing）意味着对一个算术变量加一个固定的值，通常这个固定值为1。一个 n 位递增器（incrementer）执行 $A+1$ 操作，它可以由一个执行 $A+B$ 且 $B=0\cdots01$ 的二进制加法器实现。我们来设计 $n=3$ 的递增器，它足以说明递增器的逻辑，从而可根据该逻辑电路构建 n 位递增器。

图 3-52a 为一个 3 位的加法器，其输入固定以实现 $A+1$ 运算，最高位的进位输出 C_3 固定为 ×。操作数 $B=001$ 且进位输入 $C_0=0$，从而实现 $A+001+0$ 运算。还可使 $B=000$，进位输入 $C_0=1$。

由于输入值固定，因此对加法器单元有 3 种不同的压缩情况：

1）右边的最低有效位单元的 $B_0=1$ 且 $C_0=0$。

2）中间单元的 $B_1=0$。

3）左边的最高有效位单元的 $B_2=0$ 且 $C_3=×$。

对于右边的单元，门 1 的输出变成 $\overline{A_0}$，故它可用一个反相器取代。门 2 的输出变为 A_0，故它可用一根连接 A_0 的线代替。门 3 的输入为 $\overline{A_0}$ 和 0，可以用一根连线替代，连接 A_0 与输出 S_0。门 4 的输出为 0，故其可以用值 0 替代。将该 0 和由门 2 输出到门 5 的 A_0 共同驱动门 5，门 5 可以用连接 A_0 与 C_1 的连线代替。最终电路见图 3-52b 的右边单元。

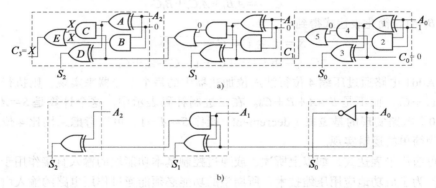

图 3-52　加法器压缩成递增器

对中间单元，置 $B_1=0$，运用同样的技术可得

$$S_1=A_1 \oplus C_1$$
$$C_2=A_1 \oplus C_1$$

压缩后的电路如图 3-52b 的中间单元所示。

对于左边单元，它的 $B_2=0$，$C_3=×$，先考虑 × 的传播效应可以更快地得到结果。由于门 E 的输出为 ×，所以可以将其移去，它的两个输入端置为 ×。由于门 B 和门 C 驱动的所有门的输入都为 ×，因而它们也可移去，并且置其输入端为 ×。门 A 和门 D 不能移去，因为它们都驱动了一个输入不为 × 的门。由于 × $\oplus$ 0 = ×，故门 A 变成了一根连线。最终电路见图 3-52b 的左边单元。

对于一个位数 $n>3$ 的递增器，在位置 0 处使用最低有效位递增单元，位置 $1\sim n-2$ 处使用中间典型单元，位置 $n-1$ 处使用最高有效位单元。在这个例子中，位置 0（原书有误——译者注）处最右边的单元被压缩，但是，如果需要，它可以用位置 1（原书有误——译者注）处的单元替代，该单元的 $B_0 = 1$ 且 $C_0 = 1$。同样的，输出 C_3 可以生成，但不被使用。在这两种情况中，都以牺牲逻辑成本与功耗来保证所有的单元是相同的。

3.12.3　递减

递减是指一个算术变量加一个固定的负数——通常，这个固定值为 –1。在例 3-28 中已经设计了一个递减器。另一种方法是：递减器可以采用一个加减法器作为初始电路，置 $B = 0\cdots01$，同时置 S 为 1 选择减法操作。从加减法器出发，我们也可以采用压缩技术设计递增器和递减器，让输入 B 固定为 $0\cdots01$，S 设为变量，当 $S = 0$ 时电路为递增器，$S = 1$ 时为递减器。在这种情况下，结果电路在各位处是复杂全加器的一个单元。

(www) 3.12.4　常数乘法

图 3-53a 表示一个 3 位乘数、4 位被乘数的乘法器，其中乘数为常量（乘法器的设计详见配套网站上乘法器与除法器的补充说明）。常量加载到乘数输入端产生以下结果：如果乘数特定位的值为 1，那么被乘数提供给加法器；如果乘数特定位的值为 0，那么 0 加载至加法器，这时这个加法器可删除，通过连线产生右边的输入，再在输出上加一个进位 0。在这两种情况下，与门可以移去。在图 3-53a 中，乘数设定为 101。电路压缩的最终结果是：将 B 的两个最低有效位传送给输出 C_1 和 C_0，在 B 端加上 B 的两个最高有效位，再将结果左移两位以产生 C_2 到 C_6 的输出。

一个重要的特殊情况是常数为 2^i（例如，乘数为 $2^i \times B$）。在这种情况下，乘数仅有一个 1，电路的所有逻辑都被剔除，最后只剩下一些连线。由于乘数第 i 位的值为 1，相乘的结果是在 B 后跟 i 个 0。功能块简化为移位运算和值固定为 0 的组合。这个模块的功能是*左移 i 位*，移出的用 0 填充。零填充（zero fill）指在一个操作数（如 B）的右边（或左边）添加若干个 0。移位是数字和非数字数据中的一个很重要的操作。乘数为 2^2（即左移两位）的乘法的压缩结果如图 3-53b 所示。

3.12.5　常数除法

我们对常数除法的讨论将局限于除以 2 的幂次方（如二进制 2^i）。因为乘以 2^i 的结果是在被乘数的右边添加 i 个 0，以此类推，除以 2^i 的结果是移去被除数的 i 个最低有效位。剩余的位即为商，而丢弃的位为余数。这个模块的功能是*右移 i 位*，同左移一样，右移也是一个非常重要的操作。图 3-53c 给出了除以 2^i（即右移两位）的功能块示意图。

3.12.6　零填充与符号扩展

零填充，如前面常数乘法所定义的，用于增加操作数的位数。例如，假定字节 01101011 是有 16 个输入的电路的输入信号。为了满足电路输入引脚的要求，一种可能产生 16 位输入的方法是在其左边添加 8 个 0，生成 0000000001101011，另一种方法是在其右边添加 8 个 0，得到 0110101100000000。前一种方法适合于诸如加法或减法操作，后一种方法用于生成低精度的 16 位乘法结果，其中该字节表示实际结果的高 8 位，而结果的低位被丢弃。

相对于零填充，*符号扩展*（sign extension）用来增加用补码表示的有符号数的位数。位增加在左边，为扩展数的符号（正数为 0，负数为 1）。字节 01101011 的十进制值为 107，扩展为 16 位，变成 0000000001101011。字节 10010101 为补码表示，表示十进制数 –107，扩展为 16 位后变成 1111111110010101。使用符号扩展的原因是为了保护有符号数的补码表示。例如，如果 10010101 用 0 扩展，那么其表示的数值将变得很大，此外，最左边的位本应该为表示负数的符号 1，这样扩展在二进制补码表示中是不正确的。

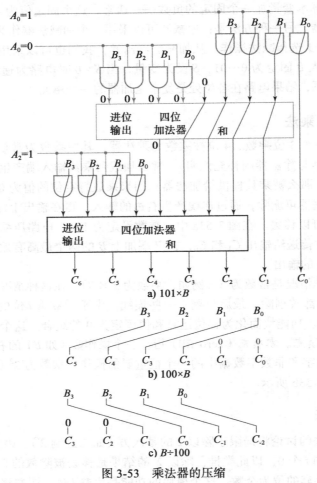

图 3-53 乘法器的压缩

🌐 **十进制数的运算** 十进制数的算术功能模块以及电路实现的补充说明详见本书的配套网站。

3.13 本章小结

本章讲述了在大型电路中经常用到的组合电路功能模块。介绍了实现单变量函数的基本电路；介绍了译码器的设计，它的一个输入编码会激活一个对应的输出信号。编码器与译码器正好相反，它根据多个输入信号中的一个产生对应的输出编码。多路复用器从输入线上选择数据并将其传送到输出端，其设计过程也给予了详细描述。

我们还介绍了使用译码器和多路复用器来设计组合逻辑电路。通过将或门和译码器组合在一起，提供了一个利用最小项来实现组合电路的简单方法。给出了使用一个 $n-1$ 多路复用器或者一个反相器和一个 $(n-1)$ –1 多路复用器来实现任何 n 输入的布尔函数的方法。

本章还介绍了执行算术运算常用的组合电路。详细介绍了二进制加法器的实现，以及使用二进制补码的无符号二进制数的减法，和有符号二进制数的表示及其加、减法。为无符号二进制数设计的加法 – 减法器，可以直接应用于二进制补码表示的有符号数的加法和减法运算。

参考文献

1. *High-Speed CMOS Logic Data Book*. Dallas: Texas Instruments, 1989.
2. *IEEE Standard VHDL Language Reference Manual* (ANSI/IEEE Std 1076-1993; revision of IEEE Std 1076-1987). New York: The Institute of Electrical and Electronics Engineers, 1994.
3. *IEEE Standard Description Language Based on the Verilog Hardware Description Language* (IEEE Std 1364-1995). New York: The Institute of Electrical and Electronics Engineers, 1995.
4. MANO, M. M. *Digital Design*, 3rd ed. Englewood Cliffs, NJ: Prentice Hall, 2002.
5. THOMAS, D. and P. Moorby. *The Verilog Hardware Description Language*, 5th ed. New York: Springer, 2002.
6. WAKERLY, J. F. *Digital Design: Principles and Practices*, 4th ed. Upper Saddle River, NJ: Pearson Prentice Hall, 2006.
7. YALAMANCHILI, S. *VHDL Starter's Guide*, 2nd ed. Upper Saddle River, NJ: Pearson Prentice Hall, 2005.

181
~
183

习题

（＋）表明更深层次的问题，（*）表明在原书配套网站上有相应的解答。

3-1 如果函数输入端值为 1 的个数超过值为 0 的个数，则这个函数的输出值为 1。其他情况输出值为 0。请设计这样一个三输入函数。

*3-2 设计一个函数来检测用 BCD 码表示的十进制数的一个错误。换句话说，也就是写出一个等式，当输入为 BCD 码的 6 个无效代码中的一个时，其值为 1，其他情况下则为 0。

3-3 设计一个格雷码至 BCD 码的转换器，当输入为无效的组合时输出码为 1111。假设格雷码序列对应十进制数字 0～9 是 0000，0001，0011，0010，0110，0111，0101，0100，1100 和 1101，其他所有的输入组合均被认为是无效的。

3-4 三子棋游戏（tic-tac-toe）是一个有名的简单游戏，玩这个游戏需要两个人在一个 3×3 的方格中进行。游戏者交替轮流，每个游戏者选择一个方格并在方格中做上记号（一个游戏者使用 X，另一个游戏者使用 O。）如果有某一方先将一行或一列或一对角线连接起来，则获得游戏的胜利。设计一个逻辑电路来预测游戏胜利者的产生。当游戏胜利者产生时，电路的输出 W 为 1。没有出现时，电路的输出 W 为 0。对于 9 个方格中的任一个，有两种信号，X_i 和 O_i，这就存在两种电路，一种是关于 X，另一种是关于 O。提示：对 $W(X_1, X_2, \cdots, X_9)$ 列出一个紧凑的真值表。

（a）对于下面方格所表示的信号设计 X 的电路：

$$X_1X_2X_3$$
$$X_4X_5X_6$$
$$X_7X_8X_9$$

（b）使用布尔代数尽可能地将关于 X 电路的输出 W 最小化。

3-5 如果游戏在一个 4×4 的方格中进行，重做习题 3-4。假设数字像在习题 3-4 中一样，从左到右，从上到下按升序排序。

3-6 一个低电压的照明系统采用二进制逻辑控制器控制一盏特殊灯的照明，这盏灯用于 T 型走廊的交叉口。在 T 型走廊的三个端点各有一个控制灯的开关，这些开关的开合状态决定它们的二进制输出是 0 还是 1，三个开关分别用 X_1、X_2 和 X_3 表示。这盏灯由一个带缓冲驱动的可控硅控制，可控硅控制电灯电源电路的导通。当缓冲器的输入 Z 为 1 的时候，灯是开着的，当 Z 为 0 的时候，灯是熄灭的。你需要得到这样一个函数 $Z = F(X_1, X_2, X_3)$，如果任意一个开关变化了，Z 的值就会改变，从而控制电灯的开和关。

184

+3-7 一个简单十字路口的交通灯控制器采用二进制码计数器在输出 A、B、C、D 端按顺序产生如下二进制码的组合：0000, 0001, 0011, 0010, 0110, 0111, 0101, 0100, 1100, 1101, 1111, 1110, 1010, 1011, 1001, 1000。在 1000 之后，又重新从 0000 开始循环。在下一个组合出现之前，每种组合出现的时间为 5 秒。这些逻辑组合对应于输出的灯 RNS（红——北 / 南）、YNS（黄——北 / 南）、GNS（绿——北 / 南）、REW（红——东 / 西）、YEW（黄——东 / 西）、GEW（绿——东 / 西）。灯是由每个对应的输出值来控制，值为 1 则灯开启，值为 0 则灯熄灭。对于一个给定的方向，假设绿灯亮 30 秒，黄灯亮 5 秒，红灯亮 45 秒（红灯间隔重叠 5 秒。）将这 80 秒的时间按 16 种组合的循环划分为 16 个间隔时间，并按预期的驾驶员行为决定每个间隔时刻该亮什么颜色的灯。假设，对于组合 0000 对应的间隔，GNS＝1，REW＝1，其他的输出为 0。使用与门、或门和反相器来设计这种 6 输出的逻辑电路。

3-8 设计一个组合电路，输入一个 3 位的数字，输出一个 6 位的二进制数字，且输出数字的值等于输入数字值的平方。

+3-9 设计一个组合电路，输入一个 4 位的数字，输出一个 3 位的二进制数字，且输出数字的值近似等于输入数字值的平方根。例如，如果平方根的值等于 3.5 或者更大的值，则四舍五入记为 4。如果平方根的值小于 3.5 大于等于 2.5，则记为 3。

3-10 设计一个电路，输入端 A、B、C、D 为 4 位的 BCD 码，在输出端 W、X、Y、Z 则得到一个值等于输入值＋3 的二进制码。例如，9（1001）＋3（0011）＝12（1100）。不考虑无效的 BCD 码输出。

3-11 一个交通测量系统可控制从高速公路匝道上进入高速公路的车流，它的一部分控制系统的要求如下：有三个平行的测量车道，每个都有独立的交通灯，红灯停绿灯行。其中的一个车道称为合乘车辆道，它的绿灯优先级比其他两个车道要高，而其他两个行车道（左车道和右车道）的绿灯则循环起作用。设计能决定哪个灯将会变为绿灯（而不是红灯）的控制器。具体要求描述如下：

输入

PS 合乘车辆车道传感器（有车——1；无车——0）

LS 左行车道传感器（有车——1；无车——0）

RS 右行车道传感器（有车——1；无车——0）

RR 循环信号（选择左边——1；选择右边——0）

输出

PL 合乘车辆车道灯（绿——1；红——0）

LL 左行车道灯（绿——1；红——0）

185

RL 右行车道灯（绿——1；红——0）

应用

1. 如果在合乘车辆车道上有一辆汽车，则 PL 为 1。

2. 如果在合乘车辆车道上和右行车道上没有汽车，在左行车道上有一辆汽车，则 LL 为 1。

3. 如果在合乘车辆车道上和左行车道上没有汽车，在右行车道上有一辆汽车，则 RL 为 1。

4. 如果在合乘车辆车道上没有汽车，在左行车道和右行车道都有汽车，且 RR 为 1 时，则 LL 为 1。

5. 如果在汽车行车道上没有汽车，在左行车道和右行车道都有汽车，且 RR 为 0 时，则 RL 为 1。

6. 如果上述的 PL、LL 或 RL 均不为 1，则其值为 0。

　　（a）写出控制器的真值表。

　　（b）采用多级电路方式，使用与门、或门和反相器实现该电路，要求电路的门输入成本最小。

3-12 完成 BCD 码转换成 7 段码的译码器的设计，设计步骤如下：

　　（a）对于 BCD 码至 7 段码译码器的 7 个输出端，每个输出端绘制一张如表 3-9 所示的图。

　　（b）化简这 7 个输出函数得到积之和的形式，确定将要实现的译码器所需门输入的数量。

　　（c）证明这 7 个输出函数式是最简的，并与（b）得到的门输入的数量相比较，解释两者的不同之处。

3-13 设计一个电路实现如下所示的布尔等式：

$$F = A(C\overline{E} + DE) + \overline{A}D$$
$$G = B(C\overline{E} + DE) + \overline{B}C$$

　　电路基于等式中的因子分解，采用分层设计思想，得到简化的原理图。要求用两个与门、一个或门、一个反相器组成一个简单的分层部件，整个电路用 3 个分层部件构成。画出这个分层部件的逻辑图和整个电路的逻辑图，在整个电路的逻辑图中分层部件用一个符号来代替。

3-14 一个分层部件与反相器连接实现如下等式：

$$H = \overline{X}Y + XZ$$
$$G = \overline{A}\overline{B}C + \overline{A}BD + A\overline{B}\overline{C} + AB\overline{D}$$

整个电路可以通过使用香农展开定理得到，

$$F = \overline{X} \cdot F_0(X) + X \cdot F_1(X)$$

其中 $F_0(X)$ 表示当 $X=0$ 时 F 的表达式，$F_1(X)$ 表示当 $X=1$ 时 F 的表达式。设函数 H 中 $Y = F_0$ 且 $Z = F_1$，函数 F 即可按香农展开定理展开。F_0 和 F_1 同样可继续按香农展开定理展开，每个函数中使用一个变量，特别是这个变量的取反与不取反形式在函数中同时出现，重复这个过程直到所有的 F_i 都是单变量或者常量为止。对于 G，令 $X=A$ 可以得到 G_0 和 G_1，然后对于 G_0 和 G_1，则可令 $X=B$。请以 H 作为一个分层部件，画出 G 的顶层框图。

+3-15 设计一个八输入与非门。对于下面的每一种情况，要求在多层设计中使用最少数量的门电路：

（a）使用二输入与非门和非门来设计八输入与非门。

（b）使用二输入与非门和二输入或非门，如果需要还可以使用非门来设计八输入与非门。

（c）比较（a）方案和（b）方案的门数量。

3-16 对如图 3-54 所示的电路用与非门进行工艺映射。可以选用的器件如下：反相器（$n=1$），2 与非门，3 与非门，4 与非门，它们与 3.2 节开头定义的一样。

3-17 重复习题 3-16 的要求，使用如下的或非门单元：反相器（$n=1$），2 或非门，3 或非门，4 或非门，这些和 4 个与非门单元一样在 3.2 节开头也定义了。

3-18 （a）重复习题 3-16 的要求，写出例 3-18 中 BCD 码至 7 段码译码器中的 a 段和 c 段的布尔等式，尽可能共享公共项。

（b）仅使用反相器（$n=1$）和 2 与非门单元类型重复（a）。

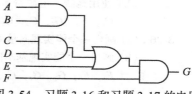

图 3-54　习题 3-16 和习题 3-17 的电路

186

3-19 （a）用习题 3-17 中的或非门单元，重做习题 3-18，尽可能共享公共项。

（b）仅使用反相器（$n=1$）和 2 与非门单元类型重复（a）。

3-20 使用人工的方法，验证图 3-55 中电路的表达式是否为异或非函数。

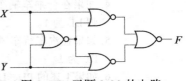

图 3-55 习题 3-20 的电路

3-21 如图 3-56 所示的是 74HC138 MSI CMOS 电路的逻辑原理图。写出每个输出端的布尔函数，详细地描述电路的功能。

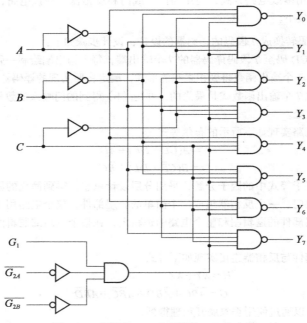

图 3-56 习题 3-21 和习题 3-22 的电路

186
~
188

3-22 对习题 3-21，使用逻辑模拟得到电路的输出波形或者部分真值表。

3-23 （a）使用逻辑模拟验证例 3-18 描述的电路正确实现了 BCD 码至 7 段码的转换。

（b）设计这个转换器，假定未使用的输入组合（最小项 10-15）是无关项而不是 0。对设计进行模拟，并与（a）的模拟结果相比较。

*3-24 （a）使用如图 3-7b 所示的地线和电源符号，画出一个能实现常数向量函数 $F=(F_7, F_6, F_5, F_4, F_3, F_2, F_1, F_0)=(1, 0, 0, 1, 0, 1, 1, 0)$ 的图。

（b）使用输入 1、0、A、$\overline{A}$，画出一个能实现基本向量函数 $G=(G_7, G_6, G_5, G_4, G_3, G_2, G_1, G_0)=(A, \overline{A}, 0, 1, \overline{A}, A, 1, 1)$ 的图。

3-25 （a）使用如图 3-7b 所示的地线和电源符号，以及图 3-7c 和图 3-7d 所示的传输线和反相器，画出一个能实现基本向量函数 $F=(F_7, F_6, F_5, F_4, F_3, F_2, F_1, F_0)=(A, \overline{A}, 1, \overline{A}, A, 0, 1, \overline{A})$ 的图。

（b）使用地线、电源符号和向量 F 的组成部分，画出一个能实现基本向量函数 $G=(G_7, G_6, G_5, G_4, G_3, G_2, G_1, G_0)=(\overline{F_0}, \overline{F_1}, \overline{F_3}, \overline{F_2}, 1, 0, 0, 1)$ 的图。

3-26 （a）画出一个能实现向量 $G=(G_5, G_4, G_3, G_2, G_1, G_0)=(F_{13}, F_8, F_5, F_3, F_2, F_1)$ 的图。

（b）画出一个能实现基本向量函数 $H=(H_7, H_6, H_5, H_4, H_3, H_2, H_1, H_0)=(F_3, F_2, F_1, F_0, G_3, G_2, G_1, G_0)$ 的图。

3-27 一个家庭安全系统使用一个主控开关来控制警报、照明、视频监视、电话报警系统，当6个传感器中的一个或多个检测到入侵事件就向当地警察局电话报警。另外，还有单独的开关控制警报、照明和电话报警系统的开启和关闭。输入、输出和使能逻辑的功能描述如下：

输入

S_i：$i=0$，1，2，3，4，5：六组传感器信号（0=检测到入侵者，1=没有检测到入侵者）

M：主开关（0=安全系统开启，1=安全系统关闭）

A：警报开关（0=警报解除，1=警报开启）

L：照明开关（0=照明关闭，1=照明开启）

P：报警开关（0=报警系统关闭，1=报警系统开启）

输出

A：警报（0=警报开启，1=警报解除）

L：照明（0=照明开启，1=照明关闭）

V：视频监视（0=视频监视关闭，1=视频监视开启）

C：报警（0=报警系统关闭，1=报警系统开启）

应用

如果一个或多个传感器检测到入侵者，并且安全系统为开启，则输出取决于其他开关的输出状态。否则，所有的输出都无效。

使用与门、或门和反相器构造这样一个门输入开销最少的报警电路。

189

3-28 使用2个3-8译码器和16个二输入与门构造一个4-16译码器。

3-29 使用如图3-16所示的5个带使能的2-4译码器来构造一个带使能的4-16译码器。

*3-30 使用1个3-8译码器、一个2-4译码器和32个二输入与门来构造一个5-32译码器。

3-31 设计一个特殊的4-6译码器。输入码的范围从000至101。对于一个给定的输入码，对应的输出 D_i 为1，其他输出为0，其中 i 的值等于输入码的等效十进制数值。使用1个2-4译码器、1个1-2译码器和6个二输入与门设计这个特殊的译码器，使所有译码器的输出至少使用一次。

3-32 一个电子游戏使用7段数码管（发光二极管）阵列来显示骰子的随机结果。设计一个译码器来点亮适当的二极管，分别用于骰子的6个面。需要显示的图形如图3-57所示。

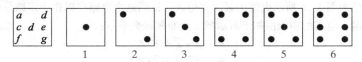

图 3-57　习题 3-32 的骰子图案

（a）使用1个3-8译码器和几个或门把输入 X_2、X_1 和 X_0 的3位组合1～6。映射到对应的输出 $a \sim g$，输入组合000和111是无关项。

（b）注意表示骰子的6个面只需要点阵图案集合的一部分即可表示。例如，点阵图案 $A = \{d\}$ 和点阵图案 $B = \{a, g\}$ 可以被用来表示输入值1、2、3，其中点阵图案 $\{A\}$ 表示1，点阵图案 $\{B\}$ 表示2，点阵图案 $\{A, B\}$ 表示3。定义4个点组合 A、B、C、D，即可组成所有6个输出图案。设计一个最小化的译码器，输入端为 X_2、X_1、X_0，输出端为 A、B、C、D。并与（a）部分使用3-8译码器和或门的门输入成本进行比较。

3-33 只使用或非门和非门，画出有使能端的3-8译码器的详细逻辑图。

3-34 为了提高上坡跑步和步行的功能，跑步机可以进行坡度等级设定，设定范围在0.0%～15.0%，递增量为0.1%。（百分比形式的等级就是用百分比表示坡度。例如，坡度0.10就是等级10%。）这个跑步机有一个10厘米高、20厘米宽的液晶显示点阵屏，可显示坡度随时间变

|190|

化的曲线。我们这里只关心纵坐标数据的显示。

为了用液晶点阵屏的垂直位置上的圆点来表示当前的等级，需要将 151 种的等级值（0.0～15.0）转换为点阵屏上的 10 个不同的点位置：$P0$～$P9$。输入值区间到输出点的对应关系如下：[(0.0,1.4),0], [(1.5,2.9),1], [(3.0,4.4),2], [(4.5,5.9),3], [(6.0,7.4),4], [(7.5,8.9),5], [(9.0,10.4),6], [(10.5,11.9),7], [(12.0,13.4),8], [(13.5,15.0),9]。等级值用一对数值来表示，一个是用 4 位二进制码表示的值，范围是 0～15；另一个是用 4 位 BCD 码表示的值，范围是 0～9。例如，10.6 表示形式就是（10,6）[1010,0110]。设计一个 8 输入 10 输出的特殊译码器来实现这个转换。提示：使用两个子电路，一个是 4-16 译码器，二进制码作为其输入，$D0$～$D15$ 作为输出。另一个电路判断 BCD 输入值是大于还是等于 5（0101），$GE5$ 作为其输出值。另外还需要一个电路将 $D0$～$D15$ 和 $GE5$ 结合构成 $P0$～$P9$。例如：

$$P_4 = D_6 + D_7 \cdot \overline{GE5}$$
$$P_5 = D_7 \cdot GE5 + D_8$$

RW *3-35 设计一个四输入优先级编码器，其输入和输出如表 3-6 所示。但是真值表中输入 D_0 的优先级最高，D_3 的优先级最低。

RW 3-36 写出十 – 二进制优先级编码器的真值表：输入端从 I_1 到 I_9，输出端从 A_3 到 A_0 以及 V。输入 I_9 的优先级最高。

3-37 （a）使用 1 个 3-8 译码器和 1 个 8×2 与或门设计一个 8-1 多路复用器。
（b）使用 2 个 4-1 多路复用器和 1 个 2-1 多路复用器重做（a）。

3-38 使用 1 个 4-16 译码器和 1 个 16×2 与或门，设计一个 16-1 多路复用器。

3-39 使用 1 个 3-8 译码器和 2 个 8×2 与或门，设计一个双 8-1 多路复用器。

3-40 使用 1 个 3-8 译码器、1 个 1-2 译码器、1 个 12×3 与或门来构造 1 个 12-1 多路复用器。选择码 0000 至 1011 必须直接用于译码器的输入端，并且不带任何附加逻辑。

3-41 使用 4 个单独的 8-1 多路复用器和 2 个四重的 2-1 多路复用器来构造 1 个四重 10-1 多路复用器。这些多路复用器必须相互连接，这样选择码 0000 至 1001 就可以直接用于多路复用器的选择输入端，而且无需任何附加逻辑。

*3-42 使用 2 个 8-1 多路复用器来构造 1 个 15-1 多路复用器。两个多路复用器应该相互连接，这样用于产生选择码 0000 至 1110 上的附加逻辑就最少。

|191|

3-43 重新整理图 3-16 所示电路的紧凑真值表，证明这个电路可以作为多路分配器。

3-44 一个组合电路的功能由如下所示的 3 个布尔函数表示：

$$F_1 = \overline{X+Z} + XYZ$$
$$F_2 = \overline{X+Z} + \overline{X}YZ$$
$$F_3 = X\overline{Y}Z + \overline{X+Z}$$

使用 1 个译码器和或门来设计这个电路。

RW 3-45 用逻辑电路控制汽车的尾灯。在每一个尾灯中都有一个独立的灯泡。

输入：
LT 左转弯开关——使得左边的灯闪烁
RT 右转弯开关——使得右边的灯闪烁
EM 紧急情况开关——使得两边的灯都闪烁
BR 紧急刹车开关——使得两边的灯都亮
BL 频率为 1 Hz 的闪烁信号

输出：
LR 控制左边灯亮
RR 控制右边灯亮

    （a）写出关于 LR 和 RR 的等式。假设 BR 比 EM 优先，LT 和 RT 比 BR 优先。

    （b）使用 1 个 4-16 译码器和或门实现函数 LR（BL，BR，EM，LT）和函数 RR（BL，BR，EM，RT）。

3-46 使用 1 个 8-1 多路复用器和 1 个输入端变量为 D 的反相器来实现下面的布尔函数：

$$F(A, B, C, D) = \sum m(1, 3, 4, 11, 12, 13, 14, 15)$$

*3-47 使用 1 个 4-1 多路复用器和其他的门来实现布尔函数：

$$F(A, B, C, D) = \sum m(1, 3, 4, 11, 12, 13, 14, 15)$$

    将输入 A 和 B 作为选择端，4 条输入线的信号作为变量 C 和 D 的函数。通过将 AB 分别设为 00、01、10、11，并将函数表达式 F 看作 C 和 D 的函数，这样可确定输入变量的值。这些函数需要增加其他的门来实现。

3-48 使用 2 个带使能的 3-8 译码器、1 个反相器和最大扇为 4 的或门来完成习题 3-47。

3-49 设计一个组合电路以实现两个 2 位数 A_1A_0 和 B_1B_0 与进位输入 C_0 相加，产生 2 位和 S_1S_0 和进位输出 C_2。采用二级电路和反相器实现整个电路产生三个输出。对于加法器的每个输出采用以下表达式实现：

$$S_i = A_iB_iC_i + \overline{A}_iB_i\overline{C}_i + A_i\overline{B}_i\overline{C}_i + A_iB_iC_i$$

$$C_{i+1} = A_iB_i + A_iC_i + B_iC_i$$

192

*3-50 图 3-58 给出了四位加法器最低位运算的逻辑图，这与集成电路 74283 内部的实现相同。试验证该电路的全加器功能。

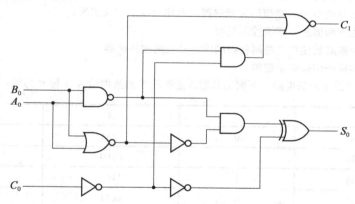

图 3-58   习题 3-50、习题 3-65 和习题 3-69 的电路

*3-51 写出下列无符号二进制数的反码和补码：

           10011100，10011101，10101000，00000000，10000000

3-52 求下列无符号二进制数相减的结果，其中减数采用二进制补码表示：

    （a）11010−10001   （b）11110−1110   （c）1111110−1111110   （d）101001−101

3-53 重做习题 3-52，假设这些数字采用有符号二进制补码表示。使用扩展使操作数位长相等。试指出对所有给定的减数取补是否发生溢出，减法运算结果是否产生溢出。当没有发生溢出时，试用最少的位数重新计算，并保证不发生溢出。

*3-54 对负数采用有符号的二进制补码表示，计算以下等式：

    （＋36）＋（−24）   （−35）−（−24）

193

3-55 以下二进制数是有符号数，最左边的位为符号位，负数采用二进制补码表示。计算下式，并验证结果：

    （a）100111＋111001   （b）001011＋100110   （c）110001-010010   （d）101110-110111

    指出每种运算是否发生溢出。

+3-56 设计两种组合电路实现对 4 位的输入求补，即输出为输入的二进制补码。以下两种设计均可采用与门、或门和非门实现：

   （a）电路采用简化的二级实现，并根据输入变量的需要增加反相器。

   （b）电路由 4 个相同的 2 输入，2 输出单元组成，每个单元完成 1 位的处理。这些单元以级联方式连接，单元之间通过进位位相连，最右端的进位值为 1。

   （c）分别计算（a）和（b）设计中的门输入成本，并根据门的输入成本判断哪个设计较佳。

3-57 采用压缩技术，用带进位输出的 4 位加法器设计一个递增 2 的 4 位递增器，这个递增器在 4 位输入上加一个二进制数 0010，实现的功能是：$S = A + 0010$。

3-58 采用压缩技术，用不带进位输出的 8 位加减法器设计一个不带进位输出的 8 位电路，这电路当 $S = 0$ 时递增输入 00000101，$S = 1$ 时递减输入 00000101。设计不同的 1 位单元来完成上述功能，并分别指出其在 8 个比特位处的类型。

3-59 设计一个比较两个 4 位无符号数 A 和 B 的组合电路，验证是否 B 大于 A。该电路仅有一个输出 X，当 $A < B$ 时 $X = 1$，$A \geq B$ 时 $X = 0$。

+3-60 采用四个 3 输入、1 输出的电路重做习题 3-59，每个单元电路处理 1 位。四个电路通过进位信号级联起来，每个单元的一个输入是进位输入，输出信号为进位输出。

3-61 重做习题 3-59，对 4 位减法器使用压缩技术，X 作为借位输出。

3-62 设计一个组合电路来比较两个 4 位无符号数 A 和 B，判断是否 $A = B$ 或 $A > B$。使用如习题 3-60 的迭代电路来实现。

+3-63 设计一个 5 位的符号 – 数值的加减法器。电路分以下三块实现：

   （1）符号生成和加法 – 减法控制逻辑。

194

   （2）减法中被减数使用二进制补码的无符号数的加减法器。

   （3）可选的补码结果纠正逻辑。

*3-64 对图 3-45 中的加减法电路，下面是其输入选择端 S 和数据输入 A 与 B 的值：

	S	A	B
(a)	0	0111	0111
(b)	1	0100	0111
(c)	1	1101	1010
(d)	0	0111	1010
(e)	1	0001	1000

求出每种情况下输出 S_3、S_2、S_1、S_0 和 C_4 的值。

3-65 参考图 3-28 的设计，写出图 3-58 全加器电路的 VHDL 结构化描述。编译并仿真该描述，加载所有的 8 种输入组合验证描述的正确性。

3-66 编译并仿真图 3-47 和图 3-48 中的 4 位加法器。用所有 8 种输入组合检查最右端的全加器，用同样的组合检测其他的全加器。另外，使用一些输入组合验证 C0 处的 0 和 1 能否传递到 C4，以便检查所有全加器之间的进位链连接。

*3-67 编译并仿真图 3-49 中 4 位加法器的行为描述。假设使用行波进位实现，用所有 8 种输入组合检查最右端的全加器。同样，加载一些输入组合验证 C0 处的 0 和 1 能否传递到 C4，以便检查所有全加器之间的进位链连接。

+3-68 参考图 3-49 的设计及图 3-29 中对 S 使用 "when-else" 判定，写出图 3-46 加减法器电路（详情参见图 3-45）的 VHDL 高层行为描述，编译并仿真该描述。假设使用行波进位实现，使用 16 种输入组合检验全加减法器的某一级。同样，使用一些输入组合验证 C0 处的 0 和 1 能否传递到 C4，以便检查全加器之间的进位链连接，同时检查溢出信号。

3-69 参考图 3-31 的描述，写出图 3-58 中全加器电路的 Verilog 结构描述。编译并仿真该描述。用所有 8 种输入组合验证描述的正确性。

3-70 编译并仿真图 3-50 中的 4 位加法器。使用所有 8 种输入组合检验最右端的全加器，并用同样的组合检查其他的全加器。另外，使用一些输入组合验证 C0 处的 0 和 1 能否传递到 C4，以便检查所有全加器之间的进位链连接。

195

*3-71 编译并模拟图 3-51 中 4 位加法器。假设使用行波进位实现，用所有 8 种输入组合检查最右端的全加器。同样，加载一些输入组合验证 C0 处的 0 和 1 能否传递到 C4，以便检查所有全加器之间的进位链连接。

3-72 参考图 3-51 的描述和图 3-34 中 S 使用 "二进制判定" 的方法，写出图 3-46 加减法器的 Verilog 高层行为描述。编译并仿真该描述。假设使用行波进位实现，对该设计加载输入（1）使所有可能的 16 种组合出现在全加减法器的第 2 位。（2）同时使第 2 位的进位输出出现到某个输出上。另外，使用一些输入组合验证 C0 处的 0 和 1 能否传递到 C4，以便检查所有全加器之间的进位链连接。

196

时 序 电 路

到目前为止，我们仅仅学习了组合逻辑电路。虽然这种电路能够处理诸如加、减等有趣的运算，但是要用组合逻辑电路执行一系列有用的运算，需要串联多个结构，而通过这种方式构造的电路硬件开销很大，灵活性也很差。为了能够执行更有效或更灵活的操作序列，我们需要构造一种能够存储各种操作之间信息的电路，这种电路称为时序电路。本章首先介绍时序电路，阐述同步时序电路与异步时序电路之间的差别，前者利用时钟信号在特定的时间点对电路的状态变化进行同步，后者为响应输入变化其状态可以在任何时间发生改变。接着学习存储二进制信息的基本元件：锁存器和触发器，锁存器与触发器不一样，我们将学习各种各样的锁存器与触发器。然后，我们分析由触发器和组合逻辑电路共同构成的时序电路。状态表和状态图提供了一种描述时序电路行为的方法。本章接下来的几节将介绍设计时序电路以及验证其正确性的方法。我们将状态图修改成更加实用的模型以便在第 6 章使用，由于没有更好的名称，暂且称之为状态机图。我们对本章介绍的存储元件和各种时序电路都会用VHDL 和 Verilog 进行描述。我们要讨论触发器的定时特性，以及定时特性如何影响时序电路时钟频率。接着，研究异步电路与含有多个时钟域的电路在进行交互时出现的问题，重点讨论如何对进入时序电路的输入信号进行同步。对延迟与定时的讨论包括因称之为亚稳态的物理现象而引起的同步失效问题。

锁存器、触发器和时序电路几乎是所有数字逻辑设计中的基本组成部分。锁存器和触发器在第 1 章开始处所描述的通用计算机设计中被广泛采用。而存储器电路是一个例外，因为大部分存储器电路被设计成电子电路而不是逻辑电路。但是，由于基于逻辑的存储设备应用非常广泛，所以本章还包括一些对深入理解计算机、数字系统及其设计方法有帮助的基础内容。

4.1　时序电路的定义

到目前为止我们所考虑的数字电路都是组合电路。虽然每个数字电路系统可能包括一个组合逻辑电路，但是实际上绝大多数的电路系统还包括存储元件，这样的电路系统称为时序电路。

时序电路的框图如图 4-1a 所示，由组合电路和存储元件连接在一起组成。存储元件是用来存储二进制信息的电路，某一时刻存储在这些存储元件中的二进制信息称为该时刻时序电路的状态（state）。时序电路通过输入端从外界接收二进制信息，这些输入值和存储元件的当前状态一起决定了输出端的二进制值，同时也决定了存储元件的下一个状态。从框图可以看出，时序电路的输出不仅是其输入的函数，而且还是存储元件当前状态的函数，存储元件的下一个状态也是电路输入以及当前状态的函数。因此，时序电路可以由输入、内部状态和输出的时间序列完全确定。

时序电路主要分为两类，它们的分类取决于我们观察输入信号的时间和内部状态改变的时间。同步时序电路（synchronous sequential circuit）的行为可以根据在离散的时间点，其信号线上的相关信息来进行定义，而异步时序电路（asynchronous sequential circuit）的行为则依赖于某一时刻的输入信号以及输入信号在连续时间内变化的顺序。

图 4-1   时序电路的框图

在数字系统中存储信息有很多种方式，使用逻辑电路就是其中的一种。图 4-2a 给出了一个缓冲器，这个缓冲器的传播延迟为 t_G。也就是说，缓冲器输入端在 t 时刻的信息值要在 $t+t_G$ 时刻才能在输出端显现，信息在 t_G 时间内被有效存储。但是在通常情况下，我们期望的信息存储时间是不确定的，而且一般情况下这一时间要比一个甚至多个门的延迟都要长得多。存储的数据在任意时刻都会随电路输入的变化而变化，一个值的存储时间会比一个门的时间延迟要长。

假设图 4-2a 中缓冲器的输出端连接到它自己的输入端，如图 4-2b 和图 4-2c 所示，再假设图 4-2b 中缓冲器的输入至少在 t_G（为缓冲器延迟）时间内保持 0，那么缓冲器在 $t+t_G$ 时刻的输出为 0。这个输出值反馈到输入，因此输出值在 $t+2t_G$ 时刻仍然为 0。输入和输出之间的这种关系在所有时刻 t 上保持不变，这样 0 就一直被存储下来。与上面的讨论类似，在图 4-2c 所示的电路中，1 可以一直被存储。

缓冲器的例子说明我们可以将具有延迟的逻辑连接成一个闭路圈来构造存储器。任何具有存储功能的环路必须像缓冲器一样，信号环绕环路一圈后没有改变。如图 4-2d 所示，缓冲器通常用两个反相器实现。信号连续翻转两次，即

$$\overline{\overline{X}} = X$$

在整个环路上信号并没有发生翻转。实际上，这个例子描述了计算机存储器最常用的一种实现方法。（见第 7 章。）然而，从图 4-2b～图 4-2d 所示的电路虽然可以存储信息，却因为没有其他输入可用于改写，而不能改变所存储的信息。如果用或非门或者与非门替代反相器，就可以实现信息的改变。锁存器这一异步存储电路就是用这种方式来实现的，我们将在下一节讨论它。

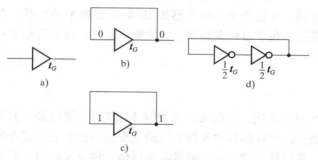

图 4-2   存储信息的逻辑结构

通常，更加复杂的异步电路设计起来很困难，因为它们的行为与门的传播延迟以及输入信号变化的时间序列密切相关。因此绝大多数的设计者选用同步电路。然而，有些情况下异步设计也是必要的。一个非常重要的例子是，同步电路中用来存储信息的元件（称为触发器）就是以异步锁存器为模块来构造的。

同步时序电路只在离散的时刻采集影响存储元件的信号。同步过程是通过时钟发生器

（clock generator）这种时序器件产生周期性的时钟脉冲（clock pulse）序列来实现的。脉冲分布在整个系统中，而同步存储元件只在每一个脉冲特定的时刻上受到影响。实际上，时钟脉冲被用来与其他信号一起改变存储元件中的数据。存储元件的输出仅在出现时钟脉冲时发生变化。把时钟脉冲作为存储元件输入信号的同步时序电路称为钟控时序电路（clocked sequential circuit），这种类型的电路在实际中广泛应用，因为不管电路延迟有多大的差别，它们都能保证操作的正确性，同时设计也比较容易。

在最简单的钟控时序电路中使用的存储元件称为触发器。为简便起见，假设电路中只有一个时钟信号。触发器（flip-flop）是一个能够存储 1 位信息的二进制存储元件，并且具有将在 4.9 节所描述的时序特性。同步钟控时序电路的框图如图 4-3 所示。触发器从组合电路中接收输入信号同时也从时钟中接收具有固定时间间隔的脉冲信号，如定时图所示，触发器仅在响应时钟脉冲时改变其状态。对于同步操作，当没有时钟脉冲时，即使驱动触发器输入的组合电路的输出发生变化，触发器的输出也不会改变。这样，图中所示的触发器和组合电路之间的反馈回路被断开。因此，从一个状态到另一个状态的跳变只发生在由时钟脉冲所决定的固定时间间隔内，由此实现同步操作。时序电路的输出以组合电路的输出形式表现出来，即使时序电路的输出实际上就是触发器的输出依然如此。在这种情况下，位于触发器的输出端和时序电路的输出端之间的组合电路仅起着连接的作用。

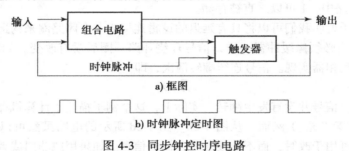

a) 框图

b) 时钟脉冲定时图

图 4-3　同步钟控时序电路

触发器有一个或两个输出端，其中一个存储正常值，另一个存储其反值。将二进制信息输入到触发器内有多种方式，因此触发器的种类也有很多种。我们将主要讨论当前最为流行的触发器——D 触发器。其他类型的触发器如 JK 触发器和 T 触发器，在本教材配套网站的在线资料中有相关描述。在学习触发器和它们的操作之前，我们将在下一节介绍构造触发器的基本元件——锁存器。

4.2　锁存器

只要输入信号不发生变化，存储元件将能够无限期（只要电路一直处于供电状态）保存二进制数据。不同类型的锁存器或触发器之间的主要区别在于它们拥有的输入信号的个数以及输入信号影响其二进制状态的方式。最基本的存储元件是锁存器，通常情况下，触发器是由锁存器构成的。虽然锁存器多用在触发器内部，但它也可以在更为复杂的定时方式下被直接使用来构建时序电路。然而，这种电路的设计超出了本章所讨论的内容范围。本节将主要讨论构成存储元件的基础——锁存器。

4.2.1　SR 和 $\overline{\text{SR}}$ 锁存器

SR 锁存器电路是由两个交叉耦合的或非门构成的。我们只需把单环路存储元件（图 4-2d）

中的反相器简单地替换成或非门即可得到 SR 锁存器，如图 4-4a 所示。这样替代以后，锁存器存储的值可以发生变化。锁存器有两个输入端 S 和 R，其中 S 用于置位，R 用于复位，还有两个有用的状态。当输出 $Q=1$ 且 $\bar{Q}=0$ 时，称锁存器处于置位状态（set state）；当 $Q=0$ 且 $\bar{Q}=1$ 时，称锁存器处于复位状态（reset state）。输出 Q 和 $\bar{Q}$ 通常是互反的。当两个输入同时为 1 时，两个输出都等于 0，这是个未定义状态。

在通常情况下，除非要改变状态，否则锁存器的两个输入信号都将保持为 0。若输入端 S 变为 1，锁存器进入置位（1）状态。在输入信号 R 变为 1 之前，输入信号 S 必须返回到 0 以避免出现未定义状态。从图 4-4b 所示的功能表可以看出，有两种输入条件会使电路处在置位状态。初始条件为 $S=1$，$R=0$ 时，电路进入置位状态。将 S 重置为 0 且使 $R=0$，电路保持置位状态不变。当两个输入信号返回到 0 之后，将输入 R 置为 1，电路将进入复位状态。这时，如将 R 重置为 0，电路保持复位状态不变。所以，当两个输入同时被置为 0 时，锁存器可能处于置位状态，也可能处于复位状态，这取决于最近哪个输入为 1。

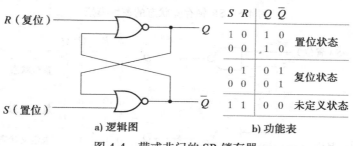

图 4-4　带或非门的 SR 锁存器

如果将锁存器的两个输入都置为 1，那么两个输出都为 0，这是一个未定义状态，因为它违背了两个输出互反的原则。同时，如果两个输入同时返回 0，会导致输出的下一个状态不确定或不可预知。所以，为避免上述情况发生，在通常的操作中应保证两个输入不会同时为 1。

前面所描述的 SR 锁存器的行为可以用 ModelSim 逻辑模拟器波形图来表示，如图 4-5 所示。初始时刻，锁存器的输入和状态都是未知的，因此用介于 0 和 1 之间的逻辑电平表示。当 R 变为 1 并且 S 保持为 0 不变时，锁存器进入复位状态，Q 首先变为 0，随后 Q_b（代表 $\bar{Q}$）变为 1。接下来当 R 变为 0 时，锁存器保持复位状态，所存储的 0 值在 Q 端输出。当 S 变为 1 且 R 保持为 0 不变时，锁存器进入置位状态，并且 Q_b 将首先变为 0，随后 Q 变为 1。输入信号改变后 Q 和 Q_b 的响应延迟由锁存器中两个或非门的延迟决定。当 S 返回 0 后，锁存器保持在置位状态不变，所存储的 1 值在 Q 端输出。当 R 变为 1 而 S 等于 0 时，锁存器进入复位状态，Q 变为 0，随后 Q_b 变为 1。当 R 返回 0 时，锁存器保持复位状态不变。当 S 和 R 都变为 1 时，Q 和 Q_b 都将变为 0。如果此后 S 和 R 同时变为 0，Q 和 Q_b 的值将是不确定的。依次输入（1，1）、（0，0）后锁存器进入不确定状态的前提是假设输入信号同时改变并且两个门具有相同的延迟。而实际上，这个不确定状态依赖于电路延迟和实际中 S 和 R 变化时刻的细微差别。尽管只是模拟结果，但这种不确定性是不期望出现的，因此应避免输入组合（1，1）的出现。总而言之，锁存器的状态仅随输入信号的改变而改变。

由两个与非门交叉耦合组成的 $\overline{SR}$ 锁存器如图 4-6 所示。除非需要改变锁存器的状态，否则在通常情况下，两个输入信号都为 1。将输入 $\bar{S}$ 置为 0 时，输出 Q 变为 1，锁存器进入置位状态。当输入 $\bar{S}$ 变回 1 时，电路保持置位状态不变。当两个输入信号都为 1 时，将输入信号 $\bar{R}$ 的值变为 0，锁存器的状态会随之改变，此时电路进入复位状态，即使两个输入信号都被置为 1 后电路仍保持此状态不变。两个输入信号同时等于 0 是与非门锁存器的未定义状态，应避免这种输入组合的出现。

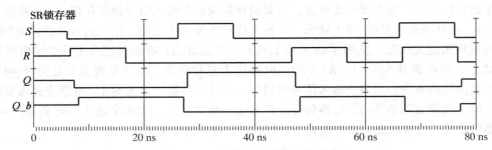

图 4-5   SR 锁存器状态的逻辑模拟

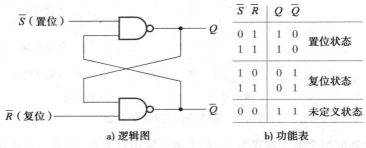

$\bar{S}$	$\bar{R}$	Q	$\bar{Q}$	
0	1	1	0	置位状态
1	1	1	0	
1	0	0	1	复位状态
1	1	0	1	
0	0	1	1	未定义状态

a) 逻辑图   b) 功能表

图 4-6   带与非门的 $\overline{SR}$ 锁存器

比较与非门锁存器和或非门锁存器，可以发现与非门锁存器的输入信号要求恰好与或非门锁存器的输入信号要求互补。因为与非门锁存器需要 0 信号改变其状态，所以我们称之为 $\overline{SR}$ 锁存器。字母上的横线表示要得到所期望的电路状态，输入信号必须是取反的形式。

通过增加一个额外的输入控制信号来控制锁存器何时对输入敏感，我们可以改变基本或非门锁存器和与非门锁存器的操作。带有控制输入的 SR 锁存器如图 4-7 所示，它由基本与非门锁存器和两个额外的与非门组成。这里输入信号 C 作为另外两个输入信号的使能信号，只要这个控制信号 C 保持为 0，与之相连的与非门的输出就一直维持为 1，这是使由两个与非门组成的 $\overline{SR}$ 锁存器保持静止的条件。当控制信号 C 为 1 时，S 和 R 的值才会影响到 $\overline{SR}$ 锁存器的状态。S=1，R=0，C=1 时锁存器处于置位状态。要想转换到复位状态，电路输入必须满足 S=0，R=1，C=1。无论在上述哪种情况下，当 C 变回 0 时，电路就会保持当前状态不变。控制信号 C=0 会使电路失效，即不管 S 和 R 取何值，都不会改变锁存器的输出状态。此外，当 C=1 且输入信号 S 和 R 都为 0 时，电路状态也不会改变。这些条件都在图边的功能表中一一列出。

202
~
203

当三个输入信号都为 1 时，电路处于未定义状态。对于基本的 $\overline{SR}$ 锁存器，此时的两个输入信号都为 0，电路处于未定义状态。如果控制信号变回 0，我们将不能确定下一个状态，因为 $\overline{SR}$ 锁存器的输入组合由（0，0）变到（1，1）。带有控制输入信号的 SR 锁存器是一种非常重要的电路，因为其他类型的锁存器和触发器都是由这种锁存器构成的。有时，也将带有控制输入信号的 SR 锁存器称为 SR（或 RS）触发器。然而，根据我们的术语规范，它不能够被称为触发器，因为它不满足触发器的要求，有关触发器的讨论将在下一节进行。

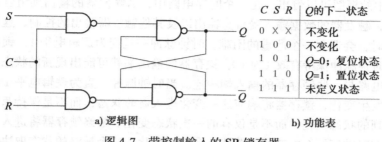

C S R	Q的下一状态
0 X X	不变化
1 0 0	不变化
1 0 1	Q=0；复位状态
1 1 0	Q=1；置位状态
1 1 1	未定义状态

a) 逻辑图　　　　　　　　　b) 功能表

图 4-7　带控制输入的 SR 锁存器

4.2.2　D 锁存器

消除锁存器中不期望存在的未定义状态的一种方法就是确保输入信号 S 和 R 永远不会同时取 1，图 4-8 所示的 D 锁存器就是按照这种方法构造的。D 锁存器只有两个输入信号：D（数据信号）和 C（控制信号）。输入信号 D 的非直接连接到输入端 $\bar{S}$，输入信号 D 加载到输入端 $\bar{R}$。只要控制输入信号为 0，$\overline{SR}$ 锁存器的两个输入信号都处于 1 电平，从而无论 D 为何值电路状态都不会改变。当 $C=1$ 时，D 被电路采样。如果 D 为 1，那么输出 Q 为 1，电路处于置位状态；如果 D 为 0，那么输出 Q 为 0，电路处于复位状态。

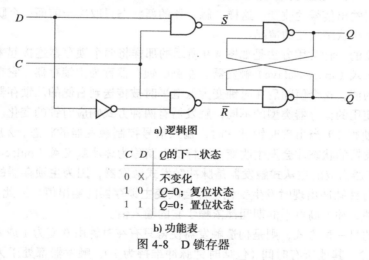

a) 逻辑图

C D	Q的下一状态
0 X	不变化
1 0	Q=0；复位状态
1 1	Q=0；置位状态

b) 功能表

图 4-8　D 锁存器

D 锁存器之所以被命名为 D 锁存器是因为它可以在内部存储元件中保存数据（data）。当控制输入信号有效（为 1）时，D 锁存器数据输入端的信息被传播到输出端 Q，Q 的值随着数据输入值的变化而变化。控制输入信号失效（为 0）后，数据输入端在 C 发生变化时的信息会一直保持在输出端 Q 不变，直到控制信号再次有效为止。

4.3　触发器

在触发器中，输入信号值的改变可以控制内部锁存器的状态，我们把这种现象称为触发（trigger），它使能或者触发触发器。对于控制输入信号为时钟脉冲的 D 锁存器，在每次时钟脉冲为 1 时触发。只要时钟脉冲保持有效（为 1），那么数据输入信号的任何改变都将改变锁

204

存器的状态，从这种意义上讲，锁存器是透明（transparent）的，因为当控制输入端为 1 时从输出端可以看到数据输入端的值。

从图 4-3 中的框图可以看出，在一个时序电路中，从触发器的输出到组合电路有一段反馈通路。因此，触发器的数据输入受自身输出以及其他触发器输出的控制，这样当锁存器被用作存储元件时，会遇到一个严重的困难。时钟脉冲一旦变为逻辑电平 1，锁存器就开始改变状态，只要时钟脉冲保持有效（为 1），锁存器的输出端就可能出现新的状态。锁存器的输出端通过组合电路与一些锁存器的输入端相连。当时钟脉冲一直为逻辑电平 1 时，如果锁存器的输入信号发生变化，锁存器将响应这一变化进入新的状态，而不是保持原来的状态，这将会引起一系列的状态变化，而不是仅有的一次状态变化。最终锁存器将进入一个不可预测的状态，因为在时钟变回 0 之前，电路状态会不断变化。这个最终的状态取决于时钟脉冲保持为 1 的时间。由于存在这种不可靠操作，因此所有由单一时钟信号触发的锁存器，其输出端均不能直接或者经由组合逻辑连接到自身或者其他锁存器的输入端。

触发器电路的构造遵循这样一个原则，即当它们所在的时序电路采用单一时钟信号时电路仍能正确操作。注意，锁存器存在问题的根源在于它的透明性：一旦输入信号发生改变，输出信号就立刻做出响应，随之改变。这种透明性使得当时钟脉冲为 1 时，一个锁存器输出信号的变化会导致其他锁存器输出信号的额外改变。触发器能够保证操作正确性的关键在于它消除了透明性。在触发器中，在输出信号改变之前，输入信号与输出信号之间的通路被断开。因此在一个时钟周期内，一个触发器不能"看到"自身输出信号的改变和连接到其输入端的其他触发器输出信号的改变。这样，触发器的新状态只取决于前面一个瞬间的状态，触发器不会发生多次状态改变的情况。

构造触发器的一种常用方法是如图 4-9 所示的那样将两个锁存器连接起来，这样的触发器通常称为主从式（master-slave）触发器。左侧的锁存器称为主锁存器，它在时钟为高时根据输入改变它的值，这个值随后在时钟变为低电平时被传送到右侧的从锁存器。根据构建主从式触发器所使用的锁存器类型的不同，触发器有两种方式响应时钟的变化。一种方式是组合两个锁存器使得 1）当出现时钟脉冲时，输入信号控制触发器的状态，2）当没有出现时钟脉冲时，触发器的状态才会发生改变，这样的电路称为脉冲触发式（pulse-triggered）触发器。用 SR 锁存器构成的主从式触发器是脉冲触发式触发器，因为主锁存器的输入 S 或 R 中的任意一个在时钟脉冲出现时发生变化，都会改变主锁存器的输出值。因此，主从式 SR 触发器在整个时钟脉冲为高电平的期间都依赖于它的输入值。

与此不同的另一种方式，则是构造触发器使得只有在时钟由 0 变为 1 或者由 1 变为 0 时触发器才被触发，其他所有时间（包括时钟脉冲维持为 1），触发器都处于无效状态。这种电路称为边沿触发式（edge-triggered）触发器。与脉冲触发式触发器相比，边沿触发式触发器工作速度更快，设计限制少，因此使用得更为普遍。尽管 SR 触发器目前在设计中较少使用，但为了搞清楚脉冲触发方式，学习一下 SR 触发器是有必要的，这部分内容放在本教材的配套网站上。边沿触发式 D 触发器是目前使用最为广泛的触发器，下面将介绍它是怎样实现的。

4.3.1　边沿触发式触发器

边沿触发式触发器忽略了处于保持阶段的时钟脉冲，而只在时钟信号跳变时触发。一些边沿触发式触发器在正边沿（0 跳变到 1）触发，而另一些则在负边沿（1 跳变到 0）触发。

负边沿触发的 D 触发器的逻辑框图如图 4-9 所示。我们将详细地分析 D 类型正边沿触发的触发器，它的逻辑结构如图 4-10 所示。这种触发器是主从式触发器，其中的主锁存器是一个 D 锁存器，从锁存器是一个 SR 锁存器或一个 D 锁存器，而且时钟输入端加入了一个反相器。因为主锁存器是一个 D 锁存器，所以触发器表现出边沿触发行为，而不是脉冲触发行为。当时钟等于 0 时，主锁存器打开并透明，输出与输入 D 保持一致，从锁存器关闭，触发器的状态保持不变。当正边沿出现，即时钟输入变为 1 时，主锁存器关闭，状态将被锁定，从锁存器打开，并复制主锁存器的状态。所复制的主锁存器的状态是在脉冲上升沿这一瞬间主锁存器的状态，所以这种行为看起来是一种边沿触发行为。当时钟输入等于 1 时，主锁存器关闭不再变化，从而主锁存器的状态和从锁存器的状态都会保持不变。最后，时钟输入由 1 变为 0，主锁存器打开，输出信号跟随 D 的变化而变化。但是，在时钟由 1 跳变为 0 时，从锁存器关闭，随后主锁存器发生的变化才会到达从锁存器。因此，从锁存器所存储的值在这样的跳变中保持不变。本章后面的习题 4-3 给出了另外一种构造边沿触发式 D 触发器的方法，这种方法所需要的门数较少。

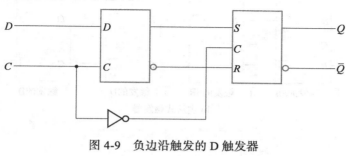

图 4-9　负边沿触发的 D 触发器

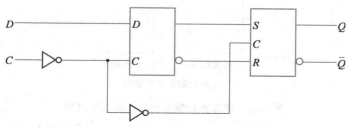

图 4-10　正边沿触发的 D 触发器

4.3.2　标准图形符号

图 4-11 列出了各种不同类型的锁存器和触发器的标准图形符号。所有的触发器和锁存器都用一个矩形块来表示，输入信号标注在左侧，输出信号标注在右侧。一个输出端用来标明触发器当前的正常状态，另一个带有小圆圈的输出端标明当前状态的非。在 SR 锁存器和 SR 触发器的图形符号中，输入信号 S 和 R 标注在矩形块内部。在 $\overline{SR}$ 锁存器的图形符号中，每个输入端都增加了一个小圆圈，表示输入信号为 0 时进行置位和复位。D 触发器或 D 锁存器的图形符号中，输入 D 和 C 标注在矩形块内部。

在每一个符号的下面有一个描述性的名称，它不是符号的一部分。在这些名称中，⊓表示正脉冲，⊔表示负脉冲，⌐表示正边沿（或上升沿——译者注），⌐表示负边沿（或下降沿——译者注）。

在锁存器图形符号的触发输入端增加的小圆圈表示逻辑 0 触发而不是逻辑 1 触发。对于脉冲触发式触发器，在其输出端的前面有一个直角符号，称之为延时输出指示器（postponed output indicator），这个符号表示输出信号在脉冲的结尾发生改变。在输入端 C 加一个小圆圈，可以表示主从式触发器是负脉冲（脉冲为 0，时钟值为 1 时无效）触发的。字母 C 前面的箭头状符号表示 C 是一个动态输入（dynamic input），该触发器是边沿触发的，这个动态指示（dynamic indicator）符号表示触发器响应输入时钟脉冲的边沿跳变。在矩形块外面靠近动态指示符的小圆圈表示电路在时钟负边沿触发，没有圆圈表示电路在时钟的正边沿触发。

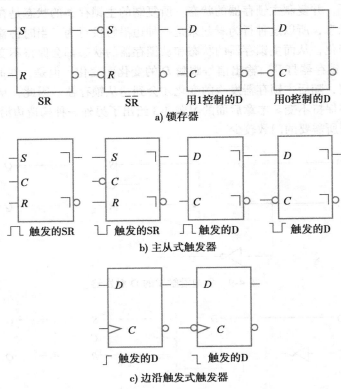

图 4-11　锁存器和触发器的标准图形符号

在当今实践中，正边沿或负边沿触发的 D 触发器使用得最多，但为了完整性，我们还是给出了脉冲触发式触发器的符号，它们除了在课本中见到外，目前较少使用。

通常，一个电路中使用的所有触发器是同一触发类型的，比如都是正边沿触发的，所有触发器都在时钟的同一时刻发生改变。如果在同一个时序电路中使用不同触发类型的触发器，设计者可能仍然希望触发器的输出在同一时刻发生改变。对于那些与采用的跳变方式相反的触发器，可以通过在它们的时钟输入端加入一个反相器来改变它们的行为方式。但是，加入的反相器会导致这些触发器的时钟信号相对于其他触发器的时钟信号有延迟。更好的方法是采用一个主时钟产生器，并精心校正使之能够产生同步的正向和负向脉冲，给负脉冲触发的和正边沿触发的触发器施加正向脉冲，同时给正脉冲触发的和负边沿触发的触发器施加负向脉冲。在这种方式下，所有的触发器在同一时刻改变其状态。最后需要说明的是，为了避免特殊的定时问题，一些设计者会在同一时钟信号下使用不同触发类型的触发器（即正边沿触发的和负边沿触发的触发器）。在这种情况下，设计者有目的地安排触发器在不同时刻改变其状态。

在本书中，除特别说明外，所有的触发器都假定为正边沿触发的，这保证了触发器图形符号的一致性和时序图的一致性。

注意，D 触发器没有一个能够使其输出产生"无变化"的输入。当触发器状态必须保持不变时，可以通过使 C 输入端的时钟脉冲失效，或者在不改变时钟脉冲的情况下，通过将输出经由一个多路复用器连接到 D 输入来实现。使时钟脉冲失效的技术称为门控时钟（clock gating），这种技术通常使用的门数较少而且功耗小，但是这种技术不常采用，因为受门控的时钟脉冲进入触发器时有延迟。这种延迟称为时钟偏移（clock skew），它会导致门控时钟触发器和非门控时钟触发器在不同时刻改变状态，这将使电路变得不可靠，因为一些触发器的输出可能已经到达其他触发器，而这些触发器的输入依然影响触发器的状态。为避免出现这种问题，必须在时钟电路中插入延迟，以使得被翻转的时钟和没有被翻转的时钟保持一致。如果可能，应该使用相同边沿触发的触发器来完全避免这种情况。

4.3.3 直接输入

触发器经常带有对其状态进行异步置位和异步复位的特殊输入（即独立于时钟输入 C）。实现触发器异步置位的输入称为直接置位（direct set）或者预置（preset），实现触发器异步复位的输入称为直接复位（direct reset）或者清零（clear）。不需要利用时钟，只要加载逻辑值 1（输入端带有小圆圈的加载逻辑 0）到这些输入端就可以决定触发器的输出。当数字系统电源开启时，触发器的状态可能为任何值。直接输入是非常有用的，因为它可以在时钟正常运行之前，将数字系统中的触发器设置成一个初始状态。

具备直接置位和复位功能的正边沿触发的 D 触发器的 IEEE 标准图形符号如图 4-12a 所示。符号 C1 和 1D 表明存在控制依赖关系，输入 Cn（n 为任意数字）控制着所有其他以 n 开头的输入。在这个图形符号中，C1 控制着 1D。因为在输入 S 和 R 的前面没有符号 1，所以它们不受 C1 上时钟的控制。S 和 R 输入在其输入线上加了小圆圈，表示它们在逻辑电平为 0 时有效（也就是说，加载 0 将使得触发器进行置位或复位）。

图 4-12b 中的功能表描述了这个电路的操作。表格中的前 3 行描述了直接输入端 S 和 R 的操作，这些输入的行为类似于由与非门构成的 $\overline{SR}$ 锁存器的输入（见图 4-6），它们独立于时钟而工作，所以它们是异步输入。功能表的最后两行描述了在时钟控制下 D 值的操作情况。表中时钟 C 所对应的列有一个上升的箭头，它表示这个触发器是正边沿触发的。通常情况下输入 D 的作用是由时钟控制的。

图 4-12c 给出了带有直接置位和复位功能的正边沿触发的触发器一种不太正规的符号表示形式，输入 S 和 R 位于图形符号的顶端和底端，而不是位于左侧，这表示由它们所导致的输出变化不受时钟 C 的控制。

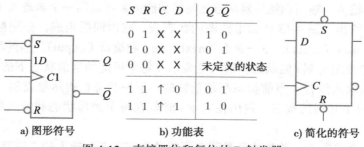

S	R	C	D	Q	$\overline{Q}$
0	1	X	X	1	0
1	0	X	X	0	1
0	0	X	X	未定义的状态	
1	1	↑	0	0	1
1	1	↑	1	1	0

a) 图形符号　　　　b) 功能表　　　　c) 简化的符号

图 4-12　直接置位和复位的 D 触发器

触发器的定时　触发器的定时在 4.9 节中介绍。

4.4　时序电路分析

时序电路的行为是由电路的输入、输出以及当前状态所决定的。输出和下一个状态是输入和当前状态的函数。对时序电路进行分析即是得到关于输入、输出以及状态三者之间时序关系的一个合理描述。

如果一个逻辑电路包含这样的触发器，这些触发器的时钟输入直接或者间接地被一个时钟信号所驱动，同时在电路正常工作时不使用直接置位和直接复位，那么我们就称这样的电路为同步时序电路。其中的触发器可以是任何类型的，逻辑电路中可以包括也可以不包括组合逻辑。本节将给出描述时序电路逻辑图的一种代数方法，同时也会讨论描述电路行为的状态表和状态图。讨论过程中将使用不同的例子对各个过程加以详细说明。

4.4.1　输入方程

时序电路的逻辑图由触发器和组合逻辑门构成。电路所使用的触发器的类型和组合电路的一系列布尔函数，提供了绘制时序电路逻辑图所需要的全部信息。在组合逻辑电路中，为触发器产生输入信号的组合电路部分，可以用一个布尔函数集合来描述，这些布尔函数称为触发器输入方程（flip-flop input equation）。在触发器输入方程中我们沿用传统方法，用带有下标（为触发器输出符号）的触发器输入符号来表示依赖变量，如 D_A。一个触发器输入方程是组合电路的一个布尔表达式，因为组合电路的输出端与触发器输入端相连，所以命名为"触发器的输入方程"。

触发器输入方程为刻画时序电路的逻辑图提供了一种合适的代数表达方法，这些方程中的字母符号隐含了所用触发器的类型，同时这些方程完全确定了驱动触发器的组合逻辑电路。时间信息没有明显地包括在这些方程中，但是已经隐含在触发器输入 C 端的时钟之中。图 4-13 给出了一个时序逻辑电路的例子，这个电路包含两个 D 触发器、一个输入端 X 和一个输出端 Y。它可以用下面的方程描述：

$$D_A = AX + BX$$
$$D_B = \overline{A}X$$
$$Y = (A + B)\overline{X}$$

前面的两个方程定义了触发器的输入，第三个方程定义了输出信号 Y。注意，输入方程使用了符号 D，与触发器的输入符号相同，下标 A 和 B 分别指明了各自触发器的输出。

4.4.2　状态表

时序电路的输入、输出和触发器状态之间的功能关系可以用一个状态表（state table）列举出来。表 4-1 给出了图 4-13 所示电路图的状态表。它由四栏组成，分别标记为当前状态（present state）、输入（input）、下一状态（next state）和输出（ouput）。当前状态栏表示触发器 A 和 B 在任意给定时刻 t 的状态。输入栏表示在每个可能的当前状态下的 X 的值。注意，对于每组可能的输入组合，当前状态都是重复的。下一状态栏表示触发器在一个时钟周期后的状态，即 $t+1$ 时刻的状态。输出栏表示 t 时刻在每个当前状态和输入的组合下输出 Y 的值。

要推导出一个状态表，首先要列举所有可能的当前状态和输入的二进制组合。在表 4-1

中，从 000 到 111 共有 8 种二进制组合。下一状态值可由逻辑图或触发器的输入方程得到。在 D 触发器中，关系 $A(t+1)=D_A(t)$ 始终成立，这就意味着触发器 A 的下一状态等于其输入 D 的当前值。在触发器的输入方程中，输入 D 是 A 和 B 的当前状态以及输入 X 的函数。所以，触发器 A 的下一状态必须满足方程：

$$A(t+1)=D_A=AX+BX$$

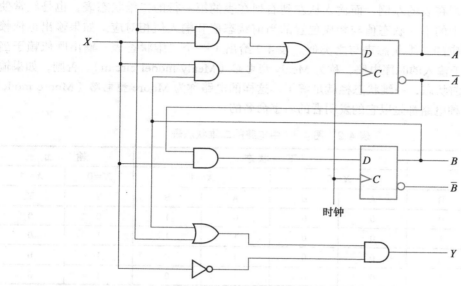

图 4-13　时序电路的例子

表 4-1　图 4-13 中电路的状态表

当 前 状 态		输　入	下 一 状 态		输　出
A	B	X	A	B	Y
0	0	0	0	0	0
0	0	1	0	1	0
0	1	0	0	0	1
0	1	1	1	1	0
1	0	0	0	0	1
1	0	1	1	0	0
1	1	0	0	0	0
1	1	1	1	0	0

　　状态表中下一状态栏的 A 列有三个 1，其对应的当前状态和输入值满足条件 $(A, X)=11$ 或 $(B, X)=11$。类似地，触发器 B 的下一状态可以从如下方程中导出：

$$B(t+1)=D_B=\bar{A}X$$

当 A 的当前状态为 0 且输入 X 为 1 时，其值为 1。输出栏的值可从如下输出方程推出：

$$Y=A\bar{X}+B\bar{X}$$

　　任何使用 D 触发器的时序电路的状态表均可以通过上述方法获得。一般情况下，一个包含 m 个触发器和 n 个输入的时序电路的状态表有 2^{m+n} 行。在当前状态和输入的组合栏中，列出了从 0 至 $2^{m+n}-1$ 所有的二进制数值。下一状态栏有 m 列，每个触发器一列。下一状态栏的二进制数值是从 D 触发器的输入方程中直接推出的。输出栏的列数与输出变量的个数相同。状态表输出栏的二进制数值可通过电路或布尔函数导出，这与真值表中计算输出变量的值类似。

在表 4-1 中，当前状态和输入合并在一个组合栏中，从这种意义上讲，表 4-1 是一维的。当前状态列在表的左侧，而输入从左到右列在表的第一行的二维状态表，也是经常使用的。状态表中的下一状态值与相应位置的当前状态值和输入值相对应。如果输出也依赖于输入，则相应的二维状态表与之类似。表 4-2 给出了一个二维状态表。输出既依赖于当前状态也依赖于输入的时序电路，称为 Mealy 型电路（Mealy model circuit）。否则，如果输出只依赖于当前状态，一维状态栏就足够了，这样的电路称为 Moore 型电路（Moore model circuit）。这两种电路都是以它的发明者的名字命名的。

表 4-2　图 4-13 中电路的二维状态表

当前状态		下一状态				输出	
		$X=0$		$X=1$		$X=0$	$X=1$
A	B	A	B	A	B	Y	Y
0	0	0	0	0	1	0	0
0	1	0	0	1	1	1	0
1	0	0	0	1	0	1	0
1	1	0	0	1	0	1	0

作为一个 Moore 型电路的例子，我们假设想得到一个用如下触发器输入方程

$$D_A = A \oplus X \oplus Y$$

和输出方程

$$Z = A$$

来描述的时序电路的逻辑图和状态表。符号 D_A 隐含着使用了一个 D 触发器，其输出为 A。变量 X 和 Y 表示输入，Z 表示输出，这个电路的逻辑图和状态表如图 4-14 所示。在这个状态表中，其中一栏列举了当前状态，另一栏列举出输入，下一状态和输出也分别列在单独的一列中。下一状态通过触发器的输入方程得到，其输入方程是一个奇函数（见 2.6 节）。输出列很简单，它是当前状态变量 A 的副本。

4.4.3　状态图

状态表中的信息可以通过状态图以图形化的方式表示出来。其中，状态用一个圆圈表示，状态之间的转换用连接这些圆圈的有向线段表示。图 4-15 给出了一个状态图的例子，图 4-15a 给出了图 4-13 中所示时序电路的状态图，表 4-1 是这个电路的状态表。状态图提供了与状态表相同的信息，可通过状态表直接得到。每个圆圈内部的二进制数值表示触发器的状态。对于 Mealy 型电路，有向线段上标记了两个二进制数值，它们之间用斜线隔开，斜线前面的数值表示当前状态下的输入，斜线后面的数值表示由当前状态和给定输入所决定的输出值。例如，从状态 00 指向状态 01 的有向线段上标记有 1/0，意思是如果时序电路的当前状态为 00，输入为 1 时，则输出为 0，并且在下一个时钟跳变发生之后，电路进入下一状态 01。如果输入变为 0，那么输出变为 1，但是如果输入保持为 1，输出则保持为 0。这些信息

是从状态图中沿着状态 01 的圆圈发出的两条有向线段得到的。连接一个圆圈到其自身的有向线段表示没有发生状态转换。

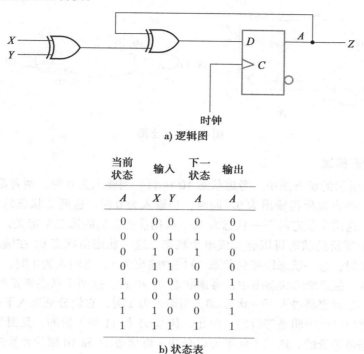

a) 逻辑图

当前状态	输入		下一状态	输出
A	X	Y	A	A
0	0	0	0	0
0	0	1	1	0
0	1	0	1	0
0	1	1	0	0
1	0	0	1	1
1	0	1	0	1
1	1	0	0	1
1	1	1	1	1

b) 状态表

图 4-14　$D_A = A \oplus X \oplus Y$ 的逻辑图和状态表

图 4-15b 给出了图 4-14 所示时序电路的状态图。这里只有一个触发器,所以仅有两个状态,电路有两个输入,且其输出仅仅依赖于触发器的状态。对于这样的 Moore 型电路,在状态转换的有向线段上没有斜线,因为输出只依赖于状态,而与输入值没有关系,所以输出表示在圆圈中状态值后的斜线下面。在这个状态图中,每个状态的转换都有两个输入条件,分别用逗号分开。当有两个输入变量时,每个状态可能至多有 4 条有向线段从相应的状态圈中发出,这要依赖于状态的数量和输入变量的每个二进制组合所对应的下一状态。

除了表示形式不同外,状态表和状态图是没有区别的。从给定的逻辑图和输入方程,很容易得出状态表,而状态图可以直接由状态表导出。状态图给出了状态转换的图形化表示形式,更便于我们理解电路的操作过程。例如,图 4-15a 中的状态图清晰地表明,从状态 00 开始,只要输入保持为 1,则输出一直为 0。在连续输入一串 1 之后,输入一个 0 将使电路的输出变为 1,并将电路送回至初始状态 00。图 4-15b 中的状态图表明只要两个输入为相同的值(00 或 11),电路就会保持状态不变。只有当两个输入取不同的值时(01 或 10),才会发生状态转换。

图 4-15a 中的状态图对于解释后面两个概念很有帮助:1)通过使用等效状态来减少所需要的状态数,2)在一个描述中混合使用 Mealy 和 Moore 类型输出。对于任何一个可能的输入序列,如果两个状态的输出响应序列相同,则这两个状态是等价的(equivalent)。这个定义可以用状态和输出以另一种方式表示为:如果两个状态对每一个输入符号所产生的输出相同,而且下一个状态相同或等价,则这两个状态等价。

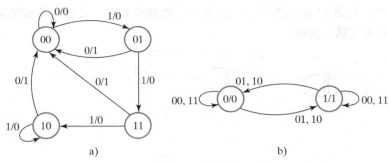

图 4-15　状态图

例 4-1　等价状态描述

在图 4-15a 所示的状态图中，考虑状态 10 和 11。当输入为 0 时，两者都使得输出为 1；当输入为 1 时，两者都使得输出为 0。同时，当输入为 0 时，这两个状态的下一状态为 00；当输入为 1 时，这两个状态的下一状态为 10。根据前面说到的第二个定义，状态 10 和 11 是等价的。这两个等价的状态可以合并成单个状态，这一状态由状态 01 在输入为 1 时变化而来。当输入为 0 时，这一状态跳变到状态 00 同时输出为 1，当输入为 1 时，这个状态维持不变同时输出为 0。在原始的状态图中，考虑状态 01 和 11。这两个状态满足等价的输出条件。当输入为 0 时，二者都将进入下一状态 00，当输入为 1 时，它们分别进入下一状态 11 和 10，而这两个状态前面已经证明是等价的。因此，状态 01 和 11 是等价的，又因为 11 和 10 等价，所以这三个状态是等价的。这三个状态可以合并，将状态 11 和 10 删除并修改状态 01 使之在输入为 1 时输出为 0 并返回自身状态。如果要重新设计图 4-13 中所示的电路，则新的设计可以使用一个触发器表示两个状态，而不是使用两个触发器表示 4 个状态。■

通过状态等价减少状态并不一定能够减少开销，因为开销既依赖于触发器的代价也依赖于组合电路的代价。然而，在设计、验证以及测试过程中，合并等价的状态有其固有的优势。

通常，在一个给定的时序电路描述时，Mealy 输出类型和 Moore 输出类型是不混合使用的。然而，在实际的设计中，混合使用可能会带来方便。

例 4-2　混合的 Mealy 型和 Moore 型输出

图 4-15a 中的状态图还可以用来阐明同时使用 Mealy 型和 Moore 型输出的混合输出模型。对于状态 00，不管输入为何值时，输出都为 0。因此，输出仅依赖于状态 00，满足 Moore 类型输出的定义。如果需要，可以把输出 0 从状态 00 出发的跳变上移到状态 00 所在的圆圈内。然而，对于剩下的状态，输入 X 的值不同则输出的值也不同。因此，输出值是 Mealy 类型，必须保留在状态跳变上。■

遗憾的是，这种方式不能很好地应用到二维状态表中。然而，它可以用来修改一维状态表，在修改后的状态表中有些行包含状态、输出条件和 Mealy 型输出值，而有些行仅包含状态和 Moore 型输出值，不包含输出条件。

时序电路时钟和定时　时序电路的时钟和定时将在 4.10 节中详细讨论。

4.4.4　时序电路模拟

时序电路的模拟包含一些在组合电路的模拟中没有提到的问题。首先，输入向量的加载顺序不像在组合电路中那样无关紧要，在时序电路中输入向量必须按一定的顺序加载，这种顺序包括输入向量和时钟脉冲加载的时机。第二，必须采取一些方法使电路进入一个已知状态。在实际应用中，通过在模拟开始时加载一个用于初始化的子序列可以将电路初始化为一个已知状态。最简单的情况下，这个子序列就是一个复位信号。对于没有电路复位（或置位）功能的触发器，需要一个较长的输入序列，这种序列一般包括一个初始复位信号，以及紧跟其后的一串一般的输入向量。模拟器也可能有设置初始状态的方法，这有利于避免在初始化电路时，使用较长的序列。除了初始化电路之外，第三个问题是观察电路的状态以便验证其正确性。在一些电路中，为使电路到达某个给定的状态，需要加载额外的输入序列。除此之外，另一种最简单的办法是采用模拟直接观察电路状态，这种方式依赖于具体的模拟器，并和电路是否具有层次结构有关系。一种比较简单但能够适用于所有模拟器的方法是在每个状态变量信号的传输路径上增加一个电路输出。

216

最后一个需要更加仔细处理的问题是，相对于有效时钟边沿，加载输入以及观察输出信号的时机。首先，我们讨论功能模拟（functional simulation）的定时，这种模拟的目的是判断或验证电路的功能。在功能模拟中，电路的元件没有延迟或只有很小的延迟。更加复杂的是定时模拟（timing simulation），在定时模拟中，每个电路元件都有实际的延迟，其目的是要验证电路是否能够按照定时要求正确地运行。

一些模拟器在功能模拟中所使用的默认元件延迟很小，以便即使在足够小的显示时间范围内，仍然可以观察到信号变化的顺序。对于这样的模拟，假设门元件延迟和触发器延迟都为 0.1 ns，而且从一个时钟上升沿到下一个时钟上升沿，电路中最长路径的延迟为 1.2 ns。如果你在模拟中碰巧使用了一个周期为 1.0 ns 的时钟信号，那么当结果依赖于最长的延迟时，则模拟结果就会出错！所以，如果采用这样的模拟器进行功能模拟，那么要么选择一个周期较长的时钟，要么用户将默认延迟改变为一个更小的值。

除了时钟周期之外，相对于时钟上升沿加载输入信号的时机也很重要。在功能模拟中，考虑到可以使用任意小的默认元件延迟，给定时钟周期的输入信号应该在该时钟上升沿到达之前完成改变，最好是在时钟周期的早期即时钟信号依然为 1 时变化。这也是改变复位信号值的恰当时间，以确保复位信号能够控制状态，而不是在时钟边沿或一些时钟和复位信号没有意义的组合情况下。

最后一个问题是在功能模拟中检验模拟结果的时机，状态变量和输出信号值最迟应该在时钟上升沿到达之前到达最终值，虽然也可以在其他位置观察这些值，但这个位置为功能模拟提供了一个简单而安全的观察时机。

上面提到的这些思想可以用图 4-16 来总结。复位信号和输入信号的改变，发生在时钟周期的 25% 处，图中用灰色圈标识。像输入和复位信号一样，状态和输出信号也用灰色圈标识，观察它们恰好在时钟周期的 100% 处之前。

4.5 时序电路设计

钟控时序逻辑电路的设计从一组规格说明开始，最后得到逻辑图或者得到一组布尔函数，再利用它得到逻辑图。时序电路和组合电路的不同之处在于，组合电路完全由真值表刻画，而时序电路需要用状态表刻画。所以，时序电路设计的第一步就是得到状态表，或者等价的其他逻辑表示形式，比如状态图等。

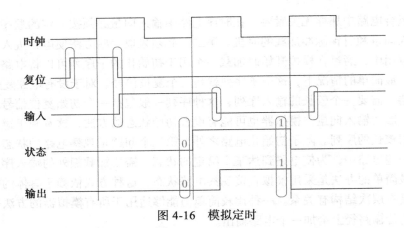

图 4-16　模拟定时

同步时序电路是由触发器和组合门构成的。电路设计包括选择触发器和构建组合逻辑电路，由组合逻辑电路和触发器组成的电路应该满足状态规格说明。需要多少个触发器由电路状态的个数来决定，n 个触发器最多可以表示 2^n 个二进制状态。通过推导触发器的输入方程和输出方程，可以从状态表中得到组合电路。实际上，一旦触发器的类型和数量确定，而且给每一个状态都赋了二进制组合值，那么时序电路的设计问题就转化为组合电路的设计问题。这样，就可以使用组合电路的设计技术。

4.5.1　设计步骤

下面列出的时序电路的设计步骤与第 1～3 章所介绍的组合电路的设计步骤类似，但包含了一些额外的步骤。

1）**规格说明**：如果还没有，那么先写出电路的规格说明。

2）**形式化**：从问题的陈述中得出状态图或状态表。

217
～
218

3）**状态赋值**：如果从步骤 1）中只能得出状态图，则再从状态图中得到状态表，并为状态表中的每个状态赋二进制编码。

4）**确定触发器的输入方程**：选择触发器类型（一种或多种），从已经编码的状态表中的"下一状态"栏分析得到触发器的输入方程。

5）**确定输出方程**：从状态表中的"输出"栏分析得到输出方程。

6）**优化**：优化触发器的输入方程和输出方程。

7）**工艺映射**：画出由触发器、与门、或门和反相器构成的电路逻辑图。将这个逻辑图转换为与工艺相适应的由触发器和门构成的新的逻辑图。

8）**验证**：验证最终设计的正确性。

为了方便起见，我们通常都省略步骤 7）中的工艺映射，因为它并不能帮助我们增加理解。同样，对于更加复杂的电路设计，我们可能会跳过使用状态图或状态表。

4.5.2　构建状态图和状态表

电路规格说明经常是文字形式的对电路行为的描述，这种描述需要在设计过程中的"形式化"这一步骤上进行解释，以便得到相应的状态图或状态表。这通常是设计步骤中最具创造性的部分，因为后续的许多步骤都可以由基于计算机的工具自动完成。

构造状态图和状态表的基础是要直观地理解状态的概念。状态用来"记住"在触发时钟边沿或触发脉冲期间，加载到电路的各种输入组合的历史情况。在某些情况下，状态可能要逐个保存输入值，即保留输入序列的完整历史。然而，在大多数情况下，状态是输入组合序列在触发点上的抽象（abstraction）。例如，一个给定的状态 S_1 表示在单一输入 X 的加载序列中"最后三个连续的时钟边沿，X 为 1"，因此在序列…00111 或…0101111 之后，电路应处于 S_1 状态，而在序列…00011 和…011100 之后，电路不应该处于 S_1 状态。状态 S_2 表示加载的两位输入组合序列"按照 00、01、11、10 的顺序输入，对每个组合允许任意连续重复，同时 10 为最后加载的组合"。对于序列：00、00、01、01、01、11、10、10 或 00、01、11、11、11、10，电路应该处于状态 S_2。而对于序列：00、11、10、10 或 00、00、01、01、11、11，电路不会处于 S_2 状态。在构造状态图或状态表时，写下每个状态所代表的抽象意义是很有用处的。在某些情况下，观察输出端和输入端已经出现的信号值可能会更加容易地描述这些抽象。例如，状态 S_3 表示这一抽象"输出位 Z_2 为 1，同时输入组合中 X_2 为 0"。在这种情况下，Z_2 等于 1 可能唯一地表示之前一段时间内一组复杂的输入组合序列，而要详细地描述这个输入组合序列则是很困难的。

在构建状态表或状态图时，需要增加新的状态。状态个数可能会不知不觉地变得过大，甚至为无穷大，这完全是没有必要的！不必为每个当前状态和可能加载的输入组合都增加一个新的状态，将状态重用作为下一状态十分有必要，因为这样可以避免前面提到的状态个数不受控制地增长。这样做的关键所在是要了解每个状态所代表的抽象含义。举例来说，考虑一下我们在前面定义的状态 S_1"数值 1 在最后三个连续时钟边沿出现"，假设由于出现序列…00111，电路进入 S_1 状态，如果下一个输入信号值为 1，那么序列为…001111，需要定义一个新状态还是以 S_1 作为下一状态呢？通过检查这个新的序列，我们发现最后三个输入值为 1，这符合 S_1 状态的抽象定义。所以，在当前状态为 S_1 并且输入为 1 的情况下，S_1 可以用作下一状态，这样就避免了重新定义一个新状态。这种谨慎地避免等效状态的过程，可以用来取代状态最小化处理将等效状态进行合并。

在数字系统的电源刚刚打开时，触发器的状态是未知的。给处于未知状态的电路加载一个输入序列是可以的，但是这个序列必须能够在我们期望获得有意义的输出信号之前，使一部分电路进入已知状态。实际上，在后续章节中我们所设计的较大的时序电路大部分都是这种类型的。然而，在这一章中，我们设计的电路必须有一个已知的*初始状态*（initial state），更进一步说，就是必须提供一个硬件机制可以使电路从任何未知状态进入这个初始状态，这一机制就是复位（reset）或主复位（master reset）信号。不管加载到电路上的其他输入为何值，复位信号都会将电路置于初始状态。实际上，初始状态通常称为复位状态（reset state）。电路通常在开启时自动激活复位信号。另外，也可以采用其他电控方法或通过按动复位按钮来激活复位信号。

复位过程可以是异步的，也就是在没有时钟触发的情况下进行复位。在这种情况下，复位信号加载到电路触发器的直接输入端，如图 4-17a 所示，这种设计将需要复位的触发器的初始状态设置为 00…0。如果需要将初始状态设置为一个含有不同值的状态，那么可以将复位信号有选择地连接到各个触发器的直接置位输入端，而不是直接复位输入端。需要特别注意的是，在通常的同步电路设计中不能使用这些输入端。相反，这些输入端保留下来仅仅是为了能够实现异步复位功能，使系统返回初始状态。使用直接输入作为同步电路的一部分违反了基本的同步电路的定义，因为它允许在没有时钟触发的情况下异步地改变触发器的状态。

另外，复位过程也可以是同步的，这种复位需要一个时钟触发事件才会发生，复位过程

219

必须合并在电路的同步设计中。D 触发器的一种简单的同步复位方法是，在做了正常的电路设计后再增加一个与门，如图 4-17b 中所示，无需在输入组合中特意地加入复位信号位，这种设计同样能使电路状态初始化为 00⋯0。如果需要含有不同值的初始状态，那么可以有选择地用一个带有复位信号的或门来代替带有反向复位信号的与门。

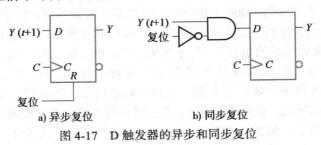

a) 异步复位   b) 同步复位

图 4-17 D 触发器的异步和同步复位

下面的两个例子说明了形式化描述的整个过程，这两个例子分别得到了两种不同类型的状态图。

例 4-3 为序列识别器建立状态图

第一个例子是一个用来在一个很长的序列中，识别出一个特定比特流（又称位流——译者注）的电路，这个比特流可以在序列中的任何位置。该"序列识别器"有一个输入 X 和一个输出 Z。复位信号从触发器的直接复位输入端输入，将电路的初始状态置为全 0。这个电路用于识别 X 输入端是否出现比特流 1101，即当电路的前三个输入信号为 110 并且当前输入信号为 1 时，输出信号 Z 为 1，否则 Z 为 0。

在进行形式化描述时，第一步就是要确定这个状态图或状态表是属于一个 Mealy 型电路还是一个 Moore 型电路。我们在前面的规格说明中已经说到"⋯当电路的前三个输入为110，当前输入信号为 1 时，输出信号 Z 为 1"，这句话隐含着电路的输出不但由当前状态决定，而且由当前的输入决定。因此，这需要一个 Mealy 型电路，Mealy 型电路的输出同时依赖于状态和输入。

在前面我们曾提到，形式化描述任何状态图的关键是要明确状态是用来"记忆"输入信号的历史。例如，对于序列 1101，序列的最后一位为 1，正好使输出值为 1，这个电路必须处在"记住"前三个输入信号为 110 的状态。头脑中有了这一概念，我们在形式化描述状态图时便可首先定义任意一个初始状态 A 作为复位状态，这个状态表示"没有出现任何被识别的序列"。如果输入端出现了 1，因为 1 是序列中的第一位，这一事件必须被"记住"，因此当前时钟脉冲过后的下一状态就不能再是 A，所以应该建立第二个状态 B，表示序列中出现了第一个 1。为表示序列中出现了第一个 1，沿 A 到 B 画一条转换线，并标记上 1。因为这不是序列 1101 中的最后一个 1，所以输出为 0。状态图的最初部分如图 4-18a 所示。

序列中的下一位为 1。当这个 1 出现在状态 B 的时候，需要一个新的状态来表示在输入端连续出现了两个 1，即在状态 B 时，又出现了另外一个 1。所以，需要增加新状态 C 和相应的状态转换，如图 4-18b 所示。序列的下一位为 0。当 0 在状态 C 出现时，需要增加一个新的状态来表示在输入端连续出现两个 1 之后出现了一个 0。所以，要增加一个状态 D，以及标记有输入为 0 和输出为 0 的状态转换。因为状态 D 表示 X 的前三个输入值为 110，在状态 D 出现 1，需要识别的这个序列就完整地出现了，所以在状态 D 出现 1 时，状态转换上的输出值为 1。最后得到的部分状态图完整地表示了整个序列的识别过程，如图 4-18c 所示。

注意观察图 4-18c，对于每一个状态，只对两种可能的输入值中的一个定义了状态转换，而且在状态 D 上输入为 1 所得到的下一状态也没有定义。剩余的其他状态转换也必须基于这样一种思想，即识别器要识别序列 1101，不管它在一个多长的序列中的什么位置。假设序列 1101 中的前面一部分已经在状态图中用一个状态进行了表示，那么从这一状态起，序列中的下一个输入出现后电路必须进入这样一个状态，即当序列中的其余位全部输入后，输出变为 1。例如，状态 C 代表序列 1101 中的前两位为 11。在这种情况下，如果下一个输入值为 0，则进入状态 D，这样，如果后续输入为序列的最后一位 1，则输出为 1。

接下来，考虑在状态 D 时输入 1，状态将要转换到哪里。因为转换输入为 1，它可能是要识别的序列的第一位或第二位。但是因为电路处于状态 D，显然，前一输入为 0，所以这个输入 1 是序列中的第一个 1，因为它的前一个输入不可能是 1，表示序列中出现第一个 1 的是状态 B，所以在状态 D 时输入 1，电路将转换为状态 B，这一转换如图 4-18d 所示。检查状态 C，我们观察状态 A 和 B 生成的轨迹，可以得知在状态 C 出现的输入 1 至少是序列中的第二个 1。表示序列中连续出现两个 1 的状态是状态 C，所以新的转换结果仍然是状态 C，因为两个 1 的组合不是要识别的序列，所以输出为 0。重复同样的分析过程可以得到状态 B 到状态 A 的转换，最后得出的状态图如图 4-18d 所示，得到的二维状态表见表 4-3。∎

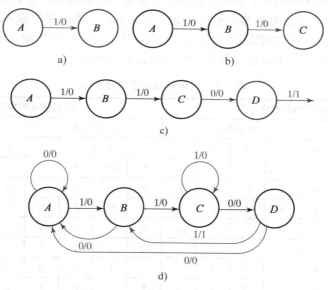

图 4-18　构建例 4-3 的状态图

表 4-3　图 4-18 中状态图的状态表

当前状态	下一状态		输出 Z	
	X=0	X=1	X=0	X=1
A	A	B	0	0
B	A	C	0	0
C	D	C	0	0
D	A	B	0	1

在所有状态图的形式化描述中都会出现的一个问题是，即使设计者尽最大努力进行设

计，状态图中仍然可能存在冗余状态。在前面的例子中不存在这个问题，因为表示输入历史的每一个状态都是识别这个序列所必不可少的。然而，如果出现了冗余状态，那么我们可能需要将状态合并，使得状态数目最少，这时我们可以采用例 4-1 中的 ad hoc 方法或形式化的状态最少化过程来实现。由于后者比较复杂，尤其是在状态表中出现无关项的情况下，因此在这里我们就不介绍这一方法了。对这一方法感兴趣的同学，可以在本章末尾列举的参考文献 8 或者许多其他逻辑设计教程中找到有关状态最少化过程的资料。

例 4-4 给出了在设计过程中通过识别潜在的等价状态来避免冗余状态的另一种方法。

例 4-4 构建 BCD 码到余 3 码译码器的状态图

十进制数字的余 3 码（excess-3 code）是与这个十进制数字对应的二进制组合再加 3。例如，十进制数字 5 的余 3 码是 5+3=8 的二进制组合，即 1000。在实现减法运算时，余 3 码有我们所期望的特性。在这个例子中，电路的功能与第 3 章中的组合译码器相似，但电路的输入不一样。这个电路的输入不是同时出现的，而是从最低有效位开始，在连续的时钟周期内串行出现的。表 4-4a 列出了输入序列和相应的输出序列，最低有效位在前。例如，在4 个连续的时钟周期内，如果输入加载为 1010，则输出将为 0001。为了在每一个时钟周期内产生与输入位对应的输出位，输出要依赖于当前输入值和状态。这个规定也说明，一旦前一序列执行完毕，电路必须准备接收一个新的 4 位序列。该电路的输入用 X 表示，输出用 Z 表示。为了集中关注过去的输入情况，将表 4-4a 中的每一行按照输入序列的第一位的值、第二位的值和第三位的值重新进行排序，结果如表 4-4b 所示。

表 4-4 代码转换例子的序列表

a) 按照所代表的数字排序								b) 按照共同前缀排序							
BCD 输入				余 3 码输入				BCD 输入				余 3 码输入			
1	2	3	4	1	2	3	4	1	2	3	4	1	2	3	4
0	0	0	0	1	1	0	0	0	0	0	0	1	1	0	0
1	0	0	0	0	0	1	0	0	0	0	1	1	1	0	1
0	1	0	0	1	0	1	0	0	0	1	0	1	1	1	0
1	1	0	0	0	1	1	0	0	1	0	0	1	0	1	0
0	0	1	0	1	1	1	0	0	1	1	0	1	0	0	1
1	0	1	0	0	0	0	1	1	0	0	0	0	0	1	0
0	1	1	0	1	0	0	1	1	0	0	1	0	0	1	1
1	1	1	0	0	1	0	1	1	0	1	0	0	0	0	1
0	0	0	1	1	1	0	1	1	1	0	0	0	1	1	0
1	0	0	1	0	0	1	1	1	1	1	0	0	1	0	1

如图 4-19a 所示，状态图从一个初始状态开始。分析表 4-4b 中的第一列我们发现，输入 0 产生输出 1，并且输入 1 产生输出 0。下面，我们考虑这样一个问题，"我们需要记住第一位的值吗？"在表 4-4b 中，当第一位输入为 0 时，如果第二位输入为 0，则将导致输出为 1；而如果第二位输入为 1，那么输出将为 0。相反，如果第一位输入是 1，第二位输入为 0，那么将使得输出为 0；如果第二位输入为 1，则输出为 1。显然，如果不"记住"第一位的值，那么我们就不能确定第二位输入出现之后的输出值。因此，对于第一位输入为 0 和第一

位输入为 1 这两种情况，我们需要用不同的状态来进行表示，如图 4-19a 所示，图中在状态转换线上还标记了输入 / 输出值。

下面，我们要判断对应这两个新状态的后续输入，是否还需要两个状态来记住第二位的值。在表 4-4b 的前两列中，序列 00 在第三位输入为 0 时产生输出为 0，为 1 时产生输出为 1。另一方面，对于序列 01，在第三位输入为 0 时输出 1，为 1 时输出为 0。由于当第三个输入为同一个值时，却得到不同的输出，因此我们需要用不同的状态来表示，如图 4-19b 所示。对输入序列 10 和 11 我们做类似的分析，分析第三位输入和第四位输入的输出值，可以发现第二位输入的值对输出没有影响，因此在图 4-19b 中，状态 $B1=1$ 只有一个下一状态。 [224]

由于新增加了 3 个状态，因此目前共有 6 个状态。然而，请注意，这些状态只是用来定义第四个输入下的输出，因为我们知道下一个状态将为 Init 状态，以准备接收新的四位序列。在最后一位输入时，我们需要用多少个状态来定义可能不同的输出值呢？观察表格中的最后一列，由于输入为 1 时，输出始终为 1，输入为 0 时，输出可能为 1 也可能为 0。因此，最多只需要 2 个状态，一个是当输入为 0 时输出为 0，另一个是当输入为 0 时输出为 1。当输入为 1 时，这两个状态的输出是一样。在图 4-19c 中，我们增加了这两个新状态。因为电路要准备接收下一个新的输入序列，所以这两个新状态的下一状态为 Init 状态。

最后要确定的是图 4-19d 中标记的黑粗线。从 $B2$ 状态出发的每一条黑粗线是由输入 / 输出序列中的第三位决定的，下一状态是基于输入序列中第四位输入 0 的响应来进行选择的。当 $B3=0$ 或 $B3=1$ 时，$B2$ 状态到达 $B3$ 状态的情况表示在图的左侧，我们在 $B3$ 状态圈的上半部分用 $B3=X$ 来表示 $B3=0$ 或 $B3=1$。其他两个 $B2$ 状态在 $B3=0$ 时转换到同一状态，我们在状态圈的下半部分标记为 $B3=0$。这两个 $B2$ 状态在 $B3=1$ 时转换到图中右侧的 $B3$ 状态，我们用类似的办法在状态圈中标记为 $B3=1$。

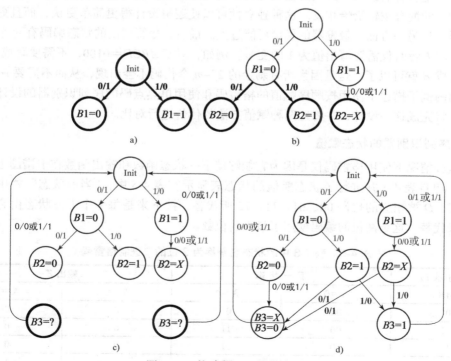

图 4-19　构建例 4-4 的状态图

4.5.3 状态赋值

在前面分析的例子中，构建状态图时状态都被赋予了符号名而不是二进制代码。当继续进行下面的设计时则与此不同，需要把这些符号名替换为二进制代码。一般情况下，如果有 m 个状态，代码中必须有 n 位，其中 m、n 满足 $2^n \geqslant m$，同时每个状态被赋予唯一的代码。所以，对于表 4-3 中有 4 个状态的电路，给这 4 个状态赋值需要两位代码。注意，将状态代码数减到最少并不一定会使得时序电路的总开销最小，虽然使用更少的触发器会带来收益，但是组合电路可能会因此变得更加复杂，代价变得更大。

我们要考虑的第一种状态赋值方法是按照计数的顺序（counting order）分配 n（$2^n \geqslant m > 2^{n-1}$）位代码。例如，对于 A、B、C、D 四个状态，码字 00、01、10、11 分别被指配给状态 A、B、C、D。另外一种方法是按照格雷码顺序（Gray code order）分配代码，此时码字 00、01、11、10 分别被指配给状态 A、B、C、D，这种方式更有吸引力，特别是用卡诺图来做化简时。

更加系统化的代码赋值方法试图减少时序电路中组合逻辑的代价，许多基于启发式的方法以最小化 2 级或多级组合电路为目标。这个问题解起来太过于复杂，在此不做讨论。

特殊的状态赋值方法有很多，其中一些是基于最少跳变的高效率结构。这些方法中最流行的方法是每个状态一个触发器，或者称为单热点（one-hot）赋值。这种赋值方法针对 m 个状态中的每个状态使用了一个触发器，因此它产生 m 位长的代码。当时序电路处于某个状态时，与这个状态对应的触发器的值为 1，而对应于其他状态的触发器，按照定义，此时必须为 0 值。这样，每个合法的状态代码包含 m 位，其中一位为 1，剩余的 $m-1$ 位全为 0。这种代码具有这样一个性质：从一个状态转移到另一个状态可以认为是从源状态到目的状态通过了一个标识（token），即一个 1。因为每个状态由一个单一的 1 来表示，在组合优化之前，进入一个特定状态的逻辑与进入其他状态的逻辑完全独立，这与在源状态码和目标状态码中出现多个 1 的混合逻辑恰恰相反。这种独立性可以使逻辑设计得更简单更快，而且更易于调试和分析。但另一方面，触发器的代价可能过大。最后，尽管列出的状态编码有 m 个变量的值，但在写方程时仅需要写出值为 1 的变量。例如，对于 $ABCD = 0100$，不需要写成 $\overline{A}B\overline{C}\overline{D}$，而只要写成 B 就可以了，这是因为所有剩余的 $2^m - m$ 个代码不会出现，从而不需要关心。

下面的例子描述了使用按顺序赋值的格雷码和使用单热点码的序列识别器的设计。在下一节中，将完成这一设计，并将这两种赋值方法的代价进行对比。

226

例 4-5 序列识别器的状态赋值

在这种情况下使用格雷码仅是因为它能够使下一状态函数和输出函数在卡诺图上更容易被标识。源自表 4-3 并进行了状态赋值的状态表显示在表 4-5 中，"当前状态"栏中的状态 A、B、C、D 被相应的代码 00、01、11、10 所代替，接下来是每一个下一状态由它们相应的代码来代替。这个两位的编码使用了最少的位数。

表 4-5　表 4-3 中的状态名替换为 2 位的二进制格雷码

当前状态	下 一 状 态		输出 Z	
AB	$X=0$	$X=1$	$X=0$	$X=1$
00	00	01	0	0
01	00	11	0	0
11	10	11	0	0
10	00	01	0	1

表 4-6 描述了单热点赋值方法。"当前状态"栏中的状态 A、B、C、D 分别被它们相应的代码 1000、0100、0010、0001 所代替，接下来是每一个下一状态由它们相应的代码来代替。因为有四个状态，所以需要 4 位的代码，每个状态有一个状态变量。

表 4-6 表 4-3 中的状态名替换为 4 位的单热点码

当前状态	下 一 状 态		输出 Z	
ABCD	X=0	X=1	X=0	X=1
1000	1000	0100	0	0
0100	1000	0010	0	0
0010	0001	0010	0	0
0001	1000	0100	0	1

4.5.4 使用 D 触发器的设计

下面的两个例子说明了时序电路设计的其余步骤。我们希望设计两个钟控时序电路来进行序列识别，其中一个按表 4-5 给出的格雷码状态表进行操作，另一个按表 4-6 给出的单热点编码的状态表进行操作。

227

例 4-6 采用格雷码的序列识别器设计

在采用格雷码的设计中，需要用两个触发器来表示 4 个状态。注意，两个状态变量分别标记为字母 A 和 B。

电路设计步骤的第 1）步至第 3）步已经完成，下面从选择 D 触发器开始进行第 4）步的设计。为完成第 4）步，我们将根据表中所列出的下一状态值得到触发器的输入方程。对于第 5）步，我们根据表中的 Z 值得到输出方程。触发器的输入方程和输出方程可以表示为当前状态变量 A、B 和输入变量 X 的最小项之和：

$$A(t+1)=D_A(A, B, X)=\sum m(3, 6, 7)$$
$$B(t+1)=D_B(A, B, X)=\sum m(1, 3, 5, 7)$$
$$Z(A, B, X)=\sum m(5)$$

在这个表中，格雷码位于表的左边，表的顶端也是格雷码，但此时意义不大，状态表中各项之间的这种邻接与卡诺图中的邻接一致。这可以使下一状态的两个变量 $A(t+1)$ 和 $B(t=1)$ 以及输出 Z 的值，直接传送到图 4-20 中的三个卡诺图中，从而绕过最小项之和表达式。这三个布尔方程，可通过卡诺图简化为：

$$D_A=AB+BX$$
$$D_B=X$$
$$Z=A\bar{B}X$$

图 4-21 给出了这个时序电路的逻辑图。组合逻辑的门输入代价是 9，一个触发器的门输入代价粗略估计为 14，因此这个电路的总门输入代价是 37。

例 4-7 采用单热点编码的序列识别器设计

在采用表 4-6 所示的单热点编码的设计中，表示 4 个状态需要使用 4 个触发器。4 个状态变量分别标记为 A、B、C、D，像通常那样，状态变量与相应的状态使用相同的名字。

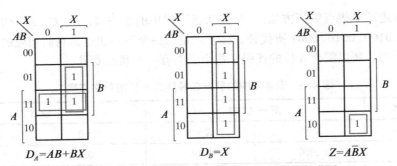

图 4-20　具有 D 触发器的格雷码时序电路的卡诺图

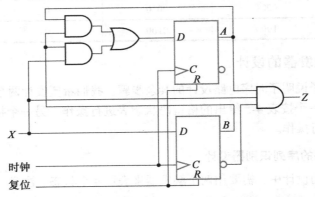

图 4-21　使用 D 触发器的格雷码序列识别器的逻辑图

　　与采用格雷码进行设计时的情况一样，设计步骤 1）～3）已经完成，并且选用 D 触发器。为完成步骤 4），触发器输入方程通过下一状态值得到。我们在前面写单热点编码的方程时已经提到，虽然列出的状态代码包含 4 个变量的值，但仅需将值为 1 的变量包含进来。同时，状态变量 Y 的激励方程中的每一项，都是基于变量 Y 在下一状态代码中的一个 1 值，而这些项的和由所有下一状态代码中的 1 而来。例如，当当前状态为 1000（A）且输入值 $X=1$ 时，或者当前状态为 0001（D）且输入值 $X=1$ 时，下一状态变量 B 为 1。从而，$B(t+1)=AX+DX$。在步骤 5），根据输出表中 Z 值为 1 的位置得到输出方程。导出的触发器输入方程以及输出方程为：

$$A(t+1)=D_A=A\overline{X}+B\overline{X}+D\overline{X}=(A+B+D)\overline{X}$$
$$B(t+1)=D_B=AX+DX=(A+D)X$$
$$C(t+1)=D_C=BX+CX=(A+C)X$$
$$D(t+1)=DD=C\overline{X}$$
$$Z=DX$$

228
～
229
　　图 4-22 给出了该时序电路的逻辑图。组合逻辑的门输入代价为 19，4 个触发器采用类似于例 4-5 中的估计方法其代价为 56，因此总代价为 74，几乎是采用格雷编码设计的两倍。这佐证了单热点设计硬件代价会比较大的观点。但是，一般说来，使用这种编码设计也许是出于另外一些因素的考虑，比如性能、可靠性以及易于设计和验证等。　　　　■

4.5.5　无效状态的设计

　　一个有 n 个触发器的电路有 2^n 个二进制状态。最初用来推导出电路的状态表中的状态

数 m，可能是任意一个满足 $m \leq 2^n$ 的数，在定义时序电路时没有用到的状态在状态表中没有列出。在简化输入方程时，无效状态可以看成勿须考虑的情况。表 4-7 中的状态表定义了三个触发器 A、B 和 C，以及一个输入 X，状态表里没有输出栏，这意味着触发器将作为电路的输出。3 个触发器可以定义 8 个状态，但是状态表中只列出了 5 个，因此有 3 个无效状态 000、110 和 111 没有包括在状态表中。如果把无用的当前状态值与输入 0 或 1 组合起来，那么在当前状态和输入栏中将得到 6 种无效的组合：0000、0001、1100、1101、1110 和 1111。这 6 种组合没有在状态表中列出，因此我们将其当成无关最小项来处理。

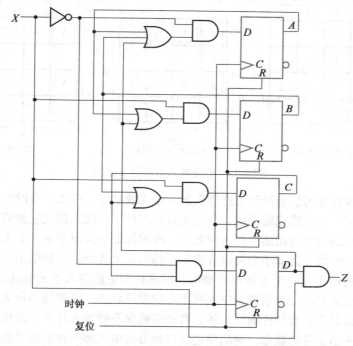

图 4-22　使用 D 触发器的单热点编码序列识别器的逻辑图

表 4-7　无效状态设计的状态表

当 前 状 态			输　入	下 一 状 态		
A	B	C	X	A	B	C
0	0	1	0	0	0	1
0	0	1	1	0	1	0
0	1	0	0	0	1	1
0	1	0	1	0	0	0
0	1	1	0	0	0	1
0	1	1	1	1	0	0
1	0	0	0	0	1	1
1	0	0	0	1	0	0
1	0	1	0	0	0	1
1	0	1	1	1	0	0

　　D 触发器的 3 个输入方程是利用下一状态值得到的，并用图 4-23 中的卡诺图进行简化。

每个图中有 6 个无关最小项，对应于二进制值 0、1、12、13、14 和 15 的方格。优化后的方程为：

$$D_A = AX + BX + \overline{B}\,\overline{C}$$

$$D_B = \overline{A}\,\overline{C}X + \overline{A}BX$$

$$D_C = \overline{X}$$

逻辑图可由输入方程直接得到，这里不再绘制。

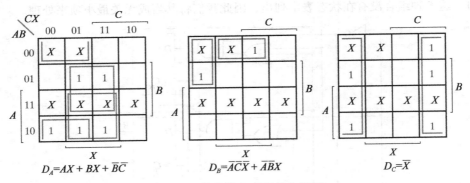

图 4-23　优化输入方程的卡诺图

外部干扰或误操作可能会导致电路进入某一个无效状态。所以，有时需要全部或部分地定义无效状态的下一状态值或输出值。指定无效状态的下一状态值或输出值可能有很多种方法，这取决于电路的功能和用途。第一种方法，按照保证任何由于进入了无效状态和无效状态之间的跳变所导致的行为都不会带来危害的原则来定义无效状态的输出。第二种方法，可以采用一个额外的输出或一个未使用的输出代码来指明电路进入了无效状态。第三种方法，为了保证不需要重新复位整个系统就能返回正常的操作状态，可以适当定义无效状态的下一状态行为。一般情况下，所选择的下一状态要能够确保不管输入什么样的值，电路在几个时钟周期内能到达一个正常的状态。到底使用这三种方法中的哪一种，是单独使用其中的一种还是组合起来使用，这取决于电路的实际应用或特定设计团队的设计策略。

4.5.6　验证

时序电路可以通过呈现电路产生的原始状态图或状态表进行验证。在最简单的情况下，我们可以针对电路的每个状态，加载所有可能的输入组合，然后观察状态变量和输出。对于较小的电路，实际的验证可以用手工方式完成。但在一般情况下，可以使用模拟来进行验证。在手工模拟中，可简单地直接加载各种状态与输入的组合，并验证输出和下一状态是否正确。

模拟验证不像手工验证那么乏味，但是通常需要一个输入组合序列和时钟信号。为了检验一个状态与输入组合，首先需要加载一个输入组合序列把电路置于所期望的状态，最有效的方法就是找到一个能够检验所有状态与输入组合的序列。状态图是产生和优化这一序列的理想工具。需要产生一个序列以保证在各个状态下加载各种输入组合，并在时钟上升沿之后观察到输出和下一状态值，序列的长度可利用状态图进行优化。在这个序列加载期间，复位信号也可以视为一个输入，我们可以在验证开始时特意使用它将电路置为初始状态。

例 4-8 说明了手工验证和基于模拟的验证这两种方法。

例 4-8 验证序列识别器

序列识别器的状态图如图 4-18d 所示，其逻辑图如图 4-21 所示，有四个状态和两个输入构成的组合，所以总共需要验证 8 种状态与输入组合。在下一个时钟上升沿后，触发器的输出状态就是我们要观察的下一状态。对 D 触发器而言，下一状态与时钟上升沿之前一瞬间的 D 输入相同。对于其他类型的触发器，时钟边沿之前一瞬间触发器的输入决定了触发器的下一状态。起初，电路处于一个未知状态，我们在复位输入端加载 1，这一输入值加载到图 4-21 中两个触发器的直接复位输入端。因为在这些输入端上没有圆圈，所以信号 1 将这两个触发器置为 0，得到状态 A(0, 0)。接下来，我们加载输入 0，手工模拟图 4-21 中的电路，发现输出为 0 和下一状态为 A(0, 0)，这与状态为 A 输入为 0 时的跳变一致。接下来，在状态 A 下加载输入 1 进行模拟，得到下一状态 B(0, 1) 和输出 0。对于状态 B，输入为 0 时，输出为 0，下一状态为 A(0, 0)；输入为 1 时，输出为 0，下一状态为 C(1, 1)。对于状态 C 和 D 的两个输入组合可以进行同样的处理。

对于通过模拟方式进行验证，需要生成一个能够加载所有状态与输入组合对的输入序列，同时还要生成相应的输出序列和状态序列，以便验证输出和下一状态的值。在进行优化时，要求所使用的时钟周期数和状态与输入组合对的数目之差尽可能地小（也就是说，状态与输入组合对重复出现的次数应该是最小的）。这可以解释为在状态图上，绘制出经过每个状态与输入组合对至少一次的最短路径。

在图 4-24a 中，为方便起见列出了对应各个状态的代码，同时用一个以 1 开头的粗黑色的整数序列把遍历状态图的路径标记了出来。这些整数对应图 4-24b 中时钟上升沿的标号，检验序列将会在这些时刻加载。时钟边沿标号对应的值就是那些出现在各个时钟上升沿之前（即在建立时间的间隔内）的值。在模拟中，时钟边沿 0 表示 $t=0$ 时刻，此时所有信号都处于未知状态。开始时，我们加载 1(1) 到复位输入端，将电路置为状态 A。首先加载输入值 0(2)，让电路保持在状态 A，然后加载输入值 1(3)，检查状态 A 的第二个输入组合。现在电路处于状态 B，这时我们可以将电路转移到状态 C 或返回到状态 A。哪一种选择比较好，现在尚不明确，所以我们随机地给输入加载 1(4)，电路进入状态 C。在状态 C，加载 1(5)，状态 C 保持不变，接下来我们加载 0，检验状态 C 的最后一个输入。现在电路处于状态 D，我们可以任意选择返回到状态 A 或返回到状态 B。如果加载 1(7)，那么就会返回到状态 B，然后我们可以检验在输入为 0(8) 时由 B 到 A 的跳变。最后，只剩下在状态 D 时输入为 0 的跳变需要检查。为了从状态 A 到达状态 D，我们必须加载序列 1、1、0(9)(10)(11)，然后再加载 0(12) 检验从状态 D 到状态 A 的跳变。这样，我们通过加载复位信号以及 11 个输入信号检验了 8 个状态跳变。虽然这个测试序列是长度最优的，但是用这种序列生成方法不能保证长度是最优的。然而，通常情况下这种方法能够产生一个效率比较高的序列。

为了模拟这个电路，我们利用 Xilinx ISE 4.2 原理图编辑器载入图 4-21 中的原理图，并利用 Xilinx ISE 4.2 HDL bencher 载入图 4-24b 中的序列作为输入波形。在载入波形时，重要的一点是要输入 X 在时钟边沿之前不再变化，这一方面保证有足够的时间来显示当前的输出，同时允许在建立时间开始之前输入的变化可以传播到触发器的输入端。图 4-25 中的输入波形图说明了这一点，在该波形中，输入 X 在时钟上升沿到达之后不久发生改变，这为输入信号的变化传播到触发器提供了充足的时间。这个电路使用 MTI Model Sim 模拟器模拟。然后，我们可以将图 4-25 中时钟上升沿之前的状态和输出上的波形值与图 4-24 所示状态图中每个时钟周期的值进行比较。通过比较，我们验证了电路的功能是正确的。∎

232

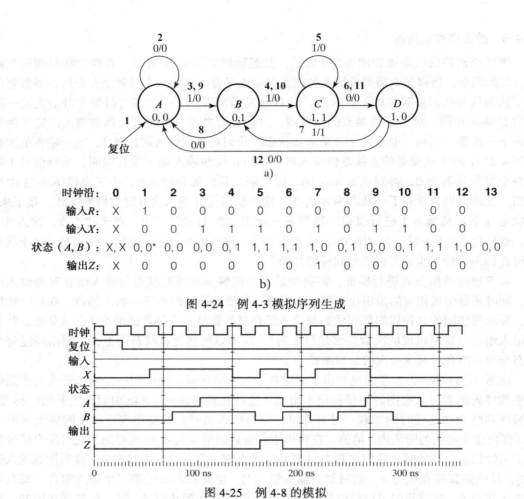

图 4-24 例 4-3 模拟序列生成

图 4-25 例 4-8 的模拟

4.6 状态机图及其应用

到目前为止，我们已经使用了状态图和状态表的传统标记法，图 4-26a 中的 Mealy 模型状态图说明了这种标记方法。虽然这种方法对小型设计而言效果不错，但是它往往难以处理甚至不能处理大型设计。例如，即使下一状态或输出仅仅依赖于其中一个输入变量，我们仍然要把 n 个输入变量的所有 2^n 个组合都表示在从每个状态出发的状态跳变上。同时，由于有很多个输出变量（假设有 m 个——译者注），对于每一个状态或每一种输入组合，即使只有一个输出依赖于这个状态和这种输入组合，我们仍然需要指定多达 2^m 个的输出组合。由于需要将状态转换和输出控制功能组合到一起，Mealy 模型在描述输出时效率也不高。事实可以表明，除使用 Mealy 模型外，尽可能多地使用 Moore 型输出，可以大大简化对输出的描述。不过，仅依赖于输入值而不依赖于状态转换的 Mealy 型输出，有时也是非常有用的。

这些情况说明，对于实际的设计而言，一种改进的状态图标记法是至关重要的，我们称这种改进的状态图为状态机图（state-machine diagram）。在这里我们使用这个术语主要是为了在标记方法上与传统状态图区分开来，而实际上它也可以用在传统的状态图表示形式中。修改标记法的主要目标是用布尔表达式和描述输入组合的方程，来代替数量庞大的输入和输出组合，以及扩大选择权限以便在传统模型的允许范围之外描述输出函数。

233 ~ 234

4.6.1 状态机图模型

这种模型基于输入条件、状态转换以及输出行为发展而来。对于一个给定的状态，它的输入条件（input condition）可用输入变量的布尔表达式或方程来表示。作为表达式的输入条件只能等于 1 或 0，而作为方程的输入条件，如果方程被满足，则条件等于 1，否则等于 0。一个状态转换弧上的输入条件称为转换条件（Transition Condition，TC），如果它等于 1 状态转换就会发生。值为 1 时会引起输出行为发生的输入条件称为输出条件（Output Condition，OC）。在一个 Moore 模型的状态机图中，只存在状态转换条件，因为输出行为仅是状态的函数，所以是无条件的，也就是说包含一个等于 1 的隐式输出条件。在传统的 Mealy 模型中，按照定义，当条件出现在弧上时，它既是转换条件也是输出条件，一条给定的转换弧上可能会出现多个转换条件和输出条件。在我们的模型中，通过两个途径改变 Mealy 模型。首先，我们允许输出条件出现在状态上而不仅仅在转换弧上；其次，允许输出条件依赖于弧上的转换条件，但它并不就是弧上的转换条件。这样在相应的状态表和 HDL 描述中提供了更大的灵活性。对于这个更加灵活的模型，一般的状态、转换以及多种可能的条件如图 4-26b 所示。

对于给定的状态，如果转换条件等于 1，那么由弧表示的相应状态转换就会发生。对于给定的状态和转换，如果所有的转换条件都为 0，那么相应的状态转换就不会发生。不受输入值影响，无条件转换（unconditional transition）总是在下一个时钟到来时发生，可以认为它包含了一个等于 1 的隐式转换条件。图 4-26c 解释了转换的概念，此图所表明的功能与图 4-26a 所示的传统状态图相同。例如，从状态 S_0 转换到 S_1 是无条件的；对于状态 S_3 和输入组合 11，转换条件 AB 等于 1，因此会发生到 S_0 的转换。状态 S_1 中的转换条件 $\bar{A}$ 和状态 S_2 中的转换条件 $A+B$ 很好地说明了这种方法能够有效地简化输入条件的表示形式。$\bar{A}$ 等于 1 表示输入组合 00 和 01，$A+B$ 等于 1 表示输入组合 01、10 和 11，分别导致 S_1 到 S_0 和 S_2 到 S_0 的转换。

我们通常通过列出输出条件和输出行为来处理输出。描述由状态和输出条件控制输出行为的各种形式如图 4-26b 所示。为方便起见，后面跟有一条斜线的输出条件（如果有）和相应的输出操作被放置在从该状态或从一个转移条件 TC 出发的一条直线或曲线的末尾，多个输出条件 / 输出动作对之间用逗号分隔。基于引发它们的条件，我们将输出行为分为四种类型，如图 4-26b 所示。Moore 型输出行为（Moore output action）仅依赖于状态，即是无条件的。独立于转换条件的 Mealy 输出（Transition-Condition Independent (TCI) Mealy output）其前面是相应的输出条件和斜线。这两种输出行为标记在与状态边界相连的一条线上，如图 4-26b 所示。依赖于转换条件的 Mealy 型输出行为（Transition-Condition Dependent (TCD) Mealy output action）取决于状态和转换条件，因此转换条件也就是输出条件。依赖于转换和输出条件的输出行为（Transition and Output-Condition Dependent（TOCD）output action）取决于状态、转换条件和输出条件，其前面是相应的输出条件 OC 和斜线。这两类输出行为由连接到它们所依赖的转换条件 TC 的一条线段标示，见图 4-26b。

在给定的状态下，如果有以下情况将会出现输出行为：（a）无条件（Moore），（b）TCI 和它的输出条件 $OC=1$，（c）TCD 和它的转换条件 $TD=1$，（d）TOCD 和它的转换条件 TC 和输出条件 OC 都为 1，也就是 $TC \cdot OC = 1$。注意，与某一状态关联的 Moore 型和 TCI 输出行为，可以应用到该状态的所有转换上。

　　一个输出行为可以是一个简单的输出变量，在给定的状态下，如果与这个状态或转换关联的相应输入条件全等于 1，则这个输出变量的值为 1，否则为 0。如果在一些状态或者状态 - 输入条件对上，没有关于某个变量的输出行为，则这个变量就采用默认值，这适用于从该状态出发的所有转换中，但与一个状态关联的 Moore 型和 TCI 输出行为例外。通常，我们明确地列出默认的输出行为以供参考，如图 4-26c 所示。

　　变量可以用已经赋值的向量来表示，向量或许被赋予特定的默认值。但是，对于一个向量，不会像给标量赋值那样，隐式地赋值为 0。最后，在第 6 章，寄存器传送语句将被列出作为输出行为。前面说明的所有修改都是为了能够使用复杂的输入条件和输出行为来描述一个完整的系统。请注意，这些修改很多都涉及本书前面章节中使用的算法状态机。

　　图 4-26c 可以用来说明这种表示方法的能力。状态 S_3 拥有变量 Y 和 Z 作为其 Moore 型输出行为，因此当电路处于状态 S_3 时 $Y=1$ 且 $Z=1$。状态 S_0 有一个 TCI 输出条件和行为 $\overline{B}/Y$，它表示当处于状态 S_0 时只要 $B=0$ 就有 $Y=1$。状态 S_1 有一个 TCI 输出条件和行为 $(\overline{A}+\overline{B})/Z$。在所有这些情况下，一个转换上应避免重复出现输出行为。对于状态 S_0 使用 TCI 输出行为，避免了同时指定转换为无条件转换，又在转换上指定输出条件 $\overline{B}$ 的问题。同样，对于状态 S_1 使用 TOCD 输出行为，可以更容易地提供伴随输出条件 $\overline{B}$ 的转换条件 A。

　　在这个例子中，图 4-26a 提供了导出图 4-26c 的信息。每个状态的转换和输出条件可以通过检查图 4-26a 中的二进制输入和输出组合，确定描述输出行为的最简方式，并找到输出条件的最简布尔表达式来得到。同样，对于每一个转换也能够找到最简的转换条件。这种方法实现了从传统的状态图到等效状态机图的转变。但是应当指出，我们的主要目的并不是这种转变，而是要从规格说明中直接得到电路的形式化描述。

　　可以在状态图中出现的最后一个元素是状态的二进制代码，这个二进制代码出现在状态名下面的括号里，或在一条来自状态的线段末尾的括号里。

4.6.2　对输入条件的约束

　　在描述转换和输出条件时，必须进行检查以确保无效的下一状态和输出均不会出现。对于所有可能的输入条件，每个状态必须有且仅有一个下一状态，每一个一位的输出变量有且仅有一个值，也就是为 0 或者 1，但不能是 0 和 1，这些条件按照约束来描述。

　　对于每一个状态，它的转换条件有两个约束：

　　1）给定状态 S_i 的转换条件之间必须是互斥的，也就是从一个给定状态出发的不同转换弧上的所有可能的条件对 $(T_{ij},\ T_{ik})$ 没有相同的输入值，即

$$T_{ij} \cdot T_{ik}=0$$

　　2）一个给定状态的全部转换条件必须覆盖所有可能的输入变量组合，即

$$\Sigma\, T_{ij}=1$$

　　其中 Σ 代表或运算。如果 S_i 有无关的下一状态，这些状态的转换条件必须包含在或运算中。在应用这些约束的时候，不要忘了无条件转换有一个隐式的转换条件 1。

　　在状态机图的形式化描述中，对于每一个状态和它的转换集，必须检查相应的转换条件。如果约束 1 不成立，则当前状态的下一状态会有两个或者多个。如果约束 2 不成立，则一个或者多个转换没有下一状态，而实际上需要指定下一状态。这两种情况都是不合法的。

　　对于每个状态，输出条件也有两个相似的约束：

　　1）对于在状态 S_i 里面或者在其转换上的每个输出行为（输出变量相同，但是取值不

同），相应的输出条件对 (O_{ij}, O_{ik}) 必须是互斥的，也就是满足

$$O_{ij} \cdot O_{ik} = 0$$

2）对于每一个输出变量，状态 S_i 或者它的转换上的输出条件必须覆盖所有可能的输入变量组合，也就是

$$\sum O_{ij} = 1$$

对于状态 S_i，如果存在无关输出，那么无关输出的输出条件也必须包含在或运算中。在应用这些约束的时候，不要忘了一个状态或者一段弧上的无条件输出行为有隐式的输出条件 1。值得注意的是，在这样的分析中必须考虑默认的输出行为。

例 4-9　约束检查

在这个例子中，对图 4-26c 所示的状态机图以及图 4-26d 和图 4-26e 中所示的无效事件进行转换和输出约束检查。从图 4-26c 开始，对约束 1 所做的转换条件检查的结果如下：

S_0：约束默认满足，因为在不同的跳变弧上没有跳变条件对。

S_1：有一对 TC 需要检查：$\bar{A} \cdot A = 0$。

S_2：有一对 TC 需要检查：$(A+B) \cdot \bar{A}\bar{B} = 0$。

S_3：有三对 TC 需要检查：$AB \cdot \bar{A} = 0$，$AB \cdot A\bar{B} = 0$ 和 $\bar{A} \cdot A\bar{B} = 0$。

因为所有的结果全为 0，所以约束 1 是满足的。接下来，检查约束 2：

S_0：跳变是无条件的，它有一个隐式的跳变条件 1。

S_1：$\bar{A} + A = 1$。

S_2：$(A+B) + \bar{A}\bar{B} = 1$。

S_3：$\bar{A} + AB + A\bar{B} = 1$。

因为对于所有的状态，结果全为 1，所以约束 2 是满足的。接下来，检查输出条件的约束 1：

S_0：只有一个关于输出行为 Y 的输出条件 $\bar{B}$，因此约束条件默认满足。

S_1：第一个一致的输出变量为 Y，对于 TOCA·$\bar{B}$，它的值为 1，对于输入条件 $\bar{A}$ 和 AB，Y 没有出现，它的值默认为 0。值得注意的是，如果 $\bar{B}$ 不用和转换条件 A 的与运算来解释，那么检查 $\bar{A} \cdot \bar{B} \neq 0$，这是错误的！第二个一致的输出变量为 Z，输入条件为 $\bar{A}+\bar{B}$ 时它的值为 1，输入条件为 AB，默认为 0。一般而言，由于有默认输出行为，无效的情况是不可能出现的，因此约束满足。

S_2：第一个一致的输出变量为 Y，第二个为 Z。对于输出条件 $A+B$，Y 的值为 1，而对于 $\bar{A}\bar{B}$ 其值默认为 0。对于输出条件 $\bar{A}\bar{B}$，Z 的值为 1，而对于 $A+B$ 其值默认为 0。由于使用了默认值，约束满足。

S_3：没有具有不同输出值的一致输出变量，因此这里的输出约束默认为满足。

对于所有的 4 种状态，输出约束均满足，因此状态机图的其他两种约束同样满足。接下来检查输出条件下的约束 2：

S_0：有一个输出条件 $\bar{B}$，此时 $Y=1$。对于 $\bar{B}$ 的反码 B，Y 默认为 0。将这两个条件进行或运算，$\bar{B}+B=1$。一般而言，对于有默认输出值的情况，由于默认条件覆盖了指定的输出条件之外的所有输入组合，因此约束满足。

S_1 到 S_3：由于变量 Y 和 Z 有默认输出行为，因此同 S_0 一样，约束也满足。

图 4-26d 和图 4-26e 说明了在状态机图中的一些无效情况。在图 4-26d 中，$\bar{A} \cdot \bar{B} = \bar{A}\bar{B}$，

因此转换约束 1 不能满足。在图 4-26e 中，输出变量 Z 在状态 S 中取值为 1，在转换条件 AB 上取值为 0。检查输出条件约束 1 有 $1 \cdot AB \neq 0$，因此约束不满足。实际上，这种情况只是因为设计者没有意识到，由于状态 S 的规格说明已经指定在转换上 $Z=1$。 ■

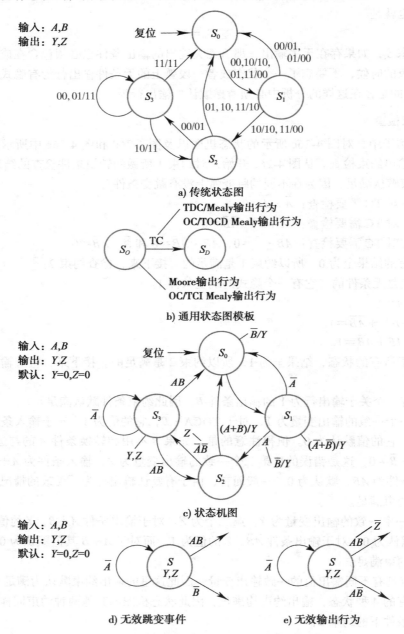

图 4-26　传统状态和状态机图形式化描述

4.6.3　使用状态机图的设计应用

下面我们将用两个例子来说明如何用状态机图进行设计。除了设计的形式化描述外，我们还会阐述在状态表中使用状态机图形式化描述的有效性。这些例子也说明了，对于那些具有大量输入和状态的问题,得到一个好的解决方法是可能的,特别是对于那些传统状态图、传统状态表和卡诺图无法解决的问题。

例 4-10 用状态机图设计批处理混合系统

设计一个处理大批量液体的混合系统。首先将三个原料放入一个圆形搅拌油箱,搅拌原料,然后从油箱倒出混合液体。每一个油箱有三个入口,每个入口有一个通断阀。油箱中有三个可移动的流体传感器,可以在当液面达到所要求的高度时让各个阀门关闭,以控制只需要第一种原料,第一种和第二种原料或者所有三种原料。有一个开关用来选择是将两种还是三种原料进行混合。有一个按钮用来启动操作,另一个按钮可以随时终止操作。用一个计时器来控制混合周期,混合时间的长短用一个手动仪表盘来设定,它向计时器提供一个开始值,而计时器则通过向下计数到零来对混合操作进行计时。在混合完成以后,打开输出阀,从油箱中倒出混合液。

设计一个时序电路来控制混合过程,电路的输入和输出在表 4-8 中给出。在开始运行混合系统之前,操作员在合适的位置安装好液体传感器 L1、L2 和 L3。接下来,操作员通过开关 NI 选择两种或者三种原料,并通过设置仪表盘 D 的值来确定混合的时间。然后,按下START 按钮,混合操作自动进行,直到按下 STOP 按钮才会终止。打开阀门 V1,直到 L1指示液体已经达到刻度线 1;关闭阀门 1 并打开阀门 2,直到 L2 指示刻度线达到 1 加 2;关闭阀门 2,如果开关 NI=1,阀门 3 打开,直到 L3 指示刻度线达到 1 加 2 加 3;如果 NI=0,计时器从仪表盘 D 读入计数值,并向下计数,此时混合操作开始,但在 NI=1 的情况下,只有当 L3 指示三种原料的刻度线都已经达到后,这些操作才会发生。当信号 TZ 指示计时器到达 0 时,混合终止。接下来,输出阀门打开直到传感器 L0 指示容器为空。任何时候按下 STOP 按钮,原料的添加、混合会停止,阀门会关闭。

235
~
240

表 4-8 批处理混合系统的输入和输出变量

输　　入	值为 1 的含义	值为 0 的含义
NI	三种原料	两种原料
Start	开始一个批处理周期	无操作
Stop	停止进行中的批处理周期	无操作
L0	箱空	箱非空
L1	箱添加到刻度线 1	箱未添加到刻度线 1
L2	箱添加到刻度线 2	箱未添加到刻度线 2
L3	箱添加到刻度线 3	箱未添加到刻度线 3
TZ	定时器处于 0	定时器未处于 0
输　　出	值为 1 的含义	值为 0 的含义
MX	混合器开启	混合器关闭
PST	从 D 载入定时器的值	无操作
TM	定时器开启	定时器关闭
V1	阀门打开添加原料 1	阀门关闭停止添加原料 1
V2	阀门打开添加原料 2	阀门关闭停止添加原料 2
V3	阀门打开添加原料 3	阀门关闭停止添加原料 3
VE	输出阀门打开	输出阀门关闭

241 　　设计的第一步是构造状态机图。在这个步骤中，将使用表 4-8 中的输入和状态信号，图的构造过程可以用图 4-27 来说明。我们从初始状态 Init 开始，这是一个复位状态。只要 START 为 0 或者 STOP 为 1，系统就保持在 Init 状态。当 START 为 1 且 STOP 为 0 时，需要一个新的状态来表示添加原料 1，图中加入了状态 Fill_1 以执行这个操作，其输出为 V1。处于状态 Fill_1 时，如果操作者按下 STOP 按钮，系统返回 Init 状态并终止添加操作，如图中所示。如果没有按下 STOP 按钮并且 L1 仍然为 0，那么添加必须继续进行，状态保持在 Fill_1 不变，图中用返回 Fill_1 的附有标注 $\overline{L1} \cdot \overline{STOP}$ 的转换表示。添加继续，直到达到原料 1 的添加刻度线，此时 L1=1。当 L1=1 并且 STOP=0 时，加入一个新的状态 Fill_2。将输入条件 $L1 \cdot \overline{STOP}$ 应用到状态 Fill_1 后，V1 变为 0，阀门 1 关闭，并且状态变为 Fill_2，阀门 2 打开，Fill_2 的输出为 V2。Fill_2 上的环路表明状态维持在 Fill_2，直到 L2=1。当 L2=1 并且 STOP=0 时，若 NI=1，加入状态 Fill_3 用来表示混合三种原料的情况；若 NI=0，则加入状态 Mix 用来表示混合两种原料的情况，同时加入输出 PST 将计时器设置为仪表盘 D 上的混合时间。除了用 L3 代替了 L1 之外，Fill_3 的转换和 Fill_1 是一样的。输入条件为 $L3 \cdot \overline{STOP}$ 时，原料添加完成，进入状态 Mix 进行原料混合，同样给 $L3 \cdot \overline{STOP}$ 增加一个 Mealy 输出变量来设置混合时间。在状态 Mix 下，使用输出 MX 来激活混合操作。另外，如果 TZ=0 且 Stop=0，则状态维持在 Mix，并且通过 Mealy 型输出 TM 打开计时器，使得计时器向下计时。当 TZ=1 时，加入状态 Empty，这是因为计时器已经为 0。当混合过程结束时，通过 VE 打开输出阀门使液体流出容器。如果 L0=0 且 Stop=0，状态保持在 Empty，图中用返回 Empty 的附有输入条件 $\overline{L0} \cdot \overline{STOP}$ 的环表示。在任何时候，如果 L0 或者 STOP 变为 1，状态将返回到 Init，VE 变为 0，输出阀门关闭。这样就完成了状态机图的整个设计过程。之后需要进行分析来验证转换、输出条件约束，这将留给读者在习题 4-37（a）中完成。

　　虽然状态机图和状态图相似，但是构建标准的状态表是很困难的，因为这里的 8 个输入需要 256 列。然而，按照下面的任意一种方法列举每行的元素，可以构建一个表：1）一个状态，它的无条件下一状态，以及它的 TCI 输出行为和输出条件，2）一个状态的每个转换条件和相应的下一状态，3）相应的 TCD 和 TCOD 输出行为，后者带有输出条件。表 4-9 给出了图 4-27 所示状态机图的相应结果。在这个表中，非零输出栏中的项是 Moore 型输出或者 TCD 输出。对于 TCD 输出，布尔表达式可以共享并用在激励和输出方程中。最后，我们定义以下几个用于激励方程和输出方程中的中间变量：

$$X = Fill\_2 \cdot L2 \cdot \overline{NI} \cdot \overline{STOP}$$
$$Y = Fill\_3 \cdot L3 \cdot \overline{STOP}$$
$$Z = Mix \cdot \overline{TZ} \cdot \overline{STOP}$$

表 4-9　批处理混合系统的状态表

状　态	状　态　码	转　换　条　件	下一个状态	状　态　码	非 0 输出（包含使用 TCs 的 Mealy 型输出 *）
Init	100000	$\overline{START} + STOP$ $START \cdot \overline{STOP}$	Init Fill_1	100000 010000	
Fill_1	010000				V1
		STOP $\overline{L1} \cdot \overline{STOP}$ $L1 \cdot \overline{STOP}$	Init Fill_1 Fill_2	100000 010000 001000	

（续）

状　　态	状　态　码	转　换　条　件	下一个状态	状　态　码	非 0 输出（包含使用 TCs 的 Mealy 型输出 *）
Fill_2	010000				V2
		STOP	Init	100000	
		$\overline{L2} \cdot \overline{STOP}$	Fill_2	001000	
		$L2 \cdot \overline{NI} \cdot \overline{STOP}$	Mix	000010	PST*
		$L2 \cdot NI \cdot \overline{STOP}$	Fill_3	000100	
Fill_3	000100				V3
		STOP	Init	100000	
		$\overline{L3} \cdot \overline{STOP}$	Fill_3	000100	
		$L3 \cdot \overline{STOP}$	Mix	000010	PST*
Mix	000010				MX
		STOP	Init	100000	
		$\overline{TZ} \cdot \overline{STOP}$	Mix	000010	TM*
		$TZ \cdot \overline{STOP}$	Empty	000001	
Empty	000001				VE
		$\overline{LO} \cdot \overline{STOP}$	Empty	000001	
		$LO + \overline{STOP}$	Init	100000	

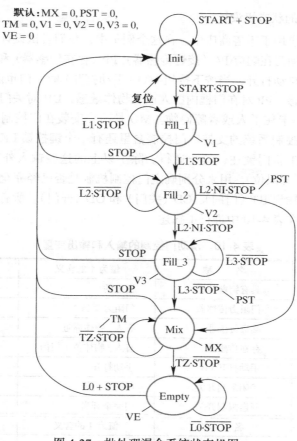

图 4-27　批处理混合系统状态机图

表中使用单热点状态赋值方法，假定每个状态变量用它的值为 1 时所对应的状态来命名。激励和输出方程为：

$$\text{Init}(t+1)=\text{Init}\cdot\overline{\text{START}}+\overline{\text{STOP}}+\text{Empty}\cdot L0$$

$$\text{Fill\_1}(t+1)=\text{Init}\cdot\text{START}\cdot\overline{\text{STOP}}+\text{Fill\_1}\cdot\overline{L1}\cdot\overline{\text{STOP}}$$

$$\text{Fill\_2}=\text{Fill\_1}\cdot L1\cdot\overline{\text{STOP}}+\text{Fill\_2}\cdot\overline{L2}\cdot\overline{\text{STOP}}$$

$$\text{Fill\_3}=L2\cdot NI\cdot\overline{\text{STOP}}+\text{Fill\_3}\cdot\overline{L3}\cdot\overline{\text{STOP}}$$

$$\text{Mix}=X+Y+Z$$

$$\text{Empty}(t+1)=\text{Mix}\cdot TZ\cdot\overline{\text{STOP}}+\text{Empty}\cdot\overline{LO}\cdot\overline{\text{STOP}}$$

$$V1=\text{Fill\_1}$$

$$V2=\text{Fill\_2}$$

$$V3=\text{Fill\_3}$$

$$\text{PST}=X+Y$$

$$\text{MX}=\text{Mix}$$

$$\text{TM}=Z$$

在 Init $(t+1)$ 的方程中，当输入 STOP 为 1 时，全部 6 种状态都回到状态 Init，因此不需要定义关于 STOP 的状态。有意思的是，X、Y 和 Z 同时出现在下一状态和输出方程中。采用单热点赋值方法时，无论是使用状态表还是状态机图，方程的形式化描述都是很直接的。 ■

`241 ~ 244`

例 4-11 控制滑动门的状态机设计

自动滑动门广泛应用于零售商店中。在这个例子中，我们尝试设计一个控制滑动门的时序逻辑。这个单向滑动门在响应 PA（接近传感器）、PP（存在传感器）和 DR（门阻力传感器）这三种传感器时能够自动打开，当按下按钮 MO（手动打开）时，门也能够自动打开。PA 对经过门的人或物体敏感，PP 对在门框内的人或者物体敏感，DR 对关门时的阻力敏感，当阻力大于 15 磅时表明门卡住了人或者障碍物。MO 是一个安装在门控制盒里的手动按钮，用它开门时不需要自动控制系统的支持。门控制盒里还有一个键控锁 LK，在商店下班时，它通过一个电控门闩 BT 将门锁住，禁止通行。除了以上的这些输入外，还有两个限位开关 CL（关限位）和 OL（开限位），用来分别确定门控制机制是否已经完全将门关闭或打开。这个控制机制中有三个输出 BT（门闩）、CD（关门）和 OD（开门）。所有这些输入或者输出取值为值 1 和 0 的含义在表 4-10 中进行了描述。

表 4-10 滑动门控制的输入和输出变量

输入符号	名称	值为 1 的含义	值为 0 的含义
LK	具有钥匙的锁	锁定的	开启的
DR	门阻力传感器	门阻力≥15 1b	门阻力<15 1b
PA	临近传感器	有人/物体靠近	无人/物体靠近
PP	存在传感器	有人/物体位于门内	无人/物体位于门内
MO	手动打开 PB	手动打开	无手动打开
CL	关闭限制开关	门完全关闭	门没有完全关闭
OL	开启限制开关	门完全开启	门没有完全开启
输出符号	名称	值为 1 的含义	值为 0 的含义
BT	门闩	门闩关闭	门闩打开
CD	关闭门	关闭门	无动作
OD	打开门	关闭门	无动作

用刚刚给出的描述和附加的设计限制，我们来构造一个状态机图，这是时序电路设计的第一步。我们首先定义初始状态 Closed，它用来复位电路。复位以后，门第一次被打开，那么什么是打开门的转换条件呢？首先门必须没有上锁，这用 $\overline{LK}$ 来标记。其次，必须有个人接近这个门，或者在门框内有个人，或者手动开门按钮被按下，这些情况用 PA＋PP＋MO 来标记。通常，我们并不希望第一次开门是由 PP 引起的，因为这意味着有一个人已经在门框内，但是在 PA 开门失效时应该把它包含进去，可以用它来开门。门锁和传感器条件必须出现在门打开的条件中，所以它们通过与运算组合在一起构成转换条件，它标示在从状态 Closed 到 Open 的箭头上，当处于 Open 状态时，出现开门操作。如果 LK ＝1 或者 PA、PP 和 MO 全部为 0，则门仍然是关闭的，因此状态依然为 Closed 的转换条件是 LK＋$\overline{PA} \cdot \overline{PP} \cdot \overline{MO}$。LK 也是 BT 的输出条件，因此 LK 和 $\overline{PA} \cdot \overline{PP} \cdot \overline{MO}$ 这两个转换条件都需要。激活 CD 时需要 $\overline{PA} \cdot \overline{PP} \cdot \overline{MO}$ 和 $\overline{CL}$，而且 BT 没有激活，也就是 $\overline{LK}$，这可以用转换条件 $\overline{PA} \cdot \overline{PP} \cdot \overline{MO}$ 加上输出条件 $\overline{CL} \cdot \overline{LK}$ 来实现，如图 4-28 所示。如果门还没有完全打开（由限位开关 $\overline{OL}$ 标示），则状态仍然为 Open 且 OD 为 1。当输入条件变为 OL 时，门完全打开，新的状态为 Opened。值得注意的是，在 Open 状态时除了 OL 外并没有监视其他任何传感器输入，因为我们假定不管是否还有人或物体在传感器所能敏感的范围，门都会完全被打开。如果至少还有一个开门的输入为 1，则状态保持为 Opened，门是打开的，表示这种条件的表达式为 PA＋PP＋MO。为了保持门为打开状态，指示门还没有完全打开的限位开关 $\overline{OL}$ 和 PA＋PP＋$\overline{OM}$ 进行与运算，产生一个激活门开启输出 OD 的输出条件。如果所有开门的输入值为 0，门将会被关闭，这个转换条件为 $\overline{PA} \cdot \overline{PP} \cdot \overline{MO}$，它导致从 Opened 转换到一个新的状态 Close，同时输出为 CD。在状态 Close 时，如果 4 个传感器 PA、PP、MO 或者 DR 中的任何一个为 1（用 PA＋PP＋MO＋DR 表示），则门必将重新打开，并且下一状态为 Open。在状态 Close 时，因为门正在被关闭，所以 DR 必须包含在输入条件中，以表明门是否被人或者物体所阻挡。Close 状态的输入条件形式和 Open 状态的不一样，因为如果 PA、PP、MO 或者 DR 为 1，即使门只是部分关闭，关门动作也必须停止。与在 Open 状态时使用 OL 传感器类似，我们增加一个到 Closed 状态的转换，转换条件为 $CL \cdot \overline{PA} \cdot \overline{PP} \cdot \overline{MO} \cdot \overline{DR}$。CL 和所有传感器信号都为 0 时会使 Close 状态保持不变，它的转换条件为 $\overline{CL} \cdot \overline{PA} \cdot \overline{PP} \cdot \overline{MO} \cdot \overline{DR}$。到此我们完成了状态机图的设计。通过分析来验证转换、输出条件约束，这将留给读者在习题 4-37（b）中完成。值得注意的是，对于 OD 和 CD 为 0 的所有输出条件是隐含的，我们没有给出，但实际上在验证输出约束时它们是必须考虑的。

从状态机图得到的状态表如表 4-11 所示，设计的下一步是进行状态赋值。因为只有 4 种状态，所以只要使用两位长的编码，我们选择格雷码。状态编码信息已经添加在表 4-11 所示的状态机表中。有了适当的状态赋值，我们现在就可以写出电路的下一状态和输出方程了。由于输入变量数量较大，用图形化优化方式缺少灵活性，但可以采用一些多级优化方法，以便降低实现成本。从表 4-11 中导出的等式都是基于下一状态变量取值为 1，激励方程中的乘积项由状态和输入条件组合中的 1 用状态变量的乘积替代来获得的，例如 01 变成 $\overline{Y}1 \cdot Y2$，表中第三行的乘积项是 $\overline{Y}1 \cdot \overline{Y}2 \cdot (\overline{LK}(PA＋PP＋MO))$。多个乘积项可以通过或运算形成一个激励方程。表达式 PA＋PP＋MO 和它的补 $\overline{PA} \cdot \overline{PP} \cdot \overline{MO}$ 是 TOCD 输出行为的转换条件，并且作为其他转换条件的因子频繁出现。因为因子有用，所以把这两个表达式分别用 X 和 $\overline{X}$ 来表示。激励方程为：

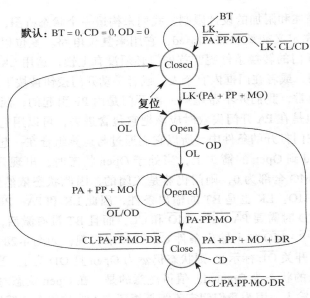

图 4-28　自动滑动门的状态机图

$$X = PA + PP + MO$$

$$Y_1(t+1) = \overline{Y}_1 \cdot Y_2 \cdot OL + Y_1 \cdot Y_2 + Y_1 \cdot \overline{Y}_2 \cdot \overline{CL} \cdot \overline{X} \cdot \overline{DR}$$

$$Y_2(t+1) = \overline{Y}_1 \cdot \overline{Y}_2 \cdot \overline{LK} \cdot X + \overline{Y}_1 \cdot Y_2 + Y_1 \cdot Y_2 \cdot X + Y_1 \cdot \overline{Y}_2 \cdot (X + DR)$$

表 4-11　自动滑动门的校正状态表

状 态	状态编码	输入条件	下一个状态	状态编码	非 0 输出（包括 TCD 和 TOCD 输出行为和输出条件 *）
Closed	00	LK	Closed	00	BT*
	00	$\overline{PA} \cdot \overline{PP} \cdot \overline{MO}$	Closed	00	$\overline{LK} \cdot \overline{CL}$/CD*
	00	$\overline{LK} \cdot (PA + PP + MO)$	Open	01	
Open	01				OD
	01	$\overline{OL}$	Open	01	
	01	OL	Opened	11	
Opened	11	PA + PP + MO	Opened	11	$\overline{OL}$/OD*
	11	$\overline{PA} \cdot \overline{PP} \cdot \overline{MO}$	Close	10	
Close	10				CD
	10	$\overline{CL} \cdot \overline{PA} \cdot \overline{PP} \cdot \overline{MO} \cdot \overline{DR}$	Close	10	
	10	$CL \cdot \overline{PA} \cdot \overline{PP} \cdot \overline{MO} \cdot \overline{DR}$	Closed	00	
	10	PA + PP + MO + DR	Open	01	

　　输出方程的乘积项由该输出的状态组合和状态组合 -Mealy 型输出条件组成。像激励方程一样，用状态变量的乘积来代替状态组合，并将每一个输出变量的乘积项用 OR 运算连接起来。运用多级优化得到的输出等式为：

$$BT = \overline{Y}_1 \cdot \overline{Y}_2 \cdot LK$$

$$CD = Y_1 \cdot \overline{Y}_2 + \overline{Y}_1 \cdot \overline{Y}_2 \cdot \overline{LK} \cdot \overline{CL} \cdot \overline{X} = (Y_1 + \overline{LK} \cdot \overline{CL} \cdot \overline{X}) \cdot \overline{Y}_2$$

$$OD = \overline{Y}_1 \cdot Y_2 + Y_1 \cdot Y_2 \cdot \overline{OL} \cdot X = (\overline{Y}_1 + \overline{OL} \cdot X) \cdot Y_2$$

　　运用这 6 个等式，可以设计出相应的组合逻辑，再加上表示 Y_1 和 Y_2 的两个带有复位输入的触发器就可以构造最终的电路。

基于状态机图和状态机表的设计现在已经介绍完毕。在第 6 章，我们将用这些工具来描述包含有寄存器传输的系统，这将产生一些设计数据通路的方法，这些数据通路由寄存器传输硬件和基于状态的控制组成。

异步接口、同步和同步电路缺陷　在本节中，我们使用了来自传感器、按钮和开关的信号，这些信号没有和同步时序电路的时钟同步，这在实际应用中可能会因为定时问题而导致灾难性的错误，这些问题将在 4.11 节、4.12 节和 4.13 节中进行讨论。

4.7　时序电路的 HDL 描述——VHDL

在第 2 章和第 3 章中，我们使用了 VHDL 来描述组合电路。同样，VHDL 也可以用来描述存储元件和时序电路。在这一节中，我们将通过描述上升沿触发的 D 触发器和一个序列识别器电路来说明如何使用 VHDL。这些描述包含一些新的 VHDL 概念，其中最重要是进程（process）的概念。到目前为止，我们已经在 VHDL 中用并发赋值语句描述了条件和行为组合。然而，如果问题特别复杂，并发赋值语句的作用就会受到限制。通常，时序电路都比较复杂，用一个并发赋值语句来描述它是很困难的。进程可以看作并发赋值语句的替代品，但它有非常强大的描述能力。多个进程可以并行执行，同时进程也可以和并发赋值语句并行执行。

一般情况下，进程体实现一个顺序程序。但是，在进程中进行赋值的信号，其值只有当进程执行完毕时才发生改变。如果进程执行中包括有：

```
B <= A;
C <= B;
```

则当进程执行完毕时，B 被赋为 A 的初值，C 被赋为 B 的初值。与此相反，如果是在一般程序中执行完这两条语句，则 C 被赋为 A 的初值。为了实现类似于一般程序的行为，VHDL 中使用了另一个被称为变量（variable）的结构。信号赋值需要经过一定的延迟之后才能生效，而变量赋值则可以立刻生效。所以，如果 B 是下列语句中的变量：

```
B := A;
C := B;
```

则 B 立刻被赋为 A 的值，而 C 被赋为 B 的新值，也就是说 C 被赋为 A 原来的值。变量只能在进程内部出现。注意，变量赋值时我们使用的是符号“:=”而不是“<=”。

例 4-12　用 VHDL 语言描述带有复位输入的上升沿触发的 D 触发器

以图 4-29 所示的上升沿触发的 D 触发器的结构为例，我们来说明进程的基本结构。进程以关键字 **process** 开始。**process** 的前面可以加一个进程名，后面再紧跟一个冒号。在后面的圆括号里面有两个信号，CLK 和 RESET，这是进程的敏感表（sensitivity list）。如果 CLK 或 RESET 发生变化，那么进程就会被执行。一般情况下，进程都是在其敏感表中的信号或变量发生改变时被执行的。有一点很重要需要注意，敏感表不是包含所有输入和输出的参数列表。例如，输入 D 没有出现在进程敏感表中，因为改变它的值不会造成 Q 的值发生改变。在敏感表的后面，进程以关键字 **begin** 开始，以关键字 **end** 结束。**end** 后面的 **process** 可写可不写。

VHDL 的条件结构可以用在进程体内，图 4-29 中的 **if-then-else** 就是一个例子。VHDL 中 **if-then-else** 语句的一般结构为

246 ~ 248

249

```
-- Positive-Edge-Triggered D Flip-Flop with Reset:
-- VHDL Process Description
library ieee;
use ieee.std_logic_1164.all;
entity dff is
    port(CLK, RESET, D : in std_logic;
         Q : out std_logic);
end dff;

architecture pet_pr of dff is
-- Implements positive-edge-triggered bit state storage
-- with asynchronous reset.

begin
process (CLK, RESET)
    begin
        if (RESET = '1') then
            Q <= '0';
        elsif (CLK'event and CLK = '1') then
                Q <= D;
            end if;
        end if;
    end process;
end;
```

图 4-29   具有复位信号的上升沿触发式触发器的 VHDL 进程描述

```
if condition then
  sequence of statements
{elsif condition then
  sequence of statements}
else
  sequence of statements
end if;
```

花括号 {} 内的语句可以出现 0 次到任意次。进程中的 **if-then-else** 语句在功能上相当于 **when else** 并发赋值语句, 我们用下面这段代码来说明:

```
if A = '1' then
  Q <= X;
elsif B = '0' then
  Q <= Y;
else
  Q <= Z;
end if;
```

如果 A 为 1, 那么触发器 Q 被载入 X 的值; 如果 A 为 0 且 B 为 0, 那么触发器 Q 被载入 Y 的内容, 否则, Q 被载入 Z 的内容。A 和 B 的 4 种组合对应的最终结果为:

```
A = 0, B = 0    Q <= Y
A = 0, B = 1    Q <= Z
A = 1, B = 0    Q <= X
A = 1, B = 1    Q <= X
```

通过嵌套 **if-then-else** 结构可以实现更加复杂的条件执行语句, 例如下面这段代码：

```
if A = '1' then
  if C = '0' then
    Q <= W;
  else
    Q <= X;
  end if;
elsif B = '0' then
  Q <= Y;
else
  Q <= Z;
end if;
```

A、B 和 C 的 8 种组合对应的最终结果为：

```
A = 0, B = 0, C = 0       Q <= Y
A = 0, B = 0, C = 1       Q <= Y
A = 0, B = 1, C = 0       Q <= Z
A = 0, B = 1, C = 1       Q <= Z
A = 1, B = 0, C = 0       Q <= W
A = 1, B = 0, C = 1       Q <= X
A = 1, B = 1, C = 0       Q <= W
A = 1, B = 1, C = 1       Q <= X
```

有了刚刚介绍的这些知识，我们就可以研究用 VHDL 来描述图 4-29 中所示的上升沿触发的 D 触发器。进程敏感表中包括 CLK 和 RESET，所以只要 CLK 和 RESET 其中之一或者两者同时发生改变，进程就会被执行。对于边沿触发的触发器来说，D 的值发生变化，Q 的值并不会改变，所以 D 没有出现在敏感表中。根据 if-then-else 语句的规定，如果 RESET 为 1，触发器的输出 Q 复位为 0。否则，如果时钟发生改变（用在 CLK 后附加 'event 来表示），并且新的时钟信号值为 1（用 CLK = '1' 表示），那么在 CLK 上就会产生一个上升沿事件。上升沿事件导致的结果是将 D 的值载入触发器，因此 D 的值出现在 Q 输出端。注意，按照 **if-then-else** 结构的规定，只要 RESET 等于 1 就会使输出 Q 变为 0，而不管其他情况如何。用类似的简单方法可以描述其他类型的触发器及其触发方式。■

例 4-13　序列识别器的 V H D L 语言描述

图 4-30 和图 4-31 中所示的是一个更为复杂的例子，它们描述了图 4-18d 所示的序列识别器的状态图。描述中的结构体包括三个不同的进程，这些进程可以并行执行，并通过共享信号值相互通信，涉及的新概念包括为定义新类型的类型声明和处理条件操作的 case 语句。 251

```
-- Sequence Recognizer: VHDL Process Description
-- (See Figure 4-18(d) for state diagram)
library ieee;
use ieee.std_logic_1164.all;
entity seq_rec is
    port(CLK, RESET, X: in std_logic;
         Z: out std_logic);
end seq_rec;
```

图 4-30　序列识别器的 VHDL 描述

```
architecture process_3 of seq_rec is
    type state_type is (A, B, C, D);
    signal state, next_state : state_type;
begin

-- Process 1 - state_register: implements positive-edge-triggered
-- state storage with asynchronous reset.
    state_register: process (CLK, RESET)
    begin
      if (RESET = '1') then
          state <= A;
      elsif (CLK'event and CLK = '1') then
            state <= next_state;
      end if;
end process;

-- Process 2 - next_state_function: implements next state as
-- a function of input X and state.
    next_state_func: process (X, state)
    begin
      case state is
        when A =>
      if X = '1' then
        next_state <= B;
      else
          next_state <= A;
            end if;
        when B =>
      if X = '1' then
        next_state <= C;
      else
          next_state <= A;
            end if;
```

图 4-30 （续）

```
-- Sequence Recognizer: VHDL Process Description (continued)
    when C =>
      if X = '1' then
          next_state <= C;
      else
          next_state <= D;
            end if;
        when D =>
      if X = '1' then
          next_state <= B;
      else
          next_state <= A;
            end if;
        end case;
    end process;

-- Process 3 - output_function: implements output as function
-- of input X and state.
    output_func: process (X, state)
    begin
```

图 4-31　序列识别器的 VHDL 描述

```
        case state is
            when A =>
            Z <= '0';
        when B =>
            Z <= '0';
        when C =>
            Z <= '0';
            when D =>
        if X = '1' then
            Z <= '1';
        else
            Z <= '0';
                end if;
            end case;
        end process;
end;
```

图 4-31 （续）

252
～
253

类型声明允许我们定义与已有的类型类似的新类型，如 std_logic。类型声明以关键字 **type** 开始，后面跟着新类型的名称、关键字 **is** 和一个圆括号，圆括号内是新类型的信号值列表。对于图 4-30 中的例子，我们有：

type state_type **is** (A, B, C, D);

新类型的名称为 state_type，在这个例子中，信号值是图 4-18d 中状态的名称。一旦声明了一种 type，就可以用它来声明信号或变量。看图 4-30 中的例子：

signal state, next_state : state_type;

它表示 state 和 next_state 都是 state_type 类型的信号，所以，state 和 next_state 都可以有值 A、B、C 和 D。

基本的 **if-then-else**（不使用 **elsif**）语句，根据条件为 TRUE 或 FALSE 进行两路判断。相反，**case** 语句可以根据多个条件中哪一条为 TRUE 来进行多路判断。

一般 **case** 语句的简化形式为：

```
case expression is
   {when choices =>
    sequence of statements;}
end case;
```

其中的 choices 必须是表达式中所用信号类型可接受的值，**case** 语句在功能上类似于 **with-select** 并发赋值语句。

在图 4-30 和图 4-31 所示的例子中，Process 2 使用 **case** 语句定义序列识别器的下一状态函数。**case** 语句根据电路的当前状态 A、B、C 或 D 做出多路选择。**if-then-else** 语句根据输入 X 为 1 还是 0，在每个状态做出两者择一的选择。并发赋值语句根据当前状态值和输入值的 8 种可能的组合给下一状态赋值。例如，考虑 **when** B 时二择一的状态选择，如果 X 等于 1，那么下一状态将为 C；如果 X 等于 0，那么下一状态将为 A，这对应着图 4-18d 中从状态 B 出发的两个转换。对于更加复杂的电路，也可以用 **case** 语句来处理输入条件。

有了前面对 **case** 语句所做的简要介绍，下面我们就可以来讨论整个序识别器的描述了。虽然三个进程各自有不同的功能，但是这三个进程相互作用实现了完整的序列识别器。Process1 描述了状态的存储，注意这一描述类似于对上升沿触发的触发器的描述，但还是有两点区别。第一，它所包含的信号的类型是 state_type 而不是 std_logic。第二，加载 RESET 后得到的状态是 A 而不是 0。同时，由于我们使用的是像 A、B 和 C 这样的状态名，所以没用指定状态变量的个数（即触发器的个数），状态代码也是未知的。Process 1 是三个进程中唯一一个包含存储的进程。

正像前面讨论过的那样，Process 2 描述下一状态函数，其敏感表包括信号 X 和 state。一般情况下，在描述组合电路时，所有的输入必须出现在敏感表中，因为只要有一个输入发生变化，进程都必须执行。

Process 3 描述输出函数。同 Process 2 一样，Process 3 也使用了 **case** 语句框架，其中以 state 作为表达式。在这个进程中没有指定下一状态，而是将值 0 和 1 赋给了 Z。如果所赋的值与 X 的取值无关，那么就不需要 **if-then-else** 语句，因此仅对状态 D 使用了 **if-then-else** 语句。如果存在多个变量，那么可以使用更加复杂的 **if-then-else** 组合，或者前面所叙述的 **case** 语句来表示输出依赖于输入的情况。这个例子是个 Mealy 型状态机，它的输出是电路输入的函数。如果是一个 Moore 型状态机，输出只依赖于状态，输入 X 不会出现在敏感表中，并且在 **case** 语句中也不会出现 **if-then-else** 结构。

图 4-32 给出了一个用于验证这个 VHDL 序列识别器的测试程序。如前面章节所介绍的一样，测试程序的实体没有端口，并用结构体声明被测器件以及与它连接的信号，然后对被测器件进行实例化。但是，与以前介绍的测试程序不同，这个测试平台使用了多个进程来向序列识别器的输入提供激励。apply_inputs 进程提供 RESET 和 X 输入，而 generate_clock 进程提供时钟周期信号。apply_inputs 进程使用的测试序列在例 4-8 中已经有所描述，这个序列存储在 std_logic_vector test_sequence 中。在模拟开始时，进程激活 RESET，从而使状态机进入一个已知的状态。RESET 失效后，进程用一个 **for** 循环语句加载存储在 test_sequence 数组中的 X 输入值。输入值加载的时间是在时钟的上升沿刚过后不久，这样才能保证在下一个上升沿到来之前，存储元件有足够的时间来满足定时要求，这一点将在本章的后面进行讨论。

这个测试程序为验证简单有限状态机的 VHDL 模型提供了一个模板：用多个进程产生时钟信号，加载复位和其他输入。对于更复杂的电路，测试程序可能要从文件中读取输入，将被测器件的输出与已知的好的输出进行比较，对错误输出进行自动标识。为实现这些功能，VHDL 语言支持文件读/写和用户输入/输出，这些内容已经超出本教材的范围，但感兴趣的读者很容易从众多的 VHDL 专门书籍中的任何一本找到它们。■

使用 **if-then-else** 语句或 **case** 语句时，经常会出现一个毛病，这就是在综合过程中，不希望出现的存储元件会以锁存器和触发器的形式而出现。图 4-29 中所用的简单的 **if-then-else** 语句就存在这一毛病，这个程序综合后生成一个触发器。除了两个输入信号 RESET 和 CLK 外，信号 CLK'event 是通过将预定义的属性 'event 应用到 CLK 信号来产生的。如果 CLK 的值发生变化，CLK 'event 就为 TRUE，表 4-12 给出了所有可能的数值组合。在 RESET 为 0，且 CLK 固定为 0 或 1 或为下降沿时，行为是未指定的。在 VHDL 中我们假定，对于 **if-then-else** 或 **case** 语句中任何未指定行为的条件组合，赋值语句的左边保持不变，这等价于 Q<＝Q，出现了存储操作。所以，当不想要存储时，对

所有的条件组合必须定义结果行为。如果没有什么好选的，可以在 **if-then-else** 或 **case** 语句中使用 **others** 语句。如果在 **case** 语句中使用二进制数据，比如像 2.9 节那样，也必须使用 **others** 语句来处理 std_logic 中 7 个数值的组合，而不仅仅是单纯的 0 和 1 的组合。

```vhdl
-- Testbench for sequence recognizer example
library ieee;
use ieee.std_logic_1164.all, ieee.std_logic_unsigned.all;

entity seq_rec_testbench is
end seq_rec_testbench;

architecture testbench of seq_rec_testbench is
    signal clock, X, reset, Z: std_logic;
    signal test_sequence : std_logic_vector(0 to 10)
       := "01110101100";

    constant PERIOD : time := 100 ns;

    component seq_rec is
    port(CLK, RESET, X: in std_logic;
       Z: out std_logic);
    end component;

begin
    u1: seq_rec port map(clock, reset, X, Z);

    -- This process applies reset and
    -- then applies the test sequence to input X
    apply_inputs: process
    begin
      reset <= '1';
      X <='0';
      -- ensure that inputs are applied
      -- away from the active clock edge
      wait for 5*PERIOD/4;
      reset <= '0';
      for i in 0 to 10 loop
        X <= test_sequence(i);
        wait for PERIOD;
      end loop;
      wait;   --wait forever
    end process;

    -- This process provides the clock pulses
    generate_clock: process
    begin
      clock <= '1';
      wait for PERIOD/2;
      clock <= '0';
      wait for PERIOD/2;
    end process;
end testbench;
```

图 4-32 VHDL 序列识别器模型的测试程序

表 4-12　用 VHDL 说明存储的产生

输　　入			行　　为
RESET=1	CLK=1	时 钟 事 件	
FALSE	FALSE	FALSE	未指定
FALSE	FALSE	TRUE	未指定
FALSE	TRUE	FALSE	未指定
FALSE	TRUE	TRUE	Q<=D
TRUE	—	—	Q<='0'

　　综上所述，这三个进程分别描述了序列识别器这个时序电路的状态存储、下一状态函数和输出函数。这些是一个时序电路状态图中的所有组成要素，因此我们已经完成了对序列识别器的描述。使用三个不同的进程只是描述时序电路的一种方法，还可以将两个进程或全部三个进程组合起来进行更简洁的描述。然而，对于 VHDL 的初学者来说，使用三个进程的描述方法是最容易的，同时也能很好地配合综合工具。

　　将电路综合成实际的逻辑，除了技术库之外，还需要给状态赋值。很多综合工具采用自主方式或者按照用户的提示进行状态赋值，用户也可以明确地对状态进行赋值，这在VHDL 中可以用枚举类型来实现。图 4-30 和图 4-31 所示的状态机编码，可以通过在 **type** state_type 声明后增加下面的语句来实现：

```
attribute   enum_encoding: string;
attribute   enum_encoding  of  state_type:
type is     "00, 01, 10, 11";
```

虽然它不是标准的 VHDL 结构，但是可以被很多综合工具识别。另外，可以不对状态使用类型声明，而将状态变量声明为信号，并使用状态的实际代码。在这种情况下，如果状态在模拟输出中出现，则它们将以编码后的状态值出现。

4.8　时序电路的 HDL 描述——Verilog

　　在第 2 章和第 3 章，我们用 Verilog 描述了组合电路。同样，Verilog 也可以用来描述存储元件和时序电路。在这一节中，我们将通过描述上升沿触发的 D 触发器和一个序列识别器电路来说明如何使用 Verilog。这些描述将涉及一些新的 Verilog 概念，其中最重要的是进程和网表的寄存器类型。

　　到目前为止，我们已经在 Verilog 中用连续赋值语句描述了条件和行为组合。然而，连续赋值语句的描述能力有限。进程（process）可以看作连续赋值语句的替代品，但它有非常强大的描述能力。多个进程可以并行执行，同时进程也可以和连续赋值语句并行执行。

　　在进程内使用的是过程化的赋值语句，而不是连续赋值语句。由于这个原因，赋值之后数值仍要保存，可以使用寄存器（register）类型而不是线类型来实现信息保存。定义寄存器类型的关键字是 **reg**。注意，网表为寄存器类型，但并不意味着实际上会用一个寄存器来实现它，要导出一个实际存在的寄存器，还需提供一些附加条件。寄存器类型用来存储变量的值，它可以用来在硬件实现中表示组合或时序逻辑。

　　有两类基本进程，**initial** 进程和 **always** 进程。**initial** 进程在 t=0 时刻开始执

行并且只执行一次，**always** 进程也在 $t=0$ 时刻开始执行，但是此后会重复执行。为了防止进程不受控制的执行，需要进行某种形式的定时控制，如延迟一段时间或等待某一事件发生。操作符 # 后跟一个整数，可以用于定义延迟。@ 操作符可看作"等待某一事件发生"，@ 后面跟着一个表达式，它描述引起进程执行的一个或多个事件的表达式。

进程体类似于一个顺序执行的程序。进程以关键字 **begin** 开始，以关键字 **end** 结束，过程性质的赋值语句构成了进程的主体。赋值语句可以分为阻塞赋值语句和非阻塞赋值语句。阻塞赋值语句用＝作为赋值操作符，非阻塞赋值语句用 <= 作为赋值操作符。阻塞赋值语句（blocking assignment）是顺序执行的，它很类似于用像 C 这样的过程化语言编写的程序。非阻塞赋值语句（nonblocking assignment）首先计算操作符右边的值，只有在计算完所有操作符右边的值之后才进行赋值。阻塞赋值语句可以用下面的进程体来进行说明，其中 A、B 和 C 为 **reg** 类型：

```
begin
  B = A;
  C = B;
end
```

第一条语句将 A 的值赋给 B，第二条语句将 B 的新值赋给 C。在进程执行完之后，C 的值等于 A 原来的值。

假设同样的进程体使用无阻塞赋值语句：

```
begin
  B <= A;
  C <= B;
end
```

第一条语句将 A 原来的值赋给 B，第二条语句将 B 原来的值赋给 C。在进程执行完之后，C 的值等于 B 原来的值，而不是 A 原来的值。事实上，这两条语句是并行执行的而不是顺序执行的。为了确保所设计的 Verilog 模块综合后的行为与模拟时所表现的行为一致，我们应该遵守以下几点原则：

- 生成组合逻辑时，赋值应该使用阻塞赋值语句。
- 生成时序逻辑时，赋值应该使用非阻塞赋值语句。
- 阻塞和非阻塞赋值语句不要在同一个 always 块中使用。
- 给一个特定的变量（寄存器类型）赋值，应该只在一个 always 块中使用。

遵守了这些原则所设计出来的、可综合的、有限状态机的 Verilog 模型，通常由两个或三个 **always** 块组成：一个 **always** 块用非阻塞语句表示时序逻辑（状态寄存器），一个或两个 **always** 块用阻塞语句表示组合逻辑（下一状态和输出信号）。根据状态机的复杂程度不同，情况简单时可以将下一状态和输出组合逻辑合在一起使用一个 **always** 块来描述，如果它们都比较复杂则可以各自用一个块来描述。

例 4-14　带有复位信号的上升沿触发的 D 触发器的 Verilog 语言描述

现在我们可以把前面介绍的新概念应用到对上升沿触发的 D 触发器的 Verilog 语言描述中去，如图 4-33 所示。首先声明模块及其输入、输出。因为需要用 Q 来存储信息，所以将它声明为 **reg** 类型。进程以关键字 **always** 开始，紧跟其后的是 @（**posedge** CLK **or** posedge RESET），这是进程的事件控制（event control）语句，当一个事件（即一个特定信号的特定变化）发生时它启动进程执行。在 D 触发器中，如果 CLK 或 RESET 变为 1，进程就会被执行。注意，事件控制语句并不是一个包括了所有输入的参数列表，例如输入 D 就没有出现，因为它的值发生变化不会改变 Q 的值。在事件控制语句之后，进程以关键字 **begin** 开始，在进程结尾处为关键字 **end**。

```
// Positive-Edge-Triggered D Flip-Flop with Reset:
// Verilog Process Description

module dff_v(CLK, RESET, D, Q);
   input CLK, RESET, D;
   output Q;
   reg Q;

always @(posedge CLK or posedge RESET)
begin
   if (RESET)
      Q <= 0;
   else
      Q <= D;
end
endmodule
```

图 4-33　带有复位输入的上升沿触发的 D 触发器的 Verilog 语言描述

在进程体内可以使用 Verilog 条件结构，注意图 4-33 例子中的 **if-else** 语句。Verilog 语言中 **if-else** 的一般结构为：

```
if  (condition)
   begin  procedural statements  end
{else if  (condition)
   begin procedural statements end}
{else
   begin procedural statements end}
```

如果只有一条过程化语句，没有必要使用关键字 **begin** 和 **end**：

```
if(A == 1)
   Q <= X;
else if (B == 0)
   Q <= Y;
else
   Q <= Z;
```

注意，条件语句中使用了两个等号。如果 A 为 1，触发器 Q 被载入 X 的值；如果 A 为 0 同时 B 为 0，那么触发器 Q 被载入 Y 的值；其余情况下，Q 被载入 Z 的值。A 和 B 的 4 种组合对应的最终结果为：

```
A = 0, B = 0   Q <= Y
A = 0, B = 1   Q <= Z
A = 1, B = 0   Q <= X
A = 1, B = 1   Q <= X
```

进程中的 **if-else** 语句在功能上类似于我们前面介绍的连续赋值语句中的条件操作符。条件操作符可以在进程内使用，但是 **if-else** 不能在连续赋值语句中使用。

嵌套的 **if-else** 结构可以用来实现更加复杂的条件执行语句。例如，我们有：

```
if(A == 1)
  if(C == 0)
    Q <= W;
  else
    Q <= X;
else if (B == 0)
  Q <= Y;
else
  Q <= Z;
```

在这种类型的结构中，**else** 与前面最近的一个还没有与其他 **else** 匹配的 **if** 相关联。A、B、C 取值的 8 种组合对应的最终结果为：

```
A = 0, B = 0, C = 0      Q <= Y
A = 0, B = 0, C = 1      Q <= Y
A = 0, B = 1, C = 0      Q <= Z
A = 0, B = 1, C = 1      Q <= Z
A = 1, B = 0, C = 0      Q <= W
A = 1, B = 0, C = 1      Q <= X
A = 1, B = 1, C = 0      Q <= W
A = 1, B = 1, C = 1      Q <= X
```

我们回到图 4-33 中描述上升沿触发的 D 触发器的 **if-else** 语句，假设 CLK 或 RESET 出现上升沿，如果 RESET 为 1，触发器的输出 Q 复位为 0，否则 D 的值存储在触发器中，因此 Q 等于 D。由于 **if-else** 的这种结构，RESET 为 1 决定了 D 触发器受时钟控制的行为，使输出 Q 变为 0。类似的简单描述也可以用于表示其他类型的触发器和触发方式。■

例 4-15 序列识别器的 Verilog 描述

图 4-34 中这个更为复杂的例子，代表了图 4-18d 中所示的序列识别器的状态图。例子所描述的结构由三个独立的进程构成，它们可以并行执行，并通过共享信号值相互作用，涉及的新概念包括状态编码和处理条件的 **case** 语句。

```
// Sequence Recognizer: Verilog Process Description
// (See Figure 4-18(d) for state diagram)
module seq_rec_v(CLK, RESET, X, Z);
    input CLK, RESET, X;
    output Z;
    reg [1:0] state, next_state;
    parameter A = 2'b00, B = 2'b01, C = 2'b10, D = 2'b11;
    reg Z;
// state register: implements positive edge-triggered
// state storage with asynchronous reset.
always @(posedge CLK or posedge RESET)
begin
    if (RESET)
        state <= A;
```

图 4-34 序列识别器的 Verilog 进程描述

```
      else
          state <= next_state;
  end
  //.te function: implements next state as function
  // of X and state
  always @(X or state)
  begin
      case (state)
          A: next_state = X ? B : A;
          B: next_state = X ? C : A;
          C: next_state = X ? C : D;
          D: next_state = X ? B : A;
      endcase
  end

  // output function: implements output as function
  // of X and state
  always @(X or state)
  begin
      case (state)
          A: Z = 1'b0;
          B: Z = 1'b0;
          C: Z = 1'b0;
          D: Z = X ? 1'b1 : 1'b0;
      endcase
  end
  endmodule
```

图 4-34 （续）

图 4-34 声明了模块 seq_rec_v 和输入输出变量 CLK、RESET、X 以及 Z，接下来将 state 和 next_state 声明为寄存器类型。注意，因为 next_state 不需要被存储，所以也可以将它声明为线类型（wire）。但是，因为它在 **always** 内部赋值，所以必须被声明为 **reg** 类型。这两个寄存器都是两位的，其中最高位（MSB）编号为 1，最低位（LSB）编号为 0。

接下来，给 state 和 next_state 表示的每个状态命名，并赋予相应的二进制代码，这可以通过使用参数语句或编译指令 **define** 来实现。这里我们将使用参数语句，因为编译指令要求在整个描述中每个状态的前面都要加上 "'" 符号，这不大方便。从图 4-18d 所示的状态图中可见，有 A、B、C 和 D 四个状态，而且用参数语句为每个状态赋予了状态代码。定义状态代码的符号为 2'b，后面跟着所赋予的二进制代码，符号里面的 2 表示所定义的代码长度为 2，'b 表示代码是用二进制表示的。

if-else（不使用 **else if**）语句根据条件为 TRUE 或 FALSE 进行两路判断。与此相反，**case** 语句可以根据多个条件中哪一条为 TRUE 来进行多路判断。一般 **case** 语句的简化形式为：

```
case  expression
   {case expression : statements}
endcase
```

其中花括号 {} 表示一个或多个这样的条目。

case 表达式的值必须是表达式中所使用的信号类型可能出现的值。一般情况下，case 表达式中有多条语句。在图 4-34 所示的例子中，描述下一状态函数的 **case** 语句基于电路的当前状态为 A、B、C 或 D 作多路选择。每个 case 表达式使用不同类型的条件语句，根据输入 X 为 1 或 0 进行两路选择。阻塞赋值语句根据状态值和输入值 8 种可能的组合，为下一状态进行赋值。例如，考虑表达式 B，如果 X 等于 1，下一状态为 C；如果 X 等于 0，下一状态将为 A。这对应着图 4-18d 中从状态 B 出发的两条状态转换线。

有了前面对 **case** 语句所做的简要介绍，下面我们就可以来讨论整个序识别器的描述了。虽然三个进程各自有不同的功能，但是这三个进程相互作用实现了完整的序列识别器。第一个进程描述了用于存储序列识别器状态的状态寄存器，注意这一描述类似于对上升沿触发的触发器的描述，但还是有两点区别。第一，状态寄存器是两位的。第二，加载 RESET 后得到的状态是 A 而不是 0。第一个进程是三个进程中唯一一个与存储（时序逻辑）有关的进程。根据本节前面提供的编码指南，always 块使用非阻塞赋值语句。

第二个进程描述下一状态函数，这已经在前面讨论过。事件控制语句包含信号 X 和 state。一般情况下，在描述组合逻辑时，所有输入都必须出现在事件控制语句中，因为无论何时只要有一个输入发生变化，进程都必须被执行。由于下一状态逻辑是组合逻辑，所以这个进程使用阻塞赋值语句。

最后一个进程描述输出函数。与描述下一状态函数的进程一样，这一进程也使用 **case** 语句框架，同样使用阻塞语句因为该进程描述的是组合逻辑，而且没有给状态赋值，却给输出 Z 赋值 0 和 1。如果所赋的值与 X 为 0 或 1 无关，那么就不需要条件赋值语句，所以只针对状态 D 使用了条件语句。如果存在多个输入变量，那么就需要如前面所描述的那样，使用更加复杂的 **if-else** 组合来表示输出依赖于输入的情况。这个例子是一个 Mealy 型状态机，电路输出是输入的函数。如果是一个 Moore 型状态机，输出只依赖于状态，输入 X 将不会出现在事件控制语句中，同时在 **case** 语句中也不会出现条件控制结构。

图 4-35 给出了一个用于验证这个 Verilog 序列识别器的测试程序。如前面章节所介绍的一样，这个模块没有端口，模块声明了被测器件以及与它连接的线和寄存器，然后对被测器件进行实例化。但是，与以前介绍的测试程序不同，这个测试程序使用了多个进程来向序列识别器的输入提供激励。第一个进程提供 **reset** 和 X 输入，第二个进程提供时钟周期信号。第一个进程使用的测试序列在例 4-8 中已经有所描述，这个序列存储在 **reg** 数组 test_sequence 中。在模拟开始时，进程激活 **reset**，从而使状态机进入一个已知的状态。**reset** 失效后，进程用一个 **for** 循环语句加载存储在 test_sequence 数组中的 X 输入值。输入值加载的时间是在时钟的上升沿刚过后不久，这样才能保证在下一个上升沿到来之前，存储元件有足够的时间来满足定时要求，这一点将在本章的后面进行讨论。

```verilog
// Testbench for Verilog sequence recognizer
module seq_req_v_testbench();
    wire Z;
    reg clock, X, reset;

    reg [0:10] test_sequence = 11'b011_1010_1100;
    integer i;
    parameter PERIOD = 100;

    seq_rec_v DUT(clock, reset, X, Z);
```

图 4-35　Verilog 序列识别器模型的测试程序

```
// This initial block initializes the clock, applies reset,
// and then applies the test sequence to input X.
    initial
    begin
        reset = 1'b1;
        X = 1'b0;
        // Ensure that inputs are applied
        // away from the active clock edge
        #(5*PERIOD/4);
        reset = 1'b0;
        for (i = 0; i < 11; i = i+1)
        begin
          X = test_sequence[i];
            #PERIOD;
        end
        // Stop the simulation after all the inputs
        // in the sequence have been applied
        $stop;
    end

// This always block provides the clock pulses
    always
    begin
        clock = 1'b1;
        #(PERIOD/2);
        clock = 1'b0;
        #(PERIOD/2);
    end
endmodule
```

图 4-35 （续）

这个测试程序为验证简单有限状态机的 Verilog 模型提供了一个模板：用多个进程产生时钟信号，加载复位和其他输入。对于更复杂的电路，测试程序可能要从文件中读取输入，将被测器件的输出与已知的好的输出进行比较，对错误输出进行自动标识。为实现这些功能，Verilog 语言支持文件读 / 写和用户输入 / 输出，这些内容已经超出本教材的范围，但感兴趣的读者很容易从众多的 Verilog 专门书籍中的任何一本找到它们。■

使用 **if-else** 语句或 **case** 语句时，经常会出现一个毛病，这就是在综合过程中，不希望出现的存储元件会以锁存器或触发器的形式而出现。图 4-33 中所用的非常简单的 **if-else** 语句就存在这个毛病，这个程序综合后生成一个触发器。除了两个输入信号 RESET 和 CLK 外，事件 **posedge** CLK 和 **posedge** RESET 当各自的信号从 0 变为 1 时它们的值就为 TRUE。表 4-13 给出了 RESET 和两个事情取值的一些组合情况。在 RESET 没有出现正边沿，或 RESET 为 0 且 CLK 固定为 0 或 1，或出现负边沿的情况下，没有定义行为。在 Verilog 中我们假定，对于 **if-else** 或 **case** 语句中任何未指定行为的条件组合，赋值语句的左边保持不变，这等价于 Q< = Q，出现了存储操作。所以，当不需要存储时，对所有的条件组合必须定义结果行为。为了防止出现不该出现的锁存器或触发器，对于 **if-else** 结构，如果不希望存储，则必须小心翼翼地对所有的 **case** 语句加上 **else**。在一个 **case** 语句中，对于那些没有指定的所有选择可能发生的情况，应该增加一个 **default** 语句。在这个 **default** 语句中，可以指定一个特殊的状态，在这个例子中是状态 A。

表 4-13   用 Verilog 说明存储的产生

输 入		行 为
上升沿 RESET 且 RESER＝1	上升沿 CLK	
FALSE	FALSE	未指定
FALSE	TRUE	Q<=D
TRUE	FALSE	Q<=0
TRUE	TRUE	Q<=0

综上所述，这三个进程分别描述了序列识别器这个时序电路的状态存储、下一状态函数和输出函数。这些是一个时序电路状态图中的所有组成要素，因此我们已经完成了对序列识别器的描述。使用三个不同的进程只是描述时序电路的一种方法，下一状态和输出进程可以很容易地组合在一起。然而，对于 Verilog 的初学者来说，使用三个进程的描述方法是最简单的，同时也能很好地配合综合工具。

4.9 触发器定时

定时参数与脉冲触发（主从）式和边沿触发式触发器的操作有关。图 4-36 给出了主从 SR 触发器和负边沿触发式 D 触发器的参数说明。正边沿触发式 D 触发器的参数与负边沿的触发器相同，只不过它的时间基准是时钟的上升沿而不是下降沿。

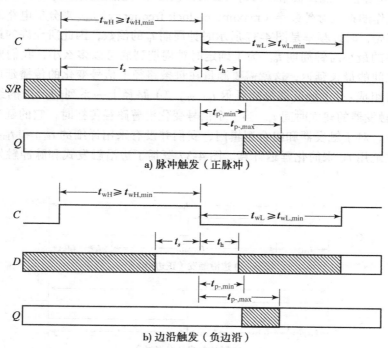

a) 脉冲触发（正脉冲）

b) 边沿触发（负边沿）

图 4-36   触发器的定时参数

使用触发器时，必须考虑触发器对输入和时钟 C 的响应定时。对于这两种触发器，都有一个称之为建立时间（setup time）的最小时间 t_s，即让输出发生改变的时钟变换之前，输入 S 和 R 或 D 必须维持一段时间不变。否则，主从触发器的主锁存器将发生错误的变化，而边沿触发器的主锁存器处于中间值,从锁存器复制这个中间值。同样,这两种触发器还有一个称之为保持时间(hold time)的最小时间 t_h,即让输出发生改变的时钟变化之后,输入 S 和 R 或 D 必须保持一段时间不变。否则,主锁存器可能会响应输入而发生变化,在其变化时从锁存器复制该值。另外,还有一个最小的时钟脉冲宽度(clock pulse width)t_w,以保证主锁存器有足够的时间来正确地捕获输入值。在这些参数中,脉冲触发器和边沿触发器最不相同的参数是建立时间,如图 4-36 所示。脉冲触发器的建立时间等于时钟脉冲宽度,而边沿触发式触发器的建立时间可以比时钟脉冲宽度小很多。所以,边沿触发式触发器多用在较快速的设计中,因为触发器的输入可以在下一个时钟边沿到来之前尽早发生改变。

264
~
266
触发器的传播延迟时间(propagation delay time)t_{PHL}、t_{PLH} 或 t_{pd} 定义为时钟触发沿与输出稳定为一个新值之间的时间间隔。这些时间的定义方式与反相器的相同,只是从时钟触发沿而不是从反相器的输入变化开始度量。在图 4-36 中,这些参数都采用 t_p 标记,并给出最小、最大值。由于触发器输出变化与输入分离,为确保正确操作,最小传播延迟应该比保持时间长。这些以及其他一些参数均在制造商的集成电路产品数据手册中给出。

对于锁存器与直接输入可以定义同样的定时参数,只是需要附加传播延迟来对锁存器的透明行为进行建模。

4.10 时序电路定时

除了分析电路的功能,根据输入到输出的最大延迟(maximum input-to-output delay)和电路能正常工作的最大时钟频率(maximum clock frequency)f_{max} 来分析电路的性能也是至关重要的。首先,时钟频率是图 4-37 所示时钟周期 t_p 的倒数,因此所允许的最大时钟频率对应于所允许的最小时钟周期 t_p。为了确定时钟周期到底可以多么小,我们要判定两个时钟触发边沿之间的最长延迟,这就需要测量在每条路径上信号变化的传播延迟。每条路径延迟由三部分组成:1)触发器传播延迟 $t_{pd,FF}$,2)路径上一系列门产生的组合逻辑延迟 $t_{pd,COMB}$,3)触发器的建立时间 t_s。当一个信号变化沿着路径传播时,它的延迟等于这些延迟之和。注意,对于触发器和组合逻辑门,我们并没有采用详细的 t_{PLH} 和 t_{PHL} 值来进行计算,取而代之地用 t_{pd} 来简化延迟计算。图 4-37 概括了边沿触发式和脉冲触发式触发器的延迟图。

267

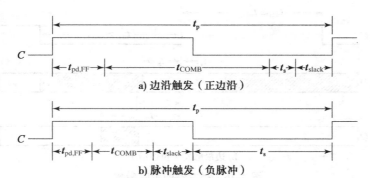

图 4-37 时序电路的定时参数

在时钟上升沿之后,如果一个触发器要发生变化,则它的输出会在时钟边沿后的 $t_{pd,FF}$ 时刻发生改变。这个改变将通过组合逻辑路径,传递给触发器的输入,这需要一个额外时间

$t_{pd,COMB}$，使信号的改变到达第二个触发器。最后，在下一个时钟上升沿到来之前，这个变化必须在触发器的建立时间 t_s 内在输入端维持不变。这条路径 $P_{FF,FF}$ 和其他可能的路径如图 4-38 所示。对于由原始输入驱动的路径 $P_{IN,FF}$，用 t_i 代替 $t_{pd,FF}$，它表示在时钟上升沿到来之后输入变化的最迟时间。对于驱动原始输出的路径 $P_{FF,OUT}$，用 t_o 代替 t_s，它表示在下一个时钟沿到来之前允许输出改变的最迟时间。最后，在 Mealy 型电路中，从输入到输出的组合路径 $P_{IN,OUT}$，会同时使用 t_i 和 t_o。每条路径都有松弛时间 t_{slack}，它指在时钟周期内，路径上传播信号所需时间之外的额外时间。由图 4-38 可以得到 $P_{FF,FF}$ 类型路径的时间计算公式：

$$t_p = t_{slack} + (t_{pd,FF} + t_{pd,COMB} + t_s)$$

为了保证信号的变化值能够被接收触发器捕获，所有路径的 t_{slack} 必须大于或等于 0。具体要求为：

$$t_p \geqslant \max(t_{pd,FF} + t_{COMB} + t_s) = t_{p,min}$$

此处的最大值是指所有路径中，信号从触发器传播到触发器的最长时间，下面的例子介绍了路径 $P_{FF,FF}$ 的典型计算方法。

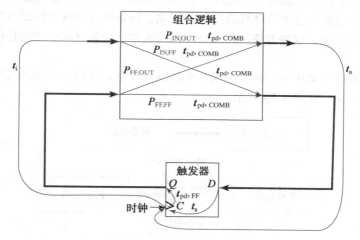

图 4-38 时序电路定时路径

例 4-16 时钟周期与频率估算

假设所使用的触发器全部相同，且 $t_{pd} = 0.2$ ns（1 ns $= 10^{-9}$ s），$t_s = 0.1$ ns。从触发器开始到触发器结束的最长路径是具有最大 $t_{pd,COMB}$ 值的路径，进一步再假设最大的 $t_{pd,COMB}$ 为 1.3 ns，且 t_p 已经设置为 1.5 ns。由前面关于 t_p 的等式可以写出

$$1.5 \text{ ns} = t_{slack} + 0.2 + 1.3 + 0.1 = t_{slack} + 1.6 \text{ ns}$$

从该等式可以求得 $t_{slack} = -0.1$ ns，因此 t_p 的这个值太小。为了保证最长路径的 t_{slack} 大于或等于 0，应该有 $t_p \geqslant t_{p,min} = 1.6$ ns，因此最大频率 $f_{max} = 1/1.6$ ns $= 625$ MHz（1 兆赫=每秒 10^6 个周期）。另外还要注意，如果因 t_p 太大而不能满足电路要求，就要使用更快的逻辑单元，或改变电路设计，以便在满足所需功能的条件下减少问题通路的延迟时间。■

十分有趣的是触发器的保持时间 t_h 没有出现在时钟周期的计算公式中，它与另一个定时约束公式有关。该公式用来处理一种或两种特殊的情况。一种情况是输出变化到达一个或多个触发器输入的速度太快，另一种情况是时钟信号到达一个或多个触发器存在时间差，这种情况称为时钟偏差（clock skew）。时钟偏移也会影响最大时钟频率。

4.11   异步交互

到目前为止我们所学过的同步电路,其状态变量的变化与一个称之为时钟的特殊输入信号同步。在异步电路(asynchronous circuit)中,有一个或多个状态变量的变化与特殊的时钟输入不同步,反而是任何输入变化都可能引起状态发生改变。在此,我们将简要地讨论异步和同步电路相互作用的几个方面。另外,还将学习两个时钟不相关的同步电路间的相互作用,即双方没有规定的定时关系。从这个角度来看,这些同步电路彼此是异步的,因为在它们各自的时钟之间缺乏定义明确的关系。

从更一般的情况来看,如果把时钟看作仅仅另一个输入,而不是一个特别的同步时钟输入,那么我们已经学习过的每一种触发器或锁存器都可以模型化为一个异步电路。事实上,异步电路设计方法可以用来设计锁存器和触发器。然而,我们在此不详细论述异步电路设计的细节。之所以在此不讲述在别的教材中都有所涉及的异步设计,是因为要保证正确操作是非常难的,因而应当避免使用。这些电路的正确操作相当程度上依赖于无数的定时关系和输入变化的定时约束,需要对所设计的电路进行延迟控制。然而,同步电路中时钟的使用也是很麻烦的,因为它受操作速度和功耗的限制。因此,许多研究和前沿的研发项目正在探索异步电路设计的现代方法,这些方法使用完全不同的技术,比教材中介绍的传统方法更容易保证正确的操作。

在此,我们将焦点集中于如何解决同步电路设计人员在处理异步电路或异步接口时碰到的问题,所考虑的接口如图 4-39 所示。

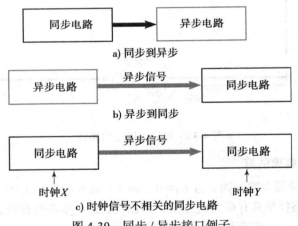

a) 同步到异步

b) 异步到同步

c) 时钟信号不相关的同步电路

图 4-39   同步 / 异步接口例子

图 4-39a 中用同步电路输出驱动异步电路的问题主要是组合电路的冒险。这个问题非常重要,因为我们将异步电路当作元件来使用,特别在存储器和系统的输入输出部分。由于篇幅的限制,对这个问题的讨论放在配套网站的补充资料中。

组合电路冒险   标题为《 Combinational Hazards 》(组合冒险)的补充材料见本书配套网站。

接下来考虑异步电路的问题,图 4-39b 为异步电路驱动同步电路。这个异步电路可以像锁存器一样简单,用来处理由手动按钮或开关产生的称为触点抖动的现象。显然,由按钮产生的信号与内部电子时钟不同步,可以在任何时刻出现。若同步电路的时钟信号 X 与被驱动电路的时钟 Y 不相关,如图 4-39c 所示,那么也存在同样的问题,这时进入被驱动电路的信

号与该电路的时钟 Y 异步。这两种情况都会使电路出现错误，将这些信号进行同步可以解决这些问题。不过根据异步行为的自身特性，这种解决方法不是完美的，它会遇到称之为亚稳态的棘手问题，这个问题下面将进行讨论。

最后一个影响同步电路设计者的问题不是接口问题，而是"我想这是一个同步电路，毕竟它有一个控制状态变化的时钟。"然而，设计者往往很容易地掉入陷阱，不自觉地生成了一个异步电路，让一些与定时相关的因素控制正确或不正确的操作。

4.12　同步和亚稳态

现在将注意力转移到驱动同步电路的异步信号上来，如图 4-39b 和图 4-39c 所示的情况。首先来看看当一个异步信号没经过任何特殊处理，直接送入到同步电路时会出现什么问题。然后再提供一个解决方法，但发现此方法会引发另一个问题，最后我们尝试进行改进。

图 4-40 所示电路举例说明由于输入信号与时钟不同步导致的错误行为。电路使用 Reset 信号进行初始化，将电路的状态设置为 $S0(y0, y1, y2 = 1, 0, 0)$。只要 RDY = 1，电路将在状态 $S0(1, 0, 0)$、$S1(0, 1, 0)$ 和 $S2(0, 0, 1)$ 之间循环。如果 RDY = 0，电路维持在状态 $S0$ 不变，直到 RDY = 1 使其跳到状态 $S1$。而且，RDY = 0 可以使状态从 $S1$ 跳转至 $S2$，从 $S2$ 跳转至 $S0$。电路正常操作时，所有状态变量的其他组合都是无效的。 271

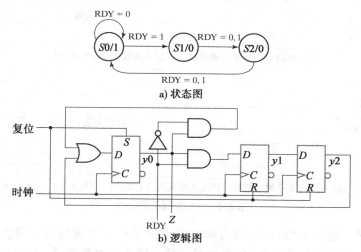

a) 状态图

b) 逻辑图

图 4-40　一个用来解释同步的电路例子

现在假设 RDY 与时钟异步，这意味着它可以在时钟周期内的任何时刻发生改变。在图 4-41a 中，信号 RDY 在远离正边沿的地方发生变化，所以触发器 $y0$ 和 $y1$ 的建立时间与保持时间很容易满足，这样电路工作正常。当 RDY 变为 0，且电路到达状态 $S0$ 时，电路在状态 $S0$ 进行等待，直到 RDY 变为 1。在下一个时钟的正边沿，电路状态变为 $S1$，然后电路进入状态 $S2$ 再返回到 $S0$。

在图 4-41b 与图 4-41c 中，信号 RDY 从 0 到 1 的跳变加载至两个触发器。当这个跳变非常接近时钟的正边沿时，跳变就会进入建立时间和保持时间的范围之内，这违反了触发器规定的操作条件。这样，两个触发器的输入端 D 接收到的不是两个相反的值，而是相同的值，因此电路状态进入（0, 0, 0）或（1, 1, 0）。

在图 4-41b 中，$y0$ 复位为 0，但 $y1$ 没能置为 1，故产生状态（0, 0, 0）。由于状态编码中没有 1, 故状态保持为 (0, 0, 0), 从而使电路锁定在这个状态, 并导致失效。

在图 4-41c 中, y1 置位, y0 复位失败, 产生状态 (1, 1, 0)。现在, 在触发器的状态循
环中出现了两个 1, 从而得到状态序列 110、011、101, 这些都是非法状态, 并产生一个错
误的输出序列, 因此电路又一次失效。这些失效发生与否取决于电路延迟、建立和保持时间
以及触发器的详尽行为。由于这些没有一个是可以严格控制的, 故我们需要一个与这些参数
不相关的方法来避免故障的发生。使用同步触发器是一种解决办法。

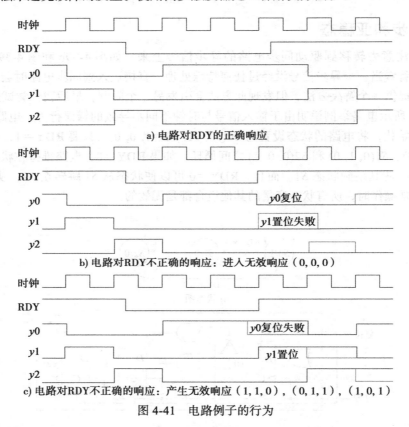

图 4-41　电路例子的行为

同步触发器　在图 4-42a 中, 原有的电路增加了一个 D 触发器。异步信号 RDY 接入
这个 D 触发器, 触发器的输出 RDY_S 与时钟信号同步, 也就是说, RDY_S 在时钟正边沿
后经过一个触发器延迟发生才变化。由于异步信号 RDY 通过这个单一的同步触发器接入电
路, 故可以避免 RDY 到达两个触发器时所表现出的行为。RDY_S 不会导致电路出现这样的
行为, 因为它不会在原电路触发器的建立时间和保持时间的间隔内发生变化。

剩下的问题是, 当 RDY 在建立时间和保持时间的间隔内变化时, 同步触发器将如何动
作, 这关键在于触发器是否看到了该变化。如果没有看到该变化, 则该变化将在下一个时钟
的正边沿, 即一个时钟周期后被看到。注意, 这种情况仅当异步信号在某个最小间隔内变
化时才会发生, 确保异步输入满足这个最小间隔要求是设计者的责任。图 4-43 说明了本段
所讨论的电路行为, 图中给出了 RDY 变化被触发器立即发现的情况和 RDY 变化在下一个
正边沿才被发现的情形。在后一种情况中, 对 RDY 变化所引起的响应多延迟了一个时钟周
期。由于 RDY 信号是异步的, 由 RDY 变化使状态改变的时间相差一个时钟周期可能并不
重要。如果它是至关重要的, 那么电路规范可能得不到满足。

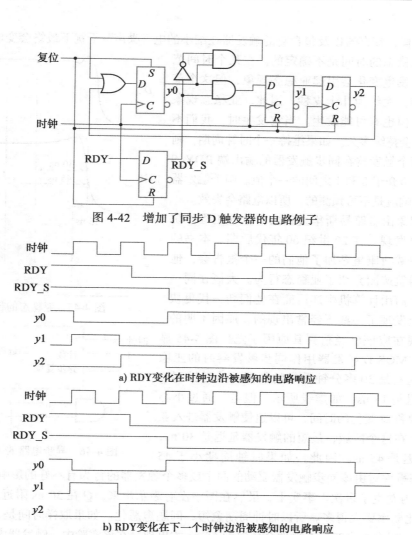

图 4-42   增加了同步 D 触发器的电路例子

a) RDY变化在时钟边沿被感知的电路响应

b) RDY变化在下一个时钟边沿被感知的电路响应

图 4-43   带同步触发器的电路例子对 RDY 变化的行为

亚稳态   现在看起来，我们好像已经找到了一种处理异步输入信号的解决方法，遗憾的是这个方法不完美。构成触发器的锁存器实际上有三个潜在的状态：稳态 1、稳态 0 和亚稳态（metastable），这些状态可以形象地用图 4-44 所示的机械模拟来描述。锁存器的状态可以用山丘表面小球的位置来表示，如果小球位于左侧山谷，则锁存器状态为 0，若位于右侧山谷，则锁存器状态为 1。为了在山谷

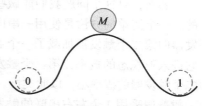

图 4-44   锁存器状态的机械模拟

之间移动小球，例如状态从 0 到 1，必须将小球推上山并且滚过最高点，这需要耗费一定的能量。若在 M 处能量消耗殆尽，那么小球就会停在此处，正好处于 0 和 1 的中间。然而事实上，它最终会在某个未知时刻前进到 1 或退回到 0，这取决于一些机械"噪声"，例如风、极小的地面震动或者某种动物的干扰。锁存器中类似的这种情形是这样发生的：锁存器交叉耦合的一对门的输入正好在时钟边沿发生变化，产生一个窄脉冲，这个脉冲拥有的能量可能正好使锁存器的状态变为亚稳态，即两个门的输出相等，为 1 和 0 之间的一个电压值。像

机械系统一样，锁存器以及包含它的触发器在细小的电"噪声"干扰下最终会变成 0 或者 1，但维持在亚稳态的时间是不确定的。在某个时间范围内若输入发生变化会引起亚稳态现象，但这个范围非常狭窄，大约为几十皮秒。因此，亚稳态现象未必发生，但也有可能发生。当它发生时，我们不清楚亚稳态会持续多久。如果维持一个时钟周期，则例子中的两个触发器在同步触发器的输出端 RDY_S 上可看到一个介于 0 和 1 之间的一个值。两个触发器对这种值的响应是不可预测的，所以电路会失效。

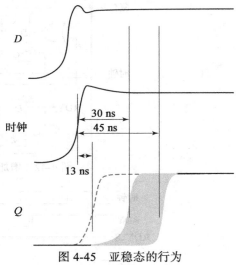

图 4-45　亚稳态的行为

这个现象由圣路易斯华盛顿大学电气工程学院的两位职员发现。在 20 世纪 60 年代后期，本书的第二作者在威斯康星参加了他们的一个报告会，他们用示波器轨迹图介绍了亚稳态行为。大概在同一时期，一个商用计算机生产厂商在他们新一代更快的计算机上发现了一些不经常出现的、原因不明的故障。你现在应该已经猜到其原因了吧！图 4-45 显示了一个 CMOS D 触发器用作同步触发器时的亚稳态现象，这些是 30 多分钟采集的数据。从时钟到 Q 的正常延迟是 13 ns，如虚线所示。但是，通过小心地控制时钟和 D 变化的时间，可以迫使触发器进入亚稳态区域。在这个区域，最短的触发器延迟是 30 ns，最长的延迟是 45 ns。因此，如果时钟周期小于 45

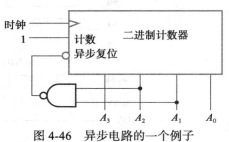

图 4-46　异步电路的一个例子

ns，亚稳态事件对由该同步触发器驱动的两个或多个触发器的行为有不好的影响，这种现象在 30 分钟内发生了多次。事实上，虽然在图中没有表示出来，Q 在 30 ns 附近变化比在 45 ns 附近变化概率要大得多。所以时钟周期愈短，问题愈恶化。如果取样时间是 50 小时而不是 30 分钟，则有少许亚稳态事件会延迟到 55 ns 才出现。在该实验中，触发器内部出现的介于 1 和 0 之间的值，被触发器的输出缓冲器转换成一个较长的延迟，因此在输出端观测不到。

那么，对这个问题我们能做些什么呢？目前已经提出了许多解决方法，不过有些是无效的。一个简单的方法是使用一串同步触发器，即一个小的移位寄存器。由于串中的第一个触发器向第二个触发器加载了一个亚稳态的或延迟的输入，第二个触发器可能进入亚稳态，但它进入亚稳态的概率比第一个触发器进入的概率小，第三个触发器进入亚稳态的概率又比第二个触发器的概率小，以此类推。一些商业设计采用多到 6 个串联的触发器来解决这个问题，一般普遍采用 3 个左右串联的触发器。触发器越多，电路对变化的响应时间越长，电路进入亚稳态的可能性也越小，但是概率不会为零。错误操作的不确定性尽管非常小，但总是存在。对于亚稳态的进一步了解可以参阅 Wakerly 的《Digital Design: Principles and Practices》[⊖]。

4.13　同步电路陷阱

仅有时钟并不意味着该电路是同步电路。例如，在图 6-12 所示的行波计数器中，时钟

⊖　该书已由机械工业出版社引进，中译本书名为《数字设计：原理与实践（原书第 4 版）》（ISBN：978-7-111-20666-8）。——编辑注

最多直接驱动一个触发器的时钟输入，驱动触发器的所有其他时钟输入实际上是状态变量。所以，作为触发器输出的状态变量的变化与时钟不同步。对于一个 16 位的行波计数器，当所有触发器都改变状态时情况最差，这时最高有效位在第一个触发器的时钟沿后，延迟 16 个触发器才会发生变化。

考查图 4-46 所示的同步计数器。这个 4 位同步计数器只要在时钟输入端出现上升沿，其计数值就会向上计数加 1。当计数达到 1111 时，向上加 1 结果为 0000。这个二进制计数器还有一个异步复位端（asynchronous reset），它驱动着内部触发器的 4 个异步复位输入。当复位信号为 0 时，它经过一段固有的延迟之后将 4 个触发器清零，与时钟上升沿无关。由于计数器增加了一个与非门及其相关连线，当计数器对上升沿计数到计算值为 0110(6) 时，这个与非门产生一个 0，使得 4 个触发器清零，结果为 0000(0)。所以，这个计数器的计数好像为 0、1、2、3、4、5、0、……。但是，假设 A_2 比 A_1 略为早一点变为 0，那么在计数器的所有触发器可靠复位之前，与非门的输出变为 1。如果触发器 A_1 很慢而 A_2 很快，则结果将是 0010，而不是 0000，实际上我们在实验室已经见过这种类型的错误。由于这种计数器"自杀"回零值，故称为自杀计数器（suicide counter）。遗憾的是，计数器出现这种情况更像是"工作自杀"（job suicide）。

276
~
277

自杀计数器就是异步电路以同步电路姿态出现的一个例子。如果对触发器采用直接输入清零或预置，不是进行上电复位和整个系统复位，那么所设计的是一个异步电路，因为触发器状态的变化不再只是响应触发器时钟端出现的时钟信号。此外，触发器附加任何控制逻辑，都可能会使电路产生一些意想不到的危险问题或定时问题。

总的来说，肯定在有些情况必须使用异步电路才能得到所需的行为，但需要一个异步电路或者一个实际上是异步电路的同步电路的机会较少，而且这种情形远比某些人想象的要少得多，所以我们要尽量避免使用异步电路。

至于同步触发器，它们在将异步信号加载至同步电路时是非用不可的，但必须小心地处理亚稳态。除我们已经提到过的，还存在许多同步问题。例如，如果一组异步信号的定时与另一个特定的异步信号有关，那么只有后者可能需要同步。

本章小结

时序电路是大多数数字设计的基础。触发器是同步时序电路的基本存储元件，触发器由更基本的元件——锁存器构成。锁存器是透明的，因此锁存器很难用于采用单一时钟信号的同步时序电路中。把锁存器组合成触发器之后，就构造出了一种不透明的存储元件，它可以非常方便地用在时序电路中。触发器的触发方式有两种：脉冲触发和边沿触发。另外，触发器可分为多种类型，包括 D、SR、JK 和 T 触发器。

时序电路由这样的触发器和组合逻辑组成。通过分析时序电路可以得出表示电路行为的状态表和状态图，也可以通过逻辑模拟对电路进行分析。

通过数字电路规格的文字描述，可以构造出同样的状态图和状态表。给状态赋予二进制代码，并推导出触发器的输入方程，这样就可以设计时序电路了。设计步骤包括一些重要问题，比如得到电路输出逻辑、在系统启动时对状态进行复位，以及当电路进入原始规格说明中未使用的状态时控制电路的行为。逻辑模拟对验证所设计的电路是否实现了原始规格描述起着非常重要的作用。

为了处理更加复杂、实际的设计，本章还介绍了状态机图和状态表。引入状态机的目的是

278 为了最小化描述的复杂性，最大化表示形式的灵活性，允许使用缺省条件，以及提供一个对实际设计更容易模型化的模型。另外，利用这个模型可以用硬件描述语言对时序电路进行模型化。

除了逻辑图、状态图和状态表外，时序电路还可以用 VHDL 或 Verilog 语言进行描述，这两种描述方式为模拟和自动电路综合提供了有力而灵活的时序电路定义方式。它们都使用了进程这一新的概念，进程比 VHDL 中的并发赋值语句和 Verilog 中的连续赋值语句有更强的描述能力。进程允许我们像一般程序一样进行编码，允许使用 if-then-else 和 case 条件语句，它还可以用来有效地描述组合逻辑。

最后介绍了与触发器相关的定时参数，建立了时序电路通路延迟与时钟频率的关系。接着，还讨论了异步信号的同步，同步电路中的亚稳态现象一些重要话题。

参考文献

1. BHASKER, J. *A Verilog HDL Primer*, 2nd ed. Allentown, PA: Star Galaxy Press, 1999.

2. CILETTI, M. *Advanced Digital Design with Verilog HDL*. Upper Saddle River, NJ: Pearson Prentice Hall, 2003.

3. CILETTI, M. *Starter's Guide to Verilog 2001*. Upper Saddle River, NJ: Pearson Prentice Hall, 2004.

4. CLARE, C. R. *Designing Logic Systems Using State Machines*. New York: McGraw-Hill Book Company, 1973.

5. *High-Speed CMOS Logic Data Book*. Dallas: Texas Instruments, 1989.

6. *IEEE Standard VHDL Language Reference Manual* (ANSI/IEEE Std 1076-1993; revision of IEEE Std 1076-1987). New York: The Institute of Electrical and Electronics Engineers, 1994.

7. *IEEE Standard Description Language Based on the Verilog Hardware Description Language* (IEEE Std 1364-1995). New York: The Institute of Electrical and Electronics Engineers, 1995.

8. KATZ, R. H. AND G. BORRIELLO. *Contemporary Logic Design*, 2nd ed. Upper Saddle River, NJ: Pearson Prentice Hall, 2005.

9. MANO, M. M. *Digital Design*, 3rd ed. Upper Saddle River, NJ: Pearson Prentice Hall, 2002.

10. PALNITKAR, S. *Verilog HDL: A Guide to Digital Design and Synthesis*, 2nd ed. Upper Saddle River, NJ: Pearson Prentice Hall, 2003.

11. PELLERIN, D. AND D. TAYLOR. *VHDL Made Easy!* Upper Saddle River, NJ: Prentice Hall PTR, 1997.

12. SMITH, D. J. *HDL Chip Design*. Madison, AL: Doone Publications, 1996.

13. STEFAN, S. AND L. LINDH. *VHDL for Designers*. London: Prentice Hall Europe, 1997.

14. THOMAS, D. AND P. MOORBY. *The Verilog Hardware Description Language*, 5th ed. New York: Springer, 2002.

15. WAKERLY, J. F. *Digital Design: Principles and Practices*, 4th ed. Upper Saddle River, NJ: Pearson Prentice Hall, 2006.

16. YALAMANCHILI, S. *VHDL Starter's Guide*, 2nd ed. Upper Saddle River, NJ: Pearson Prentice Hall, 2005.

279

习题

 （＋）表明更深层次的问题，（＊）表明在原书配套网站上有相应的解答。

4-1 像图 4-5 给出的那样，构造一个输入序列，对图 4-6 中的 $\overline{S}\overline{R}$ 锁存器进行人工或计算机逻辑模拟。切记，此类锁存器的状态在响应 0 而不是 1 时发生变化。

4-2 像图 4-5 给出的那样，对图 4-7 中的带有控制输入信号 C 的 SR 锁存器进行人工或计算机逻辑模拟。特别要检查当 C 等于 1，S 和 R 发生变化时的电路行为。

4-3 图 4-47 给出了上升沿触发式 D 触发器的另外一种较流行的设计方式。通过人工或自动方式模拟电路，以便确定这个电路是否与图 4-10 所示的电路具有相同的功能行为。

4-4 图 4-48 所示为时钟（Clock）和 D 的输入波形，还有一个 D 锁存器以及一个边沿触发式 D 触发器。对图中的锁存器和触发器，仔细画出对应于输入波形的输出波形 Q_i。假设所有存储元件的传播时延忽略不计，同时假设所有存储元件的初始值为 0。

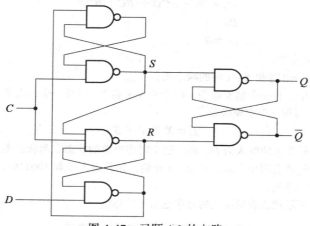

图 4-47　习题 4-3 的电路

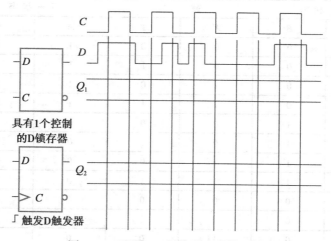

图 4-48　习题 4-4 的波形和存储元件

4-5 在一个时序电路中，有两个 D 触发器 A 和 B，一个输入 Y 以及一个输出 Z。这个时序电路可用下面的输入方程描述：

$$D_A = BY + \overline{A}Y, \quad D_B = \overline{Y}, \quad Z = \overline{AB}$$

（a）画出电路的逻辑图。

（b）作出状态表。

（c）画出状态图。

（d）这是个 Mealy 型还是 Moore 型机器？

4-6 在一个时序电路中，有两个 D 触发器 A 和 B，两个输入 X 和 Y，一个输出 Z。这个时序电路可以用下面的输入方程描述：

$$D_A = XA + \overline{XY}, \quad D\overline{B} = XB + \overline{X}A, \quad Z = \overline{X}B$$

（a）画出电路的逻辑图。

（b）作出状态表。

（c）画出状态图。

（d）这是个 Mealy 型还是 Moore 型机器？

*4-7 在一个时序电路中，有三个 D 触发器 A、B 和 C，一个输入 X。这个时序电路可以用下面的输入方程描述：

$$D_A = (B\overline{C} + \overline{B}C)X + (BC + \overline{B}\,\overline{C})\overline{X}$$
$$D_B = A$$
$$D_C = B$$

（a）作出电路的状态表。

（b）分别画出当 $X=0$ 时和 $X=1$ 时的状态图。

4-8 在一个时序电路中，有一个触发器 Q，两个输入 X 和 Y，以及一个输出 S。这个电路包括一个输出为 S 的 D 触发器和一个实现函数

$$D = X \oplus Y \oplus S$$

的组合逻辑，D 触发器的输入为 D。画出这个时序电路的状态表和状态图。

4-9 在图 4-15a 所示的状态图中，若从状态 00 开始，加载输入序列 10011011110，写出所得到的状态转换序列和输出序列。

4-10 画出由表 4-14 所示状态表所描述的时序电路的状态图。

表 4-14 习题 4-10 电路的状态表

当 前 状 态		输　　入		下 一 状 态		输　　出
A	B	X	Y	A	B	Z
0	0	0	0	1	0	0
0	0	0	1	1	1	1
0	0	1	0	1	1	0
0	0	1	1	1	1	1
0	1	0	0	0	1	1
0	1	0	1	0	0	0
0	1	1	0	0	0	1
0	1	1	1	0	0	0
1	0	0	0	1	1	1
1	0	0	1	1	1	1
1	0	1	0	1	0	0
1	0	1	1	1	0	0
1	1	0	0	0	0	0
1	1	0	1	0	0	0
1	1	1	0	1	0	1
1	1	1	1	1	1	1

4-11 在一个时序电路中，有两个 D 触发器，一个输入 X 和一个输出 Y，电路的逻辑图如图 4-49 所示。画出这个电路的状态表和状态图。

4-12 图 4-13 所示为一个时序电路。

（a）在电路中增加必要的与 / 或连接逻辑，使得当信号 Reset＝0 时，将电路异步复位为状态 $A=$

1、$B=0$。

（b）在电路中增加必要的与 / 或连接逻辑，使得当信号 Reset＝1 时，将电路同步复位为状态 $A=0$、$B=0$。

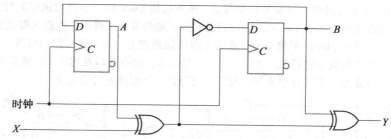

图 4-49 习题 4-11、习题 4-40、习题 4-41、习题 4-49、习题 4-50 和习题 4-59 的电路

*4-13 设计一个时序电路。该时序电路包含两个 D 触发器 A 和 B 及一个输入 X。当 $X=0$ 时，电路保持状态不变；当 $X=1$ 时，电路状态转换路线为 $00 \rightarrow 10 \rightarrow 11 \rightarrow 01 \rightarrow 00$，并按照这样的序列不断重复。

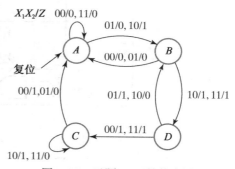

图 4-50 习题 4-14 的状态图

4-14 图 4-50 所示为一个时序电路的状态图。

（a）给出这个电路的状态表。

（b）用 2 位长的代码对电路状态进行赋值，给出编码后的状态表。

（c）使用 D 触发器、与非门和反相器，设计出最优的电路。

（d）用单热点编码对状态进行赋值，重复问题（b）和（c）。

4-15 图 4-51 所示为一个时序电路的状态图。

（a）给出这个电路的状态表。

（b）用 3 位长的代码对电路的 6 个状态进行赋值，使码字中的一位等于输出值，以便节省成本，给出编码后的状态表。不考虑两个未使用的状态码字所对应的下一状态和输出。

（c）使用 D 触发器、与非门和反相器，设计出最优的电路。

（d）用单热点编码对状态进行赋值，重复问题（b）和（c）。

4-16 重新设计图 4-52 所示的电路以减少成本。

（a）给出这个电路的状态表，并将每个状态编码用一个字母来表示。在原设计中状态 100 和 111 未被使用。

（b）检查并合并等价的状态。

（c）对状态赋值，使得输出是某一个状态变量。

（d）计算原电路和新电路的门输入成本，假设一个 D 触发器的门输入成本为 14。新电路的成本减少了吗？

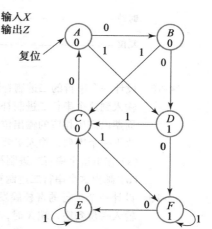

图 4-51 习题 4-15 的状态图

283

4-17 行李锁的时序电路有 10 个按钮，分别标记为 0、1、2、3、4、5、6、7、8、9。从 0 到 9 的每个按钮分别在相应的 X_i（$i=0, 1, \cdots, 9$）上产生 1，而在其他的变量 X_j（$j \neq i$）上产生

0，而且这 10 个按钮在时钟 C 上产生正脉冲，从而激发电路中的触发器。假设产生 X_i 信号和时钟 C 的电路已经设计完毕。当按顺序出现与用户设定相符的 4 个 X_i（$i=0, 1, \cdots, 9$）值时，锁被打开。假设连接 4 个 X_i 值与变量 X_a，X_b，X_c，X_d 的电路也已设计完毕。按钮 Lock 为电路提供异步复位信号 L，按下按钮 Lock 时，电路被锁住同时复位到初始状态。当出现序列 X_a，X_b，X_c，X_d 时锁被打开，这与复位之前的任何输入都没有关系。电路有一个一位的 Moore 型输出 U，值为 1 表示锁被锁上，为 0 表示锁被打开。请设计这个电路，该电路的输入包括 X_a、X_b、X_c、X_d、复位 L、时钟 C 以及输出 U。要求利用单热点码进行状态分配，使用 D 触发器、与门、或门以及反相器来构建电路。

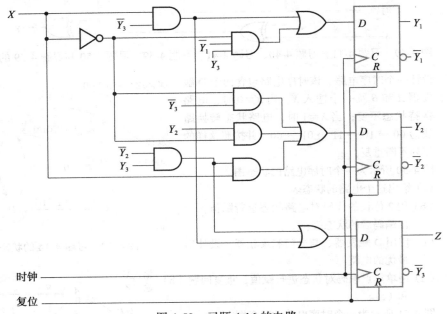

图 4-52　习题 4-16 的电路

*4-18　设计一个串行的二进制补码器。一个任意长度的二进制整数以低位在前、高位在后的方式输入到这个串行二进制补码器的输入端 X。输入一位到输入端 X 时，输出端 Z 在同一时钟周期内产生相应的输出位。为了表明一个序列已经输入完毕，同时电路将被初始化以便接收下一个序列，输入 Y 要持续一个时钟周期保持为 1，其他情况 Y 为 0。

284
～
285

（a）作出这个串行二进制补码器电路的状态图。

（b）画出这个串行二进制补码器电路的状态表。

4-19　设计一个串行的奇校验发生器。一个任意长的二进制序列输入到这个校验器的输入端 X。输入一位到输入端 X 时，输出端 Z 在同一时钟周期内产生相应的奇校验输出位。为了表明一个序列已经输入完毕，同时电路将被初始化以便接收下一个序列，输入 Y 要持续一个时钟周期保持为 1，其他情况 Y 为 0。

（a）画出这个串行奇校验发生器的状态图。

（b）作出这个串行奇校验发生器的状态表。

（c）以例 4-13（VHDL）或例 4-15（Verilog）为模板，用 HDL 描述这个状态机，以实现一个奇校验发生器。

4-20　一个通用串行总线（USB）的通信链接需要一个能产生 00000001 序列的电路。请设计一个同步时序电路，当输入 $E=1$ 时，该电路开始产生这一序列。一旦序列开始产生，一定会产生一个这样的序列。如果在产生序列的最后一位时 $E=1$，那么将重复产生这个序列，

否则如果 $E=0$，那么输出保持为 1。

    （a）画出这个电路的 Moore 型状态图。

    （b）给出电路的状态表并进行状态赋值。

    （c）用 D 触发器和逻辑门设计该电路。该电路要包括复位信号以便将电路设置为适当的初始状态。在初始状态时，会检查 E 的值以确定是否产生常数 1 序列。

4-21   假设在另一种通信网络协议中使用序列 01111110，重做习题 4-20。

+4-22   习题 4-21 中的序列在通信网络中用于标记消息的开始。这个标记必须是唯一的，因此在消息序列的其他任何位置最多只能出现 5 个连续的 1。显然对于通常的消息而言，这一要求是不实际的，为解决这一问题，可以使用零插入技术。包含多于 5 个连续 1 的消息从输入端 X 进入零插入时序电路，该电路有两个输出 Z 和 S。当序列中的第 5 个 1 出现在输入端 X 时，在输出端 Z 的输出流中插入一个 0 值，同时输出 $S=1$，表明电路启动了零插入技术，此时信号输入必须暂停，也就是在一个时钟周期内不能输入新的信号，因为在输出序列中插入 0 使得输出序列比没有停顿的输入序列长。下面的例子序列解释了零插入技术：

    X 上没有任何停顿的序列：01111100111111100001011110101

    X 上带有停顿的序列：0111111001111111100001011110101

    Z 上的序列：01111100011110110000101110101

    S 上的序列：0000001000000010000000000000000

    （a）给出电路的状态图。

    （b）给出电路的状态表并进行状态赋值。

    （c）使用 D 触发器和逻辑门实现这个电路。

4-23   在许多通信和网络系统中，在通信线路上传输的信号采用不归零（NRZ）格式。USB 使用一种特殊的版本，称为翻转不归零（NRZI）制。现在要设计一个电路，把任何由 0 和 1 组成的消息序列转换为 NRZI 格式的消息序列。这个电路的映射方式为：

    （a）如果消息位为 0，则 NRZI 消息发生翻转，从 1 变为 0 或从 0 变为 1，这取决于当前的 NRZI 消息值。

    （b）如果消息位为 1，则 NRZI 消息保持为 0 或 1，这取决于当前的 NRZI 消息值。

    下面的例子说明了这种转换方式，假设 NRZI 消息的初始值为 1：

    消息：10001110011010

    NRZI 消息：10100001000110

    （a）画出这个电路的 Mealy 型状态图。

    （b）作出这个电路的状态表并进行状态赋值。

    （c）使用 D 触发器和逻辑门实现这个电路。

+4-24   重做习题 4-23，设计一个时序电路将 NRZI 消息转换为普通消息。这个电路的映射方式为：

    （a）如果 NRZI 消息中的相邻两位出现从 0 到 1 或从 1 到 0 的变化，那么消息位为 0。

    （b）如果 NRZI 消息中的相邻两位没有发生变化，则消息位为 1。

4-25   被称为请求信号（R）和应答信号（A）的一对信号用于协调 CPU 和 I/O 系统之间的传输，这些信号之间的交互通常称为"握手"。在进行通信时，这些信号与时钟同步，它们按照如图 4-53 所示的顺序进行变化。设计一个握手检测器来验证变化发生的顺序。检测器有输入 R 和 A、异步复位信号 RESET，以及错误输出 E。如果握手中的变化是按顺序进行的，则 $E=0$。如果变化没有按顺序进行，则 E 变为 1，并且在对 CPU 加载异步复位信号（RESET＝1）之前，E 都将保持为 1。

    （a）画出握手检测器的状态图。

（b）作出握手检测器的状态表。

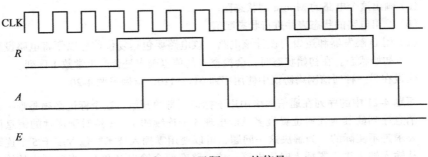

图 4-53 习题 4-25 的信号

4-26 设计一个串行的以 1 开头的序列检测器。一个任意长度的二进制整数以高位在前、低位在后
的方式输入到这个串行的以 1 开头的序列检测器的输入端 X。输入端 X 出现一位输入时，输
出端 Z 在同一时钟周期内产生相应的输出位。只要加载到 X 的位为 0，则 $Z=0$。当第一个 1
出现在输入端 X 时，$Z=1$，而对第一个 1 出现之后 X 输入端出现的任何值，都有 $Z=0$。为了
表明一个序列已经输入完毕，同时电路将被初始化以便接收下一个序列，输入 Y 要持续一个
时钟周期保持为 1，其他情况 Y 为 0。

（a）画出这个串行的以 1 开头的序列检测器的状态图。

（b）作出这个串行的以 1 开头的序列检测器的状态表。

*4-27 在一个时序电路中有两个触发器 A 和 B，一个输入 X 和一个输出 Y，其状态图如图 4-54 所示。
用 D 触发器和单热点状态赋值方法设计这个电路。

4-28 用 D 触发器和格雷码赋值方法重做习题 4-27。

+4-29 一个 3 位扭环形计数器（twisted ring counter）的状态表如表 4-15 所示。这个电路没有输入，
其输出为触发器的非反相输出。由于没有输入，每当出现一个时钟脉冲时，它便简单地从一
个状态转换到另一个状态。该电路有一个异步复位端，用来将其初始化为状态 000。

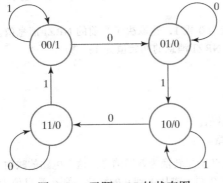

图 4-54 习题 4-27 的状态图

表 4-15 习题 4-29 的状态表

当前状态	下一状态
ABC	*ABC*
000	100
100	110
110	111
111	011
011	001
001	000

（a）用 D 触发器设计这个电路。假设未指定的下一状态是不必考虑的情况。

（b）在电路中增加必要的逻辑，使得在上电启动主复位时，能够使电路初始化为状态 000。

（c）4.5 节中关于"无效状态的设计"讨论了当电路意外进入无效状态时的 3 种处理技术。如
果你所设计的电路用于儿童玩具，在处理（a）和（b）问题时，你将使用这 3 种技术中的
哪一种？说明你的理由。

（d）根据你在（c）中所做的决定，如果有必要的话请重新设计这个电路。

（e）如果这个电路要应用到商用航空的引擎控制系统中，重做（c）。说明你的理由。

（f）根据你在（e）中所作的决定，重做（d）。

4-30 对你在习题 4-14 所作的设计，用自动逻辑模拟方法进行验证。模拟所用的输入序列应该包括图 4-50 中所有的状态转换，模拟输出应包括输入 X 和状态变量 A、B 和输出 Z。

*4-31 针对状态表 4-14 所描述的电路，产生一个验证序列。为了减少模拟序列的长度，假设模拟器可以操控输入 X，并且可以在任何可能的情况下使用 X。假设复位输入可以将状态初始化为 $A=0$、$B=0$，状态图中的所有状态转换都必须考虑。

288
~
289

4-32 设计表 4-14 所描述的电路，并使用习题 4-31 中的序列（你自己得出的或本书相关网站上给出的）对你的设计用自动逻辑摸拟方法进行验证。

4-33 一个时序电路的状态表如表 4-16 所示。

表 4-16 习题 4-33 的状态表

当前状态		输 入	下 一 状 态		输 出
A	B	Y	A	B	Z
0	0	0	0	0	1
0	0	1	0	1	1
0	1	0	0	0	0
0	1	1	1	1	0
1	0	0	1	0	0
1	0	1	0	0	0
1	1	0	0	0	1
1	1	1	1	0	1

（a）画出这个电路的状态图。

（b）用 D 触发器实现该电路，并使得每个触发器的输入函数最小。假设复位是异步的，而且是低电平有效（RESET=0），电路初始状态为 $A=0$、$B=0$。

4-34 设计一种新型的正边沿触发的触发器——LH 触发器。它有一个时钟 C、一个数据输入 D 和一个装载输入 L。在 C 的正边沿如果 L=1，那么 D 上的数据存入触发器；在 C 的正边沿如果 L=0，那么触发器当前存储的值保持不变。仅使用 $\overline{S}\overline{R}$ 锁存器、与非门和反相器设计该触发器。

4-35 给出与图 4-55 所示状态图等价的状态机图。要尽可能地减小转换条件的复杂性，尝试通过把 Mealy 型输出转变为 Moore 型输出来使输出变成无条件的。对状态机图进行状态赋值，并利用 D 触发器、与门、或门及反相器实现相应的时序电路。

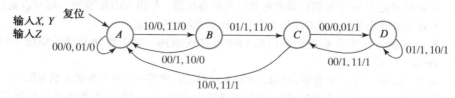

图 4-55 习题 4-35 的状态图

4-36 根据习题 4-35 给出的状态机图，利用 D 触发器、与门、或门及反相器设计相应的时序电路，要求使用单热点状态赋值。

4-37 （a）验证图 4-27 所示状态机图中的转换满足状态图的两个转换条件。（b）对于图 4-28 所示的状态机图，重做问题（a）。

*4-38 画出下面描述的电子售货机的状态机图。售货机销售糖果，每颗糖果卖价为 25¢。售货机仅接收 N（1nickels＝5¢）、D（1dimes＝10¢）和 Q（1quarters＝25¢）。当连续投入的硬币

之和为 25¢ 或更多时，DJ＝1，售货机输出一颗糖果同时返回到初始状态，售货机不找零。
对于其他的所有状态 DJ＝0。如果投入的硬币少于 25¢，当按下 CR（Coin Return）按钮
时，RC＝1，投入的硬币通过硬币退还出口被退回，然后售货机返回到初始状态。在其他
的所有状态下 RC＝0。请使用 Moore 型输出进行设计。

4-39 画出下面描述的电子售货机的状态机图。售货机销售汽水，每瓶卖价为 1.50$。售货机仅
接收 D（1 美元纸币）和 Q（1quarters＝25¢）。如果投入的钱多于 1.50$，例如两张 1$ 纸
币，售货机通过硬币出口退还零钱（2 个 Q）。当已经付了 1.50$ 时，机器亮起一个 LED，
表明可以选取里面的一种汽水。通过按钮可选择 C（cola）、L（Lemon soda）、O（Orange
soda）和 R（Root Beer）。当按下一个按钮时，售货机送出被选择的汽水同时返回到初始状
态。售货机还有另外一个特点，即当已经投入两个 quarter 时会亮起一个 LED 灯以提醒用
户，如果再投入 1$ 纸币则不会找回零钱。

（a）根据描述画出汽水售货机的状态机图。

（b）题目给出的规格说明对于用户而言并不是很方便。请考虑用户在使用机器过程中可能
遇到的所有情况，重新做这个题目。

下面习题所涉及的所有文件，在本书的相关网站上均有 ASCII 格式的版本可供编辑和仿真。对于
一些需要进行模拟的问题或子问题，要使用 VHDL 或 Verilog 编译器／模拟器。但对于那些没有
使用编译器或模拟器的问题来说，直接描述也是可以的。

290
～
291

4-40 写出习题 4-11 中所给电路的门级 VHDL 结构描述。对于 D 触发器使用图 4-29 所示的
VHDL 模型，对于逻辑门元件要在库文件 lcdf_vhdl 中使用包 func_prims。

4-41 写出习题 4-11 中所给电路的 VHDL 行为级描述，使用一个进程来描述状态图。

*4-42 尽管本章已经介绍了用 VHDL 进程来描述时序电路，但组合电路也可以用进程来描述。用
VHDL 描述图 3-25 所示的多路复用器，就像 3.7 节那样在进程中使用 case 语句而不是并
发赋值语句。

4-43 在 VHDL 进程中使用 if-then-else 语句，重做习题 4-42。

+4-44 针对图 4-19d 所示状态图描述的时序电路，写出 VHDL 描述。包含一个异步 RESET 信号，
可把电路初始化为 Init 状态。编译你的程序，加载一个输入序列，使得状态图中的每一个
状态转换至少经历一次，并通过与状态图进行比较，验证状态序列和输出序列的正确性。

4-45 用 VHDL 描述习题 4-14 所定义的电路。

4-46 用 VHDL 描述习题 4-15 所定义的电路。

4-47 针对从例 4-10 中得到的批处理混合系统的状态机图，给出 VHDL 描述。

4-48 针对从习题 4-38 中得到的糖果售货机的状态机图，给出 VHDL 描述。你可以通过解习题
4-38 得到状态机图，或者使用本书配套网站上给出的答案。

4-49 写出习题 4-11 中所给电路的门级 Verilog 结构描述。对于 D 触发器使用图 4-33 所示的
Verilog 模型。

4-50 写出习题 4-11 中所给电路的 Verilog 行为级描述，使用一个进程来描述状态图。

4-51 尽管本章已经介绍了用 Verilog 进程来描述时序电路，但组合电路也可以用进程来描述。
用 Verilog 描述图 3-25 所示的多路复用器，就像 3.7 节那样在进程中使用 case 语句而不是
连续赋值语句。

*4-52 在 Verilog 进程中使用 if-else 语句，重做习题 4-51。

+4-53 针对图 4-19d 所示状态图描述的时序电路，写出 Verilog 描述。包含一个异步 RESET 信
号，可把电路初始化为 Init 状态。编译你的程序，加载一个输入序列，使得状态图中的
每一个状态转换至少经历一次，并通过与状态图进行比较，验证状态序列和输出序列的正
确性。

4-54   用 Verilog 描述习题 4- 14 所定义的电路。

4-55   用 Verilog 描述习题 4- 15 所定义的电路。

RW 4-56   针对从例 4-10 中得到的批处理混合系统的状态机图，给出 Verilog 描述。

RW 4-57   针对从习题 4-38 中得到的糖果售货机的状态机图，给出 Verilog 描述。你可以通过解习题 4-38 得到状态机图，或者使用本书配套网站上给出的答案，并在参数语句中使用单热点状态赋值。

4-58   图 4-56 所示的是一组加载到两个 D 触发器的波形，这些加载到触发器的波形带有定时参数。

(a) 对于触发器 1（原书有误——译者注），给出信号 D1 出现定时冲突的时刻。

(b) 对于触发器 2，指出信号 D2 何时出现了定时冲突。

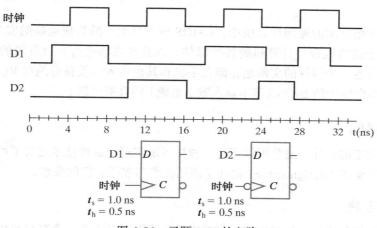

图 4-56   习题 4-58 的电路

*4-59   一个时序电路如图 4-49 所示，其中门和触发器的定时参数为

反相器：$t_{pd} = 0.01$ ns

异或门：$t_{pd} = 0.04$ ns

触发器：$t_{pd} = 0.08$ ns，$t_s = 0.02$ ns，$t_h = 0.01$ ns

(a) 给出从外部电路输入，经过一系列门，直接到达外部电路输出的最长路径的延迟。   293

(b) 给出从外部电路输入，到达时钟上升沿的最长路径的延迟。

(c) 给出从时钟上升沿，到达输出的最长路径的延迟。

(d) 给出从时钟上升沿，到达时钟上升沿的最长路径的延迟。

(e) 确定电路的最高工作频率，以兆赫兹（MHz）为单位进行计算。

4-60   重做习题 4-59。假设电路由两个如图 4-49 所示的电路构成，第二个电路的输入 X 由第一个电路的输出 Y 所驱动。

4-61   用 HDL 对习题 4-59 中给出的电路进行门级描述，电路中的每个元件均有延迟。当工作频率大于你在解答习题 4-59 时所得到的最高频率时，电路会出现错误，请对这一情况给予   294 说明。

数字硬件实现

到目前为止，我们已经学习了组合电路和时序电路设计的基础知识。本章选定的主题对于我们理解当代设计至关重要。首先，本章将介绍逻辑门与电路的特性，着重探讨 CMOS（互补金属氧化物半导体）技术，然后介绍基本的 PLD（可编程逻辑器件）技术，包括 ROM（只读存储器）、PLA（可编程逻辑阵列）、PAL（可编程阵列逻辑）和 FPGA（现场可编程门阵列）器件。

在第 1 章开始介绍的通用计算机中，CMOS 技术是大多数集成电路的实现基础。最后，可编程技术对于高效地设计计算机的各个部件，以及在现场进行系统升级的能力来说都是必不可少的。后者一个很好的实例是存储在手机和其他嵌入式设备可编程 ROM 中的操作系统，以及笔记本电脑中的 BIOS（基本输入输出系统）的升级更新。

5.1 设计空间

对于一个给定的设计，通常可以用某一种技术来实现，这种技术定义了可用的基本元件及其属性。设计空间（design space）描述了所用技术与表征它们的参数。

5.1.1 集成电路

数字电路采用集成电路构建而成。集成电路（简称为 IC）是一个硅半导体晶体，俗称为芯片（chip），包含用来构建逻辑门和存储单元的电子元件，这些不同的元件在芯片内相互连接。芯片往往用陶瓷或塑料来进行封装，通过焊接芯片与外部引脚形成集成电路。引脚数目从小型 IC 的 14 个引脚到大芯片的数百个引脚不等。每个芯片在其封装表面上都有一个包含字母和数字的名字以便于识别。每个供应商发布数据表或目录，描述它生产的 IC，并提供所需的资料。通常，在供应商的网站上可以查询到这些信息。

集成度 随着 IC 技术的发展，单个硅片中所包含的门数目已经大幅度增加。人们习惯把集成电路划分为小、中、大或超大器件，以便区分内部有几个到几千乃至数亿个逻辑门的大小不同的芯片。

小规模集成（SSI）电路在一个封装中仅包含几个独立的基本门，门的输入和输出与封装的引脚直接相连。门的数目因 IC 可用的引脚数而很有限，一般少于 10 个。

中规模集成（MSI）电路在一个封装中包含 10～100 个门，它们通常执行基本的数字功能，如 4 位加法运算。MSI 的数字功能类似于第 3 章所讲的功能模块。

大规模集成（LSI）电路在一个封装中包含 100 到几千个门，它们包括数字系统，如小型处理器、小型存储器和可编程模块。

超大规模集成（VLSI）电路在一个封装中包含几千至几亿个门，它们本身往往就是复杂的微处理器和数字信号处理芯片。由于它们的晶体管尺寸小、密度高，且成本相对低廉，使得数字系统与计算机设计发生了革命性的变化。VLSI 技术使设计人员可以设计出那些在以前看来是不经济的复杂结构。

5.1.2 CMOS 电路工艺

数字集成电路不仅可以根据它们的功能，而且可以根据其具体的实现工艺来进行划分。每种工艺有其独有的基本电子元件与电路结构，在此基础上可开发更复杂的数字电路和功能。基本电路构建中所使用的具体电子元件含有该工艺的名称。目前，基于硅的互补金属氧化物半导体（CMOS）工艺以其高密度、高性能和低功耗的优势占据了统治地位。一些生产商现在使用 SOI（硅绝缘体）工艺，这是 CMOS 的一种变体，它用绝缘材料（二氧化硅）将晶体管与硅基底分隔开来。基于砷化镓（GaAs）和锗硅（SiGe）的替代工艺也可以用来设计高速电路。

到目前为止，我们采用逻辑门实现了大量的逻辑电路。用晶体管实现的电路我们简单地称为电子电路。对于高性能逻辑或具有特殊要求的逻辑，CMOS 电子电路级的设计是很重要的，因为要获得极高的性能，有时设计必须绕过逻辑级，直接从布尔表达式到电路级。为生产设计中所使用的逻辑门，电路的设计过程是关键，认识这点也很重要。

CMOS 晶体管　CMOS 工艺的基础是 MOS（金属氧化物半导体）晶体管。晶体管以及它们之间的相互连接被制造成裸片（die），也可简称之为芯片，它是集成电路的元件。每个矩形裸片都是从被称作晶圆（wafer）的、非常薄的晶体硅片上切割而来的。在大多数现代集成电路制造设备中，晶圆的典型直径只有 300 mm（大约 1 英尺）。

图 5-1a 是晶体管的一个简略图，这个图是通过对集成电路芯片进行垂直切割而形成的，而且在切割时，晶体管之间的互连和芯片的保护层制作工艺尚未完成，所以晶体管暴露在外。衬底是晶圆的基础材料。制造过程中修改衬底，使晶体管的源极和漏极间导电良好。导电多晶硅栅极（gate）处在一个非常薄的二氧化硅绝缘层之上。最后的结构由两个对称的导电区域组成，源极（source）与漏极（drain）。它们之间有一间隙，位于栅极下面，通常称之为沟道。为了使大家对晶体管的大小有一个感性的认识，在英特尔最新技术中沟道长度是 14 nm（14×10^{-9}m），大约为人的头发直径的 $1/13000 \sim 1/1200$，这具体取决于头发的粗细。在不久的将来就会使用 10 nm 工艺。

在 n 沟道 MOS 晶体管正常工作时，漏极的电压比源极的高。当栅极电压比源极电压高出晶体管阈值电压，且漏极电压比源极电压足够大时，栅极绝缘层下面的一层薄衬底就会在源极与漏极之间形成一个导电层，这就允许在源极与漏极之间有电流流过，此时称晶体管处于导通状态（ON）。如果栅极与源极的电压差小于阈值，沟道将消失，阻止电流流过，这种情况称晶体管处于截止状态（OFF）。用 ON 与 OFF 分别表示源极与漏极间有电流或没有电流，使用这样的术语使人联想到开关的开 / 关（ON/OFF）行为。因此，MOS 晶体管可以模型化成最简单的开关。

CMOS 晶体管模型　MOS 晶体管模型的行为取决于晶体管的类型。CMOS 工艺引入了两种类型的晶体管：n 沟道和 p 沟道。前面已经描述了 n 沟道晶体管的行为。这两种晶体管的不同在于所用半导体材料的特性以及导通机制不一样。然而对我们来说，最重要的是行为的不同。我们将采用电压控制的开关模拟其行为，此时的电压映射为逻辑 0 与逻辑 1。这种模型忽略了电子元件的复杂性，只抓住其逻辑行为。

图 5-1b 是一个 n 沟道晶体管的符号。如图所示，这个晶体管有三个端子：栅极（G）、源极（S）和漏极（D）。在此我们约定：1 代表高（H）电压范围，0 代表低（L）电压范围。表示是否存在一条有电流流过的通路，可以很容易地模型化为一个开关，如图 5-1c 所示。

这个开关有两个确定的端子，分别对应于晶体管的源极（S）与漏极（D）。另外，还有一个活动的触点，其位置的不同决定开关是开或是关，触点的位置由加载在栅极（G）上的电压控制。由于我们只关注晶体管的逻辑行为，因此栅极上的控制电压用输入变量 X 表示。对 n 沟道晶体管，当输入变量 X 为 0 时，触点打开（通路不存在），输入变量 X 为 1 时，触点关闭（通路存在）。这种触点习惯上称之为常开（normally open）的，也就是说，打开时不需要用正电压来激活或关闭它。图 5-1d 是采用 X 变量的 n 沟道开关模型的速记方法，这种方法表明了一个事实，即 X 等于 1 时 S 和 D 之间存在通路，X 等于 0 时不存在通路。

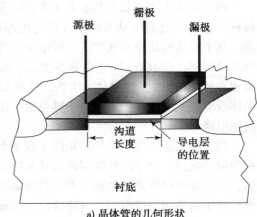

a) 晶体管的几何形状

p 沟道晶体管的模型如图 5-1e 所示，源极（S）和漏极（D）的位置与它们在 n 沟道中的位置进行了互换。栅极（G）与源极（S）间的电压决定漏极和源极之间是否存在通路。注意图中反相指示（即圆圈）是符号的一部分。这是因为，与 n 沟道晶体管行为相反，p 沟道晶体管当输入变量 X 等于 0（电压值为低）时 S 和 D 之间存在通路，X 等于 1（电压值为高）时不存在通路。这种行为用图 5-1f 的模型表示，该模型有一个常闭（normally closed）触点，因为 X 等于 0 时通路存在，而 X 等于 1 时通路不存在。另外，图 5-1g 给出了采用 X 变量的 p 沟道开关模型的速记方法。因为输入变量 X 为 0 时，通路存在，而 X 为 1 时通路不存在，故开关用 $\bar{X}$ 而不是 X 来表示（原书有误——译者注）。

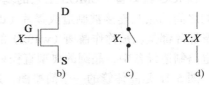

n 沟道晶体管的符号和模型

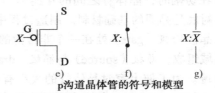

p 沟道晶体管的符号和模型

图 5-1　MOS 晶体管、逻辑符号和开关模型

开关电路　用模拟晶体管的开关组成的电路可以设计 CMOS 逻辑电路。电路要实现一个函数 F，当 F 等于 1 时电路存在一条通路，F 等于 0 时通路不存在。一个简单的 p 沟道晶体管开关模型电路如图 5-2a 所示，该电路实现的函数 G_1 可以通过寻找输入组合以保证通路存在来确定。为了确保有通路存在，两个开关都必须闭合，也就是说，当 $\bar{X}$ 与 $\bar{Y}$ 都为 1 时，通路存在，这意味着此时 $X=0$ 且 $Y=0$，因此，函数 G_1 为 $\bar{X} \cdot \bar{Y} = \overline{X+Y}$，换句话说，就是或非（NOR）逻辑。在图 5-2b 中，对于函数 G_2，在 n 沟道开关模型电路中，通路存在的前提是有一个开关闭合，即 $X=1$ 或者 $Y=1$，因此函数 G_2 为 $X+Y$。

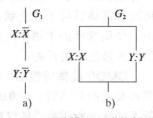

图 5-2　开关模型电路的例子

通常，串联的开关实现与（AND）逻辑，并联的开关实现或（OR）逻辑（前面模拟 p 沟道晶体管的电路实现的是或非（NOR）逻辑，这是由于变量取反和应用了德·摩根定理。）使用这些电路产生输出为逻辑 1 或逻辑 0 的通路，可以在输出端实现一个逻辑函数，我们接下来将讨论这个问题。

完全互补的 CMOS 电路　接下来我们要讨论 CMOS 电路的一个子系列，其一般结构如

图 5-3a 所示。在非跳变期间，电路 F 的输出与电源 +V（逻辑 1）或地（逻辑 0）之间存在一条通路，这种电路称为静态（Static）CMOS。为了实现静态电路，函数 F 与 $\overline{F}$ 的开关电路必须用晶体管来实现。换句话说，电路必须有通路来实现函数 F 的 0 或 1。实现 F 的开关电路用 p 沟道晶体管搭建，电路的输出为逻辑 1。采用 p 沟道晶体管的原因是 p 沟道晶体管传导逻辑 1 的能力比逻辑 0 要强。实现 $\overline{F}$ 的开关电路采用 n 沟道晶体管搭建，电路输出为逻辑 0。在此处使用 n 沟道晶体管是因为它传导逻辑 0 的能力比逻辑 1 强。注意 p 沟道与 n 沟道开关电路的输入变量相同。

为了说明完全互补电路，在图 5-3b 中，我们使用了对应于图 5-2a 和图 5-2b 的电路 G_1 和 G_2 的晶体管，其中 p 沟道实现 G，n 沟道实现 $\overline{G}$。当 $X+Y=1$ 时，G1 电路存在一个通路，也就是说在图 5-3b 中从逻辑 1 到电路输出存在一个通路，使得当 $\overline{X+Y}=1$ 时 $G=1$，这时函数 G 的输出为 1。当 $X+Y=1$ 时，G_2 电路存在一个通路，即在图 5-3b 中当 $X+Y=\overline{X+Y}=1$ 时，从逻辑 0 到电路输出存在一个通路。这个通路使得当 $\overline{X+Y}$ 取反时 $G=0$，因而 n 沟道电路实现了 $\overline{G}$，这时函数 G 的输出为 0。由于电路 G 产生 1 和 0 输出，故可以说电路输出 $G=\overline{X+Y}$，即这个电路是一个或非门。这是或非门的一种标准静态 CMOS 实现。

由于与非是或非的对偶式，故可以将 G_1 和 G_2 等式中的"＋"替换成"·"来实现与非。对于开关电路，串联开关的对偶是并联，反之亦然。这种对偶性也适用于那些模型化的晶体管，图 5-3c 给出了与非的实现。图 5-3d 实现的是一个非门。

按照德·摩根定律，我们看到图 5-3 中所有电路实现的均是反函数的功能，这种取反的性质是 CMOS 门的一个特点。事实上，当我们进行一个一般的设计时，可以假设要实现的函数是 $F=\overline{F}$，这可避免直接使用带反变量的 p 沟道开关。因此，可以首先用 n 沟道电路设计 $\overline{F}$，然后采用对偶规则用 p 沟道电路设计 F。对于比 NAND、NOR 和 NOT 更复杂的功能，最终设计出来的电路称为复合门（complex gate）。

[300]

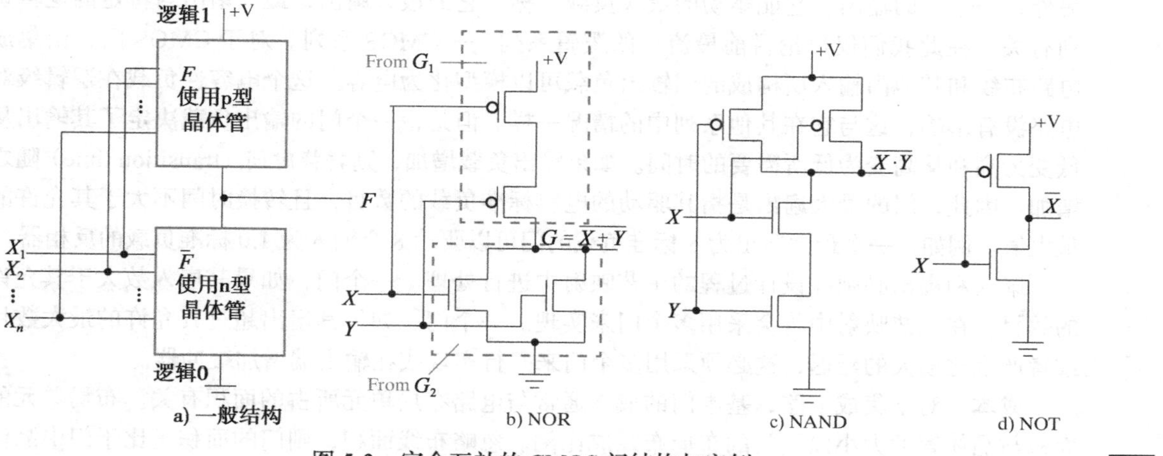

a) 一般结构　　　　b) NOR　　　　c) NAND　　　　d) NOT

图 5-3　完全互补的 CMOS 门结构与实例　[301]

采用一般的设计过程设计复合门、传输门及其这些门的应用，请参见本书配套网站中的补充章节，标题为"更多的 CMOS 电路级设计"（More CMOS Circuit-Level Design）。

5.1.3　工艺参数

对于每一个具体的实现工艺，其电子电路设计的细节与电路参数都不同。用来表征一个实现工艺的最重要的参数如下：

- 扇入（fan-in）指一个门可能的输入数。
- 扇出（fan-out）指一个门输出驱动的标准负载数。一个输出的最大扇出是指输出在不削弱门的性能的前提下可以驱动的扇出。标准负载根据工艺的不同有许多不同的定义方法。
- 噪声容限（noise margin）指在不使输出产生不良变化的情况下，正常输入允许叠加的最大的外部噪声电压。
- 门的成本（cost）指该门在包含它的集成电路总成本中所占比例的度量。
- 传播延迟（propagation delay）指信号发生变化，从输入传播到输出所需要的时间。电路的操作速度反比于电路中最长通路的传播延迟。
- 功耗（能量损耗）（power consumption dissipation）指被门消耗的来自于电源的功率。功耗以热能形式散发，因此应该考虑功耗与运行温度的关系及芯片冷却的需求。

虽然对设计者而言，所有这些参数都重要，但在这里只介绍部分参数的细节。由于传播延迟和电路定时对设计过程很重要，因而在第 2 章和第 4 章已经对它们进行了讨论。

扇入　对于高速工艺，扇入即一个门的输入个数通常不超过 4 或 5 个，这主要是出于对门速度的考虑。为了实现一个大扇入门，在工艺映射时往往使用低扇入门连接而成。图 5-4 举例说明了一个 7 输入与非门的映射，它是由两个 4 输入的与非门和一个反相器组成。

图 5-4　采用 4 个或更少输入的与非门实现一个 7 输入的与非门

302

扇出　一种度量扇出的方法是使用标准负载（standard load）。每个被驱动的门的输入在驱动门的输出上提供了一个用标准负载单元度量的负载。例如，一个特定反相器的输入可以是 1.0 的标准负载。如果一个门驱动 6 个这样的反相器，那么它的扇出为 6.0 个标准负载。另外，一个门的输出有它能驱动的最大负载，称为它的最大扇出，最大扇出与特定的逻辑系列有关。在此我们仅讨论目前最流行的逻辑系列——CMOS 系列。对于 CMOS 门，由集成电路布线和其他门输入所构成的门输出负载可以模型化为电容。这个电容性负载在逻辑级对电路没有影响，这与它在其他系列中的情况一样。但是，一个门的输出负载决定了其输出从低变为高和从高变为低所需要的时间。如果输出负载增加，则转换时间（transition time）随之增加。因此，门的最大扇出是指其驱动的电容标准负载的数目，且转换时间不大于其允许的最大值。例如，一个最大扇出为 8 标准负载的门可以驱动 8 个输入为 1.0 标准负载的反相器。

扇入和扇出必须在设计过程的工艺映射中进行处理。一个门，如果其扇入数大于其允许的数目，在工艺映射中将会采用多个门来实现。一个门，如果其扇出超过其允许的最大数目或者产生比较大的延迟，这必须采用多个门来并行实现或在输出端增加缓冲器。

成本　对于集成电路，基本门的成本通常与电路布局单元所占的面积有关。布局单元的面积与晶体管的大小以及门的布局布线成比例。忽略布线面积，则门的面积正比于门中晶体管的数目，而门中晶体管数目又正比于门输入成本。如果布局的实际面积已知，则标准化的面积值可以提供一个比门输入成本更准确的估计。

从系统的观点来看，与每一种基本逻辑门制造成本一样重要的是包括集成电路设计、验证和测试在内的总成本。设计有数百万只晶体管的集成电路并将其推向市场，需要一支庞大的工程师队伍和一笔可观的非经常性工程（Non-Recurring Engineering，NRE）费用，即不管生产多少件产品都将付出的一次性成本。与 NRE 不同，生产成本是指为生产每一件产品的每一个部件所需要的劳动力、材料和能源开支。NRE 成本要用产量来分摊，产量就是所生产的产品的总量。对于产量低的产品，设计集成电路的 NRE 成本可能比单件产品的生产成本大很多。作为定制集成电路的一种选择，低量的产品通常是基于 5.2 节所介绍的可编程逻辑器件来设计的。可编程器件的 NRE 成本要比定制集成电路的成本低很多，而且可以很快将产品推向市场。与定制集成电路相比较，可编程器件的缺点包括大的传播延迟（低性能）和每件产品的成本较高。因此，是选择全定制集成电路还是选择可编程器件需要考虑性能需求和估计的产量，以便设计出能够获取利润的产品。

5.2 可编程实现技术

到目前为止，我们已经介绍了一些实现技术，它们都是固定不变的，因为用这些技术制造出来的是集成电路或者是把集成电路连在了一起。与这些技术不同，可编程逻辑器件（PLD）中包含了用来实现逻辑功能的结构和用来控制内部连接或者存储实现实际逻辑功能所需的信息。这些新结构需要编程（programming），以确定要实现什么样的功能，编程是一个硬件过程。以下 4 个小节将分别讨论 4 种基本可编程逻辑器件（PLD）：只读存储器（ROM）、可编程逻辑阵列（PLA）、可编程阵列逻辑（PAL）和现场可编程门阵列（FPGA）。

在讲解 PLD 之前，我们首先来讨论一下编程的支撑技术。最早的编程技术包括熔丝和反熔丝。初始状态为"闭合"的熔丝可以选择性地用高于正常的电压熔断，实现"断开"。断开与闭合的熔丝构成内部连接模式，以决定器件逻辑。与熔丝相反，反熔丝包括一个初始为不导通（OPEN）的材料。反熔丝技术可以用高于正常的电压实现闭合，通过选择性地断开和闭合确定内部连接，以定义器件逻辑。

第三种控制连接的编程技术是掩模编程（mask programming），它在芯片中导电的金属层进行适当的连接，这一工作由半导体制造商在芯片制造过程的最后阶段完成。金属层的结构取决于芯片预期的功能，在制造过程中确定。

上述三种连接技术都是永久的，器件不能再编程，这是由于编程使器件产生了不可逆转的物理变化。因此，如果编程不正确或需要改变，器件就报废了。

第四种编程技术是在编程点用一位存储单元驱动一个 n 沟道 MOS 晶体管，这在大的 VLSI PLD 设计中非常流行。如果存储的值为 1，则晶体管导通，源极与漏极间的连接形成了一个闭合通路。如果存储的值为 0，则晶体管截止，源极与漏极间的连接断开。由于存储单元的内容可以使用电的方法而改变，故器件可以容易地实现再编程。但是为了避免存储的值丢失，必须保证电源供电。因此，存储单元技术是易失性的，也就是说，编程逻辑在电源断开后将丢失。

第五种技术是晶体管开关控制。这种很流行的技术基于浮动栅极存储电荷，浮动栅极位于 MOS 晶体管正常栅极的下面，通过绝缘体完全隔离开来。浮动栅极中存储的负电荷使晶体管截止。如果正常栅极加载高电平，则储存的负电荷消失可使晶体管导通。因为可以增加或者移除存储的电荷，所以这个技术允许擦除和重编程。

有两种控制晶体管开关的方法，一种称为可擦除（erasable），另一种称为电可擦除（electrically erasable）。编程时要给晶体管提供高于正常值的各种电压。擦除是指用强紫外线光照射足够长的时间，一旦这种类型的芯片被擦除，则可以重新编程。电可擦除器件可以通过类似编程的过程，使用高于正常值的电压来擦除。第三种擦除方法是在闪存（flash memory）中使用非常广泛的 flash 技术。flash 技术是一种电擦除技术，有多种擦除选项，包括从单个浮动栅极、所有浮动栅极或浮动栅极特定子集中擦除存储的电荷。

有些可编程逻辑技术具有高扇入的门。为了简明地表示这些技术的内部逻辑图，对阵列逻辑采用一种特殊的门符号。图 5-5 描述了多输入或门的常规符号和阵列逻辑符号。阵列逻辑符号不用多根输入线连接到门，而是用一根连线，输入线与这根线垂直，并且可选择地连接到门上。如果在两根线交叉处有 × 符号，则表示存在连接（闭合）。如果没有 ×，则表示没有连接（打开）。用类似的方法可以画出与门的阵列逻辑。

a) 常规符号　　　　b) 阵列逻辑符号

图 5-5　或门的常规符号和阵列逻辑符号

接下来我们探讨三种不同的可编程器件结构，并指出每一种器件在实现过程中使用了哪些常用的技术。这些可编程器件的不同之处在于与－或阵列的可编程位置，图 5-6 给出了这三种类型器件的可编程位置。可编程只读存储器（PROM）和闪存一样有固定的与阵列（结构像译码器）和可编程的或阵列，可实现输出为最小项之和的表达式，也可实现一个真值表（为 1 时连接或门，为 0 时不连接或门）。ROM 还可以看作存储器，由译码器输入来选择输出的二进制数。可编程阵列逻辑（PAL）器件的与阵列可编程，或阵列固定。通过对与门编程产生布尔表达式的乘积项，这些乘积项在每个或门处进行逻辑加。三种类型的 PLD 器件中最灵活的是可编程逻辑阵列（PLA），它的与阵列和或阵列都可以编程。与阵列的乘积项可以被任何或门共用，得到所需的积之和。名称 PLA 与 PAL 是 PLD 器件在其发展过程中根据不同厂商的器件名确定的。

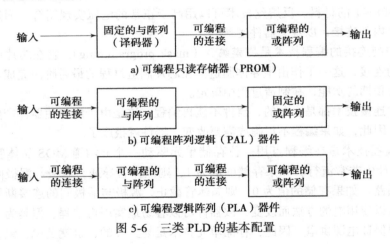

a) 可编程只读存储器（PROM）

b) 可编程阵列逻辑（PAL）器件

c) 可编程逻辑阵列（PLA）器件

图 5-6　三类 PLD 的基本配置

5.2.1　只读存储器

只读存储器本质上是一个"永久"存储二进制信息的器件。这些信息由设计人员指定，然后嵌入到 ROM 中形成所需要的连接或电子器件模式。一旦这个模式建立，无论电源是断开还是再次接通，信息都一直保存在 ROM 中，也就是说，ROM 是非易失性的。

ROM 器件的框图如图 5-7a 所示，它有 k 个输入，n 个输出。输入提供存储器的地址（address），输出则给出由地址选定的存储字的数据位。一个 ROM 的字数由地址输入决定，k 个地址输入线决定了 2^k 个字。注意，ROM 没有数据输入，因为它没有写操作。集成电路 ROM 芯片有一个或多个使能输入和三态输出，以方便搭建大规模的 ROM 阵列。带有处理器的 VLSI 电路可能包含永久的 ROM 和可编程的 ROM。

考查一个 32×8 的 ROM。该 ROM 有 32 个字，每个字 8 位，有 5 根输入线，以便产生 0～31 的二进制地址，图 5-7b 给出了该 ROM 的内部逻辑结构。5 个输入通过 5-32 译码器译码成 32 个不同的输出，译码器的每个输出表示一个存储地址（memory address）。32 个输出通过可编程连接点连接到 8 个或门的每一个上。这个图采用复杂电路中使用的阵列逻辑符号（参见图 5-5），每个或门必须看作有 32 个输入。译码器的每个输出通过编程技术连接到每个或门的一个输入。图 5-7b 中地址单元 1 被编程为 10010011。由于每个或门有 32 个内部编程连接点，并且有 8 个或门，因此该 ROM 共有 32×8＝256 个可编程连接点。通常，一个 $2^k×n$ 的 ROM 包括一个 $k-2^k$ 译码器和 n 个或门，每个或门有 2^k 个输入，它们通过可编程连接点连接到译码器的每个输出。

[306]

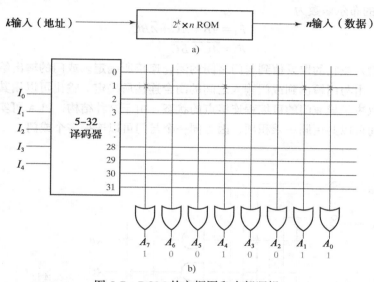

图 5-7　ROM 的方框图和内部逻辑

根据可编程技术和方法，只读存储器有不同的名称：

1）ROM——掩模编程。

2）PROM——熔丝或反熔丝编程。

3）EPROM——可擦除浮动栅极编程。

4）EEPROM 或 E^2PROM——电可擦除浮动栅极编程。

5）FLASH 存储器——具有多种擦除和编程模式的电可擦除浮动栅极编程。

[307]

编程技术的选择取决于许多因素，包括存储单元的数目、是否多次编程、可编程的次数以及时间延迟等性能指标。

ROM 编程一般采用编程软件，以便将用户与编程细节隔离开来。ROM 存储计算机程序，借助常见的编程工具，如编译器和汇编器产生二进制代码并存储到 ROM 中。另一方面，它也可以借助工具实现编程，这些工具可以接受如真值表、布尔表达式和硬件描述语言几种不同的输入。对于闪存，它还可以接受二进制形式的数据，如数码相机拍的照片。所有这些情况，输入都转化为编程技术所需的或门连接或断开的某种模式。

5.2.2　可编程逻辑阵列

可编程逻辑阵列（PLA）与 ROM 在概念上类似，只不过 PLA 不提供变量的全译码，不生成所有的最小项。PLA 用一与门阵列代替译码器，以编程产生输入变量的乘积项。然后，这些乘积项可选地连接到或门，以便生成所需布尔表达式的积之和。

图 5-8 是一个带有 3 个输入、2 个输出的 PLA 的内部逻辑图。这个电路太小，设计它根本不划算，在此仅为了说明 PLA 的典型逻辑结构。这个图采用阵列逻辑符号表示。每个输入经过一个缓冲器和一个反相器，它们在图中采用复合的图形符号表示，产生原值和取反值的输出。输入的原值和取反值到每个与门的输入都存在可编程连接点，如图中水平线与垂直线的交叉点所示。与门的输出通过可编程连接点连接至每个或门的输入。或门的输出连接到一个异或门，异或门的另一个输入可以编程为逻辑值 1 或者 0。当异或门的输入连接到逻辑值 1 时，输出取反（因为 $X \oplus 1 = \bar{X}$），而当连接到逻辑值 0 时输出值不变（因为 $X \oplus 0 = X$）。图中 PLA 实现的布尔函数为

$$F_1 = A\bar{B} + AC + \bar{A}B\bar{C}$$
$$F_2 = \overline{AC + BC}$$

乘积项由输入或它的取反值到与门之间的闭合连接所确定。或门的输出给出所选定的乘积项的逻辑和，由与门输出到或门输入之间的闭合连接所确定。输出可以用其取反值或真实值来表示，这取决于异或门的可编程连接点的状态。由于这种结构，PLA 可实现积之和或其反函数。函数间可以共用同一乘积项，因为同一个与门可以连接多个或门。

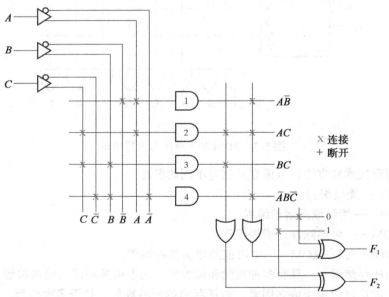

图 5-8   有 3 个输入、4 个乘积项和 2 个输出的 PLA

一个 PLA 器件的大小由其输入数、乘积项数以及输出数确定。对于一个有 n 个输入、k 个乘积项和 m 个输出的 PLA，它的内部逻辑由 n 个缓冲 – 反相器、k 个与门、m 个或门和 m 个异或门组成。在输入和或门阵列之间有 $2n \times k$ 个可编程连接点，在与门和或门之间有 $k \times m$ 个编程连接点，在或门和异或门之间有 m 个可编程连接点。

对 PLA 进行编程所需要的信息是从输入原值或其取反值开始的闭合连接，与门和或门之间的闭合连接以及乘积项是否需要取反。例如 ROM，编程工具接受各种形式的输入并生成这些信息。这里我们着重于逻辑实现，所以考虑用户的输入形式只有取反或没有取反的积之和等式。

用 PLA 实现组合电路必须进行仔细的研究来减少不同乘积项的数目，这样才能缩小 PLA 的尺寸。通过将布尔函数的项数化简到最少便可以得到较少的乘积项。至于每一项中文字的个数则不是很重要，因为所有的输入变量都可以方便地放在每一项中。避免多余的文字是明智的，因为多余的文字在电路测试时可能产生一些问题，也可能降低电路速度。实现乘积项数目最小化的一种重要方法是在输出之间共享乘积项。每个函数及其反函数都应该化简，以确保每个函数能用最少的乘积项，并且函数间能共享乘积项。因此用 PLA 实现给定的函数时，在 PLA 设计软件中通常采用多输出、两级函数优化方法。虽然我们没有正式地讲解这个过程，但在此采用非正式的卡诺图来进行介绍，例 5-1 举例说明了这个过程。

例 5-1　用 PLA 实现组合电路

用一个 PLA 实现以下两个布尔函数：

$$F_1(A, B, C) = \Sigma m(3, 5, 6, 7)$$
$$F_2(A, B, C) = \Sigma m(1, 2, 3, 7)$$

在图 5-9 中，对函数 F_1 与 F_2 采用卡诺图、两级单输出优化方法，得到的主蕴含项用黑色线表示，化简后的函数在两个卡诺图的正下方。乘积项 BC 为两个函数共享，所以总共需要 5 个乘积项。如果考虑 F_1 的反函数与 F_2 的原函数，可以发现两个函数都包含两个非主蕴含项，如灰色矩形框所示，共享这两个乘积项的结果在卡诺图下方的第二行给出。采用灰色的蕴含项，得到的结果如下：

$$F_1 = \overline{\overline{A}\overline{B}C + \overline{A}B\overline{C} + \overline{B}C}$$
$$F_2 = \overline{A}\overline{B}C + \overline{A}B\overline{C} + BC$$

由于整个函数 F_1 取反，异或门的控制输入端必须加载一个 1，这个结果仅需要 4 个与门。利用输出反相、多输出和两级优化方法可使成本最小。这两个共享的蕴含项是多输出优化方法生成主蕴含项的结果。

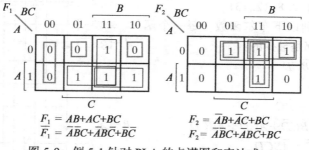

$$F_1 = AB + AC + BC$$
$$\overline{F_1} = \overline{A}\overline{B}C + \overline{A}B\overline{C} + \overline{B}C$$

$$F_2 = \overline{A}B + \overline{A}C + BC$$
$$F_2 = \overline{A}\overline{B}C + \overline{A}B\overline{C} + BC$$

图 5-9　例 5-1 针对 PLA 的卡诺图和表达式

5.2.3　可编程阵列逻辑器件

可编程阵列逻辑器件（PAL）是一个或门阵列固定、与门阵列可编程的 PLD。由于只有与门可以编程，并且多个函数不能共用与门的输出，因此利用 PAL 器件来进行设计容易一些，但是其灵活性不如 PLA。图 5-10 给出了一个典型的可编程阵列逻辑器件的逻辑配置，图中器件有 4 个输入、4 个输出，每个输入连接至一个缓冲－反相器，每个输出由固定的或门产生。这个器件包含四部分，每部分由三位宽的与或阵列组成，也就是说每部分有 3 个可编程的与门。每个与门有 10 个可编程的输入连接，如图中 10 根竖线与 1 根横线的交叉点。图中横线的画法表示一个与门有多个输入。图中的一个输出连接至一个缓冲－反相门，通过可编程连接点反馈作为与门的输入，所有器件的输出通常都是这样处理的。由于与门的个数不是很多，这些通路允许 PAL 中的一些与 – 或电路的输出作为其他 PAL 与 – 或电路的输入，从而可以实现一定级数的多级电路，这样做的一个好处就是可以增加给定函数中所能包含的与门的个数。

商用 PAL 器件比图 5-10 所示的 PAL 包含更多的门。一个小型 PAL 集成电路可能拥有 8 个输入、8 个输出以及 8 个部分，每部分由一个宽度为 8 的与 – 或阵列组成。每个 PAL 器件的输出由一个三态缓冲器驱动，同时也可以作为其他与门的输入。这些输入 / 输出可以编程仅作为输入、仅作为输出，或者是作为带有一个可变信号的双向信号，这个可变信号控制着三态缓冲器的使能端。PAL 器件的阵列与输出的三态缓冲器之间通常包括触发器，由于每个输出可以通过一个缓冲 – 反相门反馈到可编程的与阵列，因此采用 PAL 可以很容易地实现时序电路。

用 PAL 器件实现组合电路　在采用 PAL 器件的设计中，由于每一个电路无法共享与门的输出，故需要应用单输出、两级优化方法。但由于电路输出可以通过可编程点反馈至输入，多级函数可以很容易地实现，因此实现中可以采用一定级数的多级优化、共享积之和式以及积之和式的非。与 PLA 不同的是，在 PAL 中一个乘积项不能被两个或多个或门共享。例 5-2 说明了 PAL 器件的手工优化方法。

310
～
311

例 5-2　用 PAL 实现组合电路

作为使用 PAL 器件实现组合电路设计的实例，考虑以下以最小项之和形式给出的布尔函数：

$$W(A, B, C, D)=\sum m(2, 12, 13)$$
$$X(A, B, C, D)=\sum m(7, 8, 9, 10, 11, 12, 13, 14, 15)$$
$$Y(A, B, C, D)=\sum m(0, 2, 3, 4, 5, 6, 7, 8, 10, 11, 15)$$
$$Z(A, B, C, D)=\sum m(1, 2, 8, 12, 13)$$

通过化简，得到以下布尔函数，每一个函数所包含的乘积项都是最少的：

$$W=AB\overline{C}+\overline{A}\,\overline{B}C\overline{D}$$
$$X=A+BCD$$
$$Y=\overline{A}B+CD+\overline{B}\,\overline{C}$$
$$Z=AB\overline{C}+\overline{A}\,\overline{B}C\overline{D}+A\overline{C}\overline{D}+\overline{A}\,\overline{B}\overline{C}D$$
$$\quad=W+A\overline{C}\overline{D}+\overline{A}\,\overline{B}\overline{C}D$$

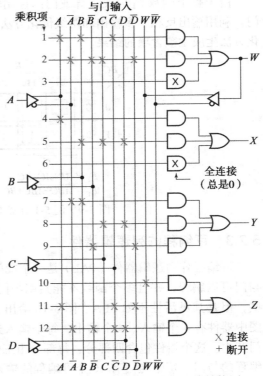

注意，所有 4 个函数均是两级优化的结果。但是函数 Z 有 4 个乘积项，其中两个的逻辑和等于 W。因而，通过使用 W，可以将 Z 的乘积项个数由 4 减少到 3，从而上面的函数可以用图 5-10 所示的 PAL 器件实现。即便输出 W 不出现在函数 Z 中，这个 PAL 器件结构也能够设计出因子 W，并用它来实现函数 Z。然而在这种情况下，输出 W 仅用来实现 W，而不能用来实现其他函数了。　　　　■

图 5-10　例 5-2 的 PAL 器件连接结构图

5.2.4 现场可编程门阵列

目前使用得最多的可编程逻辑器件是现场可编程门阵列（FPGA）。尽管各个厂商所生产的 FPGA 具有不同的特性，但它们通常都包含三个可编程部件：可编程逻辑块、可编程互联和可编程输入 / 输出引脚，如图 5-11 所示。除了这三种常用的部件外，很多 FPGA 还包括一些专门逻辑块，如存储器、算术运算部件，甚至是微处理器。本小节重点介绍 FPGA 的基本特性，为读者今后了解制造商生产的某个具体 FPGA 的技术特性提供足够的背景知识。

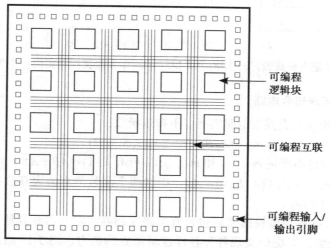

可编程
逻辑块

可编程互联

可编程输入 /
输出引脚

312
~
313

图 5-11　大多数 FPGA 器件的三个可编程的特征：逻辑块、互联和输入 / 输出

相对于其他系列可编程逻辑器件而言，FPGA 的优点是可以配置组合逻辑和触发器，而且容易进行重新配置。大多数 FPGA 都使用静态随机访问存储器（SRAM）进行配置，SRAM 将在第 7 章进行更全面的介绍。FPGA 还可以使用闪存和反熔丝（就像本节早先介绍的 PROM 一样）技术来进行配置。使用 SRAM 进行配置的 FPGA 是易失性的，这意味着当电源关闭时配置消失，当电源再次接通时必须加载配置。不管使用哪种配置技术，FPGA 中的每一个配置位都控制着可编程部件的行为。配置 FPGA 需要为可编程逻辑块、连线和输入 / 输出设置所有的配置位。

许多 FPGA 常见的第一个可编程特征是可编程逻辑块。可编程逻辑块包括组合和时序逻辑，它们可以被配置以便完成许多不同的功能。很多系列的 FPGA 用基于查找表（Look-Up Table，LUT）的可编程逻辑块来实现组合逻辑函数。一个查找表是一个 $2^k \times 1$ 的存储器，用来实现带有 k 个变量的函数的真值表，称之为 k-LUT。图 5-12a 所示是一个 2 输入 LUT。有两个变量的 16 个布尔函数中的任何一个，都可以通过将图中 SRAM 配置位设置成以 a 和 b 为变量的那个函数的真值表来实现，3.7 节描述了这样的真值表。如果要实现多于 k 个变量的函数，则要像图 5-12b 所示的那样将多个 k-LUT 用多路复用器连接起来。用多路复用器将小的 LUT 连接起来的理论依据是香农的展开式定理，即任何一个布尔函数可以表示为：

$$f(x_1, x_2, x_3, ..., x_k) = x_k \cdot f(x_1, x_2, x_3, ..., 1) + \overline{x_k} \cdot f(x_1, x_2, x_3, ..., 0)$$

图 5-12b 中，布尔函数 $f(a, b, c)$ 是通过用多路复用器选择线上的变量 c 在 $f(a, b, 0)$ 和 $f(a, b, 1)$ 两个函数中进行选择来实现的。例 5-3 举例说明用 LUT 和香农的展开式定理实现组合函数。

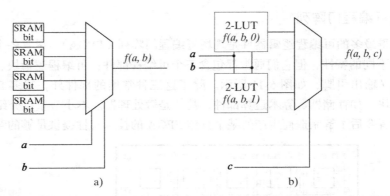

[314]　　　　图 5-12　a）2 输入查找表，b）用两个 2-LUT 和一个多路复用器实现一个 3 输入的函数

例 5-3　用查找表实现组合电路

用图 5-12b 中所示的查找表电路实现以下布尔函数：

$$F(A, B, C)=\sum m(3, 5, 6, 7)$$

该函数 $C=1$ 时最小项是 m_3、m_5 和 m_7，所以 $F(A, B, 1)=\bar{A}B+A\bar{B}+AB=A+B$。该函数 $C=0$ 时最小项是 m_6，所以 $F(A, B, 0)=AB$。把这两个函数的真值表存放在图中所示 2-LUT 电路相应的配置位中即可。　　　　　　　　　　　　　　　　　　　　　■

除 LUT 外，可编程逻辑块通常还包含有多路复用器、触发器和其他逻辑，它们可以用来对逻辑块进行配置，以提供实现各种各样逻辑函数的能力，图 5-13 给出了一个可编程逻辑块的例子。这个逻辑块有 5 个特征：1）一对 2-LUT 用来实现组合功能；2）一个 D 触发器用来实现时序功能；3）加法逻辑，使得逻辑块可以实现 1 位全加器；4）一组多路复用器用来选择把哪一个功能的结果送到输出；5）一组 SRAM 配置位用来控制 LUT 和多路复用器的动作。这些配置位在图中用标有 0～10 的方块来表示。

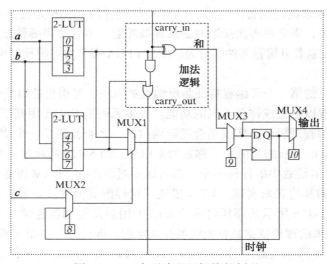

[315]　　　　　　　　　　　图 5-13　一个可编程逻辑块的例子

在图 5-13 中标记为 MUX1 的多路复用器和一对 2-LUT 一起使逻辑块可以实现多至 3 个变量的任意布尔函数，就像图 5-12 所表明的那样。多路复用器 MUX2 选择第 3 个变量或触

发器的输出作为逻辑块输入。多路复用器 MUX3 选择 LUT 逻辑的输出或加法逻辑的输出作为触发器和 MUX4 的输入。最后，MUX4 选择触发器或组合电路（MUX3 的输出）的输出作为逻辑块的输出。

加法逻辑中的 3 个门可以高效地实现一些常见的算术数字运算。尽管它不需要在逻辑块中增加其他逻辑就可以用来实现加法器，但需要两个逻辑块才能完成加法中每一位的运算：一个块用来处理"和"，另一个用来处理"进位"，这是因为逻辑块仅仅只有一个输出。依靠加法逻辑中的这 3 个门，将上面的 2-LUT 配置成 $f(a,b)=a \oplus b$ 函数，下面的 2-LUT 配置成 $f(a,b)=ab$ 函数，则 1 个逻辑块可以来实现 1 位全加器，所以"和"信号等于 $a \oplus b \oplus$ carry_in，"进位输出"信号等于 $ab+$ carry_in$(a \oplus b)$。因此，一个 n 位行波进位加法器可以用 n 个逻辑块来实现，反之，如果没有这样的加法逻辑，则 1 个加法器需要 $2n$ 个逻辑块。同样，在许多商用 FPGA 系列中，可编程逻辑块包含一些专门用来实现常见算术功能的逻辑，尽管这需要少量的逻辑资源，但通常可以获得比没有这些专门逻辑时更高的性能。与在这种简单的逻辑块中使用的行波进位加法器不同，商用 FPGA 使用更为复杂、性能更高的算术运算技术，例如超前进位加法器，但这些已经超出了本教材的范围。

配置可编程逻辑块需要设置 11 个配置位才能获得所需的功能。配置位 0～7 设置为由 LUT 实现的真值表，位 8 选择是用输入 c 还是触发器的输出来控制 LUT 的输出，位 9 用来选择是否使用加法逻辑，位 10 用来选择是将触发器的输出作为块的输出，还是将 LUT 的组合输出或者加法逻辑的组合输出作为块的输出。逻辑块的整体行为决定于如何配置所有的配置位。例如，回到先前我们对加法的讨论，实现一个全加器要用 MUX3（配置位 9）来选择"和"输出，同时还要把 2-LUT 设置成输入 a 和 b 适当的函数（配置位 0～7）。另外一个例子是，如果 MUX3（配置位 9）被设置成选择 MUX1 的输出，那么根据 MUX2 和 MUX4（配置位 8 和 10）的设置情况，块的输出信号可以是 a、b、c 的一个组合函数、一个 Moore 机或一个 Mealy 机。为简单起见，尽管在这个例子中省去了 D 触发器的复位逻辑，但在大多数商用 FPGA 中，触发器的置位/复位行为也是可以编程的。

可编程逻辑块所包含的功能需要在实现给定函数所需逻辑块的数目与逻辑块中的传播延迟之间取得平衡。随着功能的增加，实现给定函数所需的逻辑块的数量（以及关键路径上逻辑块的数量）趋向于减少，但随着功能的增加，经过单一逻辑块时的传播延迟也会增加。总延迟是通过单一逻辑块时的延迟和通过逻辑块与逻辑块之间连接时的延迟的函数。

316

逻辑块之间的连接是 FPGA 第二个常见的可编程特征。可编程互联网络将各个逻辑块连接起来构成电路，这样的电路很大，难以放在一个单一的逻辑块中。可编程互联网络由一组连线和可编程的开关组成，开关通常由 n 沟道 MOS 晶体管构成，这样的晶体管在本节开始讨论的可编程技术中有所描述。晶体管的栅极由可编程逻辑块中的配置位所控制。可编程互联必须使 FPGA 能够实现各种类型的电路，因此必须能够不仅将相互物理位置很近的逻辑块连接起来，而且能够将相互物理位置很远的逻辑块也连接起来。另外，互联网络还必须在使电路所期望的功能得以实现的同时，能够达到传播延迟、功耗以及成本的设计目标。

为了满足这些要求，大多数 FPGA 都提供多层次的互联。尽管各个厂商设计互联的方法不同，但可编程互联网络通常提供大量较短的互联用于连接物理上相距较近的逻辑块，提供少量较长的互联用于连接物理上相距较远的逻辑块。受可编程开关电气特性的影响，用一个开关连接的两段导线，其传播延迟比同样长度的一段导线的传播延迟要大。FPGA 制造商已经设计了一组可编程互联，以便减少大多数设计中，信号在逻辑块之间传送时要经过的开关的平均数。对 FPGA 进行编程的计算机辅助设计工具要将设计放置在合适的可编程逻辑块上，以便减少互联的延迟。

除可编程互联网络之外，通常还有专门用于连接时钟和复位信号的连线资源，它们为整个电路所共享。专门的连线资源可以使传播延迟和时钟歪斜达到最小，正如第 4 章介绍的那样，这些因素可能引起时序电路的同步问题。除了全局信号，在邻近的逻辑块之间还有局部专门连线，它们用来连接像图 5-13 可编程逻辑块中的进位链这样专门的算术逻辑，这种局部连线在减少可编程互联需求的同时提高了专门逻辑电路的速度。

FPGA 第三个常见的可编程特征是一组可编程的输入 / 输出（I/O）引脚。FPGA 必须与外部世界相连，在一些特别的情况下，根据要实现的电路的不同，FPGA 必须要有很多数量的输入和输出，FPGA 必须与它相连的电气部件的速度和电压要求相匹配。由于存在这两个要求，大多数 FPGA 有大量可以配置的引脚，这些引脚既可配置成输入，又可配置成输出，而且能够支持不同的电气接口标准。电气接口标准对作为逻辑 0 或 1 的电压、提供或吸收的电流、信号变化的速度以及许多 I/O 信号的电气特性均有相应的要求。FPGA 还具有用其内部时钟对输入信号进行同步的能力，以便应对第 4 章讨论过的亚稳态问题。制造商选择支持什么的电气标准，基本上取决于它们将进入的应用市场。

5.3 本章小结

这一章呈现了对设计人员来说都是比较重要的一些内容。首先介绍了 CMOS 晶体管，引入了 CMOS 晶体管的开关模型，并将其应用在门电子电路中。介绍了描述门技术的各种参数，讨论过的重要技术参数有扇入、扇出、噪声容限、功耗以及传播延迟。最后，讨论了基本的可编程实现技术，这部分内容包括 ROM、PLA、PAL 和 FPGA 器件。

参考文献

1. ALTERA® CORPORATION, *Altera FLEX 10KE Embedded Programmable Logic Device Family Data Sheet*, ver. 2.4 (http://www.altera.com/literature/ds/dsf10ke.pdf). Altera Corporation, © 1995–2002.

2. KATZ, R. H., AND G. BORRIELLO. *Contemporary Logic Design*, 2nd ed. Upper Saddle River, NJ: Pearson Prentice Hall, 2005.

3. KUON, I., R. TESSIER, AND J. ROSE. "FPGA Architecture: Survey and Challenges," *Foundations and Trends in Electronic Design Automation*, Vol. 2, Issue 2, 2007, pp. 135–253. (http://www.nowpublishers.com/articles/foundations-and-trends-in-electronic-design-automation/EDA-005).

4. LATTICE SEMICONDUCTOR CORPORATION. *Lattice GALs*® (http://www.latticesemi.com/products/spld/GAL/index.cfm). Lattice Semiconductor Corporation, © 1995–2002.

5. SMITH, M. J. S. *Application-Specific Integrated Circuits*. Boston: Addison-Wesley, 1997.

6. TRIMBERGER, S. M., ED. *Field-Programmable Gate Array Technology*. Boston: Kluwer Academic Publishers, 1994.

7. WAKERLY, J. F. *Digital Design: Principles and Practices,* 4th ed. Upper Saddle River, NJ: Pearson Prentice Hall, 2004.

8. XILINX, INC., *Xilinx Spartan™-IIE Data Sheet* (http://direct.xilinx.com/bvdocs/publications/ds077_2.pdf). Xilinx, Inc. © 1994–2002.

习题

(www) （＋）表明更深层次的问题，＊表明在原书配套网站上有相应的解答。

*5-1　写出对应图 5-14 给出的开关模型网络中每一条闭合通路的布尔表达式。

5-2　画出实现以下功能的 CMOS 开关模型网络：
（a）3 输入与非门。
（b）4 输入或非门。

5-3　一个集成电路逻辑系列中的与非门有 8 个标准负载扇出，缓冲器有 16 个标准负载扇出。绘制草图以表示一个与非门的输出信号如何驱动 38 个其他门的输入，应采用尽可能少的缓冲器。假定一个输入为 1 个标准负载。

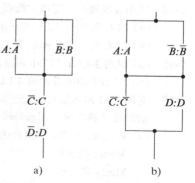

图 5-14　习题 5-1 的开关网络

5-4　（a）给定一个带使能输入的 256×8 ROM 芯片，使用 8 个芯片和一个译码器搭建一个 1 K×16 的 ROM，试画出所需的外部连接。
（b）搭建一个 4 K×32 的 ROM，需要多少 256×8 的 ROM 芯片？

*5-5　一个 32×8 的 ROM 将一个 6 位二进制数转换成相应的两位数字的 BCD 码。例如二进制 100001 转换成 BCD 码 0011 0011（十进制 33）。试写出 ROM 的真值表。

5-6　指定一个 ROM 的大小（字数和每个字的位数），以容纳下面组合电路元件的真值表：
（a）带 C_{in} 和 C_{out} 的 16 位行波进位加法器。
（b）带 C_{in} 和 C_{out} 的 8 位加减法器。
（c）将 4 位数的 BCD 码转换成二进制数的代码转换器。
（d）　4×4 的乘法器。

5-7　使用一个 8×3 ROM 实现以下 4 个布尔表达式，试列出该 ROM 的真值表。

$$A(X, Y, Z) = \sum m(0, 6, 7)$$
$$B(X, Y, Z) = \sum m(1, 2, 3, 4, 5)$$
$$C(X, Y, Z) = \sum m(1, 5)$$
$$D(X, Y, Z) = \sum m(0, 1, 2, 3, 5, 6)$$

318 ～ 319

5-8　使用 PLA 实现习题 5-7 所列的 4 个布尔函数，写出 PLA 实现的表达式。最小化乘积项的数目，尝试函数间共享乘积项，即使这些乘积项不是某个函数的主蕴含项，并考虑取反后再输出。

5-9　推导出求 3 位数之平方的组合电路的 PLA 表达式。最小化乘积项的数目，如果必须减少乘积项，尝试在函数间共享乘积项，即使这些乘积项不是某个函数的主蕴含项，并考虑取反后再输出。

5-10　列出使用 PLA 实现 BCD 码到余 3 码的代码转换器的表达式。如果必须减少乘积项，尝试在函数间共享乘积项，即使这些乘积项不是某个函数的主蕴含项，并考虑取反后再输出。

*5-11　使用 PAL 器件重做习题 5-10。

5-12　以下是一个 3 输入、4 输出的组合电路的真值表，写出如图 5-10 所示的使用 PAL 器件的编程表达式。

输入			输出				输入			输出			
X	Y	Z	A	B	C	D	X	Y	Z	A	B	C	D
0	0	0	0	1	0	0	1	0	0	1	0	1	0
0	0	1	1	1	1	1	1	0	1	0	0	0	1
0	1	0	1	0	1	1	1	1	0	1	1	1	0
0	1	1	0	1	0	1	1	1	1	0	1	1	1

5-13 使用图 5-10 所示的 PAL 器件实现以下函数。写出适合 PAL 编程的表达式。

$$F=\overline{A}B+CD+AB\overline{C}D+A\overline{B}C+ABC\overline{D}$$
$$G=\overline{A}B+B\overline{C}D+BC\overline{D}+A\overline{B}C$$

5-14 使用香农展开式定理，按项 C 和 $\overline{C}$ 展开下列函数：

(a) $F(A, B, C)=\overline{A}B+BC+A\overline{C}$

(b) $F(A, B, C)=\sum m(0, 2, 3, 5, 6)$

5-15 (a) 仅用 2-LUT 和 2-1 多路复用器设计一个 4-LUT。

(b) 用 (a) 中所设计的 4-LUT 实现函数 $F=AB+\overline{C}D+A\overline{B}C+\overline{A}BCD+A\overline{B}\overline{C}D$。

5-16 对图 5-13 所示的可编程逻辑块进行配置，用来实现下面类型的电路。假设每一个多路复用器上面的那个数据输入用选择输入的 0 来进行选择。

(a) 输入 a、b 和 c 的组合函数。

(b) Moore 状态机。

(c) Mealy 状态机。

5-17 使用图 5-13 所示的可编程逻辑块，实现一个完成 $a-b$ 运算的 1 位补码减法器，应该给 2-LUT 加入什么样的函数？

5-18 用图 5-13 所示的可编程逻辑块，实现以下状态表所描述的 Moore 状态机，答案中应该包括如何配置逻辑块中的配置位。

当前状态	输入		下一状态	输出 Z
	输入 1	输入 2		
状态 0	0	0	状态 1	0
状态 0	0	1	状态 0	0
状态 0	1	0	状态 0	0
状态 0	1	1	状态 1	0
状态 1	0	0	状态 0	1
状态 1	0	1	状态 0	1
状态 1	1	0	状态 1	1
状态 1	1	1	状态 1	1

寄存器与寄存器传输

在第 3 章与第 4 章中，我们分别学习了组合功能模块和时序电路。在本章中，我们将两者结合，给出以寄存器和计数器为代表的时序功能模块的概念。在第 4 章中，我们分析和设计的电路不包含任何特殊的结构，并且使用触发器的数目也很少。与此不同的是，本章中所考虑的电路将包含更多的结构，这些结构含有多级逻辑或者相同或相似的单元，非常容易扩展。寄存器的主要作用是在数据处理过程中保存信息，而计数器则主要用于对处理过程进行时序控制。

在数字系统中，数据通路和控制单元通常在设计的较高层次上出现。数据通路（datapath）包括数据处理逻辑和一组用于执行数据处理的寄存器。控制单元（control unit）由一些逻辑单元构成，它决定着数据通路处理数据过程中各种操作的顺序。寄存器传输记号描述了基本数据处理行为，也称为微操作（microoperation）。寄存器传输（register transfer）是指在寄存器之间、寄存器与存储器之间以及通过数据处理逻辑传输信息，由专门的传输硬件（比如多路复用器）和称为总线（bus）的共享传输硬件一起实现。这一章还包含如何设计控制单元来控制寄存器传输，一个包含了寄存器传输逻辑和控制逻辑的数字系统设计将给我们带来许多新的知识。

在第 1 章开头所讲的通用计算机中，寄存器广泛用于临时保存那些没有保存在存储器中的数据。这种类型的寄存器通常较大，最少为 32 位。整体而言，时序功能模块广泛应用于通用计算机中，特别是在 CPU 和 FPU 部分，使用了大量的寄存器参与寄存器传输和微操作的执行。也正是在 CPU 和 FPU 中，数据传输、加法操作、减法操作和其他微操作得以执行。最后，计算机的各个电子部件之间起到连接作用的是总线，我们将在本章中首次提出总线这个概念。

6.1 寄存器与加载使能

一个寄存器包含一组触发器，由于每一个触发器可以保存一位信息，因此由 n 个触发器组成的 n 位寄存器就可以保存 n 位的二进制信息。在最为广义的定义中，一个寄存器由一组触发器以及实现其状态转换的门电路组成，这种广义定义包含了第 4 章所讲到的各种时序电路。一般而言，寄存器是指一组用于完成特定数据处理任务的触发器以及附加的组合门电路。其中，触发器用来锁存数据，而门电路则用来决定输入触发器的数据是新的还是经过转换的。

计数器（counter）是指在时钟脉冲的激励下，能遍历预先规定好的状态序列的一种寄存器。计数器中按某种方式连接起来的逻辑门使得计数器能够生成规定顺序的二进制状态序列。尽管计数器也算是一种特殊类型的寄存器，但一般而言，人们总是将它和寄存器区别对待。

寄存器和计数器作为时序功能模块广泛应用于数字系统，尤其是数字计算机的设计中。寄存器用于存储和处理数据信息，而计数器则主要用于对数字系统中的操作进行排序与控制。

最简单的寄存器只包含触发器，没有额外的门电路。图 6-1a 给出了一个由 4 个 D 触发器组成的寄存器。公用的 Clock 信号在其每一个脉冲的上升沿触发所有的触发器，此时，二进制数据将经过 4 个 D 输入端存入 4 位寄存器中。4 个 Q 输出端将输出保存在寄存器中的二进制数据。$\overline{Clear}$ 输入信号连接到 4 个触发器的 $\overline{R}$ 输入端，可以优先于时钟同步操作，将寄存器清 0。这个输入端口之所以标记为 $\overline{Clear}$ 而不是 Clear，是因为必须输入 0 才能使触发器异步复位。在正常的时钟同步操作时，激活触发器的异步输入端 $\overline{R}$，将容易导致与时延密切相关的电路出现故障。因此，在正常的时钟同步操作过程中，我们都尽量保持 $\overline{Clear}$ 信号为逻辑 1，仅当系统需要复位时才允许该信号置为逻辑 0。事实上，拥有将寄存器清 0 的能力是可选择的，电路是否提供清 0 操作，将由寄存器在系统中的应用需求所决定。

将新信息传送至寄存器称为寄存器的加载（loading）操作。如果寄存器中所有位都是在公用时钟脉冲下同时加载的，那么我们称这种加载为并行加载。在图 6-1a 中，Clock 输入端的正跳变信号将使触发器并行加载 4 个 D 输入的信息。

图 6-1b 为图 6-1a 中寄存器的符号表示，人们可以通过该符号在设计的各个层次使用这个寄存器。一般情况下，电路所有输入端口置于符号左侧，而输出端口置于符号右侧。输入端包括标记为动态标识的时钟输入，表示触发器在时钟信号的上升沿触发。我们注意到，信号名 Clear 出现在符号的内部，而在符号外部的信号线上有一个小圆圈。这种符号表明，给该信号加载逻辑 0，将使寄存器中的触发器进行清 0 操作。如果信号名在符号外部，则必须改名为 $\overline{Clear}$。

324

a) 逻辑图

b) 符号

c) 加载控制输入

d) 定时图

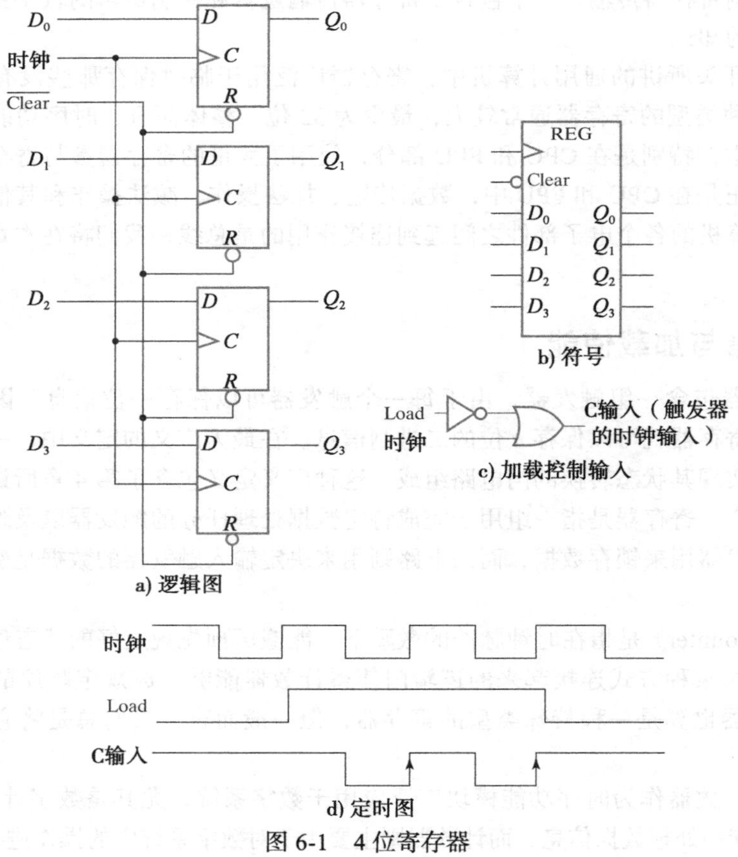

图 6-1　4 位寄存器

并行加载寄存器

大部分数字系统由一个主时钟生成器来提供连续时钟脉冲，该脉冲被加载到系统中所有的触发器和寄存器。实际上，主时钟脉冲就像心脏一样，给系统中所有部分提供连续稳定的脉冲节拍。对图 6-1a 中的设计而言，如果不希望寄存器的内容改变，可以通过阻止时钟到达时钟输入端实现。因此，用一个单独的控制信号来控制时钟脉冲对寄存器有影响的时钟周期。当不希望寄存器的内容改变时，就阻止时钟脉冲到达寄存器。将一个加载控制输入信号 Load 和时钟信号组合就可以实现这一功能，如图 6-1c 所示。或门的输出被加载到寄存器内所有触发器的 C 输入端。逻辑表达式为： [325]

$$C\text{输入} = \overline{\text{Load}} + \text{Clock}$$

当 Load 信号为 1 时，C 输入等于 Clock 信号，故寄存器时钟正常，新数据在时钟上升沿传输至寄存器；当 Load 信号为 0 时，C 输入端恒为 1，这样 C 输入端不会产生上升跳变，故寄存器的内容保持不变。Load 信号对 C 输入端的影响如图 6-1d 所示，要注意的是，出现在 C 输入的时钟脉冲是一个以上升沿结束的负脉冲，触发器在上升沿被触发。当 Load 为 1 时这些脉冲和跳变才会出现，而 Load 为 0 时脉冲信号就恒为 1 了。为了使电路正常工作，Load 必须在 Clock 为 0 期间稳定在正确值 0 或 1。满足这种要求的一种情况是 Load 信号来自于时钟上升沿触发的触发器，系统中所有触发器都用时钟上升沿来触发是一种常见的情况。由于是在寄存器 C 输入利用逻辑门来控制时钟的开关，故这种技术称为门控时钟（clock gating）。

在时钟脉冲路径上插入额外的门，将会在带有门控时钟和不带有门控时钟的触发器的时钟 Clock 和输入之间产生不同的传输延时。如果时钟信号到达不同触发器或寄存器的时间不同，就会存在时钟偏移（clock skew）。但是为了得到一个真正的同步系统，必须保证所有时钟脉冲同时到达以便所有触发器能同时触发。因此，在通常的设计中，不建议使用门控时钟来控制寄存器的工作，否则必须控制延时使得时钟偏差尽量为 0，这在低功耗或高速设计中尤为重要。

如图 6-2c 所示，这种 4 位寄存器将 Load 信号通过门直接加载到触发器的 D 输入，而不是加载到 C 输入。这种寄存器的基本单元由一个 2-1 多路复用器和 D 触发器组成，如图 6-2a 所示。信号 EN 在输入该单元的数据 D 和输出 Q 之间进行选择。当 EN=1 时，选择数据 D 并加载到该单元；当 EN=0 时，选择 Q，输出信号反馈加载到触发器，以保留该单元的当前状态。由于 D 触发器不像其他类型的触发器，没有保留原状态的输入条件：在每个时钟脉冲，都是由 D 输入决定输出的下一个状态，所以从输出到输入的反馈连接是必要的。为了使输出不变，有必要使 D 输入等于当前的输出。图 6-2a 中的逻辑可以看作一种新型的 D 触发器——带有使能的 D 触发器，具体符号如图 6-2b 所示。

图 6-2c 所示的寄存器由 4 个具有并行使能的

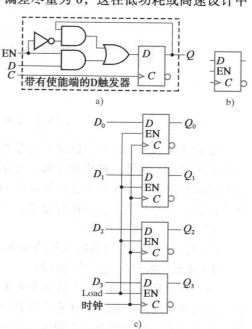

图 6-2 带并行加载的 4 位寄存器

D 触发器构成，所有触发器的输入 EN 与 Load 相连接。当 Load 信号为 1 时，4 个输入的数据将在下一个时钟周期的上升沿加载到寄存器中；而当 Load 信号为 0 时，寄存器中的数据在下一个时钟周期的上升沿将保持不变。必须注意的是，时钟脉冲信号一直是通过 C 输入加载到寄存器中。Load 信号决定了寄存器在下一个时钟脉冲是接收新数据还是保持当前数据不变，所有触发器都是在同一个时钟的上升沿实现了数据从输入到寄存器的传输。由于避免了时钟偏差和电路中的潜在错误，使得这种传输方法要优于传统的门控时钟方法，因此获得了更广泛的应用。

6.2　寄存器传输

　　数字系统是一个由许多触发器和门电路相互连接组成的时序电路。在第 4 章中，我们知道可以通过状态表的形式描述时序电路。因为状态数目特别多，所以用状态表描述大型数字系统是非常困难的。为了克服这个困难，我们可以使用一种模块化和层次化的方法设计数字系统。系统可以分为许多子系统或者模块，它们各自完成一些特定的功能任务。模块由更小的子块组成，例如寄存器、计数器、译码器、多路复用器、总线、算术单元、触发器和基本逻辑门。不同的子系统之间通过交换数据和控制信号进行通信从而形成了数字系统。

326
~
327

　　在大多数数字系统设计中，我们把系统划分为两种类型的模块：数据通路（datapath）和控制单元（control unit），前者完成数据处理操作，后者决定这些操作的执行顺序。图 6-3 给出了数据通路和控制单元之间的基本关系。控制信号（control signal）是二进制信号，用来激活各种各样的数据处理操作。为了使这些操作按照顺序执行，控制单元传送正确的控制信号序列给数据通路。同时，控制单元接收来自数据通路的状态信息，这些状态信息描述了数据通路当前状态的各个方面，控制单元用状态信息来决定下一步执行的操作。需要注意的是，数据通路和控制单元通过标记为数据输入、数据输出、控制输入和控制输出的这些路径，与数字系统中的其他部分相互作用，例如连接存储器和输入输出逻辑。

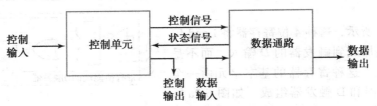

图 6-3　数据通路与控制单元的交互

　　数据通路由一组寄存器以及对寄存器中所存储的二进制数的操作所定义。寄存器操作包括数据的装载、清除、移位和计数。寄存器是数字系统的基本单元。对寄存器中存储的数据进行移动和处理定义为寄存器传输操作（register transfer operation）。数字系统的寄存器传输操作由以下三个基本方面来进行描述：

　　1）系统中的寄存器组。

　　2）对寄存器中存储数据执行的操作。

　　3）系统中操作执行顺序的控制。

　　一个寄存器可以完成一个或多个基本操作（elementary operation），比如加载、计数、加法、减法和移位。例如，右移寄存器是一个能把数据往右移位的寄存器。计数器是一个每次加一的寄存器。触发器是一个能置位或清零的一位寄存器。事实上，根据定义，任何时序电路的触发器和其相关联的门电路都能叫作寄存器。

对寄存器存储数据执行的基本操作称为微操作（microoperation）。比如，装载一个寄存器的内容到另一个寄存器，将两个寄存器里的内容相加，将一个寄存器的内容加 1。一般情况下，微操作的同一个时钟周期并行处理若干个数据位，其结果可能替换寄存器中原来的二进制数据，也有可能传送到另一个寄存器，而不改变原来的值。本章中介绍的时序功能模块是可以实现一个或多个微操作的寄存器。

328

控制单元以预定的方式为控制微操作序列提供信号。当前微操作的结果可能决定控制信号序列和下一步执行的微操作序列。需要注意的是，这里所说的微操作并不意味着用任何特殊的方式产生控制信号，更不是说控制信号由控制单元基于微程序技术生成。

本章介绍寄存器、寄存器的实现和寄存器传输，使用一种简单的寄存器传输语言（RTL）来描述寄存器并定义对寄存器存储内容进行的操作。这种语言使用一组表达式和类似 HDL 及其他编程语言的语句进行描述，它能简单地定义部分或全部复杂数字系统，比如一台计算机。这种定义能作为一个系统更加详细的设计基础。

6.3 寄存器传输操作

我们用大写字母来表示寄存器的功能（有时字母后面带数字）。例如，保存存储单元地址的寄存器通常称为地址寄存器，用 AR 表示，其他寄存器命名：PC 表示程序计数器，IR 表示指令寄存器，$R2$ 表示寄存器 2。n 位寄存器中的单个触发器通常从 0 到 $n-1$ 进行编号，从最低位 0 位（通常是最右的一位）向最高位递增。由于 0 位在右端，因此这种编号方式称为小端（little-endian）格式存储。反之，0 位位于最左端，则称为大端（big-endian）格式存储。

图 6-4 用框图的形式给出了寄存器的表示方式。寄存器常用一个矩形表示，并在其内标注该寄存器的名字，如图 6-4a 所示，单个位的表示方式为图 6-4b 所示。我们采用在寄存器方框上方的最左端和最右端分别标注相应数字来表示其位的标号，图 6-4c 所示的 R2 为 16 位寄存器。一个 16 位的程序计数器 PC 可以分为两部分，如图 6-4d 所示，0～7 位用符号 L 表示，8～15 位用符号 H 表示，PC(L) 或 PC(7:0) 表示寄存器的低字节，PC(H) 或 PC(15:8) 表示高字节。

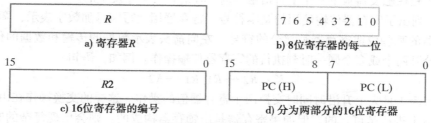

a) 寄存器R   b) 8位寄存器的每一位

c) 16位寄存器的编号   d) 分为两部分的16位寄存器

图 6-4 寄存器框图

将数据从一个寄存器传输到另一个寄存器用符号（←）表示。因而，语句

$$R2 \leftarrow R1$$

表示将寄存器 R1 的内容传输到寄存器 R2，即将 R1 的内容复制给 R2，R1 为源（source）寄存器，R2 为目的（destination）寄存器。根据定义，传输的结果只会改变目的寄存器 R2 的内容，而不会改变源寄存器 R1 的内容。

一条寄存器传输语句相应地暗示了源寄存器的输出和目的寄存器的输入之间存在数据通路，且目的寄存器具有并行加载的能力。通常，我们并不需要给定的传输操作在每个时钟脉冲都发生，而只是在控制信号为特定值时才会发生，这可以通过 if-then 形式的条件语句进行定义：

$$\text{if } (K_1 = 1) \text{ then } (R2 \leftarrow R1)$$

其中，K_1 为控制单元产生的控制信号。实际上，K_1 可为值等于 0 或 1 的任意布尔函数。if-then 形式可简写如下：

$$K_1: R2 \leftarrow R1$$

控制条件用冒号结束，表示只有当 $K_1 = 1$ 的情况下传输操作才会被硬件执行。

每一条寄存器传输语句都预先假定存在可以执行传输操作的硬件结构。图 6-5 给出了传输操作从 $R1$ 到 $R2$ 的框图，寄存器 $R1$ 的 n 位输出连接到寄存器 $R2$ 的 n 位输入，n 表示从寄存器 $R1$ 到寄存器 $R2$ 传输通路的位数。当通路的带宽已知时，n 为具体的数字。寄存器 $R2$ 的加载控制输入由控制信号 K_1 激活，我们假设该信号与寄存器的时钟信号同步，且所有的触发器都在该时钟脉冲上升沿触发。如图 6-5 中的定时图所示，K_1 在 t 时刻的上升沿变为 1，系统在下一个时钟脉冲上升沿 $t+1$ 时发现 $K_1 = 1$，于是 $R2$ 输入端口的数据被并行加载到寄存器 $R2$ 中。K_1 在 $t+1$ 时刻的上升沿恢复为 0，因此，从 $R1$ 到 $R2$ 之间的传输只发生一次。

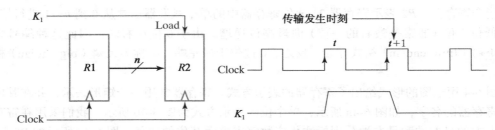

图 6-5 当 $K_1 = 1$ 时，寄存器 $R1$ 的内容传输至寄存器 $R2$

我们注意到在寄存器传输语句中并没有将时钟作为一个变量，这是由于我们假设所有的传输操作都出现在时钟发生跳变的情况下。尽管控制条件 K_1 在时刻 t 就已被激活，但实际的传输操作是在触发器被下一个上升沿触发时（时刻 $t+1$）才发生的。

表 6-1 列出了寄存器传输使用的基本符号。寄存器用大写字母加数字表示，圆括号用来表示寄存器的某些位或寄存器某部分的符号。左向箭头表示数据的传输和数据的传输方向。逗号用来分开两个或多个同一时刻执行的寄存器传输操作。例如，语句

$$K_3: R2 \leftarrow R1, R1 \leftarrow R2$$

表示满足 $K_3 = 1$ 且为上升沿时同时交换两个寄存器值的操作。这样的交换操作在由触发器构成的寄存器上进行是可行的，但如果寄存器是由锁存器构成的，则会出现复杂的时序问题。方括号用来表示与存储器相关的传输，字母 M 表示一个存储字，方括号中的寄存器提供了存储器中该字的地址。第 8 章将对这些进行更详细的介绍。

表 6-1 寄存器传输使用的基本符号

符　　号	含　　义	示　　例
字母（可带有数字）	代表一个寄存器	*AR, R2, DR, IR*

（续）

符　号	含　义	示　例
圆括号	代表寄存器的一部分	$R2(1)$, $R2(7{:}0)$, $AR(L)$
箭头	代表数据的传输	$R1 \leftarrow R2$
逗号	隔开同时进行的传输操作	$R1 \leftarrow R2$, $R2 \leftarrow R1$
方括号	定义存储器的地址	$DR \leftarrow M[AR]$

6.4　VHDL 和 Verilog 中的寄存器传输

尽管有类似之处，这里使用的寄存器传输语言与 VHDL 和 Verilog 仍然有所差别，尤其是这三种语言使用的符号不尽相同。表 6-2 对比了三种语言中相同或相似的寄存器传输操作符号。在本章和后面的学习中，该表将帮助你理解 RTL 描述以及相应的 VHDL 和 Verilog 描述。

329～331

表 6-2　本书中 RTL、VHDL 和 Verilog 在寄存器传输中所使用的符号

操　作	Text RTL	VHDL	Verilog
组合赋值	=	<=（同时赋值）	assign=（非阻赋值）
寄存器传输	←	<=（同时赋值）	<=（非阻赋值）
加法	+	+	+
减法	—	—	—
按位与	∧	and	&
按位或	∨	or	|
按位异或	⊕	xor	^
按位取反	—（上面一条线）	not	~
逻辑左移	Sl	sll	<<
逻辑右移	Sr	srl	>>
向量／寄存器组	A(3:0)	A（从 3 至 0）	A[3:0]
拼接符	‖	&	{ , }

6.5　微操作

微操作是指对寄存器或存储器中的数据进行基本的操作。数字系统中常见的微操作可分为 4 种类型：

1）传输微操作，将二进制数据从一个寄存器传输到另一个寄存器。

2）算术微操作，对寄存器中的数据进行算术操作。

3）逻辑微操作，对寄存器中的数据进行位操作。

4）移位微操作，对寄存器中的数据进行移位。

一个微操作可能不只属于一种微操作类型，例如，求反操作既是算术微操作也是逻辑微操作。

传输微操作在前面章节已经有所介绍，这种类型的微操作将源寄存器中的数据传输到目的寄存器中，并不改变二进制数据的值。其他三种类型的微操作会产生新的二进制值，即新

数据。在数字系统中，一组基本的微操作序列用来构成更复杂的操作。在这一节中，我们将
定义一些基本的微操作，给出这些微操作的符号表示，并描述执行这些微操作的数字硬件。

6.5.1　算术微操作

我们将给出加法、减法、递增、递减和求补基本算术微操作的定义。语句

$$R0 \leftarrow R1+R2$$

定义为加法操作。它表示将寄存器 R1 中的值与寄存器 R2 中的值相加，并将得到的结果传
递给寄存器 R0。为了用硬件实现这条语句，我们需要三个寄存器和一个可以执行加法操作
的组合逻辑部件，比如并行加法器。其他的基本算术操作如表 6-3 所示。减法通常通过求
补和加法来实现。定义补码减法运算时，我们一般不使用减法符号，而是通过下面的语句
实现：

$$R0 \leftarrow R1+\overline{R2}+1$$

此处 $\overline{R2}$ 表示对 R2 的值求反码，在 $\overline{R2}$ 的基础上再加 1 得到 R2 的补码，最后将 R2 的补码与
R1 相加，得到 $R1-R2$ 的结果。

表 6-3　算术微操作

符 号 名 称	描　述
$R0 \leftarrow R1+R2$	寄存器 R1 的值与寄存器 R2 的值相加，结果传输给 R0
$R2 \leftarrow \overline{R2}$	对寄存器 R2 的值求反码
$R2 \leftarrow \overline{R2}+1$	对寄存器 R2 的值求补码
$R0 \leftarrow R1+\overline{R2}+1$	寄存器 R1 的值加上寄存器 R2 值的补码，结果传输给 R0
$R1 \leftarrow R1+1$	寄存器 R1 的值加 1
$R1 \leftarrow R1-1$	寄存器 R1 的值减 1

递增和递减微操作分别用加 1 和减 1 操作来表示。这些操作由一些专用的组合电路来实
现，比如加 - 减法器或者带有并行加载使能端的二进制双向计数器。

在表 6-3 中并没有列出乘法和除法运算，乘法运算用符号 "＊" 表示，除法运算用符号
"/" 表示。这两种操作并没有被列入基本算术微操作，因为认为它们可以由一组基本微操作
序列实现。但是，当乘法是由组合电路实现的时候，它也可以被看作一种基本微操作。在
这种情况下，运算结果在所有信号经过整个组合电路之后的下一个时钟沿传递到目的寄
存器。

在寄存器传输语句的描述和实现这些语句所需的寄存器以及计算函数之间存在着直接的
映射关系。以下面两条语句为例：

$$\overline{X}K_1: R1 \leftarrow R1+R2$$
$$XK_1: R1 \leftarrow R1+\overline{R2}+1$$

控制变量 K_1 激活加法或减法操作，如果此时变量 X 为 0，则 $\overline{X}K_1=1$，将寄存器 R1 的
值与寄存器 R2 的值相加，结果保存于寄存器 R1 中。如果 X 为 1，则 XK_1 为 1，将寄存器
R1 的值减去寄存器 R2 的值，结果保存于寄存器 R1 中。注意，此处的两个控制条件构成布
尔函数，当 K_1 为 0 的时候取值都将为 0，此时，两条语句将同时禁止执行。

实现上述两条语句的硬件框图如图 6-6 所示。该电路包含一个与图 3-45 中所介绍的相
类似的 n 位加减法器，这个加减法器以寄存器 R1 和 R2 中的数据作为自己的输入。两个寄

存器值的和或者差将被加载到寄存器 $R1$ 的输入端。选择输入信号 S 控制加减法器工作时执行的操作类型。当 S 为 0 时，执行两个输入的相加操作；当 S 为 1 时，执行 $R1$ 减 $R2$ 操作。加载到 S 输入的控制变量 X 用于激活所需要的操作。当 $\overline{X}K_1=1$ 或者 $XK_1=1$ 时，在每一个时钟上升沿，加减法器的输出值将被加载到寄存器 $R1$ 当中。该条件简化后将仅包含控制变量 K_1，过程如下：

$$\overline{X}K_1+XK_1=(\overline{X}+X)K_1=K_1$$

这样，控制变量 X 对操作进行选择，控制变量 K_1 把结果加载到 $R1$ 中。

基于 3.11 节对溢出的讨论，加减法器输出的溢出被传输到触发器 V，最高位产生的进位被传输到触发器 C，如图 6-6 所示。这些传输操作仅当 $K_1=1$ 时才发生，且在寄存器传输语句中并没有描述，在必要的情况下我们可把它们认为是附加的同步传输操作。

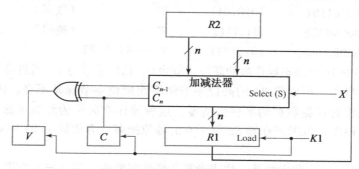

图 6-6 加法和减法微操作的实现

6.5.2 逻辑微操作

对寄存器数据进行按位操作时常会用到逻辑微操作，这些操作将寄存器数据的每一位作为二进制变量分别进行处理。表 6-4 给出了 4 种基本逻辑操作的符号表示。在源寄存器名称上加一条横线表示取反微操作，它将寄存器数据的每一位取反，这与一般意义上的取反操作相同。符号"∧"和"∨"分别用来表示逻辑与微操作和逻辑或微操作。通过使用这些符号，可以将符号"＋"表示的加法微操作与或微操作区分开来。尽管符号"＋"具有双重意思，但我们还是可以根据该符号出现的环境判别其具体含义。如果该符号出现在微操作中则表示加法微操作，如果该符号出现在布尔函数或者用于控制则表示或操作。在微操作语句中，我们总是使用符号 ∨ 来表示或微操作。例如下述语句

$$(K_1+K_2): R1 \leftarrow R2+R3,\ R4 \leftarrow R5 \vee R6$$

表 6-4 逻辑微操作

符 号 名 称	描　　述
$R0 \leftarrow \overline{R1}$	逻辑按位取反
$R0 \leftarrow R1 \wedge R2$	逻辑按位与
$R0 \leftarrow R1 \vee R2$	逻辑按位或
$R0 \leftarrow R1 \oplus R2$	逻辑按位异或

其中，K_1 和 K_2 之间的"＋"就是控制条件下 K_1 和 K_2 的或操作，而 $R2$ 和 $R3$ 之间的"＋"则表示加法微操作，$R5$ 和 $R6$ 之间的 ∨ 表示或微操作。逻辑微操作可以通过一组门很容易地

实现，其中每一个门处理一位数据。n 位寄存器的取反操作可以通过 n 个非门并行实现。与微操作可以通过 n 个与门实现，其中每个与门都从两个源寄存器的对应位取得操作数，每个与门的输出直接加载到目的寄存器的对应位。或微操作和异或微操作可以采用类似的方法实现。

逻辑微操作可以改变寄存器某些位的值，对寄存器的某些位清零，或者在寄存器的某些位插入新的值。下面的例子给出了如何调用存储在一个 16 位寄存器 $R2$ 中的逻辑操作数，通过逻辑微操作对一个 16 位寄存器 $R1$ 中的某些位的值进行有选择改变的情况。

334
~
335

与微操作可用于将寄存器的某一位或者某几位清零。根据布尔方程 $X \cdot 0 = 0$ 和 $X \cdot 1 = X$，当一个二进制变量 X 与 0 相与时，结果为 0，而如果与 1 相与，则 X 的值保持不变。因此，将寄存器中的某一位或者某几位与 0 相与就可以将这些位置为 0。对于下面的例子：

10101101	10101011	$R1$	（数据）
00000000	11111111	$R2$	（掩码）
00000000	10101011	$R1 \leftarrow R1 \wedge R2$	

寄存器 $R2$ 中的 16 位逻辑操作数的高位字节为 0，低位字节为 1。通过将寄存器 $R2$ 和 $R1$ 中的数据进行与操作，可以将 R1 的高位字节清零而低位字节保持不变。因此，与操作可以用来选择性地将寄存器数据的某些位清零。这种操作有时称为掩蔽清除（masking out）数据位，因为这种操作根据寄存器 $R2$ 等于 0 的各位掩蔽或者清除了 $R1$ 中对应位置上所有的 1。

或微操作用于对寄存器中的某一位或者某几位数据置位。根据布尔方程 $X+1=1$ 和 $X+0=X$，当一个二进制变量 X 与 1 相或时，结果为 1，而如果与 0 相或，则 X 的值保持不变。因此，将寄存器中的某一位或者某几位与 1 相或就可以将这些位置为 1。对于下面的例子：

10101101	10101011	$R1$	（数据）
11111111	00000000	$R2$	（掩码）
11111111	10101011	$R1 \leftarrow R1 \vee R2$	

通过将寄存器 $R2$ 和 $R1$ 中的数据进行或操作，可以将 $R1$ 的高位字节置为 1 而低位字节保持不变。

异或微操作可以用来将寄存器中的某一位或者某几位变反。根据布尔方程 $X \oplus 1 = \bar{X}$ 和 $X \oplus 0 = X$，当一个二进制变量 X 与 1 相异或时，结果为该变量的反码，而如果与 0 相异或，则 X 的值保持不变。因此，将寄存器 $R1$ 和 $R2$ 相异或可以将 $R1$ 中对应 $R2$ 中为 1 的位置上的值取反。对于下面的例子：

10101101	10101011	$R1$	（数据）
11111111	00000000	$R2$	（掩码）
01010010	10101011	$R1 \leftarrow R1 \oplus R2$	

当与寄存器 $R2$ 相异或后，寄存器 $R1$ 的高位字节将取反，而低位字节保持不变。

6.5.3 移位微操作

移位微操作用于数据的横向移动。源寄存器的内容可以向右或向左移位，左移（left shift）是向最高位移位，右移（right shift）是向最低位移位。移位微操作通常用于数据的串行传输，它们也用于算术、逻辑和控制操作中变换寄存器的内容。移位微操作的目的寄存器与源寄存器既可以相同也可以不同。表 6-5 中给出了使用字符串定义的移位微操作。例如：

$$R0 \leftarrow \text{sr } R0, \quad R1 \leftarrow \text{sl } R2$$

是两种微操作，它们分别表示把寄存器 $R0$ 的内容向右移一位保存至 $R0$ 和将 $R2$ 的内容向左移一位后传输至寄存器 $R1$。在移位过程中，$R2$ 中的值保持不变。

对于左移微操作，我们称目的寄存器最右端的位为移入位（incoming bit）；对于右移微操作，我们定义目的寄存器最左端的位为移入位。移入位可以取不同的值，这取决于移位微操作的类型。在表 6-5 给出的例子中，我们假设 sr 和 sl 两种操作的移入位为 0。对于左移操作，源寄存器最左端的位是移出位（outgoing bit）；对于右移操作，源寄存器最右端的位是移出位。对于表中列出的左移和右移，移出位的值将直接丢掉。在第 9 章中，我们将探讨其他移位方式，它们处理移入位和移出位的方式不同于本章。

表 6-5 移位操作示例

类型	符号名称	8 位数据示例	
		源寄存器 $R2$	移位后：目的寄存器
左移	$R1 \leftarrow \text{sl } R2$	10011110	00111100
右移	$R1 \leftarrow \text{sr } R2$	11100101	01110010

6.6 对单个寄存器的微操作

本节介绍一个或多个微操作的实现方式，这些微操作的原始结果存放在一个寄存器中，这个寄存器还可以充当一元或二元操作的源寄存器。由于一个存储单元与微操作联系紧密，我们把实现微操作的组合逻辑当作寄存器的一部分，称为寄存器专用逻辑（dedicated logic），这正好与由多个目的寄存器共享的逻辑相反。针对目的寄存器组来实现微操作的组合逻辑称为共享逻辑（shared logic）。

336
~
337

前面几节介绍的微操作组合逻辑可通过第 3 章给出的一个或多个功能模块进行构建，也可以对相应寄存器进行专门的设计来实现。首先，将 D 触发器或者带使能端的 D 触发器组合以构建逻辑电路。我们将介绍一种用多路复用器进行功能选择从而实现对单寄存器进行多种微操作的简单技术。然后，在此基础上，我们就可以设计实现诸如移位和计数等操作的单功能或多功能的寄存器。

6.6.1 基于多路复用器的传输

在某些电路中，寄存器能够在不同时刻接收来自两个甚至多个不同源的数据。以下述 if-then-else 条件语句为例：

$$\text{if } (K_1 = 1) \text{ then } (R0 \leftarrow R1) \text{ else if } (K_2 = 1) \text{ then } (R0 \leftarrow R2)$$

当控制信号 K_1 等于 1 时，寄存器 $R0$ 接收寄存器 $R1$ 传送过来的值；当 K_1 等于 0 而 K_2 等于 1 时，寄存器 $R0$ 接收寄存器 $R2$ 传送过来的值；其他情况下，寄存器 $R0$ 的值保持不变。该条件语句可以分解为下述两个使用控制条件的部分：

$$K_1: R0 \leftarrow R1, \quad \bar{K}_1 K_2: R0 \leftarrow R2$$

该语句描述从两个寄存器 $R1$ 和 $R2$ 传送数据到目标寄存器 $R0$ 上的硬件连接。此外，在两个源寄存器之间进行选择必须基于控制变量 K_1 和 K_2 的值。

图 6-7a 给出了使用多路复用器实现条件寄存器传输操作的 4 位寄存器电路框图，一个四路 2–1 多路复用器在两个源寄存器之间进行数据选择。当 $K_1 = 1$ 时，不论 K_2 取何值，寄存

器 $R1$ 中的值都将传送至 $R0$ 中；当 $K_1=0$ 且 $K_2=1$ 时，寄存器 $R2$ 中的值将传送至 $R0$；当 K_1 和 K_2 都为 0 时，多路复用器选择寄存器 $R2$ 中的值作为 $R0$ 的输入值，但由于控制函数是 K_2+K_1，此时连接到寄存器 $R0$ 输入端 LOAD 的信号为 0，因此寄存器 $R0$ 中内容保持不变。

图 6-7b 中给出了硬件实现的详细逻辑图。逻辑图中使用功能模块符号来表示寄存器和四路 2–1 多路复用器，图 6-2 以及第 3 章中分别给出了它们的功能模块详细逻辑实现。需要注意的是，该逻辑图只是整个系统的一部分，图中某些输入输出并没有给出具体的连接信号。同时还需要注意，框图中没有给出时钟信号，但给出了详细的逻辑。将诸如图 6-7a 中给出的框图信息与图 6-7b 所示的相应逻辑图中的详细布线结构联系起来是非常重要的。为节省篇幅，我们经常在设计中省略详细的逻辑图。但是，读者应能基于框图和功能模块库得出带有详细连接信息的相应逻辑图。实际上，计算机程序就是用这样一个过程来进行自动逻辑综合的。

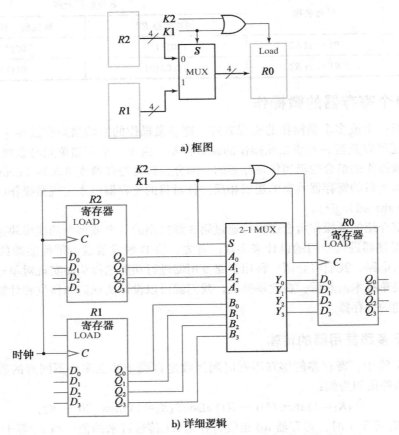

图 6-7 在两个寄存器之间使用多路复用器进行选择

考虑具有 n 个源的多路复用器，源端的输入可能是寄存器的输出也可能是执行各种微操作的组合逻辑，那么我们可以将前述的例子进行一般化推广。图 6-8 中框图显示的是一般化逻辑结构图，图中假定每一个源的输入或者是一个寄存器的输出或者是实现一个或多个微操作的组合逻辑。对于那些专用于寄存器的微操作而言，其相应的专用逻辑将作为寄存器的一部分包含于其中。在图 6-8 中，前 k 个源接入的是专用逻辑，后 $n-k$ 个源接入的或是寄存器输出或是共享逻辑输出。某一给定源控制信号的选取或是一个单独的控制变量，或是所有与源端相关联的微操作控制信号进行或运算的取值。为使得寄存器 R0 加载一个微操作结果，这些控制信号需要一同做或运算以形成 Load 信号。由于我们假定任何时刻仅有一个控制信号的值取 1，因此信号必须经过编码之后才能为多路复用器提供可选编码信息。对于上述结构，我们可以有另外两种形式的修改。一种是控制信号可以直接加载到一个 $2 \times n$ 的与或电路上（即一个不带译码器的多路复用器），另一种是将控制信号进行编码处理，忽略全 0 编码，这样或门仍能产生正确的 Load 信号。

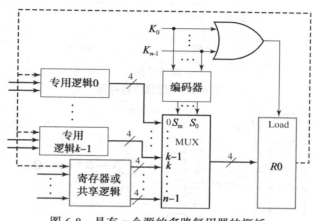

图 6-8　具有 n 个源的多路复用器的概括

6.6.2　移位寄存器

　　具有单向或双向移动存储数据功能的寄存器称作移位寄存器（shift register）。一个移位寄存器由一系列的触发器组成，每一个触发器的输出连接下一触发器的输入，所有触发器使用相同的时钟脉冲输入来触发移位操作。 |340|

　　图 6-9a 中给出的是仅仅由触发器组成的最简单的移位寄存器。每一触发器的输出都直接连接到其右端下一触发器输入 D 上，串行输入（serial input）信号 SI 连接到最左端的触发器输入上，串行输出（serial output）信号 SO 从最右端的触发器的输出端上引出。图 6-9b 是一个移位寄存器的符号标识图。

　　一些情况下有必要对移位寄存器进行控制，使得其只有在特定的时钟上升沿才会执行移位操作。对于图 6-9 中的移位寄存器而言，可以将时钟信号按图 6-1c 所示的逻辑进行连接，用 Shift 信号代替 Load 信号，从而实现控制移位操作的功能。同样，由于时钟歪斜的存在，该方法并不是最可取的。因而，接下来我们将学习通过触发器的输入 D 代替时钟输入 C 来对移位操作进行控制。

1. 具有并行加载功能的移位寄存器

　　如果一个移位寄存器的所有触发器输出都是可访问的，那么通过串行移位操作进入的信息就可以从触发器的输出端并行读出。如果一个移位寄存器具有并行加载功能，那么并行进入的数据同样能够串行地移位输出。因而，具有可访问的触发器输出以及并行加载功能的移位寄存器能够用于实现并行输入数据到串行输出数据的转换，反之亦然。

　　图 6-10 给出了具有并行加载功能的 4 位移位寄存器的逻辑图以及符号表示。该寄存器有两个控制输入，一个用于移位的控制，另一个用于并行数据加载的控制。寄存器的每一级包含一个 D 触发器、一个或门以及三个与门。第一个与门用于激活移位操作，第二个与门

用于控制数据的输入，第三个与门用于保持没有任何操作的情况下寄存器中的内容。

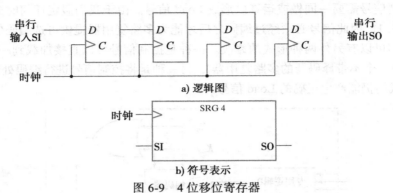

图 6-9 4 位移位寄存器

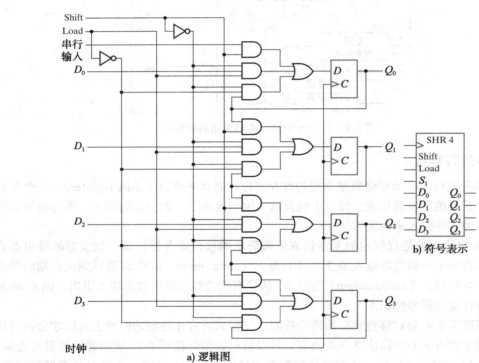

图 6-10 带并行加载功能的移位寄存器

表 6-6 给出了该寄存器可执行的相关操作。下述语句定义了寄存器的移位操作：

$$\text{Shift: } Q \leftarrow \text{sl } Q$$
$$\overline{\text{Shift}} \cdot \text{Load: } Q \leftarrow D$$

表 6-6 图 6-10 中寄存器的功能表

Shift	Load	操　作
0	0	没有变化（保持）
0	1	加载并行数据
1	×	按从 Q_0 到 Q_3 的顺序左移

    如果两个寄存器传输语句执行的条件都不满足,那么默认情况下两个寄存器的内容将"没有变化"或者"保持"。当移位和加载控制输入信号都为 0 时,每一级中的第三个与门将开启,每个触发器的输出信号将直接连接到其 D 输入端上,在时钟周期的每一个上升沿,寄存器中的内容将会重新加载一次,因此此时的输出保持不变;当移位控制信号输入为 0 并且加载输入信号为 1 时,每一级的第二个与门将开启,输入信号 D_i 将加载到相应触发器的 D 输入上,当时钟到达下一个上升沿时,触发器将并行地加载这些数据;当移位控制信号输入为 1 时,每一级的第一个与门开启,另两个关闭。此时,由于第二个与门上的 Load 信号被 $\overline{\text{Shift}}$ 输入信号关闭,因此在表 6-6 的 Load 列中,我们用 × 将其标记为"无关条件"。当时钟周期的下一上升沿到达时,移位操作使得数据从串行输入端 SI 传送到触发器 Q_0,而 Q_0 的输出信号又传送给 Q_1,这样依次传送到最后一个触发器。注意,图中电路的排列方式决定了数据从上向下的移动方向。如果将该图以逆时针方向旋转 90°,那么数据将按自右至左的方向进行移位。

    移位寄存器常用于连接两个距离较远的数字系统。例如,需要在两个结点之间传输 n 位数据的情形。如果结点之间的距离过大,那么使用 n 条线并行地传输 n 位数据就显得太过昂贵了。相比之下,用一条线串行地一次一位传送 n 位数据就要经济得多。发送方将 n 位数据并行加载到一个移位寄存器中,通过一条公用的连线串行地将数据发送到接收方。接收方以串行方式将数据接收到一个移位寄存器中。当 n 位数据全部接收完毕时,就可以并行地从该寄存器的输出端读出。因而,传送方实现了数据从并行到串行的转换,而接收方则完成数据从串行到并行的转换。

2. 双向移位寄存器

    只具有单向移位功能的寄存器称作单向移位寄存器(unidirectional shift register),而具有双向移位功能的寄存就称为双向移位寄存器(bidirectional shift register)。对图 6-10 稍作修改,在每一级中添加一个与门,可实现向上移位的功能。对修改后的电路研究可以发现,每一级中的四个与门和或门构成了一个多路复用器,通过选择输入控制寄存器的操作。

    图 6-11a 描述的是一个具有并行加载功能的双向移位寄存器中某一级的逻辑图。每一级由一个 D 触发器和一个 4-1 的多路复用器构成。两个选择输入信号 S_1 和 S_0 控制从多路复用器的输入信号中选择一个加载到 D 触发器上,选择信号按照表 6-7 给出的寄存器操作模式进行控制。寄存器传输表达式如下所示:

$$\overline{S}_1 \cdot S_0: \quad Q \leftarrow \text{sl } Q$$
$$S_1 \cdot \overline{S}_0: \quad Q \leftarrow \text{sr } Q$$
$$S_1 \cdot S_0: \quad Q \leftarrow D$$

343

表 6-7   图 6-11 中寄存器的功能列表

模式控制		寄存器操作	模式控制		寄存器操作
S_1	S_0		S_1	S_0	
0	0	保持不变	1	0	向右移位
0	1	向左移位	1	1	并行加载

    如果寄存器传输操作的所有条件都不满足,则寄存器中的内容"保持不变"。当模式控制条件为 $S_1S_0 = 00$ 时,多路复用器选择 0 输入端信号,形成了一条从每个触发器的输出到其自身输入的通路,在下一时钟上升沿到达时,每一触发器均加载其当前保存的值,寄存器

状态保持不变。当控制条件为 $S_1 S_0 = 01$ 时，多路复用器的 1 输入与每一触发器的 D 输入形成通路，这一通路使得寄存器执行向最高有效位（图中为下方）的移位操作，串行输入信号传送至第一级触发器，而每一级触发器 Q_{i-1} 的内容又被传送至上一级的触发器 Q_i。当控制条件为 $S_1 S_0 = 10$ 时，另一串行输入信号传送至最后一级触发器，每一级触发器 Q_{i+1} 的值被传送至下一级的触发器 Q_i（图中为上方）。最后，当控制条件 $S_1 S_0 = 11$ 时，每一并行输入端上的二进制信息将被传送至对应的触发器上，从而执行并行加载数据操作。

图 6-11b 是图 6-11a 中双向移位寄存器逻辑图对应的符号表示图。注意，必须为该电路提供左向串行输入信号（LSI）和右向串行输入信号（RSI）。如果要得到串行输出结果，则可以用 Q_3 作为左移操作的输出结果，而 Q_0 将用于右移操作的输出结果。

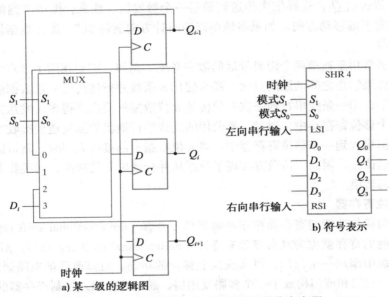

a) 某一级的逻辑图

b) 符号表示

图 6-11　具有并行加载功能的双向移位寄存器

6.6.3　行波计数器

能够在输入脉冲序列的激励下遍历指定状态序列的寄存器称为计数器（counter）。输入脉冲可以用时钟脉冲，也可以用其他脉冲源，脉冲的时间间隔并不要求是固定值。本章所讨论的计数器中，使用的都是时钟脉冲，当然，用其他的脉冲源也是可以的。遍历的状态序列可以用二进制数序列或其他指定的状态序列来表示。用二进制数序列表示的计数器称为二进制计数器（binary counter）。一个 n 位的二进制计数器由 n 个触发器组成，计数范围为 $0 \sim 2^n - 1$。

计数器可分为两种类型：行波计数器和同步计数器。在行波计数器中，某些触发器输出值的跳变可以改变其他一些触发器中的值。也就是说，加载到某些触发器 C 输入端的值不是公用的时钟脉冲，而是其他触发器的输出信号。而在同步计数器中，所有触发器的 C 输入端都是加载的公用时钟脉冲，并且计数器下一状态的值取决于其当前所处的状态。同步计数器将在下两个小节进行讨论，本节主要讨论行波计数器及其操作。

一个 4 位的二进制行波计数器的逻辑图如图 6-12 所示。该计数器由 4 位 D 触发器串联组合而成，每一个触发器在其 C 输入信号的上升沿改变自身的状态。触发器的反向输出连接到其下一个触发器的 C 输入，而处于最低位触发器的 C 输入则加载输入的时钟脉冲。上升沿的产生是指触发器 C 输入信号发生了从 0 到 1 的跳变，而这些输入信号来自于上一个触发器的反向输出。加载到触发器 R 输入的复位信号为 1 时，触发器将异步清零。

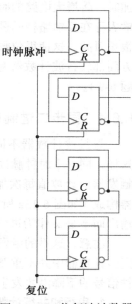

下面我们以表 6-8 左半部分所给出的向上计数序列为例，来进一步说明二进制行波计数器的工作过程。该计数器从 0 开始计数，每经过一个时钟脉冲增加 1。计数满 15 之后，计数器将归 0，并重新开始计数。最低有效位 Q_0 的翻转由时钟脉冲触发。每次 Q_0 发生从 1 到 0 的跳变将使 $\overline{Q}_0$ 相应产生从 0 到 1 的跳变，从而使 Q_1 发生翻转。而每次 Q_1 发生 1 到 0 的跳变将会使 Q_2 发生翻转。同理，每次 Q_2 发生 1 到 0 的跳变将会使 Q_3 发生翻转。依此类推，可直至行波计数器的更高位发生翻转。比如，考虑计数器从 0011 到 0100 的跳变过程。在时钟脉冲的上升沿 Q_0 发生翻转，从 1 跳变到 0，这使得 Q_1 也发生翻转。Q_1 从 1 跳变到 0，使得 Q_2 发生从 0 到 1 的翻转。而 Q_2 并没有使得 Q_3 发生翻转，这是因为 $\overline{Q}_2$ 产生负跳变，而触发器只会响应正跳变而发生翻转。这样，通过计数器逐位的改变，最终使得计数值从 0011 变成了 0100。计数器首先从 0011 变为 0010（Q_0 由 1 变为 0），然后再变为 0000（Q_1 由 1 变为 0），最后得到 0100（Q_2 由 0 变为 1）。触发器组每次快速而连续地改变其中一位的值，就像信号是以行波前进的方式通过计数器一样。

图 6-12   4 位行波计数器

表 6-8 的右半部分给出的是行波计数器向下计数得到的计数序列。向下计数可以通过将每一个触发器的同相输出信号连接到相邻的下一个触发器的 C 输入来实现。

344 ～ 346

表 6-8   二进制计数器的计数序列

向上计数序列				向下计数序列			
Q_3	Q_2	Q_1	Q_0	Q_3	Q_2	Q_1	Q_0
0	0	0	0	1	1	1	1
0	0	0	1	1	1	1	0
0	0	1	0	1	1	0	1
0	0	1	1	1	1	0	0
0	1	0	0	1	0	1	1
0	1	0	1	1	0	1	0
0	1	1	0	1	0	0	1
0	1	1	1	1	0	0	0
1	0	0	0	0	1	1	1
1	0	0	1	0	1	1	0
1	0	1	0	0	1	0	1
1	0	1	1	0	1	0	0
1	1	0	0	0	0	1	1
1	1	0	1	0	0	1	0
1	1	1	0	0	0	0	1
1	1	1	1	0	0	0	0

行波计数器的优点是硬件实现简单。但遗憾的是，它是一种异步时序电路，当逻辑级增加时，将增大电路的时延，并将增加电路操作的不稳定性，这在那些从计数器输出到计数器输入存在反馈路径的逻辑电路中体现得尤为明显。同时，信号在电路中以行波方式前进需要很长时间，这使得位数较多的行波计数器的工作频率会很慢。因此，同步计数器在几乎所有方面都较行波计数器有优势。唯一的例外是低功耗设计方面，行波计数器更有优势（参见习题 6-9）。

6.6.4　同步二进制计数器

与行波计数器不同，同步计数器在所有触发器的 C 输入端口都加载公用的时钟信号。这样，同一个时钟脉冲将同时触发所有的触发器，不同于行波计数器中那样每次仅触发一个触发器。计数值每次加 1 的同步二进制计数器，可以通过图 3-52 中的递增器和一些 D 触发器构成（如图 6-13a 所示）。电路采用如图 3-52 所示的递增器而非加法器，同时，将 C_4 上的输出而不是 x 作为进位输出 CO。CO 的作用是用来将计数器扩展到更多级。

注意，这里的触发器是在时钟的上升沿发生翻转的。与行波计数器一样，时钟的极性在同步计数器中并不重要，同步计数器既可以在时钟信号的上升沿发生翻转，同样也可以在时钟信号的下降沿才发生翻转。

1. 串行和并行计数器

我们将以图 6-13a 中所示的同步计数器为例来说明两种不同的二进制计数器的设计方法。在图 6-13a 中，一条二输入与门链用于为计数器中的每一级提供其前一级的状态信息，这与行波进位加法器中的进位逻辑类似。使用这种逻辑的计数器被认为是带有串行门控
[347]（serial gating）功能，因此也称为串行计数器（serial counter）。由于与行波进位加法器相似，这意味着串行计数器中可能存在有类似于先行进位加法器的计数器逻辑。这种逻辑可以通过简化先行进位加法器得到，其简化结果如图 6-13b 所示。这种逻辑可以代替图 6-13a 中虚线框内的内容，称为计数器中的并行门控（parallel gating）。这种带有并行门控的计数器称为并行计数器（parallel counter）。并行门控逻辑的优点在于，并行计数器从状态 1111 到状态 0000 的转变仅需要一个与门的时延，而串行计数器则需要 4 个。信号时延减小，可以使计数器以更快的速度工作。

如果我们将两个 4 位的并行计数器连接起来，即将其中一个的 CO 输出端连接到另外一个的 EN 输入端，这样就构成了一个 8 位串行 - 并行计数器。这种计数器是通过将两个 4 位并行计数器串联起来而形成的。采用相同的方法，我们可以扩展产生任意长度的计数器。同样，我们可以借助与先行进位加法器类似的电路，增加额外的门控逻辑以代替 4 位并行计数器之间连接的串行逻辑，由此而减少的信号时延对构建位数多而频率快的计数器非常有帮助。

采用时钟上升沿触发的 4 位计数器的符号如图 6-13c 所示。

2. 双向二进制计数器

一个同步向下计数二进制计数器按照从 1111 到 0000 的顺序遍历二进制状态，达到状态 0000 后将返回到状态 1111 并重新开始计数。同步向下二进制计数器的逻辑图与向上二进制计数器类似，只是采用递减器替换了向上二进制计数器中的递增器。向上计数和向下计数可以组合在一个计数器中，构成一个双向二进制计数器。这种计数器可以通过将图 3-45 中的加减法器简化成递增递减器，再添加上 D 触发器而构成。当 $S=0$ 时，计数器向上计数，$S=1$ 时则相反。

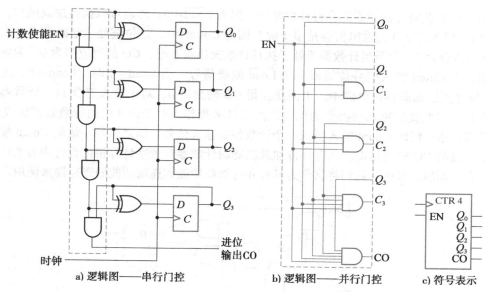

a) 逻辑图——串行门控   b) 逻辑图——并行门控   c) 符号表示

图 6-13   4 位二进制同步计数器

我们可以用直接描述计数器行为的方法来设计带有使能端的双向计数器。这里需要一个模式选择输入信号用于选择实际执行的操作类型，模式选择输入标记为 S。当 $S=0$ 时，表示计数器向上计数；当 $S=1$ 时，表示计数器向下计数。变量 EN 为计数器的使能输入信号，当 EN$=1$ 时，计数器可以执行正常的向上或向下计数；当 EN$=0$ 时，计数器不能执行任何计数操作。一个 4 位双向二进制计数器可以用以下的触发器输入方程进行定义：

$$D_{A0}=Q_0 \oplus EN$$
$$D_{A1}=Q_1 \oplus ((Q_0 \cdot \bar{S}+\bar{Q}_0 \cdot S) \cdot EN)$$
$$D_{A2}=Q_2 \oplus ((Q_0 \cdot Q_1 \cdot \bar{S}+\bar{Q}_0 \cdot \bar{Q}_1 \cdot S) \cdot EN)$$
$$D_{A3}=Q_3 \oplus ((Q_0 \cdot Q_1 \cdot Q_2 \cdot \bar{S}+\bar{Q}_0 \cdot \bar{Q}_1 \cdot \bar{Q}_2 \cdot S) \cdot EN)$$

由以上给出的输入方程，可以很容易地得到该电路的逻辑图，此处不再赘述。必须注意的是，在以上给出的方程中，计数器使用不同的进位逻辑为向上或向下计数操作提供并行门控电路。当然，采用两条不同的串行门控电路链来实现以上操作也是可以的。相比之下，如果采用递增递减器构建计数器，则仅仅需要使用一条进位链。总而言之，这些方法的逻辑开销相差不大。

3. 具有并行加载功能的二进制计数器

数字系统中的计数器一般需要具有并行数据加载功能，用于在正式开始计数之前加载计数初始值。计数器包含 Load 和 Count 两个输入控制信号，这两个输入信号总共可以有 4 种组合，但只有其中 3 种是有用的，分别是：加载 Load（10），计数 Count（01）和锁存 Hold（00），而剩余的一种输入组合（11）则到后面再讲。这样一个计数器的实现，需要用到一个递增器、$2n+1$ 个使能逻辑 ENABLE、一个非门以及 n 个二输入或门，如图 6-14 所示。前 n 个使能逻辑与使能输入 Load 相连，用来决定是否让计数器并行加载数据 D。另外 n 个使能逻辑与使能输入端 $\overline{Load}$ 相连，当 Load$=1$ 时，计数器的计数和锁存操作都无法执行；而当 Load$=0$ 时，则完全相反。如果没有另外的使能逻辑，则当 Count$=1$ 时，计数器将执行计数操作；而当 Count$=0$ 时，则计数器执行锁存操作。那么当 Load 和 Count 输入信号组合为

348
~
349

11 的时候呢？此时计数器不能执行计数操作，因为 $\overline{\text{Load}}$ ＝0；然而可以执行加载操作，因为 Load＝1。但此时 CO 的输出值会是多少呢？因为 Count＝1，进位链处于活跃状态，因此最终 CO 的值会为 1。但是当计数器不处于执行计数操作状态时，CO 的值应当为 0。为解决这个问题，在 Count 输入信号前加载一个 $\overline{\text{Load}}$ 使能信号，当 Load＝1 时，$\overline{\text{Load}}$ ＝0，这将使 Count 信号无法加载到进位链中，也因此使得 CO 输出为 0。对于输入组合 11，计数器执行加载操作，对此我们称加载操作的优先级高于计数操作。对于由 4 位的计数器扩展成的 $4n$ 位计数器，第一级的 Count 输入接入一个计数控制输入信号，而之后每一级的 Count 输入则是与上一级的 CO 输出相连。具有并行加载功能的计数器在数字计算机的设计中有着广泛的应用，在后面的章节中，我们将其作为具有并行加载功能和递增功能的寄存器来使用。

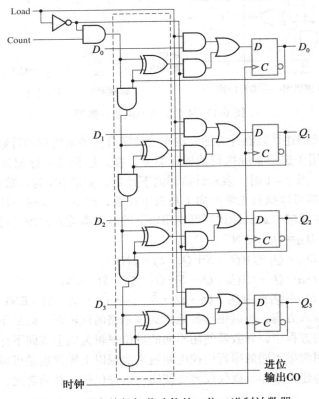

图 6-14　具有并行加载功能的 4 位二进制计数器

350

通过连接一个额外的与门，可以将一个具有并行加载功能的二进制计数器转换为同步 BCD 计数器（不具有加载功能），如图 6-15 所示。这种计数器从全零开始计数，并且 Count 计数输入信号一直有效。只要图中与门的输出值为 0，则在每一个时钟的上升沿，计数器的值会加 1。当计数器的输出值累加到 1001 时，即 Q_0 和 Q_3 的值为 1，此时图中与门的输出值也会为 1，这种情况下 Load 输入端的信号变为有效。因此在下一个时钟周期，计数器将不会再进行计数，而是

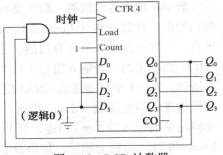

图 6-15　BCD 计数器

将 4 个输入端的数据加载进来。4 个输入端都是接地，即为逻辑 0，因此计数器计数到 1001 后将重新加载 0000。这样，这种电路形式的计数器将从 0000 一直计数到 1001，然后回到 0000 重新开始计数，完全以 BCD 计数器的计数方式进行工作。

6.6.5　其他类型计数器

我们可以设计出任意状态序列的计数器。整除 N 计数器通常又称为模 N 计数器，是一种可以反复遍历 N 种固定状态的计数器。该状态序列可以是二进制计数序列，也可以是其他任意的状态序列。无论是哪种情况，计数器的设计都可以遵循第 4 章中所给出的同步时序电路的设计步骤。为了说明该步骤的可行性，我们将给出以下两种计数器的设计：BCD 码计数器和任意状态序列计数器。

1. BCD 码计数器

如前一小节中所述，BCD 码计数器可以通过修改具有并行加载功能的二进制计数器得到，同样也可以直接用独立的触发器和门来实现。表 6-9 中列出了用 D 触发器设计的 BCD 码计数器中各触发器的当前状态和对应的下一状态以及输出信号 Y 的值。当触发器的当前状态为 1001 时，输出信号 Y 的值为 1。这样，当前计数器的状态从 1001 跳到 0000 时，输出信号 Y（CO）可以使其下一级计数器的值加 1。

表 6-9　BCD 计数器的状态表和触发器输入

当 前 状 态				下 一 状 态				输出
Q_8	Q_4	Q_2	Q_1	$D_8=Q_8(t+1)$	$D_4=Q_4(t+1)$	$D_2=Q_2(t+1)$	$D_1=Q_1(t+1)$	Y
0	0	0	0	0	0	0	1	0
0	0	0	1	0	0	1	0	0
0	0	1	0	0	0	1	1	0
0	0	1	1	0	1	0	1	0
0	1	0	1	0	1	1	0	0
0	1	1	0	0	1	1	1	0
0	1	1	1	1	0	0	0	0
1	0	0	0	1	0	0	1	0
1	0	0	1	0	0	0	0	1

触发器 D 的输入方程可以由表中列出的"下一状态"的值得出，并通过卡诺图进行化简。从 1010 到 1111 这几个没有用的状态则可以被视为"无关条件"。BCD 码计数器对应的简化输入方程为：

$$D_1 = \overline{Q}_1$$
$$D_2 = Q_2 \oplus Q_1\overline{Q}_8$$
$$D_4 = Q_4 \oplus Q_1Q_2$$
$$D_8 = Q_8 \oplus (Q_1Q_8 + Q_1Q_2Q_4)$$
$$CO = Q_1Q_8$$

同步 BCD 码计数器可以级联为任意长度的十进制整数计数器。通过将 D_1 替换为 $D_1 = Q_1 \oplus CI$ 即可完成级联，其中 CI 来自于低一级计数器的输出信号 CO。同样，D_2 到 D_8 的输入方程中异或符号右边的项也必须和 CI 相与。

2. 任意计数序列

假设我们希望设计一个反复遍历 6 个状态的计数器，其状态序列如表 6-10 所示。在这个序列中，触发器 B 和触发器 C 重复二进制计数序列 00，01，10，而每计数 3 次，则触发器 A 的值发生一次翻转。这样，该计数器对应的计数序列并不是完全的二进制数，状态 011 和 111 并不包含在状态序列中。D 触发器的输入方程中，最小项 3 和 7 可以被设置为无关条件，通过化简可以得到简化的方程为：

$$DA = A \oplus B$$
$$DB = C$$
$$DC = \overline{B}\overline{C}$$

351
~
352

表 6-10　计数器的状态表和触发器输入

当前状态			下一状态		
A	B	C	$DA=A(t+1)$	$DB=B(t+1)$	$DC=C(t+1)$
0	0	0	0	0	1
0	0	1	0	1	0
0	1	0	1	0	0
1	0	0	1	0	1
1	0	1	1	1	0
1	1	0	0	0	0

该计数器的逻辑图如图 6-16a 所示。由于该电路中存在两个没有用的状态，我们需要对电路进行分析，以确定这种情况所带来的影响。电路的状态图如图 6-16b 所示，可以看出，当电路处于没有用的状态时，在下一个计数脉冲的作用下，电路又将回到某一有效状态，并继续正确计数。

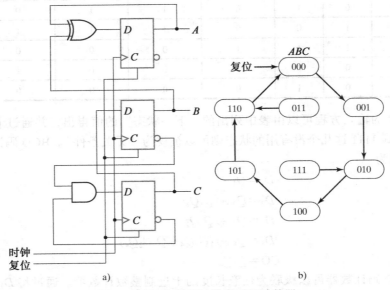

a)　　　　　　　　　　　b)

图 6-16　具有任意计数序列的计数器

6.7 寄存器单元设计

在 3.8 节中，我们讨论了迭代组合电路，本节我们将这种电路与触发器构建在一起组成时序电路。将一位的迭代组合电路单元与一个触发器连接起来就构成了一个具有两个状态的时序电路，我们称之为寄存器单元（register cell）。我们可以通过将一个寄存器单元复制 n 份，组合在一起，构成具有某种或者几种相关操作功能的 n 位寄存器。根据触发器的输出是否作为其迭代电路的输入信号，寄存器单元的下一状态可由其当前状态和输入信号共同决定，或仅仅由输入信号决定。如果仅由输入信号决定，那么可以先直接设计迭代组合电路，然后将它与触发器相连即可。但是，如果触发器的状态输出作为反馈连接到了迭代电路单元的输入，那么也可以采用时序设计的方法对寄存器进行设计。下面将举例介绍在这种情况下如何设计一个简单的寄存器单元。

例 6-1　寄存器单元设计

寄存器 A 需要实现如下所述的寄存器传输功能：

$$\text{AND}: A \leftarrow A \land B$$
$$\text{EXOR}: A \leftarrow A \oplus B$$
$$\text{OR}: A \leftarrow A \lor B$$

除非特殊说明，我们假设：

1）条件 AND、EXOR 和 OR 仅有一个可以等于 1。

2）当条件 AND、EXOR 和 OR 都为 0 时，寄存器 A 中的值保持不变。

要设计出一个满足以上假设的寄存器，一个简单的方法就是使用图 6-2 中带有使能端（使能端 EN＝LOAD）的 D 触发器构成具有并行加载功能的寄存器。在这种方法中，信号 LOAD 的表达式是所有可以触发完成一次寄存器传输操作的控制信号的或，而信号 D_i 的表达式则是各个操作所需条件和其相应的表达式进行与操作后，所得的结果再进行或操作。

对此例中，Load 和 D_i 的表达式如下所示：

$$\text{LOAD} = \text{AND} + \text{EXOR} + \text{OR}$$
$$D_i = A(t+1)_i = \text{AND} \cdot A_i B_i + \text{EXOR} \cdot (A_i \bar{B}_i + \bar{A}_i B_i) + \text{OR} \cdot (A_i + B_i)$$

D_i 方程式的实现与多路复用器中的选择操作相类似，使用多个使能模块驱动同一个或门。此时，AND、EXOR 和 OR 都是使能信号，而 D_i 方程式中每一项的其余部分则表示其对应使能信号的具体功能。

一种较复杂的设计方法是直接使用时序电路设计方式来设计 D 触发器，而不是使用这种基于并行加载功能的触发器的特殊设计方法。

我们列出了一个已经编码的如表 6-11 所示的状态表，其中 A 为状态变量和输出信号，而 AND、EXOR、OR 和 B 则作为输入信号。假设条件已经在标题栏上列举了出来，其中 AND、EXOR 和 OR 仅有一个可以为 1。从表格中我们得到 D_i 的表达式为：

$$D_i = A(t+1)_i = \text{AND} \cdot A_i \cdot B_i + \text{EXOR} \cdot (A_i \bar{B}_i + \bar{A}_i B_i) + \text{OR} \cdot (A_i + B_i) + \overline{\text{AND}} \cdot \overline{\text{EXOR}} \cdot \overline{\text{OR}} \cdot A_i$$

下面我们来简化这个表达式。可以注意到，因为仅包含控制变量的因子在每个寄存器单元中都是相同的，所以可以被所有的寄存器单元共享复用；而那些包含了变量 A_i 或 B_i 的因子则是在各个寄存器单元内实现的，所以门输入成本要乘以 n，即单元的个数。为了更加容易地将仅包含控制变量的因子分离出来，我们根据 A_i 和 B_i 的最小项重写了 D_i 的表达式：

表 6-11　例 6-1 中计数器的状态表和触发器输入

当前状态	下一状态 A(t+1)						
	(AND=0)(EXOR=0)(OR=0)	(OR=1)(B=0)	(OR=1)(B=1)	(EXOR=1)(B=0)	(EXOR=1)(B=1)	(AND=1)(B=0)	(AND=1)(B=1)
0	0	0	1	0	1	0	0
1	1	1	1	1	0	0	1

$$D_i=(AND+OR+\overline{AND}\cdot\overline{EXOR}\cdot\overline{OR})(A_iB_i)+(EXOR+OR$$
$$+\overline{AND}\cdot\overline{EXOR}\cdot\overline{OR})(A_iB_i)+(EXOR+OR)(\bar{A}_iB_i)$$
$$=(AND+OR+\overline{EXOR})(A_iB_i)+(EXOR+OR+\overline{AND})(A_i\bar{B}_i)+(EXOR+OR)(A_iB_i)$$

其中，项 OR+AND+EXOR、EXOR+OR 和（EXOR+OR）+$\overline{AND}$ 的值并不依赖于与单元相关的 A_i 和 B_i 的值，这些项的逻辑电路可以被所有的寄存器单元所共享。使用 C_1、C_2 和 C_3 作为中间变量，可以得到以下表达式：

$$C_1=OR+AND+\overline{EXOR}$$
$$C_2=OR+EXOR$$
$$C_3=C_2+\overline{AND}$$
$$D_i=C_1A_iB_i+C_3A_i\bar{B}_i+C_2\bar{A}_iB_i$$

图 6-17 给出了所有单元共享的逻辑电路以及寄存器单元 i 的逻辑电路图。在将这种设计结果与之前采用简单设计方法得出的结果比较之前，我们也可以对后者采用类似的化简和逻辑共享：

$$C_1=OR+AND$$
$$C_2=OR+EXOR$$
$$D_i=C_1A_iB_i+C_2A_i\bar{B}_i+C_2\bar{A}_iB_i$$
$$LOAD=C_1+C_2$$
$$D_{i,FF}=LOAD\cdot D_i+\overline{LOAD}\cdot A_i$$

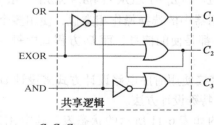

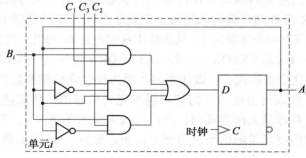

图 6-17　例 6-1 中寄存器单元设计的逻辑图

如果我们在设计中直接使用这些表达式，那么设计一个 16 单元的寄存器，硬件开销将要比时序设计方法高出 40%。所以使用 D 触发器来设计一个专用的寄存器单元，而不是为带有使能端的 D 触发器设计输入逻辑，设计开销要小一些。而且，随着电路逻辑门的减少，电路的时延也可以降低。 ■

在上面的例子中，相邻寄存器单元之间并没有横向连接，而在诸如移位、算术运算和比较操作中，则需要在寄存器单元之间的横向连接。对这种结构的一种设计方法就是将第 3 章中所介绍的组合逻辑电路与选择逻辑以及触发器结合起来。图 6-8 给出了一种常用的通过具有并行加载功能的触发器来设计多功能寄存器的方法。这种简单的方法避开了寄存器单元的设计，但是如果将其直接映射为逻辑电路，则将产生冗余逻辑和过多的横向连接。另一种选择就是采用全定制的寄存器单元来设计电路，在这种设计方法中，一个关键的因素就是对所需横向连接的定义。同样，通过控制单元链路中最低有效单元的输入，我们也可以定义出不同的操作。我们将以下面一个多功能寄存器单元的设计为例，介绍全定制的设计方法。 356

例 6-2 寄存器单元设计

寄存器 A 可以实现下面的寄存器传输操作：

SHL： $A \leftarrow \mathrm{sl}\ A$

EXOR： $A \leftarrow A \oplus B$

ADD： $A \leftarrow A + B$

除非特殊说明，我们假设：

1）条件 SHL、EXOR 和 ADD 只能有一个等于 1。

2）如果条件 SHL、EXOR 和 ADD 全部为 0，则寄存器 A 中的值保持不变。

要同时满足上述假设，一个简单的寄存器单元的设计方法就是采用由 LOAD 信号控制的具有并行加载功能的寄存器。对这种方法而言，LOAD 信号的表达式就是所有可以触发完成一次寄存器传输操作的控制信息的或。而 D_i 的实现由与或门组成，每一个与门的输入信号包括一个控制信号以及该控制信号的具体表达式。

在本例中，LOAD 和 D_i 的表达式为：

$$\mathrm{LOAD} = \mathrm{SHL} + \mathrm{EXOR} + \mathrm{ADD}$$

$$D_i = A(t+1)_i = \mathrm{SHL} \cdot A_{i-1} + \mathrm{EXOR} \cdot (A_i \oplus B_i) + \mathrm{ADD} \cdot ((A_i \oplus B_i) \oplus C_i)$$

$$C_{i+1} = (A_i \oplus B_i)C_i + A_iB_i$$

357

这些表达式可以不加修改直接引用，也可以进行进一步的优化。

现在，我们对寄存器单元采用全定制的方法进行设计。假设所有寄存器单元都要求相同，这也就意味着，在单元链中，最高有效单元和最低有效单元与中间单元是完全相同的。因此，必须针对每一个操作确定好 C_0 和 C_n 的值。对左移而言，我们假设用 0 来填充右侧最低有效位，因此 $C_0 = 0$。由于在异或运算中不需要用到 C_0，此时 C_0 的值不需要考虑。最后，对于加法而言，C_0 可以认为是 0，也可以作为一个变量接受其前面一级加法的进位信息。这里我们假设 C_0 为 0，因为在该寄存器的描述中并没有定义额外的进位信息。

我们第一个规划目标是简化单元之间的横向连接。在这三种操作中，左移和加法操作都需要有左向的（即向单元链中的最高有效位的方向）横向连接。我们的目标是使用一个信号 C_i 实现这两种操作。在加法中，C_i 是已知的，但它必须被重新定义，以满足同时处理加法和左移操作的要求。在全定制设计方法中，我们使用 D 触发器代替并行加载触发器。寄存器单元的状态表如表 6-12 所示。

表 6-12 例 6-2 中寄存器单元设计的状态表和触发器的输出

当前状态 A_i	输入	下一状态 $A_i(t+1)$/ 输出 C_{i+1}		
	SHL=0	**SHL**=1 1 1 1	**EXOR**=1 1	**ADD**=1 1 1 1
	EXOR=0	B_i=0 0 1 1	B_i=0 1	B_i=0 0 1 1
	ADD=0	C_i=0 1 0 1		C_i=0 1 0 1
0	0/×	0/0 1/0 0/0 1/0	0/× 1/×	0/0 1/0 1/0 0/1
1	1/×	0/1 1/1 0/1 1/1	1/× 0/×	1/0 0/1 0/1 1/1

$$D_i=A(t+1)_i=\overline{SHL}\cdot\overline{EXOR}\cdot\overline{ADD}\cdot A_i+SHL\cdot C_i$$
$$+EXOR(A_i\oplus B_i)+ADD\cdot(A_i\oplus B_i\oplus C_i)$$
$$C_{i+1}=SHL\cdot A_i+ADD\cdot((A_i\oplus B_i)C_i+A_iB_i)$$

异或项 $A_i\oplus B_i$ 在 EXOR 和 ADD 两项中都有出现。事实上，当进行 EXOR 操作时，如果 $C_i=0$，那么加法操作的求和功能和异或操作的功能是完全相同的。在 C_{i+1} 的等式中，当 EXOR 项为 1，而 SHL 项和 ADD 项为 0 时，除最低有效位以外，单元链上所有单元的 C_i 都为 0。而我们在之前又已经定义了 $C_0=0$，因此寄存器 A 中所有单元的 C_i 均为 0。这样，我们可以将 ADD 和 EXOR 操作结合起来，得到如下表达式：

$$D_i=A(t+1)_i=\overline{SHL}\cdot\overline{EXOR}\cdot\overline{ADD}\cdot A_i+SHL\cdot C_i+(EXOR+ADD)\cdot((A_i\oplus B_i)\oplus C_i)$$

表达式 $\overline{SHL}\cdot\overline{EXOR}\cdot\overline{ADD}$ 和 EXOR+ADD 与 A_i、B_i、C_i 无关，可以被所有单元共享。由此我们可以得到表达式：

$$E_1=EXOR+ADD$$
$$E_2=\overline{E1+SHL}$$
$$D_i=E2\cdot A_i+SHL\cdot C_i+E_1\cdot((A_i\oplus B_i)\oplus C_i)$$
$$C_{i+1}=SHL\cdot A+ADD\cdot((A_i\oplus B_i)C_i+A_iB_i)$$

图 6-18 为该寄存器单元的设计框图。与简单设计方法所得到的寄存器单元设计结果相比较，我们可以发现有两个不同点：

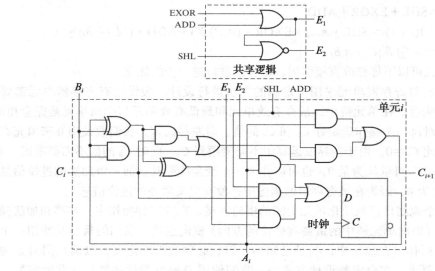

图 6-18 例 6-2 中寄存器单元设计的逻辑图

1）在两个单元之间只有一个横向连接而不是两个。

2）加法和异或操作非常有效地共享了逻辑电路。

定制单元的设计使连接和逻辑电路更加节省，无论有没有进行优化，在模块级的设计中都不会出现这样的情况。■

6.8 基于多路复用器和总线的多寄存器传输

一个典型的数字系统中包含有多个寄存器，在不同的寄存器之间必然存在着传输数据的通路。如果每个寄存器都使用专用的多路复用器，那么逻辑电路的大小和连线数量将十分的巨大。在不同寄存器之间传输数据更为有效的方案是使用一种称为总线（bus）的共享传输通路。总线的特征在于它是一组通用连线，每根连线由选择逻辑来驱动。在每一个传输时钟周期中，选择逻辑的控制信号会为总线选择一个源器件和一个或多个目的器件。

在 6.4 节中我们已经讲过，采用多路复用器和具有并行加载功能的寄存器可以实现具有多个来源的寄存器传输操作。图 6-19a 给出了在三个寄存器之间进行这种传输操作的逻辑模块图，图中包含三个具有独立选择信号的 n 位 2-1 多路复用器。每个寄存器都有它自己的加载信号。基于总线可以实现完全相同的系统，它包含一个 n 位的 3-1 多路复用器和具有并行加载功能的寄存器。如果一组多路复用器的输出作为公共通路为多个目的寄存器共享，那么这些输出线就称为总线。图 6-19b 给出了一个使用一条总线在三个寄存器之间进行数据传输的系统。一对控制输入信号 Select 决定了哪个寄存器中的内容出现在多路复用器的输出端（即出现在总线上），而 Load 输入信号则决定哪个或哪些寄存器作为目的寄存器加载总线上的数据。

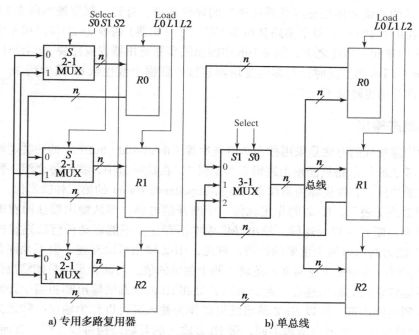

a) 专用多路复用器   b) 单总线

图 6-19 专用多路复用器与单总线的对比

在表 6-13 中列举了使用图 6-19b 中的单总线进行的寄存器传输操作。第一个传输是从寄存器 $R2$ 到寄存器 $R0$，此时选择信号 Select 为 10，表示多路复用器选择寄存器 $R2$ 中的内容。寄存器 $R0$ 的加载信号 $L0$ 为 1，而其他寄存器的加载信号均为 0。这样在下一个时钟周期的上升沿，寄存器 $R2$ 中的内容将会通过总线加载到寄存器 $R0$ 中。表中描述的第二种传输操作是将寄存器 $R1$ 中的内容同时传输到寄存器 $R0$ 和 $R2$ 中，此时寄存器 $R1$ 中的内容被多路复用器选择，因为选择信号 Select 变为了 01。在这种情况下，信号 $L0$ 和 $L2$ 都为 1，使得寄存器 $R0$ 和 $R2$ 同时通过总线加载寄存器 $R1$ 中的内容。在第三种传输操作中，需要交换寄存器 $R0$ 和 $R1$ 中的内容。该操作无法在一个时钟周期内完成，因为需要将寄存器 $R0$ 和 $R1$ 中的内容同时存放在一条总线上，而无法实现。因此，这种传输操作要求拥有至少两条总线或者一条总线加两个寄存器之间的专用传输通路才能实现。需要注意的是，这种传输操作可以使用图 6-19a 中使用的专用多路复用器的电路来实现。由此可见，对单总线系统，在一个时钟周期内同时传输不同源寄存器中的内容是无法实现的，而对于具有专用多路复用器的系统而言，任意组合的传输操作都是可以实现的。因此，使用单总线代替专用多路复用器，一方面降低了硬件开销，但同时也限制了并行传输操作的实现。

表 6-13 使用图 6-19b 中的单总线进行寄存器传输的示例

寄存器传输	Select		Load		
	$S1$	$S0$	$L2$	$L1$	$L0$
$R0 \leftarrow R2$	1	0	0	0	1
$R0 \leftarrow R1, R2 \leftarrow R1$	0	1	1	0	1
$R0 \leftarrow R1, R1 \leftarrow R0$	不会发生				

358
~
360

假设系统只需要进行单源寄存器的传输操作，那么我们可以比较一下图 6-19 中使用专用多路复用器的系统和使用总线的系统两者的硬件开销。首先，假定按照图 3-27 来设计多路复用器，在图 6-19a 中，每个多路复用器（不包括反相器）需要 $2n$ 个与门和 n 个或门，总计需要 $9n$ 个门单元。相比之下，图 6-19b 中的总线多路复用器仅仅需要 $3n$ 个与门和 n 个或门，总计 $4n$ 个门单元。同时，与多路复用器连接的数据个数也从 $6n$ 减少到 $3n$。这样，选择逻辑的硬件开销也降低了一半。

6.8.1 高阻态输出

另一种构建总线的方法是采用称为三态缓冲器（three-state buffer）的一类逻辑门。迄今为止，我们考虑的门电路只能输出逻辑 0 和逻辑 1。在这一节中，我们将介绍一种重要的结构——三态缓冲器，它提供称为高阻态（high-impedance state）的第三种输出值，用 Hi-Z 或者简单地用 Z 或 z 表示。Hi-Z 的作用就像一个断开的电路，即从输出端往回看电路，输出端与内部好像是断开一样。这样，输出好像根本不存在，不能驱动任何已连接的输入。带有 Hi-Z 输出能力的门有两个重要的性质。首先，Hi-Z 输出可以互连，但不允许有两个或两个以上的门在同一时刻输出逻辑 0 和逻辑 1 两个相反的值。与此相反，只能输出逻辑 0 和逻辑 1 的门不能将它们的输出连在一起。其次，处在 Hi-Z 状态的输出端相当于开路，可以连接一个输入到电路内部，所以 Hi-Z 输出既可以作为输入又可以作为输出，称之为双向输入/输出。与信号仅在一个方向传输不同，带 Hi-Z 输出的互联结构可以在两个方向传递信号，这个特性显著减少了所需的互联数。

任何门都可以使用 Hi-Z 输出技术，但我们这里只考虑单数据输入的基本门，即三态缓冲器。与它的名字一样，三状态逻辑输出三种不同的状态，其中两种状态是常见的逻辑 1 和逻辑 0，第三个状态是高阻值，称为高阻态。

　　三态缓冲器的图形符号和真值表如图 6-20 所示。图 6-20a 中的符号与普通缓冲器符号的区别就是多了一个使能输入 EN，即那个连接到缓冲器符号底部的信号。从图 6-20b 中所示的真值表可以看出，如果 EN＝1，则 OUT 等于 IN，就像普通缓冲器一样。但是当 EN＝0 时，无论输入 IN 的值是什么，输出结果为高阻态（Hi-Z）。

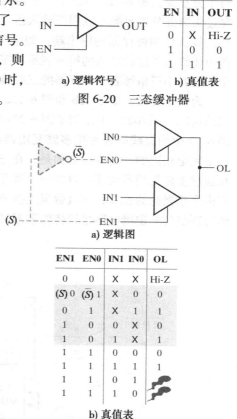

EN	IN	OUT
0	X	Hi-Z
1	0	0
1	1	1

a) 逻辑符号　　　　b) 真值表

图 6-20　三态缓冲器

　　多个三态缓冲器的输出可以连接在一起形成一个多重输出线。图 6-21a 中两个三态缓冲器的输出连接在一起形成输出 OL，我们对这种结构的输出感兴趣是因为它有 4 个输入端 EN1、EN0、IN1 和 IN0，输出情况如图 6-21b 中的真值表所示。如果 EN1 和 EN0 等于 0，则两个缓冲器的输出为高阻，两者就像开路一样，OL 也因此相当于开路，表现为 Hi-Z 值。对于 EN1＝0 且 EN0＝1，上面那个缓冲器的输出为 IN0，下面那个缓冲器的输出为 Hi-Z。因为值 IN0 与开路相连的值仍然是 IN0，所以 OL 等于 IN0，如真值表中第二行和第三行所示。相反，如果 EN1＝1 且 EN0＝0，则 OL 的值为 IN1，如真值表中第四行和第五行所示。对于 EN1 和 EN0 都为 1，情况就复杂多了。如果 IN1＝IN0，则 OL 上出现的值与它们彼此相同。但是如果 IN1≠IN0，它们的值将在输出端产生冲突。冲突的结果导致电流从输出为 1 的缓冲器流入输出为 0 的缓冲器，这个电流通常会大得使电路过热甚至烧坏电路，在真值表中用"烟雾"来形象地表示。很明显，必须避免这种情况。电路设计者必须确保 EN0 和 EN1 永远不会同时都等于 1。在通常情况下，对于 n 个三态缓冲器连成一条总线，仅允许其中一个缓冲器的 EN＝1，其余的都必须为 0，确保这一要求的一个方法是使用译码器来产生 EN 信号。对于两个缓冲器的情况，译码器只不过是一个带有选择输入 S 的反相器，如图 6-21a 中虚线框所示。查看带有反相器作用的真值表是有趣的，它构成了图 6-21b 中真值表的阴影部分。很明显，S 的值决定选择输入 IN0 还是 IN1。此外，电路输出 OL 再也不会是高阻态。

a) 逻辑图

EN1	EN0	IN1	IN0	OL
0	0	X	X	Hi-Z
(S) 0	(S̄) 1	X	0	0
0	1	X	1	1
1	0	0	X	0
1	0	1	X	1
1	1	0	0	0
1	1	1	1	1
1	1	0	1	🗯
1	1	1	0	🗯

b) 真值表

图 6-21　三态缓冲器形成多重输出线 OL

361
～
362

6.8.2　三态总线

　　在构建总线时，我们也可以使用三态缓冲器来取代原本所使用的多路复用器，以潜在地进一步减少连接的数量。为什么在构建总线时可以使用三态缓冲器来取代多路复用器呢？这是因为多个三态缓冲器的输出可以连接在一起形成一位总线，而这个总线可以仅通过一级逻辑门实现。另一方面，对多路复用器而言，大量的数据源意味着很高的或门扇入系数，而这就需要多级的或门驱动，从而导致需要消耗更多的逻辑资源和更长的信号时延。与此相反，三态缓冲器提供了一个更为实际的方式来构建具有多数据源的快速总线，因而能得到更为广泛的应用。当然，更重要的是，三态总线上的信号是可以双向传输的。因此，三态总线可以通过相同的连接将信号引入或者引出逻辑电路。这一特点在跨芯片进行数据传输的情况下显得十分重要，图 6-22a 给出了一个实例。图中给出了一个有 n 位连线的寄存器，这 n 位连线穿过阴影部分边界既可以用于输入信号也可以用于输出信号。如果三态缓冲器开启，那么这些连线就作为寄存器的输出端；如果三态缓冲器关闭，则这些连线又作为寄存器的输入端。图中还给出了这种结构的符号表示。需要注意的是，双向总线用双向箭头表示。另外，用一个倒立的小三角形表示寄存器的三态输出。

为便于比较，图 6-22b 和图 6-22c 分别列出了用多路复用器构建的总线和三态总线两者的结构图。图 6-22c 中使用了图 6-22a 中给出的具有输入 – 输出双向连线的寄存器符号。与图 6-19 中用总线取代专用多路复用器不同，这两种硬件实现方法就其寄存器传输的功能而言是完全相同的。需要注意的是，在三态总线中，寄存器组模块只需要连接了三组数据，而在通过多路复用器构建的总线中，寄存器组模块需要连接六组数据。由于能更容易地构建具有多个数据源的总线，而且数据连接的数目减半，因此三态总线得到了更多人的选择。在不同物理封装的逻辑电路之间传输数据时，使用这种输入 – 输出双向连线显得更为有效。

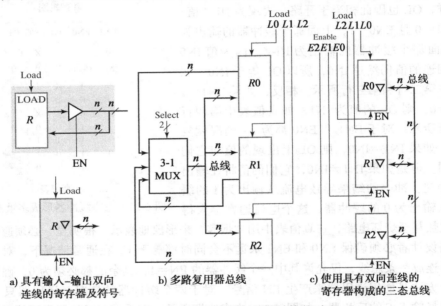

a) 具有输入–输出双向
连线的寄存器及符号

b) 多路复用器总线

c) 使用具有双向连线的
寄存器构成的三态总线

图 6-22   三态总线与多路复用器总线的对比

6.9   串行传输及其微操作

如果一个数字系统每次只传输或处理一位信息，我们则称其为按串行方式进行操作的系统。在这种情况下，寄存器中的数据都是通过逐次移位并传输至另一个寄存器中，这种传输方式与并行传输的方式不同，后者是将寄存器中的所有数据同时传输。

将寄存器 A 中的信息通过串行传输的方式传输至寄存器 B 是通过移位寄存器来实现的，如图 6-23a 的逻辑模块图所示。寄存器 A 的串行输出与寄存器 B 的串行输入相连接，当寄存器 A 中的数据传输至寄存器 B 中时，寄存器 A 接收值 0。当然，寄存器 A 也可以接收其他的二进制信息。如果我们希望保持寄存器 A 中的数值不变，那么我们可以将其串行输出与其自身的串行输入相连，这样信息又会重新传入。寄存器 B 中的原始数值将会从其串行输出移出并被丢弃，除非这些数值又能被传输至寄存器 A、第三方寄存器或者其他存储单元。移位操作控制信号 Shift 决定了寄存器进行移位操作的时机和次数。寄存器如何使用 Shift 控制信号如图 6-23a 所示，只有当 Shift 的逻辑值为 1 时，时钟脉冲信号才能到达寄存器的时钟输入端。

在图 6-23 中，每一个移位寄存器具有 4 位二进制数，因此我们在设计控制传输逻辑时，也必须使 Shift 信号在 4 个时钟脉冲周期内保持有效。图 6-23b 为通过门控时钟逻辑开启移位寄存器的定时框图。由于 Shift 控制信号在 4 个时钟脉冲周期保持有效，因此该逻辑的输出结果在寄存器的时钟信号输入端产生了 4 个脉冲：T_1、T_2、T_3 和 T_4。在每一个脉冲的上升沿，两个寄存器进行数据移位操作。4 个脉冲周期过后，Shift 信号重新变为 0，移位寄存器被关闭。仍然需要注意的是，对于正边沿触发，触发器时钟输入上的脉冲是 0，而在没有时钟脉冲的关闭状态下，触发器时钟信号的值是 1，而不是 0。

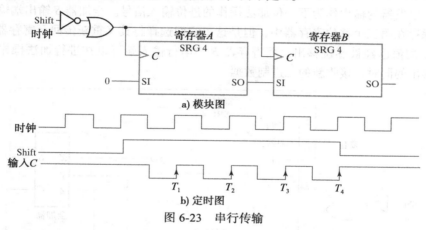

a) 模块图

b) 定时图

图 6-23　串行传输

现在假定在进行移位传输操作之前，寄存器 A 中的二进制值为 1011，而寄存器 B 中的值为 0010，并且寄存器 A 的 SI 输入端一直保持为逻辑 0。寄存器 A 到寄存器 B 的串行传输操作共分为 4 个步骤，如表 6-14 所示。在第一个脉冲 T_1 时，寄存器 A 中的最右端一位数据将移位传输至寄存器 B 的最左端一位中，而寄存器 A 的最左端一位将从串行输入端 SI 接收数值 0。与此同时，寄存器 A 和寄存器 B 中的其他位都将移位至其相邻的右端一位中。接下来的 3 个时钟脉冲周期执行相同的操作，每一次将一位寄存器 A 中的值移位传输至寄存器 B 中，同时向寄存器 A 中移入一位逻辑 0。经过 4 次移位，控制传输逻辑将 Shift 信号的值改变为 0，此时移位操作结束。寄存器 B 中的值变成了之前寄存器 A 的值 1011，而寄存器 A 中的值变为全 0。

表 6-14　串行传输示例

时钟脉冲	移位寄存器 A				移位寄存器 B			
初始值	1	0	1	1	0	0	1	0
T_1后	0	1	0	1	1	0	0	1
T_2后	0	0	1	0	1	1	0	0
T_3后	0	0	0	1	0	1	1	0
T_4后	0	0	0	0	1	0	1	1

通过这个例子我们可以看出串行传输模式和并行传输模式之间的不同。在并行模式中，寄存器中的值都是可以任意改变的，并且所有的位都可以在一个时钟脉冲周期内并行传输。而在串行模式中，寄存器只有一个串行输入端和一个串行输出端，信息一次只能传输一位。

串行加法

数字计算机中的操作通常都是以并行的方式进行，因为这样可以得到更快的速度。串行操作速度较慢，但它也拥有只需较少的硬件资源即可完成操作的优势。我们以串行加法为例来说明串行操作的模式，同时把串行加法和 3.9 节中介绍的并行加法进行比较，以说明在设计中对时间 – 空间因素的折中考虑。

我们将两个需要进行串行加法的二进制数存储在两个移位寄存器中，使用一位全加器电路进行按位相加，每次一对，电路逻辑图如图 6-24 所示。全加器的进位输出保存在一个 D 触发器中，触发器的输出作为下一位加法操作的进位输入信号。全加器 S 输出端输出的计算结果可以保存在第三个移位寄存器中，但是这里我们选择将其又重新传回至寄存器 A，因为寄存器 A 中的值已经被逐位移出。而寄存器 B 的串行输入端可以在进行加法操作将其原有数据逐位移出的同时，接收新的二进制数据。

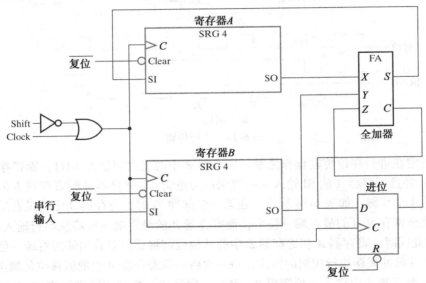

图 6-24　串行加法器

串行加法器的操作过程如下所示：寄存器 A 保存被加数，寄存器 B 保存加数，进位触发器的初始值置为 0。寄存器 A 和 B 的串行输出端为全加器的 X 和 Y 输入端提供一对有效位进行相加，而进位触发器的输出端为全加器的进位输入端 Z 提供进位信号。当 Shift 的值为 1 时或门打开，寄存器和触发器的时钟信号变为有效。每一个时钟脉冲周期都将两个寄存器中的数据右移一位，并将求得的和从 S 输出端传输到寄存器 A 最左端的触发器，而进位输出则传输至进位触发器。移位控制逻辑控制寄存器的有效时钟脉冲数和寄存器的位宽相同（在本例中为 4）。在每一个时钟脉冲里，一个新产生的"和"传输至寄存器 A，新产生的"进位"传输至进位触发器，与此同时，两个寄存器中的数值都右移一位。这一进程一直持续到移位控制逻辑将 Shift 信号的值置为 0。因此，通过每次将一对一位长的加数和前一次计算得到的进位传输给单个全加器，并将计算出的结果重新传回（一次一位）给寄存器 A，就完成了加法运算。

最初，我们可以将寄存器 A、寄存器 B 以及进位触发器都复位为全 0，然后将第一个数字移位进入寄存器 B。接着，寄存器 B 中的第一个数字和寄存器 A 中的全 0 值相加。当寄存器 B 中的数被移出至全加器中时，第二个数字也可以同时从串行输入端移入寄存器 B 中。当第二个数字与寄存器 A 中的数相加时，第三个数字又可以同时串行移入寄存器 B 中，串行加法可以反复执行，以实现两个、三个甚至更多个数的相加，最终相加结果保存在寄存器 A 中。

将串行加法器与 3.9 节中介绍的并行加法器进行对比可以得到一个时间－空间折中的例子。并行加法器有 n 个全加器，一次可以同时处理 n 位操作数，而串行加法器则只需要一个全加器就足够了。除了两个用于保存加数的寄存器外，并行加法器是一个完全的组合电路，而串行加法器有一个进位触发器，因而是时序电路。串行电路需要用 n 个时钟周期完成一个 n 位的加法操作。用与并行加法器中的 n 个全加器相同的电路进行串联，则可以构成一个迭代逻辑阵列（iterative logic array）。如果把全加器之间的进位信息当作状态变量，则从最低有效位到最高有效位的进位状态序列和串行加法器中进位触发器输出端出现的状态序列是完全一致的。需要注意的是，在迭代逻辑阵列中，状态逻辑序列是以空间顺序排列的，而在时序电路中，状态序列则是按时间顺序排列的。通过两者的相互转换，我们可以得到一个时间和空间的折中。并行加法器的空间开销是串行加法器的 n 倍（忽略进位触发器的空间开销），但运算速度也是串行加法器的 n 倍。串行加法器的速度尽管是并行加法器的 $1/n$，但在空间上也是其 $1/n$。这种差别为设计人员在设计电路时是希望速度快还是要求空间小提供了一个重要的选择，更大的空间开销意味着更多的成本。

6.10 寄存器传输控制

在 6.2 节中，我们将一个数字系统分为两个主要的部分，数据通路与控制单元。同样，在数字计算机中所存储的二进制信息也可以被分类为数据和控制信息。如前面章节所说，用寄存器传输的微操作在数据通路中对数据进行处理，这些操作是通过加减法器、移位器、寄存器、多路复用器和总线等模块实现的。控制单元提供用于触发数据通路中大量微操作的信号，用于完成指定的处理任务，控制单元还要决定各种操作的执行顺序。这种将系统分为两个部分，并将所需执行的任务分开的做法贯穿设计的整个过程。数据通路与控制单元经常被分开来设计，但相互之间有着紧密的联系。

一般来说，在同步数字系统中所有寄存器的定时由一个主时钟发生器控制，时钟脉冲信号将作用于包括控制单元里的寄存器在内的所有触发器和寄存器。为了避免在每个时钟周期自身状态都被时钟脉冲信号所影响，有些寄存器使用加载控制信号以决定是否加载新的数据到寄存器中。多路复用器和总线的选择输入信号以及寄存器的加载控制输入信号和处理逻辑，所有这些二进制变量都是由控制单元产生的。

控制单元产生用于决定微操作执行顺序的控制信号，同时控制单元自身也是一个时序电路。在任何时刻，这个时序电路自身的状态将触发事先设置好的微操作。时序控制单元的下一状态取决于它当前的状态和控制输入信号。充当控制单元的数字电路将产生状态序列，用于触发微操作以及决定自身的下一状态。

在所有的系统设计中，对数字系统有两种截然不同的控制单元设计方法，一种用于可编程系统，另一种用于不可编程系统。

在一个可编程系统（programmable system）中，处理器的一部分输入将组成一个指令（instruction）序列。每一条指令指定系统将要执行的操作，包括使用的操作数、执行操作得到结果的存放位置，在某些情况下还要指出下一条所需执行的指令。在可编程系统中，指令通常都存储在 ROM 或 RAM 之类的存储器中。为了按序执行这些指令，这里通常需要提供那些所需执行指令在存储器中的存放地址，而这些地址来源于一个称为程序计数器（Program Counter，PC）的寄存器。如这个名字所说，PC 中含有用于计数的逻辑。另外，为了便于根据数据通路的状态信息来改变操作的顺序，PC 需要具有并行加载的功能。因此，在一个可编程系统中，控制单元将包含一个 PC、相关的决策逻辑以及一些用于解释指令含义的必要逻辑。执行（executing）一条指令也就是激活所需要在数据通路中执行的微操作序列。

在一个不可编程系统（nonprogrammable system）中，控制单元不需要从存储器中获得所需执行的指令，也不需要对所需执行的指令进行排序，在这个系统中没有 PC 或相类似的寄存器。控制单元依靠当前输入和数据通路中的状态位决定所需执行的操作，以及这些操作的排列顺序。

这一节主要关注不可编程系统的设计，以状态机图为例说明控制单元的设计方法。可编程系统将在第 8 章和第 10 章中进行介绍。

设计过程

数据通路和控制单元的设计过程可能多种多样。在这里，我们所采用的方法是对数据通路和控制单元的行为都采用状态机图或者状态机图加寄存器传输列表的组合方式进行描述。同样，在设计过程中，假设控制单元中有一些用于寄存器传输的硬件。这些硬件可能是用于实现迭代算法的迭代计数器，计算机中的程序计数器（PC）或者一组用于减少状态机图中状态个数的寄存器。这里我们使用系统（system）这个词来表示所设计的对象，如果愿意，也可以用电路（circuit）这个词来代替。这个设计过程中假设控制单元只有一个状态机图。如果愿意，设计过程中的每一步都可以使用 VHDL 或者 Verilog。

[368]

寄存器传输系统的设计过程

1）写出一个详细的系统说明书。

2）定义所有的外部数据和控制输入信号，所有数据、控制和状态输出信号，以及数据通路和控制单元中的寄存器。

3）画出系统的状态机图，其中包括数据通路和控制单元的寄存器传输情况。

4）定义内部控制和状态信号。使用这些信号将输出状态和输出行为以及寄存器传输从状态流程图中分开，再以表格的形式进行描述。

5）画一个包含了所有控制和状态输入、状态输出的数据通路的模块图。如果系统中包含有寄存器传输硬件，再画一个控制单元的模块图。

6）设计控制和数据通路两者专门的寄存器传输逻辑。

7）设计控制单元逻辑。

8）核实数据通路和控制单元结合在一起后系统操作的正确性。如果发现错误，则排除故障后重新进行核实。

下面给出了两个例子用于说明寄存器传输系统的详细设计步骤。所列举的概念是现代系统设计的核心内容，这些例子将覆盖前面所列 8 个步骤中的前 7 个步骤，步骤 8）将会被简单地讨论。

RW 例 6-3　码表

码表是一种非常便宜的跑表，仅仅在一些短距离赛跑中使用，比如说 100 码短跑。

1）这种码表的计时上限是 99.99 秒，不能超过这个值。除了一般跑表所有的功能外，它还有一个特点，就是能够将最好的结果（最短时间）存储在一个寄存器中。码表的面板如图 6-25a 所示。码表的原始输入就是 START 和 STOP。START 按钮可以将计时器清 0，然后重新开始计时。STOP 按钮可以停止计时器计时。当按下 STOP 按钮后，将在 4 位的数字 LCD（液晶显示屏）上显示最新的短跑计时结果。另外 CSS（Compare and Store Shortest，比较与存储最优结果）按钮具有以下功能：①将最新的短跑计时值与此前一段时间内所存储的最小短跑计时值进行比较。②将两者之中的较小值作为当前最小短跑计时值重新存储。③将最小短跑计时值在 4 位

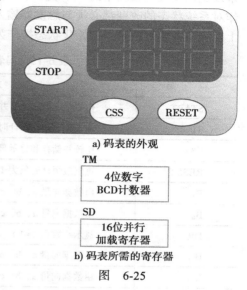

a) 码表的外观

TM

4 位数字 BCD 计数器

SD

16 位并行 加载寄存器

b) 码表所需的寄存器

图　6-25

数字 LCD 上显示出来。RESET 按钮将寄存器中存储的值初始化为 10011001.10011001，也就是 BCD 码 99.99，这也是系统设置的最大可能值。同样，当码表背面的开关刚打开时，系统也会有一个复位行为。系统输出以 BCD 码的形式在 7 段 LCD 上显示出来。系统显示为 4 个数字，分别为 B_1、B_0、B_{-1}、B_{-2}，每一个数字用 a、b、c、d、e、f、g 七位表示，对应于 LCD 中的 7 段。系统还有一个用于显示电源开关的指示灯 DP，它同时也作为 B_0 和 B_{-1} 之间的小数点。

2）表 6-15 中列出了系统的外部控制输入信号、外部数据输出信号以及寄存器。前面 4 个信号对应于码表面板上的 4 个按钮，信号为 1 表示按钮已经按下，为 0 则表示没有按下，剩下的信号对应于用 7 段 LCD 显示的从左到右的 4 个数字以及中间的小数点 DP。当电源打开时，DP 的值始终为 1，这 5 个向量组合在一起就组成了一个 29 位的向量 B，用于驱动 LCD 显示输出结果。由上一段的系统功能说明，我们可以知道系统中需要两个寄存器。一个寄存器作为计时器 TM，对当前的短跑进行计时；另一个寄存器 SD 用于存储短跑的最小时间值。计时寄存器需要每 0.01 秒向上进行一次计数，而 0.01 秒也是系统设置的时钟周期。向上计数器的设计有两种选择：①采用具有足够多位的二进制计数器，可以精确到十进制 0.01 秒的计时。②采用 4 位数字 BCD 计数器，在每隔 0.01 秒的时间间隔进行一次计数。在这里我们选择 BCD 计数器，这样可以节省为输出结果而将二进制码转换为 BCD 码所需的硬件开销。SD 寄存器的初始值为 BCD 码 99.99，并且之后系统运行时需要加载 TM 中的内容，因此 SD 需要设计为一个具有并行加载功能的 4 位数字（16 位二进制数）寄存器。图 6-25b 中列举了以上提到的寄存器。

3）系统的状态机图如图 6-26 所示。在这张图的规划中，我们选择的是 Moore 型状态机，因此系统所有的输出值仅与系统的当前状态有关。当系统刚刚上电或者 RESET 信号有

369
~
370

效时，码表电路将进入 $S1$ 状态，此时寄存器 SD 的值也被同步复位。电路接下来进入 $S2$ 状态，等待 START 信号变为 1。当 START 信号为 0（用 $\overline{START}$ 标识）时，系统状态仍然为 $S2$。在状态 $S2$ 时，寄存器 TM 的值也被同步复位为 0。如果我们使用一个异步触发器输入来改变同步设计系统中的一个或多个触发器的状态，那么这就违反了同步的假设，即所有操作对系统状态的改变都必须与触发器输入端的时钟同步。在这种假设前提下，仅仅允许系统上电和主系统复位两个初始化状态操作为异步方式。

表 6-15 码表的输入、输出以及寄存器

符　号	功　能	类　型
START	初始化计数器为 0 并开始计时	输入控制
STOP	停止计时并显示计时结果	输入控制
CSS	比较并储存和显示最短计时	输入控制
RESET	重置最短计时值为 10011001	输入控制
B_1	由数据向量 a、b、c、d、e、f、g 显示的数位 1	输出数据向量
B_0	由数据向量 a、b、c、d、e、f、g 显示的数位 0	输出数据向量
DP	显示小数点（=1）	输出数据
B_{-1}	由数据向量 a、b、c、d、e、f、g 显示的数据 -1	输出数据向量
B_{-2}	由数据向量 a、b、c、d、e、f、g 显示的数据 -2	输出数据向量
B	显示 29 位的输入向量	输出数据向量
TM	4 位数字 BCD 码计数器	16 位寄存器
SD	并行加载寄存器	16 位寄存器

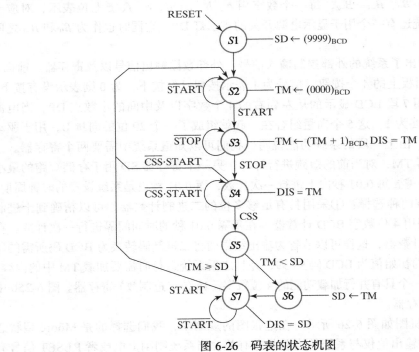

图 6-26 码表的状态机图

当对触发器使用异步输入来改变其状态时，设计者可能会遇到电路因为定时问题而发生错误的情况，而这些错误在电路的设计和制造过程中却不容易被发现。

当 START 信号为 1 时，系统状态将转入 $S3$。此时寄存器 TM 开始计时，即每 0.01 秒进行一次向上计数（时钟频率为 100 Hz）。在 STOP 信号为 0 时，系统一边计时，一边将计时结果用 LCD 显示出来（DIS=TM）。当 STOP 信号为 1 时，系统状态转入 $S4$，码表的计时值被保存在寄存器 TM 中，并用 LCD 显示出来。

在状态 $S4$，使用者可以选择开始一个新的短跑计时（$\overline{\text{CSS}} \cdot \text{START}=1$），此时系统将回到状态 $S2$；也可以选择将当前计时值与所存储的最小计时值进行比较（CSS=1），此时系统状态将转入 $S5$。若以上两种情况都不发生，则系统状态保持在 $S4$（$\overline{\text{CSS}} \cdot \overline{\text{START}}=1$）。注意，在这里我们使用 $\overline{\text{CSS}} \cdot \text{START}$ 信号而不是单 START 信号作为状态转移条件，这是为了满足互斥约束条件，在状态机图中这两个状态转移约束条件都必须满足才能完成状态转移。

在状态 $S5$，寄存器 TM 中的值将与寄存器 SD 中的值进行比较。如果 TM 小于 SD，则将 SD 中的值替换为 TM 中的值，这个操作在系统状态为 $S6$ 时发生，状态 $S6$ 的下一状态为 $S7$。如果 TM 大于或等于 SD，则 SD 中的值不发生改变，并且系统的下一状态直接进入 $S7$。在状态 $S7$ 时，LCD 显示寄存器 SD 中所存储的最少短跑时间。当按下 START 按钮时，系统状态又转向 $S2$，开始新一轮的短跑计时。

4）下一步设计是将数据通路与控制单元分离开来，包括为连接两者所定义的控制和状态信号。数据通路的操作可以从系统状态机图中得到，这些操作根据目标寄存器进行分类，一类操作是用向左传输的陈述语句（←）来进行描述，另一类用连接陈述语句（＝）来进行描述。而且，需要对数据通路中的状态生成进行解释并对状态信号命名。最终的分类结果如表 6-16 的左边第一列所示。在寄存器 SD 的两个寄存器传输操作中，变量 UPDATA 用于选择传输操作的数据来源，而变量 LSR 则用于控制寄存器 SD 是否进行数据加载。对于寄存器 TM 而言，变量 RSTM 作为同步复位信号，用于对寄存器中的值进行同步清零，而变量 ENTM（将进位 C_0 加载到 BCD 计数器的最低有效数字位）用于决定每次向上计数是加 1 还是加 0。信号 DS 用于选择将哪个寄存器中的值在 LCD 上输出显示。最后，变量 ALTB 作为一个状态信号用于标识寄存器 TM 中的值是否小于寄存器 SD 中的值。将表 6-16 中的变量以原变量或反变量的形式替代图 6-26 中标识状态转移的输出行为和输入条件，新的状态图如图 6-27b 所示。

371
～
372

表 6-16 数据通路输出操作和状态生成与控制和状态信号

操作或状态	控制或状态信号	为 1 和 0 时的含义
TM ← $(0000)_{\text{BCD}}$	RSTM	1：TM 复位为 0（同步复位） 0：TM 不进行复位
TM ← $(\text{TM}+1)_{\text{BCD}}$	ENTM	1：TM 的 BCD 计数值加 1，0：保持 TM 的值不变
SD ← $(9999)_{\text{BCD}}$	UPDATE LSR	0：SD 加载数据 1001100110011001 1：SD 可以加载数值，0：SD 无法加载数值
SD ← TM	UPDATE LSR	1：SD 加载数值 TM 与前面相同
DIS＝TM DIS＝SD	DS	0：DIS 赋值为 TM 1：DIS 赋值为 TM
TM＜SD TM≥SD	ALTB	1：TM 小于 SD 0：TM 大于等于 SD

5）下一步是对数据通路模块图的设计，设计结果如图 6-27a 所示。在图中出现了两个前面提到过的寄存器，它们的控制端和控制信号都来自添加的控制单元。变量 RSTM 是同步输入信号，用于对寄存器 TM 进行复位清零操作，而变量 ENTM 则用于进位输入 C_0 的加载。为了提供状态信号 ALTB，需要一个 $A<B$ 比较器，其中寄存器 TM 中的值作为它的 A 输入值，寄存器 SD 中的值作为它的 B 输入值。为了向寄存器 SD 中加载数值，需要一个选择模块用于选择是将寄存器 TM 中的值还是初始值 1001100110011001 加载到寄存器 SD 中。这里使用了一个 16 位的 2-1 多路复用器，其中 S 输入端加载的是变量 UPDATE。为了将信息送到 LCD 上显示，需要用到一个多路复用器，选择将寄存器 TM 中的值还是寄存器 SD 中的值作为 LCD 显示的数据源。这里同样使用了一个 16 位的 2-1 多路复用器，其中变量 DS 为选择信号，用于决定 16 位信号 DIS 的值。最后，信号 DIS 的值必须被转换为 4 个向量，每个向量用 a、b、c、d、e、f、g 七位表示，这样才可以在 LCD 上显示为 4 个数字。这 4 个向量也就是前面提到的 B_1、B_0、B_{-1}、B_{-2} 四个输出数字。在 B_0 和 B_{-1} 之间还需要插入一个十进制小数点 DP，所有这 29 位合在一起构成了向量 B，用于驱动 LCD 进行显示。

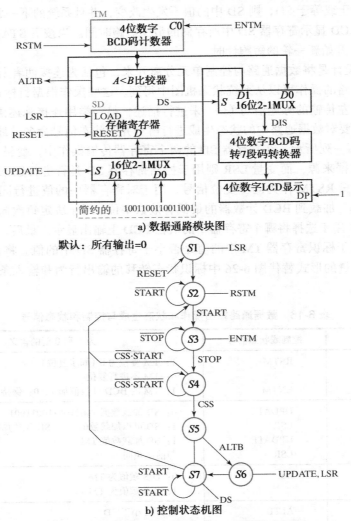

a) 数据通路模块图

b) 控制状态机图

图 6-27　码表的数据通路模块图和控制状态机图

6）我们在之前的章节中已经对模块图中所涉及的许多部件进行过相关设计。1 位的 BCD 码计数器已经在 6.6 节中开发完成。4 位的 BCD 码计数器可以通过将 4 个 1 位的 BCD 码计数器级联而构建出来，但要求计数器具有同步复位的功能。这可以在每一位的逻辑电路与 D 触发器之间加入一个二输入与门，与门的第二个输入与 $\overline{RSTM}$ 信号相连。当 RSTM 信号为 0 时，电路与往常一样，而当 RSTM 为 1 时，则所有触发器的输入端将变为 0，这样在下一个时钟周期所有触发器中的值将被复位为 0。

$\begin{array}{c}\boxed{373}\\ \sim \\ \boxed{374}\end{array}$

16 位带并行加载功能的寄存器的设计可以在图 6-2 中找到答案。$A < B$ 比较器可以被很容易地设计成一个迭代电路。假设进位是从右往左的，则每一个单元的方程为：$C_i = A_i \cdot \overline{B_i} + (A_i + B_i)C_{i-1}$，且 $C_0 = 1$。这可以用图 3-45 所示电路通过控制信号 S 取 1 来实现 A 与 B 的无符号二进制减法。对于该电路，运算结果是 $A - B = A + (2^n - 1 - B) + 1 = 2^n + (A - B)$。如果 $A - B \geq 0$，运算结果大于等于 2^n，最高位的进位 C_n 为 1。如果 $A - B < 0$，则运算结果小于 2^n，且 $C_n = 0$。因此，$ALTB = \overline{C_n}$，用于标识 A 是否小于 B，小于 B 为 0，否则为 1。

用于寄存器 SD 数据加载的多路复用器可以用图 3-27 中的四重 4-1 多路复用器来实现。多路复用器中包含一个由 S 输入端驱动的 1-2 线性译码器，以及 16 对使能电路，对应于两个 16 位的数据向量。对于 16 位的 DIS 数据向量也可以用同样的多路复用器来实现。最后一个电路是 4 位数字 BCD 码转 7 段码的转换器，它可以用 4 个例 3-18 中的 1 位数字 BCD 码转 7 段码转换器电路构成。

除剩下的一个问题之外，数据通路的设计就算完成了。因为 D0 输入向量是一个常数，所以为寄存器 SD 选择输入数据的 16 位 2-1 多路复用器可以通过第 3 章所介绍的方法进行化简。如果这么做，当数值中某一位的值为 0 时，

$$Y_i = (\overline{S} \cdot D_{0i} + S \cdot D_{1i})|_{D_{0i}=0} = S \cdot D_{1i}$$

而当数值中某一位的值为 1 时，

$$Y_i = (\overline{S} \cdot D_{0i} + S \cdot D_{1i})|_{D_{0i}=1} = \overline{S} + D_{1i}$$

现在数据通路的设计已经完成，只需要设计控制单元。

7）下一步是设计控制单元电路。为了简化这个设计，我们选择一位热码状态分配。对图 6-27 中的状态图，这种分配允许每一个状态 Si 有一个单独的状态变量 Si 对应，若当前系统状态为 Si，则此位状态变量为 1，否则为 0。下一状态函数（触发器输入方程）为：

$$D_{S1} = S1(t+1) = 0$$
$$D_{S2} = S2(t+1) = S1 + S2 \cdot \overline{START} + S4 \cdot \overline{CSS} \cdot \overline{START} + S7 \cdot START$$
$$D_{S3} = S3(t+1) = S2 \cdot START + S3 \cdot \overline{STOP}$$
$$D_{S4} = S4(t+1) = S3 \cdot STOP + S4 \cdot \overline{CSS} \cdot \overline{START}$$
$$D_{S5} = S5(t+1) = S4 \cdot CSS$$
$$D_{S6} = S5 \cdot ALTB$$
$$D_{S7} = S7(t+1) = S5 \cdot \overline{ALTB} + S6 + S7 \cdot \overline{START}$$

$\boxed{375}$

输出函数（输出方程）为：

$$LSR = S1 + S6$$
$$RSTM = S2$$
$$ENTM = S3$$
$$UPDATE = S6$$
$$DS = S7$$

注意在这里 $D_{S1}=0$，其原因是系统仅在上电或主复位时才进入这个状态，而且还不是同步进入的，所以不需要向触发器中加载任何值。但是，由于一位热码状态编码的缘故，在复位状态下这个触发器的输出值需要为 1。如果这个 1 值无法由已有的输入或者输出来产生，那么可以通过用一个异步复位 R，并在寄存器的输出端接一个额外的反相器来实现。

使用一位热码状态分配，会有 $128-7=121$ 个没有用到的状态码，我们把它们当成无关位。如果电路发生错误，出现无关状态编码，那么电路的行为将是不可知的。这是一个很重要的问题吗？假设这只是一个便宜玩具之类的消费品，对这样的器件，一个不经常发生的错误也许不会产生特别大的破坏。在这种情况下，这个问题可以忽略。而对于一个重要的应用，则有必要对所有状态的行为进行审查。 ■

(RW) **例 6-4　掌上游戏机：PIG**

这个例子的目标是设计一个掷骰子的掌上游戏机 PIG。下文给出了设计该游戏机的 8 个步骤，游戏简单但设计却并不简单。

1）PIG 是一个掷骰子的游戏，在概率论的学习当中可以作为一个工具。与目前最普遍使用两个骰子的 PIG 版本不同，我们这里的 PIG 只使用一个骰子，骰子的 6 个面分别标有 1 到 6 个点（见图 3-57）。在每一轮中，玩家投掷骰子一次或多次，直到以下情况出现才停止：a）掷出了 1 点；b）玩家自己选择停止。对每一次投掷，如果不是 1 点，则将所掷点数加在本轮点数总和之中；如果掷出 1 点，则本轮点数总和清 0，并且玩家本轮游戏结束。在每轮游戏结束之后，玩家本轮所得点数将加在其总点数之中，并且游戏交由下一个玩家。第一个达到或超过 100 点的玩家将赢得比赛。在网页上搜索 "Game of PIG"，可以找到 PIG 游戏的在线版本。

PIG 掌上游戏机的外部面板如图 6-28a 所示，有三个 2 位十进制数字的 LCD。这三块显示屏从左到右分别由信号向量 TP1、ST 和 TP2 各自驱动。TP1 控制玩家 1 总点数的显示，TP2 控制玩家 2 总点数的显示。在一轮游戏中，ST 控制当前玩家本轮总点数的显示。面板上有四个按钮：ROLL、HOLD、NEW_GAME 以及 RESET，它们可以产生 4 个与它们名字相同的控制信号。面板上还有一排由 DDIS 信号控制的 LED 阵列，用于显示骰子的点数。另外还有两个 LED 灯，用于指示当前玩家，左边的 LED 灯由信号 P1 控制，右边的 LED 灯由信号 P2 控制。当游戏轮到某个玩家时，他所对应的 LED 灯就会点亮，并持续到他本轮游戏结束。当玩家赢得比赛时，他所对应的 LED 灯就会闪烁。当按下 ROLL 按钮时，骰子就会开始滚动；当松开按钮时，骰子就会停止滚动，并且骰子的点数就会加到玩家本轮当前总点数中。如果掷到 1 点，则 ST 的值会被清零，但玩家的总点数不会改变，并且另外一个玩家的 LED 灯会亮起。当一个玩家的总点数达到或超过 100 点时，该玩家的 LED 灯就会闪烁。当任何时候按下 NEW_GAME 按钮时，游戏就重新开始。如果电源开关一直保持开启状态且没有按下 RESET 按钮，则新游戏的起始玩家将与上一次游戏的起始玩家相反。如果电源关闭重启，新游戏将从玩家 1 开始。这个游戏的外部输入与输出信号如表 6-17 所示。

2）下一步我们将考虑 PIG 游戏机设计中数据通路部分所需要的寄存器。骰子需要用一个 3 位的寄存器 DIE 来表示，它可以从 1～6 反复计数。这个寄存器必须要有使能输入端，并且可以用 RESET 信号复位到 001 状态。寄存器产生 "随机数" 是通过任意的初始状态以及 ROLL 按钮的按压时间来确定的。两位玩家的总点数以及共用的当前轮总点数，三者都需要用一个 7 位的寄存器来存储，这三个寄存器分别命名为 TR1、TR2 和 SR，每一个寄存器都有一个同步复位端和一个加载使能端。

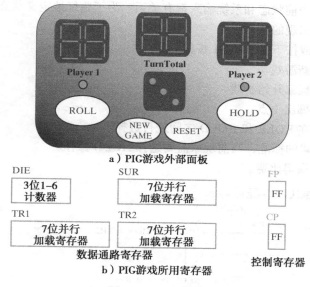

a）PIG游戏外部面板

图 6-28　PIG 游戏

除了数据通路中的寄存器外，还需要一个 2 位的控制寄存器用于存储：当前游戏的起始玩家 FP 和当前游戏的当前玩家 CP。将它们分开存储的目的是显著简化控制状态机。否则，需要对每一个玩家进行状态复制。PIG 游戏的数据通路和控制寄存器如表 6-17 所示。

表 6-17　PIG 游戏机中的输入、输出以及寄存器

符　号	名称 / 功能	类　型
ROLL	1：开始掷骰子，0：停止掷骰子	控制输入
HOLD	1：玩家此轮游戏结束，0：玩家此轮游戏继续	控制输入
NEW_GAME	1：开始新游戏，0：继续当前游戏	控制输入
RESET	1：复位游戏到 INIT 状态，0：无操作	控制输入
DDIS	7 位 LED 骰子点数显示阵列	输出数据向量
SUB	14 位共一对（a、b、c、d、e、f、g）7 段显示此轮玩家点数	输出数据向量
TP1	14 位共一对（a、b、c、d、e、f、g）7 段显示此轮玩家 1 点数	输出数据向量
TP2	14 位共一对（a、b、c、d、e、f、g）7 段显示此轮玩家 2 点数	输出数据向量
P1	1：玩家 1 的 LED 灯打开，0：玩家 1 的 LED 灯关闭	输出数据
P2	1：玩家 2 的 LED 灯打开，0：玩家 2 的 LED 灯关闭	输出数据
DIE	骰子点数——仅从 1~6 进行循环计数	3 位数据寄存器
SUR	当前玩家的此轮点数和——并行加载寄存器	7 位数据寄存器
TR1	玩家 1 的点数和——并行加载寄存器	7 位数据寄存器
TR2	玩家 2 的点数和——并行加载寄存器	7 位数据寄存器
FP	第一位玩家——触发器值为 0：玩家 1，1：玩家 2	1 位控制寄存器
CP	当前玩家——触发器值为 0：玩家 1，1：玩家 2	1 位控制寄存器

3）PIG 游戏机的状态机图如图 6-29 所示。与先前的例子不同，这里使用的是 Mealy 型状态机，系统输出与当前状态和系统输入都有关系。为了更好地定义状态，我们在画状态机图前先考虑一些可能出现的情形。

377
~
378

a. 发生系统上电或按下了 RESET 按钮。

b. 要求开始一轮新游戏。

c. 轮到了某一个玩家开始游戏。

d. 当前玩家可能掷出 1 点。

e. 当前玩家可能在 ROLL 和 HOLD 之间进行选择。

f. 因为已经达到赢的标准，当前玩家需要选择 HOLD 操作。

g. 当前玩家已经赢得比赛。

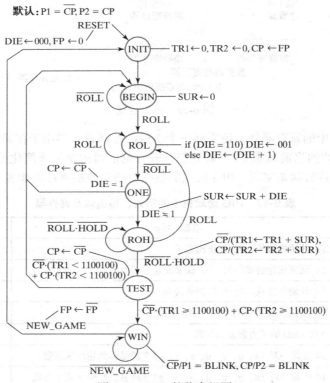

图 6-29　PIG 的状态机图

以上列出的每一种情形都需要一个系统状态和确定的输出。对于情形 a，我们需要建立按下 RESET 按钮后的系统状态，并确定哪些寄存器需要被复位。在图 6-29 的最开始，我们需要将 DIE 的值初始化为 000，初始化决定游戏起始玩家的 FP 的值为 0，并且选择复位状态的状态名为 INIT。情形 b 是开始一轮新游戏，不管它是复位后的第一轮新游戏还是接着上一轮游戏的后继新游戏，都要求寄存器 TP1 和寄存器 TP2 被复位，寄存器 SUR 在玩家更改后再进行设置，所以现在还可以等待。由于这些复位是为后继游戏进行而必需的，因此不能用异步方式进行复位，而必须在 INIT 状态时用同步方式复位。同样，此时我们需要告知谁是当前玩家，所以 CP 需要加载 FP 中的值。此时可以开始新一轮游戏，因此系统状态变为 BEGIN，表示情形 c 的开始。当当前选手已经为开始积累点数做好准备时，SUR 将同步

379

复位清零。如果没有按下 ROLL 按钮，则系统一直保持为 BEGIN 状态，SUR 将被不断地重复复位，这不会对电路造成任何伤害。当选手按下 ROLL 按钮时，系统转至 ROL 状态。只要 ROLL 信号一直保持为 1，则 DIE 中的值不断加 1。当 ROLL 信号变为 0 时，DIE 中的值停止递增。对于情形 d，需要一个检测器检测玩家是否掷出了 1 点。所以当 ROLL 信号为 0 时，系统转入 ONE 状态，此时开始对点数进行检测，如果 IDE＝1，则当前玩家的本轮游戏结束，另外一名玩家变为当前玩家（$CP \leftarrow \overline{CP}$），系统转回到 BEGIN 状态。如果 DIE≠1，则将 DIE 中的值累加到 SUR 中，系统转入 ROH（Roll or Hold）状态。此时玩家可以选择按下 ROLL 按钮继续投掷骰子，则系统转回 ROL 状态，玩家也可以选择按下 HOLD 按钮停止本轮游戏，这将使 SUR 中的值根据 CP 中的值累计到 TR1 或 TR2 中（注意，为了满足互斥部分的传输条件限制，$\overline{ROLL}$ 与 HOLD 进行了与运算）。系统的下一状态为 TEST，此时将根据 CP 中的值检测 TR1 或 TR2 中值的大小，决定玩家是否赢得了比赛。如果玩家没有赢得比赛，则另一个玩家变为当前玩家，系统再次转入 BEGIN 状态。如果玩家已经赢得比赛，则系统转入 WIN 状态。在 WIN 状态中，由 CP 的值所确定的当前玩家，其 LED 灯将连接 BLINK 信号，发生闪烁。在没有按下 NEW_GAME 按钮前，系统将一直保持为 WIN 状态。否则系统又将回到 INIT 状态，FP 中的值将发生翻转，用于选择与前一次游戏不同的起始玩家，开始新游戏。

4）在这一步设计中，我们将把数据通路与控制单元分离开来，包括为连接两者所定义的控制和状态信号。数据通路的操作可以从系统状态机图中得到，这些操作根据目的寄存器来进行分类，一类操作是用向左传输的陈述语句（←）来进行描述，另一类是用连接陈述语句（＝）来进行描述。而且，需要对数据通路中的状态生成进行解释并产生状态信号，最终的分类结果如表 6-18 的左边一列所示。除了 DIE 和 FP 为异步复位以外，其他寄存器都是同步复位。另外，相关寄存器只是对控制信号进行简单地加载，除了异步复位以外，并没有其他的寄存器传输操作。P1 和 P2 的默认状态值为 0，其他默认值隐含为 0 值、保留为原来的值或没有操作。从 DIE＝1 这一行开始，表中余下的部分与状态条件有关。注意如何通过使用 CP 来选择寄存器 TRi 中当前选手的总得分，判断是否赢得比赛。将表 6-18 中的这些变量名以原变量或反变量的形式标识在图中，用以替代图 6-29 中标识状态转移的输出行为和输入条件，新的状态机图如图 6-30 所示。

380

表 6-18　PIG：游戏中的数据通路输出操作以及控制和状态信号

操作或状态	控制或状态信号	值为 1 和 0 时的含义
TR1 ← 0 TR1 ← TR1＋SUR	RST1 LDT1	1：复位 TR1（同步复位），0：无操作 1：将 TR1 中的值加 SUR，0：无操作
TR2 ← 0 TR2 ← TR2＋SUR	RST2 LDT2	1：复位 TR2（同步复位），0：无操作 1：将 TR2 中的值加 SUR，0：无操作
SUR ← 0 SUR ← SUR＋DIE	RSSU LDSU	1：复位 SUR（同步复位），0：无操作 1：将 SUR 中的值加 DIE，0：无操作
DIE ← 000 if (DIE＝110) DIE ← 001 else DIE ← DIE＋1	RESET ENDI	1：复位 DIE 的值为 000（同步复位） 1：将 DIE 的值递增，0：保持 DIE 的值不变
P1＝BLINK	BP1	1：将 P1 赋值为 BLINK，0：将 P1 赋值为 1
P2＝BLINK	BP2	1：将 P2 赋值为 BLINK，0：将 P2 赋值为 1

（续）

操作或状态	控制或状态信号	值为 1 和 0 时的含义
CP ← $\overline{EP}$	CPFI	1：选择 FP 赋值给 CP
	LDCP	1：加载 CP，0：无操作
CP ← $\overline{CP}$	CPFI	0：将 CP 的值取反
	LDCP	1：加载 CP，0：无操作
FP ← 0	RESET	异步复位
FP ← $\overline{FP}$	FPI	1：将 FP 的值取反，0：保持 FP 的值不变
DIE＝1	DIE1	1：DIE 的值为 1
DIE≠1		0：DIE 的值不为 1
TR1 ≥ 1100100	CP	0：选择 TR1，验证是否 TR1≥1100100
	WN	1：所选择的 TRi≥1100100
		0：所选择的 TRi＜1100100
TR2 ≥ 1100100	CP	1：选择 TR2，验证是否 TR2≥1100100
	WN	1：所选择的 TRi≥1100100
		0：所选择的 TRi＜1100100

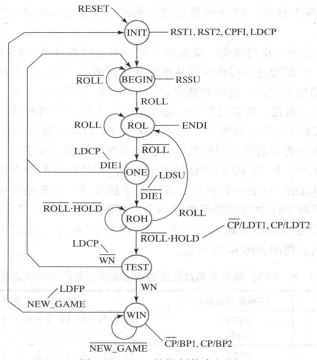

图 6-30　PIG 的控制状态机图

5）表 6-18 中的内容是设计如图 6-31 所示的数据通路模块图的基础。表 6-17 中的数据通路寄存器是数据通路设计的核心。DIE 中的值一方面用于累加到 SUR 中，另一方面通过一个专门的译码器显示骰子的点数，同时点数还必须被检测是否为 001。寄存器 SUR、TR1 和 TR2 具有相同的使能加载信号和同步复位信号。这三个寄存器从 7 位的行波进位加法器中加载数据，它们的输出端连接二进制码转 BCD 码转换器和 2 位数字 BCD 码转 7 段码转换器，其目的是能够将相关内容在 2 位数字 LCD 上显示出来。为了能检测获胜玩家，需要用到一个 7 位的 2-1 多路复用器，其中寄存器 TR1 或 TR2 的值将作为它的一个输入，用于比较寄存器的值是否大于或等于二进制数 1100100（十进制数 100）。

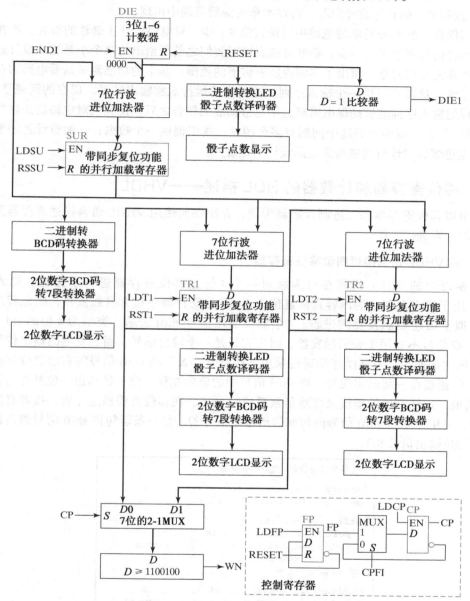

图 6-31   PIG 的数据通路和控制寄存器

图中余下的逻辑电路部分用于控制位于控制单元中的 FP 和 CP 的值。FP 由 RESET 信号异步复位，其使能加载信号为 LDFP。CP 的初始化是通过从多路复用器中加载 FP 中的值来实现的，此时 CPF＝1 且 LDCP＝1。当 CPF＝0，且 LDCP＝1 时，CP 中加载的值为 CP。

6）FP 和 CP 控制传输的具体电路已经设计出来，并且大多数数据通路相关部件的逻辑电路也已经进行了设计。对本章设计的并行加载寄存器，我们需要在所用 D 触发器的输入端加一个与门，与门的另一个输入与 R 的非连接，其目的是实现同步复位。关于 DIE 寄存器、D＝1 的比较器、二进制转 BCD 码的转换器和 D≥1100100 的比较器的设计，都将出现在本章的课后习题当中。二进制数转换成 LED 的骰子点数译码器的设计问题，已经在第 3

章的课后习题中给出，而 BCD 码转 7 段码转换器的设计则在第 3 章中介绍过了。

7）控制单元的具体设计问题，将在本章的课后习题中出现。■

我们仅在一些十分简单的电路中讨论过第 8）步，对电路设计正确性的检查，而在这两个例子中我们都省略了这一步。要非常彻底地对我们之前所给出的两个小系统的设计进行检查，将非常复杂和困难，超出了本课程所能讲解的范围。基本的功能测试是看电路的功能运行是否正常，这需要提供一个输入序列，通过模拟运行观察输出结果。现在的问题是："提供什么样的输入序列能够确保电路经过了足够彻底的核查之后，使我们对电路的正确性有足够的自信？"为了说明回答这个问题有多么困难，我们提供一个数据：一般设计者需要花费 40% 甚至更多的设计时间来验证电路设计的正确性。

6.11 移位寄存器和计数器的 HDL 描述——VHDL

本节以移位寄存器和二进制计数器为例，介绍如何使用 VHDL 语言描述寄存器及对寄存器中的内容进行操作。

例 6-5   用 VHDL 语言描述四位移位寄存器

图 6-32 中的 VHDL 代码在行为级对一个 4 位左移位寄存器进行了描述。输入信号 RESET 用于将寄存器中的内容直接复位为 0。移位寄存器中包含有触发器，因此程序中有一个类似于描述 D 触发器的进程。4 个触发器用信号 shift 表示，类型为 4 位的 std_logic_ vector。Q 信号不能用于表示触发器，因为它只是一个输出信号，而触发器的输出信号必须在模块的内部使用。左移操作是通过采用连接符号"&"将 shift 信号的右边三位与移位输入信号 SI 连接在一起而实现的，将 shift 信号中的值向左移一位，最右边一位补充为输入信号 SI 的值，这样产生的新值又将重新被赋值给 shift。在移位进程描述完后，接着有两条新的语句，其中一条将 shift 信号的值赋值给输出信号 Q，另一条语句将 shift 信号最高位的值定义为移位输出信号 SO。■

```
// 带复位功能的4位左移寄存器
library ieee;
use ieee.std_logic_1164.all;

entity srg_4_r is
  port(CLK, RESET, SI : in std_logic;
    Q : out std_logic_vector(3 downto 0);
    SO :` out std_logic);
end srg_4_r;

architecture behavioral of srg_4_r is
signal shift : std_logic_vector(3 downto 0);
begin
process (RESET, CLK)
begin
  if (RESET = '1') then
    shift <= "0000";
  elsif (CLK'event and (CLK = '1')) then
    shift <= shift(2 downto 0) & SI;
  end if;
end process;
  Q <= shift;
  SO <= shift(3);
end behavioral;
```

图 6-32   带有直接复位的 4 位左移寄存器的 VHDL 行为级描述

例 6-6　用 VHDL 语言描述四位计数器

图 6-33 中的 VHDL 代码在行为级对一个四位计数器进行了描述。输入信号 RESET 用于将寄存器中的内容直接复位为 0。计数器中包含有触发器，因此程序中有一个类似于描述 D 触发器的进程。4 个触发器用信号 count 表示，类型为 4 位的 std_logic_vector。Q 信号不能用于表示触发器，因为它只是一个输出信号，而触发器的输出信号还必须用于模块的内部。计数操作是通过给 count 加上形式为 "0001" 的值 1 来实现的。但是加法操作不是 std_logic_vector 类型变量的一种合法操作，因此有必要调用 ieee 库中的 std_logic_unsigned.all 包，它为 std_logic 类型的变量定义了无符号数的操作。在复位和计数进程描述完后，接着有两条新的语句，其中一条将 count 信号的值赋值给输出信号 Q，另一条语句定义了溢出信号 CO。模块中采用 when-else 语句，表明 CO 只有在计数达到最大值，且 EN 等于 1 时才会被赋值为 1。

[385]

```
//  带复位功能的4位二进制计数器

library ieee;
use ieee.std_logic_1164.all;
use ieee.std_logic_unsigned.all;

entity count_4_r is
   port(CLK, RESET, EN : in std_logic;
        Q : out std_logic_vector(3 downto 0);
        CO : out std_logic);
end count_4_r;

architecture behavioral of count_4_r is
signal count : std_logic_vector(3 downto 0);
begin
process (RESET, CLK)
begin
   if (RESET = '1') then
     count <= "0000";
   elsif (CLK'event and (CLK = '1') and (EN = '1')) then
       count <= count + "0001";
   end if;
end process;
Q <= count;
CO <= '1' when count = "1111" and EN = '1' else '0';
end behavioral;
```

图 6-33　带有直接复位的 4 位二进制计数器的 VHDL 行为级描述

6.12　移位寄存器和计数器的 HDL 描述——Verilog

本节以移位寄存器和二进制计数器为例，介绍如何使用 Verilog 语言描述寄存器及对寄存器中的内容进行操作。

例 6-7　移位寄存器的 Verilog 代码

图 6-34 中的 Verilog 代码在行为级对一个左移位寄存器进行了描述。输入信号 RESET 用于将寄存器中的内容直接复位为 0。移位寄存器中包含有触发器，因此程序中有一个类似于描述 D 触发器的以 always 语句开头的进程。4 个触发器用向量 Q 表示，Q 的类型为 reg，范围从 0~3。左移操作是通过使用操作符 { } 将向量 Q 的右边三位与移位输入信号 SI 相连

接而完成的。将向量 Q 中的值向左移一位，最右边一位补充为输入信号 SI 的值，这样产生
的新值又将重新被赋值给向量 Q。在描述移位操作进程的语句前有一条连续赋值语句，该语
句将向量 Q 最左端一位的内容赋值给输出信号 SO。 ■

```
// 带复位功能的4位左移寄存器

module srg_4_r_v (CLK, RESET, SI, Q,SO);
   input CLK, RESET, SI;
   output [3:0] Q;
   output SO;

reg [3:0] Q;

   assign SO = Q[3];

   always @(posedge CLK or posedge RESET)
   begin
      if (RESET)
         Q <= 4'b0000;
      else
         Q <= {Q[2:0], SI};
   end
endmodule
```

图 6-34　带有直接复位的 4 位左移寄存器的 Verilog 行为级描述

例 6-8　计数器的 Verilog 代码

图 6-35 中的 Verilog 代码在行为级对一个 4 位计数器进行了描述。输入信号 RESET 用
于将寄存器中的内容直接复位为 0。在移位寄存器中包含有触发器，因此程序中有一个类似
于描述 D 触发器的进程。4 个触发器用向量 Q 表示，Q 的类型为 reg，大小为 4 位。计数操
作是通过对向量 Q 加 1 来实现的。在描述复位和计数的语句之前有一个条件连续赋值语言，
语句定义了计数溢出信号 CO。只有在计数达到最大值，且 EN 信号为 1 时，信号 CO 才会
被赋值为 1，否则被赋值为 0。需要注意的是，逻辑与用符号 "&&" 来表示。 ■

```
// 带复位功能的4位二进制计数器

module count_4_r_v (CLK, RESET, EN, Q, CO);
   input CLK, RESET, EN;
   output [3:0] Q;
   output CO;

reg [3:0] Q;

assign CO = (count == 4'b1111 && EN == 1'b1) ? 1 : 0;
always @(posedge CLK or posedge RESET)
   begin
   if RESET)
      Q <= 4'b0000;
   else if (EN)
      Q <= Q + 4'b0001;
   end
endmodule
```

图 6-35　带有直接复位的 4 位二进制计数器的 Verilog 行为级描述

6.13 微程序控制

用存储在存储器中的字（word）作为控制单元的二进制控制值称为微程序控制（micro-programmed control）。控制存储器中的每个字包含一条微指令（microinstruction），微指令用于指定系统中的一条或者多条微操作。一系列的微指令组成了微程序（microprogram）。微程序一般在系统设计之初就已经固化在 ROM 中。微程序设计涉及 ROM 字中如何表示控制变量值的组合问题，系统中其他控制逻辑凭借连续的读操作来访问这些组合。控制单元和数据通路所执行的微操作存储在 ROM 给定地址的字当中。一个微程序也可以存储在 RAM 中，在这种情况下，当系统启动时，微程序将从磁盘等非易失性存储器中加载到 RAM 中。无论是在 ROM 还是在 RAM 中，控制单元中的存储器被称为控制存储器（control memory）。如果是使用 RAM，那么此时存储器也被称为可写控制存储器（writable control memory）。

图 6-36 给出了微程序控制的一般结构。这里假设使用 ROM 作为存储器，所有的控制微程序都已经事先永久地存储在 ROM 中。控制地址寄存器（Control Address Register，CAR）指定微指令的存储地址。控制数据寄存器（Control Data Register，CDR）是可选部件，用于保存被当前数据通路和控制单元所执行的微指令。控制字的一个重要功能是给出下一条将被执行微指令存放的地址。下一条微指令可能按顺序存放在下一个地址中，也可能被存放在控制存储器中的某个特定位置。因此，当前微指令中的一个或多个位被用于确定下一条微指令存放地址的方法。下一条微指令的地址也可能是当前电路的状态和外部控制输入的函数。当当前微指令被执行时，下一地址产生器（next-address generator）将生成下一条微指令的地址。在下一个时钟脉冲周期，地址将被传送到 CAR 中，用于从 ROM 中读取下一条将被执行的微指令。因此，微指令中所包含的位一部分用于触发数据通路的微操作，另一部分用于指定微指令的执行顺序。

下一地址生成器与 CAR 组合在一起通常被称为微程序序列发生器（sequencer），它用于决定从控制存储器中读取指令的顺序。根据序列发生器输入的不同，下一条微指令的地址也有不同的指定方法。微程序序列发生器的常用地址产生方法就是将当前 CAR 中的值加 1 或者直接加载 CAR 中的值。后者的数据来源包括控制存储器中的地址、外部提供的地址以及启动控制单元操作的初始地址。

CDR 用于在控制单元计算下一个地址和从存储单元读取下一条微指令时保持住当前的微指令。有 CDR 存在，系统就可以不受从控制存储器到数据通路之间存在长组合通路时延问题的限制，可以使用更高的时钟频率，拥有更快的数据处理速度。但是在有 CDR 的系统中，微指令序列将变得很复杂，尤其是当系统必须依靠状态位来做出决定的时候。为了简化讨论，我们可以将 CDR 省略，而直接从 ROM 的输出端得到微指令。在这里，ROM 相当于一个组合电路，地址信号作为输入，相关地址所存放的微指令作为输出。只要 ROM 当前输入端的地址值保持有效，则所指定位置字的内容（微指令）将一直出现在输出

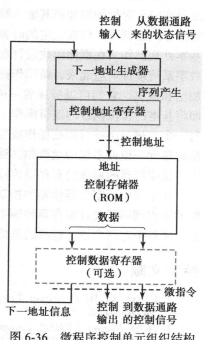

图 6-36 微程序控制单元组织结构

端。在 ROM 中不需要有读写信号，这与使用 RAM 时相同。在每一个时钟脉冲周期，系统执行微指令所指定的微操作，并且把新地址传输到 CAR 中。在这种情况下，CAR 将是系统中唯一一个接收时钟脉冲信号并保存状态信息的部件。下一地址生成器和控制存储器都属于组合电路。因此，控制单元的状态将由 CAR 中的内容决定。

在所有可编程和不可编程的系统中，微程序控制是实现系统控制单元一个非常好的选择。然而，随着系统的高性能要求和复杂性的提升，人们有了更多同步并行序列操作的要求。微程序那种一步一步操作的性质使得用它并不适用于实现这样的控制单元。而且，大容量 ROM 和 RAM 在运行速度上要远远慢于与其相关的组合逻辑电路。另外，硬件描述语言和综合工具的运用使得对复杂控制单元的设计不再需要使用一步一步可编程的设计方法。总而言之，在控制单元尤其是像在 CPU 中的直接数据通路控制单元的设计中，微程序控制的应用越来越少。然而，微程序控制在实现传统计算机体系结构方面有了新的应用。传统体系结构的指令集并不符合现代体系结构原则。一方面，传统体系结构必须被使用，因为人们已经在基于这种体系结构的软件上进行了大量的投资。另一方面，为了达到性能要求，现代体系结构原则也必须被采用。因此，现代体系结构可以采用分层的设计方式。在顶层可以选择使用微程序控制来实现复杂指令集，在底层可以使用硬连线控制的方式来实现简单指令集，即将复杂指令分成了多个执行步骤，但每一步能以极快的速度运行。微程序的这些特点在第 10 章复杂指令集计算机（CISC）中有更详细的介绍。

(www) 除了本节所介绍的内容以外，在原书的配套网站上还补充有更多关于传统微程序控制的信息。

6.14　本章小结

寄存器由组合逻辑与一组触发器或者互相连接的触发器构成。在最简单的寄存器中，触发器在每个时钟周期加载其输入端上的新数据，而在复杂一点的寄存器中，触发器在一个控制信号的控制下，仅在选定的时钟周期内加载新数据。寄存器传输用于描述和定义寄存器的基本处理操作。在框图模块设计和详细的逻辑设计中，寄存器传输操作都可以直接与具体的数字系统硬件对应起来。微操作是对寄存器中所存储数据的一些基本操作。算术微操作包括加法和减法，它们可以描述成一种寄存器传输操作并用相应的硬件电路实现。逻辑微操作，即将基本的按位执行的逻辑操作（比如 AND、OR 和 XOR）与一个二进制字结合起来可以对另一个二进制字进行掩蔽操作或对某些位取反。左移和右移微操作是一次将寄存器中的数据横向移动一位或多位的微操作。移位寄存器、计数器以及总线用于实现一些在数字系统设计中广泛应用到的特殊的寄存器传输操作。

在本章中，寄存器传输的控制是数字系统设计的一个主要组成部分。最终，所有这些介绍的知识阐明了设计寄存器传输系统的过程，而寄存器传输系统是数字系统中的一个主要类别。本章中有两个设计过程的具体实例，这是理解数字系统设计基础的关键。

参考文献

1. CLARE, C. R. *Designing Logic Systems Using State Machines*. New York: McGraw-Hill, 1973.
2. *IEEE Standard VHDL Language Reference Manual* (ANSI/IEEE Std 1076-1993; revision of IEEE Std 1076-1987). New York: The Institute of Electrical and Electronics Engineers, 1994.

3. *IEEE Standard Description Language Based on the Verilog™ Hardware Description Language* (IEEE Std 1364-1995). New York: The Institute of Electrical and Electronics Engineers, 1995.

4. MANO, M. M. *Digital Design*, 3rd ed. Englewood Cliffs, NJ: Prentice Hall, 2002.

5. THOMAS, D. E. AND P. R. MOORBY. *The Verilog Hardware Description Language*, 5th ed. New York: Springer, 2002.

6. WAKERLY, J. F. *Digital Design: Principles and Practices*, 4th ed. Upper Saddle River, NJ: Prentice Hall, 2006.

习题

(WWW) （＋）表明更深层次的问题，（*）表明在原书配套网站上有相应的解答。

6-1 假设图 6-6 中的寄存器 $R1$ 和 $R2$ 中存有两个无符号数，当选择输入信号 X 为 1 时，加减法器进行的算术操作为 "$R1＋R2$ 的补码"。在 $K_1=1$ 条件下，运算结果和进位输出 C_n 在时钟上升沿时分别被传至 $R1$ 和触发器 C。

(a) 试说明当 $C=1$ 时，传至 $R1$ 的值为 $R1-R2$，而当 $C=0$ 时，传至 $R1$ 的值为 $R2-R1$ 的补码。

(b) 试说明在两个无符号数相减之后，应该如何通过 C 的值判断借位信息。

(c) 如果 $R1$ 和 $R2$ 中的数是有符号补码数，C 位又可以用来表示什么？

*6-2 对两个 8 位操作数 10011001 和 11000011 进行按位逻辑与、或、异或操作。

6-3 对于给定的 16 位数 10101100 01010011，需与什么操作数进行何种操作来完成下面几种变换：

(a) 将所有位清零。（假设从左到右标记为 15 到 0）

(b) 将最右面 4 位置 1。

(c) 将最高 8 位取反。

*6-4 从 8 位数 11001010 开始，分别给出每执行一次表 6-5 中移位微操作后的所得结果。 [391]

*6-5 修改图 6-11 给出的寄存器，使得电路按照下面功能表的描述（模式选择信号为 $S1$ 和 $S0$）进行工作。

S_1	S_0	寄存器操作	S_1	S_0	寄存器操作
0	0	不变	1	0	向下移位
0	1	加载并行数据	1	1	清零

(RW) *6-6 如图 6-9 所示，环形计数器事实上也就是移位寄存器，即要将串行输出端和串行输入端连接。

(a) 若初始状态为 1000，列出每次移位后 4 个触发器的状态序列。

(b) 若初始状态为 10…0，则一个 n 位环形计数器的计数序列共有多少状态？

(RW) 6-7 摇尾计数器（又叫扭环计数器或者约翰逊计数器）用右移寄存器的串行输出信号的反码作为串行输入信号。

(a) 若初始状态为 000，请列出到寄存器的值变回 000 的状态序列。

(b) 若初始状态为 00…0，则一个 n 位摇尾计数器的计数序列共有多少状态？

(c) 设计一个由该计数器驱动，并对每个状态产生单热点输出的译码器，在设计中利用无关状态。

6-8 8 位二进制行波计数器由下面的值到达其下一个计数值时，分别有多少个触发器的值发生了翻转？

(a) 11111111　　　　(b) 01110011　　　　(c) 01010110

(RW) ＋6-9 对于 CMOS 逻辑而言，功耗与该电路中所有门的输入输出信号 "由 1 到 0" 和 "由 0 到 1" 的跳变的总和成正比。因此，在设计低功耗电路时，往往选用行波计数器而不是常规的同步二进制计数器。详细计算 4 位行波计数器和同步二进制计数器分别进行一次完整计数循环所出现的输入和输出信号（包括和时钟相关的信号）的变化次数，并以此为基础说明行波计数器为什么在功耗方面占优势。

6-10 (a) 用格雷码计数序列设计一个 4 位向上 / 向下计数器。

(b) 重做习题 6-9，比较 4 位格雷码计数器、同步二进制计数器和行波计数器的输入和输出信号变化的次数。

6-11 使用 4 个 4 位的并行计数器设计一个 16 位串并行计数器，假设所添加的逻辑全部为与门并且 4 个计数器串行连接。请问在该 16 位计数器中，一个信号必须穿过的逻辑链最多含多少与门？

6-12 (a) 使用图 6-14 所示的同步二进制计数器和一个与门，设计一个从 0000 计数到 1010 的计数器。

(b) 设计一个从 0000 计数到 1110 的计数器（要使与门的输入端口个数最少）。

6-13 使用两个图 6-14 所示的二进制计数器和若干逻辑门构建一个从十进制数 11 计数到 233 的计数器，并且给计数器增加一个输入及相应逻辑，使得信号 INIT＝1 时将计数器同步初始化为 11。

*6-14 验证表 6-9 中给出的同步 BCD 码计数器中各触发器的输入方程。画出带使能端的 BCD 码计数器的逻辑图。

*6-15 使用 D 触发器和逻辑门设计如下计数序列的二进制循环计数器。

(a) 0、1、2　　　(b) 0、1、2、3、4、5

6-16 使用 D 触发器和逻辑门设计计数序列为 0，2，1，3，4，6，5，7 的二进制循环计数器。

6-17 画出一个模式选择输入端为 S_1 和 S_0 的 4 位寄存器的逻辑图，该寄存器的操作方式如下面的功能表所示。

S_1	S_0	寄存器操作	S_1	S_0	寄存器操作
0	0	不变	1	0	并行加载数据
0	1	输出取反	1	1	清零

6-18 请用两个带控制功能的寄存器传输语句描述下面的条件控制语句：

$$\text{If } (X＝1) \text{ then } (R1 \leftarrow R2) \text{ else if } (Y＝1) \text{ then } (R1 \leftarrow R3＋R4)$$

*6-19 画出执行寄存器传输语句 $C3$：$R2 \leftarrow R1$，$R1 \leftarrow R2$ 的硬件逻辑图。

6-20 寄存器 $R0$、$R1$、$R2$ 和 $R3$ 的输出通过一个 4-1 多路复用器连接到寄存器 $R4$ 的输入，每个寄存器宽度为 8 位。要执行有 4 个控制变量控制的传输操作：

C_0: $R4 \leftarrow R0$ 　　　　　 C_1: $R4 \leftarrow R1$

C_2: $R4 \leftarrow R2$ 　　　　　 C_3: $R4 \leftarrow R3$

控制变量互斥（即同一时间只有一个可以为 1，其他为 0），而且在所有控制变量为 0 的情况下 $R4$ 上没有传输操作。(a) 使用寄存器和多路复用器构建并且画出实现这些寄存器传输操作的一位寄存器的详细逻辑图。(b) 画一个简单逻辑电路的逻辑图，该逻辑的输入为控制变量，输出为多路复用器的两个选择变量和寄存器 $R4$ 的加载信号。

6-21 用 2 个 4 位寄存器 $R1$ 和 $R2$、一个 4 位加法器、一个 2-1 多路复用器和一个 4-1 多路复用器设计一个电路，该电路在 3 个多路复用器选择输入和进位输入的控制下实现下述操作

$$R1＋R2$$
$$R1－R2$$
$$R2－R1$$
$$R1－1$$
$$-(R1＋1)$$
$$0$$
$$-1$$

*6-22 用 2 个 4 位寄存器 $R1$、$R2$ 以及与门、或门和反相器画出执行下列语句的硬件逻辑图：

$C_0: R2 \leftarrow 0$ 将 $R2$ 同步清零

$C_1: R2 \leftarrow \overline{R2}$ 对 $R2$ 取反

$C_2: R2 \leftarrow R1$ 传输 $R1$ 的内容到 $R2$

控制变量互斥（即同一时间只有一个可以为 1，其他为 0），而且在所有控制变量为 0 的情况下 $R2$ 上没有传输操作。 394

6-23 设计 8 位寄存器 A 的寄存单元，使之具有如下寄存器传输功能：

$$C_0: A \leftarrow A \wedge B$$
$$C_1: A \leftarrow A \vee \overline{B}$$

使用与门、或门和反相器为单元中的 D 触发器的 D 输入端设计最优的逻辑。

6-24 设计一个 8 位寄存器 $R0$ 的寄存单元，使之具有如下寄存器传输功能：

$$\overline{S1} \cdot \overline{S0}: R0 \leftarrow R0 \wedge R1$$
$$\overline{S1} \cdot S0: R0 \leftarrow R0 \oplus R1$$
$$S1 \cdot \overline{S0}: R0 \leftarrow R0 \vee R1$$
$$S1 \cdot S0: R0 \leftarrow \overline{R0 \oplus R1}$$

使用与门、或门和反相器为单元中的 D 触发器的 D 输入端设计最优的逻辑。

6-25 设计一个寄存器 B 的寄存单元，使之具有如下寄存器传输功能：

$$S0: B \leftarrow B + A$$
$$S1: B \leftarrow A + 1$$

尽量在两种传输操作之中共享组合逻辑。

6-26 使用习题 6-20 中的控制变量假设，实现寄存器 $R0$、$R1$ 和 $R2$ 之间的传输逻辑，寄存器传输操作如下：

$$CA: R1 \leftarrow R0$$
$$CB: R0 \leftarrow R1, \quad R2 \leftarrow R0$$
$$CC: R1 \leftarrow R2, \quad R0 \leftarrow R2$$

采用寄存器和专用多路复用器，画出实现这些寄存器传输操作一位的详细逻辑图。

画一个简单逻辑电路的逻辑图，用来将控制变量 CA、CB 和 CC 转换成多路复用器选择输入和寄存器加载信号。

*6-27 给定两个寄存器传输语句（其他条件下，寄存器 $R1$ 不变）：

$$C1: R1 \leftarrow R1 + R2 \quad 将 R2 加到 R1$$
$$\overline{C1}C2: R1 \leftarrow R1 + 1R1 \quad 递增 1$$

395

（a）使用图 6-14 中的具有并行加载功能的 4 位计数器和图 4-5 中的 4 位加法器，设计能够执行上面寄存器传输语句的电路，并且画出硬件逻辑图。

（b）采用图 3-43 的 4 位加法器并附加一些必须的逻辑门来完成（a）中的设计，并与（a）相比较。

6-28 使用一个基于多路复用器的总线并通过两个寄存器的直连来代替专用多路复用器，重做习题 6-26。

6-29（a）用两个三态缓冲器和一个反相器实现功能 $H = \overline{X}Y + XZ$。

（b）用两个三态缓冲器和两个反相器设计一个异或门。

6-30 使用三态缓冲器和译码器代替多路复用器，画出类似图 6-7 的电路逻辑图。

*6-31 某系统通过总线实现如下寄存器传输操作的功能：

$$C_a: R0 \leftarrow R1$$
$$C_b: R3 \leftarrow R1, \quad R1 \leftarrow R4, \quad R4 \leftarrow R0$$
$$C_c: R2 \leftarrow R3, \quad R0 \leftarrow R2$$
$$C_d: R2 \leftarrow R4, \quad R4 \leftarrow R2$$

（a）列出每个目的寄存器的所有源寄存器。

（b）列出每个源寄存器的所有目的寄存器。

（c）假设每个寄存器只用一条总线作为输入信号，考虑那些必须同时进行的传输操作，能够实现上面逻辑操作的电路最少需要多少条总线？

（d）画出该电路的逻辑图并标明寄存器、总线和它们之间的连接信息。

6-32　下面的寄存器操作最多要在 2 个时钟周期内完成：

$$R0 \leftarrow R1 \qquad R5 \leftarrow R1 \qquad R6 \leftarrow R2 \qquad R7 \leftarrow R3$$
$$R8 \leftarrow R3 \qquad R9 \leftarrow R4 \qquad R10 \leftarrow R4 \qquad R11 \leftarrow R1$$

396

（a）假设每个寄存器的输入只能连接一条总线，并且任何连接到寄存器输入的网络都可算作一条总线，则最少需要多少条总线？

（b）画出能够执行上述传输操作的寄存器和多路复用器之间连接关系的逻辑图。

6-33　使用一条总线执行如下的寄存器传输操作，最少需要多少个时钟周期？

$$R0 \leftarrow R1 \qquad R7 \leftarrow R1$$
$$R2 \leftarrow R3 \qquad R8 \leftarrow R4$$
$$R5 \leftarrow R6 \qquad R9 \leftarrow R3$$

假设每个寄存器的输入端只能连接一条总线，并且任何连接到寄存器输入端的网络都可算作一条总线。

*6-34　一个 4 位寄存器的初始值为 0101，右移了 8 次，串行输入上的输入序列为 10110001。该序列最左端的位最先加载进寄存器。每次移位后寄存器的内容是什么？

*6-35　图 6-24 的串行加法器采用了两个 4 位寄存器。寄存器 A 保存的二进制数据为 0111，寄存器 B 保存的为 0101，进位触发器初始值为 0。列出 4 次移位中每次移位操作后寄存器 A 和进位触发器的值。

*6-36　如图 6-37 所给的时序电路状态图。通过最少数量的标记给出对应的状态机图，电路输入为 $X1$ 和 $X2$，输出为 $Z1$ 和 $Z2$。

*6-37　给出图 6-38 所示状态机在如下输入序列下的响应（假设初始状态为 STA）：

W：0 1 1 0 1 1 0 1

X：1 1 0 1 0 1 0 1

Y：0 1 0 1 0 1 0 1

State：STA

Z：

6-38　如图 6-38 所示状态机，给出对应时序电路的状态表。

6-39　给出对应如下描述的状态机：共有两个状态 A 和 B，如果处于状态 A 并且输入 X 为 1，则下一状态仍为 A。如果处于状态 A 并且输入 X 为 0，则下一状态为 B。如果处于状态 B 并且输入 Y 为 0，则下一状态为 B。如果处于状态 B 并且输入 Y 为 1，则下一状态为 A。当电路处于状态 B 时输出 Z 为 1。

*6-40　给出对应如下描述的状态机：电路用来检测在两个连续的时钟上升沿输入 X 值的不同。如果两个连续时钟上升沿的 X 值不同，则下个时钟输出 Z 等于 1，否则，Z 等于 0。

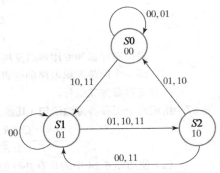

图 6-37　习题 6-36 的状态图

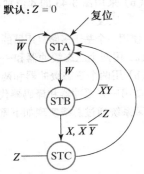

图 6-38　习题 6-37、习题 6-38、习题 6-43、习题 6-57 和习题 6-58 的状态机图

+6-41 给出一个洗衣机的同步状态机图，其时钟信号为 CK。电路有三个外部输入：START、FULL 和 EMPTY（一个时钟周期最多一个为 1 并且互斥），外部输出为 HOT、COLD、DRAIN 和 TURN。数据通路的控制部分由一个向下计数器构成，输入分别为 RESET、DEC 和 LOAD。这个计数器在 DEC＝1 的情况下每分钟同步递减，并且在 CK 的任何时刻都可以加载数据或者复位，它只有一个输出 ZERO（当计数器为 0 值时总为 1，否则为 0）。

397 ~ 398

　　整个操作中，电路可以分为 4 个不同的周期：WASH、SPIN、RINSE 和 SPIN，具体描述如下：

　　WASH：假定电路处于启动状态 IDLE。如果在一个时钟周期里 START＝1，HOT 则变为 1 并且保持直到 FULL＝1，往洗衣机中注入热水；接下来，使用 LOAD 功能，即通过一个拨号面板给向下计数器输入洗涤过程所要持续的时间，此时 DEC 和 TURN 变为 1，洗衣机开始洗涤衣物；洗涤过程持续到 ZERO＝1 时，洗涤完成，DEC 和 TURN 变为 0。

　　SPIN：下一步，DRAIN 变为 1，排除洗涤用水。当 EMPTY 变为 1 时，向下计数器被赋值为 7。DEC 和 TURN 随之跳变为 1，继续排放由衣物中拧出的水，结束之后 ZERO 变为 1，DRAIN、DEC 和 TURN 变回 0。

　　RINSE：接下来，COLD 变为 1 并且保持到 FULL＝1，往洗衣机中注入冷的冲洗用水。然后仍旧使用 LOAD 功能给向下计数器加载数值 10，DEC 和 TURN 变为 1，洗衣机开始冲洗衣物，直到 ZERO 变为 1 冲洗过程结束，DEC 和 TURN 变回 0。

　　SPIN：此时 DRAIN 变为 1，排放冲洗用水，当 EMPTY 变为 1 时，向下计数器被加载数值 8，DEC 和 TURN 变为 1，继续排放由衣物中拧出的水，结束之后 ZERO 变为 1，DRAIN、DEC 和 TURN 变回 0，电路返回 IDLE。

(a) 给出洗衣机电路的状态机图。

(b) 修改（a）给出的设计：假设增加两个输入 PAUSE 和 STOP。按下 PAUSE 使得整个电路（包括计数器）停止并且所有输出为 0，按下 START 后洗衣机又恢复暂停前的状态。按下 STOP 则除了 DRAIN 外所有的输出复位为 0，此时 STOP 设置为 1。当 EMPTY＝1 时，电路返回 IDLE。

6-42 请给出一个交通灯的状态机图，其工作过程如下：控制器的输入是一个定时信号 T，T 定义黄灯的时间间隔以及红灯和绿灯的变化，输出信号的定义如下表所示：

输　　出	灯　　控		输　　出	灯　　控	
GN	绿灯亮	北南信号	GE	绿灯亮	东西信号
YN	黄灯亮	北南信号	YE	黄灯亮	东西信号
RN	红灯亮	北南信号	RE	红灯亮	东西信号

399

　　当 $T＝0$ 时，绿灯作为一个信号，红灯作为另外一个信号。当 $T＝1$ 时，前面绿色的信号灯变成黄色，红色的灯保持不变。当 T 变成 0 的时候，先前黄色的信号灯变成红色的，红色的信号灯变成绿色。这种颜色的交替变化一直持续。假设这个控制器是由同步时钟驱动的，并且该时钟的变化频率高于输入 T 的变化频率。

*6-43 实现图 6-38 所示的状态机，要求为每个状态分配一个触发器。

6-44 实现习题 6-40 中的状态机图，要求使用格雷编码进行状态分配。

6-45 为 PIG 游戏机的 DIE 电路做 2 个设计，并且通过图 6-14 所给信息来比较所设计的 2 个电路的门输入成本。假设 DIE 寄存器传输过程的描述如下：

If (Reset) DIE ← 000 else

If (END1) (if (DIE＝110) DIE ← 001 else DIE ← DIE＋1)

(a) 通过使用图 6-15 中的用来设计 BCD 计数器的技术来完成设计。

(b) 试设计一个电路，使用状态图并假设状态 111 的下一个状态为无关状态。

6-46 为图 6-31 给出的 PIG 游戏机的数据通路设计如下组合电路：

(a) $D＝1$ 比较器。

(b) $D≥1100100$ 比较器。

使用与门、或门和反相器。假定最大的门扇入个数为 4。

6-47 为 PIG 游戏机的数据通路设计一个 2 位数字的二进制到 BCD 码的转换器。假定没有进位，设计 (B_3, B_2, B_1, B_0) 的一个函数中的最低位，其输出为 C_4, D_3, D_2, D_1, D_0。假定 C_0 固定为 1，再设计一个这样的电路。最高位数字组合这 2 个设计的结果去操控一个进位 C_0 可以为 0 和 1 的实际电路。要求使最高位数字的组合结果最小化。

6-48 (a) 通过图 6-30 所给出的转换条件来表示其约束校验的细节。

(b) 实现图 6-30 中 PIG 游戏机的状态机图，要求使用 D 触发器和部分逻辑门，状态使用单热点编码赋值。

+6-49 按照图 6-29 的形式，使用两颗骰子为 PIG 游戏机做一个状态机图，同时遵从如下规则：如果投掷出一对 1，那么玩家的总分归零。此时使用两颗骰子将产生一个令人感兴趣的问题：如何保证投掷的两颗骰子的点数互不相关呢？按照当前的方案，两颗骰子都同时在按下和松开 ROLL 按键的时间段内翻滚，这样两颗骰子具有相同的翻滚周期数，因此导致两者的点数在每一轮投掷完后都具有相关性，原本投掷两颗骰子可能产生的 36 种点数组合也将只剩下 6 种了！你需要设计一个新的方案使所有 36 种点数组合都有均等的机会出现。请对设计的解决方案给予证明。

*6-50 设计一个包含三个 16 位寄存器 AR、BR、CR 和一个 16 位的数据输入 IN 的数字系统来完成如下操作（假设用二进制补码，并忽略溢出）：

(a) 在 go 信号 G 跳变为 1 之后的连续时钟周期向 AR 和 BR 传送两个 16 位符号数。

(b) 若 AR 中是非 0 的正数，给 BR 的数乘以 2 后将结果传输到寄存器 CR。

(c) 若 AR 中是负数，给 AR 的数乘以 2 后将结果传输到寄存器 CR。

(d) 若 AR 中的数为 0，则将寄存器 CR 清零。

后面的题目涉及的所有文件均可在原书的配套网站找到可模拟或者编译的 ASCII 版本。VHDL 或 Verilog 的编译器和模拟器对一些习题或者习题的某些部分是必要的。不过，对于大多数习题而言不进行编译和模拟也能够写出描述。

6-51 写出图 6-13a 中 4 位二进制计数器的 Verilog 描述，要求利用 D 触发器和布尔等式描述寄存器。编译和模拟你的描述并验证其正确性。

*6-52 写出图 6-1a 中 4 位寄存器的行为级 VHDL 描述，编译和模拟你的描述并验证其正确性。

6-53 对图 6-2 给出的具有并行加载功能的 4 位寄存器重做习题 6-52。

6-54 写出图 6-13a 中 4 位二进制计数器的 VHDL 描述，要求利用 D 触发器和布尔等式描述寄存器。编译和模拟你的描述并验证其正确性。

*6-55 写出图 6-1a 中 4 位寄存器的行为级 Verilog 描述，编译和模拟你的描述并验证其正确性。

6-56 对图 6-2 给出的具有并行加载功能的 4 位寄存器重做习题 6-55。

*6-57 写出图 6-38 所示状态机的 VHDL 描述并进行编译和模拟。使用一个模拟输入遍历状态机图的所有路径，将所有状态和输出 Z 作为模拟输出。如有必要请纠正错误后重新模拟。

*6-58 写出图 6-38 所示状态机图的 Verilog 描述并进行编译和模拟。状态 STA 编码为 00，状态 STB 编码为 01，状态 STC 编码为 10。使用一个模拟输入遍历状态机图的所有路径，将所有状态和输出 Z 作为模拟输出。如有必要请纠正错误后重新模拟。

存储器基础

存储器是数字计算机的主要组成部分，它在所有的数字系统中都占有很大比例。随机访问存储器（Random-Access Memory，RAM）只能暂时性地存储数据，而只读存储器（Read-Only Memory，ROM）可以永久地存储数据。ROM 是众多可编程逻辑器件（Programmable Logic Device，PLD）的一种形式，PLD 通过存储的信息来定义逻辑电路。

我们从具有输入、输出及定时信号的模型入手对 RAM 展开研究，用等效的逻辑模型来理解 RAM 芯片的内部工作原理，包括静态 RAM 和动态 RAM。接着，对用在 CPU 和存储器之间高速传输数据的各种类型的动态 RAM 进行讨论。最后，介绍如何用多个 RAM 芯片构建成一个 RAM 系统。

在前面许多章节中，与第 1 章开始提到的通用计算机大部分部件有关的概念是广义的。我们在这里将首次精确地介绍存储器及相关部件的特定作用。介绍将从处理器开始：其内部 cache 是一种速度非常快的静态 RAM；在 CPU 外部，外部 cache 是一种快速的静态 RAM。顾名思义，RAM 子系统也是一种存储器。在 I/O 系统中，我们看到视频适配器中有大量用于屏幕图像信息存储的存储器。为了加速磁盘访问，磁盘控制器内的磁盘 cache 也使用 RAM。存储器不仅在存储数据和程序的 RAM 子系统中起到极为核心的作用，而且以多种形式应用于通用计算机的大多数子系统中。

7.1 存储器定义

在数字系统中，存储器是能存储二进制信息的单元集合。除了这些单元外，存储器还包括存储和恢复信息的电路。正如对通用计算机的讨论中所指出的那样，现代计算机的许多不同部件上都要用到存储器，存储器能够临时或永久地存储大量二进制信息。为了对信息进行处理，信息从存储器传送到包括寄存器和组合逻辑的处理硬件上，之后将处理后的信息送回到相同或不同的存储器中。输入输出设备也要与存储器交互，信息从输入设备输入到存储器中以便进行处理，处理后的信息存放在存储器中，再从存储器中输出到输出设备上。

计算机各个部分要用到两种类型的存储器：随机访问存储器（RAM）和只读存储器（ROM）。RAM 存储即将用到的新信息。存储新信息到存储器的过程称为存储器的写操作，将存储的信息从存储器传送出去的过程称为存储器的读操作。RAM 不但能执行读操作，而且可以执行写操作，而 ROM 只能执行读操作（与 5.2 节介绍的一样）。RAM 的大小从几百位到数十亿位不等。

7.2 随机访问存储器

存储器是二进制存储单元和控制信息输入输出存储单元的电路集合。存储器的任何一个存储单元的内容都可以被存取，存取时间是相同的，而与存储单元的物理位置无关，因而命名为随机访问存储器。相反，顺序存储器（serial memory），如磁盘访问信息时需要不同的时间，时间的长短与指定的位置与当前磁头所处的物理位置有关。

二进制信息被分组存储在存储器中，每个组称为一个字（word）。字是由位组成的实体，是信息写入和读出存储器的单位。字是由 0 和 1 组成的序列，可以用来表示一个数字、一条指令、一个或多个字母数字字符或者其他二进制信息。8 位一组叫做一个字节（byte）。一般计算机存储器的字长都是 8 的倍数，所以一个 16 位的字包括 2 字节，一个 32 位的字包括 4 字节。存储部件的容量通常定义为它能存储的总字节数。存储器与其他部件之间的通信通过输入输出数据线、地址选择线以及指定信息传输方向的控制线完成，图 7-1 是存储器的框图。要存储的信息从 n 位数据输入线输入，处理好的信息从 n 位数据输出线输出，k 位地址线用来指定当前处理信息的地址，两个控制输入信号用来指定信息的传输方向：Write 信号控制将二进制数据输入存储器，而 Read 信号控制将二进制数据从存储器输出。

存储器件由它所包含字的个数和每个字的位数来表示。字由地址线进行选择：存储器中的每个字都会被分配一个唯一的编号，叫做地址（address），其范围为 $0 \sim 2^{k-1}$，其中 k 是地址线的数目。因此，通过把 k 位二进制地址传送给地址线，译码器接收此地址并打开指定路径，就可以访问存储器中对应的字。计算机的存储器容量大小不等，通常用字母 K（kilo）、M（mega）、G（giga）表示存储器中字或字节的数量。K 表示 2^{10}，M 表示 2^{20}，G 表示 2^{30}。因此，64 KB=2^{16} 字节，2 MB=2^{21} 字节，4 GB=2^{32} 字节。

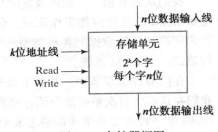

图 7-1　存储器框图

例如，对于一个容量为 1 KB 字，每个字为 16 位的存储器，由于 1 KB=1024 字节=2^{10} 字节，16 位即 2 字节，因此该存储器能存储 2048 或 2KB。图 7-2 给出了这种容量存储器开始三个和最后三个字，每个字 16 位，可分为 2 字节，通过从 0~1023 的十进制地址来对这些字进行识别，对应的二进制地址包括 10 位，第一个地址为 10 个 0，而最后一个地址为 10 个 1（1023 的二进制形式）。通过二进制地址可以找到对应的字，读写时存储器把 16 位当成一个整体单元来进行操作。

图 7-2 中 1024×16 的存储器地址为 10 位，字长为 16 位。存储器的地址位数由它能够存储的总字数决定，而与字的位数无关。字地址的位数由式 $2^k \geqslant m$ 决定，其中 m 是总字数，k 是能满足该关系式的最小地址位数。

7.2.1　读写操作

随机访问存储器能执行读和写两种操作。写（write）操作指的是将要存储的字送到存储器中保存，读（read）操作是从存储器中取出已保存字的副本。写信号控制存入操作，读信号控制取出操作。存储器内部电路在这些信号控制下执行指定的功能。

写操作必须执行如下步骤：

1）将目标字的二进制地址加载到地址线。

2）将要存入存储器的数据信息位加载到数据输入线。

3）激活写输入信号。

然后，存储器单元就从数据输入线上得到数据，并

存储器地址		存储器内容
二进制	十进制	
0000000000	0	10110101 01011100
0000000001	1	10101011 10001001
0000000010	2	00001101 01000110
⋮	⋮	⋮
1111111101	1021	10011101 00010101
1111111110	1022	00001101 00011110
1111111111	1023	11011110 00100100

图 7-2　1024×16 的存储器内容

将其存储到地址线所确定的目标单元中。

读操作必须执行如下步骤：

1）将要读出的字所对应的二进制地址加载到地址线。

2）激活读输入信号。

然后，存储器根据地址找到对应目标字，将对应的数据信息加载到数据输出线上。对字的读操作不改变存储器中的内容。

存储器由 RAM 集成电路（芯片）和相关的逻辑电路构成。从上面的介绍我们知道，RAM 通常有读写两个控制信号分别控制读写过程。实际上，大多数集成电路没有单独的读写控制信号控制读写操作，而是至少提供一个芯片选择信号来选择要读写的芯片，采用 Read/$\overline{\text{Write}}$ 信号来指定相应的操作。这些控制输入对应的存储器操作如表 7-1 所示。

表 7-1　存储芯片的控制输入

片　选 CS	Read/$\overline{\text{Write}}$ R/$\overline{\text{W}}$	存储器操作
0	X	无操作
1	0	对目标字进行写操作
1	1	对目标字进行读操作

404
~
406

芯片选择信号用来使能特定的 RAM 芯片或含有即将访问单元字的芯片。若芯片选择无效，不对存储芯片或芯片进行选择，不执行任何操作；若芯片选择有效，则 R/$\overline{\text{W}}$ 输入信号决定即将进行的操作。在片选访问芯片的同时，还提供访问整个存储器的信号，这个信号叫做存储使能。

7.2.2　定时波形

存储器单元的操作由其外部设备来控制，如 CPU。CPU 用自己的时钟脉冲进行同步，但存储器不使用 CPU 时钟，它的读写操作定时通过改变控制输入的值来确定。存储器的读操作访问时间（access time）为从地址请求到数据输出的最大时间间隔，而写周期时间（write cycle time）为从地址请求到完成存储一个字所需的所有存储器内部操作的最大时间间隔。存储器写操作可以在时钟周期间隔内连续进行，CPU 必须在它的内部时钟与存储器读写操作同步的情况下提供存储器控制信号。这就要求存储器的访问时间和写周期时间必须等于 CPU 时钟周期的固定倍数。

例如，设 CPU 运行的时钟频率为 50 MHz，时钟周期为 20 ns（1 ns＝10^{-9} s）。如果 CPU 与访问时间为 65 ns 和写周期时间为 75 ns 的存储器通信，则存储请求所需要时钟脉冲为一整数值，这个整数大于或等于访问时间与写周期时间中较大者除以 CPU 的时钟周期。CPU 时钟周期为 20 ns，访问时间和写周期时间的较大者为 75 ns，因此对于每个存储请求至少需要 4 个时钟脉冲。

图 7-3 为一存储周期定时图，CPU 时钟频率为 50 MHz，存储器写周期时间为 75 ns，访问时间为 65 ns。图 7-3a 中所示写周期为 4 个时钟脉冲 $T1$、$T2$、$T3$ 和 $T4$，每个 20 ns。在写操作中，CPU 必须将地址和输入数据传给存储器，产生地址请求后，存储器使能在 $T1$ 脉冲的上升沿置为高电平。在写周期中数据请求时间稍晚，在 $T2$ 的上升沿产生有效数据。地址和数据波形中相互交叉的两条线表示多条数据 / 地址线上的各种可能取值，阴影区表示未

定义的值。Read/$\overline{\text{Write}}$ 信号在 T2 的上升沿变为 0 以表明为写操作。为了避免破坏其他存储字，Read/$\overline{\text{Write}}$ 信号必须在地址线信号稳定在所期望的值之后发生变化，否则可能会选中一个或多个其他字，并覆盖原数据。为了完成写操作，Read/$\overline{\text{Write}}$ 信号必须在发出地址信号和存储器使能信号之后，足够长地保持为 0。最后，Read/$\overline{\text{Write}}$ 信号置 1 后，地址和数据信号必须保持短时间的稳定，这也是为了避免破坏其他存储字中的数据。在第 4 个时钟脉冲完成时，存储器写操作结束后还有 5 ns 剩余时间。CPU 可以在下个 T1 脉冲为另一个存储请求产生地址和控制信号。

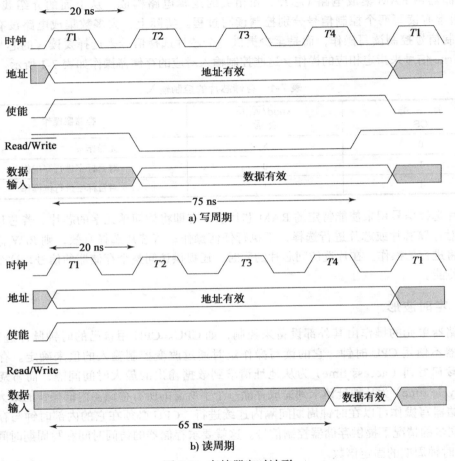

图 7-3 存储器定时波形

读周期如图 7-3b 所示，其中存储器地址由 CPU 产生。CPU 产生地址请求，将存储器使能置 1，将 Read/$\overline{\text{Write}}$ 信号置 1 表示读操作，所有的操作都在 T1 的上升沿进行。从地址有效和存储器使能有效开始 65 ns 内，存储器将按地址选中对应字中的数据并送到数据输出线上。然后 CPU 在下一个 T1 脉冲的上升沿将数据输入其内部某个寄存器中，并能根据下一个访存请求变换地址和控制信号。

7.2.3 存储器特征

集成电路 RAM 可以是静态的或动态的。静态 RAM（SRAM）由存储二进制信息的内部锁存器构成，信息会一直被存储直到断电。动态 RAM（DRAM）以电容电荷的形式存储信息，通过 n 沟道 MOS 管访问电容，存储的电容电荷会随时间放电。通过刷新 DRAM 对电容进行周期性充电，每隔几毫秒循环地对存储字进行读写来恢复衰减的电荷。DRAM 存储芯片功耗较低，单存储器芯片的存储容量较大，而 SRAM 易于使用，读写周期短，且不需要刷新。

掉电就会丢失存储信息的存储器称为易失性存储器（volatile memory），集成电路 RAM（包括 SRAM 和 DRAM）都属于这类存储器，因为它们都需要用外部电源来维持存储的二进制信息。相反，非易失性存储器（nonvolatile memory）（如磁盘）掉电后仍能保持原存储的信息，这是因为磁性元件用磁化方向来表示所存储的数据，而磁化方向在掉电后仍能保留下来。另一种非易失性存储器是在 5.2 节讨论过的 ROM。

7.3　SRAM 集成电路

前面我们已经介绍过，存储器由 RAM 芯片和相关辅助逻辑组成。我们首先学习 RAM 芯片的内部结构，然后再讨论用 RAM 芯片和辅助电路构建存储器。包含 m 个字和每个字 n 位的 RAM 芯片由 mn 个二进制单元组成的阵列和相关电路构成。这个相关电路由选择要读写字的译码器、读电路、写电路和输出逻辑构成。RAM 单元是 RAM 芯片中的基本二进制存储单元，它通常设计成电子电路而不是逻辑电路。然而，用逻辑模型刻画 RAM 芯片模块是可行的，且更为方便。

我们以静态 RAM 芯片为例进行讨论，首先介绍一位 RAM 单元逻辑，然后用层次结构中的一位 RAM 逻辑单元描述 RAM 芯片。图 7-4 给出了 RAM 单元的逻辑模型，其存储部分用一个 SR 锁存器来模拟，Select 为锁存器的输入使能控制。若 Select 为 0，则其内容保持不变；若 Select 为 1，则其内容由 B 和 $\overline{B}$ 的值决定。锁存器的输出由 Select 选通来产生单元输出 C 和 $\overline{C}$。若 Select 为 0，则 C 和 $\overline{C}$ 都为 0；若 Select 为 1，则 C 为存储值，而 $\overline{C}$ 为 C 取反后的结果。

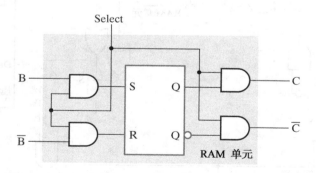

图 7-4　静态 RAM 单元

为得到简化的静态 RAM 图，我们把一组 RAM 单元和读写电路组成 RAM 位片（bit slice）。位片包括与一组 RAM 字中同一个位相关的所有电路，其逻辑图如图 7-5a 所示，灰色部分表示每个 RAM 单元。锁存器单元的加载由字选输入信号控制。若字选输入为 0，则 S 和 R 都为 0，锁存器单元的内容保持不变；若字选输入为 1，则写入存储器的值由写逻辑的两个信号 B 和 $\overline{B}$ 来决定。为了使这两个信号中的某一个为 1 并可以改变已存储的值，Read/Write 信号必为 0，位选信号必为 1。数据输入和它的补分别加载到 B 和 $\overline{B}$，以置位或复位所选择的 RAM 单元。若数据输入为 1 则锁存器置位为 1；若数据输入为 0 则锁存器复位为 0，这样写操作就完成了。

一次仅进行一个字的写操作，即只有一条字选择线置为 1，其他字选择线置为 0，只对一个连接到 B 和 $\overline{B}$ 的 RAM 单元进行写操作。字选择也通过共享读逻辑控制对 RAM 单元的读操作。若字选择为 0，则通过与门阻止 SR 锁存器中的存储信息输出到读逻辑的一对或门上；若字选择为 1，则读逻辑读出信息传送到 RAM 位片的数据输出线上。注意，不管 Read/Write 为何值，对于这种特殊的读逻辑设计，读操作总是会发生的。

图 7-5b 给出的 RAM 位片符号用来表示 RAM 芯片的内部结构，每条字选择线延长超出位片，当并排放置多个位片时，相应的字选择线就连接到一起。符号图中下面部分的其他信号可以有多种连接方式，这取决于 RAM 芯片本身的结构。

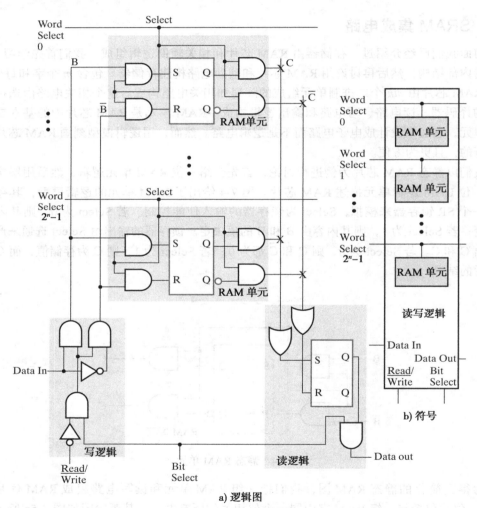

a) 逻辑图

图 7-5　RAM 位片模型

图 7-6 给出了 16×1 RAM 芯片的符号和框图，两者对于每 16 个 1 位字都有四条地址输入，还有数据输入、数据输出和 Read/Write 信号。芯片级的片选信号与由多个芯片构成的 RAM 级的存储器使能信号对应，芯片内部由一个具有 16 个 RAM 单元的 RAM 位片组成。在控制的 16 条字选择选通线中，有且只有一条信号值为 1，所以要使用一个 4-16 译码器将

4 位地址译码成 16 位的字选择选通信号。

图中仅有的辅助逻辑为一个三角符号，这个三角符号有一个普通的输入端和一个普通的输出端，以及符号底部的第二输入。这个符号是一个三态缓冲器，可以构成具有任意个输入端的多路复用系统，三态输出连在一起，完全由片选输入信号控制。通过在 RAM 芯片输出端使用三态缓冲，将位线连接到 RAM 输出端，将输出信号连接起来从芯片中读取字。前面讨论的使能信号与 RAM 片选输入信号对应。从特定的 RAM 芯片读取一个字，其片选输入信号值必须为 1，而其他连接到同一输出端位线上的芯片，其片选输入必为 0。这些信号中只有一个信号值为 1，通过译码器对地址进行译码可以得到这些选通信号组合。

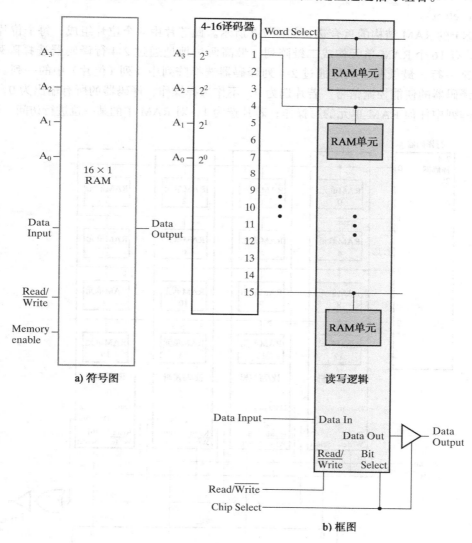

图 7-6　16×1 RAM 芯片

重合选择

RAM 芯片中，译码器可以直接简单地设计成：具有 k 个输入和 2^k 个输出，需要 2^k 个具有 k 个输入的与门。另外，若字数很多，因每个字都有一位包含于一个 RAM 的位片中，所以共享读写电路的单元数量也很多。在这两种情况下，相应的电路特征都会导致 RAM 的读写周期时间变长，这是我们不希望的。

用两个译码器使用重合选择（coincident selection）模式可以减少译码器中门的个数、每个门的输入个数和每个位片的 RAM 单元数。一种可能的配置是：可以用两个 $k/2$ 输入的译码器代替一个 k 输入的译码器，一个译码器用来控制字选择，另一个译码器用来控制位选择，组成二维阵列模式。若 RAM 芯片有 m 个字，每字一位，则该模式下被选择的是位于字选择行和位选择列交点处的 RAM 单元。字选择不再严格用于对字进行选择，所以被改为行选择（row select），而另一个译码器输出信号用于选择一个或多个位片，被称为列选择（column select）。

16×1 的 RAM 结构的重合选择如图 7-7 所示。此芯片由 4 个位片组成，每个位片包含 4 位，共有 16 个 RAM 单元构成二维阵列。最高两位地址通过 2-4 行译码器选择阵列中 4 行中的某一行，最低两位地址通过 2-4 列译码器选择阵列中 4 列（位片）中的一列。片选作为列译码器的使能控制信号。若片选为 0，不作选择操作，译码器的所有输出为 0，用来阻止对阵列中任何 RAM 单元的写操作；若片选为 1，对 RAM 中的某一位进行访问。例如，

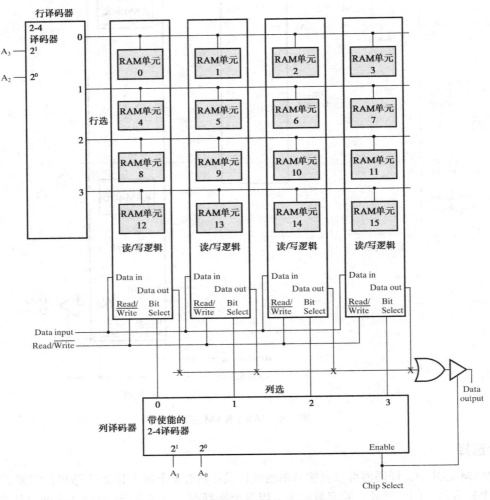

图 7-7 4×4 单元阵列构成 16×1 RAM

地址 1001 中，对最高两位地址进行译码选择 RAM 单元阵列中的（10_2）行，对低两位地址进行译码选择阵列中的（01_2）列，所以被访问的单元为阵列中的第二行和第一列处，即第 9（10_201_2）个单元。通过行列选择，Read/$\overline{\text{Write}}$ 信号决定要执行的操作，读操作期间（Read/$\overline{\text{Write}}$=1），被选行中的被选位通过或门传到三态缓冲器。注意，门逻辑根据图 5-5 的阵列逻辑画出。由于缓冲器用片选作为使能控制，所以读取值出现在数据输出上。写操作时（Read/$\overline{\text{Write}}$=0），数据输入线上的位传输到目标 RAM 单元中，而没被选择的 RAM 单元处于无效状态，维持原来存储的信息。

图 7-8 中使用同一 RAM 单元阵列构成 8×2 的 RAM 芯片（共 8 个字，每字 2 位）。行译码与图 7-7 中的相同，仅仅改变了列译码器和输出逻辑。因为仅有三位地址，其中两位行地址，所以只有一位列地址在片选信号控制下用来对两列进行选择。因为每次对两位进行读写操作，所以列选择线连接到相邻的一对 RAM 位片上，而两条输入线（数据输入 0 和数据输入 1）始终连接到 RAM 位片的不同位上。最后，相邻的 2 位位片上对应的位共享输出或门和三态缓冲器，产生数据输出 0 和数据输出 1 信号。例如地址 3（011_2），其前两位为 01，访问阵列的行 1，后一位为 1，访问列 1，该列包括两个位片：2（10_2）和 3（11_2），所以被访问的字为单元 6（0110_2）和 7（0111_2），分别包含字 3 的位 0 和位 1。

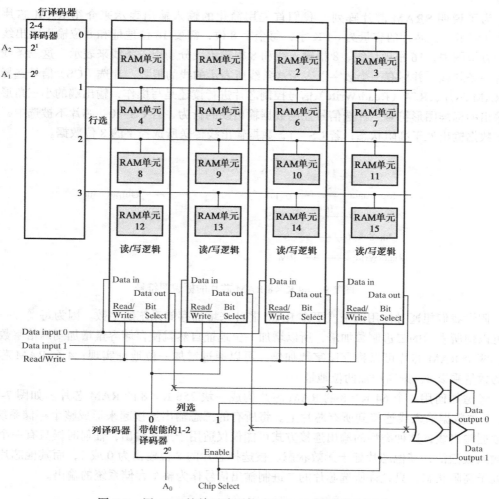

图 7-8　用 4×4 的单元阵列构成的 8×2 存储器的框图

为了说明重合选择模式能节省电路开销，我们来看一个更具体的大小为 32 K×8 的静态 RAM，此 RAM 芯片容量为 256 K 位。如果不用重合选择，只用一个译码器，则需要 15 个输入和 32 768 个输出。如果采用重合选择，则要用一个 9-512 译码器和一个 6-64 译码器，地址的前 9 位用于行译码，后 6 位用于列译码。用一个译码器进行直接设计的方法需要 32 800 个门，而用两个译码器的复合方式则门的数量为 608 个，门的数量减少了，比前者的五十分之一还少。另外，表面看起来读写电路是前面的 64 倍，但可以将列选逻辑布局到 RAM 单元与读 / 写电路之间，所以只需要原来电路的 8 倍。由于连接到读写电路上的 RAM 单元个数减少了，芯片的访问时间也得到了改善。

7.4 SRAM 芯片阵列

当前集成电路 RAM 容量大小不一。若应用中需要存储容量大于当前所使用芯片的存储容量，则必须将数块芯片组合起来以达到存储容量要求。存储容量取决于两个参数：字数和每个字的位数。增加字数需要增加地址长度，地址长度每增加一位，存储器的字数增加一倍。增加每个字中的位数需要增加数据输入线和数据输出线的数量，而地址长度保持不变。

为了说明 SRAM 芯片阵列，我们首先用简化的输入输出表示来介绍 RAM 芯片。如图 7-9 所示，该芯片的容量为 64 K 字，每个字 8 位，需要 16 位地址和 8 位输入输出线。在这个方框图中，16 根地址线、8 根输入线和 8 根输出线分别用三条线来表示，这三条线上面各有一条斜杠，并标有一个数字以表示这条线所表示的线的根数。片选（CS）信号选择特定的 RAM 芯片，R/$\overline{\text{W}}$（Read/$\overline{\text{Write}}$）信号控制芯片进行读还是写操作，输出端的小三角形是三态输出的标准图形符号。片选信号控制数据输出线的行为，若 CS＝0，芯片不被选中，其所有的数据输出处于高阻状态；若 CS＝1，数据输出线传送所选择字的 8 位数据。

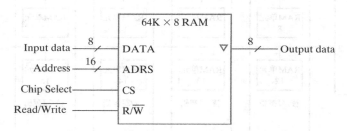

图 7-9　64 K×8 RAM 芯片的标识图符号

假设我们想通过使用两个或更多 RAM 芯片来增加存储系统的字数。因为每增加一位地址可以使所表示的二进制数加倍，所以增加一位地址自然就使存储容量增加到两倍字数。例如，两个 RAM 芯片可以将存储字数加倍，可以通过增加一位地址实现；4 个 RAM 芯片将字的数量乘以 4，则需增加两位地址。

考虑如何用 4 个 64 K×8 的 RAM 芯片构成一块 256 K×8 的 RAM 芯片。如图 7-10 所示，8 位数据输入线连接到所有芯片上。将所有的三态输出连接起来形成整个存储系统的 8 位数据输出线，这种类型的输出连接方式可能仅仅适用于三态输出，任何时候只有一个芯片的输入被激活，其他芯片处于无效状态。被选择芯片的 8 位输出为 0 或 1，而其他芯片的输出处于高阻状态，只允许所选芯片的二进制输出信号作为整个存储系统的输出。

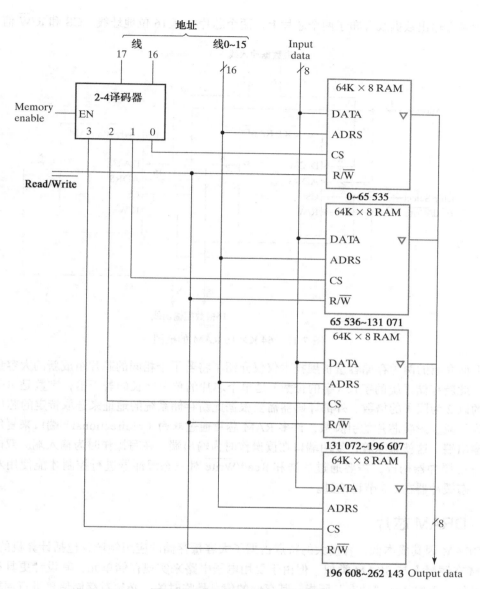

图 7-10 256 K×8 RAM 的框图

256 K 字的存储器需要 18 位地址，低 16 位地址线连接到 4 块芯片的地址输入端，最高两位地址用在 2-4 译码器上，此译码器的 4 个输出分别连接到 4 块芯片的片选输入信号上。当译码器的 EN 信号（即存储器使能）为 0 时，存储器无效，译码器的所有 4 个输出均为 0，不进行芯片选择。当 EN 为 1 时，即译码器被使能时，地址位的第 16 和 17 位决定选择哪一块芯片，若此两位地址位为 00，则选择第一块芯片；剩下的 16 位地址用来选择芯片内从 0 到 65 535 之间的某个字。下一个 65 536 个字从第二块芯片中得到，这时，18 位地址以 01（代表第二块芯片）开始，后面的 16 位为普通地址线的地址。每块芯片的地址范围已在图中用十进制形式在对应芯片符号的下面给出。

我们也可以把两块芯片组合成包含相同字数的复合存储系统，其中每个字的位数扩展为原来的两倍。图 7-11 所示为两块 64 K×8 的芯片构成一个 64 K×16 的存储系统的内部连接。

416
~
417

16 位的输入输出数据线分布于两个芯片上，两个芯片共享 16 位地址线、CS 和 R/$\overline{W}$ 信号。

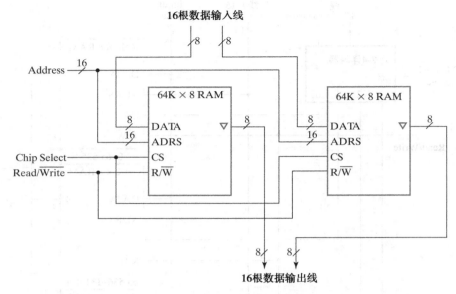

图 7-11   64 K×16 RAM 的框图

上面介绍的两种存储容量扩展技术仅仅介绍了将若干个相同的芯片组成新的大容量存储系统。此新存储系统的字长（字的位数）是单个芯片的单个字长的若干倍，字数是单个芯片字数的以 2 为因子的倍数。外部译码器需要根据此新存储系统的地址来选取特定的芯片。

为了减少封装芯片的引脚数，许多 RAM 芯片通过双向（bidirectional）端口来复用数据输入输出端，这就意味着，复用端口在读操作时为输出端，在写操作时为输入端。双向信号线由三态缓冲器构成，需要通过片选和 Read/$\overline{Write}$ 对三态缓冲器进行控制才能使用双向信号号，三态缓冲器在 6.8 节讨论过。

7.5   DRAM 芯片

DRAM 因其成本低、容量大的特点占据了大容量存储的应用领域，包括计算机的主存。
|418| DRAM 在逻辑上与 SRAM 类似，但由于要用电子电路来实现存储单元，其设计更具有挑战性。另外，正如其名"动态"所指，其存储的信息是临时的，必须对存储信息进行周期性地刷新来模拟静态存储。刷新是 DRAM 和 SRAM 的基本逻辑区别，我们通过剖析 DRAM 单元来探索这种逻辑区别。刷新操作剖析的内容包括所需要的逻辑电路和刷新存储系统所造成的影响。

7.5.1   DRAM 单元

图 7-12a 给出了动态 RAM 单元电路结构，它由电容 C 和晶体管 T 组成。电容用来存储电荷，若电容存储足够电荷，则可认为其逻辑值为 1，若电容存储的电荷不够，则其逻辑值为 0。如 5.1 节所作的介绍，晶体管充当开关的作用，开关断开，则电容的电荷基本固定，也就是存储；开关闭合，电荷从外部位线流动到电容，或从电容中流动到外部位线，流动的同时允许写入 0 或 1 到存储单元或读取其中的数据。

为了理解存储器单元的读写操作，我们用流体力学中的例子进行类比。电荷由水代替，电容比作一个小储水器，晶体管比作一个阀门，位线因其电容量很大所以可以用一个很大的储水器和水泵表示，此水泵可以迅速填满和排空该储水器。图 7-12b 和图 7-12c 给出了关闭阀门时的这种类比。注意，小储水器填满表示存储 1，空则表示存储 0。若要写入 1，打开阀门，水泵填满储水器，水流则通过阀门注满小容器，如图 7-12d 所示，之后小容器关闭并保持满水状态，这时表示 1。用类似的操作可以写入 0，只是这时水泵将大容器排空，如图 7-12e 所示。

假设要读取一个存储值为 1 的存储单元，对应的小容器为满，大容器在一个已知的中间水位。打开阀门，此刻小容器为满，水从小容器流入大容器，会稍微抬高大容器的水位，如图 7-12f 所示。大容器水位的上升可以看作是从小容器中读出 1 值。而若存储的值最初为 0，也就是说原来是空的，大容器的水位会稍微降低，如图 7-12g 所示，则可以看作从小容器中读出 0。

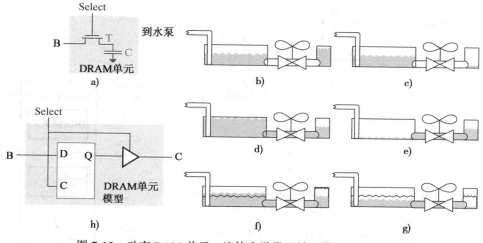

图 7-12　动态 RAM 单元、流体力学类比单元模型和单元操作

如图 7-12f 和图 7-12g 所示，在读操作中，不管存储容器初始存储的值是多少，最后它都是一个不会导致外部容器原水位产生很大变化的中间值，这个中间值与原水位的差值足以能够检测到是 0 还是 1。这个读操作破坏了原来存储的数据，为了能够继续读取到存储的原始值，必须进行恢复（恢复小容器初始水位）。若要对存储的 1 值进行恢复，则水泵要将大容器注满，之后通过阀门注满小容器；若对存储的 0 值进行恢复，则水泵将大容器排空，之后通过阀门排空小容器。

对于实际的存储单元，还有其他电荷流动的路径。这些路径类似存储容器上的小漏孔（leak）。由于小漏孔泄漏，满的小容器中的水位最终会下降到某一点，使得打开阀门后大容器的水位增加很少，读取时检测不到水位的增加。实际上，若小容器的储水量在读取时少于其容量的一半，则在大容量中可能检测到水位的降低。为了补偿泄漏的电荷，必须周期性地填满存储值为 1 的小容器，这就是存储单元的刷新。在每个存储单元的电位降低到其存储值不能被正确检测到之前必须对其刷新。

到现在为止，我们已经通过流体力学类比对 DRAM 进行了介绍。与 SRAM 一样，我们也为其存储单元构造一个模型，如图 8-12h 所示，该模型是一个 D 锁存器。D 锁存器的 C 输入为选择，D 输入是 B 信号，用三态缓冲模拟 DRAM 单元的输出端。选择信号作为三态缓冲器的控制输入，C 作为其输出。DRAM 单元的原始电路图如图 8-12a 所示，B 和 C 为同一信号，但它们在逻辑模型中是分离的。在模型处理中，为了避免将门输出连接到一起，这种分离是必要的。

7.5.2 DRAM 位片

用 DRAM 单元的逻辑模型我们能够构造出如图 7-13 所示的位片模型。DRAM 位片模型与图 7-5 中的 SRAM 位片模型类似。很明显，除了单元结构不同外，两种 RAM 位片在逻辑上是相同的，但它们对应的每位的成本差别很大，DRAM 单元由电容和晶体管构成，而SRAM 单元一般包括 6 个晶体管，其单个单元要比 DRAM 大约复杂三倍。这样，在给定尺寸的芯片中，SRAM 单元的数量比 DRAM 单元数量的 1/3 还要少，DRAM 每位成本要低于SRAM 每位成本的 1/3，这也是 DRAM 用于大规模存储器的原因。

419
~
420

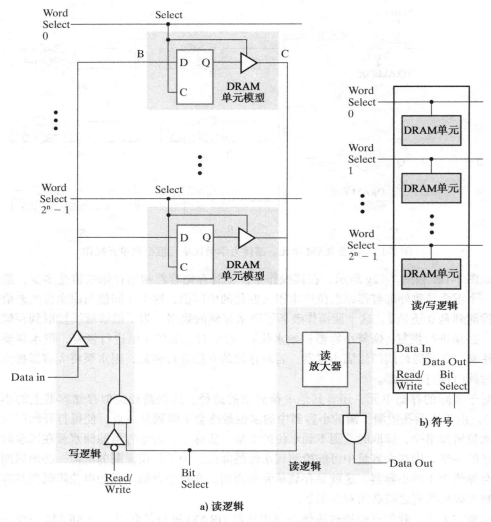

图 7-13   DRAM 位片模型

DRAM 内容刷新的问题还没讨论完，但首先讨论 DRAM 中用于地址处理的典型结构。DRAM 系统由很多个 DRAM 芯片组成，我们希望尽可能减少其物理尺寸。大的 DRAM 系统可能需要 20 或更多的地址位，则每个 DRAM 芯片都需要 20 个引脚。为了减少引脚数量，

可以将 DRAM 地址分为行地址和列地址两部分，串行地先加载行地址，再加载列地址。用 [421]
来选择行的行地址实际上只在加载列地址之前起作用，所以行地址和列地址可以分开加载。
如图 7-14 所示，为了在读写时保存行地址，将行地址存储到寄存器中，列地址也存储在寄
存器中。行地址的加载信号为 $\overline{\text{RAS}}$，列地址的加载信号为 $\overline{\text{CAS}}$，除了 $\overline{\text{RAS}}$ 和 $\overline{\text{CAS}}$ 信号外，
DRAM 芯片的控制信号还包括 R/$\overline{\text{W}}$（Read/$\overline{\text{Write}}$）和 $\overline{\text{OE}}$，且信号在低电平时有效。

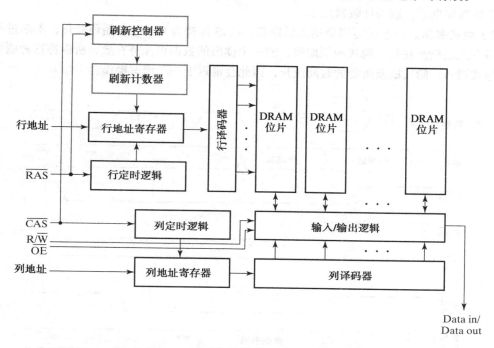

图 7-14　包括刷新逻辑的 DRAM 框图

DRAM 的读写定时如图 7-15a 所示。行地址加载到地址输入端，RAS 信号从 1 变为 0，
行地址被装载到行地址寄存器，这个地址被传送给行地址译码器，用来选择 DRAM 中的一
行。与此同时，列地址被加载，之后 CAS 信号从 1 变为 0，列地址被传送到列地址寄存器，再
传送给列地址译码器，用来选择 DRAM 中列号相同的若干列，列数大小等于 RAM 的数据位
数。当 Read/$\overline{\text{Write}}$ 变为 0 时，输入数据在列地址选择时间相同的时间间隔内有效，数据位被送
到列地址译码器所选择的位线上，再通过位线将数据值传送到地址确定的 DRAM 单元，将数
值写到此存储单元中。当 CAS 和 RAS 再为 1 时，写周期就完成了，DRAM 单元被写入了新
的数据。注意，在写操作中，所选行中其他没有选中的单元将原来的存储值又存储了一遍。 [422]

如图 7-15b 所示的读操作定时图与写操作类似，地址操作的定时与写周期的定时相同，但
读操作不需要进行数据加载，且这时 Read/$\overline{\text{Write}}$ 为 1 而不是 0。对应行地址的 DRAM 单元上的
数据被送到位线上，通过敏感放大器放大。列地址译码器选取要传送到数据输出端的单元，数
据输出端由输出使能信号 $\overline{\text{output enable}}$ 使能。读操作过程中，所选行中所有位重新存储了一遍。

为了支持刷新，要附加一些逻辑电路，如图 7-14 的灰色线框图所示。图中的附加电路
包括一个刷新计数器和一个刷新控制器，刷新计数器用来提供要刷新的 DRAM 单元的行地
址。在刷新模式下，很重要的一点就是要求由 DRAM 芯片内部提供地址。刷新计数器在每
个刷新周期里加 1。根据计数器位数的不同，当其计数达到 2^n-1（n 是 DRAM 阵列的行数）

时，计数器归 0，进入下一个刷新周期。激活刷新周期的标准方式和相应的刷新类型如下：

1）**按行刷新**。行地址加载到地址线上，RAS 由 1 变为 0 时刷新。在这种情况下，刷新地址必须由 DRAM 芯片外部提供，通常由被称为 DRAM 控制器的芯片来提供。

2）**按列先行后方式刷新**。CAS 先从 1 变为 0，之后 RAS 由 1 变为 0 时刷新。CAS 保持不变，RAS 变化可以完成一个刷新周期。这种情况下的刷新地址由刷新计数器提供，完成一个刷新周期后，刷新计数器加 1。

3）**隐式刷新**。正常读写周期结束后刷新，CAS 保持为 0，RAS 循环变化，不断进行列先行后方式刷新。在每个隐式刷新期间，前一个读出的数据仍保持有效，所以称这种刷新方式为隐式刷新。隐式刷新所需的时间较长，因此会延迟下一个读写操作。

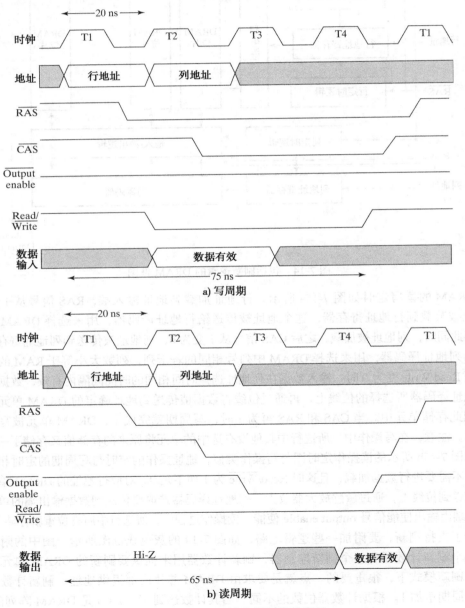

图 7-15　DRAM 读和写操作的定时

注意，对于所有方式，刷新的启动都是用 $\overline{RAS}$ 和 $\overline{CAS}$ 信号从外部控制的。DRAM 芯片的每一行数据必须在一定的时间范围内进行刷新，这个时间一般最大为 16 ms 到 64 ms 不等。全部行的刷新可以在刷新时间内均匀地进行，这种刷新方式称为分散式刷新。刷新操作也可以是一个刷新紧接着上一个刷新，这种刷新方式称为集中式刷新。例如，一个 4 M×4 的 DRAM，其刷新时间为 64 ms，需刷新的行有 4096 行，执行一个刷新操作需要 60 ns。分散式刷新的刷新间隔为 64 ms/4096＝15.6us，刷新操作所用总时间在 64 ms 的刷新间隔时间内占了 0.25 ms。对于同一个 DRAM，集中式刷新也需要 0.25 ms。对于分散式刷新，DRAM 控制器在每隔 15.6us 就必须启动一次刷新，而对于集中式刷新，64 ms 中连续启动 4096 次刷新。对于任何刷新周期，都不能执行 DRAM 的读写操作。集中式刷新方式会有长时间延迟，因此一般使用分散式刷新。

7.6 DRAM 分类

过去的 20 多年，DRAM 的容量和速度都有很大的提高，而 DRAM 市场对速度的需求使得不同类型的 DRAM 先后问世。表 7-2 中列出了几种类型的 DRAM 及对应的简单描述。如表中所示，目前市场中，前两种 DRAM 基本上已被更高级的 SDRAM 和 RDRAM 所取代。因为我们已安排在原书网站单独对存储器的纠错码（ECC）进行讨论，所以在本节中我们省略了关于 ECC 特征的讨论。以下主要针对同步 DRAM、双倍数据速率同步 DRAM 和 Rambus® DRAM 进行讨论。首先我们来看几个基本概念。

423 ~ 424

表 7-2　DRAM 类型

类　型	缩　写	描　述
快页模式 DRAM	FPM DRAM	充分利用共享行访问数据的读取。当访问某一行数据时，将该行所有值读出，当再出现同行的数据访问时，仅需要改变列的地址就可以进行访问。避免了重新加载行地址和等待读取必需的延迟
扩展数据输出 DRAM	EDO DRAM	延长 DRAM 在输出上保持数据的时间，由于数据有效时间长，允许 CPU 在数据访问时进行其他工作
同步 DRAM	SDRAM	使用时钟而不是进行异步操作。由于 CPU 知道数据有效的时段，故允许 CPU 与存储器进行密集交互。SDRAM 也充分利用一行值可用的优势，存储器被分成多个体，实行重叠访问
双倍数据速率同步 DRAM	DDR SDRAM	除了在时钟上升沿和下降沿均进行数据输出外，与 SDRAM 相同
Rambus® DRAM	RDRAM	专门用于用较窄的总线宽度提供较高的存储访问速率的场合
检错码	ECC	可应用于上述大多数的 DRAM 类型，用来纠正一位错误，也经常用来检测两位错误

首先，这三种类型的 DARM 在它们特定的应用环境中都有着很好的应用需求。在现代高速计算机系统中，处理器与存储器层次系统中的 DRAM 交换信息，多数处理器的指令和数据从存储层次系统中的两个较低层 L1 级 cache 和 L2 级 cache 中取出。L1 级 cache 和 L2 级 cache 是基于 SRAM 存储系统的两个较小的存储器，具体将在第 12 章中讨论。就我们的目的而言，关键问题是多数从 DRAM 取出的指令和数据不是直接送给 CPU 处理，而是送给

425

cache。数据或指令以行（比如，存储器中地址相邻的特定字节数）的形式读取，然后送到
cache 中。例如，在给定的一次读操作中有 16 字节被读取，十六进制的字节地址从 000000
到 00000F，这种方式的读称为极速读（burst read），极速读的读取速度取决于连续的地址中
需读取的字节数，是比访问时间更重要的衡量指标。使用这种衡量指标，我们讨论的三种
DRAM 执行速度都很快。

其次，三种类型的 DRAM 的效率都由 DRAM 操作的一个基本原则决定，这个原则就是
每次读操作时把一行的所有位读出，即如果只访问某一行，则对此行进行读时能读取该行中
的所有位。在我们对这两个概念有所了解后，下面来介绍同步 DRAM。

7.6.1 同步 DRAM（SDRAM）

采用钟控传输方式是 SDRAM 区别于传统 DRAM 的一大特点。图 7-16 给出了 16 M
SDRAM 集成芯片的框图，除了同步操作的时钟信号外，其输入输出信号与图 7-14 中给出
的 DRAM 几乎没有区别，其实 SDRAM 和 DRAM 内部结构存在很多不同。从外部来看，
因为 SDRAM 要实现同步，所以在其地址输入和数据输入输出端口都设有同步寄存器。另
外，增加的列地址寄存器是 SDRAM 操作的关键。SDRAM 与普通 DRAM 的控制逻辑看
起来类似，但其实因为 SDRAM 有一个可以从地址总线加载的模式控制字，所以其控制要
复杂得多。举例来说，一个 16 MB 的存储器，存储阵列包括 134 217 728 位，几乎是方形
的，由 8192 行和 16 384 列组成。每 8 位构成一个字节，所以其行地址具有 13 位，则其列
地址为 16 384/8＝2048，需要 11 位的列地址。注意，13＋11＝24，它是 16 MB 存储器正确
地址的位数。

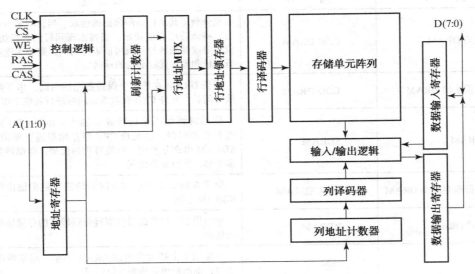

图 7-16   16 M SDRAM 的框图

与普通 DRAM 一样，SDRAM 也是先进行行地址请求，然后进行列地址请求。但在
定时上，SDRAM 与普通 DRAM 不同，用到了一些新的术语。在对特定的列地址进行实
际读操作前，与加载的行地址对应的 2048 字节都会被读出并存储在 I/O 逻辑中，这一
步操作大概需要若干个时钟周期。列地址请求产生后，执行实际的读操作。经过几个时

钟周期延迟后，对应的数据字节传送到输出端，每个时钟周期输出一个字节，而输出字节的数量称为极速读长度，从地址总线上载入模式控制字到控制逻辑时就设置好了这个长度。

图 7-17 给出了极速读长度等于 4 的读周期的定时。如图所示，读操作开始于行地址及行地址选通（RAS）的加载，在 RAS 信号控制下将行地址加载到地址寄存器，启动对行的读操作。在接下来的两个时钟周期，对所选的行进行读取。在第三个时钟周期里，列地址信号和选通信号有效，列地址被加载到地址寄存器，并对第一个字节的数据进行读操作；之后在两个时钟周期后的时钟上升沿，将有效数据从 SDRAM 中读出。随后，行中第 2、3、4 字节数据依次被读出。图 7-17 中，字节以 1、2、3、0 顺序出现，这是由于列地址的最后两位为 01，而 CPU 想要立即得到字节数据，故随后字节出现的顺序是对这两位加 1 计数，用列地址计数器的值对极速读长度取模，其结果地址最后两位为 01、10、11 和 00，其他地址位保持不变。

425 ~ 427

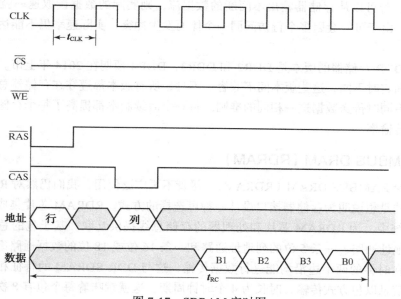

图 7-17　SDRAM 定时图

将 SDARM 读取字节的速率与普通 DRAM 读取字节的速率进行比较是很有意思的。我们假设普通 DRAM 的读取周期 t_{RC} 为 60 ns，SDRAM 的时钟周期为 7.5 ns。DRAM 的字节速率为每 60 ns 传送一字节，即 16.67 MB/s，对 SDRAM 来说，如图 7-17 所示，读取 4 字节需 8 个时钟周期，即需要 60 ns，字节速率为 66.67 MB/s。若极速读长度为 8 字节而不是 4 字节，则所需的读周期时间为 90 ns，字节速率为 88.89 MB/s。若极速读长度为 SDRAM 整行 2048 字节，则读周期为 60＋（2048－4）×7.5＝15 390 ns，对应字节速率为 133.07 MB，达到每 7.5 ns 的时钟周期一个字节的速率极限。

7.6.2　双倍数据速率 SDRAM（DDR SDRAM）

第二种类型 DRAM 是双倍数据速率 SDRAM（DDR SDRAM），它能在不增加时钟开销的前提下克服前面 DRAM 的速率限制。与 SDRAM 不同，DDR SDRAM 在时钟的上升沿和下降沿均能读取数据，这样每个时钟周期内它就可以输出 2 字节的数据。图 7-17 所示的是在每个时钟的上升沿读取一个字节，共读取 4 字节。如果在时钟的两个边沿进行读取，则在相同的读取周期 t_{RC} 内可以输出 8 字节的数据。若时钟周期为 7.5 ns，则双字节传输率最高可达 266.14 MB/s。

另外，还有一些基本技术可以用来进一步提高字节速率，如一个 SDRAM 集成芯片的数据 I/O 宽度为 32 位，即 4 字节，而不是单字节数据，则在 7.5 ns 的时钟周期下，其最高数据速率可以达到 1.065 GB/s。若 I/O 数据宽度为 8 字节，则字节速率可达到 2.130 GB/s。

上面例子中所提到的字节速率都为它们的速率上限。但实际上，访问 RAM 中的不同行，从 RAS 信号有效到读出第一个字节有很大延迟，所以一般性能都远低于速率上限。可以采取的措施是将存储器分成多个体。每个体可以单独执行行读取操作，这样可以缓解这种性能损失。在分体操作中，若行地址和体地址已经可用，对行的读取就可以在一个或多个体上进行。数据只能从当前被激活的行中读取，当一个体读取完成时，其他体中的数据就可以立刻获取。若可以从存储器输出不间断的数据流，则实际的数据读取速率就接近于速率上限。然而，由于可能会因多个行访问同一个体而发生冲突，实际速率仍不能达到最大数据速率。

最近的 DDR 存储器的版本是 DDR2 和 DDR3，DDR4 预期在 2014 年上市。由于版本间的电气特性和定时不同，这些版本间不兼容。不过，所有版本都遵守在存储器总线时钟的上升沿和下降沿同时传送数据这一相同的准则。每一个后续版本都提高了每个存储器总线时钟周期的数据传输率。

428

7.6.3 RAMBUS DRAM（RDRAM）

最后讨论 RAMBUS DRAM（RDRAM）。尽管不再广泛使用，我们仍然对 RDRAM 进行讨论，其目的是想说明为存储器接口设计一种可选择的方式。RDRAM 芯片集成于基于包总线的存储系统中，为 RDRAM 芯片和处理器的存储总线提供互联。基于包的总线主要由一条 3 位的行地址通路、一条 5 位的列地址通路和一条 16 位或 18 位的数据通路组成。该总线是同步的，在时钟的两个边沿均能进行数据传输，这与 DDR SDRAM 的特征相同。总线中的 3 条通路信息以包方式传输，时长为 4 个时钟周期，这就意味着每个包有 8 次传输。每条路径的包的位数分别为：行地址包 24 位，列地址包 40 位，数据包 128 位或 144 位。较大的数据包包括用于实现纠错码的 16 位奇偶校验位。RDRAM 芯片采用多个存储体，能并发访问存储器中不同的行。RDRAM 使用普通的行激活技术来读取存储器中所选行的数据，通过列地址来读取行数据中顺序选择的字节对，字节对的顺序为包传输的顺序。图 7-18 给出典型的 RDRAM 读访问的时序图。由于 RAMBUS 设计复杂，我们假设其时钟周期为 1.875 ns，则传输一个包的时间 $t_{PACK} = 4 \times 1.875 = 7.5$ ns。如图 7-18 所示，访问含有 8 字节或 16 字节的单个包的时间周期数为 32 个时钟周期，即 60 ns，字节速率为 266.67 MB/s。若同一行访问 4 字节，速率提高到 1.067 GB/s。若读取 RDRAM 整行 2048 字节，时钟周期增加到 $60 + (2048 - 64) \times 1.875/4 = 990$ ns 或字节速率极限为 $2048/(990 \times 10^{-9}) = 2.069$ MB/s，接近理想速率极限 4/1.875 ns 或 2.133 GB/s。

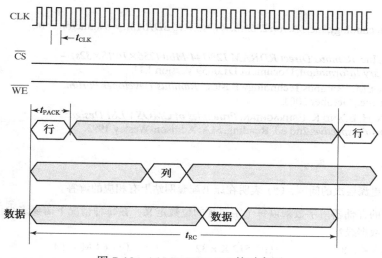

图 7-18 16 MB RDRAM 的时序图

7.7 动态 RAM 芯片阵列

如 7.4 节介绍，许多用于 SRAM 阵列的设计原则也可以用于 DRAM 阵列，但 DRAM 阵列的控制和选址有着很多与 SRAM 不一样的要求，可以用 DRAM 控制器来处理这些新的要求，DRAM 控制器应具有下述功能：

1）将地址分为行地址和列地址，并在适当的时间提供它们。

2）在适当的时间提供 $\overline{RAS}$ 和 $\overline{CAS}$ 信号控制读、写和刷新操作。

3）在规定时间间隔内执行刷新操作。

4）提供其他一些状态信号，如表示存储器是否忙于执行刷新操作等。

DRAM 控制器是一个复杂的同步时序逻辑电路，由外部 CPU 时钟控制其同步操作。

7.8 本章小结

存储器分为两种类型：随机访问存储器（RAM）和只读存储器（ROM），它们均采用地址来读写数据。读写操作有具体的步骤和相关的定时参数，包括访问时间、写周期时间。存储器可以是静态的或动态的，也可以是易失的和非易失的。从内部来看，RAM 芯片由 RAM 单元阵列、译码器、写电路、读电路和输出电路组成。从逻辑上来看，写电路、读电路和相关 RAM 单元阵列可以构成 RAM 位片模块。将 RAM 位片依次组合可构成二维 RAM 单元阵列，二维 RAM 单元阵列和译码器加上输出电路就是 RAM 芯片的基础结构。为了将 RAM 芯片阵列连接起来，又不需要大量附加逻辑，输出电路使用三态缓冲器。因为要刷新，DRAM 芯片内部需要添加额外的电路。为了获得更快的存储访问速度，出现了一系列新型 DRAM。这些高速的 DRAM 采用了同步接口，用时钟控制存储器的访问。

429
~
430

检错和纠错码用于检测或纠正存储在 RAM 中数据的错误，一般使用海明码。自本教材的第 1 版以来，包含这些内容的资料均可以从原书配套网站下载。

参考文献

1. Micron Technology, Inc. *Micron 64Mb: ×32 DDR SDRAM*. www.micron.com,

2001.

2. Micron Technology, Inc. *Micron 256Mb: ×4, ×8, ×16 SDRAM*. www.micron.com, 2002.

3. Rambus, Inc. *Rambus Direct RDRAM 128/144-Mbit (256×16/18×32s) — Preliminary Information*, Document DL0059 Version 1.11.

4. SOBELMAN, M. "Rambus Technology Basics," *Rambus Developer Forum*. Rambus, Inc., October 2001.

5. WESTE, N. H. E. AND K. ESHRAGHIAN. *Principles of CMOS VLSI Design: A Systems Perspective*, 2nd ed. Reading, MA: Addison-Wesley, 1993.

习题

(www) （+）表明更深层次的问题，（*）表明在原书配套网站上有相应的解答。

*7-1 下面的存储器由字数乘以每个字包含的位数定义，在每种情况下需要多少位地址线和输入输出数据线？

    （a）48 K × 8　　　　　　（b）512 K × 32　　　　　　（c）64 M × 64　　　　　　（d）2 G × 1

7-2 （a）图 7-2 中存储器某个字的序号为（835）$_{10}$，此字包含的二进制值等于（15 103）$_{10}$。给出该字的 10 位地址和 16 位存储器内容。

    （b）若序号为（513）$_{10}$，内容为（44 252）$_{10}$，重做（a）小题。

*7-3 一个 64 K × 16 的 RAM 芯片采用重合译码，其内部译码器分成行选和列选。

    （a）假设 RAM 单元阵列为正方形阵列，每个译码器的大小为多少？对一个地址进行译码需要多少个与门？

    （b）当输入地址的二进制值等于（32000）$_{10}$ 时，确定其可能的行列选择线。

7-4 假设用于 $m × 1$ 的 RAM 的最大译码器有 14 位地址输入，并且应用重合译码。为了构建比 m 多的 1 位 RAM 芯片，使用多个 RAM 单元阵列，每个阵列都有自己的译码器和读写电路。

|431|

    （a）在给定译码器限制下，构建一个 2 G × 1 的 RAM 芯片需要多少个 RAM 单元阵列？

    （b）给出芯片中从不同的 RAM 阵列进行选择所需要的译码器，给出译码器的地址位及单元阵列选择位（CS）之间的连接关系。

7-5 一个 DRAM 有 15 个地址引脚，它的行地址比列地址多一位。这个 DRAM 有多少个地址单元？

7-6 一个 4 GB 的 DRAM 使用 4 位数据位，它的行地址和列地址位数相同，这个 DRAM 有多少个地址引脚？

7-7 一个 DRAM，其刷新时间间隔为 64 ms，总共有 8192 行。分布式刷新时间间隔为多少？在 64 m 的刷新时间间隔中，刷新整个 DRAM 需要多少时间？DRAM 的最小地址引脚数是多少？

*7-8 （a）要组成容量为 2 MB 的存储器，需要多少块 128 K × 16 的 RAM 芯片？

    （b）访问 2 MB 的存储器需要多少位地址线？在这些地址线中，有多少要连接到所有芯片的地址输入端？

    （c）译码器的片选输入必须要多少根线？确定译码器的大小。

7-9 使用图 7-9 中的 64 K × 8 的 RAM 芯片加一个译码器，构建一个 1M × 32 的 RAM。

|432|

7-10 解释 SDRAM 怎么用二维存储矩阵来提供高速率的数据访问。

7-11 解释 DDRAM 怎么达到 SDRAM 数据速率的两倍。

计算机设计基础

在第 6 章中，一个设计被划分为实现微操作的数据通路和决定微操作顺序的控制单元。在这一章中，我们将进一步明确一个通用计算机的数据通路，它实现寄存器传输的微操作并作为详细处理逻辑设计的框架。控制字则是维系数据通路和控制单元之间的纽带。

一个通用的数据通路与一个控制单元和存储器组合，可以构成一个可编程系统——一台简单的计算机。指令集结构（Instruction Set Architecture，ISA）被认为是一种详细说明计算机的工具。为了实现指令集结构，控制单元和通用数据通路组合在一起构成中央处理单元（Central Processing Unit，CPU）。另外，因为这是一个可编程系统，存储器被用来存储程序和数据。我们将讨论两种不同的计算机，它们各自具有不同的控制单元。第一种计算机具有两个存储器，一个用来存储指令，另一个用来存储数据，并且所有操作都在一个时钟周期内完成。第二种计算机只有一个存储器，它既存储指令也存储数据，这种计算机的结构更为复杂，执行一个操作需要多个时钟周期。

在第 1 章开始处的通用计算机中，寄存器传输、微操作、总线、数据通路、数据通路组件以及控制字都已被广泛地提及。同样，几乎所有通用计算机中的数字部分都有控制单元。设计包含控制单元和数据通路的处理单元，对于通用计算机处理器芯片中的 CPU 和 FPU 影响最大，这两个组件包含了执行处理的主要数据通路。CPU 和 FPU 执行加法、减法以及大部分指令集定义的操作。

8.1 引言

本章介绍计算机以及计算机设计。计算机的详细说明包含一个对程序员可见的最底层外部特征，即指令集结构（Instruction Set Architecture，ISA）。依据 ISA，确定实现计算机硬件的高级描述，称为计算机体系结构（computer architecture）。对于简单计算机，这种结构通常划分为数据通路和控制单元。数据通路由以下三个基本部分组成：

1）寄存器组。

2）对存储在寄存器中的数据执行的微操作。

3）控制单元接口。

控制单元提供信号，控制在数据通路和其他系统组件（如存储器）中执行的微操作。另外，控制单元也控制它自身的操作，决定事件发生的时间顺序，这些时序可能依赖于当前和以往微操作执行的结果。在更复杂的计算机系统中，通常有更多的控制单元和数据通路。

为了建立计算机设计的基础，我们首先用第 6 章中介绍的思想实现计算机的数据通路。特别地，我们考虑一个通用的数据通路，它可在本书剩余章节的计算机设计中使用，也可以经过修改用于一些特别的情况。后续的设计将表明一个给定的数据通路如何简单地与不同的控制单元结合实现不同的指令集结构。

8.2 数据通路

　　并非每个寄存器直接执行各自的微操作，取而代之的是，计算机系统通常拥有一定数目的存储寄存器和共享的运算单元，这个单元称为算术逻辑单元（Arithmetic Logic Unit, ALU）。执行一个微操作，先将指定的源寄存器的内容送到公用的 ALU 的输入端，ALU 执行运算，运算的结果送回目的寄存器。因为 ALU 是一个组合逻辑电路，数据从源寄存器输出，通过 ALU，再进入到目的寄存器，整个过程只需要一个时钟周期。移位操作常常在不同的单元里执行，但有时也在 ALU 内部完成。

　　我们知道，一组寄存器与共享的 ALU 和连接通路构成系统的数据通路。本章将讨论数据通路和与其关联的控制单元的组织和设计，以实现简单的计算机系统。设计一个特定 ALU 可以揭示复杂组合电路的设计过程。我们还要设计移位寄存器，结合控制信号与控制字，再加上控制单元以实现两个不同的计算机。

　　数据通路和控制单元是计算机处理器或 CPU 的两个组成部分。除了寄存器之外，数据通路还包括实现各种微操作的数字逻辑。这些数字逻辑有总线、多路复用器、译码器和处理电路。当数据通路中有许多寄存器时，这些寄存器可以很方便地通过一条或多条总线相互连接。数据通路中的寄存器可以通过数据的直接传输或者通过执行各种类型的微操作实现交互。一个简单的基于总线的数据通路如图 8-1 所示，它由四个寄存器、一个 ALU 和一个移位寄存器组成。图中的阴影部分和灰色信号名与图 8-10 有关，它们将在 8.5 节中进行讨论。图中其他信号名用来描述图 8-1 的细节。每个寄存器都连接到两个多路复用器形成 ALU 和移位寄存器的输入总线 A 和 B。每个多路复用器上的选择输入选择一个寄存器的值传送到相应总线上。Bus B 上有一个额外的多路复用器 MUX B，使得常量可以由 Constant in 从外面输入到数据通路中。Bus B 还连接到 Data out，以便将数据通路中的数据传输至系统的其他部件，如存储器或输入、输出设备。同样，Bus A 连接到 Address out，从数据通路送出地址信息到存储器或输入、输出设备。

　　ALU 对 A 和 B 总线上的操作数进行算术和逻辑微操作，G select 输入选择 ALU 要执行的微操作类型。移位寄存器对 Bus B 上的数据进行移位微操作，H select 输入既可以让 Bus B 上的操作数直接通过移位寄存器到达其输出端，也可以选择一种移位微操作。MUX F 选择输出 ALU 或移位寄存器的值。MUX D 选择 MUX F 的输出或输入 Data in 上的外部数据到 Bus D 上。Bus D 连接到所有寄存器的输入端，而译码器的目的选择输入信号决定将 Bus D 上的数据加载至哪个寄存器中。由于目的选择输入信号被译码，因此在 Bus D 上的数据传输到寄存器的过程中，只有一个寄存器的 Load 信号有效。Load enable 信号可以通过与门强制所有寄存器的 Load 信号为 0，从而使 4 个寄存器的内容保持不变。

　　从 ALU 运算结果中获取一些信息是十分有用的，它们可能是 CPU 控制器进行决策的依据。图 8-1 中有 4 个与 ALU 相关的状态位。进位状态位 C 和溢出状态位 V 在图 3-46 中已进行了解释。如果 ALU 的输出全为 0，则零状态位 Z＝1，否则，Z＝0。因此，如果某一操作结果为 0，则 Z＝1，而结果不为 0，则 Z＝0。符号状态位 N（为负）是指 ALU 输出的最左端位，即符号数字表示法中结果的符号位。如果需要，移位寄存器的状态值可以和以上状态位合并。

　　数据通路中的控制单元通过提供选通信号，控制数据信息流向总线、ALU、移位寄存器和寄存器。例如，执行微操作

$$R1 \leftarrow R2 + R3$$

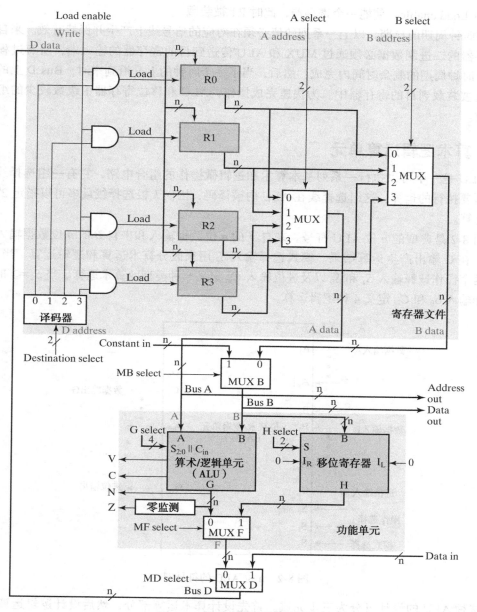

图 8-1　通用数据通路的框图

控制单元必须为下列一组控制输入提供二进制选择值：

1）A select，使 R2 的内容送到 A data 上，即 Bus A 上。

2）B select，使 R3 的内容送到 MUX B 的 0 输入端上；然后 MB select，使 MUX B 的 0 输入端数据选通至 Bus B。

3）G select，使 ALU 执行算术运算 A＋B。

4）MF select，将 ALU 的输出传输至 MUX F 的输出端。

5）MD select，将 MUX F 的输出传送到 Bus D 上。

6）Destination select，选取 R1 作为 Bus D 上数据的目的寄存器。

435
~
436

7）Load enable，使能一个寄存器，此时 R1 被装载。

在时钟周期的早期，以上一系列的值必须在对应的信号线上产生并保持有效。来自两个源寄存器的二进制数据必须通过 MUX 和 ALU 传送到目的寄存器的输入端，所有过程都在同一个时钟周期的剩余时间内完成。然后，当下一个时钟的上升沿到来时，Bus D 上的二进制数据被装载到目的寄存器中。为快速完成操作，ALU 和移位寄存器由级数较少的组合逻辑构建。

8.3　算术逻辑运算单元

ALU 是一个可以执行一系列基本算术和逻辑微操作的组合电路，它有一组选择线用于确定所要执行的运算。这组选择线在 ALU 内被译码，因而 k 根选择线最多可以指定 2^k 种不同的运算。

图 8-2 是典型的 n 位 ALU 符号。来自 A 的 n 位数据输入和来自 B 的 n 位数据输入进行运算，在 G 输出产生运算结果。模式选择输入 S_2 用来区分算术运算和逻辑运算。当 $S_2=0$ 时，两个操作选择输入 S_1 和 S_0 以及进位输入 C_{in} 定义 8 种类型的算术运算。当 $S_2=1$ 时，操作选择输入 S_0 和 C_{in} 定义 4 种逻辑运算。

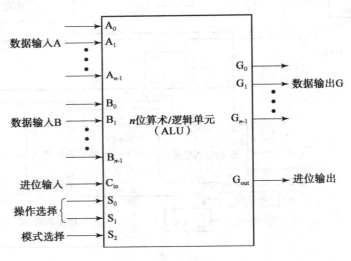

图 8-2　n 位 ALU 的符号图

这种 ALU 的设计可分为三步完成。首先设计算术运算部分，然后设计逻辑运算部分，最后将这两部分组合起来形成 ALU。

8.3.1　算术运算电路

437

如图 3-43 所示，算术运算电路的基本部件是一个并行加法器，它由一组全加器电路级联而成。通过控制并行加法器的数据输入，可以实现不同类型的算术运算。图 8-3 的模块图展示了选择线 S_1 和 S_0 控制并行加法器的一组输入的情况。这是一个 n 位的算术运算电路，有输入 A 和 B 以及输出 G。从 B 输入的 n 位数据通过 B 输入逻辑传输至并行加法器的输入 Y，进位输入 C_{in} 从并行加法器最低位全加器的进位输入端输入。进位输出 C_{out} 由最高位全加器产生。并行加法器的输出是算术运算和，其求和表达式为：

$$G = X + Y + C_{in}$$

其中，X 是来自 A 输入的 n 位二进制数，Y 是来自于 B 输入逻辑的 n 位二进制数，C_{in} 是输入进位，它等于 0 或是等于 1。注意，此等式中的符号"＋"表示算术加法。

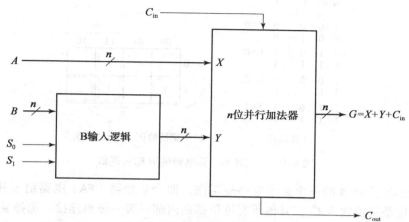

图 8-3　算术运算电路的模块图

表 8-1 列出了通过两个选择输入 S_1 和 S_0 控制 Y 的值可实现的所有算术运算。若 B 输入忽略并且 Y 输入置为全 0，则输出和变为 $G = A + 0 + C_{in}$。当 $C_{in} = 0$ 时，$G = A$；当 $C_{in} = 1$ 时，$G = A + 1$。第一种情形即是从输入 A 到输出 G 的直接传输，第二种情形即是 A 值递增 1。对于一个真正的算术加法，必须将 B 输入加载到并行加法器的输入 Y，此时若 $C_{in} = 0$，则 $G = A + B$。当 $C_{in} = 1$，并且将输入 B 的反码传输到并行加法器的输入 Y，可以实现减法运算，有 $G = A + \overline{B} + 1$。此式为 A 加上 B 的二进制补码，这就是二进制补码减法。-1 的二进制补码表示形式是所有位为 1，因此当 Y 输入全 1 并且 $C_{in} = 0$ 时，实现减 1 操作 $G = A - 1$。

表 8-1　算术运算电路的功能表

选　择	输　入	$G = (A_1 Y_1 C_{in})$	
S_1　S_0	Y	$C_{in} = 0$	$C_{in} = 1$
0　0	全 0	$G = A$（传递）	$G = A + 1$（递增 1）
0　1	B	$G = A + B$（加法）	$G = A + B + 1$
1　0	$\overline{B}$	$G = A + \overline{B}$	$G = A + \overline{B} + 1$（减法）
1　1	全 1	$G = A - 1$（递减 1）	$G = A$（传送）

图 8-3 中的 B 输入逻辑可以用 n 个多路复用器来实现。从 $i = 0,1, \cdots, n-1$，每个多路复用器的数据输入是 0、B_i、$\overline{B}_i$ 和 1，其对应的选择输入 $S_1 S_0$ 分别为：00、01、10 和 11。因此，算术运算电路需要用到 n 个全加器和 n 个 4-1 多路复用器。

若不使用 4-1 多路复用器，B 输入逻辑所需要的门数可以减少，我们对 B 输入逻辑的任意一级（一位）进行逻辑设计，如图 8-4 所示。图 8-4a 给出了逻辑中任意一位 i 的真值表，输入是 S_1、S_0 和 B_i 信号，输出是 Y_i 信号。根据表 8-1 的需求，当 $S_1 S_0 = 00$ 时，$Y_i = 0$，采用类似的方法将 Y_i 的其他三个值分配给选择变量的一个相应组合，输出 Y_i 在卡诺图 8-4b 中可被简化为：

$$Y_i = B_i S_0 + \overline{B}_i S_1$$

其中，S_1 和 S_0 对所有 n 级都是通用的。每一级 i 与输入 B_i 和输出 Y_i 相关联，$i = 0,1,2,\cdots,n-1$。

这个逻辑等同于一个 2-1 多路复用器，它的选择输入是 B_i，数据输入是 S_1 和 S_0。

输入			输出	
S_1	S_0	B_i	Y_i	
0	0	0	0	$Y_i=0$
0	0	1	0	
0	1	0	0	$Y_i=B_i$
0	1	1	1	
1	0	0	1	$Y_i=\overline{B_i}$
1	0		0	
1	1	0	1	$Y_i=1$
1	1	1	1	

a) 真值表   b) 卡诺图简化: $Y_i=B_iS_0+\overline{B}_iS_1$

图 8-4   一位算术运算电路的 B 输入逻辑

图 8-5 给出了 $n=4$ 的一个算术电路逻辑图。四个全加器（FA）电路组成并行加法器。第一级的进位是进位输入 C_{in}，其他所有进位都是内部一级一级地连接。选择变量是 S_1、S_0 和 C_{in}。变量 S_1、S_0 根据图 8-4b 中推导出的布尔函数来控制全加器的所有输入 Y。一旦 $C_{in}=1$，则输出为 $A+Y$ 再加 1。作为 S_1、S_0 和 C_{in} 的函数，这个电路的 8 种算术运算均列在表 8-2 中。有意思的是，$G=A$ 在表中出现了两次，这是在实现加 1 或减 1 指令时，用 C_{in} 作为一个控制变量所产生的一个没有坏处的副产品。

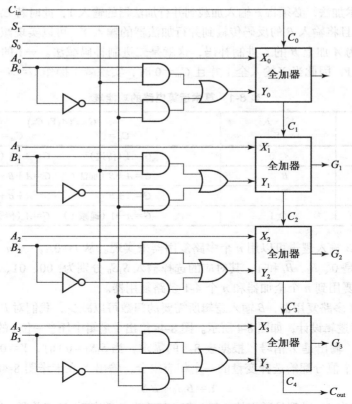

图 8-5   4 位算术运算电路的逻辑图

8.3.2 逻辑运算电路

表 8-2   ALU 功能表

操作选择				操 作	功 能
S_2	S_1	S_0	S_{in}		
0	0	0	0	$G=A$	传送 A
0	0	0	1	$G=A+1$	A 加 1
0	0	1	0	$G=A+B$	加法
0	0	1	1	$G=A+B+1$	带进位加
0	1	0	0	$G=A+\overline{B}$	A 加 B 的取反
0	1	0	1	$G=A+\overline{B}+1$	减法
0	1	1	0	$G=A-1$	A 减 1
0	1	1	1	$G=A$	传送 A
1	X	0	0	$G=A{\wedge}B$	与
1	X	0	1	$G=A{\vee}B$	或
1	X	1	0	$G=A \oplus B$	异或
1	X	1	1	$G=\overline{A}$	非

  逻辑微操作处理操作数中的位，它将寄存器中的每一位看作一个二进制变量，实现按位运算。共有 4 种常用的逻辑运算：AND、OR、XOR 和 NOT，其他运算可从这 4 种运算中方便地得到。

  图 8-6 给出了逻辑运算电路的一级，它包含 4 个门和一个 4-1 多路复用器，不过它还可以简化。4 种逻辑运算的每一种都是由能满足要求的门电路来实现的，这些门的输出连接到有两个选择变量 S_1 和 S_0 的多路复用器的数据输入端。选择变量选择多路复用器的一个数据输入，将其值传送至输出。电路图给出了任意一级 i 的结构。对于 n 位的逻辑电路，电路图必须重复 n 次，$i=0,1,2,\cdots,n-1$，而选择变量提供给所有级。图 8-6b 中的功能表列出了选择变量每一种组合的逻辑运算。

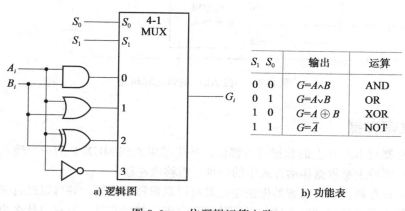

S_1	S_0	输出	运算
0	0	$G=A{\wedge}B$	AND
0	1	$G=A{\vee}B$	OR
1	0	$G=A \oplus B$	XOR
1	1	$G=\overline{A}$	NOT

a) 逻辑图   b) 功能表

438 ~ 441

图 8-6   一位逻辑运算电路

8.3.3   算术逻辑运算单元

  逻辑运算电路可以与算术运算电路组合构成 ALU，图 8-7 给出了一级 ALU 的结构图。每一级算术运算电路和逻辑运算电路的输出都连接到由选择变量 S_2 控制的一个 2-1 多路复用器上。当 $S_2=0$ 时，选取算术运算的输出，而当 $S_2=1$ 时，则选取逻辑运算的输出。注意，此图给出的仅是典型的一位的 ALU，对于 n 位 ALU，这个电路必须重复 n 次。算术电路某一级的输出进位 C_{i+1} 必须按顺序连接到下一级的输入进位 C_i。第一级的输入进位 C_0 是 ALU 的输入进位 C_{in}，同时也是逻辑运算中取代 S_1 的选择变量，这种关于 C_{in} 的奇特用法为今后在加入移位寄存器时，对控制变量进行编码提供了更为系统的方法。

图 8-7 中的 ALU 提供 8 种算术运算和 4 种逻辑运算，每一种运算通过变量 S_2、S_1、S_0 和 C_{in} 进行选择。表 8-2 列出了 ALU 的这 12 种运算，前 8 种是算术运算，通过 $S_2=0$ 来选择；后 4 种是逻辑运算，由 $S_2=1$ 选择。选择输入 S_1 不影响逻辑运算，故它在表中被标记为 ×，表示其值可为 0 也可为 1。在后面的设计中，对于逻辑运算，我们设定 S_1 的值为 0。

(www) 我们已经设计好的 ALU 逻辑并非如此简单，它有相当多的逻辑级数，加大了电路的延迟，应用逻辑优化软件可以简化这些逻辑并减少延迟。例如，优化 ALU 中的一级逻辑是十分容易的，但若要实现 n 级的逻辑优化，则进一步减少 ALU 中的进位传递延迟是必需的，如使用网站补充材料中介绍的先行进位加法器。

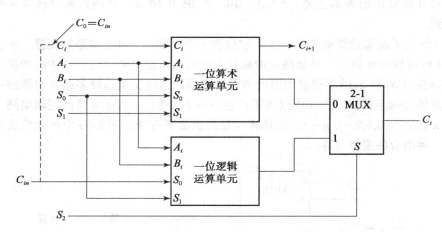

图 8-7 一位 ALU 逻辑运算单元

8.4 移位寄存器

移位寄存器对 Bus B 上的数据进行移位，并将结果放到 MUX F 的一个输入端。基本移位寄存器执行两种主要数据移动方式中的一种：右移或左移。

对于移位寄存器，一种明智的做法是让其可以双向移动数据，并可以进行并行装载。来自 Bus B 的数据可以通过并行方式传送到移位寄存器，然后右移、左移或什么也不做。第一个时钟脉冲将 Bus B 上的数据加载到移位寄存器，第二个时钟脉冲完成移位，最后第三个时钟脉冲将移位寄存器中的数据传送至选定的目的寄存器中。

另一方面，移位寄存器也可以像第 3 章那样用组合电路来实现，这时从源寄存器到目的寄存器传送一次数据只用一个时钟脉冲。因为使用一个时钟脉冲代替三个时钟脉冲，所以运算速度更快，这是一种较好的方法。在一个组合式移位寄存器中，信号通过门电路传输不需要一个时钟脉冲。因此，在数据通路中的一次移位，仅仅只需一个时钟将数据从 Bus H 装载到选定的目的寄存器。

一个组合式移位寄存器可采用多路复用器按图 8-8 来构建。选择变量 S 提供给 4 个多路复用器来选择移位寄存器的操作类型。$S=00$，B 直接通过移位寄存器，其值不变；$S=01$，移位寄存器右移；$S=10$，移位寄存器左移。右移时用串行输入 I_R 的值填充左边的位置，左移时用串行输入 I_L 的值填充右边的位置。串行输出根据右移或左移分别从串行输出 R 和串行输出 L 得到。

图 8-8 只给出了移位寄存器中的四位，在操作数为 n 位的系统中移位寄存器有 n 级。当寄存器进行一位移动时，还需要额外的选择变量指定将什么连接至 I_R 或 I_L。注意，当将一个操作数移 $m(m>1)$ 位时，移位寄存器必须连续执行 m 次一位移位操作，共需要 m 个时钟周期。

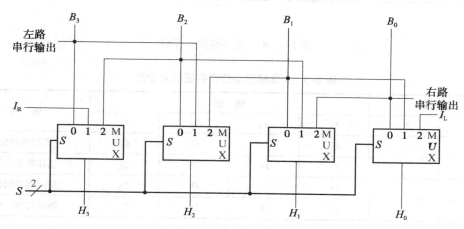

图 8-8   4 位基本移位寄存器

桶形移位寄存器

在数据通路应用中，常常需要在一个时钟周期内将数据移动多位。桶形移位寄存器（barrel shifter）是一个组合电路，它可以根据一组选择线上的二进制值，将输入数据移动或循环移动指定的位数。我们这里考虑的移位是循环左移，它是指将二进制数据向左移动，寄存器最高位的数据位循环移动返回进入寄存器最低位。

一个 4 位这种类型的桶形移位寄存器如图 8-9 所示，它由 4 个具有相同选择线 S_1 和 S_0 的多路复用器组成。选择变量决定输入数据将要被循环左移的位数。当 $S_1 S_0=00$ 时，不进行移位，输入数据直接到输出。当 $S_1 S_0=01$ 时，输入数据循环移动一位，D_0 移至 Y_1，D_1 移至 Y_2，D_2 移至 Y_3，而 D_3 移至 Y_0。当 $S_1 S_0=10$ 时，输入数据循环移动两位，而当 $S_1 S_0=11$ 时，输入数据循环移动三位。表 8-3 给出了 4 位桶形移位寄存器的功能表。对于每一组选择变量的二进制数值，此表列出了输出端上对应的输入值。因此，要循环移动三位，$S_1 S_0$ 要为 11，结果是 D_0 移至 Y_3，D_1 移至 Y_0，D_2 移至 Y_1，而 D_3 移至 Y_2。注意，使用这样一个循环左移的桶形移位寄存器，也能够实现循环右移的所有操作。例如，在这个 4 位桶形移位寄存器中，循环左移三位与循环右移一位的结果相同。一般来说，一个 2^n 位桶形移位寄存器中，i 位的循环左移等效于 2^n-i 位的循环右移。

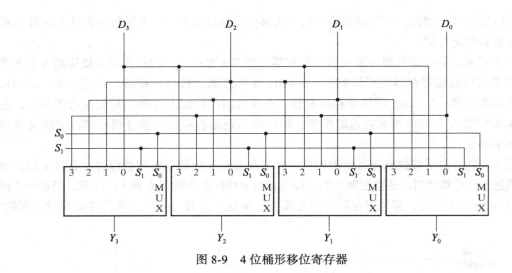

图 8-9   4 位桶形移位寄存器

表 8-3   4 位桶形移位寄存器的功能表

选 择		输 出				输 出
S_1	S_0	Y_3	Y_2	Y_1	Y_0	
0	0	D_3	D_2	D_1	D_0	无循环移位
0	1	D_2	D_1	D_0	D_3	循环移动一位
1	0	D_1	D_0	D_3	D_2	循环移动两位
1	1	D_0	D_2	D_2	D_1	循环移动三位

一个有 2^n 条输入线和 2^n 条输出线的桶形移位寄存器需要 2^n 个多路复用器，每一个多路复用器有 2^n 个数据输入和 n 个选择输入。数据循环移动的位数由选择变量来指定，它们的大小从 0 到 2^n-1。对于一个大的 n 值，门电路的扇入数太大，因此大的桶形移位寄存器由分层的多路复用器组成，如 10.3 节所示，或者在晶体管级进行特殊的结构设计。

8.5   数据通路描述

图 8-1 中的数据通路中包含寄存器、寄存器选择逻辑、ALU、移位寄存器和三个附加的多路复用器。使用分层结构明显地降低数据通路的复杂性，这个降低是非常重要的，因为数据通路的使用频率非常高。而且，正如接下来讨论的寄存器文件所表明的那样，分层设计可以使模块的某种实现被另一种实现替代，因此在数据通路的分层结构图中不需要绑定特定的实现方法。

一个典型的数据通路有 4 个以上的寄存器。实际上，通常计算机有 32 个或更多的寄存器。构建有很多寄存器的总线系统需要不同的技术。一组完成相同微操作的寄存器可以组成一个寄存器文件（register file）。典型的寄存器文件是一种特殊类型的快速存储器，它允许一个或多个字的同时读和一个或多个字的同时写。从功能上来说，一个简单的寄存器文件包含与图 8-1 中灰色阴影部分相同的逻辑。因为寄存器文件具有与存储器类似的属性，所以图中的 A select、B select 和 Destination select 输入变成了三个地址。如图 8-1 灰色部分和图 8-10 中寄存器文件符号所示，A address 访问读取一个字到 A data 上，B address 访问读取第二个字到 B data 上，D address 访问从 D data 写入一个字。所有这些访问出现在同一时钟周期，与 Load Enable 信号对应的 Write 输入也要同时有效。当 Write＝1 时，Write 信号允许寄存器在当前时钟周期写入数据，而当 Write＝0 时，则阻止寄存器装载数据。寄存器文件的容量是 $2^m \times n$，其中 m 是寄存器地址的位数，n 是每一个寄存器的位数。对于图 8-1 所示的数据通路，$m=2$，因此有 4 个寄存器，但 n 没有指定。

　　因为 ALU 和移位寄存器共享处理单元，它们的输出由 MUX F 来选取，这两个部分和 MUX 十分方便地组合在一块，形成一个共享的功能单元。图 8-1 中深灰色阴影部分就是这个功能单元，它可以用图 8-10 中给出的符号来表示。功能单元的输入来自于 Bus A 和 Bus B，而它的输出则连接到 MUX D。功能单元还有 4 个状态位 V、C、N 和 Z，它们是功能单元的额外输出。

445

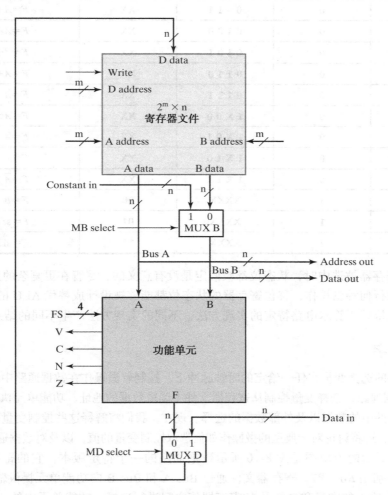

图 8-10　数据通路使用的寄存器文件和功能单元框图

　　在图 8-1 中，有三个选择输入：G select、H select 和 MF select。在图 8-10 中，只有一个单一标记为 FS 的选择输入作为功能选择。为了完整地描述图中的功能单元，所有 G select、H select 和 MF select 的编码必须用 FS 的编码来定义。表 8-4 定义了这些编码之间的转换关系。FS 的编码在左边第一列中给出。从表 8-4 中可显而易见地看出，MF＝1 时，FS

最左边的两位都等于 1。如果 MF select＝0，那么 G select 编码决定功能单元的功能。如果 MF select＝1，那么 H select 编码决定功能单元的功能。为了说明这种关系，决定功能单元输出的编码在表中用加粗的黑色突显出来。从表 8-4 可知，编码转换可以用布尔等式：$MF＝F_3 \cdot F_2$、$G_3＝F_3$、$G_2＝F_2$、$G_1＝F_1$、$G_0＝F_0$、$H_1＝F_1$ 以及 $H_0＝F_0$ 来实现。

表 8-4　用 FS 编码定义的 G Select、H Select 和 MF Select

FS(3:0)	MF Select	G Select(3:0)		微　操　作
0 0 0 0	0	0 0 0 0	XX	$F＝A$
0 0 0 1	0	0 0 0 1	XX	$F＝A+1$
0 0 1 0	0	0 0 1 0	XX	$F＝A+B$
0 0 1 1	0	0 0 1 1	XX	$F＝A+B+1$
0 1 0 0	0	0 1 0 0	XX	$F＝A+\overline{B}$
0 1 0 1	0	0 1 0 1	XX	$F＝A+\overline{B}+1$
0 1 1 0	0	0 1 1 0	XX	$F＝A-1$
0 1 1 1	0	0 1 1 1	XX	$F＝A$
1 0 0 0	0	1 X 0 0	XX	$F＝A \wedge B$
1 0 0 1	0	1 X 0 1	XX	$F＝A \vee B$
1 0 1 0	0	1 X 1 0	XX	$F＝A \oplus B$
1 0 1 1	0	1 X 1 1	XX	$F＝\overline{A}$
1 1 0 0	1	XXXX	00	$F＝B$
1 1 0 1	1	XXXX	01	$F＝sr\ B$
1 1 1 0	1	XXXX	10	$F＝sl\ B$

当移位寄存器被选中时，状态位都被假定是没有意义的，尽管在更复杂的系统中，不论移位寄存器执行何种微操作，移位寄存器的状态位都能够被设计成替代 ALU 的状态。注意，状态位的实现依赖于算术电路特定的实现方法，不同的实现方法产生不同的结果。

8.6　控制字

数据通路的选择变量在任一给定的时钟脉冲下，控制着微操作在数据通路中的执行。对于 8.5 节中的数据通路，选择变量控制从寄存器文件中读取数据的地址、功能单元执行的功能、装载到寄存器文件中的数据以及外部数据的选择。现在，我们将解释这些控制变量如何选择数据通路的微操作，还将讨论对于典型的微操作如何选取控制变量的值，以及对数据通路进行仿真。

图 8-11a 所示的模块图是图 8-10 所示数据通路的一个特定版本，它的寄存器文件有 8 个寄存器，分别是 $R0 \sim R7$。寄存器文件通过 Bus A 和 Bus B 向功能单元提供输入。MUX B 在 Constant in 输入的常量和 B data 的寄存器值之间进行选择。功能单元内的 ALU 和零检测逻辑产生 4 个状态位：V（溢出）、C（进位）、N（符号）和 Z（零）。MUX D 选取功能单元的输出或 Data in 的数据作为寄存器文件的输入。

有 16 位二进制控制输入，它们的组合值确定一个控制字（control word）。在图 8-11b 中给出了 16 位控制字的定义，它由 7 个叫做字段（field）的部分组成，每个字段由两个字母标示。3 个寄存器字段各占 3 位，剩下的字段有 1 位和 4 位的。3 位的 DA 字段选择 8 个寄存器中的某一个作为目的寄存器，存放微操作的结果，3 位的 AA 字段选择 8 个寄存器中的某一个作为源寄存器将其内容放在 ALU 的输入 Bus A 上，3 位的 BA 字段选择一个源寄存器，将其内容放在 MUX B 的 0 输入端。1 位的 MB 字段决定 Bus B 传送的数据是来自于源寄存器还是常量值。4 位的 FS 字段控制功能单元的运算，FS 字段中的内容可以是表 8-4 中 15 个编码中的任一个。1 位的 MD 字段选取功能单元的输出或 Data in 上的数据作为 Bus D 的输入。最后的一个字段 RW 决定某个寄存器是否写入。当把这个 16 位长的控制字作为控制输入时，它就可以确定一个特定的微操作。

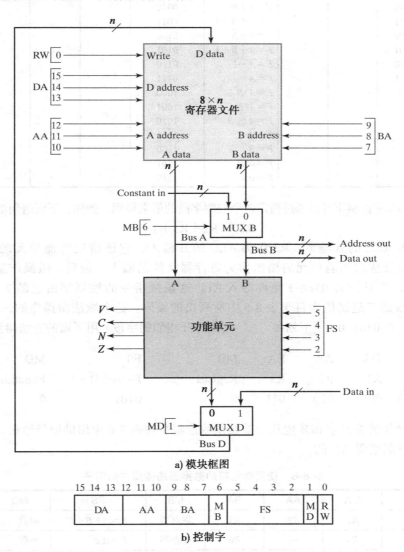

a) 模块框图

b) 控制字

图 8-11 带控制变量的数据通路

所有有意义的控制码的功能如表 8-5 所示，对应每个字段的每一种功能都给出了对应的二进制编码。地址字段 DA、AA 和 BA 选取的寄存器是其十进制编号与字段编码的二进制数值相等的寄存器。MB 选取由 BA 字段选定的寄存器值或是从数据通路之外的 Constant in 引入常量。ALU 运算、移位寄存器操作和 ALU 或移位寄存器输出选择都由 FS 字段指定。

字段 MD 控制着装载到寄存器文件的信息。最后的字段 RW 控制是否写入，不写入阻止对任何寄存器的写操作，而写入功能则可以对任意一个寄存器进行写入操作。

表 8-5 数据通路控制字的编码

DA,AA,BA 功能代码		MB 功能代码		FS 功能代码		MD 功能代码		RW 功能代码	
$R0$	000	寄存器	0	$F=A$	0000	函数	0	无写	0
$R1$	001	常量	1	$F=A+1$	0001	数据输入	1	写	1
$R2$	010			$F=A+B$	0010				
$R3$	011			$F=A+B+1$	0011				
$R4$	100			$F=A+\overline{B}$	0100				
$R5$	101			$F=A+\overline{B}+1$	0101				
$R6$	110			$F=A-1$	0110				
$R7$	111			$F=A$	0111				
				$F=A \wedge B$	1000				
				$F=A \wedge B$	1001				
				$F=A \oplus B$	1010				
				$F=\overline{A}$	1011				
				$F=B$	1100				
				$F=\text{sr } B$	1101				
				$F=\text{sr } B$	1110				

给定微操作的控制字可以通过指定各个控制字段的值来得到。例如，下面语句给出减法运算

$$R1 \leftarrow R2+\overline{R3}+1$$

指定 R2 作为 ALU 的 A 输入，R3 作为 ALU 的 B 输入，它还指定功能单元的运算为 F=$A+\overline{B}+1$，以及选取功能单元的输出作为寄存器文件的输入。最后，微操作选取 R1 作为目的寄存器，并且设置 RW=1 允许写入 R1。这条微指令的控制字由它的 7 个字段来确定，每个字段的二进制值来自于表 8-5 中所列出的编码。这个减法微操作的二进制控制字 001_010_011_0_0101_0_1（下划线 "_" 用来分开相邻的字段）用下面的方法得到：

字段：	DA	AA	BA	MB	FS	MD	RW
符号：	R1	R2	R3	Register	$F=A+\overline{B}+1$	Function	Write
二进制值：	001	010	011	0	0101	0	1

这个微操作的控制字和其他几个微操作的控制字在表 8-6 中用助记符给出，而在表 8-7 中则是用二进制编码给出的。

表 8-6 使用助记符的数据通路微操作的例子

微 操 作	DA	AA	BA	MB	FS	MD	RW
$R1 \leftarrow R2\text{-}R3$	$R1$	$R2$	$R3$	寄存器	$F=A+\overline{B}+1$	函数	写
$R4 \leftarrow \text{sl } R6$	$R4$	—	$R6$	寄存器	$F=\text{sl } B$	函数	写
$R7 \leftarrow R7+1$	$R7$	$R7$	—		$F=A+1$	函数	写
$R1 \leftarrow R0+2$	$R1$	$R0$	—	常量	$F=A+B$	函数	写
数据输出 $\leftarrow R3$	—		$R3$	寄存器	—	—	无写
$R4 \leftarrow$ 数据输入	$R4$				—	数据输入	写
$R5 \leftarrow 0$	$R5$	$R0$	$R0$	寄存器	$F=A \oplus B$	函数	写

表 8-6 中的第二个例子是下面语句给出的移位微操作

$$R4 \leftarrow sl\ R6$$

这个语句指定移位寄存器左移一位。寄存器 R6 中的内容向左移动一位，然后其内容传送至 R4。注意，由于移位寄存器是由 Bus B 驱动的，因此此移位的源寄存器应该由 BA 字段指定而不是由 AA 字段指定。根据每个字段符号的含义，这些微操作的二进制控制字如表 8-7 所示。对于许多微操作，它们既不使用来自寄存器文件的 A data，也不使用来自寄存器文件的 B data。此时，相应的符号字段用破折号表示，因为这些值没有定义，所以在表 8-7 中对应的二进制值用 × 表示。现在继续介绍表 8-6 中的最后三个例子，将某个寄存器的内容传送到数据通路外面去。将寄存器的内容放到寄存器文件的输出 B data 上，设置 RW＝No Write（0）以防止寄存器文件被写入。要将一个小常数放到某个寄存器中或将一个小常数作为一个操作数，可以将此常数放到 Constant in 上，设置 MB＝1，让这个数值从 Bus B 通过 ALU 和 Bus D 到达目的寄存器。要让一个寄存器清零，可以将某个寄存器的值同时送到 A data 和 B data 上并设置异或运算（FS＝1010）和 MD＝0，这将使 Bus D 置为全 0，DA 字段设置成目的寄存器的编码，设置 RW＝1 允许写寄存器。

448
~
450

表 8-7   来自表 8-6 使用二进制码控制字的微操作例子

微操作	DA	AA	BA	MB	FS	MD	RW
$R1 \leftarrow R2\text{-}R3$	0 0 1	0 1 0	0 1 1	0	0 1 0 1	0	1
$R4 \leftarrow sl\ R6$	1 0 0	×××	1 1 0	0	1 1 1 0	0	1
$R7 \leftarrow R7+1$	1 1 1	1 1 1	×××	X	0 0 0 1	0	1
$R1 \leftarrow R0+2$	0 0 1	0 0 0	×××	1	0 0 1 0	0	1
数据输出 $\leftarrow R3$	×××	×××	0 1 1	0	××××	×	0
$R4 \leftarrow$ 数据输入	1 0 0	×××	×××	X	××××	1	1
$R5 \leftarrow 0$	1 0 1	0 0 0	0 0 0	0	1 0 1 0	0	1

从这些实例可以清楚地看到，许多微操作可以由相同的数据通路来实现。微操作的控制顺序可以通过控制单元产生适合的控制字序列来实现。

在这一节的最后，我们来对图 8-11 所示的数据通路进行一次模拟，每一个寄存器的位数 n 为 8。由于无符号十进制数最方便读出模拟结果，故用它来表示所有有多个二进制位的信号。假设表 8-7 中的微操作按顺序执行，向数据通路提供输入，并假定每个寄存器的初始值就是它的十进制编号（例如 R5 的初始值为 $(0000\ 0101)_2 = (5)_{10}$）。图 8-12 给出了模拟的结果。图中显示的第一个值是 Clock，相应还出了时钟周期数作为时间参照。数据通路的输入、输出和状态大致按照信息流通过通路的顺序给出。最初的 4 个输入是控制字的主要字段，它们指定了寄存器文件输出的寄存器地址以及所执行的功能。接下来是输入 Constant in 和 MB，它们控制 Bus B 的输入。随后是输出 Address out 和 Data out，它们分别来自 Bus A 和 Bus B 的输出。再接下来的 3 个变量——Data in、MD 和 RW 是数据通路的最后 3 个输入变量。最后是 8 个寄存器的内容和以矢量（V，C，N，Z）形式表示的 Status bits。每个寄存器的初始值是它们各自的十进制编号。只在第 4 个时钟周期给 Constant in 加载数值 2，此时 MB＝1。其他时候，Constant in 上的值是未知的，用 × 表示。最后，Data in 的值是 18，这个值在模拟中来自于 Address out 寻址的一个存储器，这个存储器 0 号单元的值是 18，而

其他单元的值未知，因此除了 Address out 为 0 外，Data in 的值用位于 0 和 1 之间的一条线
来表示，表明该值是未知的。

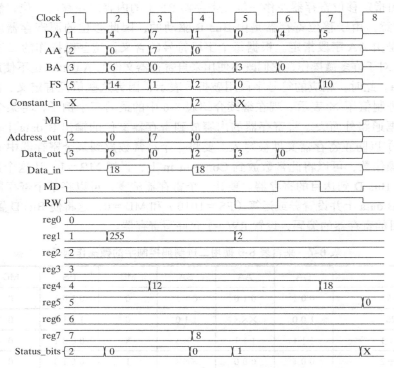

图 8-12　对表 8-7 中微操作序列的模拟

模拟结果表明，若寄存器的值因某一微操作的执行而发生改变，该改变都出现在执
行该微操作的时钟周期之后。例如，时钟周期 1 的减法结果在时钟周期 2 出现在 R1 寄
存器中，这是因为结果是在时钟周期 1 末端的时钟上升沿装载到触发器中的。另一方面，
Status bits、Address out 和 Data out 的值不依赖时钟上升沿，它的改变与执行的微操作在
同一个时钟周期内。又因为在模拟中没有给定组合电路延迟，所以这些值在寄存器值变化
的同一时间改变。最后注意，模拟中 7 个微操作使用了 8 个时钟周期，以便由最后一个微
操作改变的寄存器值能够观察到。尽管 Status bits 在所有微操作中都出现，但它们不是总有
实际意义的。例如，对于微操作 R3＝Data out 和 R4 ← Data in，在时钟周期 5 和时钟周期 6
时，Status bits 的值与结果没有任何关系，因为在这些操作中没有使用功能单元。最后，对
于在时钟周期 7 的 R5 ← R0 ⊕ R0，算术运算单元没有工作，因此从算术运算单元来的 V 和
C 的值与此运算无关，但 N 和 Z 的值是以有符号二进制补码整数形式表示的结果的状态。

8.7　一个简单的计算机体系结构

本节我们介绍一个简单的计算机体系结构，以便掌握计算机设计的基础知识，并说
明可编程系统的控制器设计。在可编程系统中，处理器输入的一部分是由指令序列组成
的。每一条指令要指定系统执行一个运算，指定运算所需要的操作数，存放运算结果
的地方，在某些情况下，还要指定下一条要执行的指令。对于可编程系统，指令通常
被存储在存储器中，既可以是 RAM 也可以是 ROM。为了按序执行指令，必须提供将

要执行的指令在存储器中的地址。在计算机中，这个地址来自于一个被称为程序计数器（Program Counter，PC）的寄存器。从其名称可知，PC具有计数逻辑。另外，为了可以根据状态信息改变指令的执行顺序，PC还应该具有地址并行装载能力。因此，可编程系统的控制单元包含一个PC和相关的判定逻辑，以及必要的分析逻辑以对被执行的指令进行解释。执行一条指令，意味着在数据通路中（和其他地方）激活一个用来完成由指令确定操作所必需的微操作序列。与前面的相反，在非可编程系统中，控制单元既不负责从存储器获取指令，也不决定指令执行的顺序。在这样的系统中，没有PC或类似的寄存器，取而代之的是，控制单元仅仅根据它的输入和状态位来决定要执行的操作和操作的执行顺序。

我们将展示：在简单计算机中由指令指定的操作在数据通路中是如何通过微操作来实现的，以及信息是如何在数据通路和存储器之间传送的。同时，我们还要介绍两种不同的为控制程序执行而产生操作序列的控制器结构，其目的是说明控制器设计的两种不同方法，以及这些方法对数据通路设计和系统性能的影响。关于数字计算机指令集概念的更深入的研究将在下一章进行详细的阐述，而在第10章我们将设计更加完整的CPU。

8.7.1 指令集结构

用户通过程序（Program）指定要执行的操作和操作执行的顺序，这就是指令列表，指令列表确定操作、操作数和处理的顺序。计算机执行的数据处理会因指令不同或指令相同而数据不同发生改变。指令和数据通常存储在相同的存储器中，而且存储在一起。然而，根据技术的不同，指令和数据也可能来自不同的存储器，这些技术将在第10章中讨论。控制单元从存储器读取一条指令并对其译码，通过发出一个或多个微操作序列来执行这条指令。从存储器中执行程序的能力是通用计算机最重要的一个属性。从存储器中执行程序与早先在例6-3和例6-4中介绍的非可编程控制单元截然不同，后者仅仅依据输入和状态信号来顺序地执行固定的操作。

指令（instruction）是命令计算机执行一个特定操作的位的集合。一台计算机的指令集合被称为该计算机的指令集（instruction set），而一个指令集的完整描述被称为该计算机的指令集结构（Instruction Set Architecture，ISA）。简单的指令集结构有三个主要部分：存储资源、指令格式和指令说明。

8.7.2 存储资源

图8-13是简单计算机的存储资源示意图。这个框图从用户用语言对计算机进行编程的角度描绘了计算机的结构，计算机语言直接规定了可以执行的指令。这个图给出了用户可用的存储信息的资源。注意，这个结构包括两个存储器，一个用来存储指令，另一个用来存储数据。这两个存储器实际上可以是不同的存储器，也可以是同一个存储器，但从第10章所讨论的CPU的观点来看，它们是不同的存储器。另外，图中对程序员可见的存储资源是一个有8个16位寄存器的寄存器文件和一个16位的程序计数器。

8.7.3 指令格式

指令格式常常用一个长方形格子来表示，它把出现在存储器或控制寄存器中的指令的各个位进行符号化。这些位被分成若干组或若干部分，我们称之为字段。每一个字段分配一个特定的名称，例如操作码、常量或寄存器文件地址。不同字段表示指令的不同功能，当它们组合在一起，就构成了指令格式。

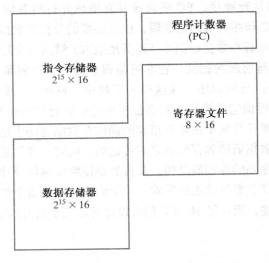

图 8-13　一台简单计算机的存储资源图

指令操作码（operation code）常常缩写为"opcode"，它是指令中指定具体操作的字段，例如加、减、移位或者取反。操作码的位数是指令集中操作总数的函数，它至少由 m 位组成以表示最多 2^m 种不同的操作，设计者对每一种操作都分配一个位组合（一个代码）。计算机在一系列动作的适当时间接收这个位组合，并为执行指定的操作提供合适的控制字序列。举一个具体的例子，考虑一个最多有 128 种不同操作的计算机，其中一种操作是加法。分配给这个加法操作的操作码是 7 位的 0000010。当控制单元检测到操作码 0000010 时，一个控制字序列就加载到数据通路，去执行即将执行的加法。

指令的操作码指定要执行的操作，操作必须使用存储在计算机寄存器或存储器中的数据（即储存在存储资源中的内容）。因此，一条指令不仅要指定具体操作，而且要指定存放操作数和操作结果的寄存器或存储字。指令指定操作数的方法有两种。如果指令中包含用于识别操作数的特殊位，则称此操作数为显式（explicitly）确定的。例如，执行加法运算的一条指令可能包含三个二进制数，分别用来指定包含操作数的两个寄存器和接收运算结果的一个寄存器。如果操作数包含在操作码中，是操作定义的一部分，并没有在指令中直接给出，这样的操作数被称为是隐式（implicitly）定义的。例如，在寄存器加 1 操作中，其中一个操作数是隐式的 +1。

图 8-14 给出了简单计算机的三种指令格式。假定这台计算机的寄存器文件有 8 个寄存器，分别是 R0～R7。图 8-14a 中的指令格式由一个操作码和三个操作数组成，这个操作码根据需要指定最多三个寄存器，其中一个是用来存放结果的目的寄存器，而另两个用于指明操作数的来源。为了方便，目的寄存器的字段名缩写成 DR，源寄存器的字段名分别缩写成 SA 和 SB。实际使用的寄存器字段和寄存器个数由具体的操作码来决定，操作码可以指定寄存器的使用。例如，对于减法运算，假设 SA 字段的三位是 010，指定的是 R2 寄存器；SB 字段的三位是 011，指定的是 R3 寄存器；而 DR 字段的三位是 001，指定的是 R1 寄存器；该指令表示 R2 的内容减去 R3 的内容，并将结果存放到 R1 中。再

举一个例子，假设操作是将数据存储到存储器中。假设，SA 字段的三位指定的是 R4，SB 字段的三位指定的是 R5。对于这个特殊的操作，假定 SA 字段指定的寄存器中含有存储器地址，而 SB 字段指定的寄存器含有将要存储的操作数。因此，R5 中的值将存储到由 R4 的值所指定的存储器单元中。此时，DR 字段无效，因为存储操作不允许寄存器文件被写入。

图 8-14b 中的指令格式有一个操作码、两个寄存器字段和一个操作数。此操作数是一个常量，被称为立即操作数（immediate operand），因为它可从指令中立即获取。例如，对一个加立即数的操作，用 SA 字段指定 R7，DR 字段指定 R2，而操作数 OP 等于 011，这个数值 3 加上 R7 中的值，其结果存放到 R2 中。因为操作数只有三位而不是完整的 16 位，剩下的 13 位必须用零或符号位扩展来填充，就如第 3 章所讨论的那样。在这个 ISA 中，指定用零来填充。

与其他两种指令格式不同，图 8-14c 中的指令格式不会改变寄存器文件中任何寄存器或存储器中的内容。相反，它影响从存储器中读取指令的顺序。指令的位置由程序计数器 PC 来决定。通常，当程序运行时，PC 按顺序从存储器中逐一获取指令。但是，处理器功能之强大是因为它可以根据已经完成的处理结果改变指令执行的顺序。指令执行顺序的改变是通过执行跳转指令和分支指令来实现的。

图 8-14c 给出了跳转指令和分支指令格式，指令有一个操作码、一个寄存器字段 SA 和一个分成两部分的地址字段 AD。如果一个分支（可能基于某指定寄存器中的内容）出现，当前 PC 值加 6 位地址字段值以形成一个新的地址，这种寻址方式被称为 PC 相对寻址，6 位地址字段为地址偏移量（address offset），是一个带符号的二进制补码数。为了保持二进制补码数的表示方式，在进行加法运算以形成最终地址之前，应将 6 位地址进行符号扩展以形成一个 16 位的偏移量。如果地址字段 AD 的最左端一位是 1，那么将它左端 10 位全填充为 1 以得到一个负的二进制补码偏移量。如果地址字段 AD 的最左端一位是 0，那么将它左端 10 位全填充为 0 以得到一个正的二进制补码偏移量。这个偏移量与 PC 值相加形成下一条将要读取的指令的地址。例如，PC 的值是 55，如果 R6＝0，则分支跳转到地址 35。操作码将指定一个零分支指令，将 SA 字段指定为 R6，而 AD 字段是 6 位长的、用二进制补码表示的－20。如果 R6 是 0，那么 PC 值变成 55＋（－20）=35，下一条指令从地址 35 获取。如果 R6 不等于 0，PC 将向上计数到 56，下一条指令从地址 56 获取。这种寻址方式仅能提供在 PC 值上下很小范围的分支地址。跳转指令使用无符号 16 位寄存器的值作为跳转目标地址，可以获得更大的地址范围。

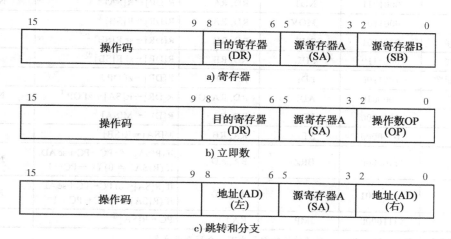

a) 寄存器

b) 立即数

c) 跳转和分支

图 8-14 三种指令格式

　　本章的简单计算机中将用到图 8-14 中的三种指令格式。在第 9 章我们要讨论一些更一般化的指令类型和格式。

8.7.4　指令说明

　　指令说明描述了能够被系统执行的每一条不同的指令。对每一条指令，要给定一个操作码并伴随一个称之为助记符（mnemonic）的缩写名，它可以用作操作码的符号表示。助记符与指令格式中其他字段结合在一起，是一种用符号来表示指令各个字段的表示方法。这种符号表示要通过一个被称为汇编器（assembler）的程序转换成二进制表示形式。给出指令所执行的操作的描述，包含该指令影响的状态位。这个描述可以是文字的，也可以用类似寄存器传输的方式来说明。

　　表 8-8 给出了简单计算机的指令说明。用前一章介绍过的寄存器传送表示法来描述所执行的操作，并且标示了每条指令影响的状态位。为了说明指令，假设存储器的每个字长为16 位，指令格式为图 8-14 中的一种。以二进制形式表示的指令和数据存放在存储器中，如表 8-9 所示。这个表中有 4 条不同格式的指令。在地址 25 有一条寄存器格式指令，它用 R2中的内容减去 R3 中的内容并将差值装入 R1，这个操作在表 8-9 最右边一列用符号进行了表示。注意，减法指令的 7 位操作码是 0000101，或十进制数 5，指令中剩下的位指定了三个寄存器：001 指定 R1 为目的寄存器，010 指定 R2 为源寄存器 A，011 指定 R3 为源寄存器 B。

456
~
457

表 8-8　简单计算机的指令描述

指　　令	操 作 码	助 记 符	格　　式	描　　述	状 态 位
传送 A	0000000	MOVA	RD, RA	$R[DR] \leftarrow R[SA]$ [①]	N, Z
加 1	0000001	INC	RD, RA	$R[DR] \leftarrow R[SA] + 1$ [①]	N, Z
加	0000010	ADD	RD, RA, RB	$R[DR] \leftarrow R[SA] + R[SB]$ [①]	N, Z
减	0000101	SUB	RD, RA, RB	$R[DR] \leftarrow R[SA] - R[SB]$ [①]	N, Z
减 1	0000110	DEC	RD, RA	$R[DR] \leftarrow R[SA] - 1$ [①]	N, Z
与	0001000	AND	RD, RA, RB	$R[DR] \leftarrow R[SA] \wedge R[SB]$ [①]	N, Z
或	0001001	OR	RD, RA, RB	$R[DR] \leftarrow R[SA] \vee R[SB]$ [①]	N, Z
异或	0001010	XOR	RD, RA, RB	$R[DR] \leftarrow R[SA] \oplus R[SB]$ [①]	N, Z
非	0001011	NOT	RD, RA	$R[DR] \leftarrow \overline{R[SA]}$ [①]	N, Z
传送 B	0001100	MOVB	RD, RB	$R[DR] \leftarrow R[SB]$ [①]	
算术右移	0001101	SHR	RD, RB	$R[DR] \leftarrow sr\ R[SB]$ [①]	
算术左移	0001110	SHL	RD, RB	$R[DR] \leftarrow sl\ R[SB]$ [①]	
装入立即数	1001100	LDI	RD, OP	$R[DR] \leftarrow zf\ OP$ [①]	
加立即数	1000010	ADI	RD, RA, OP	$R[DR] \leftarrow R[SA] + zf\ OP$ [①]	N, Z
装入	0010000	LD	RD, RA	$R[DR] \leftarrow M[SA]$ [①]	
存储	0100000	ST	RA, RB	$M[SA] \leftarrow R[SB]$ [①]	
零分支	1100000	BRZ	RA, AD	if $(R[SA]=0)$ PC←PC+se AD, if $(R[SA] \neq 0)$ PC←PC+1	N, Z
负分支	1100001	BRN	RA, AD	if $(R[SA]<0)$ PC←PC+se AD, if $(R[SA] \geqslant 0)$ PC←PC+1	N, Z
跳转	1110000	JMP	RA	$PC \leftarrow R[SA]$ [①]	

　　① 对于所有指令，PC←PC+1 微操作执行都是为下一个周期做准备。

存储器地址 35 处是一个寄存器格式的指令，它将 R5 的内容存储到 R4 所指定的存储器单元中。其操作码是 0100000，或十进制数 32，该操作也在表的最右边一列用符号给出。假设 R4 等于 70，R5 等于 80，那么这条指令执行的结果将会在存储器地址为 70 的地方存储 80 这个数值，取代了原来存储在那里的 192。

458

在地址 45 处有一条立即寻址格式的指令，它将 3 和 R7 中的值相加并将结果装入 R2。这条指令的操作码是 66，要加的操作数是 OP 字段中的数值 3（011），位于指令最后三位。

在地址 55 处有一条先前描述过的分支指令。这条指令的操作码是 96，源寄存器 A 指定为 R6，左边的 AD 字段是 101，右边的 AD 字段是 100。将这两部分合并，并进行符号扩展，得到 1111111111101100，这是 -20 的二进制补码表示。如果寄存器 R6 中的值是零，那么 -20 加上 PC 的值得到 35。如果寄存器 R6 中的值不等于零，新的 PC 值将等于 56。注意，我们假设 PC 加上一个数发生在 PC 加 1 之前，这只是在简单计算机中的情况，而在真实的系统中，PC 有时已经加 1 以指向存储器中下一条指令。在这种情况下，存储在 AD 字段中的值应做相应的调整以获取正确的分支地址，现在它的值为 -19。

表 8-9 所示的指令在存储器中是随意放置的。在许多计算机中，字长从 32 位到 64 位，因此指令格式中可以容纳比我们以前给出的更大的立即操作数和地址。依据计算机结构的不同，一些指令格式可能占据两个或更多连续的存储字。同时，由于寄存器的数量常常很大，因此指令中寄存器字段必须占用更多的位。

表 8-9 指令和数据的存储器表示

十进制地址	存储器内容	十进制操作码	其 他 字 段	操 作
25	0000101 001 010 011	5（减）	DR:1, SA:2, SB:3	R1 ← R2−R3
35	0100000 000 100 101	32（存储）	SA:4, SB:5	M[R4] ← R5
45	1000010 010 111 011	66（加立即数）	DR:2, SA:7, OP:3	R2 ← R7+3
55	1100000 101 110 100	96（零分支）	AD: 44, SA:6	If R6=0, PC ← PC-20
70	00000000011000000	Data=192，在地址 35 的指令执行后，Data=80		

计算机的操作与硬件的微操作之间存在不同，认识到这一点关系重大。计算机的操作由存储在存储器中的二进制形式的指令来确定。计算机中的控制单元通过程序计数器提供的地址从存储器中读取指令，然后对指令中的操作码和其他信息进行译码，以执行指令运行所要求的微操作。相反，微操作是由硬件中控制字的位来指定的，它由计算机硬件译码以执行微操作。计算机操作的执行常常需要一个微操作序列或一个微操作程序，而不是一个单一的微操作。

459

8.8 单周期硬连线控制

图 8-15 给出了一个硬连线控制单元，它能够在一个时钟周期内提取指令和执行一条指令，这种计算机被称为单周期计算机。这台计算机的存储资源、指令格式和指令说明在前面的章节中已经给出，数据通路与图 8-11 所示的相同，其中 $m=3$，$n=16$。数据存储器 M 通过 Address out、Data out 和 Data in 与数据通路连接，它有一个控制信号 MW，当 MW=1 时，数据存储器可以写入，MW=0 时只能读取。

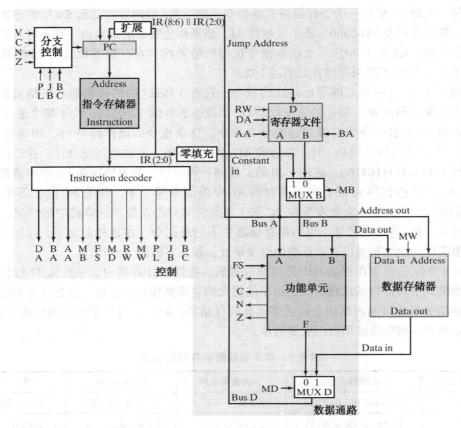

图 8-15   单周期计算机原理框图

控制单元位于图 8-15 的左部。虽然通常不将指令存储器及其地址输入和指令输出看作是控制单元的一部分，但是把它们放在控制单元内还是比较方便。在执行程序时，我们不对指令存储器写入，从这一点来看指令存储器像是一个组合逻辑组件而不是时序逻辑组件。如前面所讨论的那样，PC 向指令存储器提供指令地址，指令存储器输出的指令传送到控制逻辑，此时的控制逻辑就是指令译码器。同时，指令存储器的输出也传送到扩展和零填充逻辑，它们分别为 PC 提供地址偏移量和为数据通路提供常量输入 Constant in。扩展逻辑在 6 位长的 AD 字段的最左端进行扩展，以保持它的二进制补码表示形式。零填充逻辑在指令操作数（OP）字段的左边添加了 13 个零，形成一个 16 位的无符号操作数以便数据通路使用。例如，操作数 110 经填充后变成 0000000000000110 或+6。

PC 在每一个时钟周期都会更新。复杂寄存器 PC 的行为由操作码、N 和 Z 来决定，因为 C 和 V 在这个控制单元设计中没有使用。如果发生跳转，新的 PC 值出现在 Bus A 上。如果执行分支指令，那么新的 PC 值是当前 PC 值与符号扩展地址偏移量之和，用二进制补码表示的地址偏移量可以是正数也可以是负数。否则，PC 值加 1。指令的第 13 位等于 1 时，表示跳转指令，而当它等于 0 时，则表示条件分支指令。分支条件由指令的第 9 位来选取状态位，第 9 位等于 1 选取 N 作为分支条件，等于 0 选取 Z 作为分支条件。

计算机所有时序部件都显示在图中灰色边沿的矩形框区域。注意，除了 PC 之外，控制部件中没有时序逻辑。因此，如果不考虑向指令存储器提供地址，此时的控制逻辑实际上是一个组合电路。事实上，将这种数据通路结构和使用两种存储器（指令存储器和数据存储器）的方法结合起来，可以使单周期计算机在一个时钟周期内，从指令存储器中提取并执行一条指令。

8.8.1　指令译码器

指令译码器是一个组合逻辑电路，它根据指令各个字段的内容为数据通路提供所有的控制字。控制字字段的数目可以从指令字段的内容中直接获取。从图 8-16 可以看到，控制字字段 DA、AA 和 BA 分别等同于指令字段 DR、SA 和 SB。同时，用于选择分支条件状态位的控制字字段 BC 直接取自于操作码的最后一位。剩下的控制字字段包括数据通路和数据存储器控制位 MB、MD、RW 和 MW。有两个额外增加的 PC 控制位：PL 和 JB。如果出现跳转或分支，则 PL＝1，装载 PC 值。当 PL＝0 时，PC 递增 1。当 PL＝1 且 JB＝1 时，执行跳转；当 PL＝1 而 JB＝0 时，执行条件分支。对于控制字中一些一位长的字段，需要设计相应的实现逻辑。为了设计这些逻辑，我们将简单计算机各种可能的指令分成不同的功能类型，然后将操作码最前面的三位分配作为指令的类型码。表 8-10 给出的指令功能类型是根据计算机中特定硬件资源，比如 MUX B、功能单元、寄存器文件、数据存储器和 PC 的使用情况来进行划分的。例如，第一种功能类型使用 ALU，因此设置 MUX B 以使用寄存器文件资源，设置 MUX D 以使用功能单元的输出，并要写寄存器文件。其他指令功能类型定义为使用常量输入而非寄存器输入、数据存储器读与写以及跳转和分支时 PC 处理的各种组合。

|461|

表 8-10　指令译码器逻辑的真值表

指令功能类型	指　令　位				控　制　字　位						
	15	14	13	9	MB	MD	RW	MW	PL	JB	BC
使用寄存器的功能单元操作	0	0	0	×	0	0	1	0	0	×	×
存储器读	0	0	1	×	0	1	1	0	0	×	×
存储器写	0	1	0	×	0	×	0	1	0	×	×
使用寄存器和常量的功能单元操作	1	0	0	×	1	0	1	0	0	×	×
基于零 (Z) 判断的条件分支	1	1	0	0	×	×	0	0	1	0	0
基于负 (N) 判断的条件分支	1	1	0	1	×	×	0	0	1	0	1
无条件跳转	1	1	1	×	×	×	0	0	1	1	×

着眼于指令功能类型和实现指令功能必需的控制字之间的关系，从第 15 位到 13 位和第 9 位的分配情况如表 8-10 所示，这个分配方案试图使实现译码器的逻辑最简单。为完成译码器的设计，控制字中所有一位长字段的值都由功能类型来确定，如表 8-10 所示。注意，表中有许多表示无关的（×）标记。将表 8-10 看作一个真值表，并且优化逻辑功能，则指令译码器的单一位输出逻辑如图 8-16 所示。在优化过程中，假设所有单一位字段对于位 15、14、13 和 9 未出现的 4 个编码的值均为 ×。这意味着在程序中如果出现一个这样的代码，则其影响是未知的。一个更加保守的设计是，指定对应于这 4 个代码的 RW、MW 和 PL 都等于零，以确保这些未用代码不会改变存储资源状态。实现 MB、MD、RW、MW、PL 和

JB 的优化逻辑如图 8-16 所示。

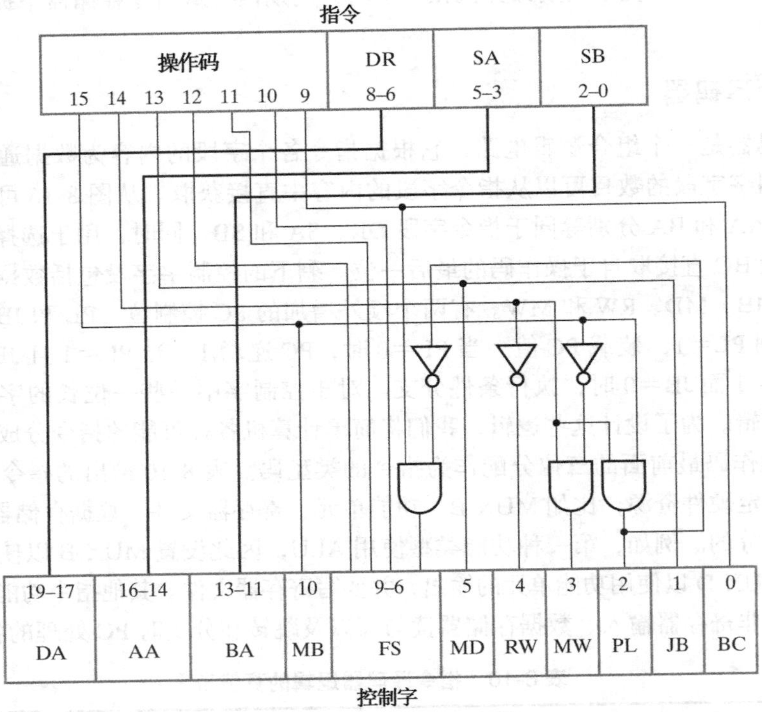

图 8-16 指令译码器示意图

译码器中余下的逻辑用来处理 FS 字段。除了条件分支指令和无条件跳转指令之外，对于所有其他指令，第 9 位到第 12 位直接连接到控制字，形成 FS 字段。在执行条件分支时，比如为零分支，源寄存器 A 的值必须通过 ALU 以便得到 N、Z 状态位的值，这要求 FS＝0000。然而，第 9 位，即 FS 字段最右边的一位，要用来选择条件分支的状态位，它等于 1。这时，第 9 位和 FS 之间的不一致可通过在第 9 位上加一个使能逻辑来解决，一旦 PL＝1，则迫使 FS_0 等于零，如图 8-16 所示。

8.8.2 指令和程序举例

单周期计算机的 6 条指令在表 8-11 中列出。与指令相关的助记符在编写程序时用符号形式而非二进制代码是十分有益的。因为指令译码的重要性，表 8-11 最右边的 6 列显示了每一条指令准确的控制信号值，它们都是根据图 8-16 中的逻辑得到的。

表 8-11 单周期计算机的 6 条指令

操作码	符号表示	格 式	描 述	功 能	MB	MD	RW	MW	PL	JB	BC
1000010	ADI	立即数	加立即操作数	$R[DR] \leftarrow R[SA]+zf$ $I(2:0)$	1	0	1	0	0	0	0
0010000	LD	寄存器	将存储器值装入寄存器	$R[DR] \leftarrow M[R[SA]]$	0	1	1	0	0	1	0
0100000	ST	寄存器	将寄存器值装入存储器	$M[R[SA]] \leftarrow R[SB]$	0	1	0	1	0	0	0

（续）

操作码	符号表示	格 式	描 述	功 能	MB	MD	RW	MW	PL	JB	BC
0001110	SL	寄存器	左移	$R[DR] \leftarrow sl\ R[SB]$	0	0	1	0	0	1	0
0001011	NOT	寄存器	寄存器值取反	$R[DR] \leftarrow \overline{R[SA]}$	0	0	1	0	0	0	1
1100000	BRZ	跳转／分支	如果 R[SA]=0，则分支跳转到 PC+se AD	If $R[SA]=0$, $PC \leftarrow PC$ se AD If $R[SA] \neq 0$, $PC \leftarrow PC+1$	1	0	0	0	1	0	0

462
～
464

现在假设第一条"加立即数"指令（ADI）出现在图 8-15 所示的指令存储器的输出端，那么，根据操作码最先的三位 100，指令译码器的输出有 MB=1、MD=0、RW=1 和 MW=0。指令最后三位 OP_{2-0} 用零填充扩展到 16 位，我们用寄存器传输语句 zf 来表示这种情况。因为 MB 是 1，这个用零填充的值放到了 Bus B 上。MD 等于 0，功能单元的输出被选择，并且因为操作码的最后四位是 0010，指定了 FS 字段，对应操作是 A＋B。因此，Bus B 上用零填充的值和寄存器 SA 的内容相加，再将结果放在 Bus D 上。因为 RW=1，所以 Bus D 上的值写入寄存器 DR。最后，由于 MW=0，存储器禁止写入。整个操作发生在一个时钟周期内。在下一个周期开始时，目的寄存器被写入，并因为 PL=0，PC 递增 1 以指向下一条指令。

第二条指令 LD 的操作码是 0010000，其功能是从存储器中装载操作数。操作码的三位 001 使控制值 MD=1、RW=1 和 MW=0。这些值与源寄存器字段 SA 和目的寄存器字段 DR 一起确定了指令的功能：根据寄存器 SA 中的内容寻址存储器，将该地址中的内容装载到寄存器 DR 中。又因为仍然有 PL=0，PC 值递增 1。注意，此时 JB 和 BC 的值被忽略了，因为这条指令既不是跳转指令也不是分支指令。

第三条指令 ST 的功能是将寄存器的内容存储到存储器。指令操作码的前三位 010 使控制信号值 MB=0、RW=0 和 MW=1。MW=1 引发存储器的写操作，写操作的地址和数据来自寄存器文件。RW=0 禁止寄存器文件被写入。因为 MB=0，所以存储器的写地址来自于字段 SA 选定的寄存器，而存储器的写数据来自字段 SB 指定的寄存器。DR 字段尽管已给出，但并没有被使用，因为寄存器写操作不会出现。

因为该计算机有 load（装载）和 store（存储）指令，并且没有把装载和存储数据的功能与其他操作结合在一起，故称这样的计算机具有 load/store 结构。使用这样一种结构可以简化指令的执行。

接下来的两条指令使用了功能单元，并在没有立即操作数的情况下写寄存器文件。操作码的最后四位，即控制字 FS 字段的值，指定功能单元的运算。对于这两条指令，只有一个源寄存器，R[SA] 用于 NOT 操作，R[SB] 用于左移操作，目的寄存器与源寄存器相同。

最后一条指令是条件分支指令，它要处理 PC 的值。因为 PL=1，所以程序计数器将装载一个值，而不是递增加 1，JB=0 则引发条件分支而不是跳转。因为 BC=0 时，寄存器 R[SA] 被用作零值的检测。如果 R[SA] 等于零，PC 值变为 PC＋se AD，这里的"se"代表符号扩展。否则，PC 递增加 1。对于这条指令，DR 和 SB 字段变成 6 位的地址字段 AD，它经符号扩展后加到 PC。

为了说明像这样的指令如何在简单程序中使用，我们来考虑算术表达式 83－（2＋3）。下面的程序实现这个运算，假设寄存器 R3 内的值是 248，数据存储器 248 号地址单元内的值是 2，249 号地址单元内的值是 83，结果将放入 250 号地址单元：

465

LD	R1，R3	将存储器 248 号地址单元的内容装载到 R1（R1＝2）
ADI	R1，R1，3	R1 中的内容加 3（R1＝5）
NOT	R1，R1	R1 的各位取反
INC	R1，R1	R1 中的内容加 1（R1＝-5）
INC	R3，R3	R3 中的内容加 1（R3＝249）
LD	R2，R3	将存储器 249 号地址单元内的值装载到 R2（R2＝83）
ADD	R2，R2，R1	R2 中的内容加 R1 中的内容，结果放到 R2（R2＝78）
INC	R3，R3	R3 中的内容加 1（R3＝250）
ST	R3，R2；	将 R2 的值存放到存储器 250 号地址单元（M[250]＝78）

这里的减法是将（2＋3）的二进制补码加到 83 来实现的，也可以使用减法运算 SUB 来实现。如果执行一条指令时某一个寄存器字段没有使用，则相应的符号被省略。寄存器类型的指令符号按 DR、SA 和 SB 的顺序出现。对于立即寻址类指令，其字段按 DR、SA 和 OP 的顺序排列。为了在指令存储器中存储这些程序，必须将所有的指令助记符和十进制数转换成与它们对应的二进制代码。

8.8.3　单周期计算机问题

　　虽然有例子说明，单周期计算机不乏有效的定时和控制策略，但它仍然有许多缺点，其中之一就在执行复杂操作方面。例如，假设希望有一条无符号二进制乘法指令，该指令使用一位的乘法算法，一次只能处理一位。对于已给定的这个数据通路，用一个在单时钟周期内执行的微操作不能够实现这条乘法指令。因此，我们需要一个能为执行指令提供多个时钟周期的控制器结构。

　　单周期计算机有两个不同的 16 位存储器，一个用于指令，另一个用于数据。对于指令和数据在同一个 16 位存储器的简单计算机，执行一条指令将一个数据字从存储器装载到寄存器需要两次存储器的读访问。第一次访问是获取指令，如果需要，第二次访问是读或写数据字。因为需要向存储器地址输入提供两个不同的地址，至少需要两个时钟周期以获取并执行指令，每一个时钟周期提供一个地址。使用多周期控制器，这样的操作就很容易实现了。

　　最后，单周期计算机根据最坏情况的长延迟通路来进行设计，因此时钟周期不能缩得很短。这条通路在图 8-17 的简化图中用灰色线表示，沿此通路的总延迟时间是 9.8 ns。这样的延迟将限制时钟频率最多为 102 MHz，虽然对某些应用可能已经足够，但对于现代计算机的 CPU 而

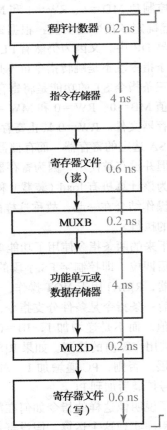

图 8-17　单周期计算机中最差情况下的延时通路

言这个频率太慢了。为了获取更高的时钟频率，通路中元件的延迟时间或数量必须减少。如果元件的延迟时间不能减少，减少元件的数量则是二者中唯一的选择。在第 10 章中，数据通路的流水线减少了最长延迟组合通路中元件的数量，从而允许提高时钟频率。第 10 章中给出的流水线数据通路和控制器说明用此方法可以提高 CPU 的性能。

8.9　多周期硬连线控制

为了说明多周期控制器，我们仍使用简单计算机结构，但修改了它的数据通路、存储器和控制器。修改的目的是展示数据和指令在单存储器中的使用，以及如何用多时钟周期指令来实现复杂指令。图 8-18 给出了数据通路、存储器和控制器修改后的逻辑框图。

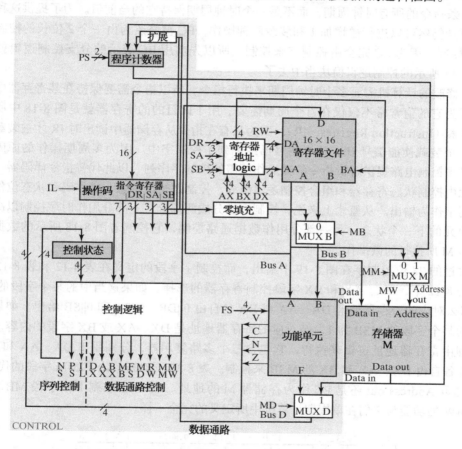

图 8-18　多周期计算机的原理框图

通过比较图 8-15 和图 8-18，就能够观察到对单周期计算机的改变。第一个修改是用图 8-18 中的单体存储器 M 替代图 8-15 中分离的指令和数据存储器，这在多周期操作中是可行的，但不是必需的。取指令时，PC 是存储器的地址来源，取数据时，Bus A 是地址来源。当地址输入到存储器时，多路复用器 MUX M 在这两个地址源之间进行选择，MUX M 需要一个额外的控制信号 MM 加入到控制字格式中。因为来自于存储体 M 的指令必须进入控制单元，因此从存储体 M 的输出到指令寄存器 IR 之间增加了一条通路。

执行一条指令需要多个时钟周期，当前周期产生的数据通常是后续周期所需要的。这个数据从它产生到被使用为止，可以暂时储存在一个寄存器中。在指令执行期间，这种用于暂时储存数据的寄存器，用户通常是看不见的（即它们不属于存储资源）。第二个修改是使寄存器文件中的寄存器数量加倍，以提供这些因为暂时存储所需的寄存器。寄存器 0~7 是存储资源，而寄存器 8~15 只在指令执行期间用于暂时存储，因此它们不属于用户可见的存储资源部分。16 个寄存器的寻址需要 4 位地址，并变得更加复杂，因为前 8 个寄存器的寻址必须受控于指令，而后面 8 个寄存器则受控于控制单元。这些都由图 8-18 中的寄存器寻址逻辑和控制字中修改的 DX、AX 和 BX 字段来进行处理。详细的变化情况将在控制字信息被定义之后再进行讨论。

PC 是唯一保留的控制单元组件，它也必须同时修改。在一条多周期指令执行期间，PC 必须在这条指令的所有时钟周期，而不是一个时钟周期保持它的当前值。为了提供这种保持能力，而且仍然可以进行递增加 1 和装载两种操作，PC 被修改为由一个 2 位长的控制字字段 PS 来控制。因为 PC 完全由控制字来控制，所以先前用 BC 表示的分支控制逻辑就被吸收到图 8-18 所示的控制逻辑模块当中去了。

由于修改的计算机需要多个时钟周期来执行指令，所以指令需要保持在某寄存器中以备使用，因为它的值常常不仅仅在首个周期需要。用于此目的的寄存器就是图 8-18 中所示的指令寄存器（Instruction Register，IR）。因为只有在指令从存储器中读出时 IR 才被装载，所以它有一个装载使能信号 IL，这个信号已经加到了控制字中。因为多周期操作的原因，需要一个时序控制电路提供解析指令的微操作所需的控制字序列，以此代替指令译码器。时序控制单元由控制状态寄存器和组合控制逻辑组成。控制逻辑以状态、操作码和状态位作为输入，控制字作为输出。从概念上来说，控制字被分成两部分，一部分用作时序控制以决定整个控制单元的下一个状态，另一部分用作数据通路控制，它控制着图 8-18 所示的数据通路和存储器 M 所执行的微操作。

修改过的 28 位控制字在图 8-19 中给出，而控制字字段的定义在表 8-12 和表 8-13 中给出。在表 8-12 中，DX、AX 和 BX 字段控制寄存器的选择。如果这当中的某个字段的 MSB 是 0，那么对应的寄存器地址 DA、AA 或 BA 各自由 0||DR、0||SA 和 0||SB 给出。如果这些字段中的某个字段的 MSB 为 1，则对应的寄存器地址是 DX、AX 或 BX 字段的内容。这个选择处理由寄存器地址逻辑来执行，它包含三个多路复用器，分别用于 DA、AA 和 BA 的选择，并各自由 DX、AX 和 BX 的 MSB 来控制。表 8-12 同时还给出了 MM 字段的代码值，它决定选取 Address out 还是 PC 作为存储器 M 的地址。表 8-12 中剩下的字段 MB、MD、RW 和 MW 的功能与它们在单周期计算机中所定义的完全一样。

27	24 23	22	21 20	17 16	13 12	9 8	7	4 3	2	1	0
NS		PS	IL	DX	AX	BX	MB	FS	MD	RW	MM	MW

图 8-19　多周期计算机的控制字格式

表 8-12　数据通路的控制字信息

DX	AX	BX	代码	MB	代码	FS	代码	MD	RW	MM	MW	代码
$R[DR]$	$R[SA]$	$R[SB]$	0XXX	寄存器	0	$F=A$	0000	FnUt	无写	地址输出	无写	0
$R8$	$R8$	$R8$	1000	常量	1	$F=A+1$	0001	数据输入	写	PC	写	1

（续）

DX	AX	BX	代码	MB	代码	FS	代码	MD	RW	MM	MW	代码
$R9$	$R9$	$R9$	1001			$F=A+B$	0010					
$R10$	$R10$	$R10$	1010			未使用	0011					
$R11$	$R11$	$R11$	1011			未使用	0100					
$R12$	$R12$	$R12$	1100			$F=A+\overline{B}+1$	0101					
$R13$	$R13$	$R13$	1101			$F=A-1$	0110					
$R14$	$R14$	$R14$	1110			未使用	0111					
$R15$	$R15$	$R15$	1111			$F=A\wedge B$	1000					
						$F=A\vee B$	1001					
						$F=A\oplus B$	1010					
						$F=\overline{A}$	1011					
						$F=B$	1100					
						$F=\mathrm{sr}\ B$	1101					
						$F=\mathrm{sl}\ B$	1110					
						未使用	1111					

表 8-13　时序控制的控制信息

NS	PS		IL	
下一状态	操作	代码	操作	代码
为控制状态寄存器给出的下一个状态	保持 PC	00	不加载	0
	PC 加 1	01	加载指令寄存器	1
	分支	10		
	跳转	11		

　　在时序控制电路中，状态控制寄存器有一组状态，就如在任何有一组触发器的其他时序电路中所具有的状态一样。这里我们假定每一个状态都有一个抽象的名称，这个名称可以用作状态和下一状态的值。在设计过程中，对这些抽象的状态进行状态赋值。参见表 8-13，控制字中的 NS 字段为控制状态寄存器提供下一个状态，我们为状态编码分配了 4 个二进制位，但是根据设计中所需要的状态数和状态分配方案，状态码的长度可以进行修改。这个特殊的字段可以作为控制和时序电路的整体来考虑，而不是作为控制字的一个部分来考虑，但在任何情况下它都将出现在控制状态表中。2 位的 PS 字段控制着程序计数器 PC。PC 在一个给定的时钟周期保持它的值（00）、递增加 1（01）、有条件地装载 PC 加上经符号扩展的 AD（10）、或者无条件地装载 R[SA] 的内容（11）。最后，指令寄存器在一条指令执行过程中只装载一次。因此，在任意一个周期，要么一条新指令被装载（IL=1），要么指令寄存器中的指令保持不变（IL=0）。

469
～
470

时序控制器设计

　　时序控制电路的设计可以使用第 4 章和第 6 章介绍的技术。然而，与那些例子相比较，即使对于这个相对简单的计算机，其控制还是相当复杂的。假设有 4 个状态变量，组合控制逻辑有 15 个输入变量和 28 个输出变量，结果是为这个电路设计一个紧凑的状态表并不是太困难，但详细逻辑的手工设计却非常复杂，这使得利用在第 5 章讨论的逻辑综合工具或 PLA（可编程逻辑阵列）成为更加可行的方法。因此，我们把问题集中在状态表的设计上，而并非详细逻辑的具体实现。

我们现在开始设计一个能用最小时钟周期数来实现指令的状态机图。对这个图进行扩展可以用来实现那些需要更多时钟周期数的指令。状态机图提供了为实现指令集而设计状态表各个项目所需的信息。指令若需要访问存储器读取数据和指令本身，则至少需要两个时钟周期。很容易将这两个周期分成两个处理步骤：指令提取（instruction fetch）和指令执行（instruction execution）。在这种分步骤的基础上，双周期指令的部分状态机图如图 8-20 所示。这个状态图称为局部状态图（partial state diagram）或部分状态图，因为还有其他部分加入其中，例如图 8-21 和图 8-22 所示的内容。指令提取出现在状态图顶部的 INF 状态。PC 包含指令在存储器 M 中的地址，这个地址被加载到存储器，从存储器中读取的字在 INF 状态结束的那个时钟的上升沿装载至 IR，这个边沿还引发进入新的状态 EX0。在状态 EX0 中，指令被译码，并且执行 Mealy 型输出中的部分或全部微操作。如果指令能在 EX0 状态内完成，则下一个状态就是 INF，为取下一条指令做好准备。进一步说，对于那些在执行过程中不改变 PC 内容的指令，PC 递增加 1。如果指令执行需要额外的状态，则下一个状态是 EX1。对每一个执行状态，基于操作码可能有 128 种不同的输入组合，但这些操作码中有许多不会被使用。一个未使用的操作码在特定控制单元的任意一个局部状态图中不可能出现。我们可以假定这些操作码永远不会出现，因此它们是无关输入。另一种假设是，它们可能出现，而一旦出现将引发一个异常以表明出现了这些操作码。在 4.6 节曾经指出，在评估跳转条件约束的约束 2 中，对未使用操作码的各种假设都必须加以考虑。

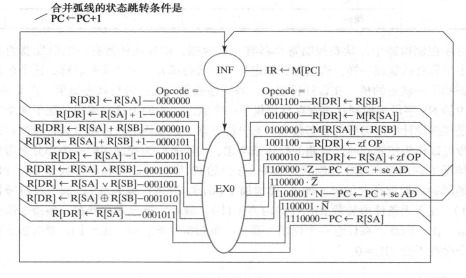

图 8-20　多周期计算机的局部状态机图

状态位可以和某些操作码一起使用，通常是一次用一位。图 8-20 右下方的 N 和 Z 在分支指令中作为输出条件出现，仅仅影响输出行为。在其他情形下，它们可能作为跳转条件出现，将影响时序。

　　下面，我们介绍由图 8-20 状态机图指定的指令执行的一些示例。第一个操作码是传输寄存器 A 指令（MOVA）的操作码 0000000。这条指令实现从源寄存器 A 到目的寄存器的简单传输，正如图中 EX0 状态对应操作码所表示的寄存器传输那样。虽然状态位 N 和 Z 是有效的，但它们在这条指令执行中并没有被使用。传输动作和 PC 递增加 1 都发生在状态 EX0 结束的时钟边沿。在状态机图中，PC 递增加 1 出现在除分支指令和跳转指令以外的所有其他指令中。注意，由于跳转到状态 INF 的弧线可以共享，PC 递增加 1 被放在这段弧线上以便所有跳转共享，而不是被加到每个跳转的输出分支上。

　　第三个操作码是 ADD 指令的操作码 0000010，图中表示为加法的寄存器传输。在这种情况下，状态位 V、C、N 和 Z 都是有效的，尽管它们没有被使用。第十一个操作码 0010000 是装载指令（LD）的操作码，它以寄存器 SA 中的值作为地址从存储器 M 中读取数据字到寄存器 DR 中。第十二个操作码 0100000 是存储指令（ST）的操作码，它将寄存器 SB 中的值存储到以寄存器 SA 中的值作为地址的存储单元中。第十四个操作码 1001100 是加立即数（ADI），它将指令最右边三位的 OP 字段经零填充后的值与寄存器 SA 中的内容相加，并将结果放入 DR 寄存器中。

　　第十六个操作码 1100001 是负条件分支（BRN）指令的操作码。该指令译码后，将寄存器 SA 中的值通过功能单元产生状态位 N 和 Z 的值。然后，功能单元的输出不被装载，仅将状态位 N 和 Z 的值传送回控制逻辑。基于 N 的值，指令发生分支或不分支，分支发生时将指令中的地址 AD 扩展后加到 PC 的值中，分支不发生时 PC 递增加 1。这些在图 8-20 中是通过 N 的输出行为来描述的。

　　根据这个状态机图，时序控制电路的状态表可以设计成如表 8-14 所示，表中当前状态都取了一个抽象的名字，操作码和状态位作为输入。对于状态位，仅包含指令中使用的那些状态位。通过使用多个状态位和不同的状态模式，可以指定状态位的功能。注意，表 8-14 中许多项含有"×"，表示"不相关"。对于这些项，在给定的微操作中没有使用相关的输入或资源，或者说编码中为"×"的特定位没有被用到。根据表 8-12、表 8-13 和图 8-20 去确定表 8-14 中的每一项是非常有益的练习。

　　将多周期与单周期计算机指令的执行时序进行简单地比较是很有趣的。与单周期计算机中的单时钟周期相比，多周期计算机的每条指令需要两个时钟周期去读取指令和执行指令。因为从 PC 经过指令存储器、指令译码器、数据通路和分支控制的通路延时非常长，所以整个通路被指令寄存器一分为二，时钟周期因此而略微缩短。但是，由于 IR 中额外增加的触发器需要一定的建立时间，以及为了平衡电路中各条通路的时间延迟，执行一条指令所花费的总时间可能与在单周期计算机中一样长或更长。那么，除了可以使用单体存储器外，这种组织结构还有什么益处呢？下面两条指令将给出答案。

　　第一条增加的指令是"间接寄存器加载指令"（LRI），其操作码是 0010001。在这条指令中，根据寄存器 SA 中的内容从存储器中读取一个字，这个字就是间接地址（indirect address），然后用它作为地址再次访问存储器，读取数据装载到寄存器 DR 中。这可以用符号表示为：

$$R[DR] \leftarrow M[M[R[SA]]]$$

表 8-14　双周期指令的状态表

输入			下一状态		输出											注　解
状态	操作码	VCNZ	状态	IL	PS	DX	AX	BX	MB	FS	MD	RW	MM	MW		
INF	XXXXXXX	XXXX	EX0	1	00	XXXX	XXXX	XXXX	X	XXXX	X	0	1	0		$IR \leftarrow M[PC]$
EX0	0000000	XXXX	INF	0	01	0XXX	0XXX	XXXX	X	0000	0	1	X	0	MOVA	$R[DR] \leftarrow R[SA]$①
EX0	0000001	XXXX	INF	0	01	0XXX	0XXX	XXXX	X	0001	0	1	X	0	INC	$R[DR] \leftarrow R[SA]+1$①
EX0	0000010	XXXX	INF	0	01	0XXX	0XXX	0XXX	0	0010	0	1	X	0	ADD	$R[DR] \leftarrow R[SA]+R[SB]$①
EX0	0000101	XXXX	INF	0	01	0XXX	0XXX	0XXX	0	0101	0	1	X	0	SUB	$R[DR] \leftarrow R[SA]+\overline{R[SB]}+1$①
EX0	0000110	XXXX	INF	0	01	0XXX	0XXX	XXXX	X	0110	0	1	X	0	DEC	$R[DR] \leftarrow R[SA]+(-1)$①
EX0	0001000	XXXX	INF	0	01	0XXX	0XXX	0XXX	0	1000	0	1	X	0	AND	$R[DR] \leftarrow R[SA]\wedge R[SB]$①
EX0	0001001	XXXX	INF	0	01	0XXX	0XXX	0XXX	0	1001	0	1	X	0	OR	$R[DR] \leftarrow R[SA]\vee R[SB]$①
EX0	0001010	XXXX	INF	0	01	0XXX	0XXX	0XXX	0	1010	0	1	X	0	XOR	$R[DR] \leftarrow R[SA]\oplus R[SB]$①
EX0	0001011	XXXX	INF	0	01	0XXX	0XXX	XXXX	X	1011	0	1	X	0	NOT	$R[DR] \leftarrow \overline{R[SA]}$①
EX0	0001100	XXXX	INF	0	01	0XXX	XXXX	0XXX	0	1100	0	1	X	0	MOVB	$R[DR] \leftarrow R[SB]$①
EX0	0010000	XXXX	INF	0	01	0XXX	0XXX	XXXX	X	XXXX	1	1	0	0	LD	$R[DR] \leftarrow M[R[SA]]$①
EX0	0100000	XXXX	INF	0	01	XXXX	0XXX	0XXX	0	XXXX	X	0	0	1	ST	$M[R[SA]] \leftarrow R[SB]$①
EX0	1001100	XXXX	INF	0	01	0XXX	XXXX	XXXX	X	1100	0	1	0	0	LDI	$R[DR] \leftarrow zf\ OP$①
EX0	1000010	XXXX	INF	0	01	0XXX	0	XXXX	1	0010	0	1	0	0	ADI	$R[DR] \leftarrow R[SA]+zf\ OP$①
EX0	1100000	XXX1	INF	0	10	XXXX	0XXX	XXXX	X	0000	X	0	0	0	BRZ	$PC \leftarrow PC+se\ AD$①
EX0	1100000	XXX0	INF	0	01	XXXX	0XXX	XXXX	X	0000	X	0	0	0	BRZ	$PC \leftarrow PC+1$
EX0	1100001	XX1X	INF	0	10	XXXX	0XXX	XXXX	X	0000	X	0	0	0	BRN	$PC \leftarrow PC+se\ AD$①
EX0	1100001	XX0X	INF	0	01	XXXX	0XXX	XXXX	X	0000	X	0	0	0	BRN	$PC \leftarrow PC+1$
EX0	1110000	XXXX	INF	0	11	XXXX	0XXX	XXXX	X	0000	X	0	0	0	JMP	$PC \leftarrow R[SA]$

① 对于这种状态和输入组合，$PC \leftarrow PC+1$ 也同时发生。

图 8-21 给出了这条指令执行的局部状态机图。取指令完成后，状态跳转到 EX0，与图 8-20 中的 EX0 相同。在这个状态中，R[SA] 寻址存储器以获取间接地址，然后将间接地址放入暂存寄存器 R8 中。在下一个状态，即新增的状态 EX1 中，以 R8 中的内容作为地址对存储器进行再次访问。获取的操作数装载到 R[DR] 中，至此，完成了指令操作，PC 递增加 1。然后，状态机图返回到状态 INF 以获取下一条指令。在一条指令执行的局部状态机图中，指令的操作码必须出现在所有的状态跳转中，因为其他指令执行时也使用了相同的状态。这个原则适用于控制单元所有的局部状态机图。显然，需要两次访问存储器 M 的指令，不能用单时钟周期计算机或在多周期计算机中用两个时钟周期来完成。同时，为了避免搅乱寄存器 R0～R7 中的内容（寄存器 R[SA] 除外），寄存器 R8 作为暂时存储是有必要的。执行 LRI 指令需要三个时钟周期。在单周期计算机中为了完成相同的操作需要两条 LD 指令，花费两个时钟周期。在多周期计算机中，因为要取两条指令和两次访问数据，所以要用两条 LD 指令，但将花费 4 个时钟周期。因此，在后一种情形中，LRI 指令的执行时间有所改善。

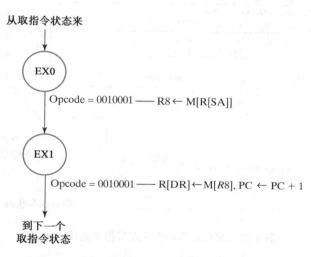

图 8-21 寄存器间接寻址的局部状态机图

最后增加的两条指令是"多位右移指令"（SRM）和"多位左移指令"（SLM），它们的操作码分别是 0001101 和 0001110，这两条指令可以共享所使用的大多数微操作序列。SRM 指定寄存器 SA 的内容向右移动由三位 OP 字段指定的位数，结果放入 DR 寄存器中。这个操作（和 SLM 操作）的局部状态机图如图 8-22 所示。寄存器 R9 存储还需移动的剩余位数，移位操作在 R8 中执行。

首先，把要移位的 R[SA] 中的内容放入 R8。在这个内容装载到 R8 中后，它经过 ALU，检测其值是否为 0，以判断是否需要移位。注意，即便是 R8 没有被加载，检测照样会进行。同样，加载到 R9 中的移位数也要进行检测，以确认是否为 0 来决定是否仍需移位。如果任意一种情形满足，这条指令的执行完成，并且状态返回到状态 INF。否则，将寄存器 R8 中的内容右移一位，R9 的值减 1 并测试是否为 0。如果 R9 不等于 0，那么移位和减 1 重复进行；如果 R9 等于 0，那么 R8 完成了 OP 指定次数的位移，因此结果被传送到 R[DR] 以结束指令的执行，并且状态返回到状态 INF。

如果操作数和移动位数都不为 0，那么 SRM 指令包括取指令一共需要 $2s+4$ 个时钟周期，s 是移动的位数。包括取指令在内，所需的时钟周期数在 6～18 范围内变化。如果用右移指令、增 1 指令和分支指令共同实现相同的操作，那么将需要 $3s+3$ 条指令，要花费 $6s+6$ 个时钟周期。SRM 将时钟周期数减少了 $4s+2$，于是在多周期计算机中，如果操作数和移动位数非 0，则指令执行将节约 6～30 个时钟周期。而且，与用程序实现相对比，SRM 指令少用了 5 个存储单元来存储指令。

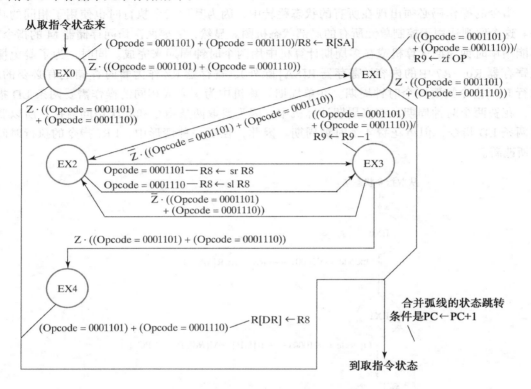

图 8-22　多位右移和多位左移指令的状态机图

图 8-22 所示状态机图中的状态 INF 和 EX0 与图 8-20 所示状态机图中的双周期指令使用的状态 INF 和 EX0 相同，并且状态 EX1 与图 8-21 中 LRI 指令使用的 EX1 也一样。同时，图 8-22 还给出了如何实现多位左移操作，图中基于操作码，用 R8 的左移替代了 R8 的右移。其结果是，实现这两条指令所需的状态可以共享，除此之外，控制状态变化的时序逻辑也可以被 SRM 指令和 SLM 指令共享。

表 8-15 中的状态表清单是根据图 8-22 所示的状态机图和表 8-12、表 8-13 中的有关信息推导出来的。其中，编码是根据寄存器传输的描述得到的，操作时序在表的最右边注解一栏中给予了描述，这些与表 8-14 相同。

指令 LRI 和 SRM 的实现说明了多周期控制带来了灵活性。在本章的末尾讨论研究了几条额外指令的实现问题。

表8-15 三个或更多周期指令的状态表说明

状态	输入 操作码	输入 VCNZ	下一状态	输出 IL	PS	DX	AX	BX	MB	FS	MD	RW	MM	MW		注 释
EX0	0010001	XXXX	EX1	0	00	1000	0XXX	XXXX	X	0000	1	1	×	0	LRI	$R8 \leftarrow M[R[SA]]$, → EX1
EX1	0010001	XXXX	INF	0	01	0XXX	1000	XXXX	×	0000	1	1	×	0	LRI	$R[DR] \leftarrow M[R8]$, → INF①
EX0	0001101	XXX0	EX1	0	00	1000	0XXX	XXXX	×	0000	0	1	×	0	SRM	$R8 \leftarrow R[SA]$, $\overline{Z}$; → EX1
EX1	0001101	XXX1	INF	0	01	1000	0XXX	XXXX	×	0000	0	1	×	0	SRM	$R8 \leftarrow R[SA]$, Z; → INF①
EX1	0001101	XXX0	EX2	0	00	1001	XXXX	XXXX	1	1100	0	1	×	0	SRM	$R9 \leftarrow$ zf OP, $\overline{Z}$; → EX2
EX1	0001101	XXX1	INF	0	01	1001	XXXX	XXXX	0	1100	0	1	×	0	SRM	$R9 \leftarrow$ zf OP, Z; → INF①
EX2	0001101	XXXX	EX3	0	00	1000	XXXX	1000	×	1101	0	1	×	0	SRM	$R8 \leftarrow$ sr $R8$, → EX3
EX3	0001101	XXX0	EX2	0	00	1001	1001	XXXX	×	0110	0	1	×	0	SRM	$R9 \leftarrow R9-1$, $\overline{Z}$; → EX2
EX3	0001101	XXX1	EX4	0	00	1001	1001	XXXX	×	0110	0	1	×	0	SRM	$R9 \leftarrow R9-1$, Z; → EX4
EX4	0001101	XXXX	INF	0	01	0XXX	1000	XXXX	×	0000	0	1	×	0	SRM	$R[DR] \leftarrow R8$, → INF①
EX0	0001110	XXX0	EX1	0	00	1000	0XXX	XXXX	×	0000	0	1	×	0	SLM	$R8 \leftarrow R[SA]$, $\overline{Z}$; → EX1
EX0	0001110	XXX1	INF	0	01	1000	0XXX	XXXX	×	0000	0	1	×	0	SLM	$R8 \leftarrow R[SA]$, Z; → INF①
EX1	0001110	XXX0	EX2	0	00	1001	XXXX	XXXX	1	1100	0	1	×	0	SLM	$R9 \leftarrow$ zf OP, $\overline{Z}$; → EX2
EX1	0001110	XXX1	INF	0	01	1001	XXXX	XXXX	1	1100	0	1	×	0	SLM	$R9 \leftarrow$ zf OP, Z; → INF①
EX2	0001110	XXXX	EX3	0	00	1000	XXXX	1000	0	1110	0	1	×	0	SLM	$R8 \leftarrow$ sl $R8$, → EX3
EX3	0001110	XXX0	EX2	0	00	1001	1001	XXXX	×	0110	0	1	×	0	SLM	$R9 \leftarrow R9-1$, $\overline{Z}$; → EX2
EX3	0001110	XXX1	EX4	0	00	1001	1001	XXXX	×	0110	0	1	×	0	SLM	$R9 \leftarrow R9-1$, Z; → EX4
EX4	0001110	XXXX	INF	0	01	0XXX	1000	XXXX	×	0000	0	1	×	0	SLM	$R[DR] \leftarrow R8$, → IF①

① 对于这种状态和输入组合，PC ← PC+1 也同时发生。

8.10 本章小结

在本章第一部分，首先介绍了实现计算机微操作的数据通路的概念。数据通路的主要部件是寄存器文件、总线、算术逻辑单元（ALU）和移位寄存器。控制字提供控制数据通路执行微操作的组织方法。这些概念组合起来，成为后续章节探讨计算机的基础。

471
～
477

在本章第二部分，通过介绍一个简单计算机结构的基本控制单元的两种不同实现方式，详细研究、探讨了可编程系统的控制器设计。我们介绍了指令集结构的概念，为简单计算机定义了指令格式和操作。简单计算机的第一种实现方式具有单时钟周期内执行任意一条指令的能力。除了一个程序计数器及其相应逻辑之外，这台计算机的控制单元由组合电路译码器组成。

单周期计算机的缺点是不能运行复杂的指令，与单体存储器接口存在问题，以及使用的时钟频率较低。为了解决前面两个问题，我们研究、探讨了简单计算机的一个多周期模型，在这个模型中使用单体存储器，并且用两个不同的步骤来实现指令：取指令和执行指令。在第 10 章，将通过引入流水线数据通路和控制来解决长时钟周期遗留的问题。

参考文献

1. HENNESSY, J. L. AND D. A. PATTERSON. *Computer Architecture: A Quantitative Approach*, 5th ed. Amsterdam: Elsevier, 2011.
2. MANO, M. M. *Computer Engineering: Hardware Design*. Englewood Cliffs, NJ: Prentice Hall, 1988.
3. MANO, M. M. *Computer System Architecture*, 3rd ed. Englewood Cliffs, NJ: Prentice Hall, 1993.
4. PATTERSON, D. A. AND J. L. HENNESSY. *Computer Organization and Design: The Hardware/Software Interface*, 5th ed. Amsterdam: Elsevier, 2013.

习题

（＋）表明更深层次的问题，（*）表明在原书配套网站上有相应的解答。

8-1 与图 8-1 相似的数据通路有 64 个寄存器。对于每组多路复用器和译码器需要多少条选择线？

*8-2 给定一个 8 位 ALU 有 $F_7 \sim F_0$ 8 个输出以及进位 C_8 和 C_7，请画出产生 4 个状态位信号 N（sign）、Z（zero）、V（overflow）和 C（carry）的逻辑电路。

*8-3 设计一个具有两个选择变量 S_1 和 S_0 以及两个 n 位数据输入 A 和 B 的算术运算电路。连同进位位 C_{in} 一起，电路产生以下 8 种算术运算操作：

S_1	S_0	$C_{in}=0$	$C_{in}=1$
0	0	$F=A+B$（加）	$F=A+\overline{B}+1$（减 A-B）
0	1	$F=\overline{A}+B$	$F=\overline{A}+B+1$（减 B-A）
1	0	$F=A-1$（递减）	$F=A+1$（递增）
1	1	$F=\overline{A}$（反码）	$F=\overline{A}+1$（补码）

478

画出算术运算电路两个最低有效位的逻辑框图。

*8-4 设计一个 4 位算术运算电路，具有两个选择变量 S_1 和 S_0，产生的算术运算操作如下表所示。试画出一般位和最低有效位（LSB）的逻辑电路。

S_1	S_2	$C_{in}=0$	$C_{in}=1$
0	0	$F=A+B$ (加)	$F=A+B+1$
0	1	$F=A$ (传送)	$F=A+1$ (递增)
1	0	$F=\overline{B}$ (取反)	$F=\overline{B}+1$ (取反加 1)
1	1	$F=A+\overline{B}$	$F=A+\overline{B}+1$ (减)

8-5　算术运算电路中每一个全加器的输入 X_i 和 Y_i 由下列布尔函数确定其逻辑：

$$X_i=A_i \qquad\qquad Y_i=\overline{B_i}S+B_i\overline{C_{in}}$$

此处的 S 是选择变量，C_{in} 是输入进位，而 A_i 和 B_i 是第 i 级的输入数据。

（a）试用全加器和多路复用器画出 4 位算术运算电路的逻辑图。

（b）试说明 S 和 C_{in} 的组合值：00、01、10 和 11 分别确定的算术运算操作类型。

*8-6　试设计 1 位的数字电路，在寄存器 A 和 B 上执行异或、异或非、或非以及与非 4 种逻辑操作，运算结果放入寄存器 A。使用两个选择变量。

（a）使用卡诺图，设计一位最简逻辑，并画出逻辑图。

（b）重复（a），对 4 种操作的选择编码进行不同的配置，看该位的逻辑是否能进一步简化。

*8-7　设计一个 ALU，执行以下操作：

$$
\begin{array}{ll}
A+B & \text{sr } A \\
A+\overline{B}+1 & A \vee B \\
\overline{B} & \text{sl } A \\
\overline{B}+1 & A \wedge B
\end{array}
$$

给出一位 ALU 的逻辑图设计。该设计在各位和 3 个选择位之间应该有一个进位线在左端，一个进位线在右端。试使用逻辑优化软件进行设计以获得更简化的逻辑。运用硬件描述语言编写该 ALU，并进行仿真验证。

*8-8　对于图 8-9 中的 4 位桶形移位寄存器，当下列各位组合提供给 S_1、S_0、D_3、D_2、D_1 和 D_0 时，试求输出 Y 的值：

（a）110101　　　　　　（b）101011

（c）011010　　　　　　（d）001101

479

8-9　指定提供给图 8-11 数据通路的 16 位控制字，以实现下列各个微操作：

（a）$R3 \leftarrow$ Data in　　　（b）$R4 \leftarrow 0$　　　　　（c）$R1 \leftarrow$ sr $R4$

（d）$R3 \leftarrow R3+1$　　　　（e）$R2 \leftarrow$ sl $R2$　　　　（f）$R1 \leftarrow R2 \oplus R4$

（g）$R7 \leftarrow R1+R3$　　　（h）$R5 \leftarrow$ Constant in

*8-10　下列 16 位控制字控制的数据通路如图 8-11 所示，试确定（a）执行的微操作和（b）每个控制字寄存器值的变化（假设寄存器是 8 位寄存器，并且执行前它们存储的值即是它们的编号，例如寄存器 R5 存储了 05H 值）。假定图中 Constant in 常量输入为 06H，而 Data in 输入为 1BH 值。

（a）101 100 101 0 1000 01　　　（b）110 010 100 0 0101 01

（c）101 110 000 0 1100 01　　　（d）101 000 000 0 0000 01

（e）100 100 000 1 1101 01　　　（f）011 000 000 0 0000 11

8-11　下面给出了对应图 8-11 数据通路的 16 位控制字序列，以及在 8 位寄存器中初始的 ASCII 字符码，模拟此数据通路来确定在序列执行后寄存器中的字母数字混排的字符串。其结果是一个字符串：what is it?

011	011	001	0	0010	0	1	R0	00000000
100	100	001	0	1001	0	1	R1	00100000
101	101	001	0	1010	0	1	R2	01000100

001	001	000	0	1011	0	1	R3	01000111
001	001	000	0	0001	0	1	R4	01010100
110	110	001	0	0101	0	1	R5	01001100
111	111	001	0	0101	0	1	R6	01000001
001	111	000	0	0000	0	1	R7	01001001

8-12 一台计算机有一个 32 位的指令字,其字段拆分如下:操作码 6 位;两个寄存器字段各 5 位;一个立即操作数 / 寄存器字段 16 位。

(a) 最多能够指定多少条指令?

(b) 能寻址多少寄存器?

(c) 无符号立即操作数的范围是多少?

(d) 假定操作数用二进制补码表示,并且立即数的第 15 位是符号位,有符号立即操作数的范围是多少?

*8-13 一台数字计算机有一个存储体、32 位指令和一个具有 64 个寄存器的寄存器文件。指令集包含 130 条不同的操作指令。只有一种类型的指令格式:一个操作码部分、一个寄存器文件地址和一个立即操作数部分。每条指令存储在一个储存器字单元中。

(a) 指令操作码部分需要多少位?

(b) 指令立即数部分有多少位?

(c) 如果立即操作数用于表示一个无符号的存储器地址,那么可寻址存储器的最大地址是多少?

(d) 立即操作数的最大和最小的有符号二进制补码的值是多少?

8-14 一台数字计算机有 32 位的指令集。指令当中具有许多不同的指令格式,并且在每种格式中操作码的位数依据其他字段的需要而变化。如果操作码的首位是 0,那么有 3 位操作码。如果操作码首位是 1,并且第二位是 0,那么有 6 位操作码。如果操作码首位是 1,并且第二位也是 1,那么有 9 位操作码。请问这台计算机可能有多少不同的操作码?

8-15 图 8-15 中的单周期计算机执行下列表格中用寄存器传输描述的 5 条指令。

(a) 完成下列表格,给出在执行每条指令时从图 8-16 指令译码器输出的二进制指令:

指令 – 寄存器传输	DA	AA	BA	MB	FS	MD	RW	MW	PL	JB
$R[0] = R[7] \oplus R[3]$										
$R[1] \leftarrow M[R[4]]$										
$R[2] \leftarrow R[5]+2$										
$R[3] \leftarrow slR[6]$										
if ($R[4]=0$) $PC \leftarrow PC + se\ AD$ else $PC \leftarrow PC+1$										

(b) 完成下列表格,给出执行寄存器传输的单周期计算机的二进制指令(如果任一字段没有使用,则设此字段值为 0):

指令 – 寄存器传输	操 作 码	DR	SA	SB 或操作数
$R[0] \leftarrow R[7]+R[6]$				
$R[1] \leftarrow R[5]-1$				
$R[2] \leftarrow sl\ R[4]$				
$R[3] \leftarrow \overline{R[3]}$				
$R[4] \leftarrow R[2] \vee R[1]$				

8-16 请使用表 8-10 中的真值表信息，验证图 8-16 所示译码器中的一位输出设计是正确的。

8-17 用下列指令序列手工模拟图 8-15 中的单周期计算机，假设每一个寄存器的初始值即是它的索引值（例如 R0 的值为 0，R1 的值为 1，以此类推）：

ADD R0, R1, R2

SUB R3, R4, R5

SUB R6, R7, R0

ADD R0, R0, R3

SUB R0, R0, R6

ST R7, R0

LD R7, R6

ADI R0, R6, 2

ADI R3, R6, 3

试给出（a）当前行指令的二进制结果；（b）在下一行给出运行指令后改变的任何寄存器的值，或改变的任何存储器的地址指针值和内容值。由于一条指令执行后，直至一个时钟上升沿到来前，新的值不会出现在寄存器或存储器中，所以结果是以这种方式来定位的。

8-18 给出一条单周期计算机指令使寄存器 R4 复位至 0，并且基于值 0 传送到 R4 来更新状态位 Z 和 N 的值。（提示：试试异或。）通过检查详细的 ALU 逻辑，确定状态位 V 和 C 的值。

8-19 列出多周期计算机实现下列寄存器传输表达式的控制逻辑状态表的各项条目（参看表 8-12、表 8-13 和表 8-15）。假设在所有情形下当前状态都是 EX0。如果操作码是必需的，基于题目部分使用一个符号名，例如对于题目（a）用 opcode_a。

（a）$R3 \leftarrow R7-R2$，$\rightarrow EX1$。假定 DR=3，SA=7，SB=2。

（b）$R8 \leftarrow sr\ R8$，$\rightarrow INF$。假定 DR=5，SB=5。

（c）If（Z=0）then（$PC \leftarrow PC+se\ AD$，$\rightarrow INF$）else（$PC \rightarrow PC+1$，$\rightarrow INF$）

（d）$R6 \leftarrow R6$，$C \leftarrow 0$，$\rightarrow INF$。假定 DR=SA=6。

8-20 （a）在多周期计算机中以操作数 0101100111000111 和 OP=5 来手工模拟 SRM（shift right multiple）指令。

（b）重复问题（a），手工模拟 SLM（shift left multiple）指令。

*8-21 在 SRM 和 SLM 指令中，二者的操作数 R[SA] 和移位数量字段 OP 在移位开始之前都要检测是否为 0。

（a）试画出删除了检测功能的这些操作的状态机图。

（b）使用最初的状态图和新状态图，从 OP 等于 0~7 去比较需要的时钟周期数。假定每一个 OP 值为 1~6 的概率是 1/8，为 0 的概率是 1/4，而为 7 的概率为 0。假设操作数为 0 的可能性为 1/8。基于给出的概率信息和两种实现的时钟周期数的比较，进行计算以确定最佳的实现方式。为你选择的答案提供令人信服的理由。

482

8-22 一条新指令被定义为多周期计算机指令，其操作码为 0010001。这条指令实现寄存器传输

$$R[DR] \leftarrow R[SB]+M[R[SA]]$$

寻找实现指令的状态机图，假设 0010001 是操作码。给出实现指令的控制状态表。

8-23 重复习题 8-22，针对两条指令：相加检测 OV（AOV）指令和溢出分支（BRV）指令，AOV 指令的寄存器传输描述为

$$R[DR] \leftarrow R[SA]+R[SB], \ V: R8 \leftarrow 1, \overline{V}: R8 \leftarrow 0$$

BRV 指令的寄存器传输描述为

$$R8 \leftarrow R8, \ V: PC \leftarrow PC+se\ AD, \ \overline{V}: PC \leftarrow PC+1$$

AOV 指令的操作码是 1000101，而 BRV 指令的操作码是 1000110。注意寄存器 R8 作为一个"状态"寄存器，为当前操作存储溢出结果 V。所有状态位的值 N、Z、C 和 V 都能存入 R8

以便根据算术运算和逻辑运算给出一个完整的状态值。

8-24 一条新指令被定义为多周期计算机指令。此指令比较两个存储在寄存器 R[SA] 和 R[SB] 中的无符号整数。如果两个整数相等，那么 R[DR] 的位 0 置为 1。如果 R[SA] 大于 R[SB]，那么 R[DR] 的位 1 置为 1。否则，其位 0 和位 1 全为 0。R[DR] 所有其他位皆为 0。寻找实现指令的状态机图，假定操作码是 0010001。画出实现该指令的控制状态表。

8-25 新指令 ANDN（AND NOT）是一条多周期指令。此指令的功能是：R[DR]＝R[SA] ∧（NOT (R[SB]))，当 SB 寄存器某位的掩码值为 1 时，SA 寄存器的相应位被该掩码清零。

*8-26 一条新指令 SMR（Store Multiple Register）的操作码助记符是 SMR，它是多周期计算机指令。此指令将 8 个寄存器的内容存储到 8 个连续地址的存储器单元中。寄存器 R[SA] 指定首个寄存器 R[SB] 的内容存储在存储器 M 中的地址。将寄存器 R[SB]、R[（SB+1）模 8]、…、R[（SB+7）模 8] 的内容分别存储到地址为 R[SA]、R[SA]+1、…、R[SA]+7 的存储器 M 中。参照表 8-15 的方式设计这条指令并给出最后的结果。（提示：为了访问所有的 8 个寄存器，需要在指令寄存器中包含 SB 的 8 个值。由于指令寄存器的值只从存储器中得到，因此这些"指令"在指令执行时暂时存放在存储器中，不通过取指作为数据装载至 IR 中。）

8-27 使用单周期指令，编写一个程序从数据存储器中读数组，数组数值是 16 位的有符号二进制补码，并找出数组中的最小值。你的程序必须在数据存储器的地址 0 中读取数组的起始地址（如，数组指针），在地址 1 中读取数组的长度。读取完整个数组后，将最小值存储至数据存储器的地址 2 中。

指令集结构

在此之前，我们大部分的学习都集中在以计算机组件作为例子的数字系统设计上。在本章中，我们将学习一些专业知识，探讨通用计算机的指令集结构。我们将检查指令执行的操作，特别关注如何获取操作数以及结果存放在何处。我们将比较两种不同类型的体系结构：精简指令集计算机（RISC）和复杂指令集计算机（CISC）。我们将基本的指令分为三种类型：数据传送、数据处理和程序控制。对于每一种类型，我们将详细阐述其典型的基本指令。

本章呈现的知识核心是第1章一开始介绍的通用计算机的通用部件，包括中央处理单元（CPU）和浮点运算单元（FPU）。因为一个小的通用微处理器可以控制键盘和监控器，所以这些功能部件也包含在微处理器中。除了用于访问存储器和I/O部件以外，寻址的概念很少用于计算机的其他领域。然而，越来越多的小型CPU已经更加频繁地出现在I/O部件中。

9.1 计算机体系结构概念

二进制语言称为机器语言（machine language），在机器语言中，指令用二进制码来定义与存储。用符号名来代替二进制操作码和地址，且命名有助于程序员理解的符号化语言被称为汇编语言（assembly language）。计算机的逻辑结构通常在汇编语言参考手册里给予描述。 这些手册解释了程序员感兴趣的各种计算机的内部单元，例如处理器的内部寄存器。手册列出了所有硬件实现的指令，规定了指令的符号名称和二进制编码格式，提供了每条指令的精确定义。在过去，这些信息代表着计算机的体系结构（architecture）。计算机由它的体系结构和该体系结构特定的实现（implementation）构成，这种实现分为两部分：组成结构和硬件。组成结构包含了如数据通路、控制单元、存储器和连接它们的总线。硬件指逻辑、使用的电子技术以及计算机各个方面的物理设计。

随着计算机设计者对高性能的不断追求，以及越来越多的计算机集成在单一IC芯片上，体系结构、组成和硬件的关系变得越来越紧密，以至于必须用更加全面的观点来看待问题。根据这种新的观点，以前定义的体系结构被更严格地称为指令集结构（Instruction Set Architecture, ISA），实现ISA的特定硬件结构称为微体系结构（microarchitecture）或计算机结构（computer organization），术语体系结构覆盖整个计算机，包括指令集结构、组成和硬件。这种统一的观点能够使智能化设计取得协调一致的效果，这些效果只有在紧密关联的设计过程中才会显现出来。协调、平衡的方法可以设计出更好的计算机。

本章，我们重点讨论指令集结构。下一章，我们通过重点分析两种稍微不同的实现方法，来研究两种不同的指令集结构。

计算机通常有各种各样的指令和不同的指令格式。控制器单元的作用是对每一条指令进行译码，并产生处理指令时所需的控制信号。8.7节已经给出了指令和指令格式的简单例子，我们现在介绍一些商业通用计算机的典型指令，对这一部分内容进行扩展。我们还将探讨典型计算机中可能遇到的各种指令格式，强调如何对操作数寻址。指令格式用一个矩形框来表示，框中用符号代表二进制指令的各个位，将这些二进制位划分为称为字段（field）的组。以下是指令格式中典型的字段：

　　1）操作码字段（opcode field）——指定要执行的操作。

　　2）地址字段（address field）——提供存储器的地址或所选寄存器的地址。

　　3）模式字段（mode field）——指定解释地址字段的方式。

　　其他一些特殊字段只在某些情况下偶尔使用，例如，在移位指令中指定移位位数的字段，或在立即操作数指令中的操作数字段。

486

9.1.1　基本计算机操作周期

　　为了更好地理解下面两节将要介绍的各种寻址的概念，我们需要了解计算机的基本操作周期。计算机的控制单元被设计成按照下列步骤执行程序的每条指令：

　　1）从存储器中读取指令送到控制单元的指令寄存器中。

　　2）对指令进行译码。

　　3）确定指令使用的操作数的位置。

　　4）从存储器中取出操作数（如有必要）。

　　5）在处理器的寄存器中执行操作。

　　6）将结果存储到合适的地方。

　　7）返回到第1）步以便取下一条指令。

　　如8.7节所介绍的那样，计算机中一个称作程序计数器的寄存器 PC 跟踪储存在存储器中的程序指令。寄存器 PC 保存将要执行的下一条指令的地址，并且计算机从存储器的程序中每读取一个字，PC 就自动加1。第2）步中所做的译码决定了所要执行的操作和寻址方式或指令模式。第3）步根据寻址方式和指令的地址字段来确定操作数的位置。计算机执行指令、存储结果，并返回到第1）步，按顺序取下一条指令。

9.1.2　寄存器组

　　寄存器组（register set）由 CPU 中程序员可以访问的所有寄存器组成，这些寄存器就是在汇编语言编程参考手册中通常提到的那些寄存器。在目前我们已经讨论过的简单 CPU 中，寄存器组包括寄存器文件中程序员可以访问的那一部分寄存器和 PC。CPU 中还包含其他一些寄存器，如指令寄存器、寄存器文件中只能由硬件控制和 / 或者微程序访问的寄存器，以及流水线寄存器。然而，这些寄存器是程序员不能直接访问的，因此它们不属于寄存器组。寄存器组表示程序员通过指令可以见到的存储在 CPU 中的信息。因此，寄存器组对指令集结构的影响很大。

　　对于一个真实的 CPU，寄存器组相当复杂。在本章中，我们在已经用到的寄存器组中增加两个寄存器：处理器状态寄存器（Processor Status Register, PSR）和堆栈指针（Stack Pointer, SP）。处理器状态寄存器包含一些触发器，它们由来自 ALU 和移位器的状态值 C、N、V 和 Z 有选择地置位。根据 ALU 和移位器的结果或者寄存器的内容，这些储存的状态位被用来做决策，决定程序流的方向。在处理器状态寄存器中存储的状态位也被称作条件码（condition code）或标志（flag）。在介绍完相关概念后，本章我们还将另外讨论 PSR 中的其他一些位。

487

9.2 操作数寻址

考虑一条指令，例如 ADD 指令，该指令将两个操作数相加，产生一个结果。假如我们把加法运算的结果也看作另一个操作数，那么 ADD 指令就有三个操作数：加数、被加数和结果。存储器中的操作数由它的存放地址来指定，存储在寄存器中的操作数由寄存器地址来指定。一个 n 位的二进制代码在寄存器文件中可以指定最多 2^n 个寄存器中的一个。因此，有 16 个处理器寄存器 R0～R15 的计算机，在其指令中就应该有一个或多个 4 位的寄存器地址字段。例如，二进制代码 0101 指定的寄存器是 R5。

然而，某些操作数并不是显式寻址的，因为它们的存放位置可以由指令的操作码指定，还可由其他操作数的一个地址确定。在这种情况下，我们说该操作数有一个隐式地址（implied address）。如果地址是隐含的，那么在指令中就不需要为该操作数设置存储器或寄存器地址字段。相反，如果某个操作数在指令中有一个地址，那么我们就称该操作数是显式寻址的，或者说它有一个显式地址（explicit address）。

对于数据处理操作，如 ADD，操作数的显式地址个数是决定计算机指令集结构的一个重要因素，另一个因素是指令中访问存储器操作数的个数。这两个因素对决定指令特性来说非常重要，以至于可以作为区分不同指令集结构的一种方式，它们同时也决定了计算机指令的长度。

我们接下来讲述几个简单的程序，程序中每条指令有不同数目的显式寻址的操作数。由于每条指令最多可以有三个存储器或寄存器显式地址，所以我们把指令分成三地址指令、两地址指令、一地址指令和零地址指令。注意，对于一个需要三个操作数的指令，例如 ADD，指令中没有给出地址的操作数，其地址是隐式的。

为了说明操作数个数对计算机程序的影响，我们将分别采用三地址、两地址、一地址和零地址指令来求下面算术表达式的值：

$$X = (A+B)(C+D)$$

假设这些操作数在用字母 A、B、C、D 标示地址的存储器中，并且程序不会改变这些操作数，运算结果存放在存储器的 X 地址单元中。指令中涉及的算术运算有加法、减法和乘法，分别用助记符 ADD、SUB 和 MUL 来表示。而且，在计算过程中为传输数据需要三种操作，分别是传送、装载和存储，分别用助记符 MOVE、LD 和 ST 来表示。LD 将一个操作数从存储器装载到某个寄存器中，而 ST 则将一个操作数从某个寄存器存储到存储器中。依据可用的不同寻址方式，MOVE 可以在寄存器之间、存储器的地址单元之间，或者从存储器到寄存器、从寄存器到存储器之间传送数据。

488

9.2.1 三地址指令

采用三地址指令计算 $X = (A+B)(C+D)$ 的程序如下（给出了每条指令的寄存器传输语句）：

ADD T1, A, B	$M[T1] \leftarrow M[A] + M[B]$
ADD T2, C, D	$M[T2] \leftarrow M[C] + M[D]$
MUL X, T1, T2	$M[X] \leftarrow M[T1] \times M[T2]$

其中符号 M[A] 表示存储在地址为 A 的存储单元中的操作数，符号"×"表示乘法运算，T1 和 T2 表示存储器中的暂存地址。

这段程序可以用寄存器来作为暂存地址：

ADD R1, A, B	$R1 \leftarrow M[A] + M[B]$
ADD R2, C, D	$R2 \leftarrow M[C] + M[D]$
MUL X, R1, R2	$M[X] \leftarrow R1 \times R2$

使用寄存器将访问数据存储器的次数从 9 次减少到 5 次。三地址格式的一个优点是计算表达式的程序很短，而缺点是二进制编码形式的指令需要较多的位数来指定三个地址，特别是这些地址是存储器地址时。

9.2.2　两地址指令

对于两地址指令，每个地址字段可以指定一个寄存器或存储器地址。助记符指令中列出的第一个操作数地址还用来作为存放操作结果的隐式地址。程序如下：

MOVE T1，A	$M[T1] \leftarrow M[A]$
ADD T1，B	$M[T1] \leftarrow M[T1] + M[B]$
MOVE X，C	$M[X] \leftarrow M[C]$
ADD X，D	$M[X] \leftarrow M[X] + M[D]$
MUL X，T1	$M[X] \leftarrow M[X] \times M[T1]$

如果 R1 可用作暂存寄存器，则可以用 R1 来代替 T1。注意，这段程序使用 5 条指令替代了三地址指令程序的 3 条指令。

9.2.3　一地址指令

要执行如 ADD 这样的指令，一地址指令计算机需要使用一个隐式地址，如一个被称作累加器（accumulator）的寄存器 ACC，指令从 ACC 中获取一个操作数，并且将运算结果存放其中。计算算术表达式的程序如下：

LD	A	$ACC \leftarrow M[A]$
ADD	B	$ACC \leftarrow ACC + M[B]$
ST	X	$M[X] \leftarrow ACC$
LD	C	$ACC \leftarrow M[C]$
ADD	D	$ACC \leftarrow ACC + M[D]$
MUL	X	$ACC \leftarrow ACC \times M[X]$
ST	X	$M[X] \leftarrow ACC$

所有操作都在 ACC 寄存器和一个存储器操作数之间进行。在这种情况下，程序中的指令数增加到了 7 条，并且存储器数据访问次数也是 7 次。

9.2.4　零地址指令

采用零地址执行 ADD 指令，指令中所有三个地址必须都是隐式的。实现这一目标的常用方法是使用栈（stack），栈是一种储存信息的机制或结构，栈中最后存储的数据项最先被读取。由于栈具有"后进先出"特性，所以栈也称为后进先出（Last-In First-Out, LIFO）队列。计算机的栈操作与使用一叠碟子或盘子很类似，最后放在一叠盘子顶上的那个盘子最先被拿走。ADD 指令的数据处理操作是在栈中执行的。位于栈顶的字被称为栈顶 TOS，在 TOS 下面的一个字是 TOS.₁。当某个操作需要一个或多个字作为操作数时，这些字就从栈中移出，而在它们下面的字就变成新的 TOS。当产生出一个结果字时，它就被放在栈顶成为新的 TOS。因此，TOS 及其下面的一些单元就是操作数的隐式地址，并且 TOS 也是存放操作结果的隐式地址。例如，加法指令可以简单地表示为：

ADD

其结果用寄存器传输行为可以表示为 TOS ← TOS＋TOS$_{-1}$。因此，在栈结构中，数据处理指令不使用寄存器或寄存器地址。但是，这种栈结构使用存储器寻址来进行数据传送。例如，指令：

PUSH X

操作结果为 TOS ← M[X]，将存储器 X 地址单元中的字传送到栈的顶部。与此相反的操作是：

POP X

其操作结果是 M[X] ← TOS，将栈顶的数据传送到存储器的 X 地址单元中。

用零地址指令计算上述表达式的程序如下：

PUSH	A	$TOS \leftarrow M[A]$
PUSH	B	$TOS \leftarrow M[B]$
ADD		$TOS \leftarrow TOS + TOS_{-1}$
PUSH	C	$TOS \leftarrow M[C]$
PUSH	D	$TOS \leftarrow M[D]$
ADD		$TOS \leftarrow TOS + TOS_{-1}$
MUL		$TOS \leftarrow TOS \times TOS_{-1}$
POP	X	$M[X] \leftarrow TOS$

这个程序需要 8 条指令，比先前的一地址程序多一条指令。然而，它仅在 PUSH 和 POP 中使用了存储器地址或寄存器，而在 ADD 和 MUL 的数据处理指令中没有使用。注意，存储器数据访问也许是必需的，但它依赖于栈的实现方式。一般来说，栈在栈顶附近使用一定数目的寄存器。如果一个给定的程序仅在这些堆栈区域就能执行，那么只有获取初始操作数和存储最终结果需要访问存储器。但是，如果程序需要更多的暂存、立即数存储，那就需要更多的存储器访问。

9.2.5　寻址结构

如果指令中的存储器地址个数受到限制，或者某些特定指令使用存储器的地址受到限制，上面的程序将会发生改变。这些限制和操作数的寻址个数共同定义寻址结构。我们可以以一个三地址结构的算术语句来评价这个结构，该算术语句的三地址都需要访问存储器。这种寻址方案称为存储器到存储器结构（memory-to-memory architecture），这种结构只有控制寄存器，如程序计数器在 CPU 中。所有的操作数都直接来自于存储器，并且所有的结果都传送到存储器。数据传送和处理指令都包含 1~3 个地址字段，这些字段都是存储器寻址。对于前面的例子，需要 3 条指令，如果一条指令的每一个存储器地址需要一个额外的字来表示，那么读取每条指令就需要多达 4 次的读存储器操作。包括取操作数和存储结果，这段执行算术运算的程序需要 21 次存储器访问。如果每次访问存储器需要一个以上的时钟周期，那么执行时间就会超过 21 个周期。所以，尽管指令数少，但执行时间可能长。如果所有操作都访问存储器将增加控制结构的复杂性，从而使时钟周期变长。因此，这种存储器到存储器的结构通常不会在新的设计中使用。

相比之下，三地址的寄存器到寄存器（register-to-register）或装载 / 存储结构（load/store architecture），只允许一个存储器地址，并且只限用于装载和存储类型的指令，常用于现代处理器的设计中。这种结构需要一个相当大的寄存器文件，因为所有的数据处理指令都使用寄存器操作数。使用这种结构，上述算术表达式的程序如下：

LD	R1, A	$R1 \leftarrow M[A]$
LD	R2, B	$R2 \leftarrow M[B]$
ADD	R3, R1, R2	$R3 \leftarrow R1 + R2$
LD	R1, C	$R1 \leftarrow M[C]$
LD	R2, D	$R2 \leftarrow M[D]$
ADD	R1, R1, R2	$R1 \leftarrow R1 + R2$
MUL	R1, R1, R3	$R1 \leftarrow R1 \times R3$
ST	X, R1	$M[X] \leftarrow R1$

注意，相比三地址存储器到存储器结构的 3 条指令的情形，指令数增加到了 8 条。同样也请注意，除了使用寄存器地址外，上面的操作过程与栈结构的情形相同。使用寄存器后，读取指令、地址和操作数所需的访存次数从 21 次减少到 18 次。如果能够从寄存器而不是存储器中获取地址，那么存储器访问次数还可以进一步减少，下一节将对此进行讨论。

对前面介绍的两种寻址结构进行改变，使三地址指令和两地址指令中只有一个或两个存储器地址，这样，程序的长度以及访问存储器的次数处于前面两种寻址结构之间。下面是一个只有一个存储器地址的两地址指令：

ADD　　R1, A　　　　　　　　$R1 \leftarrow R1 + M[A]$

这种寄存器到存储器（register-to-memory）的结构类型在当前指令集结构中仍很常见，因为它能够与早期使用了某些特殊指令的软件保持兼容。

前面介绍的一地址指令程序是单累加器结构（single-accumulator architecture）。因为这种结构没有寄存器文件，其唯一地址是用于访问存储器的。它需要 21 次存储器访问才能完成前面的算术表达式。在更复杂的程序中，可能需要显著增加对存储器暂存单元的访问。因为需要大量的存储器访问，所以这种结构的效率低，它仅局限于一些对性能要求不高、简单、低成本的 CPU 中。

零地址指令使用栈来支持栈结构（stack architecture）的概念。数据处理指令，如 ADD，不使用地址，因为它们只对栈顶的几个单元进行操作。单存储器地址装载和存储指令，都是用于数据传送的，就像计算算术表达式的程序所显示的那样。由于大多数栈位于存储器中，所以每次栈操作都需要一次或多次隐式的存储器访问。尽管寄存器到寄存器和装载 / 存储结构具有很强的性能优势，但栈结构中高频率的存储器访问使它们失去了吸引力。然而，栈结构已经开始借鉴其他结构的技术优势，这些新的栈结构将足够大的栈空间放置在处理器芯片中，并在这些栈空间与存储器之间实行数据的透明传送。栈结构对高级语言程序的快速解释非常有用，这种程序的中间代码形式都使用栈操作。

栈结构与一种非常有效的描述处理过程的方法兼容，这种描述方法不是我们已经习惯的传统的中缀表示法，而是后缀表示法。中缀表示

$$(A + B) \times C + (D \times E)$$

其操作符在操作数之间，可以写成后缀表示

$$AB+C\times DE\times +$$

后缀表示法被称为逆波兰表示法（RPN），这是为了纪念波兰数学家 Jan Lukasiewicz 而命名的，他提出了前缀（后缀的反向）表示法；前缀表示法即著名的波兰表示法。

如图 9-1 所示，将中缀表示 $(A+B)\times C+(D\times E)$ 转换为 RPN 可以通过图解的方法来实现。当遍历该图所示的路径时，每经过一个变量，就将该变量写到 RPN 表达式中。当最后经过某个操作符时，就将该操作符写到 RPN 表达式中。

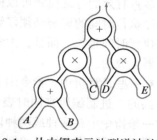

图 9-1 从中缀表示法到递波兰表示法转换的图解示例

很容易开发出一个求 RPN 表达式的程序。一旦遇到一个变量，就将此变量压入栈中。一旦遇到一个操作符，就基于隐式地址 TOS，或 TOS 和 TOS_{-1} 中的数据执行相应的操作，并将结果存入新的 TOS。求解上述 RPN 表达式的程序是：

PUSH A

PUSH B

ADD

PUSH C

MUL

PUSH D

PUSH E

MUL

ADD

图 9-2 给出连续的栈状态，说明程序的执行过程。当一个操作数压入栈时，栈就增加了一个栈空间。当执行操作时，栈顶 TOS 中的操作数出栈，并暂时保存到一个寄存器中。操作作用于保存在寄存器中的操作数和新 TOS 中的操作数，并将运算结果取代 TOS 中的操作数。

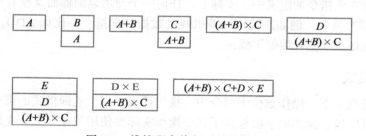

图 9-2 堆栈程序执行时的堆栈行为

9.3 寻址模式

指令的操作字段明确了指令要执行的操作，这个操作必须在存储于寄存器或存储器单元中的数据上执行。在程序执行过程中，如何选取操作数取决于指令的寻址模式。寻址模式指定了一个在实际访问操作数之前，解释或调整指令地址字段的规则。应用这个规则生成的操作数地址称为有效地址（effective address）。计算机使用寻址模式技术以满足下列一个或两个需求：

1）通过存储器指针、循环控制计数器、数据索引和程序重定位，给予用户编程的灵活性。

2）减少指令中地址字段的位数。

多种有效的寻址模式可以使有经验的程序员编写出精简的程序。然而，这对数据吞吐量和程序执行时间的影响必须仔细地权衡。例如，更复杂的寻址模式可能会导致数据吞吐量降低和执行时间延长。而且，大多数机器可执行的程序，通常也是由没有使用复杂寻址模式的编译器生成的。

在一些计算机中，指令的寻址模式由不同的二进制编码来指定，而其他一些计算机则采用公共的二进制编码来同时表示指令的操作和寻址模式。指令可以用各种寻址模式来定义，有时一条指令中有两种或两种以上的寻址模式。

图 9-3 所示指令格式的例子中，明显使用了寻址模式字段。其中，操作码指定所要执行的操作，模式字段用于确定操作所需的操作数的位置。指令中可能有，也可能没有一个地址字段。如果有一个地址字段，那么它可以指明某个存储器地址或某个处理器寄存器。而且，如前一节讨论的那样，指令可以有一个以上的地址字段。在那种情况下，每一个地址字段都与它自己特有的寻址模式相关联。

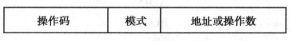

操作码	模式	地址或操作数

图 9-3　具有寻址模式字段的指令格式

9.3.1　隐含模式

虽然大多数寻址模式都修改指令的地址字段，但是有一种寻址模式根本不需要地址字段，这就是隐含模式。对于这种模式，操作码的定义中已经隐含地指定了操作数。对有"两个操作数和一个结果"的操作进行操作数位置定位，当指令包含的地址数少于 3 个时，它就是隐含寻址模式。例如，"累加器取反"指令就是一条隐含模式指令，因为累加器寄存器中的操作数就隐含在该指令的定义中。实际上，任何一个使用累加器而又没有第二个操作数的指令都是隐含模式指令。例如，使用计算机栈的数据处理指令，比如 ADD，都是隐含模式指令，因为其操作数都隐含地位于栈顶。

9.3.2　立即模式

在立即寻址模式下，操作数位于指令中。换句话说，一个立即模式的指令有一个操作数字段而没有地址字段。操作数字段包含了指令操作实际要使用的操作数。立即模式指令十分有用，例如，将寄存器初始化为某个常数值。

9.3.3　寄存器和寄存器间接模式

前面我们曾提到，指令的地址字段既可以指定为一个存储器地址也可以指定为一个处理器寄存器。当地址字段指定的是一个处理器寄存器，该指令就工作于寄存器模式。在此模式下，指令的操作数位于计算机处理器内部的寄存器中。指令格式中的某个寄存器地址字段用来选择一个特定的寄存器。

在寄存器间接模式中，指令指定处理器中的某个寄存器，这个寄存器的内容给出了操作数在存储器中的地址。换句话说，被选取的寄存器包含着操作数在存储器中的地址，而不是操作数本身。在使用寄存器间接模式指令之前，程序员必须确保处理器寄存器内的值是有效的存储器地址，对该寄存器访问就相当于指定一个存储器地址。寄存器间接模式的优点是，指令中用来选择一个寄存器的地址字段的长度比直接指定一个存储器地址所需的长度要短。

递增和递减模式与寄存器间接模式类似，只是寄存器的值在访问存储器之后（或之前）要对其加 1（或减 1）。当使用保存在寄存器内的地址去访问存储器中的数组时，每次访问之后可以方便地对寄存器的值加 1，这一操作可以通过单独的寄存器加 1 指令来实现。然而，由于这样的操作十分常见，所以一些计算机就将其纳入递增模式，以便存储器数据被访问之后，对内含地址的寄存器的值加 1。

在下面的指令中，使用递增模式将一个由寄存器 R1 寻址的数组中的每个数据项都加上常数 3：

$$\text{ADD } (R1)+,3 \quad M[R1] \leftarrow M[R1]+3, R1 \leftarrow R1+1$$

R1 初始化为该数组的第一个数据项的地址，然后 ADD 指令反复被执行，直至数组的每个数据项都进行了加 3 操作。与指令相伴的寄存器传送语句表明：R1 寻址指定的存储器单元中的值加 3，并且将 R1 的值加 1，为对数组中下一个数据项执行 ADD 操作做好准备。

9.3.4 直接寻址模式

在直接寻址模式中，数据传送或数据处理指令中的地址字段直接给出了存储器中操作数的地址。图 9-4 给出了一条数据传送指令的例子。这条指令在存储器中有两个字。位于 250 号地址的第一个字，内含"装载到 ACC"的操作码和一个指定直接地址的模式字段。指令的第二个字存放在存储器的 251 号地址，内含用 ADRS 符号表示的地址字段，其值等于 500。PC 保存着该指令的地址，需要两次存储器访问才能从存储器中读取该指令。在第一次访问的同时或访问结束之后，PC 的值加 1 变成 251，第二次访问取出 ADRS 的值之后，PC 再加 1。执行该指令导致如下的操作：

496

$$ACC \leftarrow M[\text{ADRS}]$$

由于 ADRS=500，M[500]=800，因此 ACC 接收的数值是 800。指令执行完后，PC 的值等于 252，它是程序中下一条指令的地址。

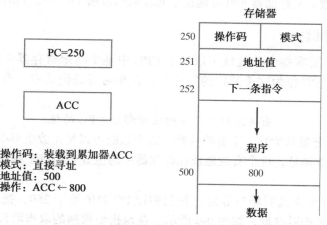

图 9-4 数据传送指令中直接寻址的例子

现在考虑一条分支类型指令，如图 9-5 所示。如果 ACC 的值等于 0，则分支到 ADRS，否则程序按顺序执行下一条指令。当 ACC=0 时，指令将地址字段 ADRS 的值加载到 PC 中，从而完成到地址 500 的分支，然后继续执行 500 号地址的指令。当 ACC≠0 时，不发生分支转移，PC 的值经过取指时的两次加 1 后，其值为 302，即按顺序执行下一条指令的地址。

有时候地址字段给出的值是操作数的地址，而有时候地址字段给出的是一个用来计算操作数地址的值。要辨别出各种寻址模式，区分指令中由地址字段给出的地址和执行指令时控制器使用的地址是十分有用的，后者我们称之为有效地址。

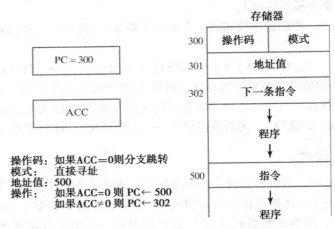

图 9-5   在分支指令中直接寻址的例子

9.3.5   间接寻址模式

在间接寻址模式中，指令的地址字段给出的存储器地址中储存着有效地址。控制器单元从存储器中取出指令并使用指令的地址部分再次访问存储器，以读取有效地址。考虑图 9-4 中给出的指令"装载到 ACC"，如果模式指定为间接寻址，那么有效地址就存储在 M[ADRS] 处。因为 ADRS=500，并且 M[ADRS]=800，所以有效地址是 800，这意味着加载到 ACC 的操作数是从存储器 800 号地址单元读取的数据（图中没有给出该数据）。

9.3.6   相对寻址模式

某些寻址模式要求指令的地址字段加上 CPU 中某个特定寄存器内的值，以计算出有效地址。通常，用 PC 作为这个特定的寄存器。在相对寻址模式中，有效地址的计算方法如下：

$$有效地址＝指令的地址部分＋PC 的值$$

指令的地址部分被认为是一个有符号数，这个数既可以是正数也可以是负数。这个数加上 PC 的值得到有效地址，这个有效地址在存储器中的位置是相对于程序中的下一条指令的地址而言的。

为了用一个例子来说明相对寻址，我们假设 PC 的值等于 250，指令地址部分的值是 500，模式字段指定相对寻址，如图 9-6 所示。在该指令周期的取指阶段，从存储器 250 号地址读出该指令，并且 PC 加 1 变为 251。由于该指令还有一个字，所以控制单元就将指令的地址字段读入某个控制寄存器，PC 再加 1 后等于 252。在相对寻址模式下，有效地址的计算式是 252＋500＝752。其结果是，指令的这个操作数相对于下一条指令的位置相隔了 500 个地址单元的距离。

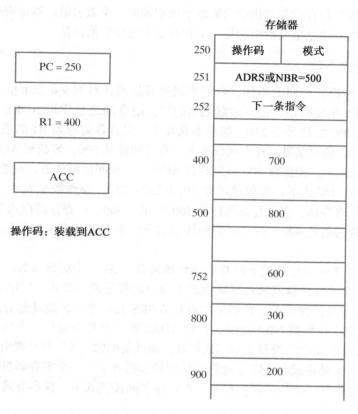

图 9-6 寻址模式的数字例子

当分支地址与指令字的位置相隔很近时，相对寻址常用于分支类型指令。因为指定一个相对地址比指定一个完整的存储器地址所用的位数要少很多，因此相对寻址能够得到更紧凑的指令，这就允许相对地址字段像操作码一样包含在同一个指令字中。

9.3.7 变址寻址模式

在变址寻址模式中，一个变址寄存器的值与指令的地址部分相加得到有效地址。变址寄存器可能是 CPU 的一个特殊寄存器，或者是寄存器文件中某个一般的寄存器。我们来考虑存储器中的一个数组，以便说明变址寻址的使用方法。指令的地址字段定义了这个数组的首地址，数组中的每个操作数都存储在相对于该首地址的某个存储器单元中，首地址与操作数地址之间的距离就是存储在变址寄存器中的索引值。如果变址寄存器能够提供正确的索引值，则数组中任一操作数都可以用同一条指令访问到。变址寄存器使用递增方式使访问连续存储的操作数变得很容易。

有些计算机用一个 CPU 寄存器作为专用的变址寄存器，当使用变址模式指令时，该寄存器的寻址是隐含的。在一些有大量处理器寄存器的计算机中，可以用任意一个 CPU 寄存器作为变址寄存器，在这种情况下，指令格式中必须用一个寄存器字段来指定变址寄存器。

497
∼
499

变址模式的一种特殊变化形式是基址寄存器模式。在这种模式下，基址寄存器的值与指令的地址部分相加得到有效地址。这种方式与变址寻址相似，只是所用的寄存器被称为基址寄存器而不是变址寄存器。这两种模式的区别在于它们的用法，而不在于有效地址的计算方法：变址寄存器假定保存的是与指令的地址字段相关的一个索引值；基址寄存器假定保存的是基本地址，而指令地址字段给出的是一个相对基本地址的偏移量。

9.3.8 寻址模式小结

为了说明各种模式之间的不同，我们来研究寻址模式对图 9-6 所示指令的影响。存储器地址 250 和 251 存放的指令是"装载到 ACC"，指令的地址字段 ADRS（或一个操作数 NBR）等于 500，PC 的值等于 250，指向本条指令。处理器寄存器 R1 的值等于 400，指令执行完之后由 ACC 接收结果。在直接模式下，有效地址是 500，装载到 ACC 中的操作数是 800。在立即数模式下，操作数 500 被装载到 ACC 中。在间接模式下，有效地址是 800，操作数是 300。在相对模式下，有效地址是 $500+252=752$，操作数是 600。在变址模式下，假设用 R1 作变址寄存器，那么有效地址是 $500+400=900$。在寄存器模式下，操作数在 R1 中，而 ACC 装载的值是 400。在寄存器间接模式下，有效地址是 R1 的值，ACC 装载的操作数是 700。

表 9-1 列出了 7 种寻址模式下的有效地址和装载到 ACC 中的操作数，而且以寄存器传输语句给出了指令的操作以及每种寻址模式下指令的符号表示形式。LDA 是装载到累加器的操作码符号。在直接模式下，我们使用符号 ADRS 表示指令的地址部分。在立即数模式下，符号"#"位于操作数 NBR 之前。符号 ADRS 在方括号中表示一个间接地址，某些编译器和汇编器也采用"@"符号表示间接寻址。地址前面的"$"符号表明该地址的有效地址是相对 PC 的。变址模式指令在地址符号后面的圆括号中有一个寄存器符号。寄存器模式表示为 LDA 后面跟着一个处理器寄存器。在寄存器间接模式下，保存有效地址的寄存器名被括在圆括号中。

表 9-1　寻址模式的符号规约

寻 址 模 式	符 号 规 约	寄存器传送	有效地址 （参照图 9-6）	ACC 的内容 （参照图 9-6）
直接寻址	LDA ADRS	$ACC \leftarrow M[ADRS]$	500	800
立即寻址	LDA #NBR	$ACC \leftarrow NBR$	251	500
间接寻址	LDA [ADRS]	$ACC \leftarrow M[M[ADRS]]$	800	300
相对寻址	LDA $ADRS	$ACC \leftarrow M[ADRS+PC]$	752	600
变址寻址	LDA ADRS (R1)	$ACC \leftarrow M[ADRS+R1]$	900	200
寄存器寻址	LDA R1	$ACC \leftarrow R1$	—	400
寄存器间接寻址	LDA (R1)	$ACC \leftarrow M[R1]$	400	700

9.4　指令集结构概述

计算机提供一组指令以便执行计算任务。不同计算机的指令集在几个方面各不相同。例如，不同计算机分配给操作码字段的二进制编码方式变化很大。同样，虽然有标准存在（见参考文献 7），但是不同计算机给指令的符号名也各不相同。然而，与这些小小的差异相比，存在着两种显著不同的指令集类型，这两种指令集类型中硬件和软件的关系大不相同：复杂指令集计算机（CISC）为高级语言操作提供硬件支持，并且程序紧凑；精简指令集计算机（RISC）强调指令的简单性和灵活性，当二者结合时，RISC 可以提供更高的数据吞吐量和更快的指令执行速度。通过分析这两种指令集的特性，我们可以区分这两种结构。

RISC 结构具有下列属性：

1）只有装载指令和存储指令访问存储器，数据处理指令属于寄存器到寄存器类型。

2）寻址模式的种类较少。

3）所有指令格式的长度相同。

4）指令仅执行基本操作。

RISC 结构的目标是高数据吞吐量和快的指令执行速度。为了实现这些目标，除了取指令之外，要尽量避免那些通常比其他基本操作要花费更多时间的存储器访问操作。这种观点的结果是需要相对更大的寄存器文件。因为指令长度固定、寻址模式有限和只执行基本操作，所以 RISC 的控制单元相对比较简单，并且通常采用硬连线方式。此外，RISC 的基本组织方式一般均采用流水线设计，如第 10 章中讨论的那样。

纯 CISC 结构具有下列属性：

1）大多数指令类型均可直接进行存储器访问。

2）寻址模式种类丰富。

3）指令格式具有不同的长度。

4）指令既执行基本的操作也执行复杂的操作。

CISC 体系结构的目标在于更贴近编程语言中使用的操作，提供能使程序变短的指令，从而减少存储器空间。此外，与需要执行一系列的基本操作相比，CISC 的执行效率可能会因减少了从存储器中读取指令的次数而得到提高。由于大量的存储器访问，CISC 中所需的寄存器文件可能比 RISC 中的要小。而且，由于指令的复杂性和指令格式的多样性，常常采用微程序控制技术。为了追求速度，新近的设计喜欢用微程序控制流水线数据通路。CISC 指令被转化为一系列类似 RISC 操作的序列，并用类似 RISC 的流水线来进行处理，就如第 10 章详细讨论的那样。

实际的指令集结构都位于纯 RISC 结构和纯 CISC 结构之间。但是，几乎所有计算机的指令中都包含一组基本操作。本章将重点讨论 CISC 和 RISC 指令集中都包含了的一些基本指令。大多数计算机的基本指令可以分成三个主要类型：数据传送指令、数据处理指令和程序控制指令。

数据传送指令将数据从一个地方传送到另一个地方，但不会改变二进制信息的内容。数据处理指令执行算术、逻辑和移位操作。程序控制指令为计算机提供决策能力，并改变计算机中程序执行的路径。除了这些基本指令集以外，计算机可能还有为特殊应用而提供特殊操作的其他指令。

9.5 数据传送指令

数据传送指令将数据从计算机的一个地方送到另一个地方，而不改变数据的值。通常，数据传送操作在存储器与处理器寄存器之间、处理器寄存器与输入输出寄存器之间以及处理器寄存器与处理器寄存器之间进行。

表 9-2 列出了许多计算机都用到的 8 条典型的数据传送指令。伴随每条指令的是它的一个助记符，即 IEEE 标准（见参考文献 5）推荐的汇编语言缩略式。然而，不同的计算机可

以使用不同的助记符来表示相同的指令名称。装载指令用来从存储器向处理器寄存器传送数据，而存储指令则用来从处理器寄存器向存储器传送数据。在具有多个处理器寄存器的计算机中，移动指令用来在寄存器之间传送数据，它也可以用于寄存器与存储器之间以及两个存储器字之间传送数据。交换指令在两个寄存器之间、寄存器和存储器字之间以及两个存储器字之间交换数据。下面将要讨论的是栈操作指令压入和弹出。

9.5.1 栈指令

前面介绍的栈结构具有一些方便数据处理和控制任务执行的特性。在一些电子计算器和计算机中使用栈来计算算术表达式。遗憾的是，因为栈主要存在于存储器中，对计算机性能有负面影响，所以计算机中的栈通常仅用来处理与过程调用、返回以及中断相关的状态信息，这将在 9.8 节和 9.9 节进行解释。

栈指令压入和弹出在存储器栈与处理器寄存器或存储器之间传送数据。压入操作将一个新数据压入栈的顶部，弹出操作则从栈中移除一个数据，从而把该数据弹出栈。然而，物理上并没有真正在栈中压入数据或弹出数据。其实，存储器栈本质上是存储器地址空间的一部

表 9-2　典型数据传送指令

名　　称	助 记 符
装载	LD
存储	ST
传送	MOVE
交换	XCH
栈入	PUSH
栈出	POP
输入	IN
输出	OUT

分，它通过栈地址来访问，这个地址总是在存储器栈访问之前或之后增 1 或减 1。保存栈地址的寄存器被称为栈指针（Stack Pointer, SP），因为它的值总是指向 TOS，即栈顶那个数据项。压入和弹出操作是通过对栈指针加 1 或减 1 来实现的。

图 9-7 给出了用做栈的一部分存储器，该栈从高地址向低地址生长。栈指针 SP 保存着当前位于栈顶的数据项的二进制地址。栈内现在有三个数据项：A、B 和 C，分别位于连续的栈地址 103、102 和 101 中。数据项 C 位于栈顶，因此 SP 的值等于 101。要想移除栈顶的数据项，则需要读取 101 地址的数据并对 SP 加 1，栈数据被弹出。因为 SP 内包含的值是 102，所以数据项 B 现在成为了栈顶。要想插入一项新数据，首先 SP 减 1，然后用 SP 作为存储器地址将新数据项写入栈顶，从而实现入栈操作。注意，虽然数据项 C 已经从栈中读出，但并没有从物理上移除它，这与接下来的栈操作并没有什么关系，因为在执行入栈操作时，不管栈顶原来是什么值，新入栈的数据都会覆盖原来栈顶的值。

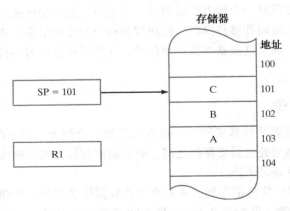

图 9-7　存储器堆栈

假定栈中数据项与数据寄存器 R1 或存储器单元 X 之间交换数据。通过以下压入操作序列，新的数据项会被压入栈：

$$SP \leftarrow SP - 1$$
$$M[SP] \leftarrow R1$$

栈指针减 1 以指向下一个字单元的地址。接着，存储器写微操作将 R1 的值插入栈顶。注意，SP 保存栈顶的地址，M[SP] 表示由当前 SP 内的地址指定的存储器字。用下列一对弹出操作，可以从栈中删除一个数据项：

$$R1 \leftarrow M[SP]$$
$$SP \leftarrow SP + 1$$

栈顶的数据项被读入 R1，然后栈指针加 1 指向栈中下一个数据，即新的栈顶。在这种情况下，这两个微操作可以并行执行。

压入和弹出操作所需的两个微操作，一个是通过 SP 访问一次存储器，另一个是更新 SP 的值。在图 9-7 中，栈向着存储器地址递减的方向生长。与此相反，也可以构建向着存储器地址递增方向生长的栈。在这种情况下，对于压入操作 SP 要加 1，对于弹出操作 SP 要减 1。也可以构建这样一种栈，其 SP 指向栈顶上面的下一个空地址，此时上述微操作执行的顺序必须修改。

装入栈指针中的初值必须是存储器中指定栈的栈底地址。从这个地址开始，每次压入和弹出操作 SP 都自动地加 1 或减 1。存储器栈的优点是处理器不需要指定一个地址就能够访问栈，因为地址始终是有效的，并且在栈指针中自动更新。

最后一对数据传送指令输入和输出取决于所使用的输入输出的类型，下面将继续讨论。

9.5.2　独立 I/O 与存储器映射 I/O

输入输出（I/O）指令在处理器寄存器和输入输出设备之间传送数据。这些指令与装载指令和存储指令类似，只是用外部寄存器取代了存储器字，即这些指令是向外部寄存器或从外部寄存器传送数据，而不是向存储器单元或从存储器单元传送数据。计算机有一定数量的输入和输出端口，可以用其中的一个或几个端口与一个指定的输入或输出设备进行通信。端口通常是寄存器，它们通过输入和 / 或输出线与外部设备相连。特定的端口通过地址来选择，其选择方式与用一个地址选择一个存储器字相似。输入和输出指令格式中包含一个用于指定数据传送的特定端口的地址字段。

502 ～ 504

端口地址的分配有两种方式。在独立 I/O 系统（independent I/O system）中，分配给存储器和 I/O 端口的地址范围是相互独立的。计算机有不同的输入和输出指令，如表 9-2 所示，它们包含单独的地址字段，控制单元对地址字段进行解析后选择一个特定的 I/O 端口。独立 I/O 寻址将选择存储器单元和选择 I/O 端口分离，因此存储器的地址范围不受端口地址分配的影响。正是由于这个原因，所以这种方法也被称为分离式 I/O 配置（isolated I/O configuration）。

与独立 I/O 相反，存储器映射 I/O（memory-mapped I/O）方式分配一个存储器地址子空间范围作为 I/O 端口的地址。因为 I/O 端口被看作公共地址范围内的存储器空间，所以没有单独的地址用于处理输入和输出传送。每一个 I/O 端口被看作一个存储器空间，类似于一个存储器字。采用存储器映射 I/O 机制的计算机，没有单独的输入和输出指令，因为同一条指令既可以处理存储器数据又可以处理 I/O 端口数据。例如，用于存储器数据传送的装载指令和存储指令也可以用于 I/O 数据传送，只是指令给出的地址是分配给 I/O 端口而不是分配给存储器字的。存储器映射 I/O 机制的优点在于，可以用同一组指令访问存储器和 I/O，达到简洁的效果。

9.6 数据处理指令

数据处理指令执行数据操作，从而使计算机具备计算的能力。在典型的计算机中，数据处理指令一般分成三种基本类型：

1）算术指令。

2）逻辑与位处理指令。

3）移位指令。

基本的数据处理指令清单看起来与第 8 章给出的微操作清单十分类似，但一条指令通常要通过执行一个序列来实现，这个序列包含一个或多个微指令。微操作是计算机硬件在控制单元的控制下所执行的一个基本操作。相反，一条指令可以包含：取指令、从合适的处理器寄存器中取操作数、将结果存入指定位置这几个基本操作。

9.6.1 算术指令

4 种基本的算术指令是加法、减法、乘法和除法指令，大多数计算机都有这 4 种指令。表 9-3 列出了一组典型的算术指令。加 1 指令对存储在寄存器或存储器字中的值执行加 1 操作。对某个计算机字进行处理时，各位全为 1 的一个二进制数加 1 后会产生各位全为 0 的结果，这是这种操作常见的特征。减 1 指令对存储在寄存器或存储器字中的值进行减 1 操作。执行减 1 操作时，一个各位全为 0 的数减 1 后会产生各位全为 1 的结果。

表 9-3 典型算术运算指令

名　称	助　记　符
加 1	INC
减 1	DEC
加法	ADD
减法	SUB
乘法	MUL
除法	DIV
带进位加法	ADDC
带借位减法	SUBB
反向减法	SUBB
求负数	NEG

加法、减法、乘法和除法指令可以适用于不同类型的数据，假定执行这些算术操作时，处理器寄存器中的数据类型包含在指令操作码的定义中。算术指令可以指定无符号或有符号整数、二进制或十进制数或浮点数。二进制整数的算术运算我们已经在第 1 章和第 3 章中进行了介绍。下一节我们将介绍科学计算中用到的浮点数表示方法。

任何寄存器的位数都是有限的，因此算术运算结果的精度也是有限的。大多数计算机都有一些特别便于双精度算术运算的指令。进位触发器用来存储运算所产生的进位。"带进位加法"指令执行两个操作数和前一次计算所得进位值的加法操作。同样，"带借位减法"指令是两个操作数和一个借位之间的减法运算，这个借位是先前运算产生的。

反向减法指令将两个操作数交换顺序，执行 $B-A$ 而不是 $A-A$。取负指令对一个有符号数求其二进制补码，其结果等于用该数乘以 -1。

9.6.2 逻辑与位处理指令

逻辑指令对存储在寄存器或存储器中的字进行二值运算，它们在对表示二进制编码信息的单独位或一组位进行处理时非常有用。逻辑指令认为操作数的每一位是独立的，并把它看成是一个二进制变量。通过适当地应用逻辑指令，可以改变某位的值，将一组位清零，或向储存在寄存器或存储器中的操作数插入新的位值。

表 9-4 列出了一些典型的逻辑与位处理指令。清零指令将指定操作数的各位清为 0。置位指令将操作数的各位置为 1。取反指令将操作数的各位取反。与、或和异或指令对两个操作数的各个单独位进行相对应的逻辑操作。尽管逻辑指令执行布尔运算，但是当用它们来处理字的时候，它们一般被看作执行位处理操作。有三种可能的位处理操作：将指定的位清 0、置 1 或取反。与、或和异或三种逻辑指令经常用来实现这三种位操作。

与指令用于将一个操作数的某一位或成组的某几个位清 0。对于任意一个布尔变量 X，关系式 $X \cdot 0 = 0$ 表明用一个二进制变量和 0 相与得到 0；同样，关系式 $X \cdot 1 = X$ 表明一个变量和 1 相与时其值保持不变。因此，与指令可以用来有选择地将操作数中的某些位清 0，这可以通过将一个字中与需要清除的对应位设置为 0，将需要保持的对应位设置为 1，再将此字与原操作数相与来实现。与指令也被称为屏蔽（mask）指令，因为通过插入 0，与指令可以屏蔽掉操作数中选定的部分。有时与指令也被称为位清除（bit clear）指令。

表 9-4　典型的逻辑与位处理指令

名　称	助　记　符
复位	CLR
置位	SET
取反	NOT
与	AND
或	OR
异或	XOR
进位位复位	CLRC
进位位置位	SETC
进位位取反	COMC

或指令用来将操作数的某一位或成组的某几位设置为 1。对于任意一个布尔变量 X，关系式 $X + 1 = 1$ 表明用一个二进制变量和 1 相或得到 1；同样，关系式 $X + 0 = X$ 表示一个变量和 0 相或时其值保持不变。因此，只要将一个操作数与一个字相或，或指令就可以有选择地将这个操作数的某些位置 1，而这个字中与必须置 1 的对应位设置为 1，与需要保持的对应位设置为 0。有时或指令也被称为置位（bit set）指令。

异或指令用来选择性地对操作数的位取反，这是因为布尔关系式 $X \oplus 1 = \overline{X}$ 和 $X \oplus 0 = X$ 的结果。当某个二进制变量与 1 异或时其值被取反，但与 0 异或时其值不变。有时异或指令也被称为位取反（bit complemetn）指令。

表 9-4 中还有其他一些位操作指令，包括清除进位、设置进位和进位取反，另外一些对其他状态位或标志位进行清除、置位、取反的指令与此类似。

9.6.3　移位指令

对单一操作数进行移位的指令有很多种形式。移位操作可以对操作数的各位进行左移或右移。移入字末端的输入位决定着移位操作的类型。第 8 章介绍了左移和右移时输入位仅为 0 的情况，这里我们将介绍更多的可能性。移位指令既可以指定为逻辑移位、算术移位，也可指定为循环移位。

表 9-5 列出了 4 类移位指令，包括左移和右移两种方式。右列的小图显示了 Intel IA-32 ISA（Intel 指令结构 –32 位行业标准结构）中每条移位指令的位移情况。在所有的情况下，移出位都被复制到进位状态位 C。移位期间，逻辑移位在移入位的地方插入 0。算术移位符合有符号二进制补码数的移位规则。算术右移指令要保留操作数最左边的符号位不变，然后将符号位与其他各个位同时向右移动。算术左移指令移位时在操作数最右边的位置上补 0，

与逻辑左移指令完全相同。

表 9-5 典型移位指令

名　　称	助　记　符	示　意　图
逻辑右移	SHR	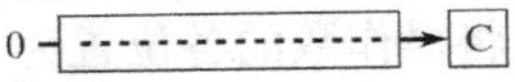 0 → - - - - - - - - - - → C
逻辑左移	SHL	 C ← - - - - - - - - - - ← 0
算术右移	SHRA	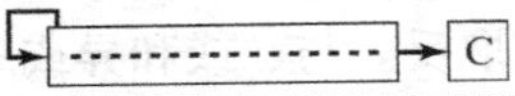 ⤵ - - - - - - - - - → C
算术左移	SHLA	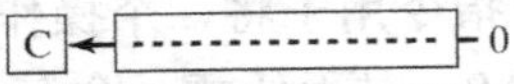 C ← - - - - - - - - - ← 0
循环右移	ROR	 ⟳ - - - - - - - - → C
循环左移	ROL	 C ← - - - - - - - ⟲
带进位的循环右移	RORC	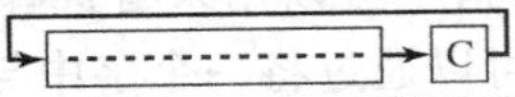 ⟳ - - - - - - - → C
带进位的循环左移	ROLC	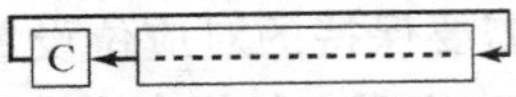 C ← - - - - - - - ⟲

循环移位指令进行环形移位操作:将移出的输出位的值循环移位回到输入位。带进位的循环移位指令则将进位状态位 C 作为循环移位寄存器的一个扩展位。因此,带进位的循环左移指令将进位状态位 C 送到寄存器最右边的移入位,将寄存器最左边的移出位送到进位状态位 C 中,并将整个寄存器左移。

大多数计算机的移位指令是一个多字段格式指令,以保证实现多位而不仅仅是一位的移位需求。其中一个字段包含操作码,另一个字段包含操作数需要移动的位数。移位指令可能包含以下 5 个字段:

OP REG TYPE RL COUNT

OP 是指定移位类型的操作码字段。REG 为指定操作数位置的寄存器地址。TYPE 是一个 2 位长的字段,用来指定 4 种移位类型(逻辑、算术、循环和带进位的循环)中的一种。RL 是 1 位长的字段,用于指定是向左移还是向右移位。COUNT 是一个 k 位长的字段,用于指定最多可以移动 $2^k - 1$ 位的位数。利用这种格式,移位类型、移位方向和移位位数都可以包含在一条指令中。

注意,在一位以上的移位中,对空出位的填充与表 9-5 中所示的示意图一致。在 Intel IA-32 ISA 中,除了使用进位位 C 之外,N 和 Z 条件码位也可以根据移位的结果来进行设置。溢出位 V 只在 1 位的移位时有定义。

9.7 浮点数计算

在许多科学计算中,数值的范围非常大,计算机中表示这种数的方法是浮点表示法。浮点数有两个组成部分,一部分表示该数的符号和小数(有时也称为尾数),而另一部分表示小数点在数中的位置,并称其为指数。例如,十进制数+6132.789 用浮点表示法表示为:

尾数	指数
+0.6132789	+04

其中指数部分的值表明,十进制小数点的实际位置在尾数中给出的十进制小数点的右边 4 位

的位置。这种表示法等价于科学计数法$+0.6132789×10^{+4}$。十进制浮点数可以解释为用如下形式表示的数：

$$F×10^E$$

其中 F 是尾数，E 是指数。只有尾数和指数部分物理上表示在计算机寄存器中，基数 10 和尾数中的十进制小数点都是假定的，并没有显式地表示出来。浮点二进制数除了使用 2 作为指数的基数外，表示方法与十进制浮点数相同。例如，二进制数 $+1001.11$ 可以用 8 位尾数和 6 位指数表示为：

尾数	指数
01001110	000100

尾数部分最左边一位是 0，表示这是一个正数。尾数的二进制小数点紧随在符号位的后面，但它在寄存器中没有表示出来。指数部分等于 $+4$。这个浮点数等同于：

$$F×2^E=+（0.1001110）_2×2^{+4}$$

如果浮点数尾数的最高有效位不等于零，我们就称该浮点数是规格化（normalized）的。例如，十进制尾数 0.350 是规格化的，但 0.0035 就不是规格化的。规格化浮点数规定了浮点数可能达到的最高精度。零无法进行规格化，因为零的表示中没有非零位。一般情况下，零的浮点表示为尾数和指数的所有各位皆为 0。

浮点表示法增大了一个给定位数的寄存器所能表示的数值范围。假设一台计算机的寄存器有 48 位宽，由于必须要保留一个符号位，所以带符号整数的范围是 $±（2^{47}-1）$，大约为 $±10^{14}$。如果用 48 位来表示浮点数——其中用 1 位表示符号，用 35 位表示尾数，而用 12 位表示指数。那么这个寄存器能够表示的最大正数和最小负数是：

$$±（1-2^{-35}）×2^{+2047}$$

这个数的尾数部分包含 35 个 1，指数部分有 1 个符号位和 11 个 1。最大的指数为 $2^{11}-1$，即 2047。这种方法所能表示的最大数近似等于十进制的 10^{615}。尽管浮点表示的数值范围大大增加了，但数的表示仍然只有 48 位。结果，表示浮点数和定点数所用的位数是一样的。因此，浮点数表示范围增大了的同时降低了数值精度，即从 48 位降低为 35 位。

9.7.1　算术运算

浮点数的算术运算比整数的更加复杂，其计算过程需要更长的时间，并且要求有更复杂的硬件。两个数相加和相减时要求小数点对齐，因为在尾数部分相加或相减之前指数部分必须相等。对齐操作可以这样进行：对一个尾数进行移位，并调整相应的指数，直到两个数的指数相等。考虑下面两个浮点数的和：

$$0.5372400×10^2$$
$$+0.1580000×10^{-1}$$

尾数相加之前必须使得两个指数相等。我们既可以将第一个尾数左移三位，也可以将第二个尾数右移三位。对于存储在寄存器中的尾数来说，左移会丢失最高有效位，而右移会丢失最低有效位。相比之下，右移方法更可取，因为右移仅仅降低了精度，而左移则会引起错误。通常对齐过程都是将指数较小的那个数的尾数进行右移，右移的位数等于两个指数的差。对齐之后，尾数就可以相加了：

$$0.5372400×10^2$$
$$+0.0001580×10^2$$
$$\overline{0.5373980×10^2}$$

两个规格化的尾数相加之后，所得的和可能发生溢出。这时，我们要将和右移一位，同时增大指数值，从而纠正溢出错误。当两个数相减时，结果尾数的最高有效位可能是 0，如下例所示：

$$
\begin{array}{r}
0.56780 \times 10^5 \\
-0.56430 \times 10^5 \\
\hline
0.00350 \times 10^5
\end{array}
$$

尾数最高有效位是 0 的浮点数不是规格化的。要想对这个数进行规格化，我们必须对尾数进行左移，同时减小指数，直到尾数的第一位出现非零数字为止。对于上面的例子，我们需要对尾数左移两位得到 $.35000 \times 10^3$。大多数计算机在每次运算后都要执行规格化处理，以确保所有的结果都是规格化的形式。

浮点乘法和除法不需要将尾数对齐。做乘法时要将两个数的尾数相乘，指数相加。做除法时要将两个数的尾数相除，指数相减。在以上例子中，我们使用十进制数来说明浮点数的算术操作。除了指数的基数是 2 而不是 10 以外，二进制数的运算过程都是一样的。

9.7.2 移码

浮点数的符号和尾数部分一般都采用"符号 – 大小"表示法。大多数计算机使用的指数表示法被称为移码表示法。偏移量是加到指数上的一个余量，因此所有的指数都变成了正数。结果是，指数的符号位不再作为独立的实体而存在。

例如，考虑十进制数的指数范围从 -99 到 $+99$。这种表示包括两个数值位和一个符号位。如果我们采用余量 99 作为偏移量，那么移码 $e = E + 99$，其中 E 是实际的指数。当 $E = -99$ 时，我们得到 $e = -99 + 99 = 0$；而当 $E = +99$ 时，我们得到 $e = 99 + 99 = 198$。按照这种方法，移码在寄存器中始终表示为一个从 000 到 198 范围的正数。正移码的范围从 099 到 198，减去偏移量 99 之后，可以得到从 0 到 $+99$ 的正指数。负移码的范围从 098 到 000，减去偏移量 99 之后，可以得到从 -99 到 -1 的负指数。

移码的优点是所得到的浮点数只有正指数。因此，比较两个数的大小就简单多了，不需要考虑它们的指数符号。另一个优点是最小的负指数转化为移码之后成为全 0，而 0 的浮点表示就是 0 尾数和 0 移码，0 移码恰好是可能的最小指数。

9.7.3 标准操作数格式

执行浮点数运算的算术指令通常使用后缀 F，例如 ADDF 是一个浮点数加法指令。有两种表示浮点操作数的标准格式：由 32 位组成的单精度数据类型和 64 位组成的双精度数据类型。当这两种数据类型同时存在时，单精度指令助记符使用 FS 后缀，而双精度使用 FL 后缀（表示"floating-point long"）。

符合 IEEE 标准的（见参考文献 6）单精度浮点数的格式如图 9-8 所示，它由 32 位组成。符号位 s 表示尾数的符号。移码 e 包含 8 位，偏移量为 127。尾数 f 由 23 位组成。二进制小数点的位置默认为正好位于 f 字段最高有效位的左边。除此之外，在二进制小数点的左边还隐含地插入了 1 位，其效果相当于将 f 扩展到 24 位，可以表示从 1.0_2 到 $1.11 \cdots 1_2$ 之间的值。因此，二进制浮点数中，由隐含的二进制小数点左边的位和字段中的尾数一起构成的部分称为有效数字（significand）。下面是一些字段值及其对应的有效数字的例子：

f 字段	有效数字	等价的十进制数
100···0	1.100···0	1.50
010···0	1.010···0	1.25
000···0	1.000···0*	1.00*

* 假设其指数不等于 00···0。

1	8	23
s	e	f

图 9-8   IEEE 浮点操作数格式

尽管 *f* 字段本身可能并不是规格化的，但其对应的有效数字总是规格化的，因为它的最高有效位非零。由于规格化数必须有一个非零的最高有效位，这一位又不是显式地包含在格式中，因此在进行算术运算时，必须通过硬件插入这一位。指数字段在规格化时使用 127 作为偏移量，有效的指数范围从 −126（表示为 00000001）到 +127（表示为 11111110）。*e* 字段的最大值（11111111）和最小值（00000000）被保留，用于表示异常情况。表 9-6 给出了一些指数的移码和实际值。

表 9-6   移码计算

十进制指数 *E*	移码 *e=E+*127		
	十 进 制		二 进 制
−126	−126+127=1		00000001
−001	−001+127=126		01111110
000	000+127=127		01111111
+001	001+127=128		10000000
+126	126+127=253		11111101
+127	127+127=254		11111110

规格化的数能够表示为 *e* 字段既不全为 0，也不全为 1 的浮点操作数。浮点数的值可以从图 9-8 所示的格式中的三个字段推导，用下面的公式计算得出：

$$(-1)^s 2^{e-127} \times (1.f)$$

将符号位设为 0，移码设为 254，*f* 字段设置为 23 个 1，就可以得到最大的正规格化数。这样，指数 $E=254-127=127$，有效数字等于 $1+1-2^{-23}=2-2^{-23}$，因此单精度浮点数表示的最大正数是

$$+2^{127} \times (2-2^{-23})$$

将移码置为 00000001，尾数置为全 0，可以得到最小的正数。它的指数 $E=1-127=-126$，有效数字等于 1.0，这个最小正数等于 $+2^{-126}$。相应负的表示也是一样的，除了符号位为负外。前面已经提到，全 0 和全 1（十进制为 255）的指数被保留，用于表示下列一些特殊情况：

1）当 $e=255$ 且 $f=0$ 时，表示正无穷大或负无穷大，其符号取决于符号位 *s*。

2）当 $e=255$ 且 $f \neq 0$ 时，操作数被认为是非数字或 NaN，这时不考虑符号位的值。NaN 用于表示无效操作，例如零与无穷大相乘。

3）当 $e=0$ 且 $f=0$ 时，表示 +0 或 −0。

4）当 $e=0$ 且 $f \neq 0$ 时，我们称该数是反规格化的。这个数的大小比规格化所能表示的最小数还要小，这就是其名字的来由。

9.8 程序控制指令

　　程序中的指令按照连续的存储器地址存储。当控制器处理指令时，指令从连续的存储器地址中一个一个地被读出并执行。每次从存储器中取出一条指令，PC 就加 1，从而使 PC 顺序获得下一条指令的地址。相反，程序控制指令在执行时可能会改变 PC 中的地址值，并引起控制流发生变化。执行程序控制指令引发 PC 值的改变，会导致指令的执行顺序被打断。这是数字计算机的一个重要特征，因为它能够根据先前的计算结果，提供控制程序执行流程，并分支到不同程序段的能力。

　　表 9-7 中列出了一些典型的程序控制指令。分支和跳转指令常常可以互换着使用，这意味着这种指令功能是相同的，尽管有时它们的寻址模式不相同。例如，跳转指令可以采用直接或间接寻址，而分支指令使用相对寻址。分支（或跳转）指令通常都是一地址指令。执行分支指令时，会有一个有效地址传送到 PC 中。由于 PC 保存了下一条将要执行指令的地址，所以下一条指令将从这个有效地址指定的位置中取出。

表 9-7 典型程序控制指令

名　称	助　记　符
分支	BR
跳转	JMP
过程调用	CALL
过程返回	RET
比较（通过减法）	CMP
检测（通过与运算）	TEST

　　分支和跳转指令既可以是有条件的，也可以是无条件的。无条件分支指令不需要任何条件就能够转移到指定的有效地址。条件分支指令指定一个发生分支转移时必须满足的条件，比如某个特定寄存器的值为负。如果条件满足，PC 就载入有效地址，下一条指令就从这个地址读取。如果条件不满足，PC 的值就不改变，下一条指令按顺序从下一个地址获取。

514

　　调用和返回指令与过程一起使用。本节后面将讨论这两种指令的执行和实现。

　　比较指令通过减法操作来对两个数进行比较，但减法的差值不被保留。然而，比较指令会引发条件分支，改变某个寄存器的值，置位或复位某些状态位。类似地，测试指令对两个操作数执行逻辑"与"运算，它也不保存运算的结果，并执行比较指令所列出的某一个操作。

　　根据条件判断的处理方式以及三种可能的操作，比较和测试指令有三种不同的类型。第一类将整个判断操作作为一条单指令来执行。例如，对两个寄存器的值进行比较，如果它们的值相等则程序发生分支或跳转。由于包含了两个寄存器地址和一个存储器地址，这样的指令需要三个地址。第二类比较和测试指令也采用三个地址，并且都是寄存器地址。考虑上面相同的例子，如果前两个寄存器的值相等，则第三个寄存器赋值为 1，否则第三个寄存器赋值为 0。这两类指令都避免使用状态位。其中，第一类指令对状态位没有需求，第二类指令用一个寄存器来模拟状态位。第三类比较和测试指令进行比较和测试操作时，将置位或复位某些状态位，然后使用分支或跳转指令来有条件地改变程序执行的顺序。下一小节将讨论第三类比较和测试指令。

9.8.1 条件分支指令

　　条件分支指令是一种使程序控制流发生或不发生转移的分支指令，这取决于存储在 PSR

中的值。每一条条件分支指令测试不同的条件状态位组合。如果条件为真，控制就转移到有效地址。如果条件为假，则程序继续执行下一条指令。

表 9-8 列出了直接依赖于 PSR 中某些位的一组条件分支指令。在大多数情况下，这些指令的助记符包含字母 B（表示"branch"）和一个状态位名称的字母。如果状态位为 0 时进行分支，则指令助记符中包含字母 N（表示"not"）。因此，用 BC 表示"如果进位标志 carry＝1 则分支"，用 BNC 表示"如果 carry＝0 则分支"。

表 9-8　与 PSR 中状态位有关的条件分支指令

分 支 条 件	助 记 符	检 测 条 件
如果为 0 则分支	BZ	$Z=1$
如果不为 0 则分支	BNZ	$Z=0$
如果进位则分支	BC	$C=1$
如果无进位则分支	BNC	$C=0$
如果负则分支	BN	$N=1$
如果正则分支	BNN	$N=0$
如果溢出则分支	BV	$V=1$
如果无溢出则分支	BNV	$V=0$

零状态位 Z 用于检查 ALU 运算或者移位的结果是否等于零。进位位 C 用于检查 ALU 中两数相加后的进位或两数相减后的借位，它还用于移位指令以检测移出位的值。符号位 N 反映来自 ALU 或移位的输出中最左边一位的状态，N＝0 表示它为正数的符号，N＝1 表示它为负数的符号。不管这一位是否表示一个符号，这些指令都可以用来检查数据最左边一位的值。溢出位 V 用于有符号数或无符号数的算术运算和移位操作。

如前所述，比较指令执行两个操作数的减法，即 $A-B$，运算结果不送到目的寄存器，但状态位会受到影响，状态位提供了关于 A 和 B 两个数值相对大小的信息。有些计算机还提供某些特殊的分支指令，这些指令可以在比较指令执行之后执行。被测试的特定条件依赖于两个数是有符号数还是无符号数。

两个无符号二进制数 A 和 B 的相对大小，可以通过减法运算 $A-B$ 并检测 C 和 Z 状态位来确定。大部分商用计算机都把状态位 C 看作加法运算后的进位和减法运算后的借位。当 $A<B$ 时就会出现借位，因为最高有效位必须借一位才能完成减法运算。如果 $A\geqslant B$ 就不会出现借位，因为 $A-B$ 的差值是正数。当采用 B 的二进制补码做减法运算时，借位的条件正好与进位的条件相反。使用状态位 C 作减法借位的计算机，在加上减数的二进制补码之后，对输出进位取反，并称之为借位。这种技术通常应用于功能单元中使用了减法运算的所有指令，并不仅仅局限于减法指令。例如，它可用于比较指令。

表 9-9 列出了无符号数的条件分支指令。假设前面的指令在执行减法 $A-B$ 或其他一些类似的操作后，已经更新了状态位 C 和 Z 的值。"高于""低于"和"等于"这些字眼用于表示两个无符号数之间的相对大小。如果 $A=B$，那么这两个数是相等的，这由零状态位 Z 来判定，因为 $A=B$ 时 Z 等于 1。当 $A<B$ 时，借位 C＝1，表示 A 低于 B。如果 A 低于或等于 B（$A\leqslant B$），则必须有 C＝1 或 Z＝1。关系 $A>B$ 与 $A\leqslant B$ 相反，根据其状态位相反的条件就可以做出这样的判断。同样，$A\geqslant B$ 与 $A<B$ 相反，$A\neq B$ 与 $A=B$ 相反。

表 9-9 无符号数的条件分支指令

分 支 条 件	助 记 符	条　　件	状 态 位*
如果大于则分支	BA	$A>B$	$C+Z=0$
如果大于或等于则分支	BAE	$A\geqslant B$	$C=0$
如果小于则分支	BB	$A<B$	$C=1$
如果小于或等于则分支	BBE	$A\leqslant B$	$C+Z=1$
如果等于则分支	BE	$A=B$	$Z=1$
如果不等于则分支	BNE	$A\neq B$	$Z=0$

表 9-10 列出了有符号数的条件分支指令。我们仍然假设前面的指令在执行减法 $A-B$ 之后，已经更新了状态位 N、V 和 Z 的值。"大于"、"小于" 和 "等于" 用于表示两个有符号数之间的相对大小。如果 N＝0，差值的符号为正，只要 V＝0 表明没有发生溢出，那么 A 一定大于或等于 B。在 3.11 节讨论过，溢出会引起符号反转。这意味着，如果 N＝1 且 V＝1，则符号发生了反转，结果应该是正数，所以 A 大于或等于 B。因此，如果 N 和 V 都等于 0 或都等于 1，那么条件 $A\geqslant B$ 为真。这是将异或运算的结果取反。

表 9-10 有符号数的条件分支指令

分 支 条 件	助 记 符	条　　件	状 态 位
如果大于则分支	BG	$A>B$	$(N\oplus V)+Z=0$
如果大于或等于则分支	BGE	$A\geqslant B$	$N\oplus V=0$
如果小于则分支	BL	$A<B$	$N\oplus V=1$
如果小于或等于则分支	BLE	$A\leqslant B$	$(N\oplus V)+Z=1$
如果等于则分支	BE	$A=B$	$Z=1$
如果不等于则分支	BNE	$A\neq B$	$Z=0$

对于 A 大于 B 但不等于 B 的情况（$A>B$），差值一定为正数且不等于零。由于结果等于零会使符号为正，所以我们必须确定 Z 位等于零以排除 $A=B$ 的可能。注意，条件 $(N\oplus V)+Z=0$ 意味着异或运算结果和 Z 位都等于零。用相似的方法可以推导出表中其他两个条件。无符号数使用的 BE（相等则分支）和 BNE（不相等则分支）条件指令同样也可以应用于有符号数，这分别由条件 Z＝1 和 Z＝0 来判断。

9.8.2 过程调用与返回指令

过程（procedure）是一组执行给定计算任务的独立的指令序列。在程序执行过程中，可以在程序的不同点上多次调用某一过程来执行其功能。每次过程调用，程序便分支到此过程的起始地址，并开始执行这个过程的指令序列。过程执行完毕后，程序再次分支，返回到主程序。过程也被称为子程序（subroutine）。

将控制转移到一个过程的指令有不同的名字，具体有过程调用、子程序调用、跳转到子程序、分支到子程序以及分支和链接。我们将包含过程调用的程序称为调用过程（calling procedure），调用过程也常称为调用者（caller），被调用的过程称为被调用函数（callee）。过程调用指令有一个地址字段并且执行两个操作。第一，该指令将 PC 值保存到某个临时地址中，这个值是紧跟在过程调用指令地址后的地址，这个地址被称为返回地址（return address），相应的指令是调用过程的连续点（continuation point）。第二，过程调用指令中的地址——过程中第一条指令的地址被加载到 PC。当读取下一条指令时，它就来自于被调用过程的指令。

每一个过程的最后一条指令必须返回到调用过程。返回指令提取过程调用指令先前保存的地址，并将它放回 PC 中，其结果是程序返回到调用过程的连续点执行。

不同的计算机采用不同的临时地址来保存返回地址。某些计算机将它保存在存储器中的一个固定位置，有些将其保存在处理器的某个寄存器中，而有些则将其保存在存储器栈中。使用栈来保存返回地址的好处在于：当要连续调用几个过程时，按序返回的地址可以连续入栈。返回指令执行时引发出栈操作，栈顶的内容就会被传送到 PC 中。使用这种方法，程序总是返回到最后调用过程的那个程序中。使用栈的过程调用指令通过以下微操作序列来实现：

$$SP \leftarrow SP - 1 \qquad 栈指针减 1$$
$$M[SP] \leftarrow PC \qquad 在栈顶保存返回地址$$
$$PC \leftarrow 有效地址 \qquad 转移控制到过程$$

返回指令通过出栈操作，并将返回地址送回到 PC 中来实现：

$$PC \leftarrow M[SP] \qquad 返回地址出栈并送到 PC$$
$$SP \leftarrow SP + 1 \qquad 栈指针加 1$$

通过使用一个过程栈，硬件能够自动地将所有的返回地址保存到存储器栈中。因此，程序员不必关心如何管理调用过程中被调用过程的返回地址。

除了保存返回地址，程序还必须正确管理传递给过程的参数值，过程调用的返回结果以及在过程或调用过程中需要用到的寄存器中的临时值。编程语言或编译器确保这些值被正确管理的方法称为调用约定（calling convertion），调用约定通常指定参数如何传递给过程，结果如何返回到调用过程，哪些寄存器在过程中会被重写，在过程中会向哪些寄存器写入值，而这些值在过程返回后调用过程会用到。寄存器和栈结合作为调用约定的一部分，向过程传递参数，返回结果给过程调用。栈也用于在过程调用中保存寄存器的值。

518

9.9　程序中断

程序中断用于处理各种需要脱离正常程序流程的情况。程序中断将控制从当前正在运行的程序转移到另一个服务程序，以满足外部或内部产生的请求。服务程序执行完毕后，控制返回到原来的程序。从原理上来说，中断过程与过程调用相似，但有三点区别：

1）中断通常是由某个外部或内部信号，在程序中某个无法预知的点上引发的，不因指令的执行而启动。

2）处理中断请求的服务程序的地址由一个硬件过程来决定，而不是来自某条指令的地址字段。

3）响应中断时必须保存寄存器组的全部或部分可能被更改的有用信息，而不仅仅只保存程序计数器的值。

在计算机被中断并执行完服务程序之后，它必须准确地返回到中断发生之前的状态。只有这样，这个被中断的程序才能够重新执行，好像什么事也没有发生过一样。计算机执行完一条指令时的状态由寄存器组的值来决定。PSR 除了包含条件码之外，还能够设定允许什么样的中断发生，可以表明计算机正工作在用户模式还是系统模式。大多数计算机都有一个驻留在内存的操作系统，由它负责控制和管理其他所有程序。当计算机执行操作系统中的某一部分程序时，计算机就处于系统模式，在这种模式下某些指令享有特权并且仅在系统模式下才能够被执行。当计算机执行用户程序时计算机就处于用户模式，在这种模式下计算机不能执行特权指令。在任意时刻，计算机的工作模式由 PSR 中一个或几个特定的状态位来决定。

一些计算机在响应中断时只保存程序计数器。在这种计算机中，为服务于中断而执行的数据处理程序必须包含一些用来保存寄存器组中基本内容的指令。其他一些计算机在响应中断时自动地保存全部寄存器组的内容。有些计算机有两组处理器寄存器，因此当程序从用户模式切换到系统模式以响应中断时，没有必要保存处理器寄存器中的内容，因为每个模式使用属于它自己的寄存器组。

处理中断的硬件过程与调用指令的执行过程非常相似。处理器寄存器组的内容通常以压入存储器栈的方式暂时被保存在存储器中，并且将中断服务程序第一条指令的地址加载到PC。服务程序的地址由硬件来选择。有些计算机为服务程序的首地址分配了一个存储器单元：服务程序必须确定中断源，并进行中断服务。其他计算机则给每个可能的中断源分配一个单独的存储器单元。有时，中断源硬件自己提供服务程序的地址。无论哪种情况，计算机必须拥有为中断选择分支地址的某种形式的硬件过程。

大部分计算机要等到当前正在执行的指令执行完毕后才响应中断。因此，就在准备取下一条指令之前，控制器检查任何可能的中断信号。如果已经发生某个中断，控制器就进入一个硬件中断周期。在这个周期中，寄存器组的一部分或全部内容被压入堆栈。然后，这个特定中断的分支地址被送到PC，控制器取下一条指令，即中断服务程序的第一条指令。中断服务程序的最后一条指令是从中断返回的指令。当执行这条返回指令时，堆栈数据被弹出，重新得到返回地址并将其送到PC，其余寄存器组保存的内容也被送回到相应的寄存器中。

9.9.1 中断类型

下面给出了使正在执行的程序发生中断的三种主要中断类型：

1）外部中断。

2）内部中断。

3）软件中断。

外部中断（external interrupt）来自输入或输出设备、定时设备、电源监视电路或任何其他外部来源。引起外部中断的原因可以是输入或输出设备请求数据传输、外部设备完成一次数据传输、事件超时或电源出现紧急状况。一个因为执行无穷循环，而超出分配给它的执行时间的程序也可能引发超时中断。电源失效的中断服务程序可能只有很少几条指令，它要在停止供电前的几毫秒时间内，将处理器寄存器组的全部内容转存到像磁盘一样的非破坏性的存储器中。

内部中断（internal interrupt）由指令或数据无效或被错误地使用引起。内部中断也被称为陷阱（trap）。内部中断的例子包括算术运算溢出、被零除、无效操作码、存储器堆栈溢出、保护违例。保护违例（protection violation）是指当前执行程序企图访问不允许访问的存储空间。处理内部中断的中断服务程序，决定在每一种情况下计算机应该采取的正确措施。

外部和内部中断都是由计算机硬件引发的。相反，软件中断（software interrupt）则是由执行指令引发的。软件中断是一种特殊的调用指令，其行为更像是中断而不是过程调用。程序员可以在程序的任意一点上用软件中断指令来引发中断过程。软件中断的典型应用与系统调用指令有关，该指令提供了一种从用户模式到系统模式的切换方法。计算机中的某些操作只能在系统模式下由操作系统执行。例如，一个复杂的输入或输出过程就是在系统模式下执行的。相反，用户编写的程序必须在用户模式下运行。当需要向输入或输出传输数据时，用户程序就引发一次软件中断，保存PSR中的内容（PSR的模式位设置为“user”），加载新的PSR值（模式位设置为“system”），并引发系统程序的执行。为了指定请求的特定任务，调用程序必须向操作系统传递信息。

中断的另一个术语是异常（exception），这个术语可以只用于内部中断，也可以用于所有中断，这取决于特定的计算机制造商。这两个术语的用法是：一个程序员所指的中断处理程序可能就是另一个程序员所指的异常处理程序。

9.9.2 处理外部中断

外部中断可能有一根或多根中断输入线。如果中断源比计算机的中断输入还要多，则可以将两个或多个中断源进行"或"处理，以形成一个共用的中断输入线。中断信号可能在程序执行过程中的任何时刻出现。为了确保不会丢失信息，计算机一般只在当前指令执行完，且处理器状态允许的情况下响应中断。

图 9-9 给出一种简化了的外部中断配置情况。4 个外部中断源"或"起来形成一个单一的中断输入信号。在 CPU 内部有一个中断使能触发器（EI），用两条程序指令可以对它进行置位或复位：允许中断（ENI）和禁止中断（DSI）。当 EI 是 0 时，中断信号被忽略。当 EI 是 1，并且 CPU 刚执行完当前指令时，计算机使能中断应答输出信号 INTACK 以响应中断请求。中断源通过向 CPU 返回中断向量地址 IVAD 来响应 INTACK。可编程控制的 EI 触发器允许程序员决定是否使用中断功能。如果在程序中插入了一条对 EI 进行复位的 DSI 指令，这意味着程序员不希望程序被中断。而当 EI 置位指令 ENI 执行时，则表明中断功能在程序运行时被激活。

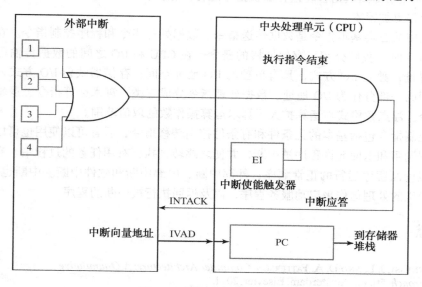

图 9-9 外部中断配置示例

如果 EI=1 并且当前指令执行完毕，计算机将响应中断请求信号。实现中断的典型微指令序列如下所示：

SP ← SP−1	栈指针减 1
M[SP] ← PC	将返回地址入栈
SP ← SP−1	栈指针减 1
M[SP] ← PSR	将处理器状态字入栈
EI ← 0	复位 EI 触发器
INTACK ← 1	使能中断响应信号
PC ← IVAD	将中断向量地址送到 PC，进入取指阶段

将 PC 中的返回地址压入栈，PSR 的内容压入栈，将 EI 复位以禁止响应其他中断。中断服务程序可以在任何时候用一条指令对 EI 置位，以便可以响应其他中断。CPU 使外部中断源在响应 INTACK 信号时，提供一个 IVAD，即中断服务程序第一条指令的地址。显然，为此目的必须编写一个程序并将其存入存储器中。

　　中断返回由中断服务程序最末尾的一条指令来完成，中断返回与过程调用返回相似，弹出栈顶的值，并将返回地址送到 PC 中。因为 EI 触发器一般都包含在 PSR 中，所以当 PSR 恢复到原来值的时候，原来程序中的 EI 值也就随之被恢复了。因此，原来程序允许或禁止中断服务的设置也随之被恢复，就如中断发生之前一样。

9.10　本章小结

　　在本章中，我们定义了指令集结构的概念，定义了指令的组成部分，并分别使用存储器地址和寄存器地址研究了每条指令中最大地址数对程序性能的影响。由此定义了 4 种类型的寻址结构：存储器到存储器结构、寄存器到寄存器结构、单累加器结构和栈结构。在确定操作数的有效地址时，寻址模式指定了指令信息的解释方法。

521
~
522
　　精简指令集计算机（RISC）和复杂指令集计算机（CISC）是两大类指令集结构计算机。RISC 的目标在于提高数据吞吐量，加快指令运行。相反，CISC 则力图贴近编程语言的操作，以使程序变得更加紧凑。

　　计算机中的三类基本指令是数据传送指令、数据处理指令和程序控制指令。在详细阐述数据传送指令时，我们介绍了存储器栈的概念。在 CPU 和 I/O 之间的数据传输可以采用两种方法来寻址：独立 I/O 方式，具有单独的 I/O 地址空间；存储器映射 I/O 方式，使用存储器地址空间的一部分作为 I/O 地址。数据处理指令分成三类：算术运算指令、逻辑运算指令和移位指令。浮点数格式与运算扩大了算术运算操作数的取值范围。

　　程序控制指令包括基本的无条件和有条件控制转移指令，后者可以使用也可以不使用条件码。过程调用和返回允许程序被中断，并使之跳转到执行有用任务的过程中。有三种类型的中断可以中断程序运行的正常顺序：外部中断、内部中断和软件中断。中断也称为异常。中断需要特殊的处理运作来启动服务程序，以及返回执行被中断的程序。

参考文献

1. HENNESSY, J. L. AND D. A. PATTERSON. *Computer Architecture: A Quantitative Approach*, 5th ed. Amsterdam: Elsevier, 2011.

2. *IEEE Standard for Microprocessor Assembly Language* (IEEE Std 694-1985). New York: The Institute of Electrical and Electronics Engineers.

3. *IEEE Standard for Binary Floating-Point Arithmetic* (ANSI/IEEE Std 754-1985). New York: The Institute of Electrical and Electronics Engineers.

4. *The Intel 64 and IA-32 Architectures Software Developer's Manual*, Vols. 2A and 2B. Intel Corporation, 1997–2006.

5. MANO, M. M. *Computer Engineering: Hardware Design*. Englewood Cliffs, NJ: Prentice Hall, 1988.

6. MANO, M. M. *Computer System Architecture*, 3rd ed. Englewood Cliffs, NJ: Prentice Hall, 1993.

7. PATTERSON, D. A. AND J. L. HENNESSY. *Computer Organization and Design: The Hardware/Software Interface*, 5th ed. Amsterdam: Elsevier, 2013.

习题

(WWW)（＋）表明更深层次的问题，（*）表明在原书配套网站上有相应的解答。

9-1 根据 9.2 节描述的操作，编写一段程序计算下列算术表达式：

$$X=(A+B-C)\times(D-E)$$

有效利用寄存器，尽可能地减少使用 MOVE 和 LD 指令的次数。

（a）假设采用寄存器到寄存器结构和三地址指令，减法指令 SUB 的操作数，即被减数和减数的顺序不同。

（b）假设采用存储器到存储器结构和两地址指令。

（c）假设采用单累加器计算机和一地址指令。

*9-2 对下列表达式重做 9-1 题：

$$Y=(A+B)\times C\div(D-E\times F)$$

假设所有操作数的初值都在存储器中，除法指令 DIV 的操作数顺序为商、被除数、除数。

*9-3 试用栈结构编写计算下列算术表达式的程序：

$$X=(A-B)\times(A+C)\times(B-D)$$

（a）写出相应的 RPN 表达式。

（b）适当地运用 PUSH、POP、ADD、MUL、SUB 和 DIV 指令，编写程序。

（c）给出每条指令执行后的栈内容。

9-4 对于下列算术表达式，重做习题 9-3：

$$Y=(((A\times B)+C)\times D)\div(E-(A\times F))$$

9-5 存储器地址 W 处保存了一条双字指令。该指令的地址字段（存储在 W+1 处）由符号 Y 表示。指令执行过程中用到的操作数存储在有效地址 Z 处。变址寄存器中保存的值是 X。在下列 4 种寻址模式下，请问如何根据其他几个地址计算出 Z 的值：（a）直接寻址；（b）间接寻址；（c）相对寻址；（d）变址寻址。

*9-6 存储器地址 207 和 208（十进制）处保存一条双字相对寻址模式的分支指令。分支将转移到地址 195 处。该指令的地址字段（存储在地址 208 处）由符号 X 表示。

（a）给出 X 的十进制值。

（b）给出 X 的 16 位二进制值（注意，这个值是负数并且必须表示成补码的形式。为什么？）

9-7 如果分支指令存储在地址 143 和 144 处，分支转移的地址等于 1000，所有的值都是十进制数。请重做习题 9-6。

9-8 如果控制单元取出并执行一条三字长双间接寻址模式的指令，请问控制单元需要访问存储器多少次？该指令有如下两种情况（a）计算类型的指令，需要从两个不同的存储器地址中取两个操作数并将结果送回到第一个地址中；（b）分支类型的指令，需要从一个存储器地址中取一个操作数并将结果放到另一个不同的地址中。

9-9 某条指令存储在地址 550 处，其地址字段存储在 551 处，地址字段的值等于 2410。处理器寄存器 R1 的值为 2310。如果该指令的寻址模式分别为（a）直接寻址；（b）立即数寻址；（c）相对寻址；（d）用 R1 寄存器作变址寄存器的变址寻址，请计算有效地址。

*9-10 某种计算机的字长为 32 位，所有的指令都是一个字长，寄存器文件中有 16 个寄存器。

（a）对于没有模式字段并且具有三个寄存器地址的指令格式，请问其可以表示的最大操作码的个数是多少？

（b）对于具有两个寄存器地址字段、一个存储器字段，以及最大 100 种操作码的指令格式，其所能表示的存储器地址位数最多是多少？

9-11 某种计算机具有一个寄存器文件，但是没有 PUSH 和 POP 指令，现在准备用这种计算机来实现一种栈结构。该计算机具有下列寄存器间接寻址模式：

523
524

寄存器间接寻址＋递增

$$LD\ Rj\ Ri \qquad\qquad Rj \leftarrow M[Ri]$$
$$Ri \leftarrow Ri+1$$

$$ST\ Rj\ Ri \qquad\qquad MRi \leftarrow [Rj]$$
$$Ri \leftarrow Ri+1$$

递减＋寄存器间接寻址：

$$LD\ Rj\ Ri \qquad\qquad Ri \leftarrow Ri-1$$
$$Rj \leftarrow M[Ri]$$

$$ST\ Rj\ Ri \qquad\qquad Ri \leftarrow Ri-1$$
$$M[Ri] \leftarrow Rj$$

请问采用这些指令，并用寄存器 R6 作为栈指针，如何实现等效的 PUSH 和 POP 操作？

9-12   有一种复杂的计算机指令 PSHR（push registers，寄存器压栈）能够将所有寄存器的值都压入栈中。CPU 中有 8 个寄存器 R0 到 R7。与其相应的指令 POPR 则将所保存的寄存器值从栈中弹出并送到寄存器中。

(a) 写出 PSHR 指令执行时对应的寄存器传输语句。

525

(b) 写出 POPR 指令执行时对应的寄存器传输语句。

9-13   某种计算机具有独立的 I/O 系统，其输入和输出指令为：

$$IN \qquad R[DR] \qquad ADRS$$
$$OUT \qquad ADRS \qquad R[SB]$$

其中 ADRS 是某个 I/O 寄存器端口的地址。如果该计算机采用存储器映射的 I/O，请给出等效的指令。

*9-14   假设某个 8 位字长的计算机执行两个 32 位无符号数的多精度加法：

$$1F\ C6\ 24\ 7B + 00\ 57\ ED\ 4B$$

(a) 采用加法和带进位的加法指令，写出执行该加法操作的程序。

(b) 对于上面给定的操作数，执行这段程序，其中每个字节表示成 2 位十六进制数。

9-15   (a) 对两个单字节数 01101001 和 11001110 执行逻辑操作 AND、OR 和 XOR。

(b) 对两个单字节数 01010001 和 00111001 重做 (a) 部分。

9-16   对于给定的 16 位数 1010 0101 1001 1000，请问要实现下列三个目标分别需要执行什么操作，需要怎样的操作数？

(a) 最高 8 位置为全 1。

(b) 偶数位上的值清 0（最左边一位是 15 和最右边一位是 0）。

(c) 奇数位上的数取反。

*9-17   某个 8 位寄存器的值是 01101001，进位等于 1。对该寄存器依次执行表 9-5 中给出的 8 种移位操作指令。

9-18   请问下列两个浮点数如何相加，并给出规格化的相加结果：

$$(-0.123405 \times 10^{+5}) + (+0.71234 \times 10^{-3})$$

*9-19   某个 36 位的浮点数尾数有 26 位和一个符号位，指数有 8 位和一个符号位。请问其所能表示的最大和最小规格化的非零正数是多少？

*9-20   某种 4 位指数的偏移量是 7。请列出 +8 到 -7 的所有二进制移码。

526

9-21   浮点数有多种可能的格式。考虑以下十位的格式，其中符号字段为 1 位（1 表示负，0 表示正），指数字段为 4 位，偏移量是 8，尾数字段是 5 位规格化的数（如，除 0 外所有的数，数字以 $0.1 \times \times \times \times$ 的形式保存）。

符　号	指　　　数	尾　　　数

      （a）该规格化数能表示的最大和最小正的非零数是多少？

      （b）采用这种浮点数格式，十进制数 -5.675 的二进制表示是什么？

9-22　IEEE 标准双精度浮点操作数格式是 64 位，其中符号位占 1 位，指数部分为 11 位，尾数部分为 52 位。指数偏移量是 1023，基数为 2。尾数二进制小数点的左边隐含了 1 位。当移码等于 2047 且尾数等于 0 时表示无穷大。

      （a）请给出这种规格化浮点数所对应十进制数的计算公式。

      （b）模仿表 9-6，给出几组二进制移码值。

      （c）计算出该格式所能表示的最大和最小规格化正数。

9-23　证明如果等式 $2^x = 10^y$ 成立，那么 $y = 0.3x$。根据这个关系，计算 IEEE 单精度浮点格式所能表示的最大和最小规格化浮点数的十进制值。

9-24　IEEE 标准单精度符号数格式如图 9-8 所示，采用 32 位表示。

      （a）十进制数 -9.359375 的 8 位十六进制表示是什么？

      （b）十六进制数 41CBA000 表示的是什么样的十进制数？

*9-25　如果某 16 位寄存器中的操作数最低有效位等于 1，那么程序必须分支转移到 ADRS 地址去执行。请问如何用 TEST（表 9-7）和 BNZ（表 9-8）指令来实现这种转移？

9-26　对于两个 8 位数 $A = 10110110$ 和 $B = 00110111$：

      （a）分别假设它们是（1）无符号数（2）有符号补码数，请给出每个数对应的十进制数。

      （b）分别假设它们是（1）无符号数（2）有符号补码数，将两个数相加并给出结果。

      （c）给出相加之后的状态位 C（进位）、Z（零）、N（符号）和 V（溢出）的值。

      （d）列出每次加法使表 9-8 中的条件为真的条件分支指令。

*9-27　某种计算机的程序通过做减法 $A - B$ 来比较两个无符号数 A 和 B 的大小，同时更新状态位。若 $A = 01011101$，$B = 01011100$：

      （a）计算两个数的差并给出二进制形式的结果。

      （b）给出状态位 C（借位）和 Z（零）的值。

      （c）列出表 9-9 中条件为真的条件分支指令。

527

9-28　某种计算机的程序通过做减法 $A - B$ 来比较两个有符号二进制补码数 A 和 B 的大小，同时更新状态位。若 $A = 11011010$，$B = 01110110$：

      （a）计算两个数的差并给出二进制形式的结果。

      （b）给出状态位 N（符号）、Z（零）和 V（溢出）的值。

      （c）列出表 9-10 中条件为真的条件分支指令。

9-29　假设 $A = 10100100$，$B = 10101001$，重做习题 9-28。

*9-30　某存储器栈顶的值是 5000，栈指针 SP 的值是 4000。存储器地址 2000 处是一条两字长的过程调用指令，紧跟其后的地址 2001 处的地址字段是 502，所有这些数字都是十进制数。对于下列三种情况，分别给出 PC、SP 和栈顶的值：

      （a）从存储器中取出这条调用指令之前。

      （b）这条调用指令执行之后。

      （c）被调用过程返回之后。

9-31　某种计算机没有栈结构，而是采用寄存器 R7 作链接寄存器（即计算机将返回地址保存到 R7 中）：

      （a）给出分支和链接指令的寄存器传输语句。

      （b）假设在过程调用中有一次分支和链接操作，请问在发生这次分支和链接操作前，软件必须怎样处理？

9-32　分支转移、过程调用和程序中断三者之间的根本区别是什么？

*9-33　给出 5 种外部中断和 5 种内部中断的例子。软件中断和过程调用之间的区别是什么？

9-34 某种计算机响应中断请求时要将 PC 的值和当前 PSR 的值压入栈中，然后从中断向量地址（IVAD）指定的存储器地址中取出新的 PSR 值。中断服务程序的首地址从存储器地址 IVAD + 1 中取出：

(a) 列出实现该中断的微操作序列。

(b) 列出实现该中断返回的微操作序列。

9-35 假设计算机有 8 个通用寄存器 R0～R7，堆栈指令寄存器 SP，，程序计数器 PC。如果这台计算机处理调用的做法是寄存器 R0 和 R1 用于向过程传递参数，寄存器 R2 用于向调用过程返回结果，并且其他寄存器的值在过程调用中必须被保存，给出下面两种情况下堆栈序列和寄存器的操作：

(a) 如果在调用过程中，只是在过程调用指令之前有两个参数要传递给过程。

(b) 在过程开始和结束处，必须采用寄存器 R3 和 R4 存放临时值。

RISC 和 CISC 中央处理器

中央处理器（Central Processing Unit，CPU）是数字计算机中的关键部件。CPU 的功能是对来自存储器的指令进行译码，对存储在内部寄存器、存储器和 I/O 接口单元中的数据执行传输、算术运算、逻辑运算和控制等操作。CPU 向外部提供一条或多条总线，用来与和它互连的部件传输指令、数据和控制信息。

在第 1 章介绍的通用计算机中，CPU 是计算机处理器的一部分。然而，CPU 也可能出现在计算机的其他地方。一些相对简单的小型计算机称为微控制器，应用于计算机和某些数字系统中，执行简单或特定的任务。例如，通用计算机的键盘和监视器中都有微控制器。这种微控制器中的 CPU 与本章所介绍的 CPU 也许有很大不同，其字长可能较短（例如 8 位），它们的寄存器数目可能较少，指令可能非常有限。相对而言，这些微控制器的性能比较差，但它对于特定的应用来说已足够。最重要的是，这些微控制器成本非常低，从而使得它的性价比很高。

本章的内容建立在第 8 章的基础上。首先，本章将第 8 章的数据通路转化为流水线数据通路，并加上流水控制单元，从而构成类似单周期计算机的精简指令集计算机（RISC）。接着本章介绍流水控制所带来的问题及其在 RISC 设计中的解决办法。然后，本章将控制单元扩展到类似多周期计算机的复杂指令集计算机（CISC）中。此外，本章还简要概括了一些增强流水线处理器性能的技术。最后，涉及了在单芯片上集成有多个核的 PC 微处理器。

531

10.1　流水线数据通路

第 8 章中的图 8-17 说明了单周期计算机中存在的长延迟路径限制了时钟频率的问题。现在我们缩小讨论范围，图 10-1a 示例了一条典型数据通路中各个部件的最大延迟时间。从寄存器文件中读出两个操作数或从寄存器文件中读出一个操作数并从 MUX B 获取一个常数，所需的最长时间是 0.8 ns（0.6 ns＋0.2 ns）。功能单元执行一次操作所需的最长时间也是 0.8 ns。同样，将结果写回寄存器文件所需的最长时间也是 0.8 ns（包括 MUX D 的延迟）。将这些延迟累加起来，我们发现执行单次微操作共需要 2.4 ns，即微操作执行的最大速率就是 2.4 ns 的倒数（即 416.7 MHz）。这就是时钟工作的最大频率，因为 2.4 ns 是确保每条微操作都能执行完的最短时钟周期。如图 8-17 所示，数据通路和控制单元的路径延迟限制了时钟频率。对于数据通路本身以及单周期计算机中的数据通路和控制单元而言，执行一次微操作即为执行一条指令，因此指令执行的速率等于时钟频率。

现在假设该数据通路的执行速率不能满足某特定应用的要求，并且没有更快的部件使完成一次微操作所需的时间少于 2.4 ns。尽管如此，缩短时钟周期、提高时钟频率还是有可能的，可以使用寄存器将 2.4 ns 的延迟路径打断来实现。此时数据通路如图 10-1b 所示，这就是流水线数据通路（pipelined datapath）或流水线（pipeline）。

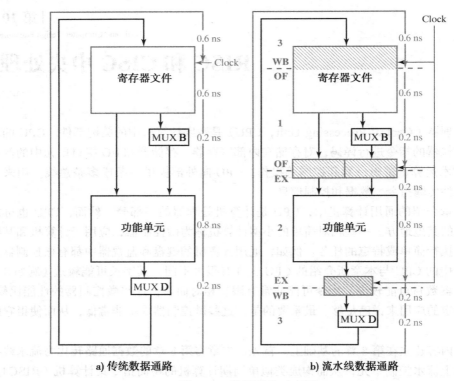

a) 传统数据通路   **b) 流水线数据通路**

图 10-1   数据通路时序图

三组寄存器将原来数据通路的延迟分成了三段，图中用灰色斜线表示这些寄存器。第一组寄存器包含在寄存器文件中，图中斜线代表的仅仅是寄存器文件的上半部分，而将下半部分看成组合逻辑，该组合逻辑用于对两个寄存器进行读选择。第二组寄存器由两个寄存器组成，这两个寄存器分别用来保存来自寄存器文件的数据 A 和来自 MUX B 的输出。第三组寄存器则保存 MUX D 的输入数据。

但是，用"流水线"这个词来比喻这种数据通路的结构并不是最恰当的。一种更贴切的比喻就是生产流水线。汽车自动清洗流水线就是一种很常见的生产流水线的例子。在这种清洗流水线中，汽车依次驶过一系列位置，每一位置分别执行一个特定的洗车动作：

1）清洗——用热肥皂水进行清洗。

2）冲洗——用热清水进行冲洗。

3）吹干——对汽车表面进行吹风。

在这个汽车清洗例子中，车辆的处理过程由三个步骤组成，并需要一定的时间来完成。与此类似，指令在流水线中的处理过程也包括 $n > 1$ 个步骤和一定的时间。处理一条指令所需的时间称为等待时间（latency time）。在汽车清洗的例子中，等待时间就是一辆汽车通过三个位置执行完三个步骤所花费的时间。这个等待时间是不变的，不管流水线中只有一辆车还是有三辆车。

我们来继续对比，流水线数据通路对应于汽车清洗流水线，那么非流水数据通路与什么结构相对应呢？与非流水线数据通路相对应的是在一个位置上串行地完成汽车清洗的所有步骤。我们通过比较这两种不同的汽车清洗方式，从而可以比较出流水线和非流水线数据通路的区别。对于采用多个位置清洗汽车和采用一个位置清洗汽车而言，等待时间几乎是相同的。因此采用多个位置清洗汽车时，洗一辆车的时间并没有减少。但是，当考虑这两种洗车方式下完成洗车的频率时，我们会发现，采用一个位置洗车的方式送出干净车的频率是等待时间的倒数。相反，采用三个位置洗车的方式送出干净车的频率是等待时间倒数的 3 倍。因此，后者完成清洗车的频率（或速度）提高了 3 倍。同理，对 n 级流水线的数据通路和非流水线数据通路而言，前者处理指令的速率或吞吐量（throughout）是后者的 n 倍。

532
～
533

我们在第 8 章描述的传统非流水线数据通路的基础上，构建流水线结构，具体如图 10-1b 所示。第一段为取操作数（OF），第二段为执行（EX），第三段为写回（WB）。我们在各段的边界上用相应的缩写词把它们标记出来。在这里，与汽车平滑通过汽车清洗系统不同的是，流水线中的数据是在时钟同步控制下从一段传送到下一段。这隐含了一些有趣的事情：首先，数据在流水线中的移动是离散的而不是连续的；其次，每一段运行的时间长度必须等于时钟周期，且所有段的运行时间相等。为了分离流水线各段，我们在流水线的各段间插入寄存器，这些能够临时保存流水线中数据的寄存器称为流水线站（pipeline platform）。

回到图 10-1b 中流水线数据通路的例子。流水线第一段读寄存器文件和选通 MUX B 的时间延迟是 0.6 ns+0.2 ns，即 0.8 ns。流水线第二段的延迟为流水线站的 0.2 ns 再加上功能单元上的 0.8 ns 延迟，总共为 1.0 ns 延迟。流水线第三段的延迟包括流水线站 0.2 ns 延迟，选通 MUX D 信号的 0.2 ns 延迟和写回到寄存器文件的 0.6 ns 延迟，即总共为 0.2ns+0.2ns+0.6ns=1.0 ns。因此，所有触发器到触发器的最大延迟为 1.0 ns，从而该流水线允许的最小时钟周期为 1.0 ns（假设触发器的建立时间为 0），最大的时钟频率即为 1.0 GHz，而非流水线数据通路的频率只有 416.7 MHz。在该时钟频率下，流水线对应的最大吞吐量为每秒 10 亿条指令，大约是非流水线数据通路吞吐量的 2.4 倍。我们发现，虽然这条流水线有 3 级，但其性能却没有提升到 3 倍。这有两个原因：1）流水线站增加了额外的延迟；2）各段逻辑的延迟不同，时钟周期由各段最长延迟决定，而不是由各段平均延迟决定。

更详细的流水线数据通路图如图 10-2 所示。在这个图中并没有画出 MUX D 到寄存器文件的路径，而是将寄存器文件画了两次——一个在 OF 段用于读取操作数，另一个在 WB 段用于写回。

第一段 OF 为取操作数段。取操作数包括从寄存器文件中读出指定寄存器中的值，对于总线 B 而言，还需用 MUX B 在寄存器值和常数之间进行数据选择。OF 段之后是第一个流水线站，其中的流水线寄存器保存下一时钟周期内下一段要用到的一个或多个操作数。

流水线的第二段是执行段，用 EX 表示。这一段包含了大部分微操作所需的功能单元，所产生的结果将被第二个流水线站捕获。

流水线的第三段（即最后一段）是写回段，用 WB 表示。在这一段中，MUX D 对来自 EX 段要保存的结果和 Data in 总线上的数据进行选择，并在这一段的最后将其写回到寄存器文件。在这里，寄存器文件的写入部分就是流水线站。每一个需要对寄存器进行写的微操作均在 WB 段中完成。

534

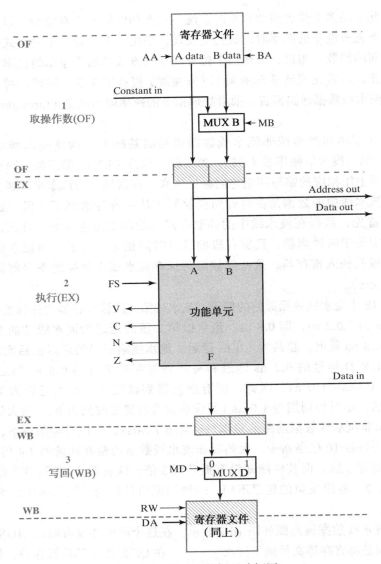

图 10-2　流水线数据通路框图

　　我们继续使用汽车清洗的例子，不妨分析一下单段洗车相比三段洗车的成本。首先，虽然采用三段洗车的速度是单段洗车速度的 3 倍，但其占用的空间也达到了 3 倍。而且，三段洗车还需要采用额外的机制将汽车移到各段。所以表面上看起来，相比采用三个单段并行操作的方式，这种三段流水线结构的性价比似乎并不高。但是，从商业的角度来看，这种结构的性价比被证明是较好的。就洗车的例子而言，你能说说这是为什么吗？相反，对于流水式数据通路而言，流水线站将原本的单数据通路划分成三段。因此，流水线数据通路所增加的成本中，流水线站占了大部分。

流水线微操作的执行

　　在汽车清洗流水线中，任意一时间段中最多有三个已经完成的操作。类似地，在任意指定时间流水线数据通路中也最多只有三个已经完成的微操作。

现在我们来分析图 10-2 中的流水线各段中微操作序列的执行情况。在第一个时钟周期，微操作 1 位于 OF 段。在第二个时钟周期，微操作 1 位于 EX 段，微操作 2 位于 OF 段。在第三个时钟周期，微操作 1 位于 WB 段，微操作 2 位于 EX 段，微操作 3 位于 OF 段。因此，在第三个时钟周期末尾，微操作 1 执行完毕，微操作 2 执行了 2/3，微操作 3 执行了 1/3。因此我们在 3 个时钟周期内完成了 1+2/3+1/3=2.0 条微操作，而在传统的数据通路结构中，我们只能完成 1 条微操作。在这个例子中，流水数据通路的性能确实更高。

不难看出，我们目前使用的分析微操作序列的方式显得有些烦琐。接下来，我们采用如图 10-3 所示的一种流水线执行模式（pipeline execution pattern）图来分析微操作序列的执行时序。图中的纵坐标表示要执行的微操作，横坐标表示时钟周期，图中的每一项表示其微操作过程对应的段。例如，微操作 4 把 R0 与常数 2 相加，它的执行段（EX）位于第 5 个时钟周期。

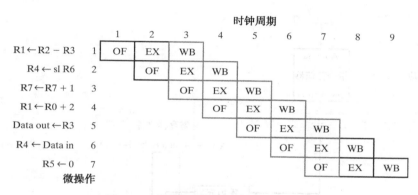

图 10-3　微操作序列流水线执行模式图

536

纵观全图我们可以看到，7 条微操作序列全部执行完毕需要 9 个时钟周期，需要的执行时间是 9×1ns=9 ns，而传统的数据通路需要 7×2.4ns=16.8 ns。因此，此微操作序列使用流水线技术使执行速度加快了 1.9 倍。

现在让我们来仔细分析一下流水线的执行模式。在前两个时钟周期，由于流水线处在填充（filling）阶段，并不是所有的流水线段都是活跃的（执行任务）。在接下来的 5 个时钟周期里，所有的流水线段都被激活，如图中灰线所示，流水线被完全利用。在最后两个时钟周期，由于流水线处在排空（emptying）阶段，并不是所有的流水线段都活跃。如果我们想要找到流水数据通路相比传统数据通路可以提升的最大性能，则我们应该在流水线完全利用的情况下来比较。在第 3 个时钟周期到第 7 个时钟周期内，流水线在 5 ns 内执行了（5×3）÷3=5 条微操作。在同样的时间内，传统数据通路执行了 5/2.4=2.083 条微指令。因此，在某一时刻，流水线所能执行的微操作数目最大为传统数据通路的 5/2.083=2.4 倍。在这种理想的情况下，我们说流水线数据通路的吞吐率是传统数据通路的 2.4 倍。值得注意的是，流水线的填充和排空降低了流水线的速度，使之低于最大值 2.4 倍。接下来的两节将继续讨论有关流水线的其他内容，专门讨论有关流水线数据通路的控制单元和处理流水线的阻塞问题。

10.2　流水线控制

在这一节中，我们在上一节介绍的数据通路结构上增加了一个控制单元来构造 CPU。由于指令在执行时必须要先从存储器中取指，为了便于说明，我们在上一节的汽车清洗例子的基础上增加一段。与从指令存储器中取出指令类似，汽车清洗过程中的各个操作都是由服务员开出的命令清单来指定的，这些命令清单使各汽车清洗段执行不同的功能。这些命令清单与指令的作用类似，它们随着汽车一起在流水线中流动。

图 10-4 给出了一种基于单周期计算机的流水线计算机框图。其数据通路即为图 10-2 中的数据通路，而控制结构增加了一段用于取指，这一段包含 PC 和指令存储器。这构成了整个流水线的第一段。指令译码器和寄存器文件读部件位于第二段，功能单元和数据存储器读写部件位于第三段，寄存器文件写入部件位于第四段。各段在其边界上分别用相应的缩写词进行标记。在这个图中，我们在段与段之间的流水线站中增加了必要的寄存器，用于在流水线中传递译码后的指令信息以及正在处理的数据信息。这些增加的寄存器在这里用于传送指令信息，正如汽车清洗流水线中命令清单信息的传递一样。

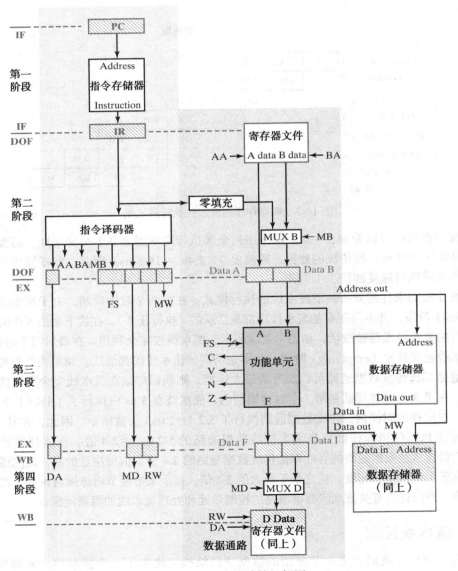

图 10-4   流水线计算机框图

新增的第一段是指令读取段，纯粹为控制逻辑，用字母 IF 表示。在这一段中，指令从指令存储器中取出，并更新 PC 中的值。由于在流水线的设计中，跳转和分支指令的处理特别复杂，因此 PC 更新在这里仅限于递增操作，而在下一节将进一步介绍更完整的设计方法。第一段和第二段之间是段间流水站，其作用类似于一个指令寄存器，因此我们将其标记为 IR。

在第二段中，DOF（Decode and Operand Fetch）就地将 IR 中的指令译码为控制信号。在译码的信号中，寄存器文件地址 AA 和 BA 以及多路复用器控制信号 MB 用来在此段获取操作数，其他所有译码后的控制信号都被送到下一个流水线段中供后续段使用。DOF 段之后是第二个流水线站，它的寄存器保存的是以后要用到的控制信号。流水线的第三段是执行段，表示为 EX。在这一段中，为大多数指令执行 ALU 操作、移位操作或存储器操作等。因此，这一段要使用的控制信号为 FS 和 MW。另外，我们把数据存储器 M 的读取功能部件也看成这一段的一部分。对于存储器读操作，数据依据字地址从数据存储器中读取并送到数据输出端。第三个流水线站捕获这一段产生的所有计算结果以及为最后一段准备的控制信号。我们把数据存储器 M 的写入功能部件也看成这个流水线站的一部分，因此可以在这里进行存储器写操作。最后一个流水线站中保存的控制信息包括 DA、MD 和 RW，这些信号将用于最后写回（WB）段。

流水线站在流水线中的位置平分了整个流水线的延迟，因此每一段的延迟都不超过 1.0 ns。这使得最大的时钟频率可达到 1 GHz，为单周期计算机频率的 3.4 倍。但是，值得注意的是，仅仅执行一条指令仍需要 $4 \times 1 = 4$ ns，而单周期计算机仅需要 3.4 ns。所以如果计算机每次只执行一条指令，那么流水线计算机每秒执行的指令数比单周期计算机每秒执行的指令数还要少。

流水线编程和流水线性能

如果我们假想将汽车清洗流水线增加到 4 段，那么任意时刻各个段中最多有 4 个已经完成的操作。类似地，在任意时刻计算机流水线的各个段中也最多只有 4 条已经完成的指令。我们假设一个简单的程序：将常数 1~7 分别加载到 7 个寄存器 R1~R7 中，执行该操作的程序如下（其中左边的数字是用来标识指令序号的）：

```
1    LDI    R1, 1
2    LDI    R2, 2
3    LDI    R3, 3
4    LDI    R4, 4
5    LDI    R5, 5
6    LDI    R6, 6
7    LDI    R7, 7
```

让我们分析一下这段程序在图 10-4 所示流水线各段中的执行情况。我们引进流水线执行模式图，如图 10-5 所示。在第 1 个时钟周期，指令 1 位于流水线的 IF 段。在第 2 个时钟周期，指令 1 位于 DOF 段，指令 2 位于 IF 段。在第 3 个时钟周期，指令 1 位于 EX 段，指令 2 位于 DOF 段，指令 3 位于 IF 段。在第 4 个时钟周期，指令 1 位于 WB 段，指令 2 位于 EX 段，指令 3 位于 DOF 段，指令 4 位于 IF 段。因此在第 4 个时钟周期结束时，指令 1 已经执行完毕，指令 2 完成了 3/4，指令 3 完成了 1/2，指令 4 完成了 1/4。因此我们在 4 个时钟周期或 4 ns 内总共完成了 $1 + 3/4 + 1/2 + 1/4 = 2.5$ 条指令。纵观全图我们可以看到，执行完 7 条指令组成的整个程序需要 10 个时钟周期，即需要 10 ns。相比单周期计算机需要的 23.8 ns，该程序执行速度加快了 1.4 倍。

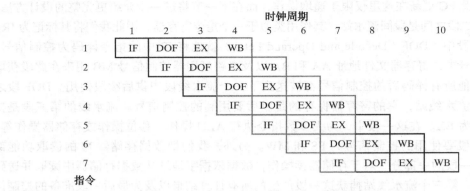

图 10-5　寄存器编号程序的流水线执行模式图

　　我们进一步仔细分析一下该流水线执行模式图。在前 3 个时钟周期，并不是所有的流水段都是活跃的，因为此时流水线处于填充状态。在接下来的 4 个时钟周期，所有的流水段都是活跃的，如图中灰线所示，此时流水线被完全利用。在最后的 3 个时钟周期，由于流水线处于排空状态，所以也不是所有的流水线段都是活跃的。如果我们想要找到流水数据通路计算机相比传统单周期计算机可以提升的最大性能，则应该在流水线完全被占用的情况下来比较。在流水线完全被占用的 4 个时钟周期或者 4 ns 内，共执行了（4×4）÷4＝4.0 条指令。在同样的时间内，传统单周期计算机执行了 4÷3.4＝1.18 条指令。因此，在最好的情况下，流水线所能执行的微操作数目是传统单周期计算机的 4÷1.18＝3.4 倍。在这种理想的情况下，我们说流水线数据通路的吞吐率是传统数据通路吞吐率的 3.4 倍。

　　值得注意的是，尽管流水线有 4 段，但流水线计算机的速度不是单周期计算机的 4 倍，这是由于增加的流水线站本身也有延迟，且单周期计算机的延迟并没有精确地平分为 4 段。另外，流水线的填充和排空也降低了流水线的速度，使得流水线计算机与单周期计算机的速度相比低于 3.4 倍这个理想值。

　　我们在这里研究了流水线计算机，结合第 8 章的单周期计算机以及多周期计算机，完成了 3 种计算机控制结构的分析。但这里讨论的流水数据通路和控制技术都是简化了的，去除了一些因素。接下来我们将设计两种 CPU，以此来说明指令集、数据通路、控制单元之间的组合。这些设计是自顶向下的，重复使用了前面的一些设计，以此来说明指令集结构对数据通路和控制单元的影响，以及数据通路对控制单元的影响。为了便于理解，我们在介绍这些内容时使用了大量的表和图。尽管我们重用并改造了第 8 章的一些设计部件，但在这里不再重复介绍其背景知识。本书前面几节已经介绍了指针的有关概念，读者可以从前面找到相关的详细内容。

　　接下来介绍的两种 CPU 分别基于 RISC 和 CISC 结构，其中 RISC 结构采用了流水线数据通路和硬件流水控制单元，CISC 结构在 RISC 的基础上使用了一个辅助的微程序控制单元。这两种设计代表了两种不同的指令集结构，它们都采用了流水线结构来提高性能。

10.3　精简指令集计算机

　　我们要分析的第一种设计是采用了流水线数据通路与控制单元的精简指令集计算机

（RISC）。首先描述一下 RISC 的指令集结构，它的特点是采用了 load/store 存储器访问模式、四种寻址模式、单字长指令格式，且指令只需执行基本的操作。这些操作与单周期计算机操作很类似，只需一次流过流水线就能够执行。ISA 数据通路的实现以图 8-11 描述的单周期数据通路为基础，并将其转换为图 10-2 所示的流水线通路。为了实现 RISC 指令集结构，对寄存器文件和功能单元进行了修改。这些修改体现为更长的指令字长度和在基本操作类型中加入了移位操作。我们在图 10-4 所示流水线控制单元的基础上进行了一些修改，实现了对 32 位指令字长的支持，以及流水线环境下处理分支转移的程序计数器结构。为了处理流水线设计中的数据阻塞和控制阻塞，还需对控制单元和数据通路进行其他改进，以保证得到采用流水线设计获得的性能提升。

10.3.1 指令集结构

图 10-6 列出了这台 RISC 中程序员可以访问的 CPU 寄存器组，这些寄存器都是 32 位的。寄存器文件中包含 32 个寄存器，R0～R31，其中 R0 是一个特殊的寄存器，当 R0 作为源操作数时，它能够提供一个全 0 的数据；当作为目的操作数时，它能够取消操作结果。由于 RISC 中采用了 load/store 结构的指令集，所以程序员可访问的寄存器文件比较大。因为数据操作只能采用寄存器操作数，所以许多要用的操作数需放在寄存器文件中。而且，在数据处理操作期间，大量的 store 和 load 操作需要将操作数临时保存到数据存储器中。此外，在许多实际的流水线中，执行这些 store 和 load 操作需要一个时钟周期以上的时间。为了防止这些因素降低 RISC 的性能，我们需要采用更大的寄存器文件。

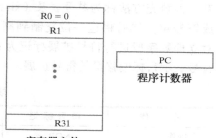

图 10-6　RISC CPU 寄存器组

除了这些寄存器文件之外，仅提供了程序计数器 PC。如果需要执行基于栈指针或基于处理器状态寄存器的操作，可以简单地采用寄存器结构的指令序列来实现。

图 10-7 给出了 RISC CPU 的三种指令格式，这些格式都是单字长 32 位的。由于在 RISC CPU 中采用额外的指令字来保存地址是不可取的，所以我们需要更长的字长来保存实际的地址值。如图所示，第一种指令格式定义了三个寄存器。5 位的源寄存器地址字段 SA 和 SB 对应的两个寄存器保存了两个操作数。5 位目的寄存器地址字段 DR 中所对应的第三个寄存器用于保存结果。7 位的操作码字段 OPCODE 最大能够对应 128 种操作。

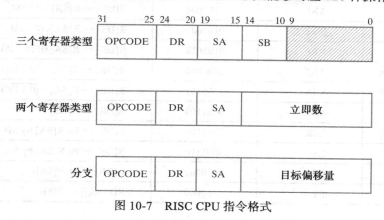

图 10-7　RISC CPU 指令格式

　　另外两种指令格式使用了一个 15 位的常数字段取代第二个寄存器字段。在两个寄存器的指令格式中，将这个常数作为一个立即数，在分支指令格式中，常数用做目标偏移量（target offset）。目标地址（target address）即为有效地址，尤其是当地址用在分支指令中时，它由目标偏移量和 PC 的值相加得到。分支转移采用的是基于更新后的 PC 值的相对寻址模式。为了能够从当前 PC 地址向后分支转移，目标偏移量被看成带符号扩展的补码数，它与 PC 值相加。分支指令中定义了一个源寄存器 SA，程序是否发生分支或跳转由这个源寄存器的值是否为 0 来决定。DR 字段定义的寄存器用于保存程序调用的返回地址。最后，在多位移位指令中，这 15 位常数最右边的 5 位用来定义移位个数 SH。

　　表 10-1 给出了指令执行的 27 种操作。每种操作都给出了相应的助记符、操作码和寄存器传输描述。所有的操作都属于基本类型操作，都可以用一个寄存器传输表达式进行描述。唯一能够访问存储器的指令为 load 和 store。许多立即数指令由于使用了常数，减少了对数据存储器的访问次数，加快了指令执行的速度。由于指令中的立即数字段只有 15 位，计算机必须补充左边的 17 位以形成 32 位的操作数。除了逻辑操作中采用的零填充方法之外，还有一种填充方法称为符号扩展（sign extension），即将立即数的最高有效位（即第 14 位）看成符号位，然后将这一位复制到高 17 位中，形成一个 32 位的补码操作数。在表 10-1 中，对立即数字段进行符号扩展标记为 se IM。在本书前面介绍的内容里也用到了 se IM，这个符号表示目标偏移量的符号扩展。

表 10-1　RISC 指令操作

操　　作	符号标记	操作码	动　　作
空操作	NOP	0000000	无
传送 A	MOVA	1000000[1]	R[DR] ← R[SA]
加法	ADD	0000010	R[DR] ← R[SA]+R[SB]
减法	SUB	0000101	R[DR] ← R[SA]+$\overline{R[SB]}$+1
与	AND	0001000	R[DR] ← R[SA]∧R[SB]
或	OR	0001001	R[DR] ← R[SA]∨R[SB]
异或	XOR	0001010	R[DR] ← R[SA] ⊕ R[SB]
取反	NOT	0001011	R[DR] ← $\overline{R[SA]}$
加立即数	ADI	0100010	R[DR] ← R[SA]+se IM
减立即数	SBI	0100101	R[DR] ← R[SA]+$\overline{(se\ IM)}$+1
与立即数	ANI	0101000	R[DR] ← R[SA]∧(0 ‖ IM)
或立即数	ORI	0101001	R[DR] ← R[SA]∨(0 ‖ IM)
异或立即数	XRI	0101010	R[DR] ← R[SA] ⊕ (0 ‖ IM)
加无符号立即数	AIU	1000010	R[DR] ← R[SA]+(0 ‖ IM)
减无符号立即数	SIU	1000101	R[DR] ← R[SA]+$\overline{(0\ ‖\ IM)}$+1
传送 B	MOVB	0001100	R[DR] ← R[SB]
逻辑右移 SH 位	LSR	0001101	R[DR] ← lsr R[SA] by SH
逻辑左移 SH 位	LSL	0001110	R[DR] ← lsl R[SA] by SH
取操作	LD	0010000	R[DR] ← M[R[SA]]
存操作	ST	0100000	R[R[SA]] ← R[SB]

(续)

操 作	符号标记	操作码	动 作
寄存器跳转	JMR	1110000	PC ← R[SA]
小于则置位②	SLT	1100101	If R[SA]<R[SB] then R[DR]=1
零转移	BZ	1100000	If R[SA]=0, then PC ← PC+1+se IM
非零转移	BNZ	1001000	If R[SA]≠0, then PC ← PC+1+se IM
跳转	JMP	1101000	PC ← PC+1+se IM
跳转和链接	JML	0110000	PC ← PC+1+se IM, R[DR] ← PC+1

① 在 CISC 中，以 MOVA 开关和以 LSL 结尾的每一条指令都有一个附加的操作码，这些操作码的第 4 位是 1（操作码从右到左编号为 0 到 6）。这些操作码除了能够实现通常的操作外，还可以更新条件码中的一些位。

② 在 CISC 中，SLT 指令已被取消，它的功能由根据状态位进行分支来代替。

我们通过三条指令来处理没有保存状态位的情况：零转移（BZ）、非零转移（BNZ）和小于置位（SLT）。BZ 和 BNZ 都是单指令，通过判断某个寄存器是否为 0 而执行相应的分支转移操作。SLT 指令将一个值存入 R[DR] 寄存器中，这个寄存器的作用类似一个负状态位。如果 R[SA] 小于 R[SB]，那么寄存器 R[DR] 赋值为 1；如果 R[SA] 大于或等于 R[SB]，那么寄存器 R[DR] 赋值为 0，然后我们通过后续指令来判断寄存器 R[DR] 等于零（0）还是不等于零（1）。这样，我们采用两条指令就可以判断出两个操作数的相对大小或者某个操作数的符号（通过使 R[SB] 等于 R0 来实现）。

跳转与链接（JML）指令提供了一种实现过程调用的机制。更新之后的 PC 值存入寄存器 R[DR] 中，然后把 PC 的值与指令中经过符号扩展的目标偏移量相加的结果送回 PC 中。从程序调用中返回时可以采用寄存器跳转指令，只需要将其中的 SA 字段设置为 DR 即可。如果在某次被调用的程序中还需要调用某个程序，那么每个被调用的后续程序都需要一个自己的寄存器来保存返回地址。可以采用软件栈的方式，在过程调用程序开始时将 R[DR] 中的返回地址送到存储器中，并在程序返回之前将返回地址恢复到 R[SA] 中，如第 9 章所介绍的那样。

10.3.2　寻址模式

RISC 的 4 种寻址模式分别是寄存器寻址、寄存器间接寻址、立即寻址和相对寻址。这些寻址模式都是由操作码而不是单独的模式字段指定的。因此，对于某种给定操作来说，它的寻址模式是固定的，不能变动。三操作数数据处理指令采用寄存器寻址模式。寄存器间接寻址仅仅用于 load 和 store 这两个唯一能够访问数据存储器的指令。采用两寄存器格式的指令使用一个立即数取代寄存器地址 SB。相对寻址专门用于分支和跳转指令，其产生的地址只用于指令存储器。

543
~
544

当程序员希望使用的寻址模式在指令集结构中没有时，例如变址寻址，则必须采用一系列 RISC 指令来实现。例如，对 load 操作采用变址寻址，其对应的寄存器传输描述为：

$$R15 ← M[R5+0 \| I]$$

此传输过程可以通过执行以下两条指令来完成：

AIU R9, R5, I

LD R15, R9

第一条指令（无符号立即数加法）将 17 个 0 补到 I 的左边再与 R5 相加，并将相加得到的有效地址临时存储到寄存器 R9 中。然后，load 指令以 R9 中的值作为地址，从中取出操作数并将操作数送到目的寄存器 R15 中。对于变址寻址来说，I 被看成存储器地址的正偏移量，采用无符号加法是合适的。为实现变址寻址模式而进行的这一系列操作也初步证明了我们采用无符号立即数加法指令是可行的。

10.3.3　数据通路结构

图 10-2 中的流水线数据通路是我们即将设计的数据通路的基础，我们只需要做一些改进。这些改进涉及寄存器文件、功能单元和总线结构。为了能更好地理解接下来所介绍的内容，读者应同时参照图 10-2 中的数据通路和图 10-8 中新的数据通路。从寄存器文件开始，我们依次介绍每一个改进。

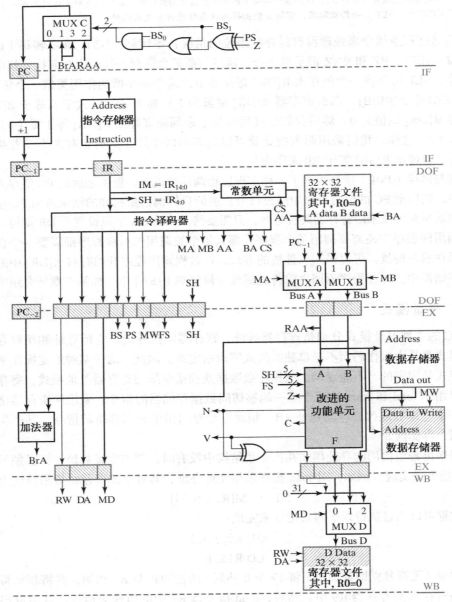

图 10-8　流水线 RISC CPU

　　在图 10-2 中，有 16 个 16 位的寄存器，所有寄存器的功能都是相同的，而在新的数据通路中有 32 个 32 位的寄存器。同样，读寄存器 R0 将得到常数 0。如果试图写 R0，则所写的数据会丢失。图 10-8 中的新寄存器文件实现了这些变化，所有的数据输入和输出都是 32 位。为了满足对 32 个寄存器寻址的要求，所有的地址输入都是 5 位。R0 中固定为 0 的值可通过将 R0 的各个存储元件的输入设为开路，并使其输出全为常数 0 来实现。

　　对数据通路进行的第二个主要改进就是采用桶形移位器代替一位移位器，以支持多位移位操作。桶形移位器可以执行从 0 位到 31 位的逻辑右移和左移操作。桶形移位器的结构如图 10-9 所示，其输入数据是 32 位的操作数 A，输出为 32 位的结果 G。从 OPCODE 解码得到的一个控制信号 left/$\overline{\text{right}}$，用于选择左移或右移操作。移位数字段 SH＝IR（4:0）指定了对输入数据执行移位操作的位数，其值为 0 到 31。执行 p 位逻辑移位操作需要向结果中插入 p 个 0。为了提供这些 0 并简化移位器的设计，我们采用向右旋转的方式同时实现左移和右移操作。旋转移位的输入是输入数据 A，它的左边并置了 32 个 0。右移操作将输入数据向右旋转 p 位；左移操作向右旋转 64－p 位。移位的位数可由 0‖SH 的 6 位补码值得到。

　　63 种不同的旋转操作可以采用如图 10-9 所示的三级 4-1 多路复用器来实现。第一级实现 0、16、32、48 位的移位，第二级实现 0、4、8、12 位的移位，第三级实现 0、1、2、3 位的移位。对操作数 A 进行 0 位到 63 位的移位操作，可以将 0‖SH 表示成三个以 4 为底的数。从左到右，各个数的权值分别为 $4^2＝16$，$4^1＝4$，$4^0＝1$，每个数的数值分别是 0、1、2 和 3。每个数控制一级 4-1 多路复用器，其中最高有效位控制第一级，最低有效位控制第三级。由于 64 位的输入中包含 32 个 0，因此每一级所需的多路复用器数目都会少于 64 个。某一级所需的多路复用器个数等于 32 加上其输出数据能够被下一级逻辑移位的总位数。如第一级的输出最多可以右移 12＋3＝15 位，因此这一级就需要 32＋15＝47 个多路复用器；第二级的输出最多可以再移位 3 位，因此第二级需要 32＋3＝35 个多路复用器；最后一级的输出无法进一步移位，因此只需要 32 个多路复用器。

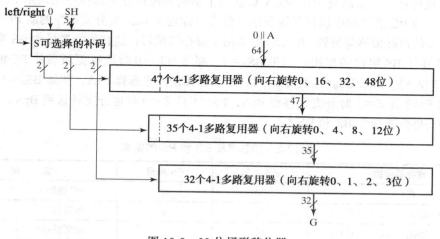

图 10-9　32 位桶形移位器

　　在功能单元中，将 ALU 扩展为 32 位，用桶形移位器替代了一位移位器。除了将移位操作的两位编码标识改为逻辑移位，并去掉一些无用的编码之外，改进后的功能单元采用了和第 8 章一样的功能编码。在图 10-8 中改进的功能单元中，移位量 SH 变成了一个新的 5 位输入。

数据通路的其他改进如图 10-8 所示。首先，在数据通路的顶部，零填充单元被常数单元取代。当 CS＝0 时常数单元执行补零操作，当 CS＝1 时执行符号扩展操作。增加了多路复用器 MUX A 来对更新后的 PC 和 PC$_{-1}$ 到寄存器文件进行路径选择，以此实现 JML 指令。

图中另外一处改动是为了实现 SLT（小于置位）指令。如果 R[AA]－R[BA]＜0，该逻辑将数值 1 写到 R[DA] 中，如果 R[AA]－R[BA]≥0 则将数值 0 写到 R[DA] 中。该逻辑功能通过在 MUX D 上增加一个输入来实现，该输入的左边 31 位都是 0；如果 N 等于 1 且 V 等于 0（即 R[AA]－R[BA] 结果为负数且没有溢出），那么该输入的最右一位为 1；如果 N 等于 0 且 V 等于 1（即 R[AA]－R[BA] 结果为正数且有溢出），那么该输入的最右一位仍为 1。这些是 R[AA] 大于 R[BA] 的所有情况，都可以对 N 和 V 进行异或操作来实现。

数据通路中的最后一处不同是寄存器文件不再是边沿触发的，且不再作为 WB（写回）段末尾的流水线站的一部分。相反，寄存器文件采用锁存器来实现，且在时钟上升沿之前就完成写入操作。我们采用特殊的时钟信号允许寄存器文件能够在时钟周期的前半拍写入，在后半拍读出。特别地，我们可以在时钟的后半拍读出在同一时钟周期的前半拍写入寄存器文件中的数据，这就是写后读（read-after-write）寄存器文件，它既避免了处理阻塞时额外逻辑的复杂性，又能够降低寄存器文件的成本。

10.3.4 控制结构

RISC 的控制结构是在图 10-4 所示控制结构的基础上进行改进得到的，其中改进的指令译码器是处理新指令集的关键。在图 10-8 中，我们新增了 SH 作为 IR 的一个字段，在指令译码器中增加了长度为 1 位的 CS 字段，并将 MD 扩展为 2 位。对 SH 增加了一个新的流水线站，为 MD 扩展了 2 位的流水线站。

其余的控制信号用于处理 PC 的新增控制逻辑，这些逻辑允许将地址加载到 PC 中，实现分支和跳转指令。多路复用器 MUX C 从三个不同的源地址中选择一个值给 PC，计算机根据更新后的 PC 值按顺序执行某段程序。分支目标地址 BrA 由分支指令的新 PC 值加上经过符号扩展的目标偏移量得到，R[AA] 的值用于寄存器跳转，这些值的选择由 BS 字段控制，表 10-2 概述了 BS 字段的作用。如果 BS$_0$＝0，那么 BS$_1$＝0 时选择更新后的 PC 值，BS$_1$＝1 时选择 R[AA]。如果 BS$_0$＝1 且 BS$_1$＝1，那么将无条件地选择 BrA。如果 BS$_0$＝1 且 BS$_1$＝0，那么 PS＝0 且 Z＝1 时分支转移到 BrA，PS＝1 且 Z＝0 时也分支转移到 BrA。这样就实现了两种条件分支指令 BZ 和 BNZ。

548

表 10-2 控制字段 BS 和 PS 的定义

寄存器传输	BS 编码	PS 编码	说　　明
PC ← PC＋1	00	×	PC 递增 1
Z: PC ← BrA, $\overline{Z}$: PC ← PC＋1	01	0	零转移
$\overline{Z}$: PC ← BrA, Z: PC ← PC＋1	01	1	非零转移
PC ← R[AA]	10	×	跳转到 R[AA] 中的内容
PC ← BrA	11	×	无条件分支转移

为了使分支和跳转指令到达执行段时能获得新的 PC 值，我们增加了两个流水线寄存器 PC$_{-1}$ 和 PC$_{-2}$。在执行段，PC$_{-2}$ 与来自常数单元的值一起送到一个专用加法器的输入端，以

便计算出 BrA 的值。注意，尽管 MUX C 及其附属的控制逻辑的位置位于 PC 的上面，但它们都属于 EX 段。时钟周期之间的差异会使分支指令后面的指令出现问题，关于这个问题我们将在后面小节中进行处理。

控制单元的核心是指令译码器，它是一个组合电路，能够将 IR 中的操作码转化为数据通路和控制单元所需的控制信号。在表 10-3 中，每条指令都列出了相应的助记符、寄存器传输表达式和操作码。表中之所以给出了具体的操作码，是为了便于在运行的时候 7 位操作码中的低 4 位能够与控制字段 FS 中的值相匹配，这样可以简化译码的工作。寄存器文件的地址 AA、BA 和 DA 分别直接来源于 IR 中的 SA、SB 和 DR。

表 10-3　指令控制字

符号表示	动作	操作码	控 制 字 符								
			RW	MD	SS	PS	MW	FS	MB	MA	CS
NOP	无	0000000	0	××	00	×	0	××××	×	×	×
MOVA	R[DR] ← R[SA]	1000000	1	00	00	×	0	0000	×	0	×
ADD	R[DR] ← R[SA]+R[SB]	0000010	1	00	00	×	0	0010	0	0	×
SUB	R[DR] ← R[SA]+R[SB]+1	0000101	1	00	00	×	0	0101	0	0	×
AND	R[DR] ← R[SA]^R[SB]	0001000	1	00	00	×	0	1000	0	0	×
OR	R[DR] ← R[SA] ∨R[SB]	0001001	1	00	00	×	0	1001	0	0	×
XOR	R[DR] ← R[SA] ⊕ R[SB]	0001010	1	00	00	×	0	1010	0	0	×
NOT	R[DR] ← $\overline{R[SA]}$	0001011	1	00	00	×	0	1011	×	0	×
ADI	R[DR] ← R[SA]+se IM	0100010	1	00	00	×	0	0010	1	0	1
SBI	R[DR] ← R[SA]+$\overline{(se\ IM)}$+1	0100101	1	00	00	×	0	0101	1	0	1
ANI	R[DR] ← R[SA]^zf IM	0101000	1	00	00	×	0	1000	1	0	0
ORI	R[DR] ← R[SA] ∨zf IM	0101001	1	00	00	×	0	1001	1	0	0
XRI	R[DR] ← R[SA] ⊕ zf IM	0101010	1	00	00	×	0	1010	1	0	0
AIU	R[DR] ← R[SA]+zf IM	1000010	1	00	00	×	0	0010	1	0	0
SIU	R[DR] ← R[SA]+$\overline{(zf\ IM)}$+1	1000101	1	00	00	×	0	0101	1	0	0
MOVB	R[DR] ← R[SB]	0001100	1	00	00	×	0	1100	0	×	×
LSR	R[DR] ← lsr R[SA] by SH	0001101	1	00	00	×	0	1101	×	0	×
LSL	R[DR] ← lsl R[SA] by SH	0001110	1	00	00	×	0	1110	×	0	×
LD	R[DR] ← M[R[SA]]	0010000	1	01	00	×	0	××××	×	0	×
ST	M[R[SA]] ← R[SB]	0100000	0	××	00	×	1	××××	0	0	×
JMR	PC ← R[SA]	1110000	0	××	10	×	0	××××	×	×	×
SLT	If R[SA]<R[SB],then R[DR]=1	1100101	1	10	00	×	0	0101	0	0	×
BZ	If R[SA]=0,then PC ← PC+1+se IM	1100000	0	××	01	0	0	0000	1	0	1
BNZ	If R[SA]≠0, then PC ← PC+1+se IM	1001000	0	××	01	1	0	0000	1	0	1
JMP	PC ← PC+1+se IM	1101000	0	××	11	×	0	××××	1	×	1
JML	PC ← PC+1+se IM,R[DR] ← PC+1	0110000	1	00	11	×	0	0000	1	1	1

另外，为了确定控制信号的编码，CPU 被看成与图 8-15 类似的单周期 CPU。在确定编码时可以忽略流水线站的作用，但有一点非常重要，那就是要仔细检查操作定时，以确保操作的寄存器传输表达式的各部分能够在正确的流水线段得以执行。例如，对 PC 执行加法的加法器是在 EX 段，这个加法器不仅连接到 MUX C 及其附属控制逻辑，还连接到执行对 PC 加 1 操作的递增逻辑部件。因此，所有这些逻辑都在 EX 段，IF 段开始的 PC 加载操作受

EX 段控制。同样，输入值 R[AA] 也位于同一个组合逻辑模块中，这个信号不是来自寄存器文件的输出数据 A，而是来自 EX 段的总线 A。

表 10-3 是设计指令译码器的基础，它包含了所有控制信号的值，除了 IR 中的寄存器地址。与 8.8 节中的指令译码器相比，这里的译码器逻辑更加复杂，若采用逻辑综合程序进行设计则比较容易。

10.3.5　数据阻塞

在 10.1 节中，我们分析了流水线执行图，发现流水线的填充和排空过程会降低流水线的吞吐量，从而不能达到最大值。遗憾的是，流水线操作还存在其他一些降低吞吐量的问题。在这一节和下一节中，我们将分析这样两个问题：数据阻塞和控制阻塞。阻塞是指在取出包含某一操作的指令后，这个操作在流水线中执行时被延迟一个或多个时钟周期而出现的定时问题。假设某后续指令的操作数要用到前面某次操作的结果，而前面的结果此时不可获得，如果这时采用旧的或失效的值做操作数，那么很可能会给出错误的结果。为了处理数据阻塞问题，我们给出了两种解决办法，一种是利用软件的办法，另一个是利用硬件的办法。

通过分析下面程序的执行过程，可以发现其中存在两次数据阻塞：

$$1\quad \text{MOVA}\quad \text{R1, R5}$$
$$2\quad \text{ADD}\quad \text{R2, R1, R6}$$
$$3\quad \text{ADD}\quad \text{R3, R1, R2}$$

图 10-10a 给出了该程序的执行模式图。MOVA 指令在第 4 个时钟周期 WB 段的前半个时钟周期将 R5 的值写入 R1 寄存器。但是，如图中灰色箭头所示，第一条 ADD 指令在第 3 个时钟周期 DOF 段的后半个时钟周期需要读 R1 的值，这一时刻要比 MOVA 指令写 R1 早了一个时钟周期。因此，此时 ADD 指令用的是 R1 原来的值，ADD 操作的结果在第 5 个时钟周期 WB 段的前半个时钟周期被写入 R2。然而，第二条 ADD 指令在第 4 个时钟周期 DOF 段的后半个时钟周期要同时读取 R1 和 R2 的值。对 R1 而言，被读的值是在第 4 个时钟周期 WB 段的前半个时钟周期写入的。因此，在第 4 个时钟周期后半个时钟周期读到的 R1 值是新值。但是，R2 的写回要在第 5 个时钟周期的前半个时钟周期执行，这一时刻是在它的下一条 ADD 指令读取其值之后（第 4 个时钟周期），因此 R2 被读取的时候并没有更新为新的值。这样就形成了两次数据阻塞，如图中的灰色箭头所示。那些没有正确获得新值的寄存器，我们在程序中和图中的寄存器传输表达式里都用灰色表示了出来。在这些例子中，所涉及的寄存器的读操作相比该寄存器的写操作都早了一个时钟周期。

数据阻塞的一种可行的补救办法就是让编译器或程序员生成一些机器码来延迟指令的执行，使得后续指令能够得到新的寄存器值。所编写的程序要确保任何一次即将发生的寄存器写操作都要与后续对该寄存器的读操作出现在同一时钟周期，或者提前一个时钟周期。为了达到这一目的，程序员或编译器需要非常清楚流水线的操作方式。图 10-10b 给出了修改后的三行简单程序解决了数据阻塞问题。在第一条和第二条指令之间以及第二条和第三条指令之间分别插入了一条空操作（NOP）指令，将与寄存器写相关的读操作延迟了一个时钟周期。其执行模式图显示，在最差情况下，该方法能够保证写操作和后续的读操作出现在同一时钟周期内。我们在图中用黑色箭头表示一次寄存器写和后继相应的寄存器读操作。由于我们假设寄存器文件可以写后读，图中的定时显示该程序在执行时能够获得正确的操作数。

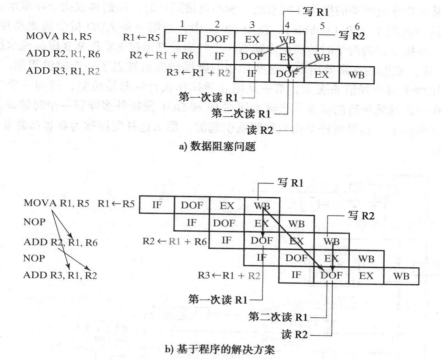

a) 数据阻塞问题

b) 基于程序的解决方案

图 10-10　数据阻塞示例

这种方法确实解决了问题，但是它的代价是什么呢？首先，尽管可以用其他无关的指令放在 NOP 指令的位置上代替仅仅等待的空操作，但是程序显然变长了。同样，程序的执行时间延长了两个时钟周期，且由于使用了 NOP 指令，吞吐量将从原来的每个时钟周期执行 0.5 条指令减少为每个时钟周期执行 0.375 条指令。

图 10-11 给出了另一种通过增加硬件解决阻塞问题的方法。该方法由硬件自动插入 NOP 操作，而不需要程序员或编译器在程序中插入。当所需的操作数在 DOF 段被发现还没有被写回时，通过将流水线在 IF 和 DOF 段暂停流动一个时钟周期，从而将相关指令的执行和写回操作延迟一个时钟周期。当所需的操作数都可得到时，流水线恢复流动继续执行指令，同时可以像正常情况一样取出下一条指令。延迟一个时钟周期足够允许在读操作数之前将所需的结果写回。

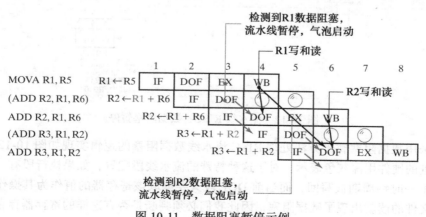

图 10-11　数据阻塞暂停示例

　　当与某条指令流相关的操作在流水线中的某点被阻止时，我们称该指令在流水线后续时钟周期和站中出现了气泡（bubble）。在图 10-11 中，当第一条 ADD 指令的流动在 DOF 段被阻止时，在接下来的两个时钟周期内就有一个气泡分别通过 EX 和 WB 段。流水线停留在 IF 和 DOF 段，使那些本来要出现在这些段中的微操作向后推迟了一个时钟周期。在图中，这一延迟用两个对角线箭头表示，箭头从阻止微操作执行的起始位置，指向一个时钟周期之后该操作允许继续执行的位置。当流水线在 IF 和 DOF 段额外多停留一个时钟周期时，我们称流水线暂停了。如果暂停是由数据阻塞引起的，那么这种暂停称为数据阻塞暂停（data hazard stall）。

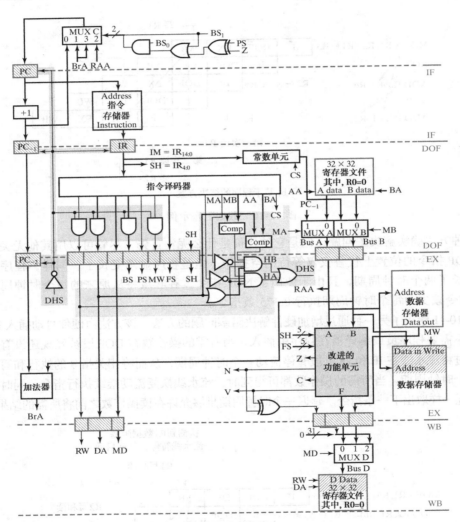

图 10-12　流水线 RISC：数据阻塞暂停

　　一种采用数据阻塞暂停方法处理 RISC 流水线数据阻塞的逻辑实现如图 10-12 所示，新增的和改进的硬件用深灰色表示。对于这种特殊的流水线段配置，如果执行段有一个目标寄存器将在下一时钟周期被写回，而当前 DOF 段又要读取该寄存器的值作为其操作数，那么该寄存器文件的读就出现了数据阻塞，因此我们必须判断是否有这样的寄存器存在。我们可以通过下列布尔式来判断：

$$HA = \overline{MA_{DOF}} \cdot (DA_{EX} = AA_{DOF}) \cdot RW_{EX} \cdot \sum_{i=0}^{4} (DA_{EX})_i$$

$$HB = \overline{MB_{DOF}} \cdot (DA_{EX} = BA_{DOF}) \cdot RW_{EX} \cdot \sum_{i=0}^{4} (DA_{EX})_i$$

$$DHS = HA + HB$$

下列事件全部出现时 HA=1，HA=1 表示数据 A 发生了数据阻塞：

1）DOF 段的 MA 必为 0，意味着操作数 A 来自于寄存器文件。

2）DOF 段的 AA 等于 EX 段的 DA，意味着 DOF 段读取的寄存器可能在下一个时钟周期被写入。

3）EX 段的 RW 为 1，意味着 EX 段的寄存器 DA 将在一个时钟周期的 WB 段被写入。

4）对 DA 的各个位进行或操作等于 1，意味着被写入的寄存器不是 R0，而是一个先写后读的寄存器（无论如何写入，R0 的值永远都是 0）。

如果所有这些条件都满足，就意味着下一时钟周期要写的某个寄存器与当前准备读出并占用总线 A 的寄存器相同。因此，寄存器文件中就存在一个关于操作数 A 的数据阻塞。同样，HB 表示关于数据 B 的事件组合。如果 HA 和 HB 有一个等于 1，那么 DHS 就等于 1，意味着需要数据阻塞暂停。

上述公式的逻辑实现如图 10-12 中部的阴影部分所示。标有 Comp 字样的模块是相等比较器，当且仅当它的两个 5 位输入相等时，比较器的输出才等于 1。或门对 DA 的 5 位数据位进行或操作，只要 DA 不等于 00000（R0），或门的输出就等于 1。

553 ～ 554

DHS 信号被取反，取反后的信号用来为当前在 IR 中的指令启动一个流水线气泡，并且阻止 PC 和 IR 的改变。这个气泡用来阻止通过 EX 和 WB 段时的一些操作，我们通过采用与门强制 RW 和 MW 等于 0 来实现，这些 0 信号阻止指令写寄存器文件和存储器。对于受数据阻塞影响的跳转寄存器和分支指令而言，这些与门也强制 BS 等于 0，从而使 EX 段的 PC 加 1 而不是加载其他值。最后，为了防止后续时钟周期继续进行数据暂停，这些与门还强制 DA 等于 0，使得表面上看起来是对寄存器 R0 进行写操作，从而产生一个避免暂停的条件。暂停过程中保持不变的寄存器为 PC、PC$_{-1}$、PC$_{-2}$ 和 IR 寄存器。这些寄存器被替换成由 $\overline{DHS}$ 控制的带加载控制信号的寄存器。当 $\overline{DHS}$ 为 0 时，请求一次暂停，此时这些加载信号的值变为 0，这些流水线站寄存器保持它们的值在一个时钟周期内不变。

再回到图 10-12，我们发现在第 3 个时钟周期检测到了 R1 的数据阻塞，因此 $\overline{DHS}$ 将在下一时钟沿之前变成 0。RW、MW、BS 和 DA 都置 0，当时钟沿到来的时候，在流水线 EX 段为 ADD 指令启动一个气泡。在同一时钟沿，IF 和 DOF 段都暂停，因此这两段中的当前信息与第 4 个而不是第 3 个时钟周期有关。在第 4 个时钟周期，由于 DA$_{EX}$ 等于 0，此时没有暂停，所以被暂停的 ADD 指令将继续执行。同样，第二条 ADD 指令也会如此执行。注意，除了 NOP 指令被图中括号所示的暂停指令替代之外，执行模式图与图 10-10b 是相同的。因此，尽管我们在软件编程中不需要插入 NOP 指令，但是这种数据阻塞暂停办法所造成的吞吐量性能损失与采用 NOP 编程是一样的。

第二种硬件解决方法是数据定向（data forwarding）技术，这种技术不会造成吞吐量的性能损失。数据定向技术基于对下列问题的解答：当流水线检测到数据阻塞时，所需的有效数据结果就在流水线中的某个地方，那么这次发生数据阻塞的操作能否直接使用流水线中的有效数据？答案是"几乎总是可以的"。数据结果将出现在总线 D 上，但要等到下一个时钟周期才有效，这个结果也将在下一时钟周期写入目的寄存器。但是，产生结果所需的信息已经在 MUX D 输入端的流水线站上有效。要想在当前时钟周期产生结果，只需要一个像 MUX D 那样的 3-1 多路复用器，因此我们增加一个多路复用器 MUX D'，它输出的结果将送到总线 D' 上。在图 10-13 中，我们采用数据定向技术用总线 D' 上的值代替寄存器中的操作数而不再从寄存器文件中读操作数。如图所示，我们通过给 MUX A 和 MUX B 增加了一个输入端来实现这一替换操作，增加的输入端的值由总线 D' 提供。除了用独立的检测信号 HA 和 HB 分别检测数据 A 和数据 B，我们依旧采用如前面所述的数据阻塞检测逻辑，从而当操作数发生数据阻塞时直接进行数据定向替换。

555

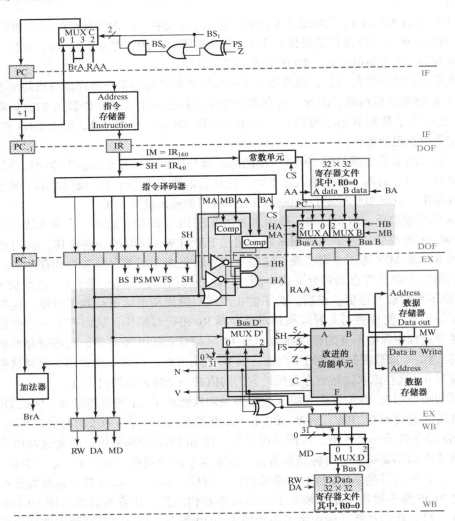

图 10-13   流水线 RISC：数据定向

图 10-14 给出了前面 3 条示例指令采用数据定向机制的执行模式图。在第 3 个时钟周期时流水线检测到 R1 的数据阻塞，因此在第 3 个时钟周期，原来要到下一时钟周期才会进入 R1 的数据结果将从第一条指令的 EX 段定向输出。R1 正确的值在下一时钟沿进入 DOF/EX

流水线站，从而第一条 ADD 指令就可以正常继续执行了。在第 4 个时钟周期流水线检测到 R2 的数据阻塞，于是在第 4 个时钟周期，正确的 R2 值从第二条指令的 EX 段定向输出。这样就在 DOF/EX 流水线站中给第二条 ADD 指令提供了所需的正确的值，ADD 指令就可以继续执行了。相比数据阻塞暂停方法，数据定向在程序执行时不需要增加时钟周期数，因此就所需的时钟周期数而言，不会影响计算机的吞吐量。但是，这种方式可能会增加组合路径的延迟，从而使时钟周期变长。

556

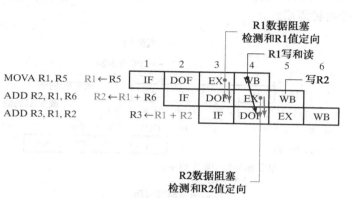

图 10-14　数据定向示例

数据阻塞也可能发生在访问存储器的时候，就像访问寄存器一样。对于 ST 和 LD 指令而言，数据存储器的读操作不可能跟着写操作在同一时钟周期内完成，而且某些存储器的读操作还要花费一个时钟周期以上的时间。因此，由于流水线需要更长的延迟时间来获得有效数据，采用这种数据阻塞技术的流水线的吞吐量损失可能会加大。

10.3.6　控制阻塞

控制阻塞与程序控制流中的分支有关。下面一段包含了条件分支指令的程序对控制阻塞进行了说明。

```
1   BZ    R1, 18
2   MOVA  R2, R3
3   MOVA  R1, R2
4   MOVA  R4, R2
20  MOVA  R5, R6
```

图 10-15a 给出了这段程序的执行模式图，如果 R1 等于 0，程序将会转去执行地址 20 处的指令，而不会执行地址 2 和地址 3 处的指令。如果 R1 不等于 0，那么地址 2 和地址 3 处的指令将按顺序执行。我们假定只有当 R1 等于 0 时程序才会跳转到地址 20 处执行，而实际上，直到程序执行至第一条指令第 3 个时钟周期的 EX 段时才会检测出 R1 等于 0，如图 10-15a 所示。这样 PC 在第 3 个时钟周期结束的时钟沿被置为 20。但是这一时钟沿之后，地址 2 和地址 3 处的 MOVA 指令分别进入了 EX 和 DOF 段。因此，除非我们进行纠正，否则这些指令将会被执行，尽管程序员希望的是跳过这两条指令。这种情况就是一种控制阻塞（control hazard）。

557

正如前文处理数据阻塞那样，NOP 指令同样能够用于处理控制阻塞。NOP 指令的插入由程序员或者生成机器语言程序的编译器实现。无论分支转移是否发生，所编写的程序必须保证只有那些希望被执行的指令才会在实际发生分支转移前进入流水线执行。图 10-15b 给出了一个经过改进后满足这一条件的三行简单程序。在分支指令 BZ 后面插入两条 NOP 指令，无论该分支指令在第 3 个时钟周期的 EX 段是否发生转移，这两条插入的 NOP 指令的执行都不会影响程序的正确性。当通过编程处理 CPU 中的控制阻塞时，我们把这种插入 NOP 指令处理分支阻塞的方法称为延迟分支（delayed branch）法。在这种 CPU 中，分支的执行被延迟了 2 个时钟周期。

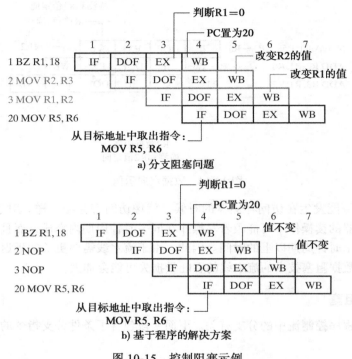

a) 分支阻塞问题

b) 基于程序的解决方案

图 10-15　控制阻塞示例

无论分支是否发生转移，图 10-15b 中采用 NOP 处理控制阻塞的方式都会将这段简单程序的执行时间延长 2 个时钟周期。值得注意的是，通过重新调整指令的顺序，有时候我们可以避免浪费这些周期。假设存在一些无论分支是否发生转移都将执行的指令，那么我们可以把这些指令放到分支指令后面，在这种情况下我们就完全可以恢复原来损失的吞吐量。

正如数据阻塞一样，我们也可以采用暂停流水线的办法来处理控制阻塞。但是，插入的 NOP 指令同样会降低流水线的吞吐量。这种处理方式称为分支阻塞暂停（branch-hazard stall），我们在这里不再介绍。

第二种硬件解决控制阻塞的方法是分支预测（branch prediction）法。这种方法最简单的形式是预测分支从不发生转移。因此，计算机总是会对 PC 加 1，并在此基础上取指、译码以及取操作数。这些预测操作必须在分支指令到达执行段并确定是否会发生转移之前进行，如果不发生分支转移，那么计算机将允许由于预测而已经流入流水线中的指令继续执行下去。如果发生了分支转移，那么分支指令后面的那些指令将被取消。通常，计算机通过向这些指令的执行段和写回段插入气泡来废除这些指令。图 10-16 说明了上述 4 条指令程序的分支预测过程。由于分支被预测为不发生转移，在此基础上，流水线取 BZ 后面的两条 MOV 指令，并对其中第一条 MOVA 指令进行译码，取出其操作数，这些操作发生在第 2 个和第 3 个时钟周期。在第 3 个时钟周期，计算机计算出该分支的条件，发现 R1＝0，因此，分支将发生转移。在第 3 个时钟周期末尾，PC 的值置为 20，计算机根据 PC 的新值在第 4 个时钟周期取出目标指令并开始执行。在第 3 个时钟周期，计算机检测出该分支需要转移，于是向指令 2 和指令 3 中插入气泡。这些气泡沿着流水线向前流动，其作用与 NOP 指令是一样的。但是由于程序中并没有出现 NOP 指令，所以当分支不发生转移时，流水线并没有出现延迟和性能损失。

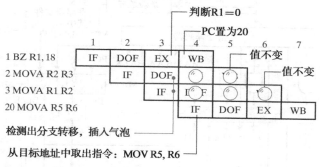

图 10-16　分支发生转移时分支预测示例

分支预测机制的硬件结构如图 10-17 所示。分支是否发生转移取决于多路复用器 MUX C 选择输入的值。如果选择输入为 01，则会发生一次条件分支转移。如果为 10，则会发生一次无条件 JMR 跳转。如果为 11，则会发生一次无条件的 JMR 或 JML 跳转。另外，如果选择输入为 00，则不发生分支转移。因此，除了选择输入为 00 之外，其余所有的选择输入组合情况都会发生分支转移。从逻辑实现上来说，与这些组合情况对应的逻辑实现就是对选择输入进行或操作。如图所示，或门的输出信号取反后与 RW 和 MW 字段进行与操作。因此，如果分支发生转移，那么分支指令的后续指令就不会写寄存器文件和数据存储器。这个取反的输出信号还与 BS 字段进行与操作，从而阻止计算机执行下一条指令中的分支转移操作。为了取消分支之后的第二条指令，取反后的或门输出信号还与 IR 输出信号进行与操作，从而得到一条全零的指令，其 OPCODE 字段的定义为 NOP。如果分支不发生转移，那么取反后的或门输出值即为 1，IR 和三个控制字段的值将保持不变，分支后面的两条指令就会正常执行。

另一种分支预测方法总是假设分支将发生转移。在这种情况下，我们必须沿着分支目标的路径取指令和操作数。因此，我们必须计算出分支目标地址以用来取指。但是，在分支不发生转移的情况下，更改后的 PC 值也必须被保存。因此，这种分支预测方法需要额外的硬件来计算和保存分支目标地址。然而，如果分支在多数情况下更容易发生转移，那么基于"分支转移"的预测将比基于"分支不转移"的预测方法有更令人满意的性价比。

为了简化描述，对于每种处理阻塞的硬件解决方法我们只给出了一种方案。在实际的 CPU 中，这些方案常常需要组合起来使用。另外，其他一些阻塞情况（例如那些与存储器地址读写有关的阻塞）也需要被处理。

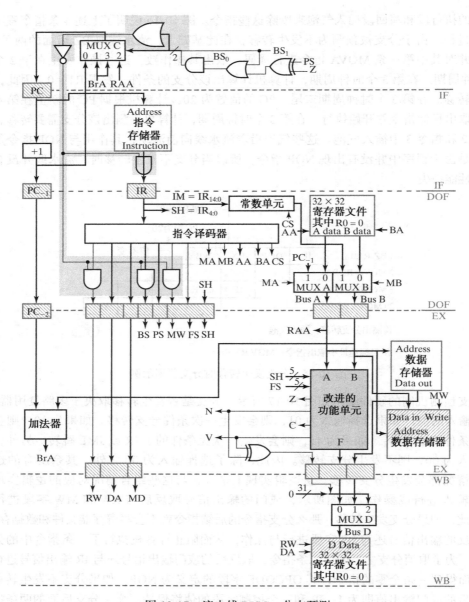

图 10-17　流水线 RISC：分支预测

10.4　复杂指令集计算机

CISC 指令集结构的特征是采用复杂指令，这些复杂指令在最差的情况下，无法用单周期计算机或单级流水线来实现，即便是在最好的情况下也很难实现。CISC 的 ISA 中常常包含多种寻址模式，而且 ISA 常常包含可变长的指令集。CISC 对条件分支转移进行判断操作的支持比 RISC 中的基于零寄存器值进行分支转移、通过对两个寄存器值的比较而将某个寄存器的位设置为 1 等简单概念更加复杂。本节我们将介绍一种基本的 CISC 体系结构，由高性能 RISC 来实现一些简单指令，并描述出 CISC ISA 的粗略特征。

假设我们要实现一种 CISC 结构，但是我们希望对于简单的、常用的指令能够在每个较短的 RISC 时钟周期内执行完。为了实现这一吞吐量目标，我们采用流水线数据通路并将流水线和微程序控制技术结合起来使用，如图 10-18 所示。一条指令被取出送入 IR 寄存器中并进入译码与取数阶段。如果这是一条简单指令，则能够在一般的 RISC 流水线中流过一遍即可完成，该指令的译码和取数操作能正常进行。否则，如果这条指令需要多个微操作或需要进行多次访存，那么译码阶段将为微码 ROM 产生一个微码地址，并用来自微码 ROM 的控制值代替一般的译码器输出。来自 ROM 的微指令的执行过程由微程序计数器来进行选择，直至指令执行完毕。

560
~
561

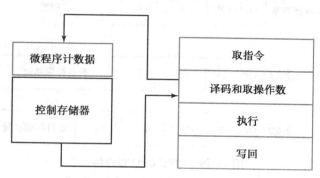

图 10-18　CISC-RISC 组合结构

前面我们提到过，微指令在执行时常常需要一些用于临时存储信息的寄存器。在这类结构中，我们常采用一种能够在临时寄存器和程序员可以访问的一般寄存器之间进行切换的机制为微指令提供临时寄存器。

前文所述支持了一种 CISC-RISC 相结合的体系结构。这说明流水线与微程序技术是可以兼容的，而不是相互对立的两种结构。这种最常用的组合结构使得那些已有的 CISC 结构软件在保留已有的 ISA 的情况下仍然可以利用 RISC 结构的优势。CISC-RISC 结构是一种组合概念，它将第 8 章中的多周期计算机、前面一节中的 RISC CPU 和第 8 章中简要介绍的微程序控制概念组合在一起。这种概念的组合是有意义的，因为 CISC CPU 在执行指令时需要利用 RISC 数据通路流水线执行多遍。要想安排好这种指令多遍执行的顺序，我们需要相当复杂的时序控制机制，因此我们选择微程序控制技术来实现。

设计这种体系结构时，首先对 RISC ISA 进行一些改进，使之具备 CISC ISA 所需的一些性能。接着，改造数据通路以支持 ISA 变化。这些改造包括对常数单元的改进、增加条件码寄存器 CC 以及删掉支持 SLT 指令的硬件等。我们还要修改寄存器文件的寻址逻辑，使其能够对数据通路多遍执行时用到的 16 个临时寄存器进行寻址。修改之后存储资源中只剩下 16 个寄存器，而 RISC 结构下存储资源中采用的是 32 个寄存器。接下来，就是修改RISC 的控制结构，使其在实现指令的多遍执行时能够与微程序控制结构一起工作。最终，微程序控制器构造完成，它的运行由描绘 CISC ISA 的三条 CISC 指令的执行来进行说明。

562

10.4.1　ISA 修改

对 RISC ISA 所做的第一处修改就是为分支指令增加一种新格式。对于 CISC 结构中的指令而言，我们希望它能够比较两个源寄存器的内容并进行分支转移，以说明两个寄存器中内容的关系。要进行这样的比较操作，我们需要的指令格式应该包含 2 个源寄存器字段 SA 和 SB 以及一个目标偏移量。如图 10-7 所示，在分支指令格式中增加 SB 字段后，目标偏移量的长度从 15 位减少到了 10 位，最终我们得到的第 2 类 CISC 指令分支格式如图 10-19 所示。例 10-2 中比较寄存器 R[SA] 和 R[SB] 内容的 BLE 指令也采用了这种指令格式。

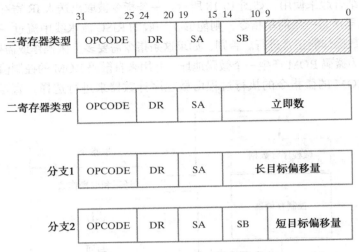

图 10-19　CISC CPU 指令格式

　　第二处修改就是划分寄存器文件，以对数据通路多遍执行时用到的 16 个临时寄存器进行寻址。划分后存储资源中只剩下 16 个寄存器。我们并不是对指令格式中所有的寄存器地址字段进行修改，而只是简单地忽略这些字段的最高有效位。例如，我们仅仅使用 DR 字段的最右边的 4 位，而忽略 DR_4 这一位。

　　对 RISC ISA 进行的第三处修改是增加条件码（也称标志位），如第 9 章所讨论的那样。经过特殊设计的条件码与零转移分支和非零转移分支结合使用，能够实现具有更多判断功能的指令，例如对有符号和无符号整数的大于、小于、小于或等于进行判断，等等。这些条件码包括零（Z）、负（N）、进位（C）、溢出（V）和小于（L）。前 4 个即为前面所介绍的功能单元的状态输出信号，小于（L）位则由 Z 和 V 进行异或操作得到，它能够简化某些特殊的判断操作。条件码中 L 位的引入使得不需要 SLT 指令。

　　为了最有效地利用这些条件码，在执行指令的某种特殊微操作时，控制对这些条件码是否进行修改是非常有用的。分析表 10-1 中的 RISC 指令码我们会发现，对于 LSL 指令后面的那些 MOVA 操作，其操作码的第 4 位（从左边数第 3 位）等于 0。因此，这些指令可以用这一位来判断条件码是否受指令的影响。如果该位等于 1，那么条件码的值将会受到指令执行结果的影响，如果该位等于 0，那么条件码将不受影响。该功能可通过在结构上增加 17 个新的操作码来实现，操作码中位置 4 的值为 1。这些操作码不能和已存在的操作码重叠，且助记符是在表 10-1 所示助记符的后面添加 C 形成的。所以，无论在 ISA 级还是在微码级，我们都可以灵活使用这些条件码进行判断。在这两种情况下，条件码装载的实际控制都是通过 RISC 流水线控制字的 LD 位来实现的。

10.4.2　数据通路修改

　　我们对数据通路也进行了一些修改，以满足对修改的 ISA 的支持。首先对 DOF 段的数据通路部件进行了修改，如图 10-20 所示。

　　首先，修改常数单元以便处理目标偏移量长度的变化。在常数单元中增加了能够从常数 IM 中提取常数 $IM_S = IR_{9:0}$ 的逻辑，将 IM_S 进行符号扩展得到一个 32 位的字。同样，为了利用条件码的值进行比较操作，微程序控制部件中的微指令寄存器 MIR 提供了一个 8 位宽的常数 CA。通过对这个常数进行补零后得到一个 32 位宽的字。我们还将常数单元的 CS 控制域扩展为 2 位，使其能够从 4 种可能的常数输入中进行选择。

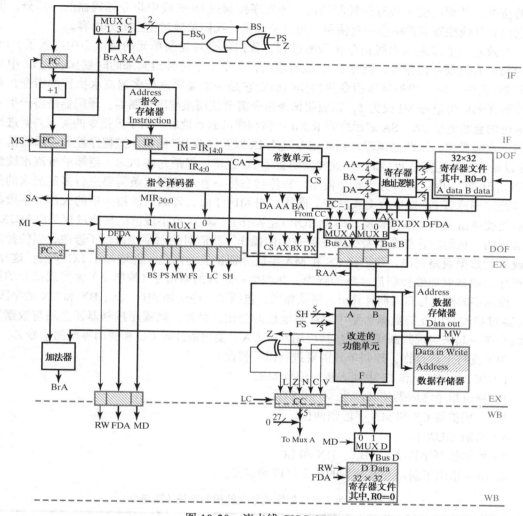

图 10-20　流水线 CISC CPU

其次，我们将第 8 章介绍的多周期计算机的寄存器地址逻辑添加到寄存器文件的地址输入端，目的是为了支持 ISA 的改进。改进后的 ISA 中采用了 16 个临时寄存器和 16 个作为存储资源部分的寄存器。我们还增加了一种寻址模式，以支持使用 DX 作为寄存器文件的源地址，用 BX 作为相应的寄存器文件的目的地址。这样，我们必须获取 R[DR] 的值用于目标地址的计算。

最后，我们还做了许多修改，以便支持新增的条件码。在 DOF 段，为 MUX A 增加了一个端口，以便能够对 CC 进行访问。CC 是为临时寄存器中的值或者与常数值进行比较而保存的条件码。在 EX 段，实现了条件码 L（小于），并在流水线站中增加了条件码寄存器 CC。新的控制信号 LC 决定了在使用功能单元执行特定微操作时是否需要加载 CC 的值。在 WB 段，原来支持 SLT 指令的逻辑被零填充后的 CC 值取代，并将 CC 的值送到 MUX A 的新端口。由于新的条件码结构能提供与 SLT 同样并且更多的判断功能，因此，不再需要原来支持 SLT 的逻辑。

10.4.3 控制单元修改

如图 10-20 所示，我们在控制单元中增加了微程序控制机制，以支持实行多遍流水线执行的指令，从而改变了现有的控制结构。微程序控制是 DOF 段中指令译码器的一部分，但是它也和其他控制部件结合一起使用。为方便起见，我们单独讨论这部分内容。

大致看一下多遍流水线指令执行的过程，我们就会对控制单元的修改心中有数了。PC 指向指令存储器中的指令，指令在 IF 段被取出，在下一个时钟沿到来的时候加载到 IR 中并更新 PC 的值。流水线根据该指令的操作码确定它是一条需要进行多遍流水执行的指令，对操作码译码后将信号 MI 设为 1，以表明该条指令需要使用微程序控制器。译码器还将产生一个 8 位的起始地址 SA，SA 表示微码 ROM 中微程序的起始地址。由于该指令的实现需要进行多遍流水线操作，因此必须阻止后续指令进入 IR 以及修改 PC 的值。微程序控制逻辑将信号 MS 设置为 1 以便暂停 PC 和 IR。这样就防止了 PC 递增，但是允许 PC+1 继续沿着流水线流入 PC$_{-1}$ 和 PC$_{-2}$ 中，以备分支指令使用。暂停状态将一直延续到这条需要进行多遍流水的指令执行完毕或者 PC 发生分支或跳转。同样，当 MI=1 时，译码后的指令中的大部分字段都将被当前微指令的字段值替换，即为 NOP（空操作）。该 31 位字段值的替换过程是由 MUX I 来实现的，从而防止指令本身引发任何直接的操作。我们对控制字也进行了修改，以便控制修改后的数据通路资源。我们将 CS 和 MA 字段分别扩展为两位，并增加了 LC 字段。这样，微程序控制器就能够控制流水线的行为，并产生一系列的微指令（控制字）去实现指令的执行。控制字的格式与多周期计算机的格式相同，包括了一些诸如 SH、AX、BX 和 DX 的字段。DX 经过修改后以支持数据通路中寄存器地址的变化。另外，微程序控制器还必须与数据通路结合在一起来实现判断操作，包括应用常数 CA、使用条件码 CC 和使用零检测信号 Z。

为了支持上述操作，控制单元需要进行以下修改：

1）在 PC、PC$_{-1}$ 和 IR 中加入暂停信号 MS。
2）修改指令译码器使其产生 MI 和 ST。
3）分别扩展 CS 和 MA 字段到两位。
4）增加 MUX I。
5）增加控制字段 AX、BX、DX 和 LC。

表 10-4 给出了新增和修改后的各个字段的定义。

表 10-4 为 CISC 新增或修改的控制字段（微指令）

控 制 字 段				寄存器字段		CS		MA		LC	
MZ 2b	CA 8h	BS 2b	PS	动作	编码 5h	动作	编码 2b	动作	编码 2b	动作	编码
见表 10-5	下一地址或常数	见表 10-2		AX, BX		zf IM	00	A Data	00	保持 CC	0
				R[SA], R[SB]	0X	se IM	01	PC$_{-1}$	01	加载 CC	1
				R$_{16}$	10	se IMS	10	0 ∥ CC	10		
				…	…	zf CA	11				
				R$_{31}$	1F						
				DX							
				源地址 R[DR] 和目标地址 R[SB]	00						
				目标地址R[DR] 且 X ≠ 0	0X						
				R$_{16}$	10						
				…	…						
				R$_{31}$	1F						

对控制单元的修改介绍到这里，下一节我们将讨论新增的微程序控制。

10.4.4　微程序控制

图 10-21 给出了微程序控制结构和微指令格式。这种控制结构以微码 ROM 为中心，微码 ROM 的地址是 8 位，最多能存储 256 条 41 位的微指令。微程序计数器 MC 中保存的地址与当前微指令寄存器 MIR 中保存的微指令相对应。ROM 的地址由多路复用器 MUX E 提供，MUX E 从递增后的 MC、来自微指令的跳转地址 CA、前一个跳转地址 CA_{-1}、控制单元指令译码器中的起始地址 SA 中进行选择。表 10-5 根据新增的控制字段 MZ 和其他一些变量，为 MUX E 定义了 2 位宽的选择输入信号 ME 和暂停信号 MS。这一功能是由微地址控制逻辑来实现的。为了便于讨论，我们假设在 ROM 的 0 地址处，微程序控制器的 IDLE 状态为 0，且包含一条由全 0 组成的 NOP 微指令。在这条微指令中，MZ=0，CA=0。根据表 10-5 我们可以看到，MI=0 时微程序地址 CA=0，从而使控制维持在这一状态直到 MI=1。当 MI=1 时，计算机根据起始地址 SA 取出 IR 中复杂指令对应的微程序的第一条微指令。在控制单元中，当 MI=1 时将 MUX I 的输出值切换为 NOP 指令 31 位宽的 MIR 值，而一般情况下，MUX I 的输出来自译码器的控制字。另外，微地址控制器的输出信号 MS 变成 1，将 PC、PC_{-1} 和 IR 暂停下来。在下一时钟沿，取自起始地址 SA 的微指令进入 MIR，流水线就开始受控于微程序了。

表 10-5　地址控制

输 入					输 出			
MZ_{-1}	MZ	MI	PS	Z	ME_1	ME_0	MS	与 ME 对应的寄存器传输表达式
11	01	×	0	0	0	0	1	$\overline{PS} \cdot \overline{Z}: MC \leftarrow MC+1$
11	01	×	0	1	0	1	1	$\overline{PS} \cdot Z: MC \leftarrow CA_{-1}$
11	01	×	1	0	0	1	1	$PS \cdot \overline{Z}: MC \leftarrow CA_{-1}$
11	01	×	1	1	0	0	0	$PS \cdot Z: MC \leftarrow MC+1$
0×	01	×	×	×	0	0	1	$MC \leftarrow MC+1$
×0	01	×	×	×	0	0	1	$MC \leftarrow MC+1$
××	00	0	×	×	1	0	0	$MC \leftarrow CA$
××	00	1	×	×	0	1	1	$MC \leftarrow ST$
××	10	×	0	×	1	0	0	$\overline{PS}: MC \leftarrow CA$
××	10	×	1	×	1	0	1	$PS: MC \leftarrow CA$
××	11	×	×	×	0	0	1	$MC \leftarrow MC+1$

在图 10-21 中，微程序控制器还需要 2 个流水线寄存器。2 个流水线寄存器保存的 MZ_{-1} 和 CA_{-1} 的值在条件分支时需要用到，这是因为用于判断的 Z 值要在微分支指令的执行段才会生成，此时是该微分支指令进入 MIR 之后的下一个时钟周期。

在微程序的执行期间，微地址是由 MZ、MZ_{-1}、MI、PS 和 Z 一起控制的。当 $MZ_{-1}=11$ 时，由于条件微分支指令的后一条微指令必为 NOP 指令，因此 MZ=01。在这种情况下，MS=1，ME 的值受 PS 和 Z 控制。由于 PS 和 Z 的值相反，条件分支将转移到 CA_{-1} 中的微地址执行。否则，当 $MZ_{-1}=11$ 且 MZ=01 时，下一条微地址的值即为 MC 加 1。

567

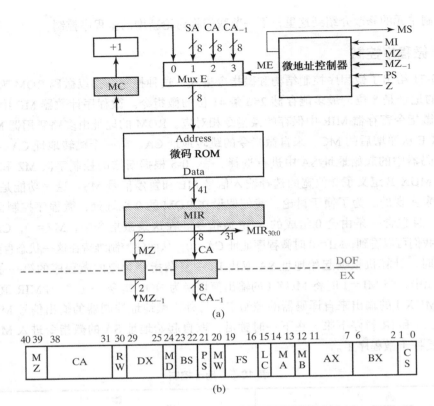

图 10-21   流水线 CISC CPU：微程序控制

当 $MZ_{-1} \neq 11$ 时，微地址由 MZ、MI 和 PS 控制。当 MZ=00 时，ME 和 MS 的值由 MI 控制。当 MI=0 时，下一条微地址就是 CA 且 MS=0，对应于微程序控制器的空闲状态。当 MI=1，下一条微地址为 SA 且 MS=1，计算机从微码 ROM 中选择下一条微指令并暂停前两个流水站。当 MZ=01，下一条微地址为 MC 加 1 后的值，流水线按顺序执行下一条微指令。当 MZ=10，无条件跳转将被执行，MS 值受 PS 控制。PS=1 则 MS=1，微程序继续执行。PS=0 则 MS=0，计算机将移除暂停，并返回控制流水线。这样将使得 MI 变成 0（如果新的指令不再是复杂指令）。如果 CA=0，微程序控制器将一直锁定于 IDLE 状态直到 MI=1。为了实现这种情况，微程序最后的一条指令必须包含 MZ=10、PS=0 和 CA=0。

10.4.5   复杂指令的微程序

568 ~ 569

我们将通过 3 个例子来说明使用上面设计的 CISC 结构实现复杂指令的过程，得到的微程序结果如表 10-6 所示。

例 10-1   LD 指令间接变址寻址（LII）

LII 指令取数时首先将目标偏移量与变址寄存器的值相加，得到变址地址，然后由变址地址间接地从存储器中取出有效地址。最后，再根据有效地址从存储器中取出操作数。这条指令的操作码是 0110001，它采用了带有 SA 寄存器字段和 15 位目标偏移量的立即数指令格式。当 LII 指令被取出并送入 IR 寄存器时，指令译码器将 MI 置为 1 并提供微码地址，在表 10-6 用符号 LII0 表示。执行的第一条微指令是 IDLE 地址中的微指令，这个微操作将在数据通路和存储器中执行一次 NOP 操作。当 MI＝1 时，地址控制逻辑将选择 SA 作为下一条微指令的地址，从而退出 IDLE 状态。LII0 微指令形成变址地址并使 MC 中的地址加 1，以用于取下一条微指令 LII1。地址 LII1 中的 NOP 微指令被取出并送入流水线中执行。由于 LII0 中微指令的执行结果要等到 WB 段才能写入 R_{16} 寄存器中，因此这里要插入一条 NOP 操作。LII2 中的下一条微指令从存储器中取出有效地址，由于将有效地址写入寄存器 R_{17} 需要延迟一个时钟周期，因此下一地址 LII3 也需要插入一条 NOP 操作。LII4 中的微指令将有效地址送到存储器中，取出所需的操作数并送入目的寄存器 R[DR]。这样，LII 的执行过程就结束了，MC 中的微程序控制状态返回 IDLE，计算机根据 PC 中的地址从指令寄存器中取出 LII 的后续指令。

　　在表 10-6 中，微指令的执行顺序用寄存器传输表达式表示，如表中"操作"列所示，并给出了微码 ROM 中微指令地址的符号名。表中的其余几列给出了各个微指令字段的编码，这些编码来自于表 8-12、表 10-2、表 10-3 和表 10-5，它们被用来实现寄存器的传输。要特别注意的是，微指令 LII4 中 MC＝10、PS＝0 和 CA＝IDLE（00），使得微程序控制状态返回到 IDLE，程序控制状态返回到流水线控制。

例 10-2　小于或等于则分支（BLE）

　　BLE 指令对寄存器 R[SA] 和寄存器 R[SB] 中的值进行比较。如果 R[SA] 小于或等于 R[SB]，则 PC 就跳转到 PC＋1 再加上带符号扩展的短整型目标偏移量（IMS）。否则，将直接使用递增后的 PC 值。该指令的操作码是 1100101。

　　表 10-6 中"操作"列给出了该指令的寄存器传输表达式。在指令 BLE0 中，R[SA] 减去 R[SB]，条件码 L 到 V 被寄存器 CC 捕获。由于写 CC 要延迟一个时钟周期，因此需要将微指令 BLE1 设置为一次 NOP 操作。如果（L＋Z）＝1（＋表示或操作），则 R[SA] 小于或等于 R[SB]。因此，在这 5 个条件码中，我们只需关心 L 和 Z 的值即可。在微指令 BLE2 中，我们用掩码 11000 和 CC 进行与操作，从而屏蔽掉 CC 的最低三位，得到的结果将存入寄存器 R_{31} 中。同样，在 BLE3 中，需要插入另一条 NOP 操作，以等待 R_{31} 的写操作。在微指令 BLE4 中，对 R_{31} 进行非零判断的微分支指令将被执行。如果 R_{31} 不为 0，则（L＋Z）＝1，表示 R[SA] 小于或等于 R[SB]。否则，L 和 Z 都等于 0，表示 R[SA] 不小于或不等于 R[SB]。由于出现微分支指令，我们需要在 BLE5 插入一条 NOP 操作。在这种与 MUX E 连接的结构中，我们只需要在微分支指令的后面插入一条 NOP 操作，而不像在主控程序流程中需要插入 2 条 NOP 操作。如果没有发生分支转移，下一条微指令 BLE6 将被执行，将 MC 返回到 IDLE 状态，并重新激活流水线控制部件去执行下一条指令。如果发生了分支转移，微指令 BLE7 将被执行，当这条指令到达 EX 段时，PC＋1＋BrA 的结果将送入 PC 中，用来取出下一条指令。注意，只有当 MS＝0 且流水线被重新激活时，CPU 才会执行这条基于 PC 的分支转移指令。鉴于此，在主控流程中这条指令发生了控制阻塞，因此我们必须在这条分支指令后面插入一条 NOP 操作。表 10-6 给出了各微指令的编码。

570
〜
571

例 10-3　存储器数据块传送（MMB）

　　MMB 指令将存储器一组连续地址中的数据块复制到另一个地方。它的操作码是 0100011，采用 3 寄存器类型格式，其中 R[SA] 指定存储器中源数据块的首地址 A，寄存器 R[DR] 指定目的数据块首地址 B，R[SB] 给出该数据块中字的数目 n。

表 10-6　CISC 结构的微程序示例

操　作	地　址	微　指　令														
		MZ	CA	RW	DX	MD	BS	PS	MW	FS	LC	MA	MB	AX	BX	CB
共享微指令																
MI: $MC \leftarrow ST$, $\overline{MI}$: $MC \leftarrow 00$	IDLE	00	00	0	00	0	00	0	0	0	0	00	0	00	00	00
$MC \leftarrow MC+1$ (NOP)	Arbitrary	01	XX	0	00	0	00	0	0	0	0	00	0	00	00	00
LD 间接变址寻址																
$R_{16} \leftarrow R[SA]+zf\,IM_L$	LII0	01	00	1	10	0	00	0	0	2	0	00	1	00	00	00
$MC \leftarrow MC+1$ (NOP)	LII1	01	00	0	00	0	00	0	0	0	0	00	0	00	00	00
$R_{17} \leftarrow M[R_{16}]$	LII2	01	00	1	11	1	00	0	0	0	0	00	0	10	00	00
$MC \leftarrow MC+1$ (NOP)	LII3	01	00	0	00	0	00	0	0	0	0	00	0	00	00	00
$R[DR] \leftarrow M[R_{17}]$	LII4	10	IDLE	1	01	1	00	0	0	0	0	00	0	11	00	00
小于或等于则分支																
$R[SA]-R[SB]$, $CC \leftarrow L\|Z\|N\|C\|V$	BLE0	01	00	0	01	0	00	0	0	5	0	00	0	00	00	00
$MC \leftarrow MC+1$ (NOP)	BLE1	01	00	0	00	0	00	0	0	0	0	00	0	00	00	00
$R_{31} \leftarrow CC \wedge 11000$	BLE2	01	18	1	1F	0	00	0	0	8	0	10	1	00	00	11
$MC \leftarrow MC+1$ (NOP)	BLE3	01	00	0	00	0	00	0	0	0	0	00	0	00	00	00
if $(R_{31} \neq 0)\,MC \leftarrow$ BLE7 else $MC \leftarrow MC+1$	BLE4	11	BLE7	0	00	0	00	1	0	0	0	00	0	1F	00	00
$MC \leftarrow MC+1$ (NOP)	BLE5	01	00	0	00	0	00	0	0	0	0	00	0	00	00	00
$MC \leftarrow$ IDLE	BLE6	00	IDLE	0	00	0	00	0	0	0	0	00	0	00	00	00
$PC \leftarrow (PC_{-1})+se\,IM_L$, $MC \leftarrow$ IDLE	BLE7	10	IDLE	0	00	0	11	1	0	0	0	01	1	00	00	00
存储数据块传送																
$R_{16} \leftarrow R[SB]$	MMB0	01	00	1	10	0	00	0	0	C	0	00	0	00	00	00
$MC \leftarrow MC+1$ (NOP)	MMB1	01	00	0	00	0	00	0	0	0	0	00	0	00	00	00
$R_{16} \leftarrow R_{16}-1$	MMB2	01	01	1	10	0	00	0	0	5	0	00	1	10	00	11
$R_{17} \leftarrow R[DR]$	MMB3	01	00	1	11	0	00	0	0	C	0	00	0	00	00	00
$R_{18} \leftarrow R[SA]+R_{16}$	MMB4	01	00	1	12	0	00	0	0	2	0	00	0	11	10	00
$R_{19} \leftarrow R_{17}+R_{16}$	MMB5	01	00	1	13	0	00	0	0	2	0	00	0	12	10	00
$R_{20} \leftarrow M[R_{18}]$	MMB6	01	00	1	14	1	00	0	0	0	0	00	0	00	00	00
$M[R_{19}] \leftarrow R_{20}$	MMB7	01	00	0	00	0	00	0	1	0	0	00	0	13	14	00
$MC \leftarrow MC+1$ (NOP)	MMB8	01	00	0	00	0	00	0	0	0	0	00	0	10	00	00
if $(R_{16} \neq 0)MC \leftarrow$ MMB2	MMB9	11	MMB2	0	00	1	00	1	0	0	1	00	0	00	00	00
$MC \leftarrow MC+1$ (NOP)	MMB10	01	00	0	00	0	00	0	0	0	0	00	0	00	00	00
$MC \leftarrow$ IDLE	MMB11	10	IDLE	0	00	0	00	0	0	0	0	00	0	00	00	00

这条指令的寄存器传输表达式如表 10-6 中"操作"列所示。微指令 MMB0 将 R[SB] 加载到 R_{16}。MMB1 为 NOP 操作，用于等待 R_{16} 的写操作。MMB2 将 R_{16} 的值进行连续减 1 操作，产生具有 n 个值的地址索引 $n-1$ 到 0，用来对数据块中的 n 个字寻址。R[DR] 为目标寄存器，一般情况下不作为源寄存器使用。但要想对目标地址进行处理，必须将 R[DR] 的值送到一个能作为源地址的寄存器中。因此，微指令 MMB3 使用寄存器编码 DX＝00000 将 R[DR] 的值复制到寄存器 R_{17}，该微指令将 R[DR] 看成源操作数，将 BX 字段指定的寄存器 R_{17} 看成是目的操作数。微指令 MMB4 和 MMB5 将 R_{16} 分别与 R[SA] 和 R[SB] 相加，产生数据块的地址指针。在执行完这些操作后，数据块中的字传输首先从最高地址开始。MMB6 从存储器的第一个源地址取出第一个字并送到临时寄存器 R_{20} 中。MMB7 为空操作，用来等待微指令 MMB8 需要用到的 R_{20} 的值，而 R_{20} 由微指令 MMB6 写入。MMB8 将第一个字从 R_{20} 传送到存储器的第一个目标地址中。MMB9 根据 R_{16} 的值执行基于零的分支转移操作，以判断数据块中的所有字是否被传送完。如果没有传送完，则将以 MM2 作为下一条微地址，然后继续传送下一个字。如果 R_{16} 等于 0，则下一条微指令 MMB10 即为由这条分支转移引起的 NOP 操作。最后一条微指令 MMB11 将 MC 的值返回 IDLE 状态，从而使流水线控制返回去执行其他指令。

表 10-6 给出了各微指令的编码，其中包括简单的寄存器和存储器传输操作，这些传输操作包含了一些具有循环和 NOP 操作的分支，以处理数据和控制阻塞。■

10.5 其他有关设计

本章所介绍的两种设计方法代表了两种不同的 ISA 和两种不同的 CPU 结构。RISC 体系结构由于其指令比较简单，能与流水线控制结构很好地匹配。但由于我们对更高性能的追求，于是在 RISC 结构的基础上构建了现代 CISC 体系结构。本节我们将继续讨论一些能够提高基本 RISC 流水线速度的其他结构特性。

10.5.1 高性能 CPU 概念

在设计高性能 CPU 的各种方法中，常用的就是采用多功能单元结构，例如并行流水线结构、超流水线和超标量结构等。

考虑到某种操作的执行需要多个时钟周期，而取指和写回操作却可以在一个时钟周期之内处理完，从而我们在每一个时钟周期都可以初始化一条指令，但是不能每一时钟周期都执行完一条指令。在这种情况下，如果采用多个执行单元并行操作，那么 CPU 的性能将得到充分提升。图 10-22 给出了这种系统的一种高层次框架图。取指、译码、取操作数和分支跳转都在 I 单元流水线中执行。当一条不是分支的指令译码完成后，指令和操作数就流出到合适的 E 单元中。当 E 单元执行完这条指令后，结果被写回寄存器文件。如果需要访问存储器，那么 D 单元将用来执行存储器操作。如果指令是一条 store 操作，那么它将直接进入 D 单元执行。

目前我们所介绍的所有方法中，CPU 最大的吞吐量是每个时钟周期执行一条指令。在此限制下，我们希望通过减小流水线段的最大延迟来实现最快的时钟频率。因此，当 CPU 中采用大量的流水线段时，我们就称这种 CPU 是超流水（super pipelined）。超流水 CPU 一般都具有非常高的时钟频率，能够达到 GHZ。然而，在这种结构下，对各种阻塞的有效处理工作却变得至关重要。因为流水线的任何暂停或复位操作都会大大降低 CPU 的性能。同样，当我们增加更多的流水线段且进一步划分组合逻辑的时候，触发器的建立和传输延迟时间就会逐步支配站与站之间的延迟，从而影响时钟的速度。这样我们预计的性能提升就会减少，而且当我们把阻塞的情况也考虑进去的时候，CPU 性能实际上可能变得更差而不是更好。

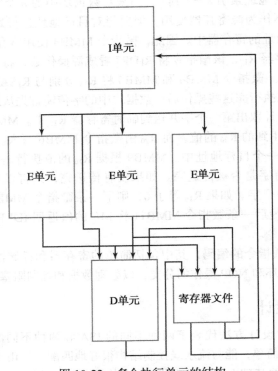

图 10-22　多个执行单元的结构

为了加快指令执行的速度，不同于超流水方式的另一种结构是超标量（superscalar）。这种结构的目标是每个时钟周期同时流出多条指令，而不是只流出一条指令。如图 10-23 所示，该超标量 CPU 采用了双字宽通路，能够同时取出两条指令。处理器在指令流出流水线段时检查这些指令之间是否存在阻塞以及执行单元是否空闲。如果第一条指令存在阻塞或者其对应的执行单元正忙，那么这两条指令都将停留等待下次流出。如果第一条指令没有阻塞并且它的 E 单元空闲，但是第二条指令存在阻塞或没有可用的 E 单元，那么流水线只流出第一条指令。否则，两条指令将并行流出。如果某种超标量结构是 3 倍的，那么它能够同时流出 3 条指令，它的最大执行速率就是每个时钟周期 3 条指令。但是，当最多可同时流出的指令数增大时，流水线流出和执行段对阻塞的检查机制就会变得非常复杂。

接下来将讨论 3 种方法以便预防超流水或超标量处理器中的阻塞，从而避免流水线暂停。

处理器不再等待分支转移，而是预测哪一条路径

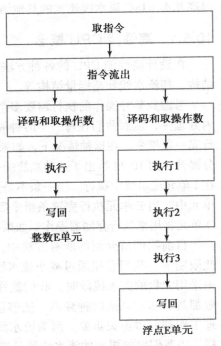

图 10-23　超标量结构

会被执行，并尝试沿那条分支执行，同时判断实际发生的分支路径。当真正的分支结果可用时，如果它没有匹配预测的分支路径，预测执行的结果将被取消，实际的分支路径将被执行。当预测的分支是正确时，流水线中就不存在等待分支转移的延迟了，从而大大提高了流水线的性能。为了保证性能的提高，分支预测必须达到较高的预测正确率。分支预测方法建立在多种记录分支发生或未发生方法的基础上。在复杂的预测方法中，多个预测器的结果往往相互结合，以实现较高的预测正确率，这些预测结果是复杂的，有时甚至是不常用的分支模式。

前瞻装载（speculative loading）技术在 CPU 取数时不再在确定是否需要某个数据之后才从存储器中取出，该技术的目的是避免从存储器取数时所需的较长的延迟时间。如果推测取出的数据就是所需的数据，那么 CPU 可以立刻使用这个有效数据，而不需要等待访存取数操作。

进一步延伸，数据推测（data speculation）技术就是推测数据值并使用推测的值进行计算。当得到真正的数据值，并且该值与预测值相同的时候，CPU 就可以使用前面预测值计算出的结果继续向前执行。如果实际的值与所预测的值不同，那么 CPU 就作废前面根据预测值计算出的结果，并重新使用实际的值进行计算。举一个数据推测的例子，假如 CPU 可以允许 store 后面的 load 操作提前从同一存储器地址中取数。在这种情况下，我们预测 store 操作不会改变存储器中的值。如果 CPU 在 store 操作执行时发现先前取出的数据是无效的，那么就取消原预测数据计算出的结果。数据推测经常用于预取（Prefetching）——在 store 操作执行前执行 load 操作，即已经装载了的值取决于存储的值。

所有这些技术都会经常执行一些其结果需要作废的操作，因此，包含了一些"浪费"的计算。为了能执行大量的有效计算，此时无效计算也会增加，我们需要采用更多的并行资源和一些特殊的硬件逻辑来实现这些技术。采用这些资源所获得的回报就在于获得更高的 CPU 性能。

10.5.2 最近的体系结构创新

前面几节中，我们所讨论的技术都以开发指令级并行性（Instruction Level Parallelism，ILP）为目的。指令级并行性结合集成电路技术使微处理器性能在 20 世纪最后 30 年间获得了较大的提升。然而，ILP 技术的发展面临着一系列复杂的问题，最明显的就是需要越来越大的功耗。随着千禧年的到来，提升 ILP 技术的发展趋势正在减弱。从 21 世纪开始，结合 IC 设计的发展，一种公认的提升计算机性能的新技术开始应用在服务器、桌面 PC 及笔记本电脑，它就是单芯片上的多处理器技术。本节将根据它们的执行方法以及目的的不同从两方面对该技术进行介绍，这两个方面分别是：普通目的应用和数字多媒体应用。

1. MIMD 和多核系统

近些年，PC 市场上多核微处理器已普遍存在。这些产品类似于对称多核共享内存结构，可归类于多指令流多数据流（MIMD）处理机。在这些系统中，性能的提升可通过并行地执行多个程序或多个线程（线程是指一个进程拥有的数据、指令和处理器状态）。多核处理器可以让一个程序在专用的 CPU 上执行，也可以让该程序的线程在多个 CPU 上执行以提高效率。举个例子，一个复杂的图像处理程序可以在第 1 个 CPU 上执行，而文字处理和网页浏览在第 2 个 CPU 上执行。该图像处理程序也可以通过将线程分发到 2 个 CPU 上执行从而实现在 2 个核上运行。我们将以英特尔公司的 Core 2 Duo 为例来说明多核微处理器。该设计不仅通过多核 CPU 达到了性能提升，而且指令级并行性也有了提高。

573
~
575

576

(RW) **例 10-4　英特尔 Core 2 Duo 和 Core i7 微处理器**

　　Core 2 Duo 是英特尔公司 2006 年 7 月开发出的微处理器产品。两个相互对称的处理器，每个都拥有自己的 L1 级指令和数据高速缓冲存储器⊖，且彼此共享 2 M 或 4 M 的 L2 级 Cache，Cache 的大小取决于 Core 2 Duo 产品的各自设计。本书封面背景的下端的一对大黑块 L2 Cache。每一个核都是一个具有 14 级流水的 4 倍超标量处理器，英特尔最近的微处理器设计将流水线的长度减少了 35%，这也体现了现代发展趋势已不再将重心停留在提高基于超流水的时钟频率上。另外，增加了每个处理器中的执行单元数目以支持 4 倍流水策略和多媒体处理。英特尔还引进了宏融合（macrofusion）技术，该技术可以将多条机器级指令合成为单一的微指令（英特尔称之为"μop"），从而实现指令流加速。为了达到高内存带宽，从 L2 级高速缓存到每个处理核的路径带宽为 256 位。Core 2 Duo 还提供了详细的数据预取机制，以提高所有 3 个数据 cache 的性能。预取指数据装载在其需要被计算之前，通过数据预测来判定哪个数据需要被使用和数据在预取后是否发生改变。如果数据在预取后发生改变，即 store 操作影响了其值，则这个数据需要被重新装载。内存消歧（memory disambiguation）被应用于数据预取和清除已经流入任何 cache 中并且失效的数据。

　　从工艺上来看，Core 2 Duo 采用了 65 nm 工艺（门的长度为 35 nm），并在芯片中嵌入了温度传感器以控制风扇的速度、电源电压和时钟频率。通过对整个块和部分总线采用门控时钟和电源技术，有效地降低了功耗。当需要降低较大能耗的时候，这些低功耗技术对性能会有一定的影响。

　　最近，英特尔推出了一系列多核微处理器 Core i3、Core i5 和 Core i7 以满足不同性价比的需要。Core i3 针对入门级应用，Core i5 针对中级应用，Core i7 满足高性能应用，在每个系列中都有不同的微处理器支持桌面和移动（低功耗）市场。2014 年中旬，Core i7 有 2 核、4 核、6 核版本，8 核版本不久将发布。不同于 Core 2 Duo，每个 Core i7 有自己的 L2 cache，所有的微处理器共享一个统一通用的 3 级（L3）cache。当前的 Core i7 采用 22 nm 工艺实现。　■

2. SIMD 和向量处理

577 　　单指令多数据流（SIMD）处理器和向量处理的历史要追溯到 20 世纪六七十年代，它起源于伊利诺伊大学的伊利阿克 IV 项目，两台商业向量处理机于 1972 年问世。接下来的 20 年出现了大量主要应用在科学计算的巨型机。为了满足在 PC 微处理器中对多媒体应用进行向量处理的要求，英特尔公司于 1997 年在奔腾指令集中引进了多媒体扩展指令集，AMD 公司于 1998 年在 Athalon 指令集中引进了 3DNow！指令集。英特尔和 AMD 多次对 SSE（流式 SIMD 扩展版本）进行了扩展。IBM 和摩托罗拉（飞思卡尔）同样在 PowerPC 中引入了 Altivec 扩展指令。目前，微处理器最基本的方法是对这些 SIMD 或向量操作采用专门的 128 位寄存器组，每一指令在这些寄存器的字节、半字、字或双字上执行同样的操作。最近，IBM、索尼和东芝合作开发了宽带体系架构的 SIMD，它的第一代产品就是 2006 年 10 月上市的 Cell（细胞）处理器产品——索尼 PlayStation 3（PS3）。下面用实例简要介绍 Cell 处理器的架构。

(RW) **例 10-5　STI Cell 处理器**

　　Cell 处理器建立在 PowerPC 架构的基础上，包括 9 个核和一个快速 RAMBUS 片上内

⊖　关于 cache 和多级 cache 的基本知识参见 12.3 节。

存控制器，以及一个可配置的 I/O 接口控制器。其中一个内核是一个 64 位的具有一级指令、数据 cache 和 512 KB 的二级 cache 的 Power 处理单元 PPE，它能够利用双核的共享数据流同步执行两个不相干指令的线程。这个核内部的流水线有 23 级，对每个线程提供了 128 个 128 位的寄存器以支持 SIMD 指令处理 2×64，4×32，8×16，16×8 和 128×1 的单元宽度。其余的 8 个核为协处理器（SPE），每一个具有：1）和 PPE 单元大小相同的 128×128 的寄存器文件；2）大小为 256 KB 的本地 SRAM 存储器。这些 SPE 可支持从对 64 位操作数同时执行 16 条并行操作到对 1 位操作数同时执行 1024 条并行操作。PPE 和 SPE 通过片上单元互联总线（EIB）连接，EIB 在 4 个 128 位宽的总线环上采用了直接存储器访问（DMA）通信机制。在原有的 PS3 上，Cell 处理器芯片的构造采用了高速、低电压、低功耗的 90 nm 绝缘硅（SOI）CMOS 工艺技术。由于需要严密控制细胞芯片的温度环境，在 PS3 芯片中装入了 11 个温度传感器以提供温度保护和对冷却系统的控制。最近的“超薄”PS3 芯片采用了一个用 45 nm CMOS 工艺设计的 Cell 处理器，这使得能耗小于原来 90 nm 工艺的 40%。为了提供对称的多核系统，两个 Cell 处理器之间可以直接相连，4 个 Cell 处理器需要一个宽带交换机来处理 4 个双向的宽带接口设备。 ■

3. 图形处理单元

SIMD 的能力对 CPU 的影响是研发图形处理单元（Graphics Processing Unit，GPU），它为视频图像控制器中的 2D 和 3D 图形处理提供了加速功能。GPU 是截然不同于 CPU 的类别，它有自己的命名法，专注于与图形和视频相关的、较窄的应用领域。GPU 的目标不是代替 CPU，而是作为协处理器改进图形处理。尽管有这些不同，但它们引起业界关注的原因主要是，CPU 增加向量处理功能后能使其较好地处理图形应用，而 GPU 增加标量处理功能后能使其处理非图形应用，特别是科学计算领域的应用，这得益于其高性能的向量处理能力。GPU 处理非图形应用通常称为基于图形处理单元的通用计算（General-Purpose computing on Graphic Processing Unit，GPGPU），这得益于多方努力发展 GPU 的通用编程语言，使得 GPU 的编程不再依赖图形语言和应用编程接口。从体系结构来讲，GPU 不属于本节前面介绍的 MIMD/SIMD 范围。GPU 开发了线程级和数据级的并行结构。例如，GPU 制造商 Nvidia 引入单指令多线程（SIMT）术语描述 GPU 体系结构上程序的执行风格，即多个独立线程并行执行同一条指令。

578

10.6 本章小结

本章重点介绍了两种处理器的设计方法——一种是精简指令集计算机（RISC），另一种是复杂指令集计算机（CISC）。在设计这些处理器之前，本章首先介绍了流水线数据通路。流水线技术使得计算机能够按照时钟频率来执行操作，它的吞吐量是传统数据通路采用同样的处理部件无法达到的。接着介绍了流水线执行模式图，这种图使得流水线的行为变得可视化，并能以此估计出流水线的峰值性能。通过在数据通路中增加一个流水控制单元，我们解决了单周期计算机时钟频率较低的问题。

接下来，我们分析了一种具有流水数据通路和控制单元的 R1SC 设计。RISC ISA 以第 8 章介绍的单周期计算机为基础，其特点是采用了统一的指令长度、只有几种寻址模式的有限数量的指令，其访存操作也仅限于 load 和 store 指令。大部分 RISC 操作都比较简单，因此在一般的计算机体系结构中，这些 RISC 指令采用一条微操作就能够实现。

我们对图 10-2 所示的流水线数据通路进行了修改，实现了 RISC ISA。同样，我们使用了图 10-4 中修改后的控制单元。修改后的控制单元能够与数据通路的修改相互匹配，并且能够在流水线环境下处理分支和跳转指令。完成这些基本的设计之后，我们进一步讨论了数据阻塞和控制阻塞问题，分析了各种阻塞类型和它们各自相应的软件和硬件解决办法。

579 CISC 的 ISA 能够执行许多不同的操作，如对存储器有多种寻址模式。CISC 的操作也比较复杂，需要多个时钟周期才能完成。CISC 还具有由条件码（状态位）控制的复杂条件分支操作。一般而言，CISC ISA 中允许存在多种指令长度，但是本章例子给出的 CISC 结构却并不具备这一特征，所给出的指令长度都是一致的。

为了达到较高的吞吐量，在 CISC 结构设计中，我们用 RISC 结构作为其核心。简单指令可以以 RISC 的吞吐量速度来执行，而复杂指令则在执行时需要多次流过 RISC 流水线。我们在对 RISC 数据通路修改时增加了用于临时存储操作数和条件码的寄存器。为了支持对数据通路的修改，我们还修改了控制单元。对控制单元的主要修改是为复杂指令的执行增加了微程序控制器。对 RISC 控制单元进行修改，需要将微程序控制器集成到整个控制流水线中。本章最后给出了 3 条复杂指令的例子，介绍了与之相应的微程序。

在完成 CISC 和 RISC 的设计之后，本章还介绍了一些高性能的概念，包括并行执行单元、超流水 CPU、超标量 CPU 以及预测和前瞻技术等。最后，我们还介绍了一些最近在 PC 微处理器设计方面发生改变的一些实实在在的例子，人们更多偏向于多核和多部件设计而不是简单地提高时钟频率和指令级的并行度。

参考文献

1. DE GELAS, J. *Intel Core versus AMD's K8 Architecture*. AnandTech (http://www.anandtech.com), May 1, 2006.

2. HENNESSY, J. L. AND D. A. PATTERSON. *Computer Architecture: A Quantitative Approach*, 5th ed. Amsterdam: Elsevier, 2011.

3. KAHLE, J. A. et al. "Introduction to the Cell Multiprocessor", *IBM J. Res. & Dev.*, Vol. 49, No. 4/5 July/September 2005, pp. 589–604.

4. KANE, G. AND J. HEINRICH. *MIPS RISC Architecture*. Englewood Cliffs, NJ: Prentice Hall, 1992.

5. LINDHOLM, E. et al. "NVIDIA Tesla: A Unified Graphics and Computing Architecture," *IEEE Micro*, Vol. 28, No. 2, March–April 2008, pp. 39–55.

6. MANO, M. M. *Computer System Architecture*, 3rd ed. Englewood Cliffs, NJ: Prentice Hall, 1993.

7. PATTERSON, D. A. AND J. L. HENNESSY. *Computer Organization and Design: The Hardware/Software Interface*, 5th ed. Amsterdam: Elsevier, 2013.

8. PHAM, D. et al. "The Design and Implementation of the CELL Processor," *Digest of Technical Papers–2005 IEEE International Solid State Circuits Conf.*, IEEE, 2005, pp. 184–185.

9. SHEN, J. P. and M. H. LIPASTI. *Modern Processor Design: Fundamentals of Superscalar Processors*. New York: McGraw-Hill, 2005.

10. SPARC INTERNATIONAL, INC. *The SPARC Architecture Manual: Version 8*. Englewood Cliffs, NJ: Prentice Hall, 1992.

580 11. WECHLER, O. *Inside Intel Core Microarchitecture*. White Paper, Intel Corporation, 2006 (www.intel.com).

12. WEISS, S. AND J. E. SMITH. *POWER and PowerPC*. San Mateo, CA: Morgan Kaufmann, 1994.

习题

（+）表明更深层次的问题，（*）表明在原书配套网站上有相应的解答。

10-1   某流水线数据通路类似于图 10-1b，但其各级延迟自顶向下依次为：0.5 ns, 0.5 ns, 0.1 ns, 0.1 ns, 0.7 ns, 0.1 ns 和 0.1 ns。计算：（a）该流水线最大的时钟频率；（b）该流水线的延迟时间；（c）该数据通路的最大吞吐量。

*10-2   某程序包含 10 条指令，其中没有分支和跳转指令，将在一种具有 8 级流水线的 RISC 计算机上执行，其时钟周期为 0.5 ns。计算：（a）流水线的延迟时间；（b）流水线的最大吞吐量；（c）执行这段程序所需的时间。

10-3   有一个由 7 条按寄存器序号排列的 LDI 指令形成的指令序列，根据图 10-5 所示的流水线模式图取指并执行。请模拟这段程序，并给出每一时钟周期流水线寄存器 PC、IR、数据 A、数据 B、数据 F、数据 I 和寄存器文件的值（寄存器文件的值仅在发生变化时给出）。假设所有寄存器的初始值为 -1（全 1）。

10-4   对表 10-1 中的每条 RISC 操作，列出其寻址模式。

10-5   模拟图 10-9 所示桶形移位器的以下各移位操作，其中 A = 3DF3CB4A16。列出三级移位器中的 47 线、35 线和 32 线的十六进制值。
         （a）Right, SH = 0F。
         （b）Left, SH = 1D。

*10-6   对图 10-8 中的 RISC CPU，请按照十六进制格式模拟 PC = 10F 中的指令 ADI R1 R16 2F01 的执行过程，假设 R16 的值为 0000001F。给出每一时钟周期各级流水线站和寄存器文件的值（其中寄存器文件的值仅在其发生变化时给出）。

10-7   重做习题 10-6，其中指令改为：LSR R6 R2 001D，R6 = 00000000，R2 = 01ABCDEF。

10-8   重做习题 10-6，其中指令改为：SLT R7 R3 R5，R3 = 0000F001，R5 = 0000000F。   581

10-9   重做习题 10-6，其中指令改为：SIU R2 R2 635A，R2 = 0A5FBC2B。

10-10   采用一种逻辑最小化计算机程序重新设计表 10-3 中的 RISC 指令译码器。运用 HDL 语言编程设计，并进行仿真验证。

*10-11 在 RISC 结构下，画出下列 RISC 程序的执行模式图，并指出存在的数据阻塞：
         1 MOVA   R7, R6
         2 SUB   R8, R8, R6
         3 AND   R8, R8, R7

10-12   在 RISC 结构下，画出下列 RISC 程序的执行模式图（其中 R7 的值在减法操作后不为 0），并指出存在的数据阻塞或控制阻塞：
         1 SUB   R7, R7, R2
         2 BNZ   R7, 000F
         3 AND   R8, R7, R4
         4 OR   R4 R8, R2

*10-13 重新编写习题 10-11 和习题 10-12 中的 RISC 程序，使用 NOP 操作避免所有的数据阻塞和控制阻塞，并画出新的执行模式图。

10-14   画出习题 10-11 中程序的执行模式图，假设：
         （a）RISC CPU 采用图 10-12 所示的数据暂停机制。
         （b）RISC CPU 采用图 10-13 所示的数据定向机制。

10-15   请模拟习题 10-12 中程序的执行过程，假设 RISC CPU 采用的是图 10-12 所示的数据阻塞暂停机制。给出每一时钟周期各流水线站和寄存器文件的值（寄存器文件的值仅在发生改变时给出）。各寄存器的初始值为 R2 = 00000010₁₆，R4 = 00000020₁₆，R7 = 00000030₁₆，PC = 00000001₁₆，请问是否避免了数据阻塞？

*10-16 重做习题 10-15，假设 RISC CPU 采用的是图 10-13 所示的数据定向机制。

10-17   画出习题 10-12 的执行模式图，假设 RISC CPU 组合采用了图 10-17 所示的分支预测技术和

图 10-13 所示的数据定向技术。

10-18 根据表 10-4 给出的信息，采用多位多路复用器、与门、或门和反相器，设计出流水线 CISC CPU 中的常数单元。运用 HDL 语言编程实现设计，并进行仿真验证。

*10-19 根据表 10-4 给出的寄存器字段信息，采用多位多路复用器、与门、或门和反相器，设计出流水线 CISC CPU 中的寄存器寻址逻辑。

10-20 采用与门、或门和反相器设计表 10-5 描述的地址控制逻辑。

10-21 为下列 CISC 指令的执行部分编写微码，给出每条微指令的寄存器传输描述和二进制或十六进制表示，如表 10-6 所示的每条微指令的二进制编码那样。

    (a) 溢出则分支转移。

    (b) 大于 0 则分支转移。

    (c) 小于比较。

10-22 重做习题 10-21，使用下列寄存器传输表达式表示的 CISC 指令。

    (a) Push: R[SA] ← R[SA]＋1，其后续指令为 M[R[SA]] ← R[SB]，假设 DR＝SA。

    (b) Pop: R[DR] ← M[R[SA]]，其后续指令 R[SA] ← R[SA]－1，假设 SB＝SA。

*10-23 重做习题 10-22，使用以下 CISC 指令。

    (a) 带进位加法：R[DR] ← R[SA]＋R[SB]＋C。

    (b) 带借位减法：R[DR] ← R[SA]－R[SB]－B。

    借位 B 定义为进位输出 C 的非。

10-24 重做习题 10-22，使用以下 CISC 指令。

    (a) 存储器间址相加：R[DR] ← R[SA]＋M[M[R[SB]]]。

    (b) 加到存储器：M[R[DR]] ← M[R[SA]]＋R[SB]。

*10-25 采用 CISC 指令存储器标量加法（Memory Scalar Add）重做习题 10-21，这条指令使用 R[SB] 的值作为向量的长度，将由 R[SA] 指向的存储器中向量的最低有效元素相加，并将结果送入由 R[DR] 指向的存储器位置中。

10-26 采用 CISC 指令存储器向量加法（Memory Vector Add）重做习题 10-21，这条指令使用 R[SB] 的值作为向量的长度，将由 R[SA] 指向的存储器中向量的最低有效元素和由 R[DR] 指向的存储器中向量的最低有效元素相加，并将结果覆盖由 R[DR] 指向的向量的最低有效元素。

10-27 PADDB（将压缩字节整数相加）是 IA-32 体系结构中 SSE SIMD 指令的助记符。在本章讨论的 RISC 计算机中，它的等价指令为若对两个 32 位的操作数执行加法，它将通过其对应的 4 字节对各自相加完成。它从每个操作数中取出一个字节相加，并把结果返回到第 3 个操作数，加法过程中不需要设置任何条件码。

    (a) 对于操作数 R[SA] 和 R[SB] 以及目标地址 R[DR]，写出该指令的寄存器传输描述语句。

    (b) 为了支持这条指令，RISC/CISC 计算机中需要对 ALU 进行怎样的修改？

10-28 (a) 在 Core 2 Duo 中，每个核都能对两个 128 位的操作数执行 PMINSW（压缩有符号字整数最小值）指令，并把结果返回到第一个操作数中。那么对于一个 16 位的字来说，在 Core 2 Duo 中可以并行地确定多少个最小字？

    (b) 在 Cell 处理器中，每一个 SPE 在一对 128 位的寄存器 RA 和 RB 上都能执行"平均字节"的指令，将平均的字节结果存入寄存器 RT。那么当所有的 SPE 都执行同一指令时，可以并行产生多少字节平均？

输入 / 输出与通信

本章我们将了解计算机输入 / 输出（I/O）以及 CPU 与外部 I/O 设备间数据通信的某些问题。由于 I/O 设备种类繁多，而且系统对数据与指令的传输速度要求高，因此 I/O 系统是计算机设计中最复杂的部分。因此，本章只能对复杂 I/O 系统中的某些问题进行讲述，主要详细分析三种外部设备——键盘、硬盘与液晶显示器，然后介绍 I/O 总线与 I/O 接口，接着我们将重点学习 USB 这种通用的外部 I/O 总线，最后我们讨论数据传输的三种模式——程序控制传输、中断传输、直接内存访问。

在第 1 章最开始所提到的通用计算机结构中，I/O 系统明显占据整个计算机构成部件的大部分。只有处理器、外部高速缓存和 RAM 不在 I/O 系统之内，尽管它们广泛地参与了 I/O 数据的传输工作。虽然这种通用计算机中的 I/O 设备要少于一般 PC 系统中的 I/O 设备，但它仍包含各种各样的 I/O 设备，需要用大量的数字电子硬件来支持。

11.1 计算机的 I/O 系统

计算机的 I/O 系统为 CPU 与外部世界进行通信提供了一种有效的方式。要执行的程序和相关数据必须输入计算机的存储器中，而计算的结果必须被记录或显示出来。计算机系统中最常见的 I/O 设备有键盘、显示器、打印机、磁盘、只读光盘（CD-ROM）以及数字视频只读光盘（DVD-ROM）驱动器，而网络设备或其他的通信接口设备、扫描仪、麦克风、带扬声器的声卡也很常见。某些特殊的计算机，比如用于汽车上的计算机，则还有模 / 数（A/D）与数 / 模（D/A）转换器以及其他的数据采集与控制部件。

计算机中的 I/O 设备是根据其预期的应用来设计的，这就导致系统中的外部设备多种多样，且设备间的接口也变化多端。由于不同设备的工作方式不同，仔细学习计算机与每种外设的互连方式是极为耗时的。因此，我们主要学习在计算机中最为常见的三种外设。同时，我们将学习计算机 I/O 子系统的一些共性知识以及各种数据通信技术，这些技术采用多条通信线路并行或串行的方式传输数据。

11.2 外设举例

由 CPU 直接控制的设备称为连接在线（online）。这些设备直接与 CPU 进行通信或根据 CPU 的指令将二进制信息读出或写入内存。与计算机在线相连的输入输出设备称为外部设备（peripheral）。本节我们将学习三种外部设备：键盘、硬盘与图形显示器。在后一节中我们还会以键盘为例讲解输入输出的概念。我们通过介绍硬盘，可以学习到直接内存访问这种输入输出方式，同时还为学习第 12 章中的多级存储体系内容提供背景知识。通过学习图形显示器的原理，我们则可以了解到目前许多应用对超高数据传输率的要求。

11.2.1 键盘

键盘是所有连接于计算机上的电子机械设备中最简单的一种。因为它是由人直接操作的，键盘的数据传输速度是所有外部设备中最低的。

键盘上有一个按键阵列，每个按键可以由用户控制。判断当前是哪一个按键被按下，是键盘要完成的一个首要工作。如图11-1所示，在这些键的下面设计了一个扫描阵列（scan matrix），这个扫描阵列在概念上和RAM中的阵列类似。图中阵列的大小为8×16，一共有128个交叉点，也就是说最多可以处理128个按键。一个解码器驱动扫描阵列中的X线，类似于RAM中的字线，一个多路复用器的输入端与阵列中的Y线相连，这里的Y线类似于RAM中的位线。解码器与多路复用器由一个微控制器和一个拥有RAM、ROM、定时器以及简单I/O接口的微小计算机控制。

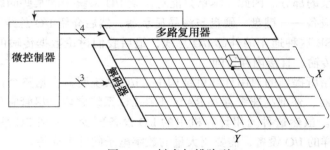

图11-1　键盘扫描阵列

通过控制解码器的输入与多路复用器的控制输入端，微控制器定时扫描阵列中的每个交叉点。当某个交叉点上的按键被按下时，解码器的一个输出X会与多路复用器的一个输入Y接通，这种接通状态会通过其输入端被微处理器立刻检测出来。同时加在解码器和多路复用器上的7位控制码确定键码。为了能处理多个按键同时被按下的串键（rollover），微控制器实际上既识别按键被按下的状态也识别按键被释放的状态。当一个键被按下或被释放时，控制器将相应的控制码转换为键盘扫描码（K-scan code）。键盘扫描码有两种：按键按下时为通码（make code），按键释放时为断码（break code）。因而，每个按键实际上有两个编码，分别对应按下状态与释放状态。由于扫描整个键盘的速度非常快，每秒可达几百次，几乎不会遗漏任何一个按键的按下或释放的变化情况。

在描述一些I/O接口的基本概念之后，我们再回过头来看键盘扫描码是如何被转化为ASCII码的。

11.2.2　硬盘

硬盘是一种计算机通用的中速、非易失、可写的存储媒介。典型的硬盘将信息顺序地存储在固定磁盘上，如第1章中通用计算机结构图中的右上角所示，每一个磁盘的单面或双面为磁性表面。在每个磁性表面有一个或多个读写磁头（head）。每个磁盘被分成多个同心磁道（track），如图11-2所示。所有磁性表面中与轴心距离相同的磁道被称为柱面（cylinder）。每一个磁道又分成很多字节数目固定的扇区（sector），每个扇区字节数的取值范围一般为256B到4 KB。在20世纪90年代中期以前的硬盘，一个典型的字节地址包括柱面号、磁头号、扇区号以及扇区内的偏移地址，这种编址方式假设每个磁道的扇区数目是固定不变的。现代的高容量硬盘利用磁盘外圈磁道比内圈磁道长，较长的磁道中包含较多的扇区数，称之为区位记录（zone bit recording）。同时，有一定数量的空扇区被预留用于替换可能出现的坏扇区。目前的硬盘采用给扇区按顺序标号的逻辑块编址（LBA），也就是每一扇区用单一整数编址，将这个地址转换为扇区物理地址的工作由磁盘控制器或驱动电路来完成。

为了能读写磁盘上的信息，所有的磁头被安装在执行机构上，这个执行机构可以使磁头迅速地在盘面上方进行径向移动，如第 1 章中的通用计算机图例所示。磁头从当前柱面移动到目的柱面所需时间为寻道时间（seek time）。磁盘从当前位置旋转到目的位置，将磁头所要访问的扇区正好移动到磁头下方所需要的时间称为旋转延迟（rotational delay）。另外，磁盘控制器控制信息的访问和输出也需要一定的时间，称之为控制器时间（controller time）。在磁盘中确定一个字的位置所要的时间称为磁盘访问时间（disk access

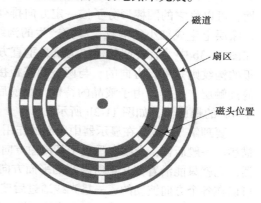

图 11-2　硬盘格式

time），它是寻道时间、旋转延迟与控制器时间的总和。这 4 种时间参数的值都是所有可能情况下的平均值。数据可以一个字一个字地传送，但大多是成块（block）地传送，在第 12 章我们将详细讲述。一旦磁头定位到数据块，数据块的传送就按磁盘传输率（disk transfer rate）进行，单位通常用兆字节 / 秒（MB/s）表示。CPU- 主存总线要求从磁盘读取一个扇区的数据传输率是扇区的总字节数除以从磁盘中读取这一扇区数据所需要的时间。读取一个扇区所需要的时间是这个扇区占用柱面的大小除以磁盘的旋转速度。例如，包含 63 个扇区的磁道，每个扇区有 512B，磁盘旋转速度为 5400 r/m，考虑到扇区间的空余区，读取一个扇区的数据时间大约是 0.15 ms，这样数据传输率就是 512B/0.15 ms＝3.4 MB/s。磁盘控制器会将从扇区中读到的数据暂存在它的高速缓存中。磁盘访问时间与磁盘传输速率乘以扇区字节数之和可以用来估计扇区的读写操作时间。

588

RW **例 11-1　硬盘参数**

本例给出 2014 年一款高端台式机硬盘的主要参数。这款硬盘的容量是 4 TB（这里 4 T 是 $4×10^{12}$，不是 $4×2^{40}$），有 4 个磁盘，8 个磁头，每个扇区 4096 字节，带一个 64 MB 的缓存。硬盘的平均读寻道时间小于 8.5 ms，平均写寻道时间小于 9.5 ms，最大持续 I/O 传输率为 180 MB/s，平均传输率为 146 MB/s。

11.2.3　液晶显示器

液晶显示器（LCD）是台式计算机与手提计算机的基本交互式输出设备。显示屏的基本图像元素称为像素（pixel）。彩色显示屏的每个像素由 3 个不同原色的子像素构成，分别是红、绿、蓝（RGB）。图 11-3a 所表示的是一个像素的构成情况，3 个子像素是并列的 3 个长方形，它们之间的空余区间填满黑色。

首先，我们通过图 11-3b 和图 11-3c 所示像素一小块部分的剖视图来认识液晶显示器的显示技术。在室温条件下，LCD 中液晶的状态处于固体与液体之间。在这种状态下，液晶既具有晶体的特性，又像液体一样能流动，且能被任意弯曲、扭转。LCD 中采用的是特殊的液晶——向列型液晶（nematic liquid crystal），这种液晶的分子移动有一些限制，它们可以向各个方向移动，但只能在一个平面中旋转、扭动。图 11-3b 表示的是只有一层分子厚的液晶层，这些液晶分子被拉长变成圆棒形，它们只能在穿过它们中心的轴线方向进行旋转。图中的显示器采用的是扭曲向列型液晶（twisted nematic liquid crystal），这种液晶显示器俗称"TN 面板"LCD。液晶物质填充于两块玻璃基板之间的封闭空间内，利用液晶的晶体特性，可以将它的圆棒形分子按一定方向排列。玻璃基板的内侧有一层涂层，并通过织物摩擦在涂层上生成细小的沟纹，摩擦产生的沟纹吸引与涂层接触的液晶分子按沟纹的方向排列。在图 11-3b 中，后玻璃基板的沟纹是垂直方向的，如图中后基板的左下角所示，而前玻璃基板的沟纹则是平行方向的。与两玻璃基板接触的液晶分子都按沟纹的方向排列形成两种特殊的接触层。这样，由于液晶的特性，在前后接触层之间的液晶分子就形成一个从前到后扭曲了 90°的螺旋体，如图 11-3b 所示。

要理解 TN 液晶在显示器中所起的作用，我们需要分析液晶光学原理，特别是对偏振光的描述。一般而言，光波在垂直于其传输方向的各个平面上波动，而一旦通过线性偏光镜的过滤器，光就只能沿着偏光镜所限制的平面方向进行波动了。在图 11-3b 中，背光板所产生的光是可以在各个方向波动的，一旦光线通过后玻璃基板这样一个有着垂直沟纹的线性偏光镜就只能沿着垂直的方向进行波动了，与后玻璃基板接触的液晶分子也是按垂直方向排列的，按光学原理，液晶层能使光的偏转方向随着液晶分子旋转方向的变动而变动，这样，玻璃基板间的螺旋状液晶层能使光的偏振方向旋转 90°，从液晶层出来的光的偏振方向就变成平行的了，并能顺利通过前玻璃基板的水平沟纹，投射在显示器表面，虽然强度比背光源要弱很多。对于每一个子像素，在前玻璃基板的沟纹涂层下有一个颜色过滤器，从而使通过该子像素区的光呈现红、绿或蓝色。

在前后玻璃基板的涂层之间加一定的电压可以改变液晶层分子的排列方向，旋转的液晶自然也就改变了通过其间的光线的偏振方向。液晶层的旋转程度取决于加的电压的大小。如图 11-3c 中所示，加最大的电压可以使液晶层旋转 90°，这时，后基板的偏振方向是垂直的，液晶层的偏振方向也是垂直的，而前基板的偏振方向是平行的，所以没有光线能透出，这个像素就是黑的。假设加在每个子像素上的电压由一个 8 位的 D/A 转换器获得，这样就有 256 个电压值分别对应像素应该有的亮度。由于每个像素有 3 个子像素，所以就有 $2^{8 \times 3} = 2^{24} = 16\ 777\ 216$ 种颜色值。

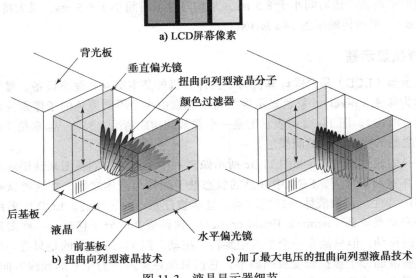

a) LCD屏幕像素

b) 扭曲向列型液晶技术   c) 加了最大电压的扭曲向列型液晶技术

图 11-3　液晶显示器细节

图 11-4 中画的是 LCD 面板中 9 个子像素构成的 3 个像素以及必要的电子电路。忽略液晶层，只看电路的构成：电容（*C*）、晶体管、门控线、数据线，与 DRAM 的构成几乎一样，都是通过行列线来选择。区别主要在于：（a）经具有存储能力的电容 *C* 连接的子像素液晶层，（b）晶体管的输入是离散的模拟信号而不是数字信号，（c）整个电路采用薄膜技术构建在玻璃基板间，而不是在硅衬底上。电路处于后玻璃基板与液晶层接触的那一面，在每个像素的一角，前面提到的有细沟道的涂层将晶体管、导体等电路器件与液晶层隔离开。

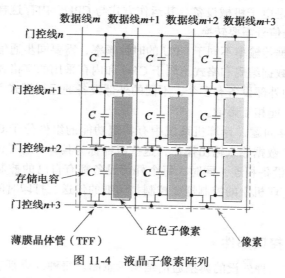

图 11-4   液晶子像素阵列

     液晶显示器电路的工作过程与 DRAM 非常类似。为了向最下面的一行单元写入，相应的电压值加在数据线 *m*、*m*+1、*m*+2 等上，而门控线 *n*+3 上被加上高电平，其他的门控线则被加低电平。电压值最后被加在电容 *C* 与子像素的上表面。由于技术上的原因，每次写入某行时，所加的电压都要被反相。当门控线 3 的电压变为 0 时，晶体管截止，而写入的电压就被电容 *C* 存储起来。每次写操作可以写入 LCD 液晶的一整行，整个屏幕刷新一次只需要不到 1/60 秒。

590 ~ 591

     数据线与门控线上的输入信息都由 LCD 屏的驱动电路提供。同时，还有一个显示控制器与驱动电路共同工作。显示驱动器的输入信号可以是数字信号或者是模拟的 RGB 信号，旧的阴极射线管显示器（CRT）使用的就是这种 RGB 信号。

11.2.4   I/O 传输速率

     前面我们提到过，本节讨论到的三种外部设备帮助我们了解 I/O 传输速率的峰值范围问题。键盘数据传输速率较低，小于 10 B/s。对于硬盘来说，当硬盘控制器将磁盘上的信息快速读入扇区缓存时，缓存中的数据是不能被同时传送到主存中的。这样，在读取磁盘下一个扇区数据前的空余时间内必须将缓存中的数据全部传送到主存中，这段空余时间就是扇区间的空隙从磁头下方移过的时间。当前台式机硬盘的峰值持久传输率大约为 150 MB/s 到 180 MB/s，对于 32 位色（每一种 RGB 通道 8 位，余下的 8 比特用于 α 通道表示像素的透明度）的 1366×768 的液晶显示器，如果每 1/60 秒要将屏幕全部刷新一遍，每次需要从 CPU 发送 4 MB 的数据到视频数据缓存中，需要的数据传输率为 4 MB×60＝240 MB/s。通过这样的分析，我们可以看到不同外部设备所需要的峰值数据传输率有很大的区别。外设与内存间的总线系统必须能支持必要的最大数据传输率。

11.3　I/O 接口

连接到计算机的外部设备需要通过特定的通信连接与 CPU 进行数据交换。为了保证数据交换的正常进行，这些通信连接需要解决 CPU、内存以及外设之间的各种差异。这些差异主要有以下几个：

1）外部设备往往是电子机械设备，其运作方式与 CPU、内存这样的电子设备是有区别的，因此通信中交换的信号需要转换。

2）外部设备的数据传输率不同于 CPU 的时钟频率，需要同步通信机制。

3）外部设备中的数据编码和格式不同于 CPU 和内存采用的字格式。

4）与 CPU 连接的外部设备有多个，不同的外部设备的运行模式不同，必须有一种控制途径保证外部设备间不能相互影响。

为了解决这些差异问题，计算机系统中有特定功能的组件位于 CPU 与外部设备之间，用来管理和同步所有的数据输入输出操作，这些组件称为接口部件（interface unit），因为它们使 CPU 总线与外部设备相连。同时，每个外部设备都有自己的控制器来监控它自己内部的特定操作。例如，打印机中的控制器要控制打印纸的传送、打印时间以及选择要打印的字符集。

11.3.1　I/O 总线与接口部件

图 11-5 是 CPU 与几种外设的典型通信结构示意图。每种外设都有一个接口部件，每个外设的接口都挂接在 CPU 总线上。当 CPU 要与其中一个外设通信时，CPU 首先将外设的通信地址发送到地址总线上。每个外设的接口中都有一个地址译码器，随时检测总线上的地址信号，当接口检测到总线上的地址就是本外设的地址时就激活总线与外设的通信，其他地址不符的外设不会响应总线的任何信号。在发送地址信号的同时，CPU 还在控制总线上发布一个功能码。被选中的接口会响应此功能码，并执行相应的功能。如果需要进行数据传送，接口就会与 CPU 总线和设备进行交互，控制并同步数据的传送。

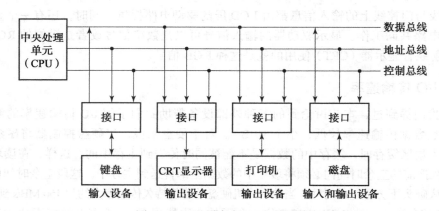

图 11-5　I/O 设备与 CPU 的连接

除了与 I/O 设备进行数据通信外，CPU 还要通过一组数据线、地址线和内存进行数据交换。计算机总线与内存、I/O 设备的数据交换方式有两种，一种是内存与 I/O 系统采用一组共用的数据、地址、控制线，我们称之为内存映射 I/O 方式（memory-mapped I/O）。在这种方式下，内存和接口部件共享一个地址空间，各自拥有不同的地址段。采用内存映射 I/O 方式的计算机在进行接口部件的读写时就如同进行内存读写，使用的指令也一样。

另一种方式是内存与 I/O 系统共享地址线、数据线，但使用不同的控制线。采用这种方式的计算机中，内存与 I/O 的读写控制信号是不同的。在进行内存读写操作前，CPU 会发出内存读写控制信号，而在进行 I/O 读写前，CPU 会发 I/O 操作控制信号，内存读写命令与 I/O 读写命令是两类指令。在这种方式下，发给内存与 I/O 系统的地址信号是独立的，并由不同的控制线来区分，此方式称为独立 I/O 编址（isolated I/O configuration）。

11.3.2 I/O 接口的例子

图 11-6 是一种典型 I/O 接口部件的结构模块图，它包含两个数据寄存器，也称端口（port），一个控制寄存器，一个状态寄存器，一个双向数据总线，以及定时与控制电路。接口部件的作用就是对 CPU 与外设间传送的信号进行转换，并提供必要的硬件满足 CPU 与外设对定时的要求。

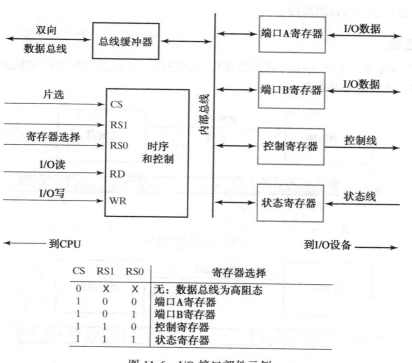

CS	RS1	RS0	寄存器选择
0	X	X	无：数据总线为高阻态
1	0	0	端口A寄存器
1	0	1	端口B寄存器
1	1	0	控制寄存器
1	1	1	状态寄存器

图 11-6 I/O 接口部件示例

从外部设备来的 I/O 数据可以发送到端口 A 或端口 B。接口部件可以连接一个输出设备或一个输入设备，或一个既有输入又有输出的设备。如果这个接口与一个打印机连接，它只输出数据；如果是和一个扫描仪连接，则只输入数据。一个硬盘可以输入输出数据，但并不是同时进行。因此，接口部件只需一组双向 I/O 数据总线。

控制寄存器（control register）接收从 CPU 发来的控制命令。将控制寄存器中填入适当的控制字可以控制接口与外设的工作模式。例如，一个打印机可以被设置为允许更换打印碳粉盒的模式。状态寄存器中的位信息用于查询外设的工作状态，记录数据传输过程中可能出

现的错误。例如，某一个状态位用于表示端口 A 已经从外设收到一个新的数据，而另一个
状态位可以用于表示数据传送过程中是否出现奇偶校验错。

接口的寄存器组通过双向数据总线与 CPU 进行数据交换。地址总线通过片选信号与寄
存器选择信号来寻址接口内部寄存器。一个电路，通常是译码器或者逻辑门，用于检测地址
总线上的地址信息。当接口被选中时，此电路将片选信号（CS）设为有效。两个寄存器选择
输入信号 RS1 与 RS0 通常与地址线中最低两个有效位连接，用于选择接口内部的 4 个寄存
器中的某一个，如图 11-6 中的表所示。当 I/O 读信号有效时，被选中的寄存器中的内容就
通过总线传送给 CPU，而当 I/O 写信号有效时，CPU 就通过数据总线将数据写入被选中的
寄存器。

CPU、接口以及 I/O 设备都有各自不同的工作时钟，不可能完全同步，也就是说，它们
是相互异步的（asynchronous）。异步数据传输需要在通信过程中加入适当的控制信号，用于
让通信双方知道何时可以进行数据传送。比如，在 CPU 与接口进行通信时，就需要控制信
号告知何时地址信号是有效的。我们将探讨两种异步通信时序方式：选通和握手。首先，我
们考虑没有寻址信号的一般情况，然后再考虑有寻址的情况。一般情况中的通信双方一个称
为源部件，另一个称为目的部件。

11.3.3　选通

图 11-7 为选通（strobing）方式的数据传送时序图。图中通信双方间的数据总线采用了
三态缓冲器，可双向传送数据。

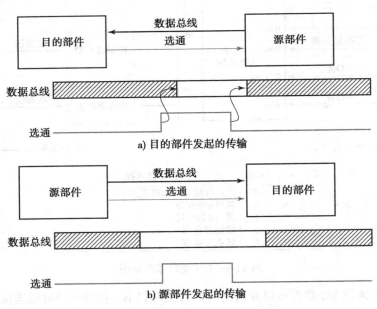

图 11-7　使用选通进行异步传输

图 11-7a 为目的部件主动发起的数据传送。数据信号图的阴影区表示此时数据信号无
效。选通信号的突变（箭头尾部）会导致数据总线发生变化（箭头所指）。目的部件将选通信
号从 0 置为 1，当选通信号 1 到达源部件时，源部件就将数据挂在数据总线上。目的部件认
为至少在选通信号变为 1 后一段时间内总线上数据信号是有效的。当目的部件将数据从总线

上接收并存入寄存器后，立即将选通信号从 1 置为 0。一旦检测到选通信号变为 0，源部件就将数据从总线上撤离。

图 11-7b 为源部件主动发起的数据传送。在这种情况下，源部件将数据挂在数据总线上，当数据信号稳定后，源部件将选通信号置为 1。一旦检测到选通信号变为有效，目的部件就开始建立数据接收过程，准备将数据存入它的某一个寄存器中。源部件再将选通信号从 1 置为 0，触发目的部件完成数据接收。最后，经过短暂时间确认目的部件的数据接收已完成，源部件就将数据从总线上撤离，从而完成整个数据传送过程。

虽然简单，但选通数据传送方式有几个缺点。第一，当源部件发起数据传送时，没有任何信号可以告知源部件目的部件是否成功接收了数据。也许，由于硬件的问题，目的部件根本就没有检测到选通信号的改变。第二，当目的部件发起数据传送时，没有任何信号告知目的部件，源部件是否已经将数据挂在数据总线上了，这样，目的部件从总线上读的数据可能是任意的数据，而不是实际数据。最后，在这种方式下，由于通信部件的不同，会导致数据通信速率有很大的不同。假设有多个部件参与通信，当一个部件发起通信后，在将选通信号重新置为 0 之前，它要等待一段时间，而这段时间必须是所有部件中速度最慢的部件的反应时间。这样，每次通信所需要的时间是由参与通信的速度最慢的部件决定的。

594
~
596

11.3.4 握手

握手（handshaking）方式采用两个控制信号处理传送时序，一个是通信发起端发出的信号，另一个是通信中的另一端发出的信号。

采用双信号握手的数据传送过程的基本原理如下：通信的发起端通过一条控制信号线向通信的另一端发出数据请求信号，通信的另一端通过另一条控制信号线向通信发起端发出通信响应信号。通过这样的方式，通信双方都能了解到对方的状态，随后就在总线上按顺序进行数据传送。

图 11-8 显示了用握手方式进行数据传送的过程。在图 11-8a 中，通信由目的部件发起，两个控制信号线分别是 Request 与 Reply。在通信发起之前，Request 与 Reply 复位为 00 状态，然后依次变为 10、11 与 01 状态。目的部件将 Request 信号置 1，从而发起通信，源部件接收到 Request 信号并响应，将数据挂在总线上，等总线上的数据信号稳定之后，源部件将 Reply 信号置 1，通知目的端，数据已准备好。目的部件收到 Reply 有效的信号，就立即将总线上的数据读入自己的寄存器中，并撤销 Request，源部件也随后撤销 Reply，系统又回归初始状态。在源部件撤销 Reply 信号之前，目的部件不能发出第二个 Request 信号，因为这时源部件还没有做好提供新数据的准备。图 11-8b 为源部件发起的握手通信过程图，在这种情况下，源部件控制了数据加载到总线上与发送请求（Request 置为 1）的时间间隔，也控制着何时撤销 Request，何时从总线撤离数据，以及这两项操作间的时间间隔。

握手方式提高了通信过程的可靠性与灵活性，因为只有通信双方都积极参与，数据传送的过程才能成功。如果有一方出现故障，数据的传送就不能完成。采用超时（time-out）机制可以检测出这样的错误，超时机制的原理是预先设定一个时间段，如果数据传送不能在预定的时间段完成就产生一个报警。超时的实现过程是这样的：在通信端发出握手信号时，使用一个计时器开始计时，如果在预定的时间内没有收到回馈的握手信号，通信端就认为有错误发生。超时信号可以通过中断方式通知 CPU，并执行某个中断服务进行合适的错误处理。在握手方式中，通信时序由通信双方共同控制，而不是仅仅由发起方控制，只要不超时，通信一方对另一方控制信号的响应时间允许有任意变化，数据传送仍然是成功的。

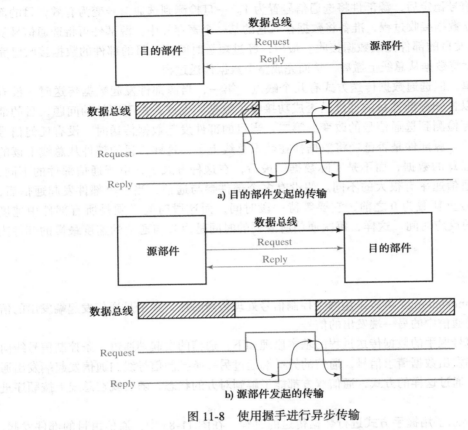

a) 目的部件发起的传输

b) 源部件发起的传输

图 11-8　使用握手进行异步传输

　　图 11-7 与图 11-8 描述的是接口与 I/O 设备之间以及 CPU 与接口之间的数据交换过程。在 CPU 与接口的数据交换过程中，CPU 会发出寻址信号以选择想要与之通信的接口与寄存器。为了保证正确地寻址，在发出选通信号或握手信号之前必须保证地址信号已经稳定地挂在总线上了。并且，在撤销选通信号与握手信号之前，一定要保证地址信号的稳定。否则会发生错误地寻址，其他接口可能会被启动通信，产生错误的数据传送。

11.4　串行通信

　　通信端间的数据传送可能是并行的，也可能是串行的。并行数据通信中，每个信息位都有自己独立的传输线，一次可以传送多个位信息，也就是说，n 位数据的传送需要 n 条独立的通路。串行通信中，数据的信息位逐位依次发送，只需要 1 条或 2 条通信线。并行通信速度快，因为多条通信线可以并行工作。并行通信适合于短距离、高速度的系统中。串行通信速度慢，但代价低，因为只要一根导线。目前串行连接变得越来越重要，因为连接细小的电缆比较方便，而且传送速率不断提高，但通信线之间的信号偏移（signal skew）问题变得更为严重。对于串行通信来说，由于只要 1 至 2 条通信线，通信线间的偏移问题不大。作为串行接口发展潮流的一个例子，近十年来，台式机硬盘驱动接口从 40 根线的并行 ATA（PATA）

发展为只有 7 根线的串行 ATA（SATA）。

计算机与终端远距离连接的一种方式是采用电话线路。由于电话线路是为语音通信设计的，而计算机却采用数字信号进行通信，所以它们之间的通信必须有合适的信号转换。可进行这种信号转换的设备称为数据转换机（data set）或者调制解调器（modulator-demodulator）。调制解调的方式有多种，同样通信的载体也有不同等级的，速度上有很大的差别。两点间串行通信的数据传送有 3 种基本方式：单工、半双工以及全双工。单工（simplex）方式下数据只能单方向传送，这种方式在数据通信中很少采用，因为数据接收端不能向发送端回馈错误等信息。广播和电视信号就是单工传送的。

半双工（half-duplex）方式可以双向发送数据，但每一次只能单向发送，也就是说，通信双方不能同时发送数据，这种方式需要两条通信线。一般情况下，通信时一个 modem 作为发送者，另一个 modem 作为接收者。当这个方向的数据发送完成后，两个 modem 的身份互换，然后进行反方向的数据传送。半双工通信线路数据发送方向切换所需要的时间称作回转时间（turnaround time）。

全双工（full-duplex）方式可以同时进行双向数据的发送与接收。这种方式需要 2 条信号线和一条地线，地线在两个方向的数据发送中都起作用。或者通过分频技术将通信线路中的频率分成互不干扰的频段，形成独立的数据通道，可以在一对物理线路上进行全双工通信。

串行通信可以是同步的也可以是异步的。对于同步传送（synchronous transmission），通信双方拥有统一的时钟，数据在统一的时钟控制下进行传送。长距离的串行通信中，通信双方的时钟系统是独立的，但频率一样。在通信过程中，需要同步信号在双方之间周期性地传送，以便使它们的时钟频率保持同步。对于异步传送（asynchronous transmission），二进制信息仅当通信线路可用时进行传送，在没有信息传送时，线路处于空闲状态，而对于同步通信则相反，必须持续地进行位传送以保持通信双方的时钟频率同步。

（www）**异步传送**　补充材料中包含有一小节被删减掉的有关异步传送的内容，在原书的配套网站上有一个目前已不常用的串行口通信协议。

11.4.1　同步传送

在同步传送系统中，每个调制解调器都有内部时钟，用于设置位的传送频率。发送与接收双方的调制解调器的工作频率必须保持同步，系统才能正常工作。通信线上只传送数据位，必须从中抽取出与时钟频率有关的信息。接收方的调制解调器从接收到的数据中获取时钟信息，从而实现频率同步。接收方的调制解调器时刻使自己的时钟与接收到的位流的频率保持一致，以便消除双方之间存在的任何频率漂移。这样，发送方与接收方的数据传送率就可以保持一致。

与异步通信中每一个字符都可以被单独发送不同，同步通信必须持续地发送消息以保持双方的时钟同步。消息包含很多位，若干位构成一个数据块。在一个数据块的头部和尾部有一些特殊的控制位，它们与数据块一起作为一个整体被传送，这些控制位可以使数据块形成一个完整的信息单元。

11.4.2　进一步认识键盘

到这里，我们已经学习了 I/O 接口与串行通信的基本属性。有了这两个基本概念，我们现在可以继续学习键盘与它的接口，如图 11-9 所示。键盘中微控制器所产生的 K-scan 码通过键盘线串行发送到计算机中的键盘控制器，同时传送的还有键盘的时钟信号，所以这个通信过程是带有时钟信号的同步通信而不是异步通信。CPU 发出的键盘控制命令也采用同样的方式传送给键盘。在键盘控制器中，微控制器将 K-scan 码转换为更为标准的扫描码（scan code）并放在输入寄存器中，同时发送一个中断信号给 CPU，告知有一个键被按下并且相应的编码也准备就绪。中断服务程序从输入寄存器中读出扫描码并存入内存某个特定的区域。这个特定的区域由固化在主板上的 BIOS（Basic Input /Output System）程序维护并将扫描码转换为 ASCII 码从而为应用程序所使用。

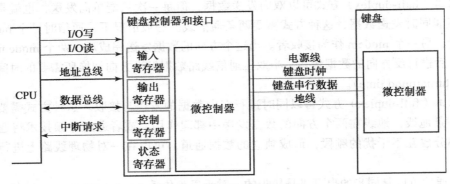

图 11-9　键盘控制器和接口

输出寄存器接收从 CPU 发来的数据，用来对键盘进行设置、控制。例如，设置按键被持续按下时编码的重复产生速度。控制寄存器用于向键盘控制器发送控制命令。最后，状态寄存器可提供键盘与键盘控制器的某些特定状态信息。

键盘 I/O 实际上是很复杂的，有两个微控制器与一个主 CPU 参与通信，两个微控制器运行的程序是不一样的，而主 CPU 上则运行的是 BIOS 程序（也就是说，有三个计算机同时执行着三个不同的程序）。

11.4.3　基于包的串行 I/O 总线

串行 I/O，比如键盘就是采用一根特殊的串行电缆与计算机进行通信。不管是并行通信，还是串行通信，都需要额外的 I/O 连接线，所以我们经常需要打开计算机机箱插入有特定机械电气规范的接口卡，用于与特定的设备进行通信。

相反，基于包的串行通信允许在一条通用的通信线上与很多种不同的 I/O 设备进行通信，这种通信线与计算机的连接只需要一到两个接头。所支持的设备包括键盘、鼠标、游戏操纵杆、打印机、扫描仪以及音箱。我们在这里要介绍一种特殊的基于包的串行通信总线——通用串行总线（USB）。现在 USB 的使用越来越普遍，已经成为低速到中速接口设备的主流选择（最新的 USB3.0 标准已足够应付高速设备的数据传输——译者注）。

图 11-10 是 USB 上 I/O 设备的连接图。计算机与所连接的设备可分成集线器（hub）、设备或复合设备几大类。集线器可以提供扩展接口，连接更多的 USB 设备或集线器。每一个集线器中有可进行控制与状态处理的 USB 接口，并对流经的信息进行转发。

计算机中有一个 USB 控制器以及一个根集线器，其他的集线器也属于整个 USB 结构中的一部分。如果一个设备中包含有集线器的功能，如图 11-10 中的键盘，那这个键盘就称为复合设备。与复合设备不同，一个 USB 设备只拥有一个实现特定功能的 USB 端口。如果没有 USB，显示器、键盘、鼠标、游戏操纵杆、麦克风、音箱、打印机以及扫描仪只能通过各种不同的独立连接线接入计算机。显示器、打印机、扫描仪、麦克风以及音箱可能需要在计算机中插入特殊的接口卡，如我们前面所说的那样，而使用 USB 总线，就只需要两个连接头。

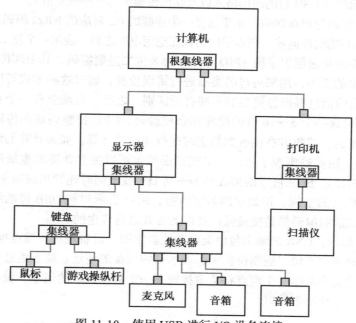

图 11-10 使用 USB 进行 I/O 设备连接

USB 电缆中有四根线：地线、电源线以及两根数据线（D＋、D－）。电源线用于给低功耗设备提供微小的工作电流，比如键盘，这样就不需要额外的电源线了。为了消除信号的畸变与噪声，数据线 D＋、D－采用差分电平传输 0、1 信号。D＋线的电平比 D－的电平高 200 mV 以上表示逻辑 1。相反，D－线的电平比 D＋的电平高 200 mV 以上则表示逻辑 0。D＋线与 D－线上的其他电平关系可用于表示特殊的信号状态。

信号的逻辑值并不是被传送信息的实际逻辑值，非归零反相（NRZI）编码是通信中常用的一种编码形式。在 NRZI 编码中，0 表示电平做反相变化，由 1 变为 0 或 0 变为 1；而 1 则表示电平没有变化，持续维持 1 或 0 电平。图 11-11 表示的就是 NRZI 编码与所传送数据信息的对应关系。对于 I/O 设备来说，计算机与设备没有共同的时钟信号。NRZI 编码中的每次电平跃变都使接收方能根据信号的实际到达时间来对自身的时钟进行同步调整。但如果数据中存在一连串的 1 就会使 NRZI 编码中缺少电平跃变。为了保证同步信号，往往编码中连续第 7 个 1 之前要插入 0，这样在 NRZI 编码中就不会出现超过 6 个的连续 1。在将 NRZI 编码转换为真实数据时，接收方必须将这些额外插入的 0 去掉。

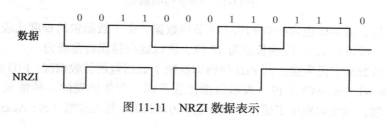

图 11-11 NRZI 数据表示

USB 数据以包的形式进行传送。每个包由不同的字段集合构成，取决于包的类型。USB 的传输就是由一组 USB 包来完成的。比如，输出传输就由一个输出包、一个数据包以及一个握手包构成。输出包由计算机的 USB 控制器发出，用以通知设备准备接收数据，然后计算机再发出数据包，如果数据包被正确接收，设备就会回馈一个应答握手包。下面我们将分析这些包的构成细节。

图 11-12a 表示的是 USB 包的通用格式以及输出传输中的三种包的格式。每一个包的头部是同步字段 SYNC，编码为 00000001，由于这是一串连续的 0，对应的 NRZI 编码就会有 7 个电平跃变，以保证接收端的时钟同步。同步字段出现在空闲电平之后，表示一个新 USB 包的开始。

同步字段后面的是包标识字段（PID）。PID 为 8 位二进制编码，其中四位表示包的类型，另外四位是前四位的反码，用来对包的类型进行错误校验，通过这种方式可以发现大量的类型错误。PID 之后的信息根据包类型的不同有所区别。之后，可能会有一个 CRC 校验字段，CRC 校验字段中包含一个 5～16 位的循环冗余校验码。CRC 校验码是在传输过程中根据包中的数据计算获得的。接收方在接收到数据时进行相同的计算，如果计算的结果与发送来的 CRC 校验码不同，则传输出现了错误。出现错误的包可以丢弃并要求重新传送。包的尾部是包结束字段（EOP），EOP 信号的构成是 D＋与 D－线上同时连续出现两个比特的低电平，然后紧接着一个比特的空闲，正如它的名字所指，EOP 表示当前 USB 包的结束。应该指出的是每个字段的二进制编码都是按最低位在前的方式进行传送的。

如图 11-12b 所示，USB 的输出包由类型与校验字段、设备地址、端点地址以及 CRC 校验码构成。设备地址由 7 位二进制位构成，表示目的设备的地址。端点地址由 4 位二进制位构成，用于指明设备中的哪一个端点将负责接收下一个数据包中的信息。设备中可能会有一个数据端口以及一个控制器端口。

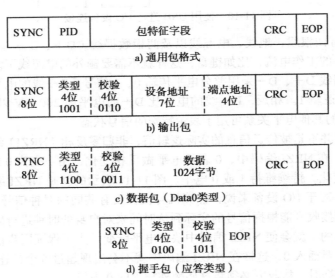

图 11-12　USB 包的格式

数据包中的数据字段包含有 0～1024 字节的数据。由于数据包的长度比较长，可能会出现复杂的错误，所以 CRC 字段的长度为 16 位，用以提高错误检测能力。

握手包中的数据字段为空，其 PID 编码即反映了数据包的接收情况。PID 编码 01001011 是应答（Acknowledge, ACK）包，表示数据接收正确。常常出现的一种情况是没有收到任何形式的应答包，就说明发生了错误。PID 编码 01011010 是无应答（No Acknowledge）包，表示目标设备暂时还无法接收或返回数据。PID 编码 0111000 是停滞（STALL）包，表示目标设备无法继续完成当前的数据传送，需要软件做一些处理才能使设备脱离停滞状态。

前面我们以 USB 总线为例，介绍了基于包的串行 I/O 总线的基本原理。USB 支持多种包类型以及多种传输类型。而且，设备在总线上的拔插可以被检测到并触发各种软件进行处理。计算机上则有支撑软件用于处理 USB 总线的各种控制与操作。

11.5 传输模式

从外部设备接收到的二进制信息通常存储在内存中等待进一步的处理，CPU 要传送给外部设备的信息也是存储在内存中的。CPU 在数据传输过程中只是执行某些 I/O 指令或中转部分数据，整个传输最终的源与目的都是内存。CPU 与 I/O 设备间的数据传输方式有很多种模式，有些模式利用 CPU 作数据中转，有些则直接从内存中读写数据。总的来说，外部设备的数据交换模式可分成以下三种：

1）程序控制传输。

2）中断传输。

3）直接内存访问。

603
~
604

程序控制传输是指数据的读写操作由程序中的 I/O 指令控制。每一次数据传输都由程序中的一条 I/O 指令来完成，数据通常在 CPU 的寄存器与外部设备之间传输。在 CPU 与内存之间传输数据还需要其他指令。程序控制下传输数据，CPU 需要时刻监视外部设备的状态。一旦一次数据传输开始，CPU 必须不断地监视着接口，准备下一次的数据传输。程序中的指令必须紧密监视接口单元与外部设备中所发生的任何状况。

在程序控制传输过程中，CPU 处于一个叫做忙等待循环（busy-wait loop）的程序循环中，直到 I/O 单元表示已经准备好。这是一个非常费时的过程，因为在循环中，CPU 在满负荷地做无用功。这样的循环是可以避免的，采用中断机制以及特殊的命令将接口设置为当有数据要传送时发送一个中断信号给 CPU，这样可以让 CPU 在没有收到中断信号时执行其他的程序。这时，接口单元不断地监视着外部设备，一旦接口发现设备需要进行数据传送就向 CPU 发送一个中断请求。一旦接收到外部中断信号，CPU 就立刻暂停执行当前的任务，转入一个中断服务程序进行数据传输处理，然后再返回继续执行原来的任务。图 11-9 中所示的键盘数据传送就是中断传输方式。

程序控制的数据传输是在 CPU 与外部设备接口单元间的 I/O 总线上进行的。而直接内存访问（Direct Memory Access, DMA）方式，接口单元与内存单元之间进行数据传输则要通过存储总线。CPU 在传输开始时向接口提供传输的起始地址以及需要传输的字节数，然后去执行其他的任务。当传输开始时接口提出需要占用存储总线周期的请求，一旦请求被内存控制器许可，接口就直接将数据写入内存。实现内存 I/O 传输，CPU 只要进行几次存储操作。由于外设的速度远远低于 CPU 的速度，所以很少将 I/O 与内存间的数据传输同 CPU 与内存间的数据传输相比。在 11.7 节中我们将更仔细地讨论 DMA 方式。

许多计算机系统中将接口逻辑电路与处理 DMA 传输的电路集成在一个单元中，称为 I/O 处理器（I/O Processor, IOP）。通过一个 DMA 中断机制，IOP 可以处理很多外部设备的数据传输。在这样的系统中，计算机被分成三个独立的模块：存储器、CPU 和 IOP。

11.5.1 程序控制传输的例子

图 11-13 给出了一个 I/O 设备通过接口将数据传送到 CPU 的简单例子。当数据准备好时，

设备每一次传送一字节数据。一旦一个数据准备好，设备就将其放在 I/O 总线上并将 Ready 信号设为有效。接口接收数据后将其存入接口的数据寄存器，并将应答信号设为有效，同时接口将其内部状态寄存器的某一位置位，我们称之为标志（flag）。这时，设备可以撤除 Ready 信号，但在接口撤除应答信号前不能发送下一个数据，如 11.3 节中握手过程所要求的一样。

605

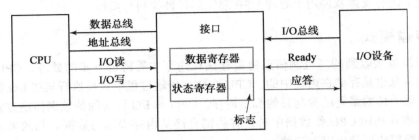

图 11-13　I/O 设备到 CPU 的数据传输

在程序控制下进行传输，CPU 必须通过检查标志来确定接口的数据寄存器中是否有新的数据，这需要将接口中状态寄存器的内容读入 CPU 的寄存器，并对标志位进行检查。如果标志的值为 1，CPU 就从数据寄存器中读数据。标志位的值可以由 CPU 或接口来清除，这取决于接口电路如何设计。一旦标志位被清除，接口就撤除应答信号，这时设备就可以传送下一字节数据了。

图 11-14 是实现这种数据传输方式的一个程序流程图。流程图假设设备在发送一串字节数据，并要把它们存储在内存中。程序不断地检查接口的状态直到标志被置为 1，每一字节由 CPU 读取并传送到内存中，直到所有数据发送完毕。

程序控制传输只用在需要持续监视外部设备的系统中。由于 CPU 与 I/O 设备的数据传输率差别很大，这种方式的效率是很低的。例如，假设一台计算机执行一条指令来读取状态寄存器并检查标志只需要 100 ns，而输入设备的数据传输率平均为 100 B/s，也就是每一字节需要 10 000 μs，这样我们可以计算出每传输一字节的数据，CPU 需要检查标志 100 000 次。因此，这样不断循环检查标志浪费了 CPU 的时间，使其不能执行其他的任务。

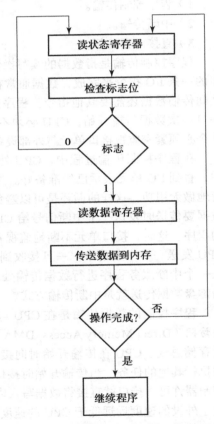

图 11-14　输入数据时的 CPU 程序流程图

11.5.2　中断传输

另一种可以让 CPU 持续监视状态标志的办法是让接口在要进行数据传输时通知 CPU，这种传输模式采用中断机制。当 CPU 在执行程序的时候，它不去检查接口状态标志。但一旦标志被置位，CPU 就会被告知状态标志已被置位，并立刻中断当前的程序。CPU 暂停当前程序的执行转而处理数据的接收与发送。当数据发送完成，CPU 返回中断前的程序位置，继续执行原来的程序。CPU 响应中断信号时将程序计数器 PC 中的值作为返回地址保存在内存堆栈或寄存器中，然后转入服务程序处理 I/O 传输请求。不同接口单元对应的中断服务程序的入口地址是不同的，一般有两种中断服务程序入口地址获取方式：向量中断（vectored interrupt）和非向量中断（nonvectored interrupt）。每一个非向量中断服务程序的入口地址是内存中已分配好的一个固定地址。对于向量中断，中断源将提供中断服务程序的入口地址，也就是向量地址（vector address）。在一些计算机系统中，向量地址是中断服务程序的入口地址；而在另外一些计算机系统中，向量地址是一个指向一个内存表中某一项的索引，这个内存表中的每一项就是中断服务程序的入口地址。在 9.9 节中结合图 9-9 已经说明向量中断的执行过程。

606～607

11.6　中断优先级

一台计算机一般会有多个 I/O 设备，它们都能发起中断请求。中断系统的首要任务就是识别不同的中断源。当然，有可能有几个设备同时发出中断请求，这时系统必须决定先处理哪一个设备的中断请求。

中断优先级系统要对各种中断源进行优先级排序，以决定当有数个中断请求同时发生时，哪一个中断会被优先响应，系统同时还会决定在一个中断被处理的时候是否可以响应其他中断。高优先级的中断必须被优先响应，否则会导致严重的后果。高数据传输率的设备，比如硬盘，拥有高优先级；低数据传输率的设备，比如键盘，其中断优先级则较低。当两个设备同时发出中断请求时，计算机会首先处理高优先级的中断。

可以用软件或硬件来处理并发中断的优先级。软件采用轮询过程来识别高优先级中断源。在这种方式中，所有的中断处理程序的入口地址是同一个。入口地址处的程序负责依次轮询所有的中断源，以检查是否有中断发生。中断源的优先级别决定了它被轮询的顺序，高优先级的中断源被先检查，如果有中断信号，就转入此中断源所对应的处理程序，如果没有中断信号，则次优先级的中断源被检查，以此类推。因此，所有中断源所共享的这个服务处理过程中有一个程序按顺序轮询各中断源，并在有中断的时候转入对应的处理程序。被转入的中断服务处理程序属于当前所有提出中断请求的设备中中断优先级最高的设备。软件处理方式的缺点是，当有很多中断源时，轮询一次所有的中断源所花的时间会超过对 I/O 设备的服务响应要求。在这种情况下，只能采用中断优先级判别电路来提高响应的速度。

中断优先级判别电路是中断系统中的全局管理者。中断优先级判别电路接收多个中断源的中断请求，决定哪一个中断的优先级最高，并以此向 CPU 提出中断请求。为了提高处理速度，每一个中断源的中断服务程序都有各自的中断向量地址。因此，不需要软件轮询，所有的优先级判断工作都由硬件电路来完成。优先级判别电路的中断线可以串行或并行连接。串行连线方式又被称作菊花链方法。

11.6.1　菊花链方法

菊花链（daisy chain）方法将所有中断设备串行连接从而构成优先级电路。优先级最高的设备处于第一个位置，然后其他设备按优先级从高到低依次放置，优先级最低的设备放在链中的最后。图 11-15 所示的是 3 个设备与 CPU 的连接方式。所有设备的中断线经过逻辑或后形成一根中断请求线接入 CPU，只要有一个设备发出中断请求，中断线置 1，CPU 就会收到中断信号。如果没有中断请求，中断线维持为 0，CPU 就不会收到中断信号。CPU 收到中断请求后会返回一个中断响应信号。中断响应信号首先由设备 0 的 PI（priority in）端接收，如果设备 0 没有发出中断请求，它就会将中断响应信号由 PO（priority out）端发送给

608

下一个设备。如果设备 0 有中断请求，它就会拦截中断响应信号，将 PO 端置 0，并将它自己的中断向量地址（VAD）通过数据总线发送给 CPU，从而实现中断的处理。

PI 输入端为 0 的设备会在其 PO 端输出 0，以此通知较低优先级的设备中断响应信号已被拦截。有中断请求的设备在 PI 端收到 1 时，会将其 PO 端置 0 从而拦截响应信号。如果设备没有要处理的中断请求，它会将 PO 端置 1，从而将中断响应信号传递给下一个设备。因此，PI 为 1 且 PO 为 0 的设备是当前有中断请求的设备中优先级最高的，并将它的 VAD 挂在数据总线上。菊花链结构中接收到 CPU 中断响应信号的设备其优先级是最高。一个设备离首位置越远，优先级就越低。

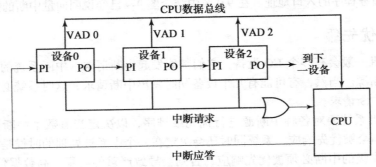

图 11-15　菊花链优先级中断

图 11-16 给出了菊花链中每一个设备内部必须有的中断逻辑电路。当向 CPU 提出中断请求时，设备将它的 RF 锁存器置 1，RF 锁存器的输出经过逻辑或接入中断请求线。如果 PI=0，PO 与 VAD 使能信号（Enable）都为 0，此时不需考虑 RF 的值。如果 PI=1，且 RF=0，那么 PO=1，VAD 使能信号为 0，CPU 的中断响应信号就会通过 PO 被传递给下一个设备。如果设备有中断请求，此时 PI=1 且 RF=1，则 PO=0，且 VAD 使能信号为 1，将中断向量地址挂在数据总线上。为保证 CPU 接收到中断向量地址，经过一段足够长的延时，RF 锁存器才会被清 0。

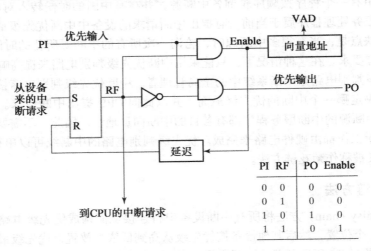

图 11-16　菊花链优先级

11.6.2　并行优先级电路

并行优先级中断电路有一个中断请求寄存器，每一设备都可以对寄存器中某位的值进行设置，以提出中断请求，这个位的位置决定了该设备的优先级。除了中断请求寄存器，电路中还有一个中断屏蔽寄存器用于控制是否响应某个中断请求。在一个高优先级的中断正在被处理的时候，可以用中断屏蔽寄存器对低优先级的中断进行屏蔽。同样，在低优先级的中断被处理的时候，中断屏蔽寄存器可以保证高优先级的中断仍然能被响应。

图 11-17 给出了一个有 4 个中断源的优先级电路。该电路中有一个中断请求寄存器，它的每一位可以被设备置位，也可以用程序指令清零。中断输入 3 的级别最高，输入 0 的级别最低。中断屏蔽寄存器的位数与中断请求寄存器的位数一样。通过程序指令可以对中断屏蔽寄存器中的每一位进行置位或清零操作。每一个中断请求位与对应的中断屏蔽位经过逻辑与形成一个输入信号，接入一个 4 输入的优先级编码器。这样，只有对应的中断屏蔽位被程序置 1，某个中断请求信号才能被识别。优先级编码器产生 2 位的向量地址，并通过数据线发送给 CPU。当有未被屏蔽的中断请求时，优先级编码器的输出 V 就会置 1，并通过中断请求线传送给 CPU。

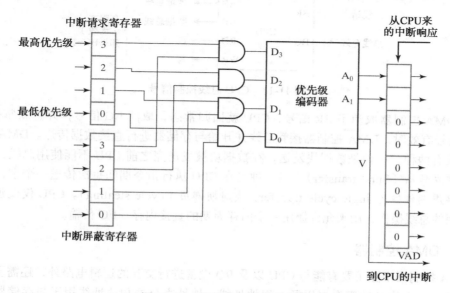

图 11-17　并行优先级中断电路

优先级编码器是一个实现优先级判断的电路，它的逻辑功能是：当两个或多个输入同时为 1 时，只有优先级最高的才会被接受。在 3.6 节中讲述过 4 输入的优先级编码电路，表 3-6 是它的真值表。输入 D_3 的级别最高，所以不管其他 3 个输入如何，当 $D_3=1$ 时，输出 $A_1A_0=11$。D_2 的级别次之，当 $D_3=0$，$D_2=1$，输出为 10，不管其他低级别的输入。当 $D_1=1$ 且高级别的输入都为 0 时，输出为 01，以此类推到最低级别输入。但有一个或多个输入为 1 时，中断输出 V 就为 1。如果所有输入为 0，V 就为 0，这时 A_1A_0 的输出是无用的，因为此时 CPU 不会收到中断请求信号。

优先级编码器的输出可以用于构成中断源向量地址的一部分。向量地址的其他位可以被赋予任何值。例如，可以给编码器的输出附加 6 个 0 来形成向量地址。这样 4 个设备的中断向量表示成 8 位二进制数，其值分别等于十进制的 0、1、2 和 3。

11.7　直接内存访问

快速存储设备（比如硬盘）与 CPU 间的数据块传输会占用大量的 CPU 资源，导致其他任务无法完成。如果让外部设备直接通过存储总线与内存进行数据交换，CPU 不介入数据传输的过程，

609
~
611

这样就可以将 CPU 从 I/O 操作中解脱出来，可以同时去执行其他任务。这种数据传输技术称为直接内存访问（Direct Memory Access, DMA），DMA 控制器可以获取总线的控制权并处理 I/O 设备与内存间的直接数据传输。当然在这个过程中，CPU 会暂时失去对总线的控制，也不能访问内存。

DMA 可以通过几种方式来获取总线的控制权。在微处理器中广泛使用的一种方式是采用特殊的控制信号来实现。图 11-18 中 CPU 的两个特殊信号用来帮助实现 DMA 传输。DMA 控制器向 CPU 发送总线请求（Bus Request, BR）信号，请求 CPU 让出总线控制权。当 CPU 收到 BR 信号之后，便将地址总线、数据总线以及读写控制线置为高阻态。然后，CPU 向 DMA 控制器发出总线允许（Bus Granted, BG）信号，通知 DMA 控制器可以接管总线。只要 BG 信号有效，CPU 就不能执行任何需要总线的操作。

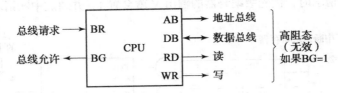

图 11-18　CPU 总线控制信号

当 DMA 控制器取消了 BR 信号，CPU 就回归常态，取消 BG 信号，并重新掌控总线。当 BG 信号有效时，DMA 控制器接管总线并开始与存储器进行直接数据传送。DMA 的数据传输模式有两种：一种是数据块发送，在数据块被发送完之前 CPU 不能使用总线，这种模式称为突发传输（burst transfer）；另一种是在 CPU 执行指令期间每次传送一个字，这种模式称为单周期传输（single-cycle transfer）或周期挪用（cycle stealing）。CPU 仅仅延迟一个内存周期的总线操作，用来允许挪用一个内存周期的直接内存－I/O 传输。

11.7.1　DMA 控制器

DMA 控制器中除了要有能与 CPU 以及 I/O 设备进行交互的逻辑电路外，还需要一个地址寄存器、一个字计数寄存器以及一组地址线。地址寄存器和地址线用于与存储器直接通信，字计数寄存器保存需要传输的数据长度。在 DMA 控制器的操作下，设备与存储器就能直接进行数据交换。

图 11-19 是一个典型 DMA 控制器的模块图。控制器通过数据总线和控制总线与 CPU 通信，CPU 通过地址总线可以操纵 DS（DMA 选择）信号以及 RS（寄存器选择）信号，从而对 DMA 控制器内部的寄存器寻址。读（RD）控制输入与写（WR）控制输入是双向的。当 BG 输入为 0 时，CPU 可以通过数据总线对 DMA 寄存器进行读写。当 BG 输入为 1 时，

612

CPU 交出总线控制权，DMA 通过读写控制线以及地址总线可以与存储器进行通信。DMA 控制器通过 DMA 请求与应答线根据规定好的握手协议与外部设备进行通信。

DMA 控制器有三个寄存器：地址寄存器、字计数寄存器、控制寄存器。地址寄存器中的地址指向存储器中的某个存储单元。地址信号通过总线缓存传送到地址总线上，每传送一个数据，地址就自动递增。字计数寄存器中保存的是需要传输数据的总长度，每传送一个数据，字计数寄存器的值就自动递减，并检查是否为 0。控制寄存器用于设置传输模式。CPU 可以像访问 I/O 接口寄存器一样访问 DMA 中的寄存器。这样，在程序的控制下，CPU 可以通过数据总线对 DMA 寄存器进行读写。

通过 CPU 的初始化，DMA 控制器就可以开始在存储器与外部设备间进行直接数据传输，

直到整个数据块传送完毕。初始化的过程实际上是一个由 I/O 指令组成的程序，这些指令包含选择特定 DMA 寄存器的地址。CPU 通过数据总线发送如下信息来对 DMA 控制器进行初始化：

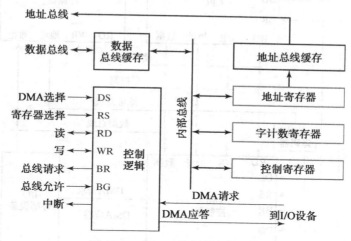

图 11-19　DMA 控制器的模块图

1）存储器中数据块的起始地址（当有数据可读或将写入数据时）。

2）数据长度，即内存数据块的大小。

3）用于设置传输模式的控制位，比如读或写。

4）用于启动 DMA 传输的控制位。

起始地址写入地址寄存器中，数据块长度写入字计数寄存器中，控制信息写入控制寄存器。一旦 DMA 控制器初始化完成，CPU 停止与 DMA 控制器的通信，除非 CPU 收到中断信号或需要检查已经传输的数据的个数。 [613]

11.7.2　DMA 传输

DMA 控制器在计算机系统各部件之间的位置如图 11-20 所示。CPU 通过数据总线和地址总线对 DMA 控制器进行访问，如同访问其他接口单元一样。DMA 有自己的地址，用来激活 DS 与 RS 信号线。CPU 通过数据总线可以对 DMA 控制器进行初始化。一旦 DMA 控制器收到传输开始的位控制信息，它就开始在存储器与外部设备间进行数据传输。当外部设备发送来一个 DMA 请求时，DMA 控制器将控制线 BR 置 1，通知 CPU 让出总线控制权。作为应答，CPU 将控制线 BG 置 1，通知 DMA 控制器已让出总线。DMA 控制器将当前地址寄存器中的值发送到地址总线上，同时将控制线 RD 或 WR 设为有效，然后向外部设备发送一个 DMA 应答信号。

外部设备接收到 DMA 应答信号后，将数据发送到总线上（写操作）或从总线上接收一个数据（读操作）。这样，DMA 控制着数据的读写并对存储器进行寻址，外部设备就可以通过数据总线与存储器进行直接的数据传输，而此时 CPU 暂时失去对数据总线的控制权。 [614]

每传输一个数据，DMA 就自动增加地址寄存器的值，并自动递减字计数寄存器的值。只要字计数寄存器的值不为 0，DMA 会不断检查从外设过来的请求信号。一个高速的设备会在上次传输完成时立刻提出一个新的 DMA 请求，DMA 马上被再次初始化，继续传输，直到整个数据块被传送完。如果外部设备速度比较慢，新的 DMA 请求会迟一点发出，这时 DMA 会将 BR 控制线复位，CPU 可以再次获得总线控制权，进行总线操作。如果有外部设备再提出 DMA 请求，DMA 会再一次请求总线控制权。

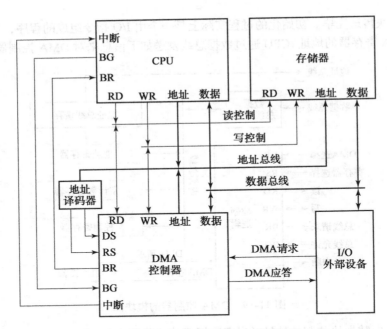

图 11-20　计算机系统中的 DMA 传输

当字计数寄存器的值变为 0 时，DMA 立即停止数据传输并撤销总线请求信号，同时用中断的形式通知 CPU 传输已完成。CPU 响应中断，并读取字计数寄存器中的内容，如果值为 0，则说明传输已成功完成。其实，在传输过程中 CPU 可以随时读取字计数寄存器中的值，以查看有多少数据已经被传输。

一个 DMA 控制器可能有一个以上的通道。这样，每个通道有一对请求与应答控制线与一个外部设备相连。每一个通道有自己的数据寄存器与字计数寄存器。每个通道的优先级不同，高优先级的通道会比低优先级的通道先得到响应。

在很多应用中 DMA 非常有用，如硬盘与存储器、存储器与图形显示器之间的高速数据传输。

11.8　本章小结

在本章中，我们介绍了 I/O 设备（常称为外部设备）以及与之相关的电路部件，如 I/O 总线、接口和控制器。我们分别学习了键盘、硬盘以及液晶显示器的组成结构。我们了解了一个通用的 I/O 接口，并以键盘为例研究了接口与 I/O 控制器的工作机制。我们还介绍了 USB 这种可以解决大量外部设备接入问题的通用总线。我们还讨论了由不同模块组成的系统之间的定时问题以及并行与串行的信息传输。

我们研究了信息传输的不同模式，看到了复杂的传输模式是如何将 CPU 从大量费时的 I/O 数据传输操作中解脱出来，从而提高了 CPU 处理任务的能力。多种中断源的存在使我们不得不建立中断优先级系统。优先级可以用软件、菊花链或并行中断优先级电路来实现。直接内存访问在 I/O 设备与存储器之间进行直接数据传输，CPU 只需参与很少的工作。

参考文献

1. HENNESSY, J. L. AND D. A. PATTERSON. *Computer Architecture: A Quantitative Approach*, 5th ed. Amsterdam: Elsevier, 2011.

2. *Fundamentals of Liquid Crystal Displays—How They Work and What They Do.* Fujitsu Microelectronics America, Inc., 2006. (http://www.fujitsu.com/downloads/MICRO/fma/pdf/LCD_Backgrounder.pdf)
3. MESSMER, H. P. *The Indispensable PC Hardware Book*, 2nd ed. Reading, MA: Addison-Wesley, 1995.
4. MindShare, Inc. (Don Anderson). *Universal Serial Bus System Architecture.* Reading, MA: Addison-Wesley Developers Press, 1997.
5. VAN GILLUWE, F. *The Undocumented PC.* Reading, MA: Addison-Wesley, 1994.
6. *What is TFT LCD?* Avdeals America, 2006, (http://www.plasma.com/classroom/what_is_tft_lcd.htm)

习题

(www) （＋）表明更深层次的问题，（*）表明在原书配套网站上有相应的解答。

*11-1 请根据下表中硬盘的参数计算出它们各自的格式化容量。

硬　　盘	磁　　头	柱　　面	扇区/磁道	字节/扇区
A	1	1023	63	512
B	4	8191	63	512
C	16	16383	63	512

11-2 如果要将一个 1 MB（2^{20} B）的数据块从硬盘移入存储器，假设硬盘的参数如下：寻道时间为 8.5 ms，旋转延迟为 4.17 ms，控制器时间可忽略，传输速率为 150 MB/s，请估计需要花费的时间。

11-3 请计算出如下实际尺寸的 LCD 屏的像素与子像素个数：

（a）1280×1024；（b）1600×1200；（c）1680×1050；（d）1920×1200

11-4 假设分配给图 11-6 中 I/O 接口内 4 个寄存器的地址分别为十六进制值 CA、CB、CC 和 CD。请画出 CPU 与接口 CS、RS0、RS1 输入信号之间 8 位地址线的连接电路。

*11-5 假设采用 16 位地址线，在以下情况下，可以寻址多少个图 11-6 中的 I/O 接口电路？

（a）每一个接口电路的片选（CS）信号使用一根独立的地址线。

（b）将地址信号进行译码形成片选信号。

11-6 假设一组共 6 个如图 11-6 所示的接口电路，通过 8 位 I/O 地址线与 CPU 相连。每一个接口电路的 CS 信号与一根独立的地址线相连，其中地址线 0 接第一个接口电路的片选，地址线 4 接第 6 个接口电路的片选。地址线 7 与 6，分别作为 RS1 与 RS0 输入接入所有的接口电路，请计算出每个接口电路中每个寄存器的地址（一共 24 个地址）。

*11-7 某种 I/O 接口电路没有 RS1 与 RS0 输入端。对于每一个地址信号，用一个独立的读信号和写信号，可以寻址 2 个寄存器。假设接口中 25% 的寄存器是只读的，25% 的寄存器是只写的，而 50% 的寄存器是既可读又可写的（双向的）。请问，如果地址信号是 8 位的，可寻址多少个寄存器？

11-8 一种商业接口电路采用了与本书不同的方式对接口电路与外部设备间的数据传输握手信号进行命名。接口的输入握手信号线为 STB（strobe），而输出握手信号线为 IBF（input buffer full）。STB 上的低电平信号将数据从 I/O 总线上读入接口的数据寄存器。IBF 上的高电平信号表示接口已成功接收到数据。当 CPU 从接口的数据寄存器中读取数据后，IBF 信号随后变为低电平。

（a）请画出 CPU、接口电路、I/O 设备的模块图以及它们之间的相关连接。

（b）画出通过握手进行数据传输的定时图。

*11-9 假设图 11-7 中的选通传输在 CPU 与 I/O 接口间进行，左边的是 CPU，右边的是 I/O 接口。

两次传输都由 CPU 发起，两次 CPU 都会发出一个地址信号。

    (a) 请画出传输的连接模块图。

    (b) 请画出两次传输的定时图，假设地址信号必须在选通信号为 1 之前一段时间变为有效，并在选通信号变为 0 之后一段时间才能被撤除。

11-10   假设图 11-8 握手传输中左边的设备是 CPU，右边的设备是 I/O 接口。每次传输由 CPU 发起，并由 CPU 发出地址信号。

    (a) 请画出传输的连接模块图。

    (b) 请画出传输的定时图，假设地址信号必须在请求信号为 1 之前一段时间变为有效，并在请求信号变为 0 之后一段时间才能被撤除。

*11-11   请画出 USB 同步字段 SYNC 编码的波形图以及相对应的 NRZI 编码的波形图。解释为什么这样的编码是成功进行同步通信的最好选择。

11-12   以下数据流是通过 USB 进行传输的：

$$01111111100100000000011011110000011$$

    (a) 假设没有采用位填充，请画出 NRZI 波形图。

    (b) 采用位填充修改数据流。

    (c) 请画出 (b) 的 NRZI 波形图。

*11-13   假设要将 "Bye" 的 8 位 ASCII 编码发送给地址为 39 的设备，端点号为 2。请列出在进行 NRZI 编码前这次传输中的输出包、数据 0 包以及 Stall 握手包。

11-14   假设传输的是 "Hlo" 的 ASCII 编码，请重做习题 11~13 中的要求，并列出无应答包的构成。

11-15   与非中断的程序控制传输相比，中断传输有何基本优势？

*11-16   在图 11-15 中的菊花链中断优先级电路中，当设备 2 向 CPU 发出一个中断请求后，在 CPU 尚未回应此请求前，设备 0 也向 CPU 发出一个中断请求，请问会发生什么结果？

11-17   假设一种计算机没有中断优先级电路，每一种中断源都可以对计算机进行中断，每次中断都要将当前地址保存，然后转入一个公共的中断处理过程。请说明如何在这个中断服务程序中建立中断优先级。

*11-18   如何对图 11-17 做必要的改动才可以使 4 个 VAD 值分别等于 024、025、026 和 027？

11-19   请重做习题 11~18，使 VAD 值分别等于 122、123、124 和 125。

*11-20   请设计一个有 6 个中断源的并行优先级中断电路。

11-21   一个优先级电路可产生向量地址。

    (a) 给出 16×4 优先级编码器的紧凑真值表。

    (b) 优先级编码器的 4 个输出 w、x、y、z 可用于构成一个 8 位的向量地址，构成形式为 $10wxyz01$。请从级别最高的地址开始，列出所有 16 个地址。

*11-22   为什么 DMA 控制器中的读写控制线都是双向的？在什么情况下它们可以作为输入，可实现什么目的？在什么情况下它们可以作为输出，可实现什么目的？

11-23   要将磁盘中的 2048 个字传输到存储器地址从 4096 开始的区域，采用 DMA 传输，如图 11-20 所示。

    (a) 请给出 CPU 必须发给 DMA 控制器的初始化值。

    (b) 请描述前 2 个字传输操作过程中的每一步。

存储系统

在第 7 章中，我们讨论了构成存储系统的基本 RAM 技术，包括 SRAM 和 DRAM。本章，我们将深入探索到底是什么构成计算机的存储系统。我们的讨论有一个前提：一个速度快、容量大的存储器当然是需要的，但实际上，直接在普通计算机上设计和使用是非常昂贵且速度非常慢。因此，我们将介绍更好的解决方案，使得在多数情况下对存储器的访问速度都比较快，同时存储器的容量也较大。这个解决方案使用了两个概念：CPU 缓存和虚拟内存。CPU 缓存是一种容量较小的快速存储器，它有特殊的控制硬件从而能处理绝大多数的 CPU 访存请求，其访问时间在几个 CPU 时钟周期内。虚拟内存通过软硬件共同实现，它采用中等大小的主存，一般是 DRAM，从外部来看好像是一种大容量的主存，对多数访存操作，虚拟内存的访问时间与主存类似。虚拟内存中大部分数据和程序的真正存储介质是硬盘。计算机存储系统中各层部件的容量越来越大，而访问速度越来越慢（有一级或多级 CPU 缓存、主存和硬盘），所以出现了分级存储（memory hierarchy）体系。

本书第 1 章讲述的通用计算机模型，其分级存储体系中就包含大量的存储部件。在处理器中，有存储管理单元（Memory Management Unit，MMU），为实现虚拟内存结构提供了硬件支持。处理器中也包含内部 cache，其容量太小还不能满足计算机的 cache 功能，所以结构中还有与 CPU 总线连接的外部 cache。存储系统中当然也包含 RAM。由于虚拟内存的引入，硬盘、总线接口和磁盘控制器都成为存储系统的组成部分。

12.1 分级存储体系

图 12-1 给出一种分级存储体系结构的通用框图。该体系的最低一级是容量小、速度较快的存储器，即为 cache，若是功能分级较好，则大部分的 CPU 指令和操作数都能从 cache 中取到。在存储体系中，cache 的上一级存储器是主存（main memory），主存能直接提供 cache 提供不了的大部分 CPU 指令和操作数。另外，cache 的数据全部来自于主存，其中一部分数据是从主存传送给 CPU 的。这个存储系统的最高一级是硬盘（hard drive），当 CPU 不能从主存中取到指令或操作数时才会访问硬盘，这种情况非常少。

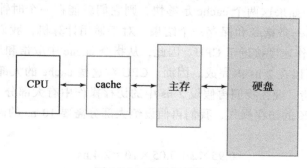

图 12-1 分级存储体系

对于这种分级存储体系，由于 CPU 从 cache 中就能取到大部分的指令和操作数，所以 CPU 在大部分时间"看到"的是快速存储器。有时候，必须从主存取数，取数的过程将花费很长时间。在更少数的情况下，必须从硬盘取数，取数的时间花费将非常大，若这种情况出现，CPU 可以发出一个中断，转而执行一段程序将硬盘对应数据块读出。一般，这种情况出现得较少，总的平均取数时间可以做到与 cache 相近，且 CPU 看到的存储空间比主存空间大得多。

有了分级存储体系的概念，下面我们继续讨论一个例子，来看看这种存储体系潜在的效率。首先我们澄清一个问题：多数指令集结构中，计算机能够寻址的最小单位是字节而不是字。对某个给定的读取或存储操作，操作的是字节还是字由操作码决定。对于寻址到字节的方式，一些假设和相应的硬件支持都非常重要，而若本书中采用寻址到字节的方式，则会给本书内容增加不必要的复杂性。为了简单，到目前为止，我们都假设被寻址的地址中存储的是一个字。相反，本章中我们假设存储器的地址按字节定义。然而，我们仍假设 CPU 之外的数据传输按照字或字的集合进行，这样就避免了解释与字节处理相关的烦琐工作。通过假设隐藏了硬件细节，避免转移我们讨论的重点，但硬件设计者设计硬件时就必须考虑这些细节。为了实现假设，若每个字包含 2^b 字节，则我们忽略地址的最后 b 位，因为对字寻址时不需要这些位，所以我们用 0 来表示它们的值。对于我们下面即将讨论的例子来说，b 一直等于 2，所以地址中包含两个 0。

在 10.3 节中，流水线 CPU 具有 32 位的存储器地址，如果需要，它可在 1 ns 的时钟周期内访问一条指令或数据。我们还假设指令和数据来自两种不同的存储器。为了支持这种假设，本章中假定：最初存储器是分为两半的，一半用于存储指令，而另一半用于存储数据，存储器的每一半都具有 1 ns 的访问时间。除此之外，我们使用所有的 32 位地址，则存储器容量可达到 2^{32} 字节，即 4 GB。我们的目标是能构造出两个容量为 2 GB 的存储器，每个存储器具有 1 ns 的访问时间。

根据 2014 年的计算机技术，实现这样的存储器现实吗？通常存储器都是由容量在 256 MB 到 8 GB 之间的 DRAM 模块构成的，它们典型的访问时间大概是 10 ns。因此，我们构造的两个 2 GB 的存储器的访问时间会超过每个字 10 ns，这种存储器不仅成本高，而且操作速度只有我们所需速度的十分之一。我们必须从另一个方面实现所需的目标，开发一种分级存储体系。

首先，我们假设分级体系结构有两个 cache，一个用于存储指令，另一个用于存储操作数，如图 12-2 所示。如果这两个 cache 足够快，则它们就能在一个时钟周期内取出一条指令和操作数，或取出一条指令和保存一个结果。对于通用计算机，我们假设 cache 在 CPU 内部，所以它们的操作速度接近于 CPU。因此，从指令 cache 中取指和从数据 cache 中取数或向其中保存数据可以在 2 ns 内完成。因而，CPU 对这些 cache 的大部分存取操作都要花费两个 CPU 时钟周期。现在我们再假设 2 ns 中的访存操作中有大部分（95%）能满足我们的要求，对于剩下 5% 的访存操作，我们再假设绝大部分需要 10 ns 的时间，则平均访问时间为：

$$0.95 \times 2 + 0.05 \times 10 = 2.4 \text{ ns}$$

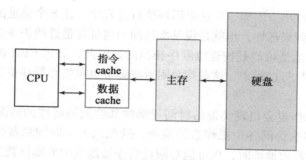

图 12-2　分级存储体系结构的例子

621

这就意味着每 20 次的访存操作中，CPU 有 19 次能全速工作，但都有一次必须等待 10 个时钟周期，这可以通过暂停 CPU 流水线来实现。到这里，我们就实现了在 2 ns 内完成"大多数"存储器访问操作的目标。在这之中仍旧存在大容量存储的成本问题。

现在假设，我们不仅要减少每次时间超过 10 ns 的主存访问次数，还要尽量减少每次访问需要 13 ms $= 1.3 \times 10^7$ ns 的访问硬盘的次数。我们从有关统计数据中知道：大约 95% 的取数操作能从 cache 中取到，4.999995% 的取数操作能从主存中取到，则我们可以估算出平均访存时间为：

$$0.95 \times 2 + 0.04999995 \times 10 + 5 \times 10^{-8} \times 1.3 \times 10^7 = 3.05 \text{ ns}$$

这样看来，平均访存时间大约是 1 ns 的 CPU 时钟周期的 3 倍，而这个时间大约为访问主存所需要时间 10 ns 的 1/3，也就是说，在 20 次的访问操作中有 19 次可以在 2 ns 中完成。到这里，我们已经实现了容量为 2^{32} 字节的存储器结构，其平均访存时间仅仅为 3.05 ns，已接近我们的初始目标了。另外，这种分级存储体系结构的成本比采用大容量快速存储器方法要低 10 倍。

表面上来看，我们已经即将达到我们的最初目标：实现大容量、速度快的存储器。但实现过程中我们做了很多假设，也就是说，有 95% 的数据都是 cache 访问成功，有 99.999995% 的字访问来自对 cache 或主存的访问，其他就要对硬盘访问。下面我们将分析为什么这些类似的假设通常成立，并且还要讨论要实现分级存储体系所需的硬件和相关软件要素。

12.2　访问的局部性

上一节介绍分级存储体系的高效实现是基于一些假设的，这些假设对于实现大容量、速度快的存储器的目标很关键。本节，我们讨论为什么能做出这些假设，也就是假设的基础，这就是访问的局部性（locality of reference），此处的"访问"指的是通过访问存储区获得指令或操作数。访问局部性的"局部性"这个术语指的是访问指令和操作数的相对时间（时间局部性（temporal locality））以及指令和操作数在主存中存储的相对位置（空间局部性（spatial locality））。

首先我们来看一般程序的特性。程序中常常包含许多循环，在跳出本次循环转到另一个循环中或者直接往下执行循环外的程序代码前，计算机要执行多次循环体中的指令集。另外，循环常常嵌套在某个层次中，即一个循环嵌套着另一个循环，等等。现在假设有一个包含 8 条指令的循环，这个循环要执行 100 遍，则总共要执行 800 条指令，所有这些指令都从存储器的 8 个地址中取出。因而，在这个循环执行过程中，这 8 个地址的每条指令都要被访问 100 次，这就是时间局部性，也就是说某次访问的地址在最近的程序执行中可能会被多次访问。同理，指令的地址可能是按连续顺序排列的。因此，如果 CPU 访问某条指令地址而实现读取，则在循环执行过程中，这条指令附近的地址也可能在循环执行过程中被寻址，这就是空间局部性。

计算机的访存操作也会出现类似的时间局部性和空间局部性的情况。例如，CPU 在对数组进行计算时会多次访问各个操作数的地址，这就出现了时间局部性情况。同样，CPU 在读取访问某个操作数的地址时，也可能对附近的连续地址中的操作数进行访问，这就出现了空间局部性的情况。

从前面的讨论我们可以推断：计算机的程序中存在大量访问局部性的情况。为了进一步证明我们的推断，我们来分析实际程序的执行模式。通过分析，我们会发现程序中确实存在大量的时间和空间访问局部性，而且这种局部性在设计 cache 和虚拟内存时有着很大的作用。

我们要回答的下一个问题是：访问局部性与分级存储体系之间有什么关系？我们通过分析循环程序中取指的特点，观察 cache 和主存之间的关系来回答这个问题。开始我们假设指令只保存在主存中，cache 是空的。CPU 取循环中的第一条指令的时候，它是从主存中取到这条指令的。这条指令及它的一部分地址被称为地址标签（address tag），同时被送到 cache 中。接下来这条指令将被执行 99 次，这将会发生什么情况呢？回答是：CPU 每次都能从 cache 中成功取到这条指令，所以访问速度快了很多，这就是时间局部性原理的作用，即一旦指令从主存中取出后就可以被多次使用，将其保存在 cache 中大大加快了访问速度。

此外，CPU 从主存中取指令时，cache 就会取出附近的指令保存到它的 SRAM 中。对于前面的例子，我们假设附近的指令包括整个循环的 8 条指令，即所有的指令都保存在 cache 中。通过这种方式取出这样的指令块，cache 就能够利用空间局部性原理，即这样一个事实：第一条指令执行后，CPU 将要执行其附近地址中的其他指令，将附近即将执行指令的地址送到能够快速访问的 cache 中可以加快指令的存取速度。

对这个例子来说，在循环执行 100 次的过程中，每条指令仅仅从主存中取出一次，而其他所有指令都是从 cache 中取出。这个例子中至少有 99% 的指令是从 cache 中取出的，所以指令执行的速度基本上完全取决于 cache 的访问时间和 CPU 的速度，而受主存访问时间的影响很小。若程序不存在时间局部性，则会出现频繁地对主存进行访问的情况，这会减慢系统速度。

主存与硬盘之间存在着和 cache 与主存类似的关系。同样，我们对其中的时间和空间局部性感兴趣，不同的是这时候的存储器容量更大些。CPU 从硬盘取出程序和数据，并以数据块的方式将数据写入硬盘，数据块大小从几千字到几兆字不等。理想的情况下，执行程序所需的代码和数据只要被取到主存后，CPU 就不再需要访问硬盘，除非要向硬盘写回结果。只有当程序所需要的所有代码和数据，包括中间数据都被送到主存中，这种理想情况才能发生，否则，CPU 在执行过程中就需要从硬盘读代码，并从（向）硬盘中读出（写入）数据。CPU 从磁盘汇总读出或写入的数据块标为页（page）。若主存和硬盘之间页的传送过程对程序员是透明的，则在程序员看来主存就足够大，能够装下整个程序和所有数据。这种存储空间的自动分配机制称为虚拟内存（virtual memory）。在执行程序的过程中，若所要执行的某条指令不在主存中，则 CPU 就会将包含目标指令的一个整页都调入主存，然后 CPU 就可以从主存中读取和执行指令。我们将在 12.4 节详细介绍虚拟内存的操作和相应的软硬件操作。

总之，访问的局部性原理对于成功实现 cache 存储和虚拟内存的技术至关重要。在多数程序中，访问的局部性出现的几率都很高，但也有少数程序，需要频繁地访问无法保存在主存中的大块数据。这时，计算机几乎把全部时间都用在主存和硬盘之间的数据移动上了，很难做其他工作。不断从硬盘传出磁头在磁道间移动的声音就是这种现象的信号，我们称之为金属摇滚（thrashing）。

12.3　cache 存储器

为了更好地理解 cache 存储器的概念，我们采用了一个很小的容量为 8 个 32 位字的 cache，以及容量为 1 KB（256 个字）的主存，如图 12-3 所示。图中的两个存储器都很小，以致难以实际实现，但正是它们的小容量使解释相关概念变得更加容易。cache 有 3 位地址，存储器有 10 位地址，除了存储器的 256 个字外，一次只有 8 个字存于 cache 中。为了让 CPU 能在 cache 中找到特定的字，cache 中必须要有能够识别这个特定字所在主存对应的地址标识。若还用上节中的循环作例子，我们当然希望整个循环都能保存在 cache 中，从而当程序多次执行循环体时，其所有指令都能从 cache 中得到。循环中的指令地址字是连续的，因此，我们希望 cache 能同时保存在主存中连续地址的数据字。一种简单的实现办法就是用主存地址的第 2 位到第 4 位作为 cache 的地址，称为索引（index），如图 12-3 所示，所以主存地址 0000001100 的数据就保存在 cache 地址 011 中。主存地址的高 5 位称为标签（tag），它与数据一起被保存在 cache 中。对前面的例子来说，主存地址 0000001100 相应的标签为 00000。标签与索引（即 cache 地址）加上字节地址 00 就构成了主存地址。

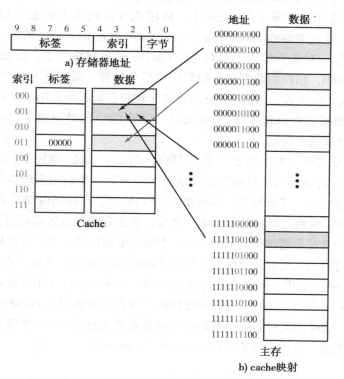

图 12-3　直接映射 cache

假设 CPU 即将从主存地址 0000001100 取一条指令，这条指令实际上可能从 cache 或主存中取得。cache 会从地址中分出标签 00000 和 cache 地址 011，从地址 011 中取出标签和相应的数据字，比较取出的标签和 CPU 中地址的标签部分。若取出的标签为 00000，那么两个标签匹配，则从 cache 存储器取得的数据字就是目标指令，这时 cache 控制器就将这个数据字发送到总线上传给 CPU，从而完成取指操作。这种存储器字能从 cache 中取到的情况称为 cache 命中（cache hit）。相反，若从 cache 中取出的标签不是 00000，即标签不匹配，此时 cache 控制器通知主存提供这个不在 cache 中的存储器字，这种情况称为 cache 失效（cache miss）。若要 cache 高效地工作，则它必须尽可能地避免从主存中取数的慢操作，尽量多地出现 cache 命中从而避免 cache 失效。

624
～
625

在取数过程中，当出现 cache 失效时，主存中的待访问的字不会仅仅被放在总线上。cache 也会将这个字和它的标签保存起来，以便未来的访问。在该例中，标签 00000 和来自主存中的字将被写入 cache 的 011 地址中以便将来对主存同一地址的访问。存储器写处理将在本章的后面讲述。

12.3.1　cache 映射

上面讨论的例子里，实际上就是在主存地址和 cache 地址之间建立了一种特殊的关联或映射，即主存地址的最后三位就是 cache 地址。另外，对于主存的 2^5 个地址中最后三位相同的位置，cache 只有一个位置与之对应。如图 12-3 所示，cache 中只有一个指定的位置能够保存主存中某个特定地址中的数据字，这种方式称为直接映射（direct mapping）。

对 cache 而言，使用直接映射有时不能得到我们想要的结果。在循环取指的例子中，假设指令和数据均存储在同一个 cache 中，程序执行会经常用到地址 1111101100 中的数据，当 CPU 要从地址 0000001100 取指令时，cache 地址 011 保存的有可能是来自地址 1111101100 的数据，对应标签为 11111，这时 cache 失效就发生了，则 cache 的标签 11111 就会被替换成 00000，相应的数据也会被取出的指令代替。而当下一次 CPU 要访问这个数据时，又会发生 cache 失效，因为 cache 中的这个位置已被指令占用。这样在循环执行过程中，取指令和取数据都会引起多次 cache 失效，降低 CPU 的处理速度。我们可以通过采用其他映射方式来解决这一问题。

在直接映射方式中，主存的 2^5 个地址都映射到一个 cache 地址上，这个 cache 地址与其映射的 2^5 个地址的最后三位是相同的。如图 12-3 所示，我们用阴影部分重点表示了索引 001 所对应的存储位置。可以看到，主存的 2^5 个地址中，在任何时刻只有其中的一个地址能在 cache 地址 001 找到其对应的数据字。相反，若主存的地址可以映射到 cache 的任意位置，则主存的每个地址都能映射到 cache 的 8 个地址中的任意一个，这时标签位就等于整个存储器的地址，对应的映射方式就称为全相联（full associative）映射方式，如图 12-4 所示。注意，若用直接映射方式，则两个主存地址 0000010000 和 1111110000 对应的 cache 标签位，即第 2 位到第 4 位都为 100。它们不能同时出现在直接映射的 cache 中，因为它们占有同样的地址 100。这时用同一索引交替取指令或数据就会造成 cache 连续失效，而全相联方式就避免了这种情况，这两个地址可以同时保存在 cache 中。

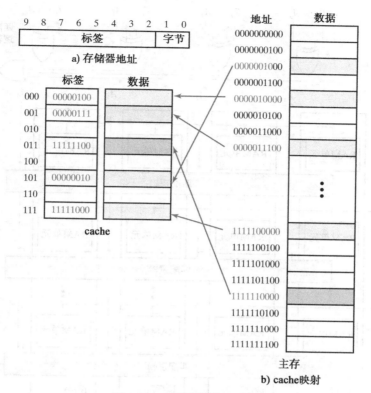

图 12-4　全相联结构 cache

现在假设 CPU 要从主存地址 0000010000 中取出一条指令。实际上这条指令可能存储在主存中，也可能存储在 cache 中。为确定是否存储在 cache 中，cache 必须用 00000100 与它的 8 个标签进行比较，一个简单做法就是连续从 cache 中读出每个标签和相应数据字，并将每个标签与 00000100 进行比较。若标签与主存地址匹配，如图 12-4 给出的主存地址和 cache 地址 000 相匹配，则 cache 命中，cache 控制器就将其中的数据字送给 CPU，完成取数据操作。若 cache 中取出的标签与主存地址 00000100 不匹配，即标签不匹配，cache 控制器就会接着取下一个标签和数据字进行比较。从这里可以看出，在最差情况下，如果主存地址要与 cache 的 111 地址标签匹配，则 cache 命中前要从 cache 中连续读 8 次。若每次取数需 2 ns，则这个过程至少要持续 16 ns，大约为主存取指所花时间的一半了。因此连续从 cache 存储器中读标签和数据字直接进行比较并不是一种好方式。我们可以采用关联存储器（associative memory）来实现 cache 存储器的标签部分。

标签长度为 4 的 cache 的关联存储器结构如图 12-5 所示。这种存储器的标签写入机制与传统的写操作一样，其读出标签的操作也与一般存储器的读操作一样，所以关联存储器可以采用第 7 章介绍的位片模型。此外，其每行存储的标签都有匹配逻辑，用来实现它与 RAM 单元的连接方式。匹配逻辑将标签 T 与 CPU 提供的地址 A 进行比较看是否匹配。每个标签匹配逻辑中的每一位都由一个异或门组成，各个异或门的输出都连接到最后一个或非门上。若标签的每一位都与地址匹配，则所有异或门的输出值为 0，而或非门的输出就等于 1，表示地址匹配。若标签位中有任何一位与地址不匹配，则至少有一个异或门的输出为 1，导致最终或非门的输出为 0，表示地址不匹配。

626
~
627

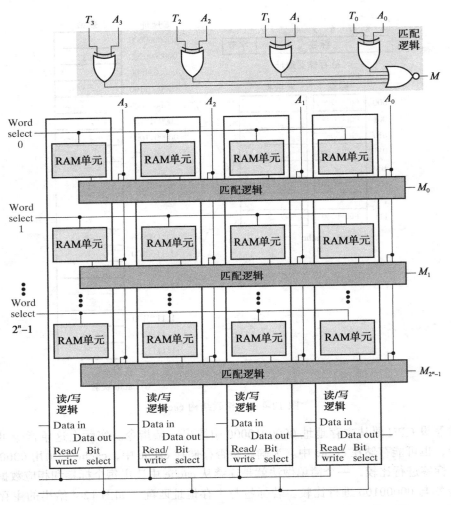

图 12-5　4 位标签的关联存储器

因为所有标签都是唯一的，只有两种情况会发生在关联存储器中：匹配，匹配标签的匹配逻辑的输出等于 1，其他匹配逻辑输出为 0；不匹配，所有的匹配逻辑输出都等于 0。对于保存了 cache 标签的关联存储器来说，匹配逻辑的输出用来驱动所要读取的数据存储器字的字线。我们必须用一个信号来表示本次比较是命中还是失效，若这个信号为 1 则表示命中，为 0 表示失效，这样我们对所有比较输出信号进行或操作就得到这个用来表示失效或命中的指示信号。命中情况下，Hit/$\overline{\text{miss}}$ 输出端为 1，则数据字送到存储器总线传送给 CPU；失效时，Hit/$\overline{\text{miss}}$ 输出端为 0，则通知主存提供所需寻址的数据字。

与前面介绍的直接映射 cache 方式一样，全相联 cache 也要捕捉数据字及其地址标签并保存，以备以后访问。现在问题就出现了：这些标签和数据应该放在 cache 的什么位置？除了要确定 cache 的映射方式外，设计 cache 时还必须考虑替换策略，即决定 cache 中用于保存新的存入的标签和数据的位置。一种可能的方法就是用随机替换（random replacement）策略，cache 可以从简单的硬件逻辑中得到 3 位的地址，从而产生一个满足某种特征的随机数。一种更合理的策略就是采用先进先出（First In First Out, FIFO）策略。在 FIFO 策略中，被替换的位置是那个已经占用 cache 最久的位置，我们认为 CPU 不可能再使用这个最老的项目了。另外还有一种替换策略称为最近最少使用（Least Recently Used, LRU）策略。在这种策略中，被替换的位置是那个最长时间内没有被访问过的 cache 项，称为最近最少使用的项，这种策略认为最长时间内没有被用到的 cache 项也最不可能在以后用到，所以把这一项替换掉。虽然 LRU 策略对 cache 来说提供了稍好的结果，但与其他替换方法之间的差异并不很大，而且完全实现 LRU 成本很高，所以即使某些时候要采用 LRU 策略，我们也会对 LRU 进行一些近似处理。

全相联 cache 也存在性能与成本问题。虽然这种方式有很大灵活性和最好的性能，但目前还不清楚其成本是否值得。实际上，还存在一种映射方式具有好的性能，也去除了大部分的昂贵的匹配逻辑，它是对直接映射方式和全相联方式进行折中的方法。在这种映射方式中，较低地址位操作与直接映射方式类似，但对应每个低位地址的组合，在 cache 中不仅仅只有一个存储位置，而是有一组共 s 个存储位置。与直接映射一样，cache 根据低位地址对 cache 存储器寻址，读出相应的标签和数据字。例如，如果组的个数为 2，则 cache 每次读出 2 个标签和相应的数据字，然后同时将这两个地址与 CPU 所给的地址进行比较，只需要两组比较逻辑。若其中一个标签与 CPU 地址匹配，则 cache 就将对应数据字通过数据总线传送给 CPU，若两个标签均不匹配，则计算机将用这个等于 0 的比较结果告诉 CPU 和主存 cache 失效。这种映射方式将存储位置分为若干组，并利用了组间的相互关联的性质，所以我们称这种方式为组相联映射（set-associative mapping）。组大小为 s 的映射方式称为 s 路组相联映射。

图 12-6 给出两路相联的 cache 结构，其中 8 个存储位置被分成 4 行，每行有两个存储位置。每行用 2 位索引进行寻址，且包含主存地址的 6 位标签位。主存每个地址对应的 cache 项都对应于 cache 的某一行，但可以对应于两列中的任何一列。图中地址与图 12-4 所示的全相联的 cache 地址一样。注意，图中主存地址 1111100000 在 cache 中没有映射，这是因为对应组 00 的两个 cache 单元已经被地址 0000010000 和地址 1111110000 占据。如果想把地址 1111100000 包含进来，cache 组数就必须至少等于 3。这个例子说明这样一种情况：相比全相联 cache，组相联 cache 灵活性降低了，对系统性能的影响变大了，这种影响会随 cache 组数的增加而变小。

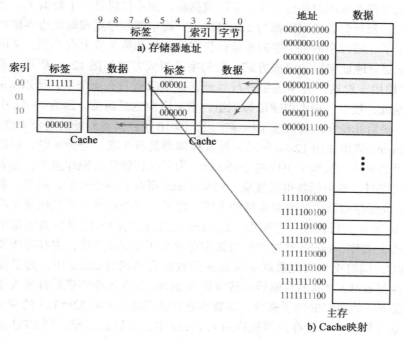

图 12-6　两路组相联 cache 结构

图 12-7 是图 12-6 所示的组相联 cache 的部分框图。索引用来寻址 cache 存储器的行。从标签存储器中读出的两个标签与来自 CPU 地址总线的地址标签进行比较，若地址匹配，则对应数据存储器的输出上的三态缓冲器被激活，从而将数据送到数据总线上交给 CPU。另外，命中信号也会将 Hit/$\overline{\text{miss}}$ 或门的输出信号置为 1，表示 cache 命中；若地址不匹配，则 Hit/$\overline{\text{miss}}$ 输出信号为 0，并通知主存向 CPU 提供所需的数据字，同时告诉 CPU 对应字到达时间会延迟。

630

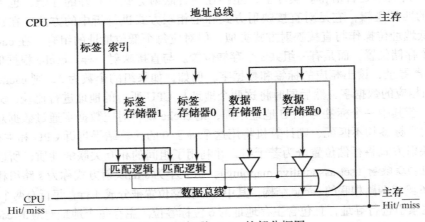

图 12-7　组相联 cache 的部分框图

12.3.2　行的大小

我们一直假设每个 cache 项由一个标签和一个单存储字构成。实际上，cache 应用了空间局部性原理，所以在每个 cache 项中都还包含与对应地址相邻的其他数据字。当 cache 失效时，我们从主存中取出的是包含这个字的数据块，而不仅仅是一个数据字，这种数据块就称为行（line）。每行包含的字数都为 2 的幂次方，而字的顺序则按地址边界排列。例如，设每行包含 4 个字，则行中的每个字的地址仅仅在第 2 位和第 3 位上有差别。采用字块的方法改变了 cache 划分地址字段的组成方式。新的字段组成方式如图 12-8a 所示，第 2 位和第 3 位的 word 字段用于对这一行中的字进行寻址，这里每行只有 4 个字，所以 word 字段只需要采用两位地址。接着，用索引字段标识组，索引字段也是两位，因为 cache 中只有 4 组标签和数据行。最后几位字地址构成了标签字段，即 10 位存储器地址的剩余 4 位。

最后的 cache 结构如图 12-8b 所示。标签存储器具有 8 项，分为 4 组，每组 2 项。对应于每个标签项是由 4 个数据字组成的 cache 行。为了保证较快的操作速度，在索引值被送到标签存储器的同时，两个标签也被读取，每组 cache 项对应一个索引。同时，利用索引和字地址从 cache 数据存储器中读出对应的两个字。之后，这两路单元的匹配逻辑将对应的标签与 CPU 提供的地址进行比较。若匹配，则 cache 把已读出的与之对应的数据字送到存储总线上交给 CPU。否则，cache 发送信号通知主存发生了 cache 失效，主存将所要寻址的数据字返回给 CPU，同时把包含此数据字及标签的数据行加载到 cache 中。为了便于加载整行数据字，主存和 cache 之间的存储器总线宽度及 cache 的取数据字通路都要大于一个字的宽度。理想情况下，就我们的例子来说，其数据通路的宽度为 4× 32＝128 的位宽，这样就可以使整个数据行能在一个主存读周期内送入 cache 中。若通道过窄，则 CPU 就需要对主存

631

进行多次读操作。

  cache 设计者的另一个重要任务就是确定 cache 行的大小。cache 与存储器之间采用较宽的通路会影响系统的成本及性能，而采用过窄的通路会降低数据行传送到 cache 的速度。由这些特点可见，我们希望能采用较小的 cache 行，但存储访问的空间局部性原理又希望能采用较大的 cache 行。在当前的计算机中，采用同步 DRAM 存储器，这种存储器能够快速读写较大的 cache 行，也不存在与宽数据通路相关的成本和性能问题。同步 DRAM 技术能快速地向存储器中读写连续的数据字，恰好满足了 cache 行传输的要求。

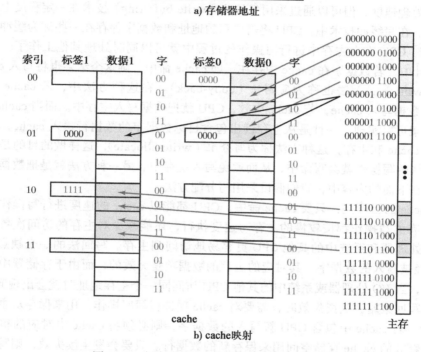

图 12-8 行大小为 4 个字的组相联 cache 结构

12.3.3 cache 加载

  在任何数据字和标签被加载到 cache 之前，cache 中所有位置保存的均为无效信息，若这个时候出现 cache 命中，则从 cache 取出的送给 CPU 的数据字不是来自主存的有效数据，而是无效的。只有 CPU 从主存取出并送入 cache 的数据行，对应的数据项才有效，但并没有有效的方法能区分有效和无效的数据项。为了解决这一问题，除标签位以外，给每个 cache 项再增加一位，称为有效位（valid bit），用来指定其相关联的 cache 行是有效（1）还是无效（0）。先根据标签位读出 cache 项，若对应的有效位为 0，即使这时候标签位与 CPU 给出的表示位匹配，也会发生 cache 失效，这时候就需要从主存取出对应地址的数据字。

632

12.3.4 写方法

  到目前为止，我们主要讨论的是如何从 cache 中读取指令或操作数。当需要进行写操作时该如何操作？注意，到目前为止，我们都是把 cache 中的数据字简单地看成主存数据字的副本，CPU 从 cache 中读数据能够获得更快的访问速度。现在我们讨论执行写操作的结果，这种观点将有所改变。下面是我们可以选择的三种可能的写操作：

1）将结果写入主存。

2）将结果写入 cache。

3）将结果同时写入主存和 cache。

实际上，无论采用何种 cache 写方法，其实质都是采用其中一种方法或多种写操作的组合方法。可以将这些方法分为两大类：写直达和写回。

在写直达（write-through）法中，计算结果总是写入主存中，这种方法会占用主存的写时间并减慢处理速度，但可以通过采用写缓冲（write buffering）技术在一定程度上避免减慢速度的情况。在写缓冲技术中，CPU 将需要写的地址和数据字保存在一些称为缓冲的特殊寄存器中，这时 CPU 在向主存中进行写操作的过程中就可以同时处理其他工作了。在大部分的 cache 设计中，若数据字在 cache 中存在，即 cache 命中，则这个结果也将写入 cache 中。

写回（write-back）法也称为复制法（copy-back）。在这种方法中，若 cache 命中，则 CPU 仅仅将数据写入 cache，若 cache 失效，CPU 就把数据写入主存中。而当 cache 失效时，又有两种方案可以实现。一种是从主存读出包含目标数据字的数据行送入 cache，同时将新数据字写到 cache 和主存，这种方法称为写分配（write-allocate），这样做的目的是希望以后对同一数据块的写操作就会写命中，从而避免写入主存中。另一种方法就是把数据简单地写到主存中。在下面的内容中，我们假设采用写分配方法。

写回 cache 的目标是：只要 cache 命中，CPU 都能以 cache 的速度进行写操作。这样就避免了让所有的写操作都按较慢的主存写速度执行，还能减少对主存的访问次数，从而使 DMA、I/O 处理器和系统中的其他 CPU 更容易地访问到主存。写回法的一个缺点是：对于 cache 中已经被写入的数据字，其对应的主存的数据项是无效的，而由于存储器中保存的数据是陈旧的，当 I/O 处理器或系统中的其他 CPU 访问同一个主存地址时就会出现问题。

要实现写回策略，当读失效时，需要对 cache 项进行写回操作，用来保存从主存中读出的新数据行。若 cache 中包含 CPU 新写入的数据字，则必须将 cache 中对应的整行数据写回主存中，释放的 cache 存储空间用来保存新的数据行。只要会发生读失效，则写回操作就会花费额外的时间。为避免每次读失效都要进行写回操作，给每个 cache 加一位，称为脏位（dirty bit），若 cache 的某一行被 CPU 写过，则对应脏位为 1，若没写过则保持为 0。当脏位为 1 时才执行写回操作。若 cache 采用了写分配策略，则写失效时也需要进行写回操作。

其他许多因素也会影响 cache 设计参数的选取，若某个系统中对主存进行读写操作的是另外某个设备而不是 CPU，则这时候设计 cache 系统就要考虑很多其他方面的因素了。

12.3.5 概念综合

现在我们将已经介绍过的各种基本概念综合起来，构造一个容量为 256 KB、两路组相联且采用写直达方式的 cache，其框图如图 12-9a 所示。存储器采用按字节寻址的 32 位地址，cache 行大小为 $l=16$ 字节，cache 索引为 13 位。32 位地址中，用 4 位进行字和字节寻址，13 位进行索引，所以标签为剩余的 15 位。图中 cache 包含 16 384 个项，由 $2^{13}=8192$ 个组构成。每个 cache 项包含 16 字节的数据，一个 15 位的标签和一个有效位。替换策略采用的是随机替换方式。

图 12-9b 给出了这个 cache 的框图，它包括两个数据存储器和两个标签存储器，因为此 cache 是两路相联的结构，所以每个存储器包括 $2^{13}=8192$ 个数据项。数据存储器的每个数据项有 16 字节。假设一个字为 32 位，所以每个数据存储项包含 4 个字。这样，每个数据存储器包含 4 个并行的用索引作为基本地址的 8192×32 的存储器。当 cache 命中时，要从这 4 个存储器中读取一个单字，一个三态输出的 4-1 的选择器用来根据地址字段的两位地址在 4 个存储器中进行选择。两个标签存储器是大小为 8192×15 的存储器，除此之外，每个 cache 项都附带一个有效位。这些位被存储在一个容量为 8192×2 的存储器中，当 cache 被访问时，它们随着数据和标签被读出。注意，cache 与主存之间的通路为 128 位宽，这就允许我们假设整个 cache 行是在一个主存周期内从主存中读出来的。为了更好地理解 cache 的每个组成单元和它们之间如何协同工作，我们将分析三种可能的读取情况。对于每种情况，我们都假设来自 CPU 的地址为 0F3F4024$_{16}$，所以得到的各个字段值为：标签 = 000011110011111$_2$ = 079F$_{16}$，索引 = 1010000000010$_2$ = 1402$_{16}$，字 = 01$_2$。

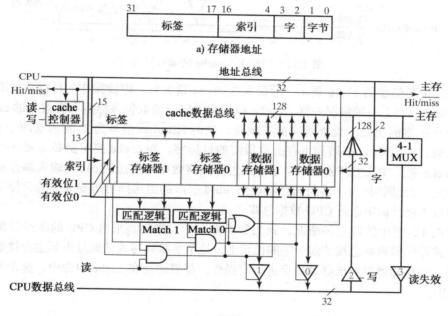

a) 存储器地址

b) cache框图

图 12-9 256 KB cache 结构的详细框图

首先我们假设一个读命中，即读操作时，数据字在 cache 项中，如图 12-10 所示。cache 根据索引字段从标签存储器 1 和标签存储器 0 的位置 1402$_{16}$ 读出两个标签（tag）项。匹配逻辑对比标签项，这里假设标签 0 匹配，则标签 0 的 Match 0 信号变为 1。到这里还不能说明发生 cache 命中，因为对应 cache 项可能是无效的。所以，位置 1402$_{16}$ 的 Valid 0 与 Match 0 信号进行与操作。此时，当操作为读操作时，cache 中的数据就可以直接送到 CPU 的数据总线上。因此，将 Read 信号和 Match 0 位及有效位 0 进行与操作，就形成三态缓冲器 0 的控制信号。这样，缓冲器 0 的控制信号为 1。数据存储器使用索引字段从 cache 地址 1402$_{16}$ 中读出了 8 个字，同时也读出相应的标签。cache 根据 word 字段（为 01$_2$）从 8 个字中选择两个送到数据总线上，再分别送给三态缓冲器 1 和三态缓冲器 0。最后，三态缓冲器 0 打开，目标字就被送到 CPU 的数据总线上。并且，Hit/miss 信号向 CPU 和主存发送值为 1 的信号，通知 cache 命中。

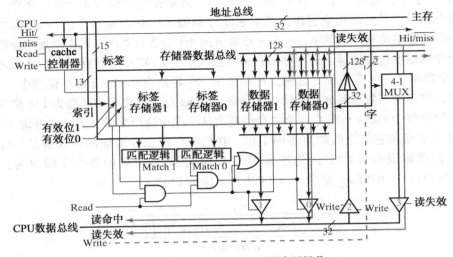

图 12-10　256 KB cache 的读写操作

第二种情况仍如图 12-10 所示，假设发生 cache 读失效，即读操作的目标数据不在任一个 cache 项中。与上一种情况一样，cache 根据索引字段读取包含标签和有效位的 cache 项，并进行两个标签的比较，检查对应的有效位。这时 Hit/miss 信号为 0，表示这两个 cache 均发生读失效，所以 CPU 必须到主存去取所需的目标字。而 cache 控制器必须要选择出被替换掉的 cache 项，并从主存读取四个字，通过存储器数据线传送到 cache 输入端并写入对应 cache 项中。与此同时，4-1 多路选择器根据 word 字段的值选择出所要寻址的目标字，通过三态缓冲器 3 将目标字送到 CPU 数据总线上。

对于图 12-10 中的第三种情况，我们假设有一个写操作。来自 CPU 的字经过扇出后出现在 128 位存储器数据总线的四个字的位置上，这个字将要写入的地址由到主存储器的地址总线提供，主存储器仅对已寻址的字进行写操作。如果地址在 cache 中命中，这个字也将写入 cache 中。

12.3.6　指令 cache 和数据 cache

在前面章节的多数设计中，我们都假设：在一个时钟周期内取出一条指令且读出一个操作数或写入一个结果是可能的。实际上，要做到这样，我们必须设计一种能够在一个时钟周期内访问两处不同地址的 cache。为了呼应本节，我们在前面小节中介绍了指令 cache 和数据 cache 的概念。除了较容易实现每个时钟周期可以进行多次访问外，两个 cache 结构还可以是不同的 cache，采用不同的设计参数，可以通过精心选择 cache 的设计参数来满足取指或读写数据访问的不同特点。因为对这两个 cache 的要求都比仅用一个 cache 的要求要低，所以可以采用较简单的设计方法。例如，仅用一个 cache 可能需要 4 路组相联的结构，但单独的指令 cache 仅需采用直接映射，单独的数据 cache 可能只要用两路组相联结构就可以了。

635
～
636

另外一种情况是，无论数据还是指令都用同一个 cache，这样的单独 cache 称为统一

（unified）cache，统一 cache 的大小通常与数据 cache 和指令 cache 合并后的大小一样大。统一 cache 允许指令和数据共享 cache 项。因此，对于统一 cache 来说，有时指令可能占用较大的 cache 项，而另外某些时候数据可能占用较多的 cache 项，这种灵活性可以提高 cache 的命中次数。但这个更高的命中率也可能会产生误导，因为统一 cache 每次只能对一个访问请求进行响应，而分离的 cache 却能够同时响应两个访问请求，只要其中一个是访问指令，另一个是访问数据就可以了。

12.3.7 多级 cache

可以通过增加 cache 的级数来扩展分级存储器系统的深度。比较常用的分级体系结构是两级 cache 结构，这两级分别被称为 L1 和 L2，距离 CPU 较近的一级为 L1 级。为了满足 CPU 取指令和操作数的速度，分级结构需要一个非常快速的 L1 级 cache。若要实现所需要的快速，穿越集成电路边界带来的时间延迟是无法忍受的。因此，常常将 L1 cache 与 CPU 一起放在处理器芯片内部，被称为内部（internal）cache，如第 1 章给出的通用计算机处理器的结构所示。若芯片面积受限，L1 级 cache 的容量一般都很小，是明显不够用的，因此我们在处理器芯片外增加一个容量更大的 L2 级 cache。如果芯片有更大的空间，则 L2 级 cache 也可以是内部 cache。

设计两级 cache 远远比仅设计一个单级 cache 复杂得多。设计两级 cache 必须要确定两个 cache 参数集，L1 cache 的设计要能够满足特殊的 CPU 访问要求，包括可能某些情况下要设计分离的指令和数据 cache。当然，这种结构也能消除 CPU 与 L1 cache 之间的外部引脚的限制。而且除了能够进行快速的读操作外，CPU 与 L1 cache 之间的数据通路也可以设计得很宽，如可以从 cache 同时取多条指令。另一方面，L2 cache 完全呈现出典型外部 cache 的特点，但它与一般外部 cache 的不同点在于：它不直接向 CPU 提供指令和操作数，而是主要向一级 cache L1 提供指令和操作数。因为 L1 失效时 L2 cache 才会被访问，所以二级 cache 访问方式明显不同于 CPU 直接对 cache 的访问方式，而且相应的设计参数也不同。

12.4 虚存

在追求大容量、快速存储器的过程中，我们已经通过使用 cache 技术实现了速度较快、中等容量的存储器。为了实现容量更大的存储器，我们下面来讨论主存和硬盘之间的关系。管理主存与硬盘之间的数据传输十分复杂，控制数据传输需要用到数据结构和程序。下面我们首先来讨论要用到的基本数据结构和必要的硬件和软件操作，之后介绍一些实现对时间要求严格的硬件。

637

提到大容量的存储器，我们不仅希望整个虚地址空间看起来都在主存里，而且希望在多数情况下整个虚存空间看起来对每个正在执行的程序均可使用。这样，对每个程序来说，"看见的"都是整个虚地址空间。对程序员来说，主存中的实际地址空间和实际磁盘空间都能看作一片统一的地址空间也同样重要，这样可以无约束地使用这片空间。这样，虚存不仅可以提供较大的主存容量，而且程序员不需要考虑程序和数据在主存和硬盘上的实际存储位置。实际上，虚存结构中软硬件的工作就是将每个程序的虚地址（virtual address）映射到主存的物理地址（physical address）。另外，每个程序都有一个虚地址空间，一个程序的虚地址与另一个程序的虚地址可能共同映射到同一个物理地址上，这样就可以让多个程序共享所需的代码和数据，从而减少了所需的主存空间和磁盘空间容量。

　　为了让软件能够实现将虚地址映射到物理地址，便于主存和硬盘之间的信息传输，虚地址空间常常被分解成若干个地址块，每个块一般具有固定的大小，称为页（page）。页与 cache 中行的概念十分相似，但要比 cache 行的容量大得多。存储器的物理地址空间也被划分成块，称为页帧（page frame），页帧与页具有相同的大小。当一页出现在物理地址空间时，则它占有一个页帧。为更好地进行说明，假设一页大小为 4 KB（1 K 个 32 位长的字），并假设虚地址空间具有 32 位的地址长度，则虚地址空间中最多有 2^{20} 个页。主存大小为 16 MB，则主存中有 2^{12} 个页帧。图 12-11 给出了虚地址和物理地址字段。在一页中用于寻址字或字节的虚地址称为页偏移量（page offset），页偏移量是虚地址和物理地址之间唯一相同的部分。我们假设各个数据字根据它们的字节地址来排列位置，所以每个字的地址的最后两位都等于二进制的 00。同样，假设各个页也是根据字节地址排列位置，则每页中的第一个字节的页偏移量都等于 000_{16}，最后一个字节的页偏移量都为 FFF_{16}。用于从虚地址空间选择页的 20 位虚地址部分称为虚页号（virtual page number），用于从主存选择页的 12 位物理地址部分称为页帧号（page frame number）。图 12-11 给出从虚地址空间映射到物理地址空间的一种方式，其中的虚地址页号和物理地址页号都是用十六进制表示的。一个虚拟页可以映射到任何一个物理页帧上，图中仅给出了从虚存到物理存储器的 6 个页的映射结果，这些页总共有 24 KB 的数据。注意，图中没有虚拟页映射到物理页帧 FFC_{16} 和 FFE_{16} 中，因此，这些页中所有数据均无效。

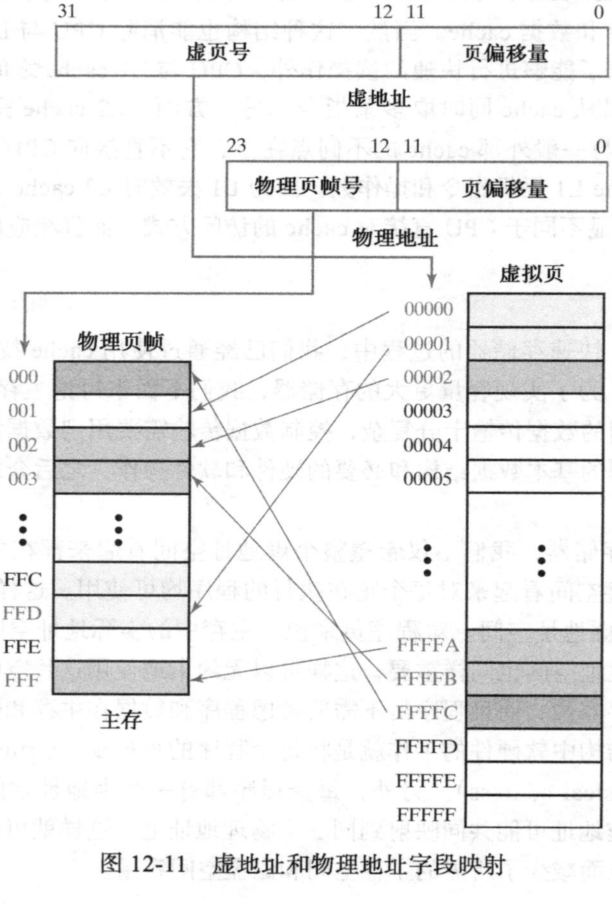

图 12-11　虚地址和物理地址字段映射

12.4.1　页表

　　虚存一般有大量虚拟页，每个虚拟页都必须映射到主存或硬盘。这种映射关系被存储在一个被称为页表（page table）的数据结构中。有很多种构造页表的方法，也有很多种访问页表的方式，我们假设页表本身也是保存在页中的。假设描述每个映射需要一个字的大小，2^{10}即 1 KB 个页的所有的映射可以保存在一个大小为 4 KB 的页中。这样，一个大小为 2^{22} 字节（4 MB）的程序，其整个地址空间的映射就可以保存在一个大小为 4 KB 的页中。每个程序还有一个特殊的表被称为目录页（directory page），它提供用于查找 4 KB 程序页表的映射方式。

639

　　图 12-12 中给出一个页表项的简单格式。此页在主存中的位置，即页帧用 12 位来表示。此外，页表项中还有三个单独的位构成的字段：Valid、Dirty 和 Used。若 Valid 位为1，则表示对应的存储器的页帧有效；而若 Valid 为 0，则对应存储器中的页帧无效，即该页帧没有对应正确的代码或数据。若 Dirty 位等于 1，则表示该页调入主存后至少有一个字节被改写过；而若 Dirty 为 0，则表示该页调入主存后没有任何字节被改写过。注意，这里的 Valid 和 Dirty 位与采用写回方式的 cache 模式完全一致。若某一页需要从主存中删除，而对应 Dirty 位为 1 时，那么这一页也会同时被复制回硬盘中；而若 Dirty 位为 0，则表示该页在主存中没有被改写过，则只要进入同一页帧的那个新页将当前的页覆盖就可以了，因为该页在磁盘中的内容仍然是正确的。为了利用这一特点，当软件程序将某页调入主存后，它也会在磁盘的另外一个地方记录下该页的位置。Used 位是类似实现 LRU 替换策略的一种简单机制。页表项还保留一些没有使用的位，用作计算机操作系统的某些标记位。例如，可以设置标记用来表示某个页的读写保护状态，表示该页是在可以访问的用户模式下还是在管理模式下。

图 12-12　页表项的形式

　　图 12-13 给出了我们刚刚讨论过的页表结构。目录页指针（directory page pointer）是一个寄存器，它指向目录页在主存中的位置。目录页最多可以容纳正在执行程序的 1 KB 个页表的地址，这些页表可以保存在主存中或者硬盘上。虚拟页号的高十位被称为目录偏移（directory offset），用来寻址被访问的页表。若选中的页表存在于主存中，则可以通过页表页号（page table page number）来访问页表中的页表项，此页表项对应的就是所要访问的页。虚拟页号的低十位被称为页表偏移，可以用来访问将被访问的页中的项。若该页存在于主存中，则可以根据页偏移来确定所要访问的字节或字的物理位置；而若页表或目标页不存在于主存中，则在访问页表的字之前，必须通过软件将该目标页表从硬盘调入主存。注意，我们在对偏移与目录页指针寄存器的值或页表项进行组合时，简单地将偏移量放置在页帧号的右边即可，而不是将两者相加。这种合并方法不存在延迟，而相加则会带来很长的时间延迟。

640

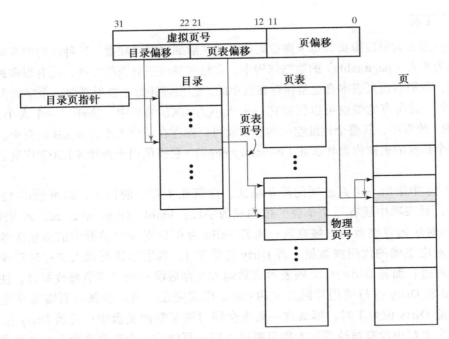

图 12-13   页表结构的例子

12.4.2   传输后备缓冲器

从上面的讨论中我们注意到，若所要访问的目录、页表和页都在主存中，即使在最好的情况下，虚存系统也会有很大的性能损失。对我们假设的页表机制来说，要想取一个操作数或一条指令需要连续三次访问主存：

1）为读取目录项而访问主存。

2）为读取页表项而访问主存。

3）为读取操作数或指令而访问主存。

上面这些访存操作都是由通用计算机的 MMU 的部分硬件逻辑自动执行的。因此，为了提高虚存的可行性，我们需要尽可能地减少访存次数。如果有一个 cache，并且所有访问的项都在 cache 中，那么我们就可以减少每次的访存时间，但这样仍然要进行三次访问 cache 的操作。为了减少访存次数，我们可以采用其他的 cache 结构，这种结构可以将虚地址直接转为物理地址，这种新的 cache 结构就称为传输后备缓冲器（Translation Lookaside Buffer，TLB）。传输后备缓冲器能够将最近访问的页面位置保存，从而加速对 cache 或主存的访问。图 12-14 给出了 TLB 结构的例子，TLB 一般都是全相联或组相联结构，它需要对 CPU 提供的虚拟页号和自身保存的多个虚拟页号标签进行比较。除了虚拟页号标签外，TLB 的一个 cache 项还包含主存中的页的物理页号及一个 Valid 位。若该页在主存中，则对应的 TLB 项还包含 Dirty 位。Dirty 位对主存中的某个页的作用与前面讨论的 cache 行中的 Dirty 位的作用相同。

我们现在来看一个简单的用 TLB 访问存储器的例子，如图 12-14 所示。虚拟页号加载到 cache 的页号输入端。同时，在 cache 内部，这个页号与所有的虚拟页号标签进行比较，若存在匹配的项，且 Valid 位为 1，则 TLB 就命中了，TLB 把物理页帧号传送到 cache 的页号输出端。这种操作进行得非常快,并产生用于访问存储器或 cache 的物理地址。另一方面,若 TLB 失效,则必须访问主存,读取目录表项和页表项。若物理页存在于主存中,则直接把对应的页表项送给 TLB cache,替换掉原来 TLB 的某一项。总之,这种情况需要三次访问存储器,包括读取操作数。若物理页不存在于主存中,则会出现页错误(page fault),这时,软件程序会把存储在硬盘中的对应页调入主存。在完成这一操作的过程中,CPU 可以执行其他程序,不需要等待这一页完全调入主存。

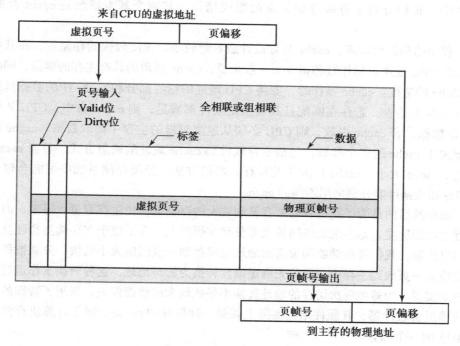

图 12-14 TLB 的例子

前面我们讨论的层次结构都是在虚地址的基础上操作的。可以看到,虚存系统的有效性取决于程序的时间和空间局部性。当虚拟页号存在于 TLB 时就可以得到最快的响应速度。若硬件逻辑足够快且 cache 命中,则目标操作数最快可在一个到两个 CPU 时钟周期内生效。若程序的执行需要再次访问同一个虚拟页,这种情况就很可能会发生。由于页面大小的原因,很可能从某一页中获取一个操作数后,由于空间局部性的存在,又会从同一页中获取另一个操作数。由于 TLB 的容量有限,接下来的一次操作可能需要访问存储器三次,大大降低了处理速度。最坏的情况下,所有访问的页表和页都不在主存中,则计算机传输两页就需更长的时间,即需要从硬盘读取页表和页。

注意,通用计算机的 MMU 中都包含有实现虚拟内存、TLB 和其他一些内存访问优化特性的基本硬件。其他特性包括有支持称之为分段(segmentation)的虚存寻址附加层的硬件,以及允许适当分离和共享程序与数据保护机制的硬件。

12.4.3 虚存和 cache

前面我们虽然单独分析了 cache 和虚存,但实际上,它们经常出现在同一系统中。在这样的系统中,虚拟地址被转化为物理地址,之后物理地址再被应用到 cache 中。假设 TLB

操作占用一个时钟周期，cache 操作也占用一个时钟周期，则在最好的情况下，取一条指令或操作数需要两个 CPU 时钟周期。所以，在许多采用流水线的 CPU 设计中，允许在两个或更多个时钟周期内取到操作数。因为容易预测取指的地址，所以可以更改 CPU 流水线，把 TLB 和 cache 看成两级流水线，则取一条指令只需要一个时钟周期就可以完成。

12.5　本章小结

本章中，我们分析了分级存储体系的组成结构，其两个基本概念是 cache 存储器和虚存。

基于程序的局部性原理，cache 最好设计成容量较小、速度较快的存储器，在其中保存最有可能被 CPU 使用的操作数和指令。一般来说，cache 呈现的具有主存的容量，同时具有接近于 cache 的速度。cache 操作时，要将 CPU 地址的标签部分和 cache 中的数据地址的标签部分进行匹配检查，若存在匹配且其他指定条件都满足，则 cache 命中，CPU 就可以从 cache 中取数据；若 cache 失效，则 CPU 必须从速度较慢的主存中读取数据。cache 设计者必须确定关于 cache 的多个参数，包括主存地址到 cache 地址的映射方式、替换 cache 行的替换方式、cache 大小、cache 行大小及写存储器的方法。分级存储系统中可能会包含多个 cache，指令和数据可能分别采用不同的 cache。

使用虚存的目的是为了获得看起来容量非常大的存储器，比主存容量大得多，而且平均速度接近主存的速度。虚存地址空间的大部分都在硬盘上，为了便于在存储器和硬盘之间进行数据信息传输，我们将存储器和硬盘的地址空间都划分成固定大小的块，分别被称为页帧和页。要将某一页放到主存中，必须先将虚地址转换为物理地址，这种转换工作通过一个或多个页表来实现。为避免每次访存的地址转换不导致较大的性能损失，采用了特殊的硬件结构，即传输后备缓冲器，其硬件结构实际上就是一种特殊的 cache，属于计算机存储管理单元（MMU）的一个部分。

表面上，主存、cache 和 TLB 在一起构成大容量的快速存储器。而实际上，这是一种采用不同容量、速度和技术而组成的分级存储体系，各级之间的工作通过软、硬件的自动地址转换完成。

参考文献

1. BARON, R. J. AND L. HIGBIE. *Computer Architecture*. Reading, MA: Addison-Wesley, 1992.

2. HANDY, J. *Cache Memory Book*. San Diego: Academic Press, 1993.

3. HENNESSY, J. L. AND D. A. PATTERSON. *Computer Architecture: A Quantitative Approach*, 5th ed. Amsterdam: Elsevier, 2011.

4. MANO, M. M. *Computer Engineering: Hardware Design*. Englewood Cliffs, NJ: Prentice Hall, 1988.

5. MANO, M. M. *Computer System Architecture*, 3rd ed. Englewood Cliffs, NJ: Prentice Hall, 1993.

6. MESSMER, H. P. *The Indispensable PC Hardware Book*, 2nd ed. Wokingham, U.K.: Addison-Wesley, 1995.

7. PATTERSON, D. A. AND J. L. HENNESSY. *Computer Organization and Design: The Hardware/Software Interface*, 5th ed. Amsterdam: Elsevier, 2013.

8. WYANT, G. AND T. HAMMERSTROM. *How Microprocessors Work*. Emeryville, CA: Ziff-Davis Press, 1994.

642
~
643

习题

www （+）表明更深层次的问题，（*）表明在原书配套网站上有相应的解答。

12-1 某 CPU 产生如下的十六进制读地址序列：54, 58, 104, 5C, 108, 60, F0, 64, 54, 58, 10C, 5C, 110, 60, F0, 64。

　　　　假设开始时 cache 是空的，替换策略采用 LRU，判断每个地址在下列三种 cache 结构中是命中的还是失效的：（a）如图 12-3 的直接映射；（b）如图 12-4 的全相联映射；（c）如图 12-6 所示的两路组相联结构。   644

12-2 重做习题 12-1，将读地址序列换成以下地址：0, 4, 12, 8, 14, 1C, 1A, 28, 26, 2E, 36, 30, 3E, 38, 46, 40, 4E, 48, 56, 50, 5E, 58。

*12-3 一台计算机具有 32 位地址，采用直接映射 cache，能寻址到字节。cache 容量为 1 KB，其行大小为 32 字节。采用写直达法，所以不需要用脏位（dirty bit）。

（a）cache 的索引有多少位？

（b）cache 的标签有多少位？

（c）包括有效位、标签和 cache 行在一起，cache 中总共能存储多少位？

12-4 一个 32 位地址的系统中，有一个两路组相联的 cache，它的每行包含 4 个字，每个字有 4 字节，其容量为 1 MB，能够寻址到字节。

（a）索引和标签中有多少位？

（b）对于下列十六进制的主存地址对应的 cache 项，请给出其十六进制的索引值：00F8C00F, 4214AC89, 7142CF0F, 2BD4CF0C 和 F83ACF04。

（c）问题（b）中所有的 cache 项能同时存在于 cache 中吗？

*12-5 讨论下列结构的优缺点：

（a）分离的指令和数据 cache 与统一的指令和数据 cache。

（b）写回 cache 与写直达 cache。

12-6 举一段程序和数据存储器地址序列的例子，使得读程序时，对于分离的指令和数据 cache 具有很高的命中率，而对于统一的 cache 具有较低的命中率。假设 cache 都是如图 12-3 所示的直接映射结构，指令和数据都是 32 位的字，地址可以解析到字节。

*12-7 举一段程序和数据存储器地址序列的例子，使得读程序时，对于统一 cache 具有很高的命中率，而对于分离的指令和数据 cache 具有较低的命中率。假设每个指令和数据存储器都是如图 12-6 所示的两路组相联结构，统一 cache 是如图 12-6 所示的四路组相联结构，指令和数据都是 32 位的字，地址可以解析到字节。

12-8 解释为什么写分配策略一般不被应用到写直达 cache 中。

12-9 在 32 位地址按字节编址的系统中，有一个 1 KB 的 cache，它的每行包含 4 个字，每个字有 4 字节，采用直接映射。

（a）cache 中有多少组？

（b）标签和索引共有多少位？

（c）采用四路组相联的 cache，重做问题（a）、问题（b）。

（d）对于每行包含两个字，每个字 4 字节的 cache，重做问题（a）、问题（b）。   645

12-10 某高速工作站具有 64 位的字和 64 位的地址，地址可以解析到字节。

（a）工作站的地址空间中能容纳多少个字？

（b）假设其 cache 采用的是直接映射，具有 16 K 个 32 字节长的行，下列 cache 地址的字段分别具有多少位？（1）字节；（2）索引；（3）标签。

*12-11 某 cache 的 CPU 访问时间为 4 ns，而主存的 CPU 访问时间为 40 ns。对于下列各种命中率，请问这个 cache- 主存式的存储体系的有效访问时间分别为多少？

(a) 0.91 (b) 0.82 (c) 0.96

12-12 若 cache 的 CPU 访问时间为 1 ns，主存的 CPU 访问时间为 20 ns，重做习题 12-11。

12-13 重新设计图 12-7 的 cache，使新的 cache 具有与原来的 cache 同样的大小，但采用的是四路组相联而不是两路组相联的结构。

*12-14 对图 12-9 的 cache 采用写回策略，而不采用原来的写直达策略进行重新设计。确保处理好所有的写回策略的地址和数据问题，回答下面的问题：

(a) 画出新的框图。

(b) 对新设计的结构，试解释写失效和读失效相应的处理过程。

*12-15 一个虚拟存储器系统有 4 KB 个页，字大小为 64 位，虚拟地址有 48 位。某一个程序和其数据有 4263 页。

(a) 此系统至少需要多少个页表？

(b) 目录页至少有多少个项？

(b) 根据你对问题 (a) 和问题 (b) 的回答，最后一个页表里有多少个项？

12-16 某计算机有 64 位虚拟地址，字大小为 32 位，每页有 4 KB。该计算机有 1 GB 的物理内存。

(a) 使用几位地址作为页偏移？

(b) 页表包含多少个项？

(c) 物理页帧号有多少位？

(d) 虚拟页号有多少位？

(e) 对于每页有 16 KB 的系统，重做问题 (a) ~ (d)。

12-17 某小型 TLB 具有下列各项，其中虚拟页号长度为 20 位，物理页号为 12 位，页偏移为 12 位。页号和偏移量以十六进制给出。对于下列各虚拟地址，请指出它们是否命中，如果命中，请给出相应的物理地址：(a) 02BB4A65，(b) 0E45FB32，(c) 0D34E9DC，(d) 03CA0788。

Valid 位	Dirty 位	标签（虚拟页号）	数据（物理页号）
1	1	01AF4	FFF
0	0	0E45F	E03
0	0	0123G	2F8
1	0	01A37	788
1	0	02BC4	48C
0	1	03CA0	657

12-18 某计算机主存为 384 MB，字长 32 位，虚拟地址为 32 位，页大小为 4 KB。其中 TLB 中的项包含 Valid、Dirty、Used 位以及虚拟页号和物理页号。若该 TLB 是全相联结构，具有 32 个项，请问：

(a) 该 TLB 相联的存储器需要多少位？

(b) 该 TLB 需要用多少位的 SRAM 来实现？

12-19 若有 4 个程序同时在一个多任务的计算机上执行，该机器的虚拟页大小为 4 KB。每个页表项为 32 位宽。若每个程序页数的十进制表示为 3124，5670，1205 和 2069，问主存中被这 4 个程序的目录页和页表占用的最少字节数为多少？

*12-20 写回法和写直达法是 cache 可选择的两种写策略，而虚存只采用一种类似写回操作的策略，请解释为什么。

12-21 解释为什么若存储器的寻址方式不具有访问局部性，则 cache 存储器理论和虚存理论都会失效。

索　引

索引中的页码为英文原书页码，与书中页边标注的页码一致。

推荐阅读

计算机组成与设计：硬件/软件接口（原书第5版）

作者：[美] 戴维 A. 帕特森 等　ISBN：978-7-111-50482-5　定价：99.00元

本书是计算机组成与设计的经典畅销教材，第5版经过全面更新，关注后PC时代发生在计算机体系结构领域的革命性变革——从单核处理器到多核微处理器，从串行到并行。本书特别关注移动计算和云计算，通过平板电脑、云体系结构以及ARM（移动计算设备）和x86（云计算）体系结构来探索和揭示这场技术变革。

计算机体系结构：量化研究方法（英文版·第5版）

作者：[美] John L. Hennessy 等　ISBN：978-7-111-36458-0　定价：138.00元

本书系统地介绍了计算机系统的设计基础、指令集系统结构，流水线和指令集并行技术。层次化存储系统与存储设备。互连网络以及多处理器系统等重要内容。在这个最新版中，作者更新了单核处理器到多核处理器的历史发展过程的相关内容，同时依然使用他们广受好评的"量化研究方法"进行计算设计，并展示了多种可以实现并行，陛的技术，而这些技术可以看成是展现多处理器体系结构威力的关键!在介绍多处理器时，作者不但讲解了处理器的性能，还介绍了有关的设计要素，包括能力、可靠性、可用性和可信性。